Floyd M. Gardner
PHASELOCK TECHNIQUES

PLL位相同期化技術

フロイド M. ガードナー

加沼 安喜良 訳

産業図書

PHASELOCK TECHNIQUES, 3rd Edition

by Floyd M. Gardner

Copyright © 2005 by John Wiley & Sons, Inc.
Japanese translation rights arranged with John Wiley & Sons International Rights, Inc.
through Japan UNI Agency, Inc., Tokyo

序　文

　この本の初版は1966年に出版され，第2版は1979年に出版された．位相同期は1966年には想像を絶するほど風変わりな話題であって，応用は限られ，実務者は殆どいなかった．現在は位相同期（フェーズロック）は成熟した主題であって，無数の位相同期ループが世界中の電子デバイスの中に忍ばせられており，多数の応用の中に位相同期ループが含まれており，多数の実務者が位相同期を取り扱っている．この初版が出版された当時は位相同期ループに関する書物はほかに存在しなかったが，現在では20以上が存在する．この時期に第3版はなぜ正当化されるのだろうか？

　1966年には，位相同期を新奇に感じていた聴衆に対して，主題の基本の簡潔な入門書が必要であった．今日では，位相同期ループは電子工学の主流の中で確立されている．位相同期ループに関する多くの新しい情報が年々蓄積されてきており，かつては重要と思われたいくつかの主題が束の間のものであることが判明している．いくつかの説明は観点を改訂して提供した方が良いということを，私は経験から教えられた．

　入門書はもう必要ない．そうした機能は1.3節に列挙された書物やおそらく他にもある書物で充分事足りる．そのかわり，本書は伝統的な位相同期の話題を以前よりもずっと深く再検討する．さらに，ずっと新しい材料が含められており，その中にはこれまで決して出版されなかったものもある．追加されたものの例としては，伝達関数に関する改訂され拡大された材料，位相ノイズに関する2つの章，ディジタル位相同期ループに関する2つの章，チャージ・ポンプ位相同期ループに関する章，位相検出器に関して拡張された材料，そして，変則的位相同期に関する1つの章が含まれる．

　初期の版におけるのと同様に，回路に関しては最小限のスペースしか割かれていない．本書はテクノロジーが進歩しても有効であり続ける基本原理に関心があり，テクノロジーの変化により激しく変化する実装には関心が無い．第2版のいくつかの部分，すなわち，最適化とシンクロナイゼーション（同期化）に関する章と，数学的な付録は省略された．形式的な最適化は当初予想されたほどは設計にとって重要であるとは判明していない．それよりも，設計者は実用的な位相同期ループで扱える少数のパラメータの間のトレードオフを実行する可能性のほうがずっと高い．数学の付録が省略されたのは，ここに示された数学のレベルは全ての電気工学の卒業生には適度であるということを前提にしている．シンクロナイゼーション（搬送波とクロックをデータ信号から再生すること）は，それ自体大きな分野であるが，位相同期ループの本で充分に扱うには大きすぎるものになっていると思われた．シンクロナイゼーションに関する簡潔なガイドは17.1節を見ていただきたい．

シミュレーションも含まれていない．いくつかの章で示された情報はシミュレーションに基づくものであり，新しいデータのある種類ものはシミュレーションによってしか得られないし，シミュレーションは集積回路の設計と検証には極めて重要なものである．それにもかかわらず，本書では位相同期ループのシミュレーション方法に関しては書かれていない．その話題は，それ自体別の1冊の本に値し，本書に含めるには広範すぎるからである．

位相同期に関する何千という記事や書物が年々世界中に現れてきており，個別に引用するには多すぎる．多くの関連する参考文献が本書の各章で引用されているが，各話題に関して書かれたあらゆる貴重な出版物を発見するのは不可能である．また，この主題に関して何年も仕事をしてきたけれども，記載されたあらゆる技術を誰が発案したかを記憶していることも不可能である．軽視したかもしれない方にはあらかじめ謝っておく．その省略は故意ではない．

各章の参考文献引用の選択にあたってはいくつかのガイドラインに従った．参考文献はオリジナルに対するものである．可能な限り，参考文献は公共の保管刊行物に現れたものである．参考文献は一時的な実装の詳細よりは永続する原理を取り扱っている．読者は IEEE の出版物や米国で出版された書物への引用の多さを目の当たりにするだろう．この選択は IEEE の出版物の遍在性や私の個人的蔵書の内容を反映している．

私にこのような魅力的な主題に関して，これほど多くを学ぶ機会を与えてくれた私の何年にも渡る多くの顧客に感謝を述べたい．

フロイド M. ガードナー

カリフォルニア州パロアルト
2004 年 10 月

目　次

序　文 ·· iii
表記法 ·· xv

第1章　序　説 ·· 1
1.1　PLL の顕著な性質 ··· 1
1.1.1　バンド幅 ·· 1
1.1.2　線形性 ·· 2
1.2　本書の構成 ··· 2
1.3　注釈付文献目録 ··· 3
1.3.1　本 ·· 3
1.3.2　再版論文集 ·· 4
1.3.3　ジャーナル（雑誌）特集 ··· 4

第2章　アナログ PLL の伝達関数 ··· 5
2.1　基本的な伝達関数 ·· 5
2.1.1　個別素子の伝達関数 ·· 5
2.1.2　統合伝達関数 ··· 6
2.1.3　特性方程式 ·· 7
2.1.4　術語，係数，ならびに単位 ·· 7
2.2　2次の PLL ··· 8
2.2.1　ループ・フィルタ ··· 8
2.2.2　次数（order）とタイプ（type） ··· 9
2.2.3　ループ・パラメータ ·· 10
2.2.4　周波数応答 ·· 12
2.3　他のループ・タイプと次数 ·· 16
2.3.1　ループ利得（ゲイン）K の一般的定義 ································ 16
2.3.2　タイプ1 PLL の例 ·· 18
2.3.3　タイプ2 PLL の例 ·· 20
2.3.4　高位タイプ PLL ··· 24
参考文献 ·· 24

第3章 補助的グラフ 25
3.1 根軌跡図 25
3.1.1 根軌跡図の作成 25
3.1.2 安定性の基準 28
3.1.3 タイプ1 PLLの根軌跡 28
3.1.4 タイプ2 PLLの根軌跡 28
3.1.5 タイプ3 PLLの根軌跡 29
3.1.6 高次PLLの根軌跡 30
3.1.7 根軌跡へのループ・ディレイの効果 32
3.2 ボード線図 32
3.2.1 表示の選択肢 33
3.2.2 安定性 33
3.2.3 タイプ1 PLLのボード線図 34
3.2.4 タイプ2 PLLのボード線図 37
3.2.5 タイプ3 PLLのボード線図 40
3.3 ナイキスト線図 41
3.4 ニコルス線図 42
3.4.1 安定性基準 42
3.4.2 M 等高線 42
3.4.3 ニコルス線図の例 43
3.5 閉ループ周波数応答曲線 44
付録3A：根軌跡の顕著な特徴 45
3A.1 根軌跡の分枝 45
3A.2 実数軸上の軌跡 45
3A.3 軌跡と軸との交点 46
付録3B：開ループ伝達関数 $G(s)$ の形式 47
3B.1 比例プラス積分部分 48
3B.2 高周波部分 50
3B.3 計算 51
付録3C：閉ループ周波数応答 51
3C.1 周波数応答公式 51
3C.2 周波数応答グラフの例 52
参考文献 54

第4章 ディジタルPLL：伝達関数と関連ツール 55
4.1 ディジタルPLL特有の性質 55
4.2 ディジタル伝達関数 56
4.2.1 ディジタルPLLの構成 56
4.2.2 差分方程式 56

4.2.3	ループ要素の z 変換	58
4.2.4	ループ・フィルタ	59
4.2.5	ループ伝達関数	60
4.2.6	極とゼロ点	60
4.3	ループ安定性	61
4.3.1	タイプ 1 DPLL	62
4.3.2	タイプ 2 DPLL	62
4.3.3	タイプ 3 DPLL	62
4.4	根軌跡図	63
4.4.1	タイプ 1 DPLL の根軌跡	63
4.4.2	タイプ 2 DPLL の根軌跡	64
4.4.3	タイプ 3 DPLL の根軌跡	66
4.5	DPLL 周波数応答：定式化	67
4.6	ボード線図とニコルス線図	68
4.6.1	ボード線図の基礎	68
4.6.2	ボード安定性基準	69
4.6.3	DPLL の例に対するボード線図	69
4.6.4	ニコルス線図の例	71
4.7	DPLL の連続時間近似	72
4.8	周波数応答の例	73
4.8.1	ディレイ（遅延）の効果	73
4.8.2	バンド幅の効果	74
4.9	ループ内のローパス・フィルタ	75
4.9.1	無限インパルス応答ローパス・フィルタ	75
4.9.2	有限インパルス応答ローパス・フィルタ	76
付録 4A：ディジタル位相同期ループの安定性		78
4A.1	タイプ 1 DPLL	78
4A.2	タイプ 2 DPLL	79
参考文献		82

第5章 トラッキング … 83

5.1	線形トラッキング	83
5.1.1	定常位相誤差	83
5.1.2	過渡応答	86
5.1.3	正弦波的角度変調に対する応答	93
5.2	非線形トラッキング：ロック限界	95
5.2.1	位相検出器の非線形性	96
5.2.2	定常状態の限界	96
5.2.3	過渡限界	97

5.2.4　変調限界 ··· 101
　参考文献 ·· 104

第6章　加算的ノイズの効果 ·· 105
6.1　線形動作 ·· 105
6.1.1　位相検出器のノイズモデル ··· 105
6.1.2　ノイズ伝達関数 ··· 110
6.1.3　ノイズ・バンド幅 ·· 110
6.1.4　PLL における信号対ノイズ比 ······································· 112
6.1.5　最適性 ··· 113
6.2　非線形動作 ··· 113
6.2.1　観測される振る舞い ·· 113
6.2.2　位相誤差の非線形解析 ··· 116
6.2.3　確率密度と分散 ··· 116
6.2.4　サイクル・スリップ ·· 117
6.2.5　実験とシミュレーションの結果 ····································· 117
6.2.6　近似的解析 ··· 118
6.2.7　種々の特徴 ··· 119
　参考文献 ·· 120

第7章　位相ノイズの効果 ·· 123
7.1　位相ノイズの性質 ··· 123
7.1.1　発振器モデル ·· 123
7.1.2　振幅ノイズの無視 ·· 124
7.1.3　分散 ·· 124
7.1.4　非静止性 ·· 124
7.2　位相ノイズのスペクトル ·· 125
7.2.1　理論的スペクトル $W_{vo}(f)$ ··· 125
7.2.2　正規化スペクトル $\mathcal{L}(\Delta f)$ ································ 126
7.2.3　RF スペクトル $W_{\mathrm{RF}}(f)$ ならびに $P_{\mathrm{RF}}(f)$ ············· 126
7.2.4　位相ノイズ・スペクトル $W_\phi(f)$ ································· 129
7.2.5　周波数ノイズ・スペクトル $W_\omega(f)$ ····························· 131
7.2.6　位相ノイズ・スペクトルの例 ·· 131
7.3　位相ノイズ・スペクトルの性質 ··· 132
7.3.1　通常の連続スペクトル ··· 132
7.3.2　$W_\phi(f)$ の意味 ·· 133
7.3.3　スペクトル表示の解釈 ··· 134
7.3.4　$W_\phi(f)$ と $\mathcal{L}(\Delta f)$ の関係 ···························· 135
7.4　位相ノイズの伝搬 ··· 137

7.4.1	補助デバイス内部の位相ノイズの伝播	137
7.4.2	PLL 内の位相ノイズの伝播	138

7.5 PLL 内の積分された位相ノイズ 140
    7.5.1 基本公式 140
    7.5.2 過大な位相ノイズ 140
    7.5.3 コヒーレントな復調に対する効果 140
    7.5.4 バンド幅トレード・オフ 141
    7.5.5 積分 141
    7.5.6 パラドックス 142
    7.5.7 スペクトル線の積分 143
    7.5.8 位相ノイズ仕様 143
7.6 タイミング・ジッタ 144
付録 7A：ハード・リミッター内の干渉の解析 145
付録 7B：追従されない位相ノイズの積分 145
    7B.1 積分手順 146
    7B.2 積分結果 146
    7B.3 検討 148
付録 7C：PLL 位相ノイズの数値積分 148
    7C.1 位相ノイズの積分の定義と応用 148
    7C.2 データ・フォーマット 149
    7C.3 データ補正 149
    7C.4 データ・フィルタリング 150
    7C.5 数値積分 151
付録 7D：位相ノイズ・スペクトル内の離散的な線の積分 151
付録 7E：タイミング・ジッタ 153
    7E.1 ジッタの定義 153
    7E.2 PLL 内のジッタ 154
参考文献 156

第 8 章　位相同期の捕捉 159
8.1 特性付け（キャラクタライゼーション） 159
8.2 位相捕捉 159
    8.2.1 1 次ループ 160
    8.2.2 ハング・アップ 161
    8.2.3 ロック・イン 162
    8.2.4 補助付き位相捕捉 163
8.3 周波数捕捉 164
    8.3.1 周波数プル・イン 164
    8.3.2 周波数掃引 170

	8.3.3　弁別器援用周波数捕捉	173
	8.3.4　周波数弁別器の実装	177
8.4	多様な事柄	178
	8.4.1　ロック表示器（ロック・インジケータ）	178
	8.4.2　広帯域の方法	179
	8.4.3　記憶	179
参考文献		180

第9章　発振器　183

9.1	望ましい性質	183
9.2	種々の発振器	183
9.3	発振器内の位相ノイズ：単純化したアプローチ	184
	9.3.1　Leesonのモデル	184
	9.3.2　発振器設計ガイド	186
	9.3.3　位相ノイズ・スペクトルの例	186
	9.3.4　Leesonのモデルの欠点	188
9.4	発振器の分類	188
9.5	発振器内の位相ノイズ：進んだ解析	190
	9.5.1　インパルス感度関数	191
	9.5.2　位相ノイズの非線形解析	192
9.6	他の妨害	194
9.7	発振器の同調のタイプ	196
	9.7.1　連続的同調発振器	196
	9.7.2　離散的同調発振器	197
9.8	アナログVCOの同調	199
	9.8.1　同調曲線	199
	9.8.2　同調方法	200
	9.8.3　同調速度	203
参考文献		203

第10章　位相検出器　209

10.1	マルチプライア位相検出器	209
	10.1.1　スイッチング位相検出器：原理	210
	10.1.2　スイッチング位相検出器：例	211
	10.1.3　ハイブリッド・トランス位相検出器	215
	10.1.4　非正弦波的s曲線	216
10.2	シーケンシャル位相検出器	217
10.3	位相／周波数検出器（PFD）	219
	10.3.1　PFDの構成	219

目次

10.3.2 PFD 内の遅延	220
10.3.3 PFD 状態図	222
10.3.4 PFD の s 曲線	222
10.3.5 PFD における周波数検出	224
10.3.6 PFD 内の遅延の効果	224
10.3.7 余分もしくは欠落した遷移	225
10.3.8 PFD のロック・インジケータ	226
10.4 位相検出器のノイズの中での振舞い	226
10.4.1 バンドパス・リミッター	227
10.4.2 位相検出器のノイズ閾値	228
10.4.3 ノイズの中での s 曲線の形状	229
10.4.4 s 曲線の形状へのジッタの依存性	230
10.5 2 相（複素）位相検出器	230
付録 10A：位相検出器のリップルによる位相変調	231
10A.1 リップル・モデル	232
10A.2 解析の基礎	232
10A.3 リップルの例	233
10A.4 リップル・フィルタ	234
参考文献	234

第 11 章 ループ・フィルタ ... 237

11.1 アクティブ対パッシブ・ループ・フィルタ	237
11.2 DC オフセット	237
11.3 一時的過負荷	239
11.3.1 PD リップルによる過負荷	239
11.3.2 捕捉時の過負荷	239

第 12 章 チャージ・ポンプ位相同期ループ ... 241

12.1 チャージ・ポンプのモデル	241
12.2 ループ・フィルタ	243
12.3 スタティック位相誤差	243
12.4 安定性問題	244
12.5 非線形性	246
12.6 リップルの抑制	248
12.7 最近の進展	249
参考文献	250

第 13 章 ディジタル（サンプル化）位相同期ループ ... 251

13.1 擬似線形サンプル化 PLL	252

13.1.1 ディジタル制御発振器	252
13.1.2 ハイブリッド位相検出器	255
13.1.3 複素信号ディジタル位相検出器	257
13.1.4 ディジタル・データ・レシーバ内の DPLL	258
13.1.5 ループ安定性	261
13.2 量子化	262
13.2.1 関連研究からの教訓	262
13.2.2 ハイブリッド PLL における量子化の考察	263
13.2.3 周波数量子化（NCO 内）の効果	264
13.2.4 位相検出器と積分器における量子化	277
13.3 対処しがたい程度に非線形の PLL	278
13.3.1 非線形 PLL の構成	279
13.3.2 PLL 要素の動作	280
13.3.3 PLL ステート・ダイアグラム（状態図）	282
13.3.4 非線形 PLL の動作	284
13.3.5 タイプ 2 非線形 PLL	288
13.3.6 加算的ノイズの効果	289
13.3.7 ビット・シンクロナイザーへの応用	291
付録 13A：マルチレート DPLL の伝達関数	292
13A.1 術語	292
13A.2 位相検出器の動作	292
13A.3 アキュムレート＆ダンプとループ・フィルタ	292
13A.4 ホールド・プロセス	293
13A.5 NCO，位相ローテータ，ならびに $M:1$ ダウン・サンプリング	293
13A.6 伝達関数	295
13A.7 ホールド・フィルタの伝達関数	297
参考文献	297

第 14 章　変則的ロック　301

14.1 サイドロック	301
14.1.1 周期的変調	302
14.1.2 サイクロステーショナリ変調	303
14.1.3 エリアス・ロック	305
14.2 調波ロック	305
14.3 スプーリアス・ロック	306
14.4 フォールス・ロック	307
14.4.1 IF フィルタの解析	308
14.4.2 フォールス・ロック（擬似同期）の起源	310
14.4.3 フォールス・ロックの性質	312

14.4.4　フォールス・ロックの改善策 314
14.5　PLL のチェーンにおけるロック不良 316
参考文献 318

第15章　PLL 周波数シンセサイザ 321
15.1　シンセサイザの構成 321
15.1.1　基本構成 321
15.1.2　別の構成 322
15.2　周波数分周器（フリーケンシー・ディバイダ） 324
15.2.1　アナログ周波数分周器 324
15.2.2　ディジタル・カウンタによる周波数分周器 324
15.3　フラクショナル（分数）N カウンタ 325
15.3.1　デュアル・モジュラス（2 係数）・カウンタ 325
15.3.2　アナログ補償付きフラクショナル N PLL 327
15.3.3　デルタシグマ・モジュレータを持つフラクショナル N PLL 329
15.4　PLL 内のノイズの伝播 332
15.4.1　発振器ノイズに対する伝達関数 332
15.4.2　バンド幅のトレードオフ 333
15.4.3　他のノイズ源 335
参考文献 338

第16章　位相同期変調器と復調器 341
16.1　位相同期変調器（フェーズロック・モジュレータ） 341
16.1.1　変調器の基本 341
16.1.2　変調による PLL の測定 342
16.1.3　デルタ・シグマ PLL 変調器 343
16.2　位相同期復調器（フェーズロック・デモジュレータ） 343
16.2.1　AM 復調用 PLL 343
16.2.2　位相復調 346
16.2.3　周波数復調 348
16.2.4　FM ノイズ 349
16.3　FM 閾値 350
16.3.1　閾値の特性付け 350
16.3.2　FM クリック 351
16.3.3　PLD 内のクリック 353
16.3.4　正式な最適化 358
16.3.5　修正された PLD 360
16.3.6　FM PLD の閾値：要約 361
参考文献 363

第17章　位相同期ループの種々の応用 ……………………………………………… 365
　17.1　データ信号の同期化（シンクロナイゼーション） ……………………… 365
　17.2　ネットワーク・クロック ……………………………………………………… 366
　17.3　種々の同期発振器 …………………………………………………………… 366
　　17.3.1　発振器の安定化 ……………………………………………………… 366
　　17.3.2　周波数マルチプライア PLL ………………………………………… 367
　　17.3.3　周波数変換 PLL ……………………………………………………… 368
　17.4　テレビ受像機における PLL ………………………………………………… 370
　17.5　ディジタル・システムにおける PLL ……………………………………… 370
　　17.5.1　タイミング・スキューの補償 ……………………………………… 370
　　17.5.2　ジッタ・アッテネータ ……………………………………………… 371
　17.6　モーターのスピード制御用の PLL ………………………………………… 372
　　17.6.1　基本動作 ………………………………………………………………… 373
　　17.6.2　電気機械的考察 ……………………………………………………… 373
　　17.6.3　別の構成 ………………………………………………………………… 374
　参考文献 …………………………………………………………………………………… 374

訳者あとがき ……………………………………………………………………………… 377

索　引 ………………………………………………………………………………………… 379

表 記 法

A	振幅
B_i	入力バンドパスフィルタのバンド幅(Hz)
B_L	PLLのノイズバンド幅(Hz)
b	ディジタル・ワードの中のビット数
b	極の周波数のゼロ点の周波数に対する比
f	周波数(Hz)
f	フーリエ変換の変換変数
f_c	位相検出器における比較周波数(Hz)
f_{ck}	クロック周波数(Hz)
f_m	変調周波数(Hz)
f_s	サンプリング周波数(Hz), $=1/t_s$
Δf	ピーク周波数の偏差
Δf	搬送波からの周波数オフセット(Hz)
δf	量子化同調発振器における周波数増分(Hz)
D	遅延(サンプル間隔)
$E(f)$	$=E(s)\|_{s=j2\pi f}$
$E(s)$	PLLの閉ループ誤差伝達関数
$F(s)$	ループ・フィルタの伝達関数
$FP[x]$	xの小数部分
$G(s)$	PLLの開ループ伝達関数
$H(f)$	$=H(s)\|_{s=j2\pi f}$
$H(s)$	PLLの閉ループシステム伝達関数
$\text{Im}(x)$	xの虚数部分
$IP(x)$	xの整数部分
i	"入力"を意味する下つき文字
i	整数
$J_n(x)$	第1種, n次, 引数xのベッセル関数
j	$\sqrt{-1}$
K	PLLのループ・ゲイン(rad/sec)
K'	正規化(次元無し)ループ・ゲイン, $=K\tau_2$

K_d	位相検出器のゲイン(V/radもしくはA/rad)
K_{DC}	PLL の DC ゲイン(rad/sec)
K_i	アナログ PLL におけるゲイン係数, $i = 1, 2, ...$
K_m	マルチプライアのゲイン(V^{-1})
K_o	VCO のゲイン(rad/sec·V)
K_p	位相検出器のゲイン(V/cycle) $= 2\pi K_d$
K_v	VCO のゲイン(Hz/V), $= K_o/2\pi$
k	整数
$L\{x\}$	x のラプラス変換
$\mathcal{L}(f)$	信号の正規化された片側 RF スペクトル
m, M	整数
$m(t)$	変調波形
N_0	白色雑音の片側スペクトル(V^2/Hz)
n, N	整数
$n(t)$	ノイズ電圧(V)
$n_c(t), n_s(t)$	バンドパス・ノイズのベースバンド直交成分(V)
o	"出力" もしくは "発振器" を意味する下付き文字
$P_{RF}(f)$	RF 信号の片側スペクトル密度のスペクトラム・アナライザ表示
P_s	信号電力(W)
p	正規化ラプラス変数, $= s\tau_2$
Q	共振器の Q 値
Q	量子化レベルの数
Q	分割比
$\text{Re}[x]$	x の実部
$r(t)$	受信信号
$s = \sigma + j\omega$	ラプラス変換の変換複素変数
SNR	信号対ノイズ比
SNR_L	PLL のノイズ・バンド幅$2B_L$における信号対ノイズ比
t	時間(秒)
t_s	サンプリング間隔(秒), $= 1/f_s$
$u_c[n]$	NCO へのサンプルn制御入力(次元無し)
$u_d[n]$	ディジタル位相検出器のサンプルn出力(次元無し)
V_o	VCO のピーク出力電圧(V)
V_s	入力信号のピーク電圧(V)
$v_c(t), V_c(s)$	VCO 制御電圧(V)
$v_d(t), V_d(s)$	位相検出器出力(V)
$W_{n'}(f)$	位相検出器からの等価雑音の片側スペクトル密度(rad^2/Hz)
$W_{\theta no}(f)$	PLL へのノイズ入力による VCO 位相の片側スペクトル密度(rad^2/Hz)
$W_{RF}(f)$	RF 信号の片側スペクトル密度の測定値(V^2/Hz)

$W_{vo}(f)$	発振器出力の片側スペクトル密度の理論値（V^2/Hz）	
$W_\phi(f)$	位相ノイズの片側ベースバンド・スペクトル（rad^2/Hz）	
z	z 変換の変換変数	

ギリシャ記号

α	リミッターにおける信号圧縮係数（無次元）
β	角度変調の変調指数（rad）
γ	信号のクレスト係数
$\varepsilon[n]$	位相のサンプル n（サイクル）
ζ	2次の PLL のダンピング・ファクタ
θ	位相角（rad）
θ_a	周波数傾斜（ランプ）入力による定常位相誤差（rad）
θ_e	入力信号と VCO との間の位相誤差（rad），$=\theta_i - \theta_o$
θ_i	入力信号の位相角（rad）
θ_{no}	ノイズに起因する VCO 位相のゆらぎ（rad）
θ_o	VCO の位相（rad）
θ_v	周波数オフセットによる定常位相誤差（静的位相誤差；ループストレス）
$\Delta\theta$	位相偏差（rad）
$\Delta\theta$	位相ステップの振幅（rad）
κ	ディジタル PLL におけるループ・ゲイン（無次元）
κ_d	ディジタル位相検出器のゲイン（rad^{-1}）
κ_i	ディジタル PLL におけるゲイン係数，$i = 1, 2, ...$
κ_o	NCO のゲイン（rad）
κ_p	ディジタル位相検出器のゲイン（$cycle^{-1}$），$=2\pi\kappa_d$
κ_v	NCO のゲイン（cycles），$=\kappa_o/2\pi$
Λ	周波数の変化速度（rad/sec^2），$=d\omega/dt$
ρ	信号対ノイズ比
σ_x	x の標準偏差
τ	タイミング誤差（秒）
τ	遅延（秒）
τ_i	時定数（秒），$i = 1, 2, ...$
τ_2	タイプ 2PLL における安定化ゼロの時定数（秒）
$\phi(t)$	位相ノイズ（rad）
ψ	単位円の周りの角（rad）
ψ	正規化周波数（無次元），$=\omega t_s$
$\psi(s)$	伝達関数の位相（rad）
ψ_{gc}	サンプル化 PLL の開ループ伝達関数の正規化されたユニティ・ゲイン・クロスオーバー周波数 $\omega_{gc}t_s$，$\lvert G(e^{j\psi_{gc}}) \rvert = 1$
ω	各周波数（rad/sec），$2\pi f$

ω_c	位相検出器における比較周波数(rad/sec)，$=2\pi f_c$
ω_{gc}	開ループ伝達関数のユニティ・ゲイン・クロスオーバー周波数 ($|G(j\omega_{gc})|=1$)
ω_m	変調周波数(rad/sec)
ω_n	2次PLLの自然周波数(rad/sec)
ω_π	位相クロスオーバー周波数(rad/sec)，$\text{Arg}[G(j\omega_\pi)]=-\pi$
$\Delta\omega$	周波数オフセットもしくは周波数ステップ(rad/sec)
$\Delta\omega_H$	PLLのホールド・イン（周波数保持）限界(rad/sec)
$\Delta\omega_L$	PLLのロック・イン（位相同期）限界(rad/sec)
$\Delta\omega_P$	PLLの周波数プル・イン（引き込み）限界(rad/sec)

第1章 序　　説

位相同期ループ（PLL）は3つの必須要素がある（図1.1）．(1) 位相検出器（PD），(2) ループ・フィルタ（LF），そして (3) 電圧制御発振器（VCO）である．位相検出器は周期的な入力信号の位相を VCO 信号の位相に対して比較する．位相検出器の出力はその2つの入力の間の位相誤差の尺度である．それから誤差電圧はループ・フィルタによってフィルタされるが，このフィルタの制御出力は VCO へ印加される．制御電圧は，入力信号と VCO の間の位相誤差を減らす方向で VCO の周波数を変化させる．

ループがロック（同期）したときは，制御電圧により VCO の平均周波数は正確に入力信号の平均周波数に等しくなる．入力の各サイクルに対して発振器出力の1つのそして唯一のサイクルが存在する．位相同期は位相誤差ゼロを意味するわけではない，定常位相誤差と変動位相誤差はいずれも存在しうる．過剰な位相誤差によって同期はずれが生じる．

1.1 PLL の顕著な性質

本書を通じて繰り返し取り扱われる位相同期ループのいくつかの基本的な性質の概略をここで述べる．

1.1.1 バンド幅

バンド幅は1つの重大な性質である．狭帯域の PLL は広帯域の PLL とは全く異なる使われ方をする．

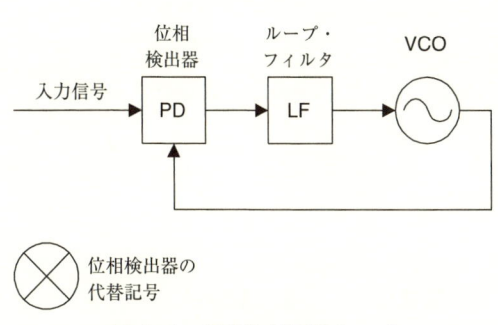

図 1.1 基本位相同期ループ

狭帯域 入力信号がその位相か周波数で情報を伝搬し，その信号が加算的なノイズで損なわれるものと仮定する．位相同期レシーバの仕事は，最大限ノイズを除去しつつ，もとの信号を十分に再生することである．その信号を再生するために，レシーバは信号の中の周波数の期待値に極めて近い周波数を持った局部発振器を利用する．局部発振器と入力信号の波形はお互いに位相検出器で比較される．位相検出器からの誤差出力は瞬間的な位相差を示す．ノイズを抑制するために，PLL は誤差をある長さの時間にわたって平均し，その平均値は発振器の周波数と位相を設定するのに用いられる．

もし，原信号の素性が良い（周波数が安定している）ならば，局部発振器は殆ど情報がなくても追従することができ，その情報は長い時間にわたって平均し，かなり大きくなりうるノイズを除去することによって得ることができる．PLL への入力はノイズの多い信号であるが，VCO の出力はこの入力のきれいにされたバージョンである．それゆえ，PLL は信号を通過させ，ノイズを除去する一種のフィルタと考えることができる．

PLL のフィルタとしての 2 つの重要な特性は，(1) バンド幅を極めて小さくできることと，(2) 信号周波数を自動的に追従するということ，である．自動追従（トラッキング）と狭帯域というこれらの特徴は，レシーバに位相同期を用いる主たる根拠である．狭帯域により大量のノイズを除去することができる．位相検出器の入力でノイズに深く埋もれている信号を PLL が再生するのは全然異常なことではない．

広帯域 高出力あるいは高周波数といった望ましい特徴を持っているが，周波数の安定性が乏しい発振器を考えてみよう．低出力で，恐らく低周波数ではあるけれども優れた周波数安定性を持った参照用発振器に対してその発振器を位相同期化することでその周波数を安定化させることができる．その PLL は電子的なサーボメカニズムとして働き，同期化された発振器内の周波数や位相の望ましくない揺らぎを抑制する．その PLL は発振器の揺らぎを可能な最大限まで抑制するためには速く応答する，つまり，広帯域であるべきである．

1.1.2 線形性

あらゆる PLL は非線形である．非線形システムの解析ツールは非常に厄介で，線形システムに使える強力な解析ツールに比べて貧弱な利点しか提供しない．幸いなことに，（全てでは無いが）関心のある殆どの PLL は同期条件にある場合には線形技術によって解析できる．

本書では，終始，線形的な方法が殆どの PLL の大半の解析や初期設計に対して十分であると主張する．従って，線形近似は可能な場合は常に用いられる．

不可避的に非線形な PLL のいくつかの重要な実例が後の章で考察される．線形解析の相対的な単純さが，非線形動作を理解しようと試みるときに遭遇する障害によってあざやかに強調される．

1.2 本書の構成

本書はいくつかの部分に分割される．最初の部分は，第 2 章から第 8 章までからなり，PLL の基本原理を説明する．第 2 の部分は PLL の内部の要素をカバーしている．これには発振器（第

9章),位相検出器(第10章),ループ・フィルタ(第11章),そしてチャージ・ポンプ(第12章)がある.(ディジタルPLLに関する)第13章と(PLLの動作不良に関する)第14章はそれぞれ独立である.最後の部分である,第15章から第17章はPLLの各種応用を述べている.

　今後の説明に関して一言:話題の最初の導入部分は,簡単すぎることはないが,通常は単純化されており,複雑化させる要因に関する警告や厳格さへの配慮は殆ど無い.必要な場合には,複雑さは,後に,読者が基本を吸収するチャンスを得てから取り扱われる.PLLの必須要素は,たとえ,多くの側面の解析が恐るべきものになりうるとしても,特に難解ではない.読者は何か1つの話題が不可解であると思うよりもむしろ,全くの膨大な詳細によってやる気をなくす可能性が高い.図1.1に描かれたシステムは最初は取るに足りないくらいに単純に見える.その取扱いがいかにしてこんなに多くのページを満たすことができるであろうか？　本書を読んで見出してください.

1.3　注釈付文献目録

　この節では,本,再版論文集,また,PLLに当てられた雑誌の特集号を列挙している.

　見出し内の項目は時間順に記入されている.列挙された項目は主としてPLLの一般的話題をカバーしているが,完全性を主張するつもりは無い.より専門化した出版物は後の章で引用されている.

1.3.1　本

A. J. Viterbi, *Principles of Coherent Communications*, McGraw-Hill, New York, 1996, Chaps. 2-4. (エレクトロニクス共同体における著名な先駆者が書いたPLLに関する貢献の解説.)

W. C. Lindsey, *Synchronization Systems in Communications and Control*, Prentice Hall. Englewood Cliffs, NJ, 1972. (ノイズ内のPLLに関する大量の解説.確率的過程と非線形解析の深い理論を含む.)

W. C. Lindsey and M. K. Simon, *Telecommunication Systems Engineering*, Prentice Hall, Englewood Cliffs NJ, 1973. (遠い宇宙の受信機へのPLLの応用に関するレベルの高い説明.)

A. Blanchard, *Phase-Locked Loops：Application to Coherent Receiver Design*, Wiley, New York, 1976. (PLL受信機の性能に関して他では見られないデータを含む.)

H. Meyr ans G. Ascheid, *Synchronization in Digital Systems：Phase-, Frequency-Locked Loops, and Amplitude Control*, Wiley, New York, 1990. (豊富な資料で,PLLの真剣な研究者にとって貴重.)

D. H. Wolaver, *Phase-Locked Loop Circuit Design*, Prentice Hall, Englewood Cliffs, NJ, 1991. (PLLの実用的な入門書.多数の簡略な近似を提供.)

J. Encinas, *Phase Locked Loops*, Kluwer Academic, Boston, MA, 1993.

P. V. Brennan, *Phase-Locked Loops：Principles and Practice*, McGraw-Hill, New York, 1996.

J. L. Stensby, *Phase-Locked Loops：Theory and Applications*, CRC Press, Cleveland, OH, 1997.(非線形動作に関して他には見られない範囲を含む.)

W. Egan, *Phase-Lock Basics*, Wiley, New York, 1998. (PLLに関する大学講座の副産物.PLLの

シミュレーションにオンラインでアクセス可能.)

D. R. Stephens, *Phase-Locked Loops for wireless Communications*, Kluwer Acadmic, Boston, MA, 2001.

R. E. Best, *Phase-Locked Loops*, 5th ed., McGraw-Hill, New York, 2003.（人気のある入門的教科書で，多数の挿絵があり，ソフトウェアが付いている.)

V. F. Kroupa, *Phase Lock Loops and Frequency Synthesis*, Wiley, Chicester, West Sussex, England, 2003.（基礎に関する丹精をこめたツアー.)

N. I. Margaris, *Theory of the Non-linear Analog Phase Locked Loop*, Springer-Verlag, Berlin, 2004.

W. H. Tranter, *Phase-Locked Loops and Synchronization Systems : A Matlab-Based Simulation Library*, Prentice Hall, Englewood Cliffs, NJ, 2005.

1.3.2 再版論文集

これらの巻はPLLの一般的な題材に関して選択された論文集である．論文の多くは，それらの題材の古典的な説明である．より多くの専門分野をカバーする補足的な再版論文集は後続の章で引用されている．

W. C. Lindsey and M. K. Simon, eds., *Phase-Locked Loops and Their Applications*, IEEE Press, New York, 1978.

W. C. Lindsey and C. M. Chie, eds., *Phase-Locked Loops*, IEEE Press, New York, 1986.

B. Razavi. *Monolithic Phase-Locked Loops and Clock Recovery Circuits*, IEEE Press, New York, 1996.

B. Razavi, *Phase-Locking in High-Preformance Systems*, IEEE Press, New York, and Wiley, Hoboken, NJ, 2003.

1.3.3 ジャーナル（雑誌）特集

IEEEジャーナルの2つの号の全体が位相同期ループに捧げられた．

W. C. Lindsey and C. M. Chie, guest eds., *IEEE Transactions on Communications COM-30*, Oct, 1982.

M. H. Perrott and G.-Y. Wie, guest eds., *IEEE Transactions on Circuits and Systems II50*, Nov, 2003.

第2章 アナログ PLL の伝達関数

PLL は本質的かつ不可避的に非線形回路であるが，多くのものの主要な動作は線形モデルで非常に良く近似できる．位相誤差が小さいという条件は，ループが同期している場合には普通に達成される条件であるが，この場合は，線形モデルが通常は適用できる．PLL の殆どの解析や設計は線形近似に基づくことができる．線形近似が成り立たない場合は解析ははるかに骨のおれるものになる．

線形解析のツールの中では，ラプラス変換とフーリエ変換，ならびにそれらから派生する様々な概念が特に貴重なものとして突出している．線形回路の入力と出力の間の変換ドメインの関係を記述する，伝達関数という関連概念が PLL を取り扱うために極端に強力なツールである．PLL の解析的設計は殆ど完全に伝達関数によるものである．線形回路だけに伝達関数が存在するということに留意すべきである．このような性質は非線形回路には存在しない．

アナログ PLL の伝達関数がこの章と次の章で導入され，ディジタル PLL の伝達関数は第 4 章で取り扱われる．結果は本書の残りの部分を通じて使われる．

2.1 基本的な伝達関数

普通の電気回路において，伝達関数は入力信号と出力信号の電圧もしくは電流を関係付ける．しかし，PLL においては，最も関心のある入力もしくは出力変数は信号の位相であって，電圧や電流ではない．

ここで考察されている伝達関数は，PLL のある 1 つの場所に印加された信号の位相変調を PLL の別の場所での位相変調の応答に関係付けるものである．

2.1.1 個別素子の伝達関数

図 2.1 のように位相検出器 (PD)，ループ・フィルタ (LF)，そして電圧制御発振器 (VCO) からなる基本的なループを考えよう．入力信号の位相は $\theta_i(t)$ と表記され，VCO 出力の位相は $\theta_o(t)$ と記されるが，単位はいずれもラジアンである．そのループは同期しており，位相検出器は線形であると仮定すると，PD の出力電圧は，次式で与えられる．

$$v_d = K_d(\theta_i - \theta_o) \tag{2.1}$$

ここで，K_d は位相検出器利得（ゲイン）係数と呼ばれ，V/rad（あるいは，適用できるならば，A/rad）を単位とする．位相誤差の定義は次式で与えられる．

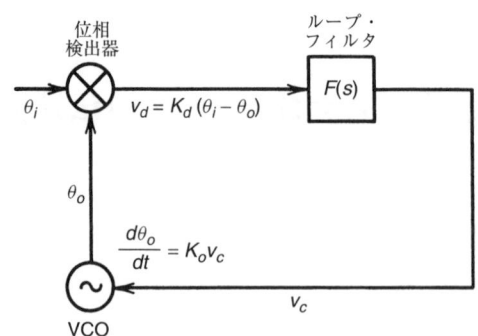

図 2.1 位相同期ループ：基本ブロックダイアグラム

$$\theta_e = \theta_i - \theta_o \tag{2.2}$$

誤差電圧 $v_d(t)$ はループ・フィルタで処理されるが，このループ・フィルタの目的はループの動的性能を安定させることにある．これに加えて，ノイズと高周波信号成分がフィルタによって抑制されることが多いが，それは 2 次的な機能であって，当面無視する．フィルタの伝達関数は $F(s)$ と表記される．フィルタの出力は VCO の周波数を制御する制御電圧で $v_c(t)$ と表記される．ラプラス変換領域ではフィルタの動作は次式で記述される．

$$V_c(s) = F(s)V_d(s) \tag{2.3}$$

［**注釈**：$V_c(s) = L\{v_c(t)\}$ において，$L\{\bullet\}$ はラプラス変換を表す．位相変数に対する時間領域あるいは変換領域の記号が単にカッコ内の引数，t もしくは s によって示される，すなわち，$\theta(s) = L\{\theta(t)\}$ となる点以外では，同様な関係が他の量についても当てはまる．］

VCO の中心周波数からの偏差は rad/sec を単位として，$\Delta\omega = K_o v_c$ であるが，ここで，K_o は VCO の利得係数であり，rad/sec・V の単位をもつ．周波数は位相の導関数であるから，VCO の動作は $d\theta_o/dt = K_o v_c(t)$ と記述することができる．ラプラス変換を行うことにより $L\{d\theta_o(t)/dt\} = s\theta_o(s) = K_o V_c(s)$ を得る．これにより，

$$\theta_o(s) = \frac{K_o V_c(s)}{s} \tag{2.4}$$

となるが，ここで，$s = \sigma + j\omega$ はラプラス独立変数である．$1/s$ は積分のラプラス変換だから，VCO の位相は制御電圧の積分に比例している．

2.1.2 統合伝達関数

個別素子の伝達関数は結合して，解析や設計の目的で必要となる全体ループ伝達関数を得ることができる．次の結合はこの先で使われる．示された式は，ループ・フィルタの詳細にかかわらず，一般に図 2.1 の構成を持った全ての PLL に当てはまる．

- 開（オープン）ループ伝達関数

$$G(s) = \frac{\theta_o(s)}{\theta_e(s)} = \frac{K_d K_o F(s)}{s} \tag{2.5}$$

- システム伝達関数

$$H(s) = \frac{\theta_o(s)}{\theta_i(s)} = \frac{G(s)}{1+G(s)} = \frac{K_d K_o F(s)}{s + K_d K_o F(s)} \tag{2.6}$$

・誤差伝達関数
$$E(s) = \frac{\theta_e(s)}{\theta_i(s)} = \frac{1}{1+G(s)} = 1 - H(s) = \frac{s}{s + K_d K_o F(s)} \qquad (2.7)$$

[コメント：(1) PLL は開ループ条件では正しく動作することができない．開ループ伝達関数 $G(s)$ は個別素子の伝達関数の形式的な縦続接続として得られる．物理的にフィードバック・ループを切断して，ここに示されている応答が何らかの直接的な手段で測定できるという意味合いは無い．それにもかかわらず，形式的な開ループ伝達関数は貴重な概念であって今後のページで繰り返し用いられる．(2) システム伝達関数はまた，(例えば，本書の初期の版におけるように) 閉ループ伝達関数とも呼ばれる．しかし，ループ誤差もまた閉ループ伝達関数によって記述されるので閉ループという用語は曖昧になりうる．システムという名前は，この曖昧さを避ける手段として提案されている．]

2.1.3 特性方程式

$1 + G(s) = 0$ という式は PLL の特性方程式として知られている．特性方程式の根（この方程式を満足する s の値）は閉ループ伝達関数の極である．極の位置は PLL の重要な性質である．殆どの PLL において，開ループ伝達関数は次の形式で書くことができる．

$$G(s) = \frac{A(s)}{B(s)} \qquad (2.8)$$

ここで $A(s)$ と $B(s)$ は s の代数的多項式である．(2.8) を (2.6) と (2.7) へ代入すれば次式が得られる．

$$H(s) = \frac{A(s)}{B(s) + A(s)}, \quad E(s) = \frac{B(s)}{B(s) + A(s)} \qquad (2.9)$$

多項式 $B(s) + A(s)$ は，特性方程式から得られ，同じ根を持つので，特性多項式と呼ばれる．これは今後繰り返し現れる．

2.1.4 術語，係数，ならびに単位

上記の式において，位相は記号 θ で表記され，ラジアンの単位で測定される．記号 ϕ も使われるであろう．周波数は記号 ω で表記され，ラジアン毎秒を単位として測定される．しかしまた，周波数は記号 f でも表記されサイクル毎秒 (Hz) で測定される．これに対応して，ラジアンの代わりにサイクルで測定される位相を取り扱う方が便利なことが時々あり，記号 ε はこの目的で用いられる．通信産業では，ε の単位はユニット・インタバル (UI) として一般に知られている．

位相よりは，秒で測定される時間差 τ を用いた方が便利なこともある．θ，ε，τ と信号周波数 $f_s = 1/T_s$ の間の関係は次式で与えられる．

$$\varepsilon = \frac{\tau}{T_s}, \qquad \theta = 2\pi f_s \qquad (2.10)$$

K_d と K_o という量は位相検出器と VCO の利得係数として導入され，それぞれ V/rad ならびに rad/sec・V で測定される．別の定義でも等しく有効である．位相検出器に対しては下記の式で定義される係数 K_p も使うことができる．

$$v_d = K_p(\varepsilon_i - \varepsilon_o) \qquad \text{V} \qquad (2.11)$$

ここで，K_pはV/cycleの単位を持つ．$K_p = 2\pi K_d$の式に注意．同様に，係数K_vは，次式で定義されてVCOに対して用いることができよう．

$$\Delta f_o = K_v v_c \qquad \text{Hz} \tag{2.12}$$

ここでK_vはHz/Vの単位を持つ．$K_v = K_o/2\pi$に注意．ここで$K_d K_o = K_p K_v$である．

更に，K_dとK_oは（2.5）から（2.7）までの伝達関数の式で一緒に積の形で現れることに注意すること．従って，$K_p K_v$を都合により自由に代わりに用いることができる．

素子は時として，位相検出器に対するmV/度のように，変わった単位で仕様を書かれることがある．このような変わったものは，そのデータの使用を試みる前に標準特性の1つに変更しなさい．［**警告**：伝達関数を取り扱う際には首尾一貫した単位を使用するように十分注意すること．混合した単位を使った場合には，誤った係数2πが入ってきて，深刻な誤った結果に至る可能性が高い．］

2.2　2次のPLL

位相同期の文献には2次のPLLに関する無数の記事が掲載されている．大多数の実用的なPLLは（次に定義されるような）2次であるか，あるいは，少なくとも初期の設計では，高次の効果を無視することにより2次ループに近似して設計されている．この節では，2次のPLLとその性質を紹介する．

2.2.1　ループ・フィルタ

特定のループ・フィルタの伝達関数$F(s)$がこの際指定されなければならない．図2.2は2次のPLLに向けた2つのループ・フィルタの構成を表している．図2.2aは高利得DC増幅器を用いたアクティブ・フィルタの回路を表している．当面は，DC利得は実効的に無限大（現代の演算増幅器で容易に近似できる条件）を仮定すると，この構成の式は以下に与えられる．

$$\begin{aligned}
\tau_1 &= R_1 C \qquad \text{sec} \\
\tau_2 &= R_2 C \qquad \text{sec} \\
F(s) &\approx -\frac{s\tau_2 + 1}{s\tau_1} = -\left(\frac{\tau_2}{\tau_1} + \frac{1}{s\tau_1}\right)
\end{aligned} \tag{2.13}$$

［**コメント**：アクティブ・フィルタの位相反転を示すマイナスの符号に注意．マイナス符号は今後無視される，安定なフィードバック・ループに必須であるように，この符号は全体的に負帰還を実現するためにループ内の不特定の場所に置かれたもう一つのマイナス符号によって打ち消されると単純に仮定する．個々の素子における位相反転に拘わらず，ある種の位相検出器ではループが自動的に負帰還動作点を見つけだすということが後の章で示される．しかし，他の種類の位相検出器を用いる場合はループの極が正しいことを確かめる必要がある．］

図2.2bは比例–プラス–積分（P+I）ループ・フィルタを示している．このフィルタには2本の平行な経路があり，上の図のアクティブ・フィルタの単一経路とは対照的である．その伝達関数式は次の式で与えられる．

第2章 アナログPLLの伝達関数

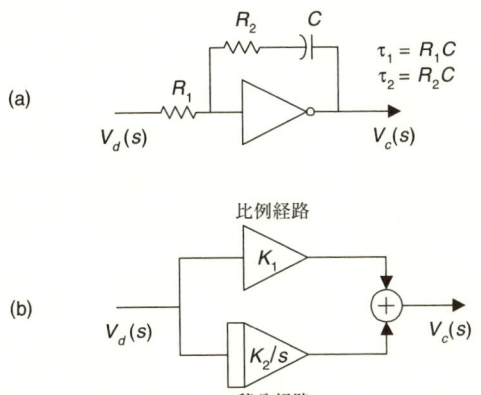

図2.2 2次タイプ2 PLLのループ・フィルタ．(a) 演算増幅器による単一経路回路，(b) 2経路の比例-プラス-積分構成

$$F(s) = K_1 + \frac{K_2}{s} \tag{2.14}$$

ここで，K_1はフィルタの中の比例経路の利得係数であり，K_2はフィルタの積分経路の係数である．係数K_1は無次元だが，$F(s)$全体では無次元とするためにK_2は$(\text{time})^{-1}$の次元を持たなければならない．もし，$K_1 = \tau_2/\tau_1$であり，また，$K_2 = 1/\tau_1$であるならば，2つの構成は電気的に等価である．単一経路構成は実際に最も広く使用されているが，2経路構成は実装と解析の本質的な利点を提供しうる．その例は後の章で与えられる．ループ・フィルタのこれら以外の構成が後の章で紹介される．決してこれら2つだけが使われるというわけではない．

[コメント：あと知恵ではあるが，ループ・フィルタという名前は，本書の初期の版がそれを広めたにしても，不幸であった．ある著者たちによる誤った呼称にもかかわらず，これらの例は低域通過フィルタではないということに特に注意すべきである．ループ・コントローラという名前は制御システムの同僚達が使っているが，この名前の方が良かった．これらの回路の主な目的はフィードバック・ループの動力学を確立し，VCOに対して適切な制御信号を送ることである．不要な信号をフィルタすることは後に述べる付加的な部品により達成されるべき2次的な仕事である．しかし，ループ・フィルタという名前は普及しており，ひっくり返すのは難しい．従って，本書のこれ以降の部分ではその用語を維持する．]

2.2.2 次数（order）とタイプ（type）

さて，(2.13) と (2.14) のループ・フィルタ伝達関数を (2.6) の基本システム伝達関数に代入すると次式が得られる．

$$H(s) = \frac{K_d K_o (s\tau_2 + 1)/\tau_1}{s^2 + sK_d K_o \tau_2/\tau_1 + K_d K_o/\tau_1} = \frac{K_d K_o (K_1 s + K_2)}{s^2 + sK_d K_o K_1 + K_d K_o K_2} \tag{2.15}$$

この伝達関数の分母多項式（特性多項式）は2次であるので，このPLLは2次と言われる．分母の2個の根は伝達関数の極であって，分子の根は$s = -1/\tau_2 = -K_2/K_1$に位置するゼロ点

である．ゼロ点はP+Iフィルタ構成の必然的な特徴である．これはループの安定性に必須なものであるが，この話題は2.3.1項で取り扱われる．

（本書の初期の版を含めた）過去の文献において，注意は主としてループの次数（特性多項式の次数）に集中していた．しかしながら，ループの重要な性質の多くは次数ではなくてループのタイプに，より正確には関係している．タイプという用語は制御システムの共同体から借りてきたものだが，ループ内の積分器の数を指している．この節で考察の対象となっている特定のループは2個の積分器（1個はループ・フィルタに，そしてもう1個はVCOの中に）を含んでいるので，2次であるのに加えてタイプ2のPLLである．

各積分器は伝達関数に対して1個の極の寄与があるので，次数はタイプより少なくなることは無い．しかし，追加の非積分器フィルタが存在することが多く，その場合には追加の極の寄与があり次数を増加させるがタイプには影響しない．VCOにおいて本質的には積分がなされるので，PLLは少なくともタイプ1である．5.1.1項で説明される正当な理由により，タイプ2 PLLはごく普通である．たまに，タイプ3 PLLが（更なる正当な理由により）使われるだろうし，私はかつてタイプ4 PLLを見たことがある．

故意の更なるフィルタリングや望ましくない寄生要素が多数の非積分性の極をループに加え，タイプよりも高次の次数になることがありうる．十分に複雑な回路ではタイプ1かタイプ2でしかないのに10次ないし12次のループに出会うこともありうる．

2.2.3　ループ・パラメータ

2次の伝達関数 (2.15) は例え2個の極と1個のゼロ点しか伴わないにしても，多数の係数（利得や時定数）を含む．その伝達関数は細かく書かれ過ぎである．表記を修正すれば式をもっと簡潔にできる．2次タイプ2のPLLの伝達関数は2つの適切なループ・パラメータだけで完全に指定することができる．ループの設計と解析は，最初は，ループ・パラメータによって大変便利に実行できる．そして，その後に，満足なパラメータが決められた後で利得や時定数に細分化される．この節ではPLLの文献にしばしば現れる2組のパラメータを定義する．

自然周波数とダンピング

2次のPLLに対して最もよく知られているパラメータの組み合わせは非減衰自然周波数ω_n rad/sec（通常は単に自然周波数）と無次元ダンピング・ファクタζである．(2.15)の係数と時定数とにより，これらのパラメータは2次タイプ2のPLLに対して，

$$\omega_n = \sqrt{\frac{K_d K_o}{\tau_1}} = \sqrt{K_d K_o K_2}$$

$$\zeta = \frac{\tau_2}{2}\sqrt{\frac{K_d K_o}{\tau_1}} = \frac{\tau_2 \omega_n}{2} = \frac{K_1}{2}\sqrt{\frac{K_d K_o}{K_2}}$$

(2.16)

と定義され，システム伝達関数は次のように簡単になる．

$$H(s) = \frac{2\zeta\omega_n s + \omega_n^2}{s^2 + 2\zeta\omega_n s + \omega_n^2}$$

(2.17)

自然周波数とダンピングは極ペアの性質の便利な記述となっており，従って2次のループに適している．$\zeta < 1$ ならば，極は共役複素数である．$\zeta = 1$ ならば，極は実数で一致する．$\zeta > 1$ ならば，極は実数で分離している．$\zeta < 1$ に対しては，s-平面の原点から極の位置へ向かうベクトルは長さが ω_n であり，負の実軸からベクトルへの角度のコサインは ζ であり，図2.3に示すようになる．$\zeta \geq 1$ に対しては極位置の幾何平均は ω_n に等しく，2つの極位置の比は次式で与えられる．

$$2\zeta^2 + 2\zeta\sqrt{\zeta^2 - 1} - 1$$

ζ の値は一般的には，0.5 と 2 の間にあって，0.707 が好ましい値であるが，20 もしくは 30 までといった，ずっと大きな値が時として必要になる．～0.5 より小さなダンピングのループでは過渡応答の中で過度のオーバーシュートになり，従って動特性は満足できないものとなる．～1 よりずっと大きなダンピング・ファクタは普通は特殊な状況でしか必要とされない．その1つの例が2.2.4項に書かれている．ω_n の値は，～10^{-5} から～10^8 rad/sec かそれ以上という，極端に広い範囲の値を必要に応じて取り得る．

自然周波数とダンピングは，直観的な物理的描写であり，また PLL の文献に広く出てくるので，魅力的なパラメータの組み合わせとなっている．しかし，厳密に言うと，それらは2次のループにしか当てはまらない．ω_n の拡張された定義は（第3章で紹介されるような）2次より高次のタイプ2ループに対して可能であるが，この概念は1次の PLL やタイプ3以上の PLL に対しては無意味になる．更に，ω_n はしばしば，2次ループのループ・バンド幅の尺度として用いられる．それは，バンド幅の月並みな尺度でしかないということが証明されるので，何かもっと良いものが必要である．

ループ・ゲイン K　考察の対象である2次のタイプ2 PLL に対して，ループ・ゲイン

$$K = K_d K_o K_1 = \frac{K_d K_o \tau_2}{\tau_1} \quad \text{rad/sec} \tag{2.18}$$

を定義する．これは，VCO での積分に起因する $1/s$ ファクタを除き，比例経路の開ループ利得と認識されよう．他の次数とタイプの PLL に適用可能な，K のより広い定義が2.3.1項で与えられる．2次ループには2個のパラメータが必要である．K のみでは十分ではない．ζ を第二のパラメータに選ぶ者もあるだろうし，あるいは，後で広く使われるように，τ_2 が大変有益かもし

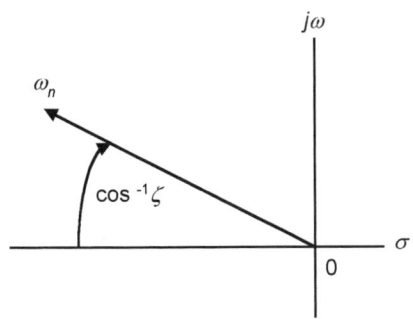

図2.3　複素極の幾何的構成．ω_n と ζ を図示

れない．2次のタイプ2PLLの任意の2個のパラメータは，他の2個で定義できる．次の式がそのような関係に含まれる．

$$K = 2\zeta\omega_n, \qquad \omega_n = \sqrt{\frac{K}{\tau_2}}$$
$$K\tau_2 = 4\zeta^2, \qquad \zeta = \frac{1}{2}\sqrt{K\tau_2} \tag{2.19}$$

Kを用いて，(2.15)のパラメータ表示されたシステム伝達関数は次式のようになる．

$$H(s) = \frac{K(s+K/4\zeta^2)}{s^2+Ks+K^2/4\zeta^2} = \frac{K(s+1/\tau_2)}{s^2+Ks+K/\tau_2} \tag{2.20}$$

対応する誤差応答は次式で与えられる．

$$E(s) = \frac{s^2}{s^2+sK+K^2/4\zeta^2} = \frac{s^2}{s^2+sK+K/\tau_2} \tag{2.21}$$

DC ゲイン K_{DC}　PLL の DC 利得を次式で定義する．

$$K_{DC} = \left| \lim_{s \to 0} sG(s) \right| = K_d K_o |F(0)| \qquad \text{rad/sec} \tag{2.22}$$

この定義は全ての次数とタイプのPLLに当てはまる．タイプ1PLLに対しては，$F(0)$は有限であるが，$F(s)$の中の積分器によりタイプ2以上のループに対しては無限大になる．K_{DC}の意義は5.1.1項で説明される．

2.2.4 周波数応答

2次タイプ2のPLLの振幅応答$|H(j\omega)|$と$|E(j\omega)|$は図2.4から図2.7までにダンピング・ファクタζの数個の値に対して(dB単位の振幅対対数スケールの周波数)プロットされている．図2.4と2.5の周波数目盛りは自然周波数ω_nに正規化してあるが，図2.6と2.7の周波数目盛りはループ利得Kに正規化してある．伝達関数のいくつかの顕著な性質がこれらのグラフから認識できる．

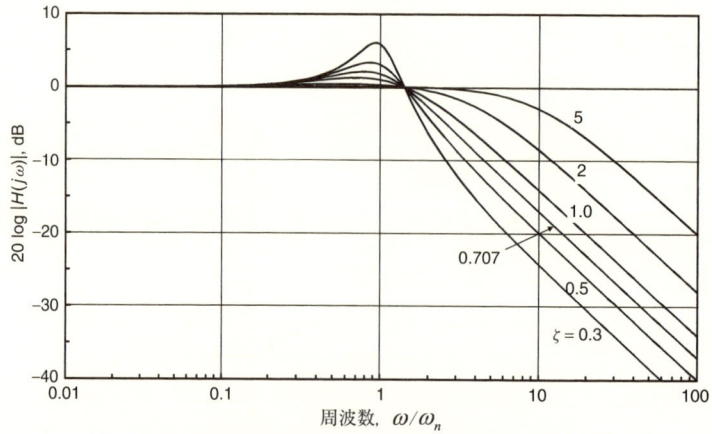

図2.4 2次タイプ2PLLの応答$|H(j\omega)|$．周波数は自然周波数ω_nに正規化されている．

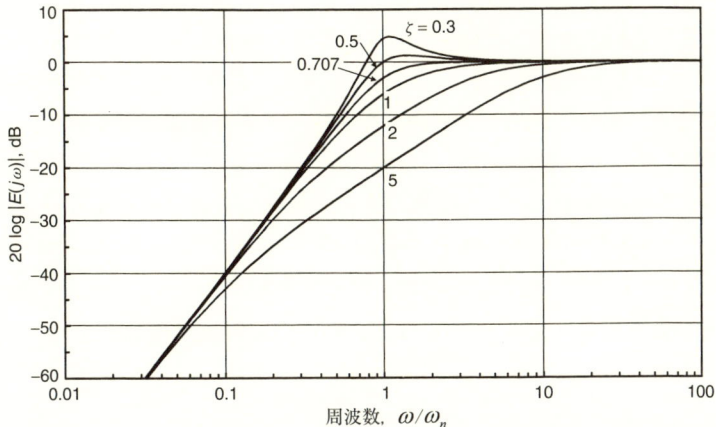

図 2.5 2次タイプ2のPLLの応答$|E(j\omega)|$. 周波数は自然周波数ω_nに正規化されている.

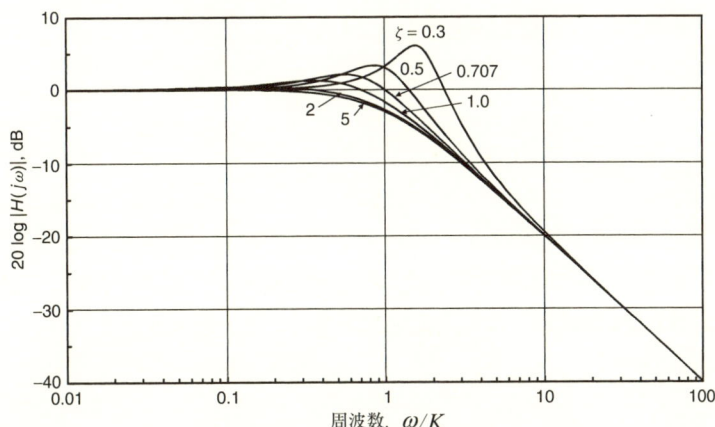

図 2.6 2次タイプ2のPLLの応答$|H(j\omega)|$. 周波数はループ利得Kに正規化されている.

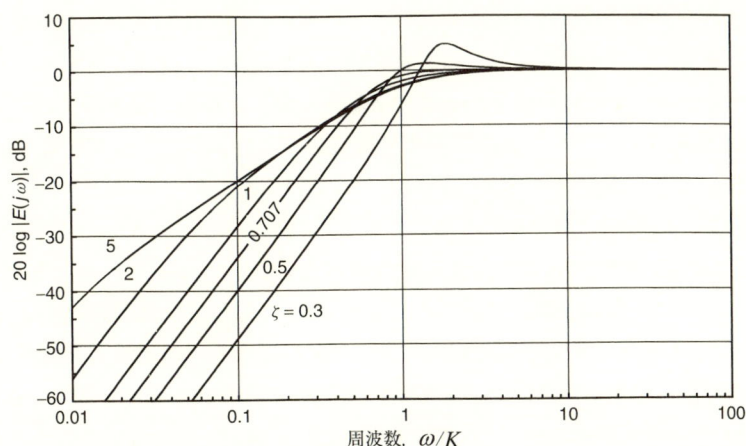

図 2.7 2次タイプ2 PLLの応答$|E(j\omega)|$. 周波数はループ・ゲインKに正規化されている.

位相フィルタリング特性　振幅応答を見ると，システム伝達関数$H(s)$は入力信号の位相変調に対して低域通過フィルタ動作を実行しており，また，誤差応答伝達関数$E(s)$は高域通過フィルタ動作を実行していることが分かる．位相フィルタリング動作のこれらの大雑把な分類は全てのPLLに当てはまる．個別の詳細だけが様々な次数やタイプの間で異なる．PLLは必然的に制限されたバンド幅を持っているのでこうした振る舞いが生じる．ループはループ・バンド幅内の入力位相変調には追従するが，バンド幅外の位相変調は　追従しそこなう．したがって，ループ・バンド幅以内の入力位相変調はVCOの位相出力へ伝達されるが，ループ・バンド幅外の入力位相変調は減衰される．誤差応答は必然的に相補的であり，ループ・バンド幅内の入力位相変調は小さな誤差で追従されるがループ・バンド幅外の入力変調は殆ど全く追従されず，殆ど100%の追従誤差を生じる．

漸近応答　周波数応答$|H(j\omega)|$と$|E(j\omega)|$の漸近線を見ると有益である．(2.20)と(2.21)から，2次タイプ2のPLLの漸近線は次式で表現される．

$$|H(j\omega)| \approx \begin{cases} 1, & \omega \ll K \\ \dfrac{K}{\omega}, & \omega \gg K \end{cases}$$

$$|E(j\omega)| \approx \begin{cases} \dfrac{\omega^2}{\omega_n^2}, & \omega \ll \omega_n \\ 1, & \omega \gg \omega_n \end{cases}$$

(2.23)

従って，$|H(j\omega)|$の高周波漸近線は-6dB/オクターブでロール・オフし，$|E(j\omega)|$の低周波漸近線は$+12$dB/オクターブで上昇する．これらの漸近線はダンピング係数ζと独立である．異なる次数のPLLでは$|H(j\omega)|$の異なる漸近勾配が形成され，異なるタイプのPLLでは$|E(j\omega)|$の異なる勾配が形成される．

バンド幅　PLLのバンド幅はどのように定義すべきであろうか？　実際，全ての目的に対して十分な単一の定義は存在しない．候補をいくつか挙げると，(1) 自然周波数ω_n，(2) ループ利得K，(3) ノイズ・バンド幅B_L，それから(4) 3-dBバンド幅ω_{3dB}，となる．

自然周波数はバンド幅の表示として広く使われているが，図2.4の低域通過曲線を一目見ればすぐに，それはダンピング係数ζに強い依存性を持っているので$H(s)$の満足のいく尺度ではないということが分かる．より良い定義が必要である．しかしながら，自然周波数は図2.5に示された$E(s)$の高域通過フィルタリングのコーナー周波数の良い表示になっている．高域応答へのこの適用可能性はより高次のタイプ2PLLへ広がっているが，自然周波数という用語は2次でもタイプ2でもないPLLには無意味である．

図2.6は，Kが$H(s)$の低域通過コーナー周波数のよい表示になっていることを表している．さらに，Kは，まさに任意の次数やタイプの任意のPLLに対して低域通過コーナーの良い表示になっている．2.3.1項は，バンド幅の定義に適したKの更なる一般的性質を実例で説明している．今後は，別の指定が無い限り，バンド幅という用語を使用するとKを意味するものとする．しかし，Kは$E(s)$の高域通過コーナー周波数の表示としては向いていないということに，図2.7で気づいてほしい．

ノイズ・バンド幅B_Lは6.1.3項で定義されるが，もし加算的な白色ノイズが重大な妨害ならば，PLLバンド幅の適切な尺度である．しかし，低ノイズ状況では適用可能性は低く，この場合にはKが好ましい．B_LとKの関係は第6章で詳述されている．本書では常にB_Lをノイズ・バンド幅として記述する．

普通のフィルタは通常3-dBバンド幅により指定される．位相同期ループのバンド幅もまたそのように指定できるであろうが，それが有益であることはめったに無い．図2.4から図2.7までから3-dBバンド幅を抽出することはできるだろうが，そのような値に明白な意味は無い．2次タイプ2 PLLの低域通過$|H(j\omega)|$の3-dBバンド幅は次式のように計算できる．

$$\omega_{3\text{dB}} = K\left(\frac{1}{2} + \frac{1}{4\zeta^2} + \frac{1}{2}\sqrt{1 + \frac{1}{\zeta^2} + \frac{1}{2\zeta^4}}\right)^{1/2} \quad \text{rad/sec} \quad (2.24)$$

これは，図2.6から明らかなように，大きなζに対しては，Kに近づく．

利得（ゲイン）ピーキング 図2.4から2.7には，特にダンピング係数の低い値に対して，応答曲線の明白なピーキングが見られる．$|E(j\omega)|$の高域応答は$\zeta < \sqrt{0.5} \approx 0.707$に対してのみピーキングを持ち，それより大きな$\zeta$に対してはピーキングを持たない．低域通過応答$|H(j\omega)|$は小さなダンピング係数に対しては大きなピーキングを持つが，ダンピング係数がどんなに大きくても，2次タイプ2 PLLからはピーキングが消えることは無い．

何故低域通過曲線に対して常にピーキングが生じるのであろうか？　小さなダンピング係数（$\zeta < 0.707$）に対しては，伝達関数の複素極がs-平面の虚軸に近いので，初期共鳴効果が顕著になっている．しかし，より大きなダンピング係数に対しても，また，過剰減衰ループ（$\zeta > 1$），すなわち，共鳴効果が存在しない実数極を持ったループに対してすらピーキングは発生する．大きな減衰が存在する中でのピーキングは，$H(s)$の分子の中の，$s = -1/\tau_2$におけるゼロ点のために生じる．ゼロ点のために，$|H(j\omega)|$が周波数とともに増加する．この増加は極のロールオフによって終了する．ゼロ点と最も近い極との間の間隔はKの増加に応じて減少するが（ダンピングは増加），いかなる有限なKに対しても極がゼロ点と一致することは無い．従って，2次タイプ2 PLLは常に$|H(j\omega)|$に利得のピークを示すことになる．

もしもゼロ点が利得のピーキングを引き起こすならば，なぜ，ピーキングを避けるためにゼロ点を除去しないのであろうか？　2.3.3項では，ゼロ点はタイプ2 PLLが安定であるために必要であるということが示されている．よりはっきり言うと，タイプnループが安定であるためには$n-1$個のゼロ点が必要である．3次のループはピーキングを抑制すると主張した技術者達もいるが，確固たる証拠は無い．図2.1のPLLの構成に対しては，利得のピーキングはループ・フィルタの中の積分器から得られる利点の避けがたい代償であるようだ．

穏やかなピーキングは多くの応用で取るに足りないものであるが，全てでそうであるというわけでもない．通信システムのレピータのチェインのような，多数のPLLが従属接続された状況を考えてみよう．もし，各レピータがたった1dBのピーキング（$\zeta \approx 1$に対応するが，これは必ずしも普通は小さいと考えられるダンピング係数ではない）がある場合には，もしチェインが（非現実的ではない数であるが）100個のレピータを含んでいるならば，そしてまたもし防衛手段がとられないならば，チェインは100dBのピーキングを持つことになるが，これは災難である．

通信設備のレピータに対する一般的標準には，最大ピーキングが0.1dBだけと指定されている．

$H(s)$に対する伝達関数（2.20）の解析から，2次タイプ2 PLLの利得ピーキングは次式で与えられる．

$$利得ピーキング = 10\log\frac{8\zeta^4}{8\zeta^4 - 4\zeta^2 - 1 + \sqrt{8\zeta^2 + 1}} \quad \text{dB} \quad (2.25)$$

ピーキング対ダンピングは図2.8に描かれている．0.1dBより小さなピーキングであるためには，$\zeta > 4.4$であることが必要である．

ループ安定性　フィードバック・ループの設計は安定性の保証無しには不完全なものであって，位相同期ループは例外でない．基本的な2次タイプ2のPLLに関する文献では，この種のループが利得Kの全ての値に対して無条件に安定なので，殆どループ安定性に関しては論じないのが通常である．多くの他のループ・タイプや次数ではそれほど安定ではない．後のページで追及されるように，それらには安定性への深い注意が必要である．

2.3 他のループ・タイプと次数

これまでの節で強調されてはいたが，読者は，全ての位相同期ループが2次タイプ2であると仮定するべきではない．全く反対である．極めて多くの実用的なPLLが少しあるいはかなりこの基本と異なっている．変種を理解することはPLLの熟練技術者には重要である．他種のPLLの選ばれた例がこの節に示されており，更なる例が後の章で現れる．

2.3.1 ループ利得（ゲイン）Kの一般的定義

予備的な問題として，遭遇する殆どいかなるPLLに対しても当てはまるように利得Kを再定義する．以前の定義（2.18）は2次タイプ2 PLLにしか当てはまらない．定義の拡張を進める

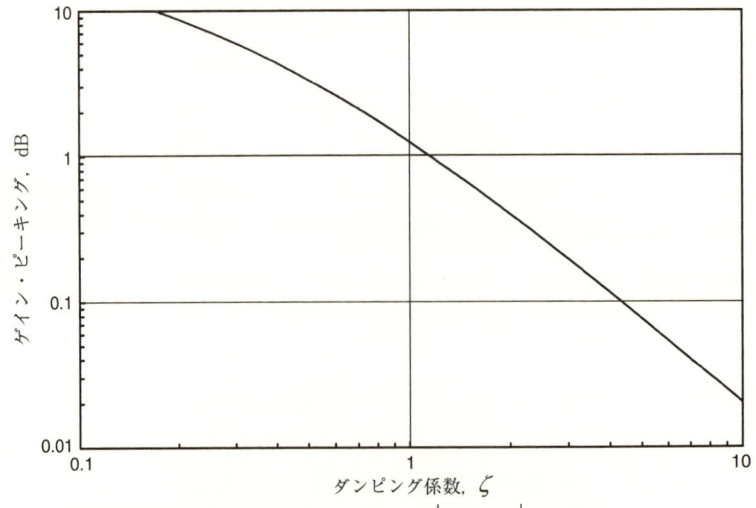

図2.8　2次タイプ2 PLLに対する$|H(j\omega)|$の利得ピーキング

第2章 アナログPLLの伝達関数

ために，まずループ・フィルタの伝達関数を次の形式で2個の別の部分の縦続接続へ分解しよう．

$$F(s) = F_{p+i}(s)F_{hf}(s) \qquad (2.26)$$

ここで下付き文字"p+i"は比例プラス積分（P+I）を表し，下付き文字"hf"は高周波を表す．すなわちF_{hf}は「高」周波数，通常はPLLのバンド幅外で最大の効果を発揮する．$F_{hf}(s)$に対する唯一の制約は$F_{hf}(0)$が有限でノンゼロということである．

この一般的定式化で，P+Iファクタはタイプ2PLLのように1個だけではなく任意の数の積分器を持つ．P+Iファクタに対する式は次のように書ける．

$$F_{p+i}(s) = K_1 + \frac{K_2}{s} + \frac{K_3}{s^2} + \cdots \qquad (2.27)$$

ここでK_iは$(\text{time})^{-(i-1)}$の次元を持ち和の各項は無次元であることを保証している．多くの場合は，せいぜい1個の積分器が使われるが2個の積分器が適切である場合もある（2.3.4項を参照）．2個より多くの積分器が使われることは極めてまれにしかない．

[**コメント**：多くの場合，積分器は不完全であって，理想的な積分器の代わりに低カットオフ周波数の低域通過フィルタが使われる．その場合には，必要に応じて$F_{hf}(s)$の中よりは$F_{p+i}(s)$のなかで$1/(s+s_i)$の項を代用して，低域通過フィルタが積分器であるかのようなふりをすると便利なことが多い．

完全なアナログ積分器を実現することは殆ど不可能なので，この方便はアナログ回路で特に必要である．現実問題として，不完全積分器は近似が受け入れられる程度に十分理想的な$1/s$に近いものとすることができる．一例が2.3.2項で提供される．]

（2.5）に基づき，より一般的なループ・フィルタを持った，開ループ伝達関数は次式のようになる．

$$\begin{aligned}
G(s) &= \frac{K_d K_o F_{p+i}(s) F_{hf}(s)}{s} = \frac{K_d K_o}{s}\left(K_1 + \frac{K_2}{s} + \frac{K_3}{s^2} + \cdots\right)F_{hf}(s) \\
&= \frac{K_d K_o K_1 F_{hf}(0)}{s}\left(1 + \frac{K_2}{K_1 s} + \frac{K_3}{K_1 s^2} + \cdots\right)\frac{F_{hf}(s)}{F_{hf}(0)} \\
&= \frac{K}{s}\left(1 + \frac{K_2}{K_1 s} + \frac{K_3}{K_1 s^2} + \cdots\right)\frac{F_{hf}(s)}{F_{hf}(0)}
\end{aligned} \qquad (2.28)$$

これにより，Kの一般的定義は，次式のようになる．

$$K = K_d K_o K_1 F_{hf}(0) \qquad \text{rad/sec} \qquad (2.29)$$

勿論，同じ定義が，$i > 2$に対して$K_i = 0$であり，かつ$F_{hf}(s) = 1$である2次タイプ2PLLに当てはまる．[**コメント**：P+I部分の特定の構成が（2.28）により意味されているように見えるかもしれないが，殆どいかなる現実的なループ・フィルタでも，その回路の構成がどうであれ，その伝達関数はこの形式で表現することができる．例として付録3Bを見よ．]

Kは完全に比例経路のなかで決定され，積分器や高周波効果はその定義に全く入っていないことに注意すること．それにもかかわらず，KはPLLの応答速度やバンド幅に支配的な影響力を持っている．この影響力に関しては，のちほど繰り返し述べられる．この特徴から次の教訓が強調される．

ループ・フィルタ内の現実のフィルタリングは通常はループ・バンド幅とスピードには 2 次的な影響力しか持たない．第一位の影響力はループ・ゲイン K に期待せよ．

ゲイン・クロスオーバー周波数 $|G(j\omega_{gc})| = 1$（すなわち 0dB）となるように，ゲイン・クロスオーバー周波数 ω_{gc} rad/sec を定義する．ω_{gc} の正確な式は，全ての係数が知られているならば (2.28) から導き出すことができるが，簡単な近似がより有益である．もし，$K_2/K_1\omega_{gc} \ll 1$（タイプ 2 PLL で $\omega_{gc} \gg 1/\tau_2$）で，かつまた $|F_{hf}(j\omega_{gc})|/|F_{hf}(0)| \approx 1$ ならば，

$$\omega_{gc} \approx K \tag{2.30}$$

こうして，幾分ゆるい条件で，K rad/sec に近い周波数で開ループ・ゲインが 0dB を横切る．

この近似はどの程度有効なのであろうか？ $s = jK$ における開ループ・ゲインが直ちに $|G(jK)|^2 = 1 + 1/(2\zeta)^4$ であることが分かる 2 次タイプ 2 PLL を考えよう．いくつかの選ばれた値に対して下表のようになる．

この例では，近似は小さなダンピングに対しては良くないが，中くらいから大きなダンピングに対しては良好である．同様な結果が他のループのタイプや次数に対して期待することができる．

[コメント：(1) ループ・ゲイン K はいかなる PLL であれその最も重要なパラメータとして本書を通じて用いられる．(2) K の重要性の強調（もしくは認識）は PLL の文献で広まってはいない．多くの他の著者は，そのかわりに ω_n を信頼しているが，これはずっと不満足な選択である．注目に値する例外が Wolaver [2.1] の著書にあり，そこでは K が本書と同じようにして用いられている。(3) 他の文献を読む際には注意が必要である．記号 K は，(2.29) で定義された K と同じではない利得係数として使われていることが多い．K の別の意味は間違っているわけではないが，単に異なっているだけであるので注意が必要である．(4) 著者の中には"ループ・ゲイン"を誤って dB で，すなわち無次元量として指定している．PLL のループ・ゲインはどのように定義されていようが，周波数の次元を持つ．無次元の仕様は無意味である．]

2.3.2 タイプ 1 PLL の例

タイプ 1 PLL はループ内に 1 個の積分器しか持たない，これは VCO の寄与分である．いくつかの変形例が興味深い．

1 次 PLL この極めて単純な PLL にはループ・フィルタが全く無い．これは，2.3.1 項の正式な表記法では $F_{p+i}(s) = K_1$ と $F_{hf}(s) = 1$ とにより記述される．その利得と伝達関数は次式で与

ζ	$20 \log |G(jK)|$ (dB)
0.5	3.0
0.707	0.97
1.0	0.26
2	0.017
5	0.0004

えられる.

$$K = K_d K_o K_1 = K_{DC} \qquad \text{rad/sec} \qquad (2.31)$$

$$G(s) = \frac{K}{s}, \qquad H(s) = \frac{K}{s+K}, \qquad E(s) = \frac{s}{s+K} \qquad (2.32)$$

従って，ループ・ゲイン K（この場合は 3-dB バンド幅に等しい）が設計者が使える唯一のパラメータである．（5.1.1 項参照．良い追従特性を確保するのに必要なことが多い）大きな DC ゲインが必要ならばバンド幅もまた大きくなければならない．従って，狭帯域は，1次のループにおいては良い追従特性と両立しない．この理由で，これはあまり使われない．にもかかわらず，1次ループはしばしば文献に現れるが，これは主として解析的に取り扱うにはもっとも容易だということと，1次ループのいくつかの性質は，解析が比較的困難な，より複雑な PLL に対して近似的に拡張できることが多いからである．

ラグ・フィルタ付き 2 次 PLL　もう少し複雑な PLL には $F_{p+i}(s) = K_1$ かつ $F_{hf}(s) = 1/(s\tau+1)$ で規定されるループ・フィルタが含まれている．この構成は単純な1次 PLL と同じループ・ゲイン K と DC ゲイン K_{DC} を持つが，そのシステム伝達関数と誤差伝達関数は2次である．

$$H(s) = \frac{K/\tau}{s^2 + s/\tau + K/\tau} = \frac{\omega_n^2}{s^2 + 2\zeta\omega_n s + \omega_n^2}$$
$$E(s) = \frac{s(s+1/\tau)}{s^2 + s/\tau + K/\tau} = \frac{s(s+2\zeta\omega_n)}{s^2 + 2\zeta\omega_n s + \omega_n^2} \qquad (2.33)$$

ここで，パラメータは次式で定義される．

$$\omega_n = \sqrt{\frac{K}{\tau}}, \qquad \zeta = \frac{1}{2\sqrt{K\tau}} \qquad (2.34)$$

2つの係数 K と τ しか使えないので，3つのパラメータ，ω_n と ζ と K_{DC} を独立に指定することはできない．大きな DC ゲインと小さな ω_n を得るには，大きな τ が必要であり，その結果，ループはひどく過少減衰となる．[**注意**：ω_n と ζ のこれらの定義は2次タイプ2 PLL とはかなり違っている．]

これは厳密に2次の PLL だが，システム応答で高周波を抑制するための余分なフィルタ処理をする1次 PLL と考えたほうがよかろう．実際，$|H(j\omega)|$ の漸近線は，2次タイプ2 PLL の -6dB/octave の代わりに -12dB/octave でロールオフする．更に，$H(s)$ はゼロ点が分子に無いので，$\zeta > 0.707$ ではゲインのピーキングは発生しない．小さなバンド幅が必要でない場合には，これらの特徴が総合的にこの形の PLL を有益なものにしている．このような PLL が多数，テレコミュニケーション（遠距離通信）・レピータで使われている．

ラグ・リード・フィルタ付き 2 次 PLL　小さなバンド幅と大きな DC ゲインを同時に必要とすることは位相同期ループの初期の時代（すなわち 1950 年代）から認識されていたが，しかし良好な DC 増幅器が当時は手に入らなかったので，満足な積分器は実現不能であった．その代わ

り，その初期の時代の多くの文献や多くの PLL は次の伝達関数を持った，パッシブ・ラグ・リード・フィルタを用いていた．

$$F(s) = \frac{s\tau_2 + 1}{s\tau_1 + 1} = \frac{\tau_2}{\tau_1}(1 + \frac{1/\tau_2 - 1/\tau_1}{s + 1/\tau_1}) \quad (2.35)$$

ただし，$\tau_2 < \tau_1$ である．この式はまた，$K_1 = \tau_2/\tau_1$, $K_2/K_1 = 1/\tau_2 - 1/\tau_1$ である比例プラス不完全積分器フィルタと解釈できる．ループ・ゲインは $K = K_d K_o K_1$ で定義され，DC ゲインは $K_{DC} = K_d K_o$ であり，ループ伝達関数は次式で与えられる．

$$G(s) = \frac{K}{s}(1 + \frac{1/\tau_2 - 1/\tau_1}{s + 1/\tau_1})$$

$$H(s) = \frac{K(s + 1/\tau_2)}{s^2 + s(K + 1/\tau_1) + K/\tau_2} \quad (2.36)$$

$$E(s) = \frac{s(s + 1/\tau_1)}{s^2 + s(K + 1/\tau_1) + K/\tau_2}$$

十分な自由度があるので，前のタイプ 1 の例とは対照的に，DC ゲイン，ループ・バンド幅，ダンピングに対して独立な仕様の設定が可能である．この自由度が初期の 2 次の PLL においてラグ・リード・フィルタが普及した根拠になっている．

2.3.3 タイプ 2 PLL の例

2.2 節では重要な 2 次タイプ 2 PLL の広範な記述が与えられた．この節では，タイプ 2 ループの更なる変形が調べられる．タイプ 2 以上の全ての PLL に対して $K_{DC} = \infty$ であり，それによってタイプ 1 ループに固有なループ・バンド幅と DC ゲインのトレード・オフを回避している点に注意．

積分器だけのループ・フィルタ ループ・フィルタの伝達関数が単純に $F(s) = K_2/s$ であると仮定しよう．この定式化では比例経路ゲイン $K_1 = 0$ である．ループ伝達関数は次式で与えられる．

$$G(s) = \frac{K_d K_o K_2}{s^2}, \qquad H(s) = \frac{K_d K_o K_2}{s^2 + K_d K_o K_2}, \qquad E(s) = \frac{s^2}{s^2 + K_d K_o K_2} \quad (2.37)$$

2 つの特徴が目立つ．

1. $H(s)$ は分子にゼロ点を持たない．［通常の 2 次タイプ 2 PLL に適用できる伝達関数 (2.15) と比較しなさい．］
2. 分母の極は虚数軸上の $s = \pm j\sqrt{K_d K_o K_2}$ にある．

$H(s)$ の分子にゼロ点が無いということは，以前はゲイン・ピーキングが無いことを意味するとみなされたが，(2.37) の極構成によって極周波数で無限大のゲインとなる．ゼロ点が無ければ，タイプ 2 PLL は安定性境界上にある．いかなる微小な妨害でも極周波数で非減衰正弦波振動が生じる．ループ内でのいかなる微小な位相遅れの増加も指数関数的に振幅が増加する振動として観測される完全な不安定性を引き起こす．教訓は明らかである．

タイプ2フィードバックループのループ・フィルタは安定な閉ループ動作を達成するために少なくとも1個のゼロ点を伝達関数内に持たなくてはならない．より一般的には，タイプnループ$(n>1)$のフィルタ伝達関数は少なくとも$n-1$個のゼロ点を持たなければならず，さもなければ，ループは不安定になる．

3次タイプ2 PLL　2次のタイプ2 PLLはPLLの文献に広く見られる単純化であるが，実際にはそれほど多くは無い．ほとんどの実際のPLLには高い周波数で極が追加されている．これらの極は，システム周波数応答のより急峻なロールオフを得るため，もしくは位相検出器から発する高周波障害を抑制するために，意図的に挿入されているものもある．フィルタリングを追加する必要の例は後続の章で与えられている．他の極は寄生的なもので，フィードバック・ループ内の現実の部品——VCO回路の制御経路での浮遊容量，アンプのバンド幅制約，あるいはローパス回路——の不可避の周波数応答限界から生じる．

多くの場合，極の周波数は希望するループ・バンド幅より十分大きいので，これらの高周波の極は，少なくとも最初の設計解析では無視することが出来る．他の場合では，高周波の極の一部か全てを最初から考慮に入れなければならない．この節では，最も簡単なケース——実際には大変重要であるが——意味のある付加的な極が1個だけという場合を取り扱う．

伝達関数　1個だけ極が追加される開ループ伝達関数は次式で表現できる．

$$G(s) = \frac{K_d K_o}{s} \frac{s\tau_2 + 1}{s\tau_1(s\tau_3 + 1)} = \frac{K}{s}(1 + \frac{1}{s\tau_2})\frac{1}{s\tau_3 + 1}$$
$$= \frac{K}{s}(1 + \frac{1}{s\tau_2})\frac{1}{1 + s\tau_2/b} \tag{2.38}$$

この式で，第3の極は$s = -1/\tau_3$にあり，$K = K_d K_o \tau_2 / \tau_1$，$b = \tau_2 / \tau_3$とする．

これは3次のPLLなので，3個のパラメータを持ち，ここではK, τ_2, bが選ばれている．式の操作を経て閉ループ伝達関数は次式のようになる．

$$H(s) = \frac{K\tau_2(s\tau_2 + 1)}{s^3\tau_2^3/b + s^2\tau_2^2 + Ks\tau_2^2 + K\tau_2}$$
$$E(s) = \frac{s^2\tau_2^2(s\tau_2/b + 1)}{s^3\tau_2^3/b + s^2\tau_2^2 + Ks\tau_2^2 + K\tau_2} \tag{2.39}$$

正規化　正規化によって1個のパラメータを隠し，それによって伝達関数の式を単純化することができる．筆者の好みはτ_2に対する正規化であったが，他の正規化の選択も有効である．この目的のために，無次元の正規化ゲインと正規化周波数を次のように定義する．

$$K' = K\tau_2, \quad p = s\tau_2 \tag{2.40}$$

その結果，正規化した閉ループ伝達関数は次のようになる．

$$H(p) = \frac{K'(p+1)}{p^3/b + p^2 + K'p + K'}$$

$$E(p) = \frac{p^2(p/b+1)}{p^3/b + p^2 + K'p + K'} \quad (2.41)$$

[**コメント**：2次タイプ2PLLでは，積$K\tau_2 = 4\zeta^2$であることに注意して欲しい．

3次のループでは，この関係式は引き継がれず，3個の極が存在する中でダンピング・ファクタの概念がかなり曖昧になる．ダンピング・ファクタの可能な別の意味づけは以下で追求される．]

周波数応答 複素変数pの直交座標成分を$p = u + jv = \sigma\tau_2 + j\omega\tau_2$で定義する．$K'$と$b$の任意の指定された値に対して$v$のある範囲の値について$|H(jv)|$もしくは$|E(jv)|$の値を求めるのは図2.9に例示されているように簡単な問題であるが，この図で周波数尺度は$v/K' = \omega/K$に正規化されている．しかしながら，K'とbの特定の値はたった1本の曲線を与えるだけであり，曲線群全体の方がずっと有益である．正規化後に2個の独立なパラメータが残っているので，図2.4から2.7までに示されているように一式の2次元曲線群で周波数応答を表現することは出来ない．そのかわりに，この曲線群は複数の表面を持った3次元の図として，もしくは2次元曲線群の複数の図として描かれなければならないだろう．各2次元図は1個のパラメータ（例えば，K'）の1個の値に当てはまり，他のパラメータ（例えば，b）に対しては複数の曲線が存在する．どちらを選んでも満足な表示にはならない．より高次のループではこの問題は一層手におえなくなる．別のグラフ化手法は第3章で取り扱う．

K'大の近似 K'の通常の値は1から10までの範囲にあるが，応用により時には，50から100まで，あるいはそれ以上といった，ずっと大きな値が要求されることがある．そのような大きな値に出会うことはあまりないけれども，大きなK'に対して，近似的なシステム伝達関数を調べることは有益である．そのために，低周波数に対する（つまり，小さな$|p|$に対する）伝達関数

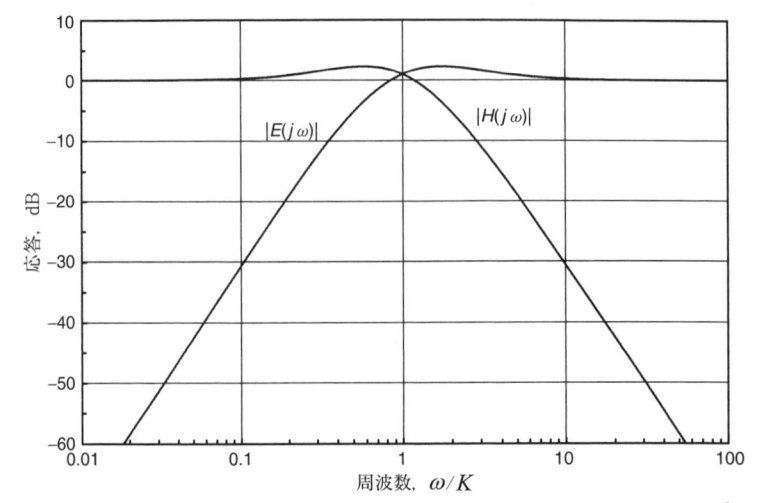

図2.9 3次タイプ2PLLに対する振幅-周波数応答．パラメータ：$b = 9$；$K' = K\tau_2 = 3$

の近似，$H_L(p)$を考えると，分母の3次の項は無視することが出来る．また，高周波数に対する（つまり，大きな$|p|$に対する）近似を$H_H(p)$とすると，分子と分母におけるゼロ次項は無視することが出来る．さらなる制約として，bは小さくてはならない．こうして2個の近似的な伝達関数は次のようになる．

$$H_L(p) = \frac{K'(p+1)}{p^2 + K'p + K'}, \qquad H_H(p) = \frac{K'}{p^2/b + p + K'} \tag{2.42}$$

(2.42)の2つの式の極は直ちに決定される．2項式の展開に基づく近似を更に進めると，$H_L(p)$の低周波極は$p_L \approx -(1+1/K')$の近傍にあることが分かるが，これは$p=-1$におけるゼロ点の位置からわずかに離れたところにある．このゼロ点−極ペアは(2.25)で述べたゲインのピーキングの原因となっている．K'が増加するにつれて極はゼロ点に接近し，それによりゲイン・ピーキングは減少する．

同様な手段により，$H_H(p)$の2個の極は次の値に近いことが分かる．

$$p_H = -\frac{b}{2}(1 \pm \sqrt{1 - 4K'/b}) \tag{2.43}$$

(近似的には)これらの極は，もし$K' < b/4$ならば，異なる実数であるが，$K' = b/4$ならば，これらは等しく，$p_H = -\frac{b}{2}$で一致する．$K' > b/4$に対しては，高周波の極は実部が$-b/2$の複素数となる．もし第3の極が無視されれば，このような振る舞いは発見されないだろう．

(2.42)を更に調べてみると，$H_L(p)$は(2.20)の2次タイプ2のPLLと同じ形式であるが，$H_H(p)$は(2.33)の2次タイプ1のPLLと同じ形式であるということが分かる．分母は2次なので，近似の各々には，次式で定義されるダンピング（ζ_Lとζ_H）と正規化された自然周波数（$\omega_L\tau_2$と$\omega_H\tau_2$）の意味のある値を割り当てることができる．

$$\begin{aligned}\omega_L\tau_2 \approx \sqrt{K'}, & \qquad \zeta_L \approx \frac{1}{2}\sqrt{K'} \\ \omega_H\tau_2 \approx \sqrt{bK'}, & \qquad \zeta_H \approx \frac{1}{2}\sqrt{\frac{b}{K'}}\end{aligned} \tag{2.44}$$

もし，(近似の前提になっているように)K'が大きいならば，ζ_Lも大きい．

例 もし$K' \approx 50$ならば，$\xi_L \approx 3.5$．従って$H_L(p)$は，近似の制約の範囲内で常にかなり過減衰となっている．他方において，もしK'がbよりも大きいことが許容されるとζ_Hは受け入れがたいほど小さくなってしまう．

安定性境界 もし，$\tau_3 = \tau_2$（つまり，$b=1$）を(2.38)に代入すると，開ループの第3の極が安定化ゼロ点をキャンセルし，結果として得られる伝達関数は(2.37)と同一であり，この式ではループ・フィルタは単純な積分器である．このように，$b=1$は安定性の境界であり，もし$b<1$ならばループは不安定になる．他方において，(2.43)で現れた近似的な高周波極は，$b>1$でありさえすれば，どんなに大きかろうが全てのK'に対して3次のタイプ2のPLLは安定であるということを示している．勿論，K'が大きすぎればダンピングは受け入れがたいほど小さくなる．

2.3.4 高位タイプ PLL

5.1.1 項は,タイプ 3 PLL が時々必要になる理由を説明している. 3 次タイプ 3 PLL の伝達関数は次式で表現できる.

$$G(s) = \frac{K}{s}(1 + \frac{K_2}{K_1 s} + \frac{K_3}{K_1 s^2})$$

$$H(s) = \frac{K(s^2 + \frac{K_2}{K_1}s + \frac{K_3}{K_1})}{s^3 + K(s^2 + \frac{K_2}{K_1}s + \frac{K_3}{K_1})} \qquad (2.45)$$

$$E(s) = \frac{s^3}{s^3 + K(s^2 + \frac{K_2}{K_1}s + \frac{K_3}{K_1})}$$

この PLL を特性付けるには 3 個の独立なパラメータが必要なので,その性質を把握するのは 2 次のループほどすぐにはできない. その性質のいくつかは更に第 3 章で探求される.

タイプ 4 以上の PLL は極めてまれであり,本書では考察されない.

参 考 文 献

2.1 D. H. Wolaver, *Phase-Locked Loop Circuit Design*, Prentice Hall, Englewood Cliffs, NJ, 1991.

第3章　補助的グラフ

　伝達関数に基づく周波数応答曲線群は，PLLの性質を理解するための補助的グラフの単なる1つの形態にすぎない．伝達関数のさらなる様々なグラフ表現が年々考案されてきた．これには根軌跡図 [3.1]，ボード線図 [3.2]，ナイキスト線図 [3.3]，そしてニコルス線図 [3.4] が含まれる．これらは，制御システムに関する数多くの本で詳細に説明されている確立された方法であって，引用されている参考文献はそれぞれの方法の初期の考案者のものである．

　これらの方法のうちの2つである根軌跡図とボード線図はPLLの解析に広く用いられている．ナイキスト線図とニコルス線図はボード線図と同じデータを用いるが，データのグラフ化が異なっている．根軌跡とボード線図はPLLの解析に対して優位を占めてきたが，PLLの共同体はニコルス線図からも恩恵をこうむることができる．以下の頁で，関心のあるPLLの伝達関数への根軌跡とボード線図の応用の記述がなされ，引き続いてナイキスト線図とそれからニコルス線図に対して少し述べる．最後の節で，ボード線図やニコルス線図に用いられた同じ開ループ・データからいかにして閉ループ周波数応答グラフが直ちに導かれるかが述べられる．

　この章のすべての題材はアナログ（つまり，連続時間，連続振幅の）PLLに当てはまる．更に，4個の技術は全て伝達関数のグラフ表示を意図しており，伝達関数は線形回路にしか当てはまらないので，これらの方法はいずれも非線形PLLには応用できない．

3.1　根　軌　跡　図

　閉ループ応答の極〔つまり，$1+G(s)$ の根〕の位置から，位相同期ループの挙動に対するかなりの洞察が得られる．ループ・ゲイン（あるいは何か他のパラメータ）が変化すると極の位置が変わる．極が複素s平面で移動するのに辿る経路は根軌跡として知られている．この図の顕著な特徴（例えば，経路の数，軸との交点など）はいくつかの簡単なルールを用いて，既知の開ループの極やゼロ点の位置から決定できる（付録3A参照）．

3.1.1　根軌跡図の作成

　軌跡は通常はゼロ近傍から極めて大きい値までのゲインのある範囲に対して描かれる．図は開ループの極で始まり（ゲインはゼロ），開ループのゼロ点で終了する（ゲインは無限大）が，ゼロ点のあるものは無限遠に位置する．任意のPLLの開ループ伝達関数は $G(s) = K_o K_d F(s)/s$ によって与えられる．こうして，$F(s)$ 内の積分器の極に加えて，少なくとも1個の極が常に

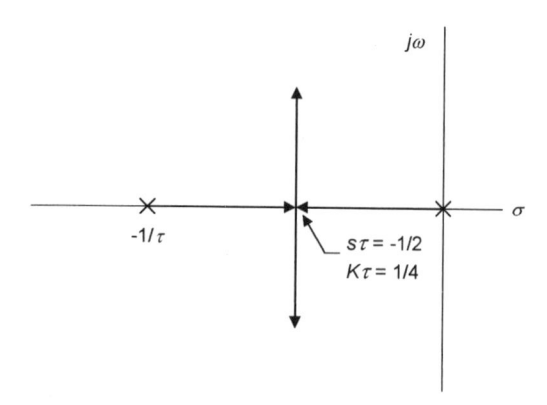

図3.1 ラグ・フィルタ $F(s)=1/(s\tau+1)$ を持つ2次タイプ1 PLL の根軌跡

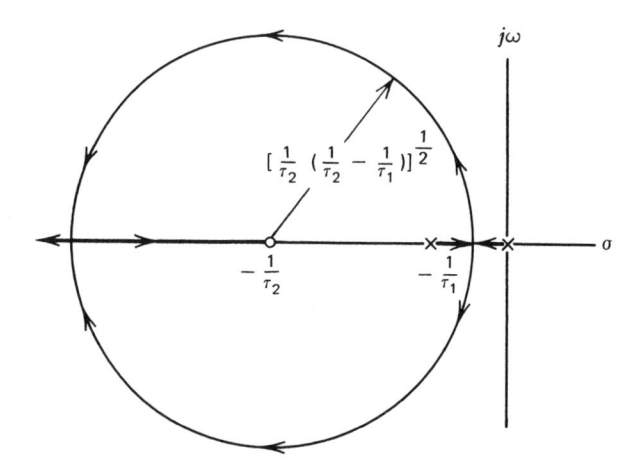

図3.2 ラグ・リード・フィルタ $F(s)=(s\tau_2+1)/(s\tau_1+1)$ を持つ2次タイプ1 PLL の根軌跡

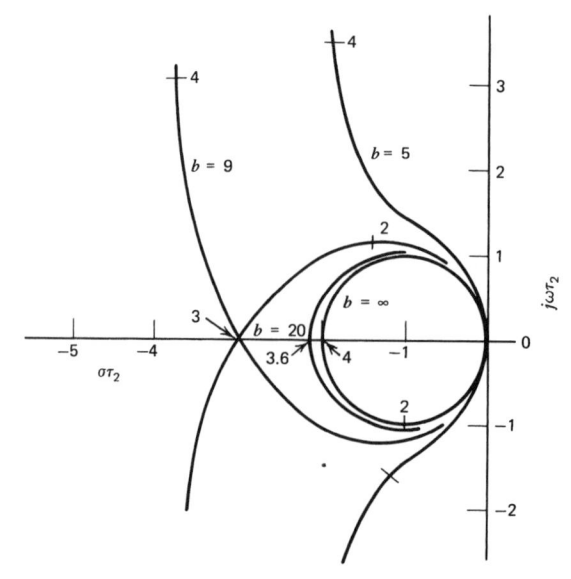

図3.3 3次タイプ2 PLL の根軌跡で,1個のゼロ点が $s\tau_2=-1$ に,第3の極が $s\tau_2=-b$ にある

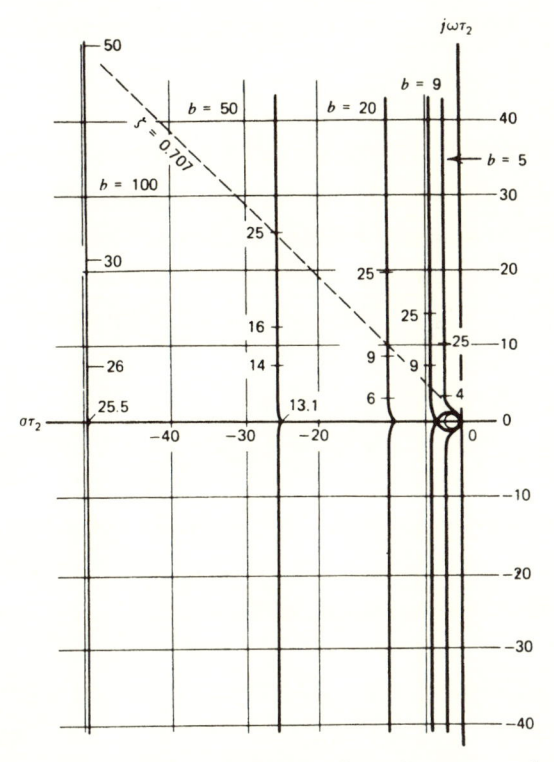

図 3.4 3次タイプ2 PLL の根軌跡で，第3の極が $s\tau_2 = -b$ にある．

$s = 0$ に存在する．開ループのゼロ点は $F(s)$ のゼロ点である．

図を構成するのにいくつかの方法を用いることができる．

1. かなり単純な伝達関数（例えば，1次ならびに2次の PLL）に対する根軌跡は目視により描くことができる．軌跡は，あとで説明されるように，簡単な幾何学的な形状である．例を図3.1と3.2に示す．
2. 軌跡の複素の枝と s 平面の実数軸もしくは虚数軸との交点は付録3A で説明される方法で決定できる．
3. 特性方程式の根の位置は，ある範囲のゲイン K の値や他のパラメータの指定された固定値に対して計算され，その位置が描かれる．軌跡は，（通常は）K が変化させられた時の，既定のパラメータ群に対する，一連のこうした全ての位置である．図3.3と3.4は，根を電卓の助けを借りて数値的に求めてから人手でグラフを描いた例である．図3.6と3.7は，（電卓での人手による繰り返しよりはずっと速い）コンピュータ上の根を求めるプログラムにより根が数値的に得られ，根の位置をスプレッドシートに転送した後に計算機で図を描いた新しい例である．通常のスプレッドシートで得られる計算は根を見出す作業には十分でない．
4. この過程は極の数が増えてくると過度に長たらしくなるが，重根の近傍では特にそうであり，ここでは K のわずかな変化でも根の位置には比較的大きな変化をもたらす．
5. MATLAB コントロール・システム・ツールボックスには，指定された開ループ伝達関数から自動的に根軌跡図を生成する rlocus というルーチンが含まれている．同様な機能が他

の高級なコンピュータ数学プログラムに含まれている可能性がある．

3.1.2 安定性の基準

もし全ての極がs平面の左半分に存在するならばフィードバック・ループは安定であり，いずれかの極が右半平面にあるならば不安定である．s平面の虚数軸は安定性と不安定性の境界線となっており，閉ループのいかなる極も虚数軸上にあるべきではない．さらに，工学的観点からは，いかなる極も虚数軸の近傍にすら置くべきではない．これは，結果として生じる安定性余裕の不足，不十分な減衰，そして過度なゲインのピーキングが理由である．

3.1.3 タイプ1 PLLの根軌跡

タイプ1 PLLの根軌跡の例を，最も簡単な場合と初期の設計例を説明するために示す．

1次ループ 期待されるように，1次のループ $[F(s)=1]$ は最も簡単な根軌跡を持つ．唯一の開ループ極が原点にあり，唯一のゼロ点が無限遠にある．閉ループ極は，ゲインが増加するにつれて，負の実数軸に沿ってゼロから無限大へ移動する．

ラグ・フィルタのあるループ ラグフィルタ $F(s)=1/(s\tau+1)$ だけを使うループは，2個の開ループ極を持ち，1つはゼロで，もう1つは $s=-1/\tau$ であり，また，無限遠に2個のゼロ点を持つ．図3.1に根軌跡のスケッチが描かれている．ゲインがゼロから増加するにつれて，極は負の実数軸上で互いに近づいていく．極同士が $K\tau=1/4$ で出会った後は，共役複素ペアとなり，ゲインがさらに増加するにつれて $\sigma=-1/(2\tau)$ における垂直線に沿って無限遠へ移動する．ゲインの大きな値に対しては，ダンピングは極めて弱くなる．

ラグ・リード・フィルタのあるループ ラグ・リード・フィルタは $F(s)=(s\tau_2+1)/(s\tau_1+1)$ という伝達関数を持つ．リード項から得られる恩恵は図3.2に見ることができる．極は最初は負の実軸上を互いに向かい合って進み，出会った点で複素数になる．有限なゼロ点のために，軌跡の複素部分は今度は $-1/\tau_2$ を中心とする円であって，図3.1の垂直な直線ではない．適度に小さいゲインに対してはダンピングは小さいが，あるゲインを超えるとゲインの増加につれてダンピングは増加する．十分に高いゲインに対しては軌跡はやがて実軸に戻ってきて，ループは過減衰になる．軌跡の1つの枝は有限なゼロ点で終了し，他方は負の実軸上の無限遠で終了する．

3.1.4 タイプ2 PLLの根軌跡

タイプ2 PLLは実際上は他の全てに対して優位である．

2次ループ 図3.2のグラフは2次タイプ1ループに対するものである．もし，ループ・フィルタが完全な積分器を含んでいれば，開ループの両方の極は $s=0$ にあり，軌跡の円周部分は $s=0$ で始まり，円周の中心は $s=-1/\tau_2$ にあり，円周の半径は $1/\tau_2$ である．それ以外では，図は図3.2と殆ど相違がない．

3次ループ 3次タイプ2 PLLの根軌跡は図3.3と3.4で2つの異なる尺度で描かれている．（τ_2で正規化されたゼロ点の$p = s\tau_2 = -1$における位置をはるかに越えた第3の極）bの大きな値に対して，図3.3は近距離根軌跡（つまり，比較的小さな値の$K' = K\tau_2$に対して）は殆ど2次タイプ2 PLLのものと同じであることを示している．しかし，図3.4は，もしK'が十分大きくなると，第3の極がその影響を強く感じさせるということを示している．（$p = 0$から始まる）外向きの極は内向きの第3の極と出会い，そのペアは複素数となり$p = -(b-1)/2$における垂直な漸近線に接近する．この振る舞いは2.3.3項の「高ゲイン」での解析の正当性を実証するものだが，2.3.3項では垂直漸近線は近似的に$p = -b/2$にあることを見出していた．実際には，垂直漸近線は，bの大きな値だけでなく全ての値に対して$p = -(b-1)/2$にあることが分かる．

さらに，bが小さければ，小さなゲインに対しても第3の極は大きな影響力を持つ．実際，$b < 9$ならば，$p = 0$で始まる2個の極は決して実数軸には戻らず，全てのゲインの値に対して複素数のままである．bの小さな値に対しては，第3の極を無視せずに明瞭な形で考察する必要がある．$b \approx 9$の条件は実際の設計に役立つ可能性がある．可能な限り大きなバンド幅（大きなK'）と，可能な限り大きな追加のフィルタリングを，十分なダンピングと両立させながら，第3の極（大きなτ_3）に期待する事態が生じる．$b = 9$と$K' = 3$という条件で3個の閉ループ極全てが$p = -3$で一致する．より小さなbの値ではダンピングが弱まり，より大きなbの値に対しては大きな追加フィルタリングが得られない．ある意味で，$b = 9$と$K' = 3$（あるいはその近傍）というパラメータの選択は，ある必要条件下で，ほぼ最適である．[**注意**：パラメータ値に対する現実的な許容誤差は粗すぎるために，この擬似最適なパラメータを選択することを許容できないことが多い．] $b < 1$ならば，$p = 0$で始まる2個の極はすぐに右半平面へ移動し，$K' > 0$の全ての値に対してループは不安定になる．

3.1.5 タイプ3 PLLの根軌跡

3次タイプ3 PLLは開ループの3個の極全てが$s = 0$にある．説明のために，2個のゼロ点が$s = -1/\tau_2$で一致するものと仮定する．図3.5はゼロ点をこのように選んだときの根軌跡を示す．図の一般的な特性は，有益と考えられるタイプ3ループにかなり特有なものである．1つの特徴は際立っている．ゲインの低い値に対して軌跡は右半平面に入り，ループは不安定になる．ゲインが大きくなると極は左半平面に移動し，安定動作になる．そのループは条件付で安定と言われる．全てのゲインの値に対して無条件で安定であった，前のタイプ1とタイプ2のループに対して，この振る舞いは全く対照的である．タイプ3ループを用いる際は，ゲインが不安定領域に陥らないようにしなければならない．

[**コメント**：(1) 実用的なタイプ3PLLの設計者によりゼロ点の一致は有益であることが分かっている．Tausworthe [3.5]，Tausworthe と Crow [3.6] により，その選択が最適であると推奨されている．(2) タイプ1とタイプ2PLLの性質に関しては数え切れない文献が徹底して詳細に扱っており，第1章の参考文献に多くの出所が記載されている．これとは対照的に，タイプ3 PLLの文献は非常にまれである．[3.5] と [3.6] のほかに，Meyr と Ascheid [3.7] による本が解析方法，設計ガイダンス，ならびに性能曲線を提供している．タイプ3 PLLが保証される場合が書かれている第5章と第8章において，他のいくつかの参考文献が引用されている．]

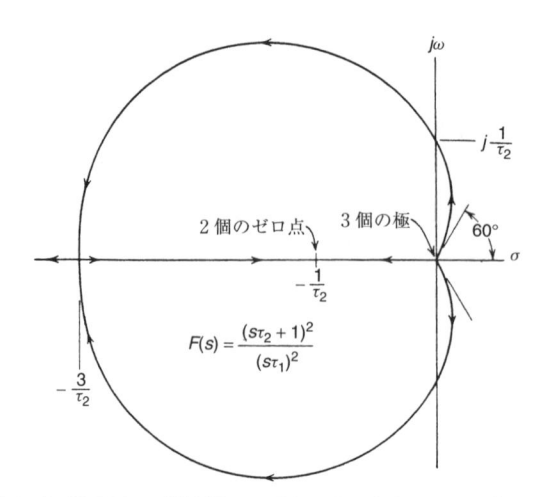

図3.5 3次タイプ3 PLLの根軌跡で，2個のゼロ点が$s\tau_2 = -1$で一致している．虚数軸との交点は$K\tau_2 = \frac{1}{2}$で起こり，実数軸との交点は$K\tau_2 = \frac{27}{4}$で起こる．

3.1.6 高次PLLの根軌跡

PLLが3次より高い次数であると仮定したとき，根軌跡図への影響はなんだろうか？ もし，開ループの極とゼロ点が全て指定されているならば，1つの根軌跡を計算して描くことには大した努力は要らない．しかし，もし複数のパラメータの異なる値に対して一群の根軌跡が必要ならば労力は著しく増加する．もっと単純だが，かなりよくある高次の場合の1つを考えよう．4次のタイプ2 PLLで追加の極が$s = -1/\tau_3$と$-1/\tau_4$にあるものとする．以前と同様にτ_2で正規化し，$K' = K\tau_2$を独立変数とすると，考慮に入れるべきパラメータがまだ，$b_3 = \tau_2/\tau_3$と$b_4 = \tau_2/\tau_4$の2個ある．図3.3や3.4のように，根軌跡全体を1つか2つの図に描くことはもはや出来ず，$b_3 b_4$空間にかなり行き渡るためには一束の図面が必要である．極の数が増加すると事態は一層悪化する．

もし，4次タイプ2 PLLの極の表示が，$\tau_3 \geq \tau_4$であるように定義されると，第4の極は，$\tau_4 = \tau_3$で最大時定数と最大の効果を持つ．$\tau_3 = \tau_4 = \tau_2/b$という，この極端な条件に対する例を，図3.6と3.7にbのいくつかの値に対して示してある．混乱を最小化するために，図では共役ペアの下の方の複素極は示していないし，また，少数の実数極の位置しか示していない．

2個の開ループ極が$p = 0$に始まり，2個が$p = -b$で始まる．後者の2個の開ループ極のうち，1つは負の実数軸を無限遠に向かって左の方へ移動し，他方は$p = -1$の開ループゼロに向けて右の方へ移動する．$p = 0$で始まる2個の開ループ極は最初はK'がゼロから増加するにつれて共役複素対として移動する．もし$(8-4\sqrt{3}) \approx 1.0718 < b < (8+4\sqrt{3}) \approx 14.928$ならば全ての$K' > 0$に対してこれらは常に複素数である．$b = 8+4\sqrt{3}$ならば$K' = 4(1+2/\sqrt{3})/3 \approx 2.8729$に対して，3個の極が$p = -2(1+1/\sqrt{3}) \approx -3.15470$で出会うが，$b$のこの値に対して2個の極は$K'$の他の任意の値に対して複素数である．$b$の，これより大きな値に対しては，4個の極全部が異なる実数であるようなK'の範囲が存在するが，任意のbの値に対して，2個の極が共役複素数ペアであるような十分大きな値のK'が存在する．

任意の$b > 0$に対して，複素極はやがて十分大きな$K' > 0$に対して右半平面へ移動してルー

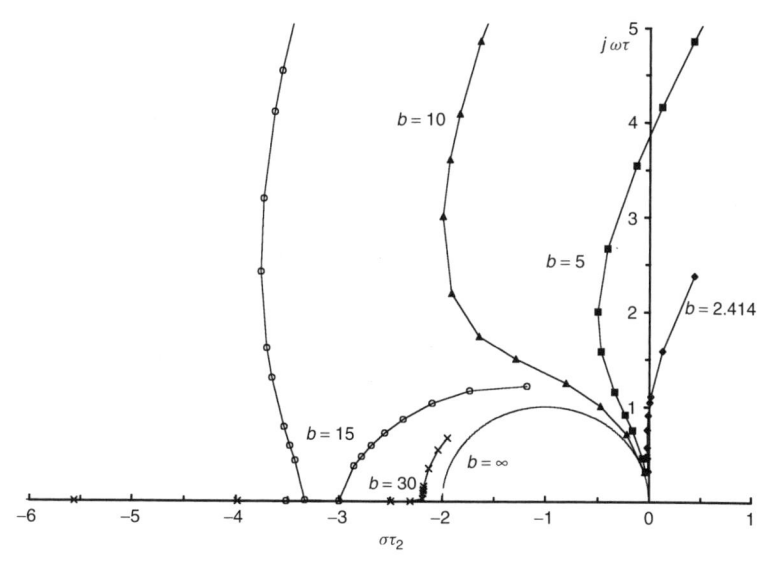

図 3.6 4次タイプ2 PLL の根軌跡で，1個のゼロ点が $s\tau_2 = -1$ にあり，2個の高周波極が $s\tau_2 = -b$ で一致している

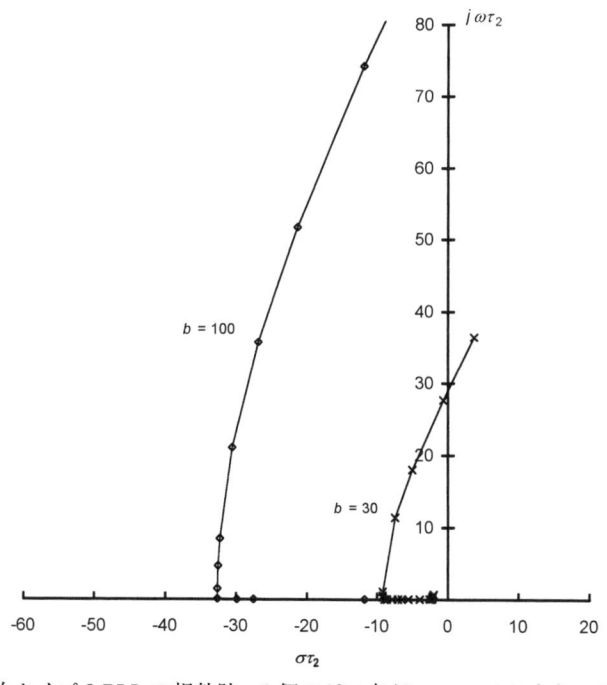

図 3.7 4次タイプ2 PLL の根軌跡．1個のゼロ点が $s\tau_2 = -1$ にあり，2個の高周波極が $s\tau_2 = -b$ で一致している

プを不安定にする．これは，K' がどんなに大きくても（おそらくかなり減衰不足であるにせよ）ループが安定を維持しているような，これまでに調べてきた全ての他の例とは違ったふるまいである．極端なケースとして，この例の4次タイプ2の PLL は，$b < 2$ ならば，全ての $K' > 0$ に対して不安定である．

図 3.6 は，比較的小さな b の値に対する近距離の軌跡を描いている．検査により，$b<10$ では満足なダンピング（負の実軸から $\pm 45°$ の極角度に対応して，$\zeta > 0.707$）が得られないことや，主要な極の位置を2次のタイプ2 PLL（"$b=\infty$" と表示されている半円）に近づけるには $b=\sim 30$ かそれ以上である必要があるということが明らかになる．軌跡の2つに対して複素極が右半平面へ移動する例が表示されているように見えるが，この図の軌跡の全てに対して不安定性を示すにはスケールが小さすぎる．

図 3.6 の $b=15$ に対する軌跡，特に，それぞれ $K'=2.88$ （正確）と $2.88066049...$ に対応する $p=-3.0$ と -3.333 での負の実数軸との2つの交点に注意すること．0.023% のゲインの増加で，この領域の軌跡で 11% の極のシフトが生じる．こうした極端な感度は，PLL の設計パラメータの許容誤差の効果を，特に複数の極の近傍でチェックするようにとの警告であると考えなさい．それはまた，小さな b の値に用心するようにとの警告でもある．

図 3.7 は b の大きな値に対して，大きなスケールで根軌跡を描いたものである．このスケールは大きすぎて，$p=-1$ におけるゼロ点の近傍での近距離での挙動を示すことができないが，図 3.6 で示されているように，2次タイプ2 PLL の近距離の挙動に対する良い近似を期待することができる．もっと適しているのは，ゲインの大きい場合の軌跡の挙動であるが，これは複雑であって，十分大きな K' に対してはやがて右半平面に入り込むことになる．

漸近的には，4次タイプ2 PLL の軌跡の複素数の分枝は実数軸に対して $\pm 60°$ の勾配を持つ直線に接近する．軌跡と軸との交点の位置とゲインの値を計算する方法や他の際立った特徴に関しては付録 3A を参考にすること．

3.1.7 根軌跡へのループ・ディレイの効果

遅延 τ_d の遅延回路は伝達関数 $\exp(-s\tau_d)$ を有する．特性方程式が次式で与えられる遅延（ディレイ）を持った最も簡単な1次の PLL を考えよう．

$$s + Ke^{-s\tau_d} = 0 \tag{3.1}$$

(3.1) の根は，この方程式を満たす s の値である．しかし，極を1個しか持たない遅延の無い1次の PLL と違って，指数項のために (3.1) には無限個の根が存在する．フィードバック・ループの中に遅延を含む PLL に対して根軌跡法を用いることはできない．

3.2 ボード線図

PLL の研究で役に立つもう1つのツールはボード線図であって，これは，開ループの伝達関数 $G(j\omega)$ の極座標成分とラジアン周波数 ω の関係を表示する1対の曲線である．慣例では，周波数は対数で横座標に表示され，振幅 $|G(j\omega)|$ は dB で縦座標に表示され，また，位相 $Arg[G(j\omega)]$ は線形縦座標上に度を単位として表示される．また，振幅は通常 log-log スケールで直線の漸近線を持つので，実際の $|G(j\omega)|$ に対する十分かつ便利な近似として漸近線だけで振幅の図が描かれることが多い．

ボード線図はいくつかの理由で貴重である．(1) 代数的な伝達関数の式から自明ではない PLL の性質に対する視覚的な洞察を与える，(2) いくつかのループ・パラメータがグラフ上の特有な点として表現される，(3) ループ安定性の実験的解析によく適している，(4) 許容できる

労力で作り出すことができる．

3.2.1 表示の選択肢

　ボード［3.2］は位相と（漸近近似ではない）正確な振幅とをともに同じ図に描いた．この書式はスプレッドシートのプログラムで直ちに作ることができる．後続の著者達は，通常は情報を2個の別の図に表示し，周波数軸は互いに整合させた．図面の分離は明瞭な説明の助けになる．さらに，振幅図の漸近近似は振幅のすばやい素描を可能とし，PLL のいくつかの重要なパラメータを明瞭に表す．しかし，学者ぶった考察は別として，今日のスプレッドシートの普及により，位相と正確な振幅を備えた1つの図面が工学の目的に対して最も便利な選択肢となっている．

　ボード線図は高次ループの表示の複雑さからエンジニアを救済してくれる．ループ・ゲインのパラメータである K の変化は図の形状の変化や位相図の変化なしに単にゼロ dB レベルに相対的に振幅図を垂直に移動したものとして表現される．K のさまざまな値に対して複数の図を作成する必要は無い．もし，図がスプレッドシートで作られるならばパラメータの変化は曲線群の必要性なしに極めて早く入力し観測することができる．

3.2.2　安　定　性

　安定性の程度はどの PLL にとっても極めて重要な特徴であり，ボード線図は安定性を評価するのに有益なツールである．

安定性の基準　ボードの安定性の基準は簡単であり，PLL は，そのゲイン・クロスオーバー周波数 ω_{gc} での位相遅れが180°より小さければ安定である，というものである．この基準は次の制約の下で有効である．(1) 振幅図は1つの周波数だけで 0dB と交差する，(2) 開ループ伝達関数 $G(s)$ は安定である（右半平面に極は無い）．PLL の大多数はこれらの条件に合うので，ボード線図の使用に対する現実的な制限は殆ど無い．ゲイン・クロスオーバー周波数 ω_{gc} は，2.3.1 項で $|G(j\omega_{gc})|=1$（つまり，0dB）によって定義された．位相遅れという用語は $\mathrm{Arg}[G(j\omega)]$ の負の値を意味しており，それ故，PLL の安定性の基準はより正確には，代数的に厳密な意味で，$\mathrm{Arg}[G(j\omega_{gc})] > -\pi$ ラジアンと記述される．

安定性余裕　位相余裕（マージン）はラジアン単位では $\mathrm{Arg}[G(j\omega_{gc})]+\pi$ と定義される．位相余裕が正であれば PLL は安定であり，位相余裕が負であれば不安定である．位相余裕はループが安定であるかどうか判定するだけでなく，また，ループのダンピングの定性的な表示も与える．次の表は2次タイプ2 PLL のダンピングのいくつかの値に対して位相余裕を示すものである．
　いくつかの妥当な所見
- $\zeta=0.5$ は正当なダンピング・ファクタに対するおおよその下限であるので，PLL は少なくとも45°，できれば60°以上の位相余裕を持つべきである．
- ダンピングが大きい場合は，位相余裕は90°に近づくが，これは VCO に固有な $s=0$ における極の存在によって課せられる限界である．
- 表はまた，$\zeta \geq 0.707$ のいかなるダンピングに対しても $\omega_{gc} \approx K$ が良好ないしは優れた近似になっていることを示している．

ダンピング, ζ	ω_{gc}/K	位相余裕 (度)
0.5	1.27	51.8
0.707	1.10	65.6
1.0	1.03	76.4
2.0	1.002	86.4
5.0	1.00005	89.4

ゲイン余裕（マージン）は $-20\log|G(j\omega_\pi)|$ dB と定義されるが，ここで，位相−クロスオーバー周波数 ω_π は $\mathrm{Arg}[G(j\omega_\pi)] = -\pi$（周波数 $\omega=0$ は除く）で定義される．2次タイプ2 PLL に対しては，いかなる $\omega > 0$ に対しても $G(j\omega)$ の位相は $-\pi$ を横切らないので，位相−クロスオーバー周波数は存在しない．さらに，このゲイン余裕の定義は 3.2.5 項で例証されるように，絶対安定性(全ての $K > 0$ に対して，もしくは全ての十分小さな $K > 0$ に対してループが安定)を持ったフィードバック・ループに対してのみ当てはまり，条件付安定ループには当てはまらない．これらの理由により，多くの PLL において位相余裕はゲイン余裕よりも有効なツールである．余裕という概念は図 3.8 と 3.9 に描かれており，そこではボード線図がそれぞれ，安定ループと不安定ループに対して示されている．これら2つの図は PLL よりもむしろフィードバック増幅器に典型的であるが，それにもかかわらず，それらの図はゲインと位相の余裕を説明している．

3.2.3 タイプ1 PLL のボード線図

次の2〜3の項は，タイプ1ループで始まる，様々なタイプと次数の PLL の例に対するボード線図を提供している．

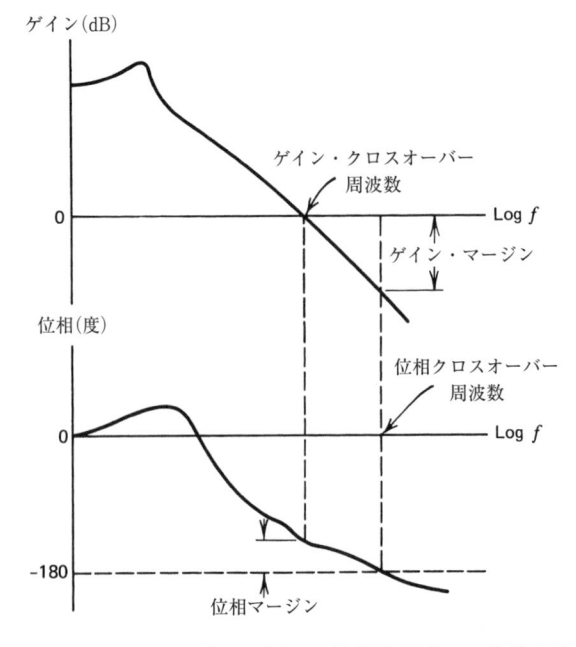

図 3.8 安定ループのボード線図の例で，位相とゲインの余裕を示している

1次ループ　1次ループに対するボード線図は図3.10に示すとおりである．

唯一の周波数選択項はVCOの積分動作から生じる．log-logスケールでは，大きさの図は直線となり，その勾配は−6dB/octaveで，位相は−90°で一定である．大きさの曲線が直線になるというのは，この例では正確であって近似ではない．VCOはあらゆるPLLの中に存在するので，

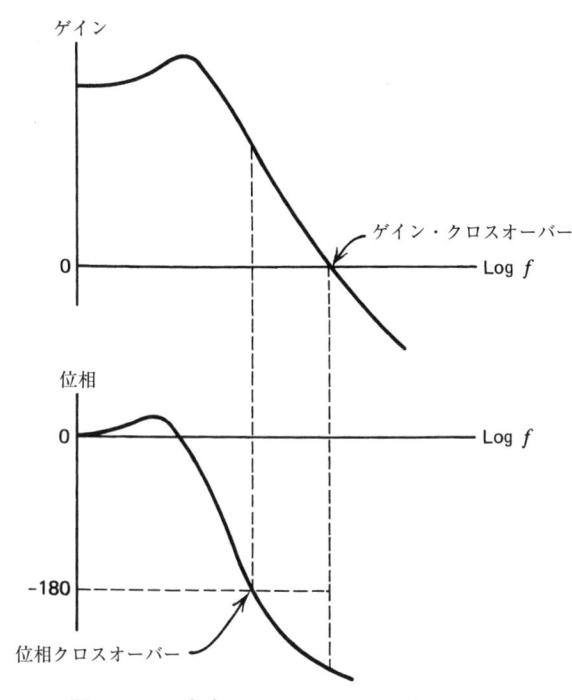

図3.9　不安定なループのボード線図の例

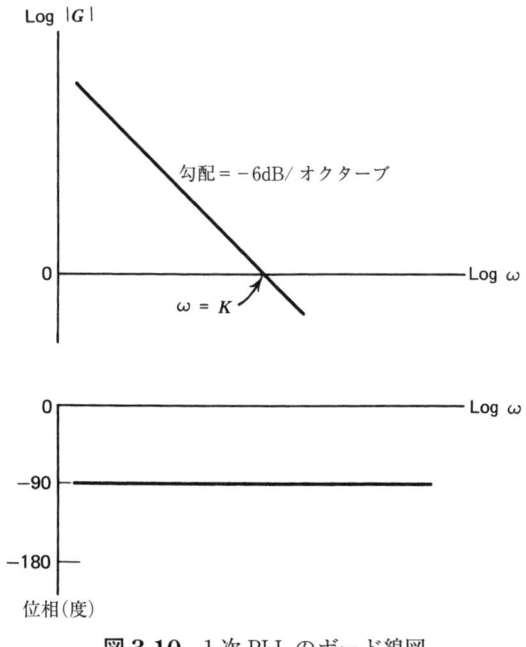

図3.10　1次PLLのボード線図

VCOのボード線図はあらゆる高次ループの図に埋め込まれている．1次ループのゲイン・クロスオーバーは$\omega = K$で生じる．直線とそのクロスオーバーとで，1次ループの線形ダイナミクスは完全に定義される．

ラグ・フィルタのあるループ　簡単なラグ・フィルタ$F(s) = 1/(s\tau + 1)$をループに挿入すると，図3.11のように，$\omega = 1/\tau$を超えた周波数に対して，大きさの曲線で$-12\mathrm{dB/octave}$の漸近線への折れ曲がりが発生する．十分なダンピングを得るために，折れ曲がりはゲイン・クロスオーバーを十分超えた周波数に置かれるのが普通である．折れ曲がりが，クロスオーバーの位置にあると，ダンピングは$\zeta = 0.5$である．折れ曲がりが，クロスオーバー以下の周波数だと，ダンピングは0.5より小さくなるが，これは避けるべき条件である．$-6\mathrm{dB/octave}$の漸近直線部分（あるいはその延長）のゲイン・クロスオーバーは$\omega = K$で生じる．位相は低周波では$-90°$だが，高周波では$-180°$に接近する．折れ曲がりの周波数における位相遅れの追加は45°である．

ラグ・リードフィルタのあるループ　ラグ・リードフィルタ$F(s) = (s\tau_2 + 1)/(s\tau_1 + 1)$のあるタイプ1ループのボード線図は図3.12に示されている．周波数が極めて低いときは，VCOの積分が支配的なので，振幅の漸近線の勾配は，$-6\mathrm{dB/octave}$であり，位相は$-90°$である．ループ・フィルタの極は$\omega = 1/\tau_1$でもう1つのコーナーを導入する．漸近線の勾配は$-12\mathrm{dB/octave}$となり，位相は中央の周波数で$-180°$に近づく．$s = -1/\tau_2$の安定化ゼロ点により進みが生じ，漸近線の勾配を$-6\mathrm{dB/octave}$に戻し，高周波で位相を$-90°$に近づける．勾配の折れ曲がりは$\omega = 1/\tau_2$で起きる．ユニティ・ゲインの点にリードの折れ曲がりを置くと，ダンピングは$\zeta = 0.5$となる．小さいダンピングを希望することは稀なので，ゲイン・クロスオーバー周波数はゼロ点で導入される折れ曲がりよりも殆ど例外なしに上に置かれる．最終的な$-6\mathrm{dB/octave}$直線部分

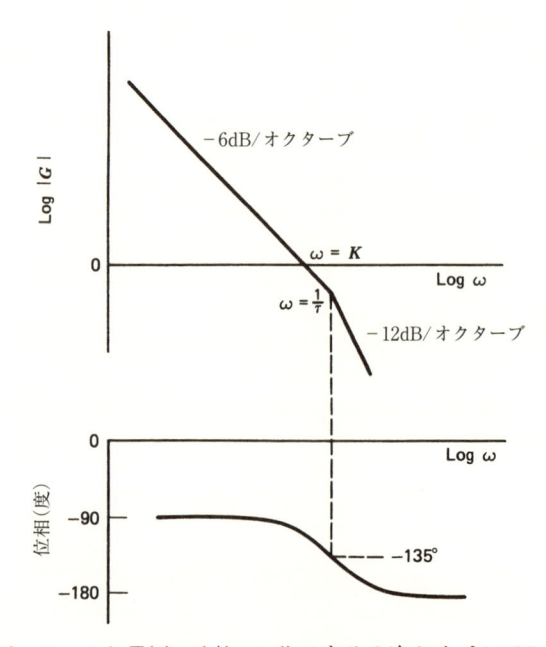

図3.11　ラグ・フィルタ$F(s) = 1/(s\tau + 1)$のある2次タイプ1 PLLのボード線図

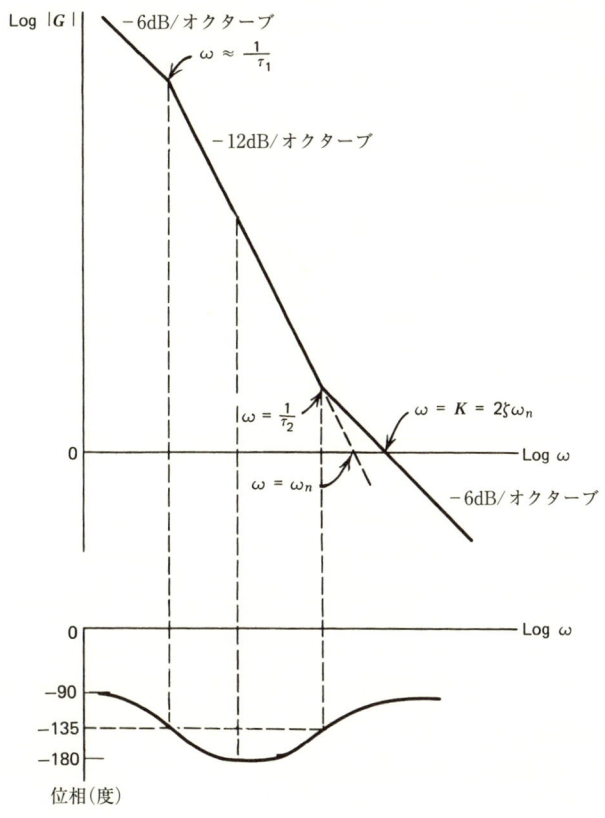

図 3.12 ラグ・リード・フィルタ $F(s) = (s\tau_2 + 1)/(s\tau_1 + 1)$ のある 2 次タイプ 1 PLL のボード線図

(あるいはダンピングが 0.5 より小さいならばその延長)は周波数 $\omega = K$ で生じる．自然周波数 ω_n は -12dB/octave の直線部分の延長線がユニティ・ゲインの縦座標を横切る周波数である．

3.2.4 タイプ 2 PLL のボード線図

存在する PLL の大多数はタイプ 2 かそのよい近似である．タイプ 2 PLL のボード線図はタイプ 1 PLL に対して上に示されたものを足場にしている．

2 次ループ 2 次タイプ 2 PLL のボード線図が図 3.12 の図と異なっているのは最も低周波の部分だけであって，大きさに対する低周波での漸近線の勾配は周波数 0 に至るまで -12dB/octave のままで，$\omega = 1/\tau_1$ でのコーナーは無いし，また，低周波での位相は周波数 0 に向かって $-180°$ に接近する．ほかの点では，中間ならびに高い周波数での挙動はラグ・リード・フィルタのあるタイプ 1 PLL に対するものと同じである．K と ω_n のグラフ表示は図 3.12 と変わらない．

図 3.13 は 2 次タイプ 2 PLL のボード線図の異なる表現を与えている．図 3.13 では，大きさと位相に対する別々の図の代わりに，同一の図に 2 個の成分を描いている．さらに，大きさの直線の漸近線の代わりに，図 3.13 は真の dB 単位の大きさを描いている．直線近似での大きさは手書きが容易だが，図 3.13 はスプレッドシートのプログラムで作成されたので，実際には真の大きさを描くのは容易であった．

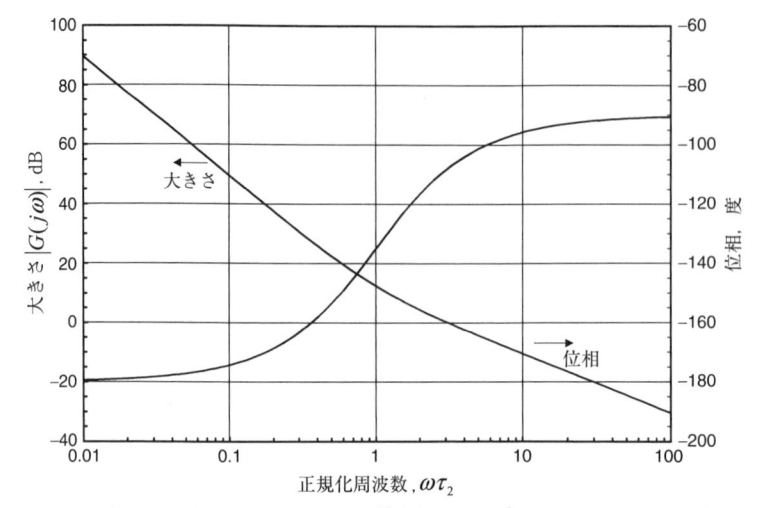

図 3.13 2次タイプ2 PLLのボード線図．ゼロ点は $s\tau_2 = -1$，ゲインは $K\tau_2 = 3 (\zeta = 0.866)$ で，72°の位相余裕を持つ．図3.18のニコルス線図，図3C.1と図3C.2の周波数応答グラフと同じパラメータである．

図3.12と3.13の次の比較は密接に関係している．(1) ゲイン・クロスオーバー周波数はいずれの図でも明らかに歴然としており，(2) 期待されるように，$\omega = 1/\tau_2$ もしくは $\omega = \omega_n$ での顕著な周波数は，大きさの漸近直線から判読しやすく，(3) スプレッドシートでは多量の数値データが図の背後にある．

アクセス可能な数値データを得るために表のデータを参照することができるが，これは人手での図面作成からは容易には得がたく，適度な尺度の図面から取り出すのが厄介な機能である．例えば，図3.13で描かれた正規化ゲインは $K\tau_2 = 3$ であり，また，位相余裕は72°であるということは，スプレッドシートからは直ちに明らかなる．

3次ループ 図3.14は3次タイプ2 PLLのボード線図であり，$K\tau_2 = 3$ で $b = 9$ である（周波数応答が図2.9に示されている3次タイプ2 PLLと同じ正規化パラメータであり，図3.13にボード線図が示されている2次タイプ2 PLLと同じ正規化ゲインである）

図3.14を図3.13と比較すると，$\omega\tau_2 < 9$ （第3の極のコーナー周波数）の周波数に対して，大きさのグラフは殆ど変化していないが，位相は $\omega\tau_2 \approx 1$ よりも大きな周波数に対して影響を受けることが分かる．特にゲイン・クロスオーバー周波数は追加の極によって目立った変化は生じない．この挙動は適度な安定性余裕を持ったフィードバック・ループに典型的なものである．追加の高周波成分は位相余裕を損なうがゲイン・クロスオーバーの位置には殆ど影響がない傾向がある．こうした状況で，複数の高周波要素の効果を，ゲイン・クロスオーバー周波数で正確な位相を持った，単一の遅延項として近似するのが都合がよいことに気が付くであろう．位相余裕は，図3.13では余裕のある72°から，図3.14では53°へ減少している．位相遅れは，いかなる有限な $\omega > 0$ に対しても決して $-180°$ には達しないので，3次タイプ2 PLLに対して（そしてまた2次タイプ2 PLLに対しても），ゲイン余裕は定義されない．

また，追加の極は，振幅曲線の -12dB/octave の部分の延長の $0-\text{dB}$ クロスオーバー周波数（2

次タイプ2PLLの$\omega=\omega_n$の位置に相当）に影響しないことにも注意．こうして，3次PLLは3個の極があり，従って（2.2.3項で導入された）極ペアに対する「自然周波数」の標準的な定義はここには当てはまらないが，拡張した定義はまだ有効である．

4次ループ 図3.15は，$K\tau_2=3$で，2個の追加の極のコーナーが$\omega\tau_2=30$で一致している，4次タイプ2PLLに対するボード線図である．

このPLLに対する根軌跡図は図3.6と3.7で"$b=30$"とラベルを付けられたものである．今

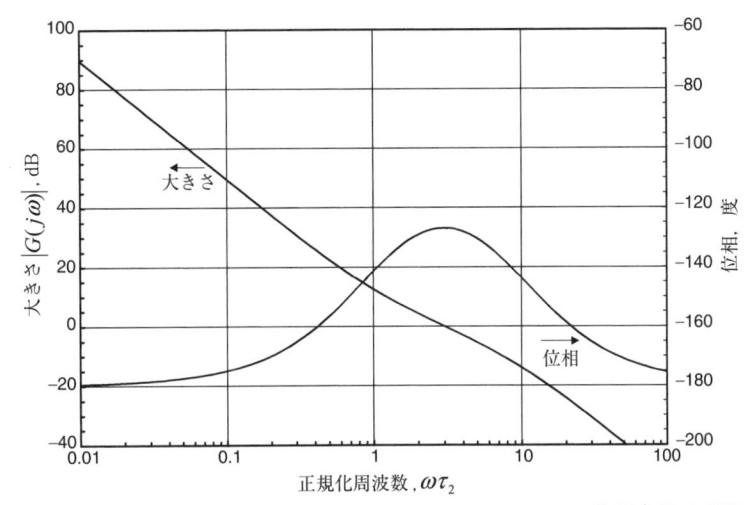

図3.14 3次タイプ2PLLのボード線図．$b=9, K\tau_2=3$で位相余裕は53°であって，図2.9の周波数応答グラフならびに，図3.3，図3.4で"$b=9$"というラベルの付いた根軌跡図と同じパラメータである．

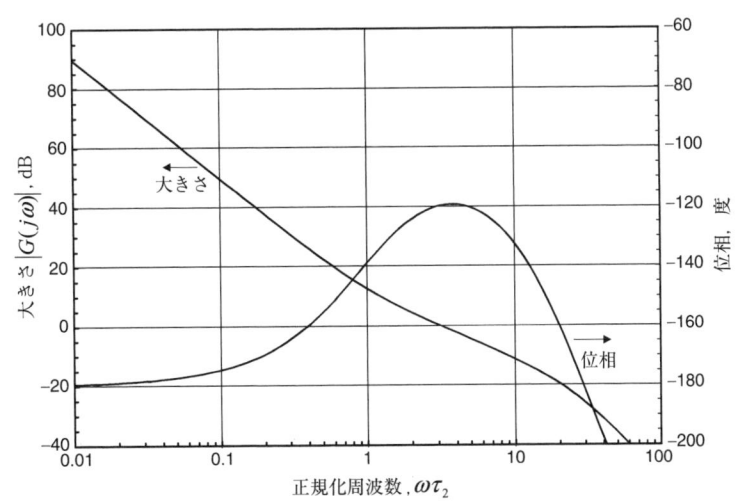

図3.15 4次タイプ2PLLのボード線図で，2個の高周波極が$s\tau_2=-b$で一致しており，ゲイン$K\tau_2=3$，$b=30$，位相余裕$=60°$，そしてゲイン余裕≈ 25dBである．図3.6と3.7の"$b=30$"とラベルを付けた根軌跡図と同じパラメータである．

度もまた，極コーナーよりずっと低い周波数での大きさに対してフィルタリングは殆ど効果を持たないが，ゲイン・クロスオーバー以下からそれを超えるまで，位相に対してはかなりの効果を持つ．第4の極により，高周波で位相が$-270°$に接近するので，位相クロスオーバー周波数が今度は意味を持つ．位相クロスオーバーは$\omega\tau_2 = 30$の近傍で生じ，ゲイン余裕は約25dBであることが分かる．このパラメータの組合せに対する位相余裕は~$60°$である．これらは，依然立派な余裕であるが，図3.13に描かれた対応する2次タイプ2PLLほど十分ではない．

ボード線図への遅延の効果 図3.16は，$K\tau_2 = 3$で輸送遅延$\tau_d = \tau_2/10$の2次タイプ2PLLに対するボード線図である．この章の前の方で，根軌跡はループの輸送遅延に対処できないと結論された．しかしながら，ボード線図（もしくはナイキスト線図かニコルス線図）にはこのような問題はなく，全てのωに対する各図の位相に$-\omega\tau_d$ラジアンの位相を加えてやるだけでよい．図3.16は［全ての実数のωに対して$|\exp(j\omega)| \equiv 1$なので］遅延は大きさに対しては何らの影響も及ぼさないが，位相に対しては劇的な効果を持っていることを示している．位相余裕は$54°$に減少しており，ゲイン余裕は位相クロスオーバー周波数$\omega\tau_2 \approx 15$で約14dBである．遅延項の位相遅れは周波数により厳密に単調増加するのでループ内の遅延の存在で常に位相クロスオーバー周波数の存在が保証される．

3.2.5 タイプ3 PLL のボード線図

ボード線図の最後の例として，根軌跡が図3.5に示されている3次タイプ3ループのボード線図を図3.17に示す．ループ・フィルタには今回は2個の理想積分器が含まれているので低周波漸近線の勾配は-18dB/octaveで，周波数ゼロの位相は$-270°$である．2個の進みのゼロ点は，漸近線の勾配を，ゲイン・クロスオーバー周波数の近傍で-6dB/octaveに折り曲げるのに必要で

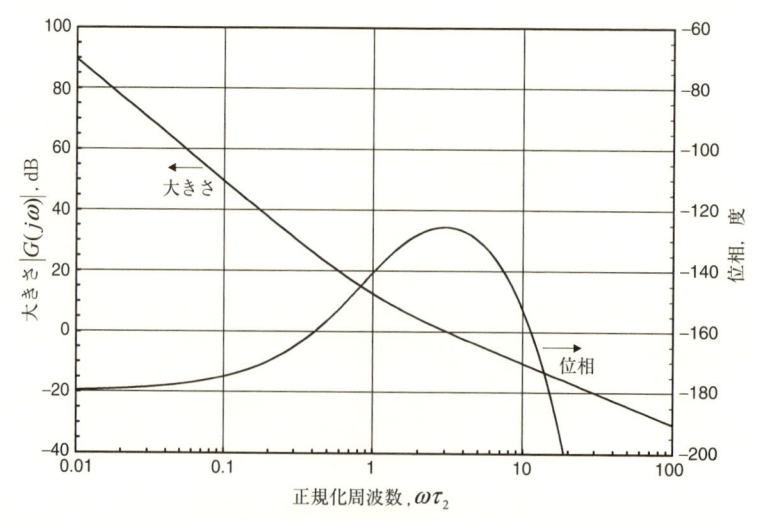

図3.16 2次タイプ2 PLLのボード線図でループ内遅延$\tau_d = \tau_2/10$，ゲイン$K\tau_2 = 3$，位相余裕$\approx 54°$，$\omega\tau_2 \approx 15$でのゲインクロスオーバー，ゲイン余裕≈ 14dBとなっており，これらは図3.20のニコルス線図や図3C.3や3C.4の周波数応答図と同じパラメータである．

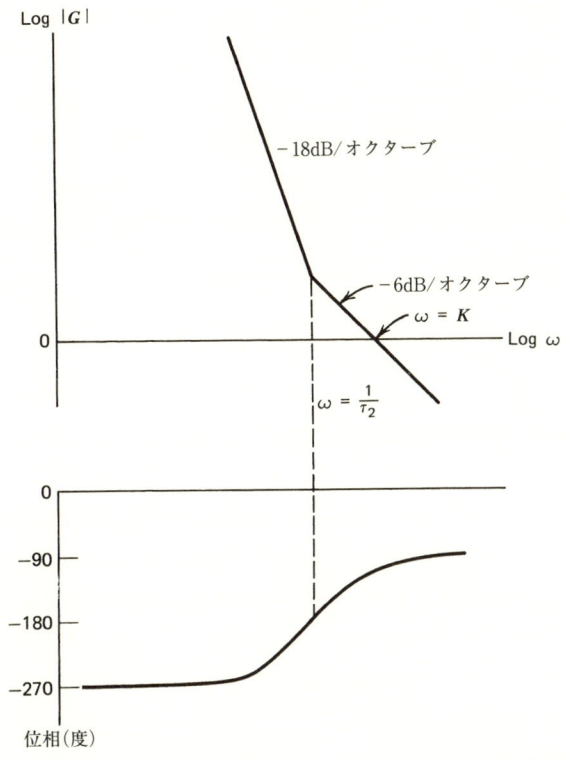

図 3.17 3次タイプ3 PLL のボード線図．2個のゼロ点が $\omega=1/\tau_2$ で一致しており，図3.5の根軌跡と同じパラメータである．

ある．これらのゼロ点は $\omega=1/\tau_2$ で一致するように任意尺度で描かれている．ゲイン・クロスオーバーは，今回も振幅曲線の漸近直線上で $\omega=K$ で起きる．タイプ2PLL の図では −12dB/octave の勾配の延長線の切片として定義されていたのとは異なり，この図は ω_n の定義は与えないことに注意．定義が無いことは，厳密に言えば，自然周波数が2次システムの性質であるという事実を反映しており，例として挙げられている PLL のタイプ3の性質に本質的なことであり，ボード線図の欠陥ではない．

ゲイン・クロスオーバーが ω_π より小さい周波数で生じるほどゲインが小さくなるとループは不安定になる．ここで，ω_π は位相 $=-180°$ となる周波数である．（図の例では，ω_π は偶然 $\omega=1/\tau_2$ に一致しているが，これは2個のゼロ点が各々この周波数で正確に45°の寄与があるからである．）ゲインの減少による不安定性は，全てのタイプ3（以上の）PLL で遭遇する条件付き安定性の特徴である．

3.3 ナイキスト線図

ナイキスト線図は複素 $G(j\omega)$ 平面で $G(j\omega)$ を描いたもので，周波数 ω をパラメータ変数としている．ナイキスト線図はボード線図に（それからニコルス線図にも）当てはまるのと同じ制約を受けることは無い．ナイキスト線図は複数のフィードバック・ループや右半平面の開ループ極に対処できる．しかし，殆どいかなる PLL もこれらの特性は持っていないので，ナイキスト線

図の広い応用可能性は重要であったことはない．ループの安定性はナイキスト線図では，複素$G(j\omega)$平面上の$-1+j0$の点を中心にした周回で示される．ナイキスト安定性の基準は，たとえ広い応用性を持っているにしても，ボード線図あるいはニコルス線図に比べて利便性は低い．$G(j\omega)$は（ボード線図やニコルス線図のように大きさの dB でなく）リニアな座標軸に対して描かれるので，図の最高ならびに最低の振幅の部分はスケール外もしくは小さすぎて見えない．このように，ナイキスト線図は強力なツールではあるけれども，PLL の解析や設計であまり使われてこなかった．これらを本書ではこれ以上考察はしない．

3.4 ニコルス線図

ニコルス線図は$G(j\omega)$の極座標成分の直交座標図であって，$|G(j\omega)|$は縦軸座標で dB 単位で描かれ，これに対して$\text{Arg}[G(j\omega)]$は横座標で度を単位として描かれる．周波数ωはパラメータ変数であって図に表立って現れることは無い．図は1つの曲線だけを描くが，これはたとえ，正確に同じデータから抽出されたものであるにせよ，対応するボード線図の2本の曲線よりは視覚的に理解しやすくしている特徴である．$|G|$が dB スケールであるために，ナイキスト線図で曖昧になってしまう$|G|$が大きい領域や小さい領域をニコルス線図は明瞭に表示する．ニコルス線図は（3.4.2項で説明される）M等高線によって改良できるが，これは，閉ループ・システム応答のピーク・ゲインを評価するのに使われる．ニコルス線図は周波数情報を表示しないので，目に見える周波数情報が必要なときにはボード線図の方が優れている．ニコルス線図は制御システムの人々によって多年にわたりフィードバック・システムの設計に広範に用いられており，PLL への応用も期待できる．

3.4.1 安定性基準

ニコルス線図の安定性の基準はボード線図と同じ制約を受ける．開ループ伝達関数は安定でなければならない．またニコルス線図は1点のみで 0dB と交差していなければならない．ニコルス線図でのゲインの切片が$-180°$よりも正の位相であるならば PLL は安定である．位相余裕は$180°$とゲイン切片での位相の和になる．ゲイン余裕は（もしあるなら）$-180°$の位相切片での dB ゲインの負の値である．余裕は，ボード線図やナイキスト線図よりもニコルス線図の方が容易に読み取れる．

3.4.2 M等高線

閉ループ・システム応答$H(j\omega) = G(j\omega)/[1+G(j\omega)]$は開ループ応答$G(j\omega)$の知識から計算することができる．ニコルス線図のあらゆる点はGの，従ってまたHの個々の値に対応している．閉ループ応答を$H = Me^{j\alpha}$のように極座標形式で表現しよう．すると，ニコルス線図の各点はMとαの個々のペアの値に対応する．Mの等しい値をつなぐ曲線はM等高線として知られ，αの等しい値をつなぐ曲線はα等高線として知られている．これらの等高線を計算する方法は，[3.4]ならびに多くの後の制御システムに関する教科書で説明されている．

等高線はその背景になっているニコルス線図自体の性質であり，個々の伝達関数$G(j\omega)$に依存しない．このようにして，等高線は，それ以外は空白の図面の一部として作ることができ，許

容できる任意の伝達関数を評価するのに使うことが出来る．M 等高線は，図を描く任意の G に対して $|H|$ のピーク・ゲインを識別するので，とりわけ役に立つ．ゲイン・ピーキングは PLL の設計で重要な問題である．

3.4.3　ニコルス線図の例

　タイプ 2 PLL のニコルス線図のいくつかの例が図 3.18 から 3.20 に示されている．これらの図は図 3.13 から 3.16 のボード線図に使われたのと同じスプレッドシートを用いて作成されている．図 3.18 は $K\tau_2 = 3(\zeta = 0.866)$ の 2 次タイプ 2 PLL に対する図である．ゲイン・クロスオーバーは $-107°$ の位相で発生して $73°$ の位相余裕を与える．曲線はいかなる非ゼロ周波数でも $-180°$ になることはないので，ゲイン余裕は無限大である．（$|H|$ の）ゲイン・ピーキングは M 等高線から見積もることができる．描かれた曲線は $+1$ と $+2$ dB に対する M 等高線のほぼ中間を通過するので，$|H|$ のピークは約 1.5dB である．(2.25) による正確な計算では 1.55dB となる．もっと複雑な PLL に対しては，正確なピーキングの公式は導出されていないが，ピーキングの M 等高線による評価にはピーキングの公式は必要ない．

　図 3.19 の第 2 の例はゲインが $K\tau_2 = 81(\zeta = 4.5)$ に増加している点以外では最初の例と同じである．ニコルス線図の形は変更されておらず，単に上方へ $20\log(81/3) = 28.6$ dB だけシフトしているだけである．曲線を見てみると，それは殆ど $+0.1$ dB の M 等高線と交差していない［従って，$|H(j\omega)|$ のピーキングは 0.1dB を超えない］し，また，0dB ゲイン切片は約 $-91°$ の位相である（従って，位相余裕は約 $89°$ である）．

　第 3 の例は，図 3.20 に示されており，図 3.18 の例と同じだが，$\tau_d = \tau_2/10$ の遅延が加わっている．図 3.16 のボード線図の例と同じ条件である．ニコルス線図を精査すれば，2dB より少し大きなゲイン・ピーキング，$54°$ の位相余裕，そして約 14dB のゲイン余裕がすぐに明らかになる．

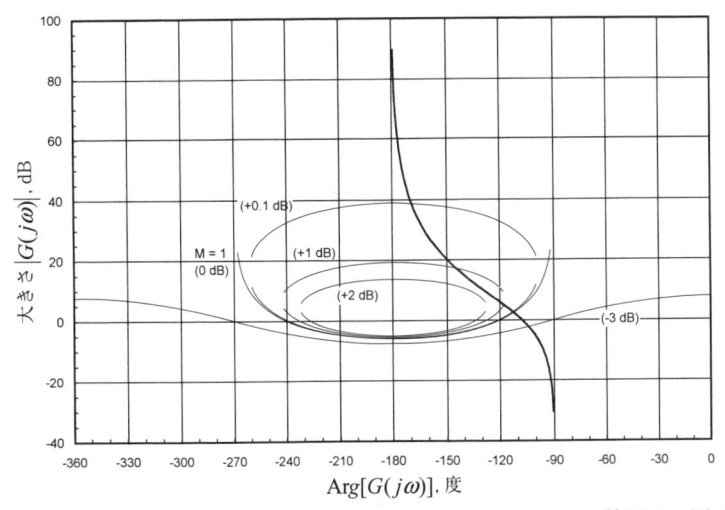

図 3.18　$K\tau_2 = 3(\zeta = 0.866)$ の 2 次タイプ 2 PLL のニコルス線図で，図 3.13 のボード線図や図 3C.1 や 3C.2 の周波数応答グラフと同じパラメータである．太い線は度を単位とする $\mathrm{Arg}[G(j\omega)]$ に対して dB 単位で描かれた $|G(j\omega)|$ である．細い楕円の線は M 等高線である．楕円の端におけるギャップは横座標の計算量子化によるものである．

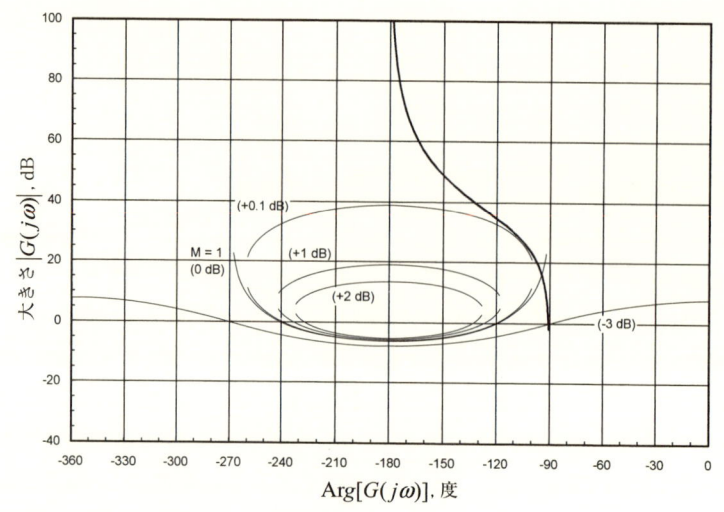

図 3.19 $K\tau_2 = 81(\zeta = 4.5)$ で位相余裕 $\approx 89°$ の 2 次タイプ 2 PLL に対するニコルス線図

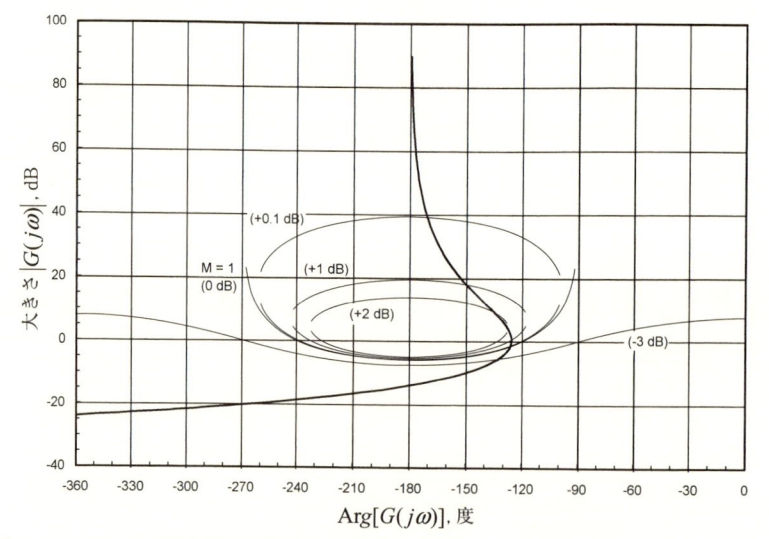

図 3.20 ループ内遅延 $\tau_d = \tau_2/10$，ゲイン $K\tau_2 = 3$，位相余裕 $\approx 54°$，ゲイン余裕 $\approx 14\text{dB}$ の 2 次タイプ 2 PLL のニコルス線図で，図 3.16 のボード線図と図 3C.3 と 3C.4 の周波数応答グラフと同じパラメータである．

3.5 閉ループ周波数応答曲線

$|H(j\omega)|$，$\text{Arg}\,[H(j\omega)]$，$|E(j\omega)|$，$\text{Arg}\,[E(j\omega)]$ 対周波数 ω という閉ループ周波数応答はボード線図かニコルス線図を生成するスプレッドシートで容易に計算できる．全ての必要なデータは既に存在しており，2～3 の公式やデータ列だけ追加すればよい．原理と例は付録 3C に与えられている．

付録 3A：根軌跡の顕著な特徴

　根軌跡は，$G(s)$ の係数の値（最も典型的には，ゲイン K）が適切な範囲にわたって変化する（例えば，$K=0$ から ∞）際に，特性方程式 $1+G(s)=0$ を満足する s 平面上の全ての点からなる．

　$1+G(s)$ のゼロ点が閉ループ伝達関数 $H(s)$ と $E(s)$ の極を定義する．よくあるように，$G(s)$ の係数が全て実数の場合は，$1+G(s)$ の任意の複素根は共役ペアとなる．この付録では根軌跡のいくつかの顕著な特徴を計算する方法を説明する．

3A.1 根軌跡の分枝

　根軌跡の明瞭な分枝の数は特性方程式の有限な根の数，すなわち，閉ループ伝達関数の極の数に等しい．分枝のあるものは有限なゼロ点で終端するが，他は，$|s|=\infty$ まで伸びている．s の大きさが十分大きければ，特性方程式は次式で近似される．

$$G(s) = -1 \approx \frac{aKs^{N_z}}{s^{N_p}} = \frac{aK}{s^{N_p-N_z}}$$

ここで，N_p と N_z は $1+G(s)$ の有限な極とゼロ点の数であり，aK は $G(s)$ の中の s の最高のべきの係数の比である．[コメント：$1+G(s)$ のゼロ点は $H(s)$ あるいは $E(s)$ の極である．]

　$-1 = e^{j(2k-1)\pi}$ であるから軌跡上の任意の点 s に対して，$G(s)$ の角度は π の奇数倍である．すなわち，整数 k に対して

$$\text{Arg}[G(s)] = \text{Arg}\left[\frac{aK}{s^{N_p-N_z}}\right] = (2k-1)\pi$$

となるが，ここで $\text{Arg}[x]$ は複素量 x の位相角を意味する．積 aK は実数で正であり，従って，$G(s)$ の漸近角は次式を満足する k の値によって確定される．

$$\text{Arg}\left[\frac{1}{s^{N_p-N_z}}\right] = (2k-1)\pi$$

この式はまた，次式に還元される．

$$\text{Arg}[s] = \frac{(2k-1)\pi}{N_p - N_z}$$

　例えば，$N_p - N_z = 3$ ならば，$k = 0, 1, 2$ に対する漸近角はそれぞれ，$-60°, +60°, 180°$ である．$N_p - N_z = 3$ に対する k の他の任意の値は，$k = 0, 1, 2$ に対する3つの角の1つに帰着する $300° \equiv -60°$ のような角を作り出す．漸近線は一般的には $s=0$ でなくて，負の実数軸上のある点で交差する．

3A.2 実数軸上の軌跡

　実数軸上の軌跡の部分は $G(\sigma + j0) = -1$ で定義されるが，ここで，σ は s の実数部分である．これと等価であるが，$\text{Arg}[G(\sigma)] = (2k-1)\pi$ である．

　$G(s)$ の極もしくはゼロ点の複素共役対は位置にかかわらず，$s = \sigma + j0$ における $G(s)$ の角に対して $0°$ の貢献がある．σ の左側の実数の極もしくはゼロ点も $G(\sigma)$ の角に対して $0°$ の貢献があるが，σ の右側の実数の極もしくはゼロ点の各々は，$G(\sigma)$ の角に対してそれぞれ，$-180°$，$+180°$ の貢献がある．従って，実数軸上にある根軌跡のいかなる部分も奇数個の実数の開ルー

プの極ならびにゼロ点がその右側にある．殆どあらゆる PLL の構成について当てはまるように，もし，正の実数軸上にいかなる開ループ極やゼロ点が存在しないならば，根軌跡のいかなる実数部分も負の実数軸上もしくは $s=0$ にしか存在し得ない．

3A.3 軌跡と軸との交点

根軌跡と虚数軸あるいは実数軸との交点の位置は PLL 技術者にとって貴重な情報である．ここでは，交点に対する一般的な条件の導出よりもむしろ個々の PLL 構成からの例を示す．選ばれたケースは 3.1.6 項の 4 次タイプ 2 PLL である．この PLL は 2 個の開ループ極を原点に持ち，1 個のゼロ点を $s=-1/\tau_2$ に，また，2 個の重なった開ループ高周波極を $s=-b/\tau_2$ に持つ．τ_2 で正規化すると，$p=s\tau_2$ となるので，開ループのゼロ点は $p=-1$ にあり，2 個の開ループ高周波極が $p=-b$ にある．このケースの特性多項式は次式で与えられる．

$$\frac{p^4}{b^2} + \frac{2p^3}{b} + p^2 + K'p + K' = 0 \tag{3A.1}$$

ここで $K' = K\tau_2$ は正規化されたゲインである．

虚数軸との交点 虚数軸は PLL の安定性の境界であり，もし軌跡が s 平面の右半平面を横切れば，ループは不安定となる．交点において，虚数の極は $p=\pm jp_0$ に位置する共役ペアであり，ここで（実数値と定義される）p_0 をこれから決定する．さらに，未定の位置，$-p_1$ と $-p_2$ にあと 2 個の極が存在する．今度は，(3A.1) を $p^2 + p_0^2$ で割って余りの $p(K' - 2p_0^2/b) + K' - p_0^2(1 - p_0^2/b^2)$ を得る．もし，

$$K' - \frac{2p_0^2}{b} = 0 \quad \text{かつ} \quad K' - p_0^2 + \frac{p_0^4}{b^2} = 0 \tag{3A.2}$$

が成立するならば，全ての p に対して余りはゼロである．

第 2 の条件から第 1 の条件を差し引くことにより次式を得る．

$$p_0^2\left(\frac{p_0^2}{b^2} + \frac{2}{b} - 1\right) = 0$$

この式により虚数軸上の極のペアが（タイプ 2 PLL の開ループ積分器の極である）$p_0 = 0$ と，次の位置に特定される．

$$p_0 = \pm b\sqrt{1 - \frac{2}{b}} \tag{3A.3}$$

式 (3A.3) は p_0 に対して求めてきた結果である．

$b > 2$ の場合に限り，p_0 に対して実数の値が存在し，b の小さな値に対して虚数軸との非ゼロの交点は存在しない．この発見は，$b < 2$ と任意の $K' > 0$ に対しては軌跡の複素分枝は完全に右半平面にあり，$b < 2$ に対してはループは不安定であるということを意味している．p_0 に対応する K' の値（すなわち，K' の安定性境界値）を見つけるために，p_0 に対する (3A.2) の最初の方の方程式を b と K' により解いて，結果を (3A.2) の第 2 の式に代入することにより，根 $K' = 0$（$p = 0$ における 2 個のオープンループ極）と

$$K' = 2(b-2) \tag{3A.4}$$

を得るが，後者は $b > 2$ に対してのみ適切である．

実数軸との交点 図 3A.1 を参照すること．これは以前の例での p 平面内のオープンループ極とゼロ点を $p = -d + j\Delta$ にある根軌跡上の点とともに示している．$p = -d$ が軌跡の複素部分と実数軸との交点となるように，Δ は無限に小さいと考えよう．開ループの極とゼロ点から点 $p = -d + j\Delta$ へのベクトルの角の累計は180°の奇数倍にならなければならない．$-d$ の右側にある極とゼロ点からの寄与の大きさは各々180°よりやや小さいが，一方で $-d$ の左側にある2つの極からの寄与は0°より各々少し大きい．ゼロ点は $G(s)$ に対して進み（正）の位相の寄与があり，極は遅れ（負）の位相の寄与がある．すなわち，

$$(2k-1)\pi = -2(\pi - \tan^{-1}\frac{\Delta}{d}) + (\pi - \tan^{-1}\frac{\Delta}{d-1}) - 2\tan^{-1}\frac{\Delta}{b-d}$$
$$= -\pi + 2\tan^{-1}\frac{\Delta}{d} - \tan^{-1}\frac{\Delta}{d-1} - 2\tan^{-1}\frac{\Delta}{b-d}$$
(3A.5)

π の項がキャンセルするように $k = 0$ とすると，次式になる．

$$0 = +2\tan^{-1}\frac{\Delta}{d} - \tan^{-1}\frac{\Delta}{d-1} - 2\tan^{-1}\frac{\Delta}{b-d}$$

Δ は無限小なので，これらの3つの角は全て小さく，それらのタンジェントで近似できて，次式が得られる．

$$-\frac{2\Delta}{d} + \frac{\Delta}{d-1} + \frac{2\Delta}{b-d} = 0$$

全項に公約数をかけて Δ を除去すれば，結果として次の分子が得られる．

$$3d^2 - (4+b)d + 2b = 0$$

この方程式の根は次のとおり．

$$d = \frac{4 + b \pm \sqrt{b^2 - 16b + 16}}{6}$$
(3A.6)

判別式が負で無いのは，$b \leq 4(2-\sqrt{3}) \approx 1.072$ もしくは $b \geq 4(2+\sqrt{3}) \approx 14.928$ の場合である．$b = 2$ は安定性境界であるから，b に対する小さい方の限界が不安定な条件を表しており，PLL の設計において実用的な有用性はない．大きい方の限界 $b = 4(2+\sqrt{3})$ は，$p = -(4+b)/6 = -2(1+1/\sqrt{3}) \approx -3.15470$ での負の実数軸上の3個の重なった極の存在を示している．

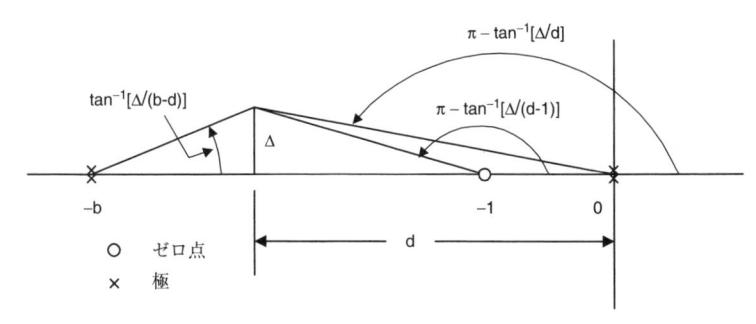

図 3A.1 4次タイプ2 PLL の根軌跡の負の実数軸との交点を決定するための幾何学的構成

付録 3B：開ループ伝達関数 $G(s)$ の形式

次の形式の開ループ伝達関数のかなり一般的な定式化が2.3.1項で示された．

$$G(s) = \frac{K_d K_o F_{p+i}(s) F_{hf}(s)}{s}$$

ここで，ループ・フィルタは2個の直列した部分，比例プラス積分（P+I）である$F_{p+i}(s)$項と高周波フィルタリング項$F_{hf}(s)$に分割されている．この付録では$F_{p+i}(s)$に対するいくつかの構成を調べる．また，これら2つの伝達関数の各々がどのようにしてボード線図やニコルス線図の計算に対して構成されるべきかも示される．

3B.1 比例プラス積分部分

式（2.27）はP+I項を次の形式で定義した．

$$F_{p+i}(s) = K_1 + \frac{K_2}{s} + \frac{K_3}{s^2} + \frac{K_4}{s^3} + \cdots \tag{3B.1}$$

ほとんどいかなるP+Iの構成でもこのように近似的な代数操作で表現できるが，(3B.1)という文字的な形式は，図3B.1に描かれたような，多数の並列の腕を持った構成を意味している．

この完全に並列な構成は動作可能であるが，ループ・タイプが2より大ならば，明らかに必要以上に多くの積分器がある．PLLがタイプnであるならば，正確にn個の積分器で実現できる．1個の積分器は常にVCOで形成され，それ故ループ・フィルタは$n-1$だけ供給すれば事足りる．しかし，図3B.1の完全に並列な構成には，$\sum_{i=1}^{n}(i-1) = n(n-1)/2$個の積分器が必要であり，従って，もっと経済的な構成の方が良い．

$n-1$個の必要とされる積分器がカスケードに接続され，比例入力と積分器の$n-1$個の出力との適切な重みつきの組合せによって$n-1$個の安定化ゼロ点が形成される，様々な構成を考案することができる．このような1つの構成（他の多くのものが可能である）が図3B.2に示されている．この構成は次式のような伝達関数を持つ．

$$F_{p+i}(s) = K_1 + \frac{K_1 a_2}{s} + \frac{K_1 a_2 a_3}{s^2} + \frac{K_1 a_2 a_3 a_4}{s^3} + \cdots$$

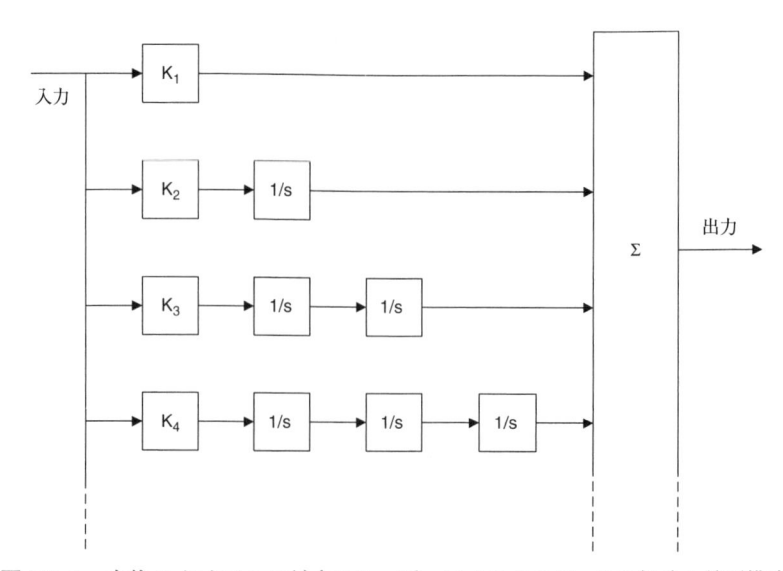

図3B.1 高位タイプPLLに対するループ・フィルタのP+Iの部分の並列構成

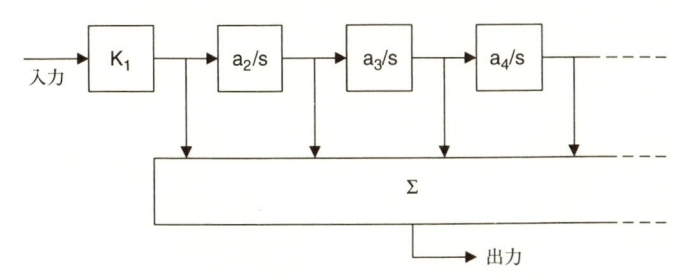

図 3B.2 ループ・フィルタの P+I 部分に対するカスケード積分器,並列アダー構成

この係数は式 (3B.1) のものに以下の式で関係付けることができる.

$$K_2 = K_1 a_2$$
$$K_3 = K_1 a_2 a_3$$
$$K_4 = K_1 a_2 a_3 a_4$$
$$\vdots$$

しかし $n-1$ 個の積分器しか使われていない.各 a_i は (時間)$^{-1}$ の次元を持つことに注意.

タイプ 2 PLL に対して,P+I フィルタの伝達関数は単に次式となり

$$\frac{F_{p+i}}{K_1} = 1 + \frac{a_2}{s} = \frac{s + a_2}{s}$$

従って,図 2.2 のように,$1/a_2$ はタイプ 2 PLL の安定化ゼロ点の時定数 τ_2 と同じように見える.

タイプ 3 PLL に対しては,P+I フィルタの伝達関数が次式のように表現できる.

$$\frac{F_{p+i}(s)}{K_1} = 1 + \frac{a_2}{s} + \frac{a_2 a_3}{s^2} = \frac{s^2 + s a_2 + a_2 a_3}{s^2}$$

2 次の公式を適用することにより,この式の 2 個のゼロ点の位置は次式で与えられる.

$$s = -\frac{a_2}{2}\left(1 \pm \sqrt{1 - \frac{4a_3}{a_2}}\right)$$

$a_3 = a_2/4$ であるならば,ゼロ点は (望ましい設計ゴールではあるが) $s = -a_2/2$ で重なるが,a_3 がこれより少しでも大きいと (望ましくない条件ではあるが) 共役複素数となる.a_3/a_2 の公差が適度にきつければ重なるゼロ点の設計ができるであろうが,もし (実用的なアナログ PLL で通常あるように) この公差が極めて緩いならば複素ゼロ点のリスクは高すぎるであろう.

重なるゼロ点を選択し,複素ゼロ点を避ける理由は,8.3.1 項で論じられる.複素ゼロ点はタイプ 3 以上の全ての PLL に対して図 3B.1 と 3B.2 の構成もしくはそれらの変形で可能である.たとえ積分器自体が厳密にカスケードであっても,多数の並列接続こそが複素ゼロ点を生成する要因となりうる.特にコンポーネントの公差が緩い場合は,本質的な構造により複素ゼロ点を回避する構成の方が安全である.

図 3B.3 と 3B.4 が,カスケード接続された積分器が何個であっても,複素ゼロ点を完全に予防する 2 個の構成を示している.ゼロ点を 2 個以上の積分器の並列接続で構成せずに,各々の実数のゼロ点を単 1 の積分器と関連付けることによってこの予防が実現されている.

これら 2 個の構成は図 2.2 で導入された 1 次 P+I フィルタの単にカスケードにすぎない.[**注意**:極性反転型の演算増幅器を奇数個カスケード接続するとフィードバック・ループで正味の極性反転が生じる.この点を考慮して全体設計すること.]

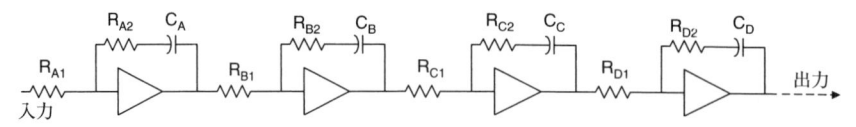

図 3B.3 ループ・フィルタの P+I 部分のためのカスケード接続されたアクティブ・ラグ・リード構成

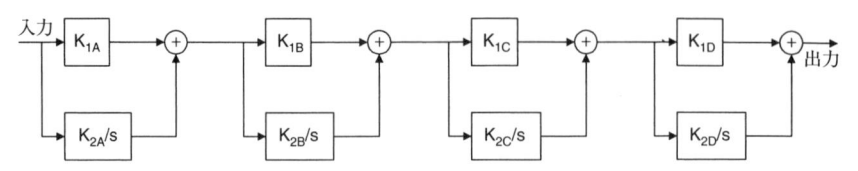

図 3B.4 ループ・フィルタの P+I 部分のためのカスケード接続された個々の 1 次 P+I セル

極性反転を無視すると，図 3B.3 の P+I ループ・フィルタの伝達関数は次式で与えられる．

$$F_{p+i}(s) = \frac{(sC_A R_{A2}+1)(sC_B R_{B2}+1)\cdots}{s^{n-1} C_A R_{A1} C_B R_{B1} \cdots}$$

$$= \frac{R_{A2} R_{B2} \cdots}{R_{A1} R_{B1} \cdots} \cdot \frac{(s+1/\tau_A)(s+1/\tau_B)\cdots}{s^{n-1}} \quad (3B.2)$$

$$= K_1 \frac{(s+1/\tau_A)(s+1/\tau_B)\cdots}{s^{n-1}}$$

ここで $\tau_i = C_i R_{i2}, K_1 = (R_{A2} R_{B2} \cdots)/(R_{A1} R_{B1} \cdots)$ であり，n はループ・タイプを表す．同様に，図 3B.4 の構成の伝達関数は，$K_1 = K_{1A} K_{1B} \cdots$ と $\tau_i = K_{1i}/K_{2i}$ の定義のもとで，(3B.2) の最後の行と同じである．（例えばスプレッドシートによる）計算のために，P+I の伝達関数は大きさと位相とに次式に対応して分割される．

$$20\log\left|\frac{F_{p+i}(j\omega)}{K_1}\right| = -20(n-1)\log(\omega) + 10\sum_{i=1}^{n-1}\log\left(\omega^2 + \frac{1}{\tau_i^2}\right) \quad \text{dB} \quad (3B.3)$$

$$\text{Arg}[F_{p+i}(j\omega)] = \frac{180}{\pi}\left[-\left(\frac{\pi}{2}\right)^{n-1} + \sum_{n=1}^{n-1}\tan^{-1}\omega\tau_i\right] \quad \text{deg} \quad (3B.4)$$

3B.2 高周波部分

PLL に見られる殆どいかなる高周波フィルタでも 1 次および 2 次のゼロ点や極と遅延項との積として次式のように書くことができる．

$$F_{\text{hf}}(s) = F_{\text{hf}}(0)\frac{\Pi_m(s\tau_m+1)\Pi_q(\alpha_q s^2+\beta_q s+1)}{\Pi_k(s\tau_k+1)\Pi_r(\alpha_r s^2+\beta_r s+1)}e^{-s\tau_d} \quad (3B.5)$$

ここで，τ_d はトランスポート・ディレイである．関連する大きさと位相の表現は次式で与えられる．

$$20\log\left|\frac{F_{\text{hf}}(j\omega)}{F_{\text{hf}}(0)}\right| = 10\sum_m \log(1+\omega^2\tau_m^2) + 10\sum_q \log[(1-\alpha_q\omega^2)^2 + \omega^2\beta_q^2]$$

$$-10\sum_k \log(1+\omega^2\tau_k^2) \qquad (3\text{B}.6)$$

$$-10\sum_r \log[(1-\alpha_r\omega^2)^2 + \omega^2\beta_r^2] \quad \text{dB}$$

$$\text{Arg}[F_{\text{hf}}(j\omega)] = \frac{180}{\pi}\left(-\omega\tau_d + \sum_m \tan^{-1}\omega\tau_m + \sum_q \tan^{-1}\frac{\omega\beta_q}{1-\omega^2\alpha_q}\right.$$

$$\left.-\sum_k \tan^{-1}\omega\tau_k - \sum_r \tan^{-1}\frac{\omega\beta_r}{1-\omega^2\alpha_r}\right) \quad \text{deg} \qquad (3\text{B}.7)$$

F_{hf} におけるゼロ点もしくは極の複素共役ペアは異常ではあるが実際に起きるのであって，それらが実数の係数で表現されるべきとした場合に2次の項を必要とする．アナログPLLの中での著しい遅延も普通ではないが，それも実際に起きることであって，遅延を取り扱わなければならない場合に，(3B.5)や(3B.7)にはそれに対する備えがある．

3B.3 計　算

- スプレッドシートで F_{hf} の式に個々の場合に必要とされるより多くの極とゼロ点を設けておき，係数 τ や α や β で多すぎるものは単にゼロとすることで対応する項を1にすることができる．
- 同じ手段は $F_{\text{p+i}}$ では使えない．これは，(3B.2)でいずれかの時定数をゼロとするとゼロによる割り算になってしまうからである．
- $F_{\text{p+i}}$ の体裁を整えるルールは $\lim_{s\to\infty} F_{\text{p+i}}(s)/K_1 = 1$ である．
- F_{hf} の体裁を整えるルールは $\lim_{s\to o} F_{\text{hf}}(s)/F_{\text{hf}}(0) = 1$ である．
- K_1 も $F_{\text{hf}}(0)$ も K の因子として組み入れられる．

付録3C：閉ループ周波数応答

ボード線図やニコルス線図に対して一度スプレッドシートが用意できると，2〜3の公式を加えて閉ループ伝達関数 $E(j\omega)$ と $H(j\omega)$ の周波数応答を生成することは簡単なことである．この付録で，公式を展開し，例を示す．

3C.1 周波数応答公式

閉ループ（クローズドループ）誤差伝達関数 $E(j\omega)$ からはじめるが，これは次式により開ループ（オープンループ）伝達関数 $G(j\omega)$ の極座標成分に関係付けられる．

$$|E|e^{j\text{Arg}[E]} = \frac{1}{1+|G|e^{j\phi}} = \frac{1}{1+|G|\cos\phi + j|G|\sin\phi} \qquad (3\text{C}.1)$$

ここで，簡潔さのために $j\omega$ の変数は省略してあり，$\phi = \text{Arg}[G]$ である．E の極座標成分は

直ちに（3C.1）から分離される．最初に，位相は次式で与えられる．

$$\mathrm{Arg}[E] = -\tan^{-1}\frac{\sin\phi}{\cos\phi + 1/|G|} \quad \text{rad} \qquad (3C.2)$$

これは通常$180/\pi$を掛けてから度の単位で描かれる．また，大きさは次式で与えられる．

$$|E|^2 = \frac{1}{1 + 2|G|\cos\phi + |G|^2}$$

また，dB単位の大きさは次式となる．

$$10\log|E|^2 = -10\log[1 + 2|G|\cos\phi + |G|^2] \quad \text{dB} \qquad (3C.3)$$

閉ループ・システムの伝達関数は極座標成分で次のように書ける．

$$|H|e^{j\mathrm{Arg}[H]} = \frac{|G|e^{j\phi}}{1 + |G|e^{j\phi}}$$

これにより次の公式が導かれる．

$$\mathrm{Arg}[H] = \phi + \mathrm{Arg}[E] \quad \text{rad}$$
$$|H|^2 = |G|^2|E|^2 \qquad (3C.4)$$
$$10\log|H|^2 = 10\log|G|^2 + 10\log|E|^2 \quad \text{dB} \qquad (3C.5)$$

3C.2 周波数応答グラフの例

図3C.1から3C.4まではEとHの閉ループ周波数応答の図の例を示している．図3C.1と3C.2は2次タイプ2 PLLに対するもので，$K\tau_2 = 3 (\zeta = 0.866)$であるが，これは図3.13のボード線図や図3.18のニコルス線図と同じ条件である．図3C.3と3C.4は周波数応答の上で，$\tau_d = \tau_2/10$のループ内遅延の効果を示している．この効果は$\omega\tau_2 < 1$の周波数で最小であるが，高周波側で効果が増加するのが観測される．特に影響を受けるのが$\mathrm{Arg}[H]$であるが，高い周波数では$H(j\omega) \to G(j\omega)$なので驚くほどの結果ではない．

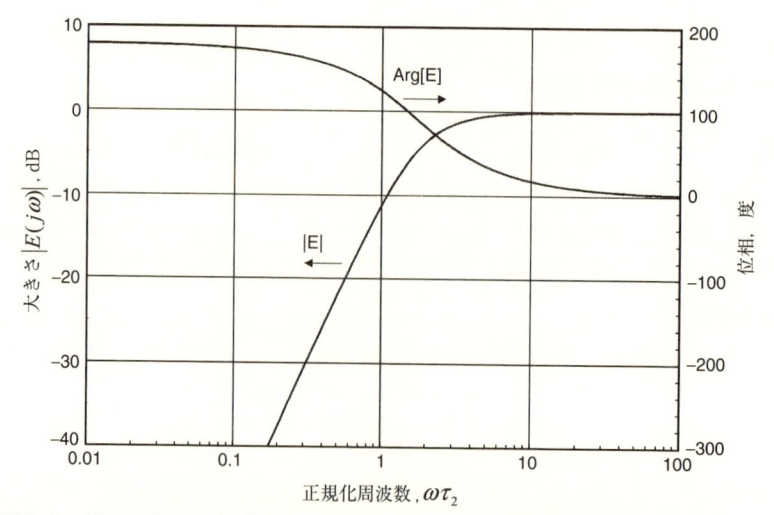

図3C.1 $K\tau_2 = 3$のタイプ2 PLLに対する$E(j\omega)$の周波数応答．図3.13のボード線図や図3.18のニコルス線図に対するパラメータと同じである．

第3章 補助的グラフ

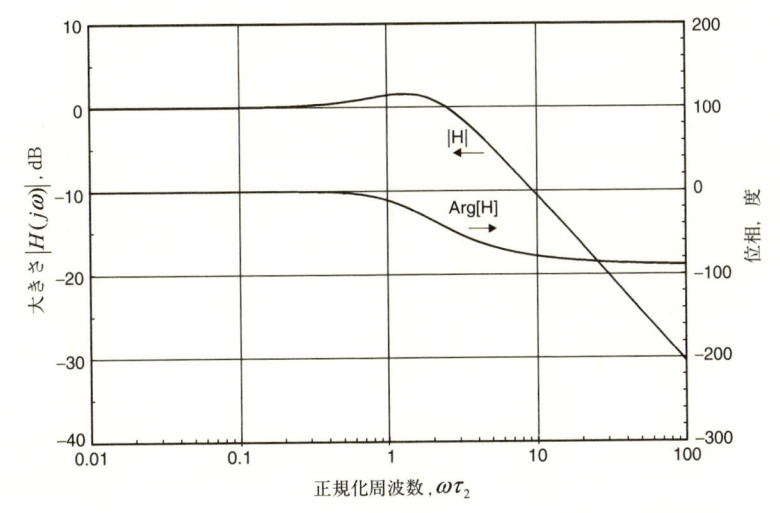

図 3C.2 $K\tau_2 = 3$ のタイプ 2 PLL に対する $H(j\omega)$ の周波数応答. 図 3.13 のボード線図や図 3.18 のニコルス線図に対するパラメータと同じである.

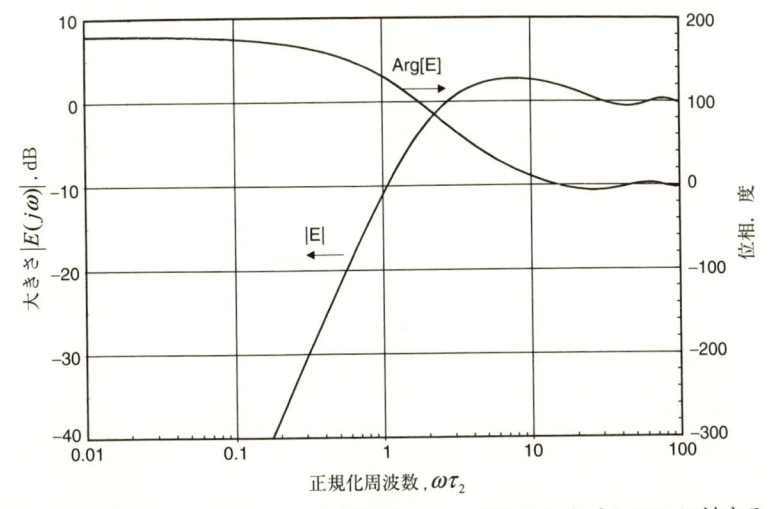

図 3C.3 $K\tau_2 = 3$ ならびにループ内遅延 $\tau_d = \tau_2/10$ のタイプ 2 PLL に対する $E(j\omega)$ の周波数応答. 図 3.16 のボード線図や図 3.20 のニコルス線図に対するパラメータと同じである.

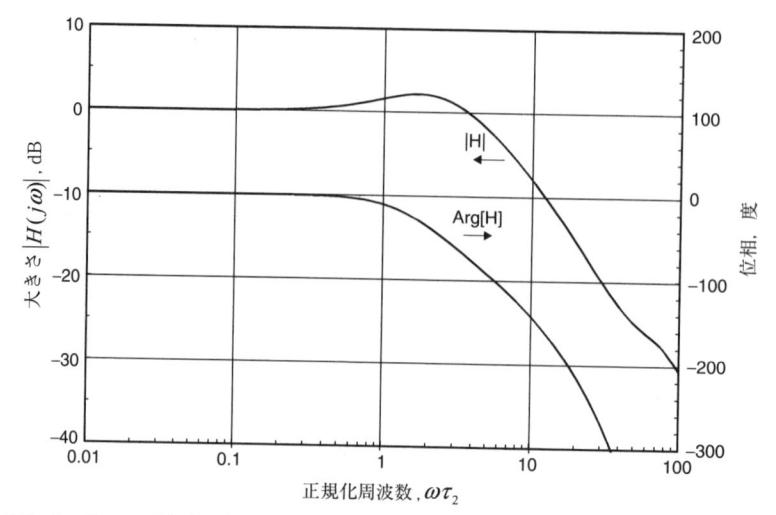

図 3C.4 $K\tau_2 = 3$ ならびにループ内遅延 $\tau_d = \tau_2/10$ のタイプ 2 PLL に対する $H(j\omega)$ の周波数応答. 図 3.16 のボード線図や図 3.20 のニコルス線図に対するパラメータと同じである.

参 考 文 献

3.1 W. R. Evans, *Control-System Dynamics*, McGraw-Hill, New York, 1954.
3.2 H. W. Bode, *Network Analysis and Feedback Amplifier Design*, Van Nostrand, New York, 1945.
3.3 H. Nyquist, "Regeneration Theory," *Bell Syst. Tech. J.* **11**, 126, 1932.
3.4 H. M. James, N. B. Nichols, and R. S. Phillips, *Theory of Servomechanisms* (Rad. Lab. Ser. 25), McGraw-Hill, New York, 1947, Sec. 4–11.
3.5 R. C. Tausworthe, "Improvements in Deep-Space Tracking by Use of Third-Order Loops," *JPL Q. Tech. Rev.* **1**, 96–106, July 1971.
3.6 R. C. Tausworthe and R. B. Crow, "Improvements in Deep-Space Tracking by Use of Third-Order Loops," *IEEE Int. Conf. Commun.*, 1972, pp. 577–583.
3.7 H. Meyr and G. Ascheid, *Synchronization in Digital Communications*, Wiley, New York, 1990, Sec. 2.5.

第4章　ディジタル PLL：伝達関数と関連ツール

他の多くの電子デバイスと同様，ますます多くのフェーズロック・ループがディジタルで実現されつつある．ディジタル化の通常の理由は PLL にも当てはまる．低コスト，製造が容易，ドリフト無しの部品，そして許容誤差の問題の無い点である．ディジタル信号を記録することは容易だがアナログ信号を記録することは殆ど許されない．ディジタル積分器はオフセットや揮発性の問題は無い．通常のディジタル操作は，アナログ的方法であれば想像できない複雑度で実現可能である．これらすべての利点にもかかわらず，システム内の他のディジタル操作との互換性の必要性が PLL のディジタル化の最強の動機である．

4.1　ディジタル PLL 特有の性質

ディジタル PLL（DPLL）はディジタル信号処理に特有ないくつかの条件下で動作する．
- 信号は一連の離散的なサンプルとして存在する．
- 各サンプルの情報は無次元ディジタル数である．
- ディジタル数は必然的に有限な精度を持っている，つまり量子化されている．
- ディジタル PLL 内の操作は演算されている．

演算される PLL はソフトウェア PLL と呼ばれることもあるが，要求されるスピードと使えるハードウェア次第で，背景にあるアルゴリズムは，ソフトウェアにもハードウェアにも等しく使うことができる．演算という用語は本書を通じてハードウェアにもソフトウェアにも使われる．

全ての PLL は非線形の振る舞いを示す．第2章ならびに第3章では，位相誤差が十分小さいならば線形モデルによって動作が近似できると仮定されている．この仮定は多くのアナログ PLL に対して非常に妥当であり，伝達関数を通じて解析や設計の大きな恩恵をもたらす．

おびただしい数の有益なディジタル PLL は，小さな位相誤差に対しても近似しきれない大きな非線形性をアナログ PLL よりも一層多く持っている．これらの本質的に非線形な PLL は伝達関数で解析できない．この例は第13章で考察される．しかし，大きな非線形性が無くても，あらゆるディジタル PLL は量子化の影響を被る．量子化は非線形な操作であり，その影響は小さな位相誤差でも大変顕著である．非線形解析の過酷な複雑性を避けるために通常取られる仮定は，量子化が十分に細かくて1次では無視できて DPLL が線形近似で解析できるというものである．量子化の効果の問題は分離して第13章で取り扱う．本章では量子化を無視して，小さな位相誤差に対して他の重大な非線形性を含まないディジタル PLL に限定することにより，いく

つかのディジタル PLL の伝達関数を展開する．

4.2 ディジタル伝達関数

ちょうど，アナログ回路が微分方程式により時間領域で記述されるように，ディジタル回路は差分方程式によりシフト領域で記述される．（シフトは離散時間に関係付けられるが必ずしもそうする必要は無い．）丁度線形で時間不変の微分方程式がラプラス変換により変換領域へ変換されるように，線形でシフト不変な差分方程式がz変換により，変換領域に変換される．この節ではディジタル PLL の代表的な構成に対して差分方程式と z 変換を展開する．ディジタル PLL の要素の z 変換から伝達関数が展開される．

4.2.1 ディジタル PLL の構成

図1.1 の PLL の一般的なブロック図はまた小変更で DPLL にも当てはまる．

ディジタル位相検出器とディジタル・ループ・フィルタは存在するが，数値制御発振器（NCO）が電圧制御発振器（VCO）に置き換わる．また，D サンプル間隔の遅延（D は正の整数）はループ内で極めて重要な要素である．

第2章と第3章において，入力と出力の信号の位相はラジアン単位で測定され，記号 θ を付与されていた．同じ用語がディジタル PLL に適用できるであろうが，ここで示される位相は，その代わり，サイクル単位［ユニット・インタバル（UI）と等価］で測られ，記号 ε を付与されている．結果として得られる伝達関数はいずれの慣習に対しても厳密に同等であり，異なるアプローチは単に別の命名を如何に適用するかの例を示す為に採用されている．

入力信号は，位相 $\varepsilon_i[n]$ によって部分的に特徴付けられる周期的な成分を含む一連の無次元のディジタル数であって，n はサンプルの指数である．NCO 出力シーケンスの位相は $\varepsilon_o[n]$ とする．［表記法：角括弧［・］の中には離散的指数が付いた引数が入り，丸括弧（・）には連続的な引数が入る．］

4.2.2 差分方程式

位相誤差が十分小さい場合に量子化を無視すると，位相検出器の n 番目のサンプルの出力は無次元数で，次式で与えられる．

$$u_d[n] = \kappa_p \{\varepsilon_i[n] - \varepsilon_o[n]\} \qquad (4.1)$$

ここで，κ_p は位相検出器のゲインで，$\varepsilon_e[n] = \{\varepsilon_i[n] - \varepsilon_o[n]\}$ サイクルの位相誤差への応答として PD の出力 $u_d[n]$ を決定する．κ_p は無次元ではあるが，擬似ディメンジョンともいうべき，(cycle)$^{-1}$ という表記と関連づけて，それと同類の κ_d と区別する．ここで，κ_d は θ_e ラジアンの位相誤差への応答としての PD 出力を表す．（ラジアン）$^{-1}$ の擬似次元は κ_d と関連付けられる．［注釈：κ_p のような全ての係数は別に明瞭な指定が無い限り，常に正と考える．］

この節で考察されるループ・フィルタは比例成分，積分成分，遅延成分からなる．一般的な比例成分はゲイン κ_m，入力 $x_{mi}[n]$，出力 $x_{mo}[n]$ を持ち，その差分方程式は次式で表現される．

$$x_{mo}[n] = \kappa_m x_{mi}[n] \qquad (4.2)$$

下付き添え字の m は掛け算器（マルチプライア）を意味しており，まもなく修正した表記に

代わる．比例成分は遅延無し，メモリー無しであり，すなわち，n番目の入力とスケーリングの係数が一意的にn番目の出力を決定する．

ディジタル積分器は次の差分方程式を持っている．

$$y_{Io}[n] = \kappa_I x_{Ii}[n-1] + y_{Io}[n-1] \tag{4.3}$$

ここで下付き添え字Iは積分器を意味しており，κ_Iはスケーリング係数であり，$y_{Io}[n]$は積分器のn番目のサンプル出力であり，$x_{Ii}[n]$はn番目のサンプル入力である．ループ・フィルタ内のy_{Io}に対する積分器のレジスタはその2個の限界値で飽和し，決してリサイクル（再循環）しない．DPLLの良い設計では通常の動作条件での飽和は避けるであろう．

NCOは次の差分方程式を持つ特殊な積分器である．

$$\varepsilon_o[n] = \{\kappa_v u_c[n-1] + \varepsilon_o[n-1]\} \quad \text{mod } 1 \text{ サイクル} \tag{4.4}$$

ここで，κ_vはNCOスケーリング係数で，$\varepsilon_o[n]$はn番目のサンプル出力で，$u_c[n]$は制御入力のn番目のサンプルである．mod 1という表記は$\varepsilon_o \in [0,1)$を意味しており，NCO積分器はε_oのいかなる整数部分も捨ててしまう．つまり，NCO内のレジスタはループ・フィルタ内の積分器とは反対に，リサイクルする．

この位相の包み込み（ラッピング）はこの時点では論じられないある手段によって通常対応される非線形性である．伝達関数を展開する目的のために，この非線形性は存在しないものとして取り扱われる．（NCOを循環型のアップ・ダウン・カウンタと考える．そこでは見かけ上の不連続性は直線から取られた番号で円周上の位置にラベルをつけようとする人為的なものである．NCOの操作においてはいかなる純粋な不連続も生じない．）

積$\kappa_v u_c$は分数サイクルにおける位相増加分であり，それゆえ，無次元のNCOゲイン係数κ_vはサイクルという擬似的次元を持つ．通常のNCOはゲイン係数$\kappa_v = 1$を有する．もし，NCOが周波数f_sのクロックを与えられているならば，その出力の周波数（位相レジスタのリサイクルの平均速度）は$\kappa_v u_c f_s$ Hzである．もし$\kappa_v u_c$が負ならば，負の周波数は物理的に意味を持ちうることに注意すること．NCOの出力周波数は，普通のアナログVCOとは違って，ゼロを通過することができる．位相増分の大きさ$|\kappa_v u_c|$は，ナイキストのサンプリング条件を守って周波数エリアスを防ぐためには，0.5より小さくなければならない．

積分器とNCOの差分方程式は1サンプル期間の遅延を含んでおり，$(n-1)$番目の入力は，出力のn番目のサンプルまでは出力に現れない．また，積分器はメモリを持っており，n番目の出力は$(n-1)$番目までの全ての先行する，尺度を調節された入力の和である．

サンプル間隔Dの遅延（ディレイ）の差分方程式は次式のように簡単である．

$$x_{do}[n] = x_{di}[n-D] \tag{4.5}$$

これまでの差分方程式における遅延モデルの選択は妥協であった．一方において，遅延の無い操作（n番目の入力がn番目の出力に寄与する）はシミュレーション，すなわち記録された信号の事後処理において実行可能であろう．他方において，もし（高速ハードウェア・システムで通常あるように）システム・クロックの周波数がPLLのサンプリング速度と同程度であるならば，ループはパイプライン・ディレイを含んでいるであろうし，従って，全ての素子は，比例演算素子であっても，その作業を完全に遂行するためには1サンプル期間よりも多く必要とするであろう．ディレイDは必要な整数遅延のためにこのモデルに組み込まれているが，このモデルにおけるように全ての構成でディレイが1箇所に集中しているわけでないことに注意．

（ソフトウェア・システムでは普通なことだが）もし PLL のサンプリング・レートに比べてクロック周波数が十分速いならば，PLL 内の多数の操作が1サンプリング期間に実行される．しかし，リアルタイム・ループは依然1サンプル期間より小さなある処理遅延を含んでいる．整数遅延 D は分数遅延には責任を持たない．整数遅延のみが本書では考察される．フィードバック・ループは少なくとも $D = 1$ の遅延を持たなければならない．遅延なしには，ループの計算はできないであろう．出力を計算するのに必要な位相誤差（入力位相と出力位相の差）を生成する機会ができる前に出力を計算しなければならなくなるからである．

これらの差分方程式は，全ての要素が同じサンプリング速度で動作するという暗黙の仮定で書かれている．この章の今後の全ての材料はこの単一レートの仮定に基づいている．マルチレート動作は第13章で検討する。

4.2.3 ループ要素の z 変換

位相検出器の差分方程式の z 変換は単純に次の式で与えられる．

$$U_d(z) = \kappa_p \{\varepsilon_i(z) - \varepsilon_o(z)\} \tag{4.6}$$

同様に，ディレイ無しの比例要素の z 変換は次式で与えられる．

$$X_{mo}(z) = \kappa_m X_{mi}(z) \tag{4.7}$$

ここで $\varepsilon(z)$ と $X(z)$ は各系列の z 変換である．ディレイ1の積分器に対する z 変換は次式で与えられる．

$$Y_{Io}(z) = \frac{\kappa_I z^{-1} X_{Ii}(z)}{1 - z^{-1}} \tag{4.8}$$

mod 1 の非線形性を無視すると，NCO の z 変換は次式で与えられる．

$$\varepsilon_o(z) = \frac{\kappa_v z^{-1} U_c(z)}{1 - z^{-1}} \tag{4.9}$$

最後に整数遅延の z 変換は次式のとおり．

$$X_{do}(z) = z^{-D} X_{di}(z) \tag{4.10}$$

サンプル・フィードバック・ループに対する整数遅延の z 変換表現は代数的であり，従って連続時間フィードバック・ループに対する遅延の超越関数的ラプラス変換表現よりは操作が簡単である．

図4.1は z 変換の伝達関数が各要素に対して示されているディジタル PLL のリニア・モデルを描いたものである．このモデルはこの章の後の部分の基礎となっている．

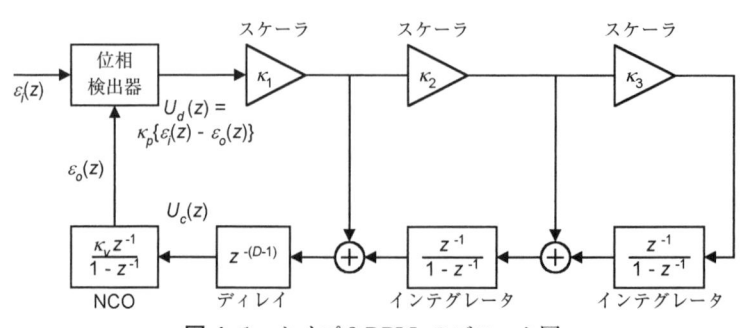

図 4.1 タイプ3 DPLL のブロック図

4.2.4 ループ・フィルタ

ループ・フィルタのz変換の伝達関数を$F(z)$と記すことにする．ループ・フィルタは比例要素，積分器，ディレイの組合せからなる．追加の高周波フィルタ要素も含まれるかもしれないが，後になるまでそれらは考慮しない．伝達関数式$F(z)$はその構成要素のz変換の組合せで構成される．図4.1に示された1個のループ・フィルタはタイプ3ディジタルPLLを生成するフィルタであるがここではこれだけを取り扱う．タイプ3 PLLは普通である（実際はそうでないが）とか，ディジタルPLLは必然的に高周波フィルタが無いとかいうことを意味するつもりはない．例に取り上げたフィルタを持つ伝達関数は適切な係数をゼロにすることによりタイプ2かタイプ1に低減することができる．

ループ・フィルタ構成のいくつかの変形はアナログPLLに対して付録3Bに示されている．同じ構成はディジタルPLLに対して使うことができる．同様に，図4.1の構成はアナログPLLのもう1つのあり得る変形として付録3Bに含めることもあり得ただろう．鋭い読者ならば，図4.1の構成は（積分器が直列なので）最も少ない個数の積分器を用いているが，（信号を組み合わせるのに並列な経路があるので）伝達関数に望ましくない複素ゼロ点の可能性があるということに気づくであろう．実際には，ディジタル実装は係数に許容誤差の問題が無いので，複素ゼロ点の危険は存在しない．ずっと先で明らかにされるように，ゼロ点は，正確に望ましいところに設定することができる．

積分器だけでなく係数K_1, K_2, K_3も直列接続であることに注意．この配置はフィルタのブロック図を描く整然とした方法であり，また，全ての係数がほとんど常に1より小さく，K_2は殆ど常にK_1より小さく，K_3は殆ど常にK_2より小さいという点で，実装上の利点がある．こうして，一番右の積分器の入力のために必要な減衰がK_1, K_2, K_3により分担され，単一のスケーリング素子にすべて置かれるということはない．普通はスケーリング係数K_1, K_2, K_3の値を0.5の整数べき乗に選んで，スケーリングを掛け算ではなくてシフトとして実行できるようにして，それにより演算を簡単にするのが慣例である．

簡単のために，過剰な遅延$D-1$は，それが実際に置かれている個々の素子に分離するのではなくて，ループ・フィルタ内に含める．現実的なディジタルPLLの構成では素子のディレイがこのモデルに正確に当てはまるように抽出できないかもしれない．そのような構成に対しては修正された伝達関数を導出しなければならない．

図4.1の全てのスケーラー，積分器，過剰遅延を組み合わせることにより，ループ・フィルタの例に対する伝達関数は次式で与えられる．

$$\begin{aligned} F(z) = \frac{U_c(z)}{U_d(z)} &= z^{-(D-1)}K_1\left[1+\frac{K_2 z^{-1}}{1-z^{-1}}(1+\frac{K_3 z^{-1}}{1-z^{-1}})\right] \\ &= \frac{z^{-(D-1)}K_1}{(1-z^{-1})^2}\left[(1-z^{-1})^2 + K_2 z^{-1}(1-z^{-1}) + K_2 K_3 z^{-2}\right] \end{aligned} \quad (4.11)$$

これは，2個の有限な極を$z=1$（連続時間システムの$s=0$に相当）と（過剰ディレイによって導入された）$z=0$における$D-1$個の極，それから次式で与えられる2個の有限なゼロ点を持つ．

$$z = 1 - \frac{\kappa_2}{2} \pm \frac{\kappa_2}{2}\sqrt{1 - \frac{4\kappa_3}{\kappa_2}} \qquad (4.12)$$

この2個のゼロ点は，（ディジタル実装ではいかなる許容誤差の問題もなく正確に保証できる容易な条件である）$\kappa_3 = \kappa_2/4$ であれば，$z = 1 - \kappa_2/2$ で重なり，κ_3 が $\kappa_2/4$ を超える場合にのみ複素数になる．

4.2.5 ループ伝達関数

ループ伝達関数は今度は単に位相検出器と NCO の z 変換を $F(z)$ と組み合わせ，また，無次元のループゲイン

$$\kappa = \kappa_p \kappa_v \kappa_1 \qquad (4.13)$$

を定義することにより記述することができて，以下に挙げた伝達関数に至る．G, H, E の添え字はループタイプを示す（ループ内の積分器の総数）．

- 開ループ伝達関数：

$$G_3(z) = \frac{\varepsilon_o(z)}{\varepsilon_e(z)} = \frac{\kappa z^{-D}\left[(1-z^{-1})^2 + \kappa_2 z^{-1}(1-z^{-1}) + z^{-2}\kappa_2\kappa_3\right]}{(1-z^{-1})^3} \qquad (4.14)$$

- システム伝達関数：

$$\begin{aligned} H_3(z) &= \frac{\varepsilon_o(z)}{\varepsilon_i(z)} = \frac{G_3(z)}{1 + G_3(z)} \\ &= \frac{\kappa z^{-D}\left[(1-z^{-1})^2 + \kappa_2 z^{-1}(1-z^{-1}) + \kappa_2\kappa_3 z^{-2}\right]}{(1-z^{-1})^3 + \kappa z^{-D}\left[(1-z^{-1})^2 + \kappa_2 z^{-1}(1-z^{-1}) + \kappa_2\kappa_3 z^{-2}\right]} \end{aligned} \qquad (4.15)$$

- 誤差伝達関数：

$$\begin{aligned} E_3(z) &= \frac{\varepsilon_e(z)}{\varepsilon_i(z)} = \frac{1}{1 + G_3(z)} = 1 - H_3(z) \\ &= \frac{(1-z^{-1})^3}{(1-z^{-1})^3 + \kappa z^{-D}\left[(1-z^{-1})^2 + \kappa_2 z^{-1}(1-z^{-1}) + \kappa_2\kappa_3 z^{-2}\right]} \end{aligned} \qquad (4.16)$$

4.2.6 極とゼロ点

(4.14) から (4.16) までの伝達関数の例は，$G(z)$ 内の $(1-z^{-1})^3$ 項から明らかなように，タイプ3であって，この項によりループ内の3個のディジタル積分器が示されている．しかし，D が取りうる最小の値 $D = 1$ でなければ，閉ループ伝達関数の分母は，このタイプよりも高位である．過剰なディレイの存在は $D-1$ だけディジタル PLL の次数を増加させ，追加されるオープンループ極は $z = 0$ に置かれる．この増えた次数は，後に調べるように，安定性に悪い意味合いを持つ．

$\kappa_3 = 0$ と置き，全ての伝達関数の分子と分母を通じて共通ファクタ $(1-z^{-1})$ で割ると次数 $D+1$ のタイプ2ディジタル PLL に対する伝達関数が得られる．システム伝達関数は次式に帰着する．

$$H_2(z) = \frac{\kappa z^{-D}(1 - z^{-1} + \kappa_2 z^{-1})}{(1-z^{-1})^2 + \kappa z^{-D}(1 - z^{-1} + \kappa_2 z^{-1})} \qquad (4.17)$$

これはゼロ点を $z = 1 - \kappa_2$ に持つ．もし，$D = 1$ ならば，$H_2(z)$ は一対の極を次式の位置に持つ．

$$z = 1 - \frac{\kappa}{2} \pm \frac{\kappa}{2}\sqrt{1 - \frac{4\kappa_2}{\kappa}} \tag{4.18}$$

2個の極は，もし (4.18) の判別式が正なら，実数で分離しており，判別式がゼロならば，$z = 1 - \kappa/2$ で重なり，また，判別式が負ならば複素数である．

[コメント：(1) $H_2(z)$ の極に対する式 (4.18) は $F_3(z)$ のゼロ点，従ってまた $H_3(z)$ のゼロ点に対する式 (4.12) と同じ形式的構造を持っている．しかし，(4.18) の κ は位相検出器のゲイン，κ_p のファクタを含むので，H_3 のゼロ点を正確に設定するのが容易であるという点は必ずしも H_2 の極には引き継がれない．（全てではないが）多くの位相検出器において，κ_p は入力信号の振幅もしくは入力の信号対ノイズ比に依存するが，これらは高い精度で達成されることは稀である．位相検出器のゲインに対する影響は第 10 章でさらに検討する．(2) 第 2, 3 章では，タイプ 2 PLL の伝達関数の式が $s = -1/\tau_2$ におけるゼロ点の位置に対して正規化された．z はすでに無次元の（すなわち，正規化された）量なので，あの正規化は，ディジタル PLL に対しては必要でもなければ有益でもない．

今度は，(4.17) において $\kappa_2 = 0$ と置き，分子と分母から共通ファクタ $1 - z^{-1}$ を割って取り除き，タイプ 1 ディジタル PLL の閉ループ・システム伝達関数が次式のように得られる．

$$H_1(z) = \frac{\kappa z^{-D}}{1 - z^{-1} + \kappa z^{-D}} \tag{4.19}$$

この伝達関数にはゼロ点は無く，もし $D = 1$ ならば $z = 1 - \kappa$ に単一の極が存在する．もし，さらに，$\kappa = 1$ であるならばシステム伝達関数は $H_1(z) = z^{-1}$ に帰着し，1 ユニット期間の純粋なディレイとなる．このようにパラメータを選ぶと，丁度 1 サンプル時間のディレイで，サンプル・フィードバックシステムで可能な限り殆ど瞬間的に，入力に対して十分に応答する PLL が得られるという点を数人の著者が何年にもわたって指摘している．遅延した出力は入力と正確に同じであり，フィルタ歪は無い．連続時間で同等な PLL であれば無限大のバンド幅を持ち，物理的に不可能であろう．$\kappa = 1$ で $D = 1$ を選ぶと，PLL の重要な用途である入力のフィルタができなくなる．入力におけるいかなるノイズや他の妨害も削減されること無しに出力に現れる．

今度は $D = 2$ と仮定する．2 次タイプ 1 のディジタル PLL の極は次の点に位置する．

$$z = \frac{1}{2} \pm \frac{1}{2}\sqrt{1 - 4\kappa} \tag{4.20}$$

$\kappa < 0.25$ ならば 2 個の極は実数で分離しており，$\kappa = 0.25$ ならば実数で $z = 0.5$ で重なっており，$\kappa > 0.25$ ならば複素共役ペアである．

4.3 ループ安定性

ディジタル PLL は，その極（特性多項式の根）の全てが単位円の内側にあれば安定で，いずれかの極が単位円の外側にあれば不安定である．DPLL のいくつかの例に対する安定性の条件がこの節で要約されるが，解析的な詳細は付録 4A に委ねられる．ディレイの効果に関するさらなる例を [4.1] に見出すことができる．

極の位置と結果としての安定性の境界が PLL 内の個々のディレイの配置に依存している点に常に注意すること．遅延の配置が異なれば結果も異なる．この節に示されている例は代表的なものであると考えるべきであるが，おそらく近似的な場合を除き，変更された構成に必ずしも当てはまるわけではない．

4.3.1 タイプ 1 DPLL

式 (4.19) の 1 次タイプ 1（$D=1$）DPLL を考えよう．その 1 つの極は実軸上にあり，もし $\kappa<2$ ならば単位円内にあり，$\kappa>2$ ならば単位円の外（従って不安定）である．この挙動を連続時間の 1 次 PLL と比較しよう．連続時間の 1 次 PLL は，ループ・ゲインが如何に大きくても任意の正の値のループ・ゲインに対して安定である．ディジタル PLL で不可欠のディレイは有限なゲインにおいて，避けられない不安定性を引き起こす．

次に，ディレイを $D=2$ に増加すると，そこに，(4.20) におけるように 2 個の極が置かれる．共役極を単位円上に置く κ の値を見出すために，$|z|^2=1$ と置いて解くと，安定性境界に対して $\kappa=1$ を得るがこのとき境界上の極は $z=(1\pm j\sqrt{3})/2$ にある．任意の整数ディレイ $D>0$ があり，また，ループ内には他にフィルタが無い場合に，付録 4A において，タイプ 1 DPLL に対するループ・ゲインの安定性限界は次式で得られることが示されている．

$$\kappa = 2\sin\frac{\pi}{2(2D-1)} \tag{4.21}$$

過剰なディレイは DPLL の安定性を極めて劇的に損なう．

4.3.2 タイプ 2 DPLL

次に，(4.18) に示されたような，$D=1$ に対する $H_2(z)$ の極の位置を調べる．$\kappa_2<1$ と仮定すると，不安定性境界は次式で定義される．

$$\kappa = \frac{4}{2-\kappa_2} \tag{4.22}$$

これは，1 次の DPLL のように，$\kappa_2=0$ に対しては，$\kappa=2$ に帰着する．式 (4.22) は単に，$z=-1$ を (4.18) に代入し，式を並べ変えることにより得られる．もし $\kappa_2>1$ ならば，全ての $\kappa>0$ に対してループは不安定である．これらの結果の理由は，のちほど 4.4 節でディジタル PLL の根軌跡を議論する際に明らかになる．

4.3.3 タイプ 3 DPLL

$D=1$ に対して，タイプ 3 DPLL は，もし次式が成立すれば全ての $\kappa>0$ に対して不安定である．

$$\kappa_2 \geq \frac{4}{4-3\kappa_3} \tag{4.23}$$

これは，もし $\kappa_3=0$ ならば $\kappa_2\geq 1$ に帰着し（それにより $D=1$ のタイプ 2 DPLL に対する κ_2 への制約に合致し），また，もし $\kappa_3=\kappa_2/4$（タイプ 3 PLL の望ましい重なったゼロ点の条件）ならば $\kappa_2>4/3$ に帰着する．

(4.23) の制約内で，$D=1$ のタイプ 3 DPLL は次式が成立すれば安定であり，

第4章 ディジタル PLL：伝達関数と関連ツール

$$\frac{\kappa_3}{(1-\kappa_3)(1-\kappa_2+\kappa_2\kappa_3)} < \kappa < \frac{8}{4-2\kappa_2+\kappa_2\kappa_3} \qquad (4.24)$$

また，これらの境界外では不安定である．κに対する安定性条件は，もし$\kappa_3=0$ならばタイプ2 DPLLに対する（4.22）に帰着し，また，$\kappa_3=\kappa_2/4$ならば次式に帰着する．

$$\frac{\kappa_2}{(4-\kappa_2)(1-\kappa_2/2)^2} < \kappa < \frac{8}{(2-\kappa_2/2)^2} \qquad (4.25)$$

（4.24），（4.25）の下限がゼロでないことは，タイプ3ディジタル PLL は条件付で安定（すなわち，十分小さなゲインに対しては不安定）であることを示しており，これはタイプ3アナログ PLL と同様である．

4.4 根 軌 跡 図

注意深い読者であれば，以上の記述で，安定性境界はタイプ1 DPLL 以外では$D>1$に対しては追求されていないことに気が付かれたことだろう．付録 4A で明らかにされているように，安定性を解析的に判定するために必要な数学的な労苦は，取り扱っている伝達関数が複雑になるに従ってますますつらいものになる．根軌跡図はその負担を軽減するのに役立つ．

z領域の伝達関数に対する根軌跡図の基礎原理は 3.1 節と付録 3A で調べたs領域の伝達関数に対するものと同じである．重大な相違点は次のとおりである．

- オープンループ積分器の極は$s=0$の代わりに，$z=1$に発している．
- 追加の$D-1$個のオープンループ極は$z=0$に現れる．
- 安定性境界は，s平面の虚数軸のかわりにz平面の単位円（$|z|=1$）である．
- ダンピングが一定の等高線は，s平面では単純な直線であるのに対して，z平面上ではスパイラルである．その結果，z平面の根軌跡図は，s平面の根軌跡図で示されるようにはすぐには，複素極のダンピングを示さない．
- 整数ディレイは，s領域の超越関数的な表現とは対照的に，z領域の伝達関数では代数的な表現を有するので，z領域の根軌跡図は整数ディレイを容易に受け入れることができる．

4.4.1 タイプ1 DPLL の根軌跡

タイプ1 DPLL は文献でしばしば見受けられ，入力信号の周波数が十分な精度で知られている場合には実際に実現可能なこともある．

タイプ1, D=1 $D=1$のタイプ1 DPLL の根軌跡は，（NCO 積分器の極の位置）$z=1$に始まる直線であり，κが増加するにつれて，実数軸に沿って$z=-\infty$の方へ左へと移動していく．任意のκに対して，1個のクローズドループの極が$z=1-\kappa$に存在する．この挙動は1次のタイプ1アナログ PLL とよく似ている．しかしながら，DPLL の軌跡は単位円を$z=-1$で横切り，従って DPLL はゲイン$\kappa=2$に対して不安定になる．これとは対照的に，対応するアナログ PLL は全ての$K>0$に対して安定である．

タイプ1, D=2 $D=2$のタイプ1 DPLL は，2.3.2項ならびに3.1.3項で説明された単純なラグ・

フィルタを備えたタイプ1アナログPLLに良く似ている．DPLLの極は$z = 0.5(1 \pm \sqrt{1-4\kappa})$にある．これらの極は$\kappa < 0.25$に対しては実数で分離しており，$\kappa > 0.25$に対しては共役複素数である．軌跡の複素の部分は$\text{Re}[z] = 0.5$の垂直な直線上にある．［表記法：$\text{Re}[z]$は$z$の実部を意味する．］単位円との交差は，$\kappa = 1$に対しては$z = 0.5(1 \pm j\sqrt{3}) = e^{\pm j\pi/3}$で発生する．

タイプ1，D=3 図4.2は$D = 3$のタイプ1 DPLLの根軌跡図である．（NCO積分器による）1個のオープンループ極が$z = 1$にあり，（過剰ディレイによる）2個のオープンループ極が$z = 0$にある．κが増加するにつれて，ゼロに発する1個の極が実軸上を左へ移動してゆき，他方の極は右へ移動してゆく．積分器の極が左へ移動してゆく際に，右へ移動してくるディレイの極と$\kappa = \frac{4}{27}$に対して$z = \frac{2}{3}$で出会い，その点から，より大きなゲインに対して，そのペアは複素数になる．複素の分枝は$\kappa = 0.618$の場合には$\text{Arg}[z] = \pm \pi/5$で単位円と交差し，安定性境界を形成する．左へ移動してゆく実数の極は$\kappa = 2$のときに$z = -1$を横切るが，これは$\kappa = 0.618$よりは大きく，従ってこれは別の極による単位円との付加的な交差であり，安定性の境界ではない．

4.4.2 タイプ2 DPLLの根軌跡

アナログPLLに当てはまる同じ理由により，殆どのディジタルPLLもまたタイプ2である．

タイプ2，D=1 $D = 1$のタイプ2 DPLLの根軌跡には，2個のオープンループ極が$z = 1$に，また，1個のゼロ点が$z = 1 - \kappa_2$にある．ゲインがゼロから増加していくとき，2個の極が最初は，ゼロ点を中心とする半径κ_2の円に沿って移動する．その2個の極は，$\kappa = 4\kappa_2$の場合に$z = 1 - 2\kappa_2$で再び実軸に合流する．その位置から，1個の極が右へ移動してゆき，最終的には（$\kappa = \infty$で）ゼロ点で終わり，他方は$z = -\infty$の方へ左に移動してゆく．この振る舞いは第3章で述べた2次タイプ2のアナログPLLに良く似ている．

パラメータκとκ_2はともに安定性の条件に入る．軌跡の円周部分が単位円内になければ，PLL

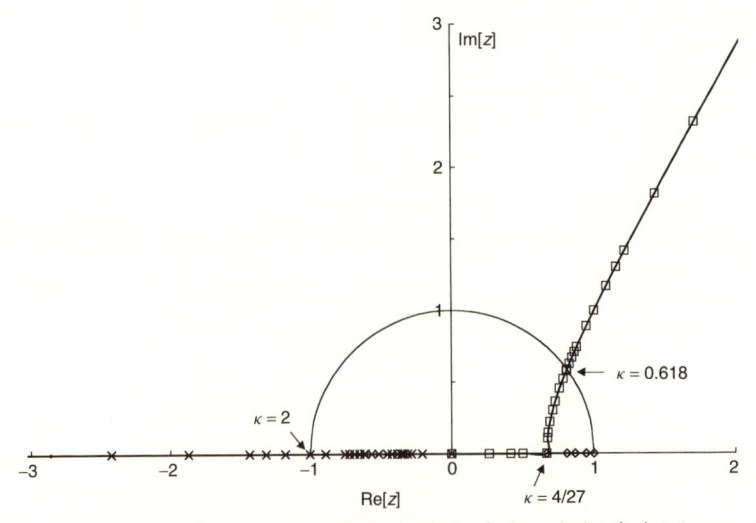

図4.2 $D = 3$のタイプ1 DPLLの根軌跡図．下半分の平面は省略されている．

は全てのκに対して不安定である．$\kappa_2 = 1$という値で，軌跡の円は単位円と一致し，従って，安定性基準により$\kappa_2 < 1$であることが要求される．もし，その基準が満足されれば，左へ移動する実数極は，次式で与えられるゲインの値では，$z = -1$で単位円と交差する．

$$\kappa = \frac{4}{2-\kappa_2} \tag{4.26}$$

タイプ2，D=2 図4.3は$D = 2$のタイプ2 DPLLに対する根軌跡群である．過剰ディレイのために余分なオープンループ極を$z = 0$に持つが，ゼロ点位置には何の効果もない．$z = 0$に発する極は実数軸上を右へ移動してゆくが，2個の積分器の極は小さなゲインに対しては複素数である．（図では虚数部が正の複素極しか表示していない．）$\kappa_2 > \frac{1}{2}$であればすべての$\kappa > 0$に対してループは不安定である（複素極は単位円の外部にある）．

もし，$\kappa_2 = \frac{1}{9}$であれば，$\kappa = \frac{1}{3}$で3個の極は$z = \frac{2}{3}$において重なるが，κの全ての他の値に対しては，それらの極のうち2つが複素ペアを構成する．もし$\kappa_2 > \frac{1}{9}$であれば，$z = 1$に発する2個の極は全ての$\kappa > 0$に対して複素数のままであり，右へ移動する実数の極は$\kappa = \infty$のときにゼロ点で終了する．もし$\kappa_2 < \frac{1}{9}$ならば，ある範囲のκに対して複素極は実数軸へ戻る．これらの極の1つは実数軸に沿ってゼロ点に向かって右へ移動してゆく間に，他方は左へ移動してゆき，結局は第3の極と出会い，そこからこの2つは垂直な軌跡上の複素共役ペアとなる．

$D = 2$のタイプ2 DPLLの根軌跡は，DPLLの有限な安定性境界を除き，3.1.4項に書かれた3次タイプ2アナログPLLに似ている．もう1つの類似性として，κ_2がゼロに減っていくとき，大きなκに対する根軌跡が，殆ど同じ安定性境界を持った$D = 2$のタイプ1 DPLLの根軌跡に近づいていく．

タイプ2，D=3 オープンループ伝達関数には$z = 1 - \kappa_2$にゼロ点，$z = 1$に積分器による一対の極，そして$z = 0$に過剰ディレイによる一対の極が存在する．$z = 1$に発する2個の極は最初は複素の軌跡に沿って移動していくが，$z = 0$に発する極は（$\kappa_2 < 1$を仮定すると）最初は左と右

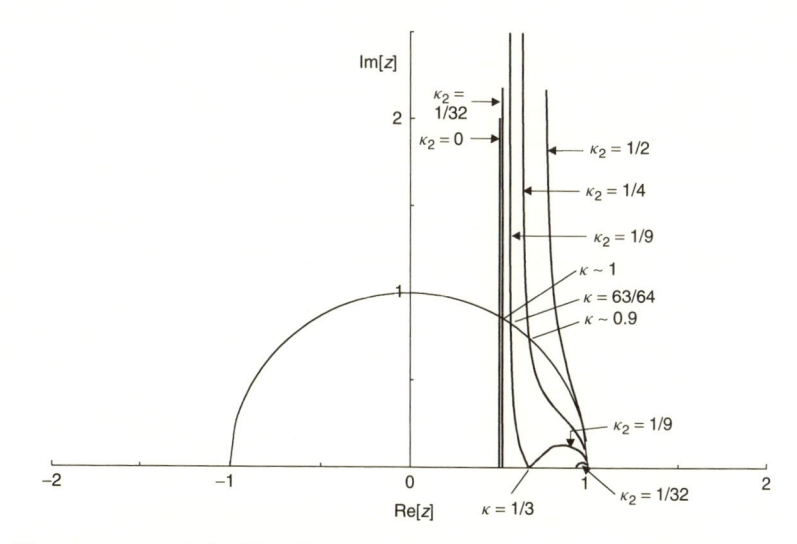

図4.3 $D = 2$でさまざまな値のκ_2に対するタイプ2 DPLLの根軌跡図．実数の極と下半分の平面は省略されている．

へ実数軸に沿って移動していく．

付録 4A では，もし$\kappa_2 > \frac{1}{3}$ならば，全ての$\kappa > 0$に対してループが不安定になることが示されている．タイプ 2 DPLL に対するκ_2の安定性境界は，$D = 1$に対しては 1，$D = 2$に対しては$\frac{1}{2}$，そして$D = 3$に対しては$\frac{1}{3}$であることが分かったことは注目に値する．この示唆に富む結果を追求してみると，（ここでは含まれないが）解析が進むと，明らかな規則が全ての整数$D > 0$について続いていく，つまり，タイプ 2 DPLL に対するκ_2の安定性境界は次式で与えられるということが示される．

$$\kappa_2 < \frac{1}{D} \tag{4.27}$$

$D = 3$のタイプ 2 DPLL に対する根軌跡は，4 次タイプ 2 アナログ PLL に対して図 3.6 で示されたものに似ているであろう．つまり，1 つの極の軌跡が$z = -\infty$で終結し，もう 1 つは$z = 1 - \kappa_2$にあるゼロ点で終結し，また，複素共役ペアの極は漸近的に実数軸に対して$\pm 60°$の角度の直線に接近する．もし，$\kappa_2 = \frac{1}{2} - \sqrt{3}/4 \approx 0.067$ならば，3 個の極は，$\kappa = \sqrt{3}/9 \approx 0.1925$の場合に$z = \frac{1}{2} + \sqrt{3}/6 \approx 0.789$で重なる．もし$\kappa_2$が$\sim 0.067$よりも大きいならば，$z = 1$に発する 2 個の極は実数軸に決して戻らない．もしκ_2が小さければ，それら 2 個の極はκのある値に対して実数軸に戻り，一方はそれからゼロ点に向かって右へ移動していく間に，他方は左へ移動して行く．左へ移動する極は結局，$z = 0$に発して右へ移動する極と出会い，そしてその 2 つは複素数になる．

さらに$\kappa_2 < \frac{1}{3}$という条件のもとで，κの安定性境界は次式で与えられる．

$$\kappa = \frac{2(1 - \cos \psi)}{2(1 - \kappa_2) \cos \psi - 1} \tag{4.28}$$

安定性条件（4.28）は$z = \exp(\pm j\psi)$を横切って移動する複素極に対応している．$z = -1$に位置する実数極による交点がもっと大きなκの値に対して生じるが，このκに対してループは既に不安定になっている．これ以上の詳細は付録 4A.2 を参照すること．

4.4.3 タイプ 3 DPLL の根軌跡

図 4.4 は，$D = 1$，$\kappa_3 = \kappa_2/4$のタイプ 3 DPLL の根軌跡の例を示している．後者の条件により，システム伝達関数の 2 個のゼロ点が$z = 1 - \kappa_2/2$で重なっている．κ_2の各値に対する図では，複素ペアの上側の極の軌跡だけが示されており，全ての実数の軌跡と下側の複素数の軌跡は省略されている．オープンループ伝達関数は$z = 1$に 3 個の極を持っている．それらの極の 1 つは実数軸上を左の方へ移動していき，結局はゼロ点で終結する．他の 2 個の極は，正の実数軸に対して$\pm 60°$の角度で$z = 1$から去っていき，それによって直ちに単位円から出て行く．従って，丁度タイプ 3 アナログ PLL のように，タイプ 3 DPLL はせいぜい条件付で安定である（すなわち，十分低いゲインに対しては不安定である）．

さらに，もし$\kappa_2 \geq \frac{4}{3}$ならば，図 4.4 で最も外側の軌跡で示されているように，全ての$\kappa > 0$に対してループは不安定である．2 個の複素数の極の軌跡は，$\kappa_2 = \frac{4}{3}$，$\kappa = 4.5$に対して正確に$z = -1$で実数軸へ戻ってくる．つまり，これらの複素極は他の全てのκの値に対して単位円の外側にある．もし，$\kappa_2 < \frac{4}{3}$ならば，タイプ 3 DPLL は（4.25）で与えられるκの全範囲にわたって安定である．下限は複素軌跡と単位円との交点で決定され，上限に達すると，実数極が$z = -1$

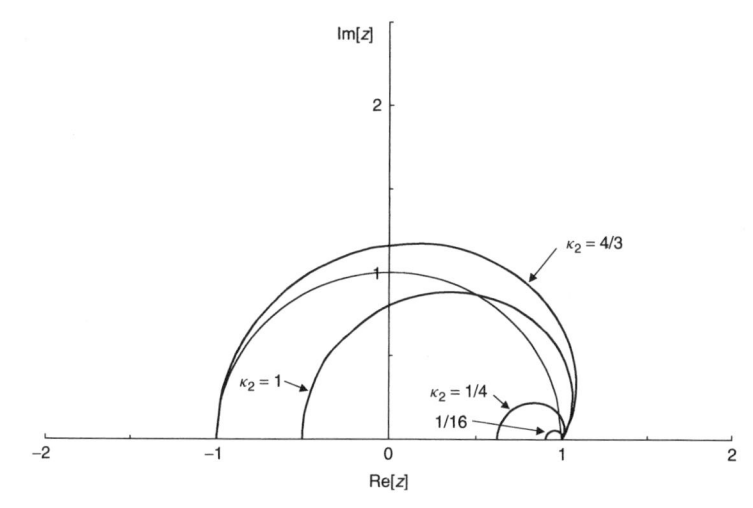

図 4.4 $D=1$, 様々な κ_2, $\kappa_3 = \kappa_2/4$ の場合のタイプ 3 DPLL の根軌跡図. ゼロ点が重なっているのは κ_3 の選択によるものである. 実数の極と下半分の平面は省略されている.

を横切る.

4.5 DPLL 周波数応答：定式化

連続時間の PLL の伝達関数 $Y(s)$ に対して, 周波数応答は $Y(s)|_{s=j\omega} = Y(j\omega)$ と定義される. 同様にして, サンプル化 PLL の伝達関数の周波数応答は $Y(z)|_{z=e^{j\omega t_s}} = Y(e^{j\omega t_s})$ と定義されるが, ここで $Y = E, F, G$ もしくは H が当てはまり, t_s はサンプリング間隔である. 連続時間伝達関数において, ω は s 平面の虚数軸に沿って $-\infty$ から $+\infty$ までの範囲を持つが, これに対して, 離散時間 PLL の伝達関数の中の積 ωt_s は z 平面上の単位円に沿って $-\pi$ から $+\pi$ のまでの範囲を持つ. いずれの表現でも, 周波数 ω は rad / sec の次元を持ち, サンプル間隔 t_s は秒の次元を持つので, 積 ωt_s は無次元である.

ディジタル信号処理の文献では単位円の無次元の角度を記号 ω で表現し, t_s に言及することを省略する ($t_s = 1$ であるように見せることと等価) のが慣例である. しかしながら, 殆どの PLL は実時間で動作するので, サンプル間隔が関心事になることが多く, 本書では無次元の積を用いて角度を表現する. 表記を簡潔にするため, サンプリング間隔に関係が無いときは, 角度を表現するのに記号 $\psi = \omega t_s$ を用いる.

周波数応答は通常は, 極成分, つまり, 大きさと位相, もしくは多くの場合に大きさだけで図式的に表示される. サンプル化システムの周波数応答は周期的で正規化した周期が 2π である. $-\pi$ から $+\pi$ までの正規化した周波数には周波数応答情報の全体が含まれているので, 図は通常はこれらの境界を越えることはない. さらに, もし, DPLL の伝達関数の係数が (いつもそうであるが) 実数であるならば, $(-\pi, \pi)$ における周波数応答は $\psi = 0$ に関して共役対称であり, 従って, ψ の正の値に対してだけ描けば十分である. 最後に, もし周波数が (極めて低い周波数での応答を表示できるように) 対数目盛りで描かれるならば, 図の最小周波数はゼロより少し大きくなければならない.

4.6 ボード線図とニコルス線図

この章の前の節と付録4Aは，伝達関数の極がごく少数ではない場合には，数学的解析や根軌跡の方法が如何にひどく長ったらしくなるかを示している．これとは対照的に，DPLLのボード線図やニコルス線図が，複雑な伝達関数に対してもスプレッドシートの助けで容易に生成できる．この節は重要なDPLLのボード線図に主として専念するが，ボード線図とニコルス線図は交換可能であることに留意願いたい．それらは同じデータを用い，同じ安定性ルールに従う．いずれか一方の選択はディスプレイ上の外観に対する個人的な好みの問題である．以下のテキストではボード線図を専ら用いるが，同じ議論が等しくニコルス線図にも当てはまる．

4.6.1 ボード線図の基礎

ディジタルPLLのボード線図は単位円上のzに対するオープンループ伝達関数$G(z)$の極成分，つまり大きさと位相のグラフであって，$z = e^{j\psi}$であり，ここで$\psi = \omega t_s$はサンプリングレートに対して正規化されたラジアン周波数である．大きさはデシベル単位で描かれ，位相はリニアな尺度で，通常は度を単位として描かれている．(1)虚数軸の代わりに単位円に沿って周波数をとり，(2)横軸を$\psi = \pi$で切りつめる点以外は，ディジタルPLLのボード線図は第3章で描かれたアナログPLLのものと極めてよく似ている．実際，その類似性は後の例で裏付けられ，ほんのわずかな違いしか現れない．第3章のボードとニコルスの資料の概説はディジタルPLLのボード線図とニコルス線図に対しても良い基礎となっている．

しかし，最初に，制御システムの教科書の様々なアプローチを認識する必要がある．著者の中には丁度応用の妥当性に関して問題が全く無いかのようにボード線図をz平面の伝達関数に直接応用する者もいる．しかし，他の著者は，ボード解析は，伝達関数がs平面で記述される連続時間システムから始まったと，正しく指摘している．さらに，z平面の伝達関数をs平面へ関係式$z = \exp(st_s)$を介して写像すると，ボードの関係式が元来導出された通常のs平面の伝達関数とは著しく異なったものになる．これらの正当な知識から，著者の中には，z平面の離散時間システムのボード線図を直接計算するのは間違っているとほのめかすものもいるようだ．その代わりに，彼らは，さらに異なる写像を実行して，z平面の伝達関数を，ボードの本来のルールが当てはまる連続時間システムの伝達関数に極めて類似したものに変換している．

(筆者も含めて)専門家でない者はジレンマに陥る．誰にしたがうべきだろうかと．ボードの方法をz領域に直接適用するのは間違いなのだろうか？　あるいは，中間的な変形を用いる人々によって不必要な複雑さが導入されてしまったのだろうか？　自分自身の懸念を緩和するために，直接的なアプローチによりいくつかのDPLLの例を調べた．これらの例は，他の方法で，すなわち，4.3ならびに4.4節では代数的解析により，また，付録4Aでは根軌跡図によって解析された．各々の例に対して，z領域でのボード線図の解釈は他の解析と正確に一致した．例の間の一致は一般的な証明にならないが，z領域のボード基準は少なくとも実用的に重要ないくつかの条件において正しいということを証明しており，ボードの基準は殆どのDPLLに対して有効であるとの信頼度を上げるものである．この章の残りではボードの方法を直接適用し，中間的な変形は導入しない．

4.6.2 ボード安定性基準

サンプルシステムに対するボード安定性基準は，第3章で述べた連続時間システムに対するものといかなる重要な点でも相違しない．ボード解析で重要なのは1つはゲイン・クロスオーバー周波数 ψ_{gc} で，ここで $|G(e^{j\psi_{gc}})|=1(0dB)$ であり，もう1つは位相クロスオーバー周波数 ψ_π であって，ここで $\mathrm{Arg}[G(e^{j\psi_\pi})]=-\pi$ である．例えば，条件付で安定な DPLL のように，位相クロスオーバーが2個以上の周波数で生じることもあり得る．また，位相が全ての周波数に対して $-180°$ よりも正であるか，あるいは全ての周波数に対して $-180°$ よりも負であるために，いかなる位相クロスオーバー周波数も存在しないということもあり得る．位相クロスオーバーの数が何個であれ，厳密なボード解析は，1つの，そして唯一のゲイン・クロスオーバーが存在する伝達関数に限られる．

位相余裕は $\mathrm{Arg}[G(e^{j\psi_{gc}})]+\pi$ で定義され，安定性には正の位相余裕が要求される．安定性境界は，唯一のゲイン・クロスオーバー周波数が位相クロスオーバー周波数と一致するという性質を持つ．ループには2個以上の安定性境界が存在しうるが，その各々は特定の位相クロスオーバーに対応し，またそれぞれの固有の臨界値を持つ．ゲイン・マージンは有益な概念であることが多いけれども，必ずしも全ての場合に明瞭な定義を持つわけではない．ゲイン・マージンの概念の予測できない変動もしくは破綻の例が後で指摘される．

4.6.3 DPLL の例に対するボード線図

この節では主要な現実的な関心のあるいくつかの DPLL のボード線図が提供される．

タイプ1DPLL 図 4.5 は，ディレイ $D=1$ でループ内に他にフィルタ要素が無いタイプ1のごく単純な DPLL のボード線図を示す．位相対周波数は2個の構成要素を持つ．NCO に固有の積分器に起因する定数 $-90°$ と，ディレイに起因するリニアな $-90\psi/\pi$ 度とである．（周波数の対数目盛りによって，リニアな位相が変形して表示に湾曲が生じる．） $-180°$ の位相クロスオー

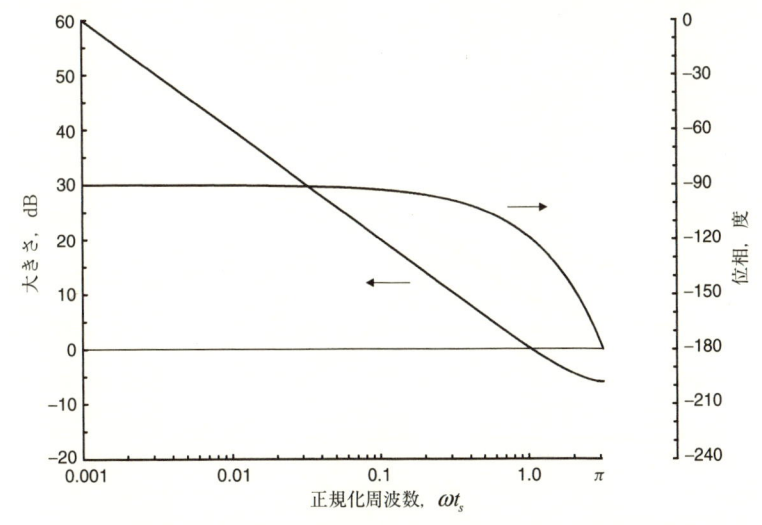

図 4.5 $D=1, \kappa=1$ のタイプ 1 DPLL のボード線図．

バーには$\omega t_s = \psi_\pi = \pi$で達する．

大きさの曲線は$\kappa = 1$に対して描かれており，κの他の値はゲイン曲線を必要なデシベル数だけ上げたり下げたりして調節できる．ゲインは位相クロスオーバー周波数で-6dBであり，従って，ゲイン余裕は6dBである．もしゲインが$\kappa = 2$に増加されたならばループはその安定性境界にあり，それより大きな値のκに対しては不安定になる．曲線の勾配は低周波数では約-6dB／オクターブであるが，次第に変化して$\psi = \pi$で平坦になる．平坦化は伝達関数の周期性の特徴であり，殆どのDPLLで見受けられる．$\kappa = 1$の選択はかなり大きい，つまり，通常はかなり小さい値を選択する．この結果，ゲインの平坦化は見えないことが多く，図の底の部分から離れている．それゆえ，$D = 1$のタイプ1 DPLLのボード線図は通常は，同等なループ内ディレイを持ったアナログのタイプ1 PLLのものと殆ど同じである．

もし$\kappa > 2$ならば，このDPLLのボード線図にはゲイン・クロスオーバーは無くて，全てのψに対して大きさは0dBを超える．厳密に言うと，ボードの基準はゲイン・クロスオーバーが存在しない場合には対応できない．この特定のケースにおける不安定性の厳密な立証は，4.3.1項や付録4Aにおけるような特性方程式の解析，もしくは，4.4.1項におけるように根軌跡の構成から得られる．［コメント：いくつかの図式的特徴が注目に値する．(1) 2本の縦軸が，大きさの座標軸上の0dBが位相軸上の$-180°$と整合するように配置されており，そこで，1本の水平線がゲインと位相のクロスオーバーの重要なレベルを定義している．(2) 周波数軸の端と位相軸の底との間のギャップが明白に存在する．このギャップが生じる原因は，スプレッドシート・プログラムのプロット・ルーチンが対数目盛りでディケード全体しか表示しないが，サンプル化システムの関心のある横軸は$\psi = \pi$で終わっているという点にある．目には見えない長方形の上張りで横軸の一番右のディケードの望ましくない部分を隠している．］

タイプ2 DPLL 図4.6はディレイDのいくつかの値に対するタイプ2 DPLLのボード線図を表している．ループゲインは$\kappa = \frac{1}{8}$（かなり大きい）で，積分器経路のゲインは$\kappa_2 = \frac{1}{32}$（もし，

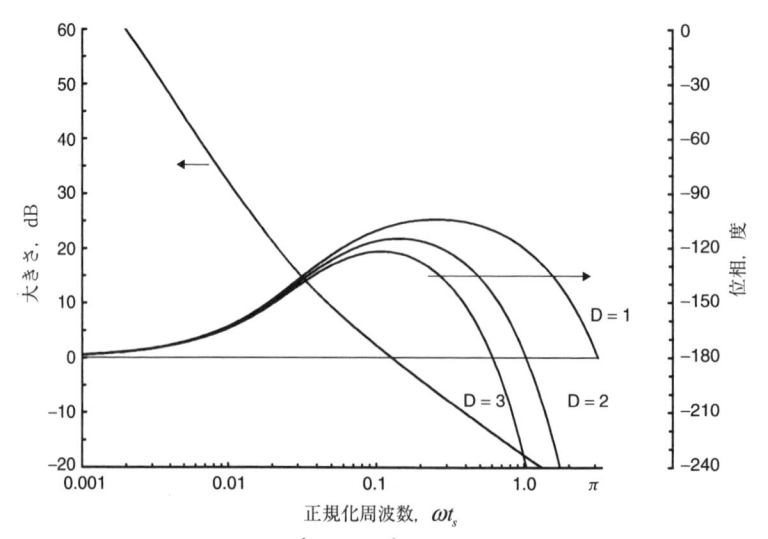

図4.6　ディレイD，$\kappa = \frac{1}{8}$，$\kappa_2 = \frac{1}{32}$のタイプ2 DPLLのボード線図．

$D=1$ならば，極が重なる選択）である．大きさの曲線の勾配は低周波数で-12dB / オクターブに近く，高周波数ではおよそ-6dB / オクターブである．勾配の平坦化は高周波で存在するが，肉眼には顕著ではない．コーナー周波数では，低周波側の勾配が高周波側の勾配に取って代わられるが，この周波数は$\psi \approx \kappa_2 = 0.03125$に見られる．（この近似は，$\kappa_2 = 0.2$という非常に大きな値に対して12%以内の精度で正しく，κ_2が減少するにつれて次第に良くなる．）

曲線から数値を取り出してみる．ゲイン・クロスオーバーは$\psi_{gc} \approx 0.12$で生じ，位相余裕はおよそ，$D=1,2,3$に対してそれぞれ，$73°, 62°, 58°$である．ゲイン余裕は曲線から拾うと，およそ，$D=2$に対して18dB，$D=3$に対して13dBである．ゲイン曲線は，$D=1$に対して位相クロスオーバー周波数で図の底部から外れるが，図4.6を作成するのに使われたスプレッドシートでは24dBであった．

4.6.4 ニコルス線図の例

タイプ3DPLLのオープンループの伝達関数は，$z=e^{j\psi}$で評価すれば，次式のように書ける．

$$G_3(e^{j\psi}) = \frac{\kappa e^{-j(D-1/2)\psi}[(2-\kappa_2+\kappa_2\kappa_3)\cos\psi - 2 + \kappa_2 + j\kappa_2(1-\kappa_3)\sin\psi]}{8j^3\sin^3(\psi/2)} \quad (4.29)$$

ここで極座標成分は次式で与えられる．

$$\begin{aligned}20\log|G_3(e^{j\psi})| = &\; 20\log\frac{\kappa}{8} - 60\log\left(\sin\frac{\psi}{2}\right) \\ &+ 10\log\{[(2-\kappa_2+\kappa_2\kappa_3)\cos\psi - 2 + \kappa_2]^2 + [\kappa_2(1-\kappa_3)\sin\psi]^2\} \quad \text{dB}\end{aligned} \quad (4.30)$$

$$\begin{aligned}\text{Arg}[G_3(e^{j\psi})] = &\; \frac{180}{\pi}\left[-\frac{3\pi}{2} - \left(D-\frac{1}{2}\right)\psi\right. \\ &\left. + \tan^{-1}\frac{\kappa_2(1-\kappa_3)\sin\psi}{(2-\kappa_2+\kappa_2\kappa_3)\cos\psi - 2 + \kappa_2}\right] \quad \text{deg}\end{aligned} \quad (4.31)$$

これらの式は図4.7のニコルス線図で3つの異なるDの値に対して描かれている．

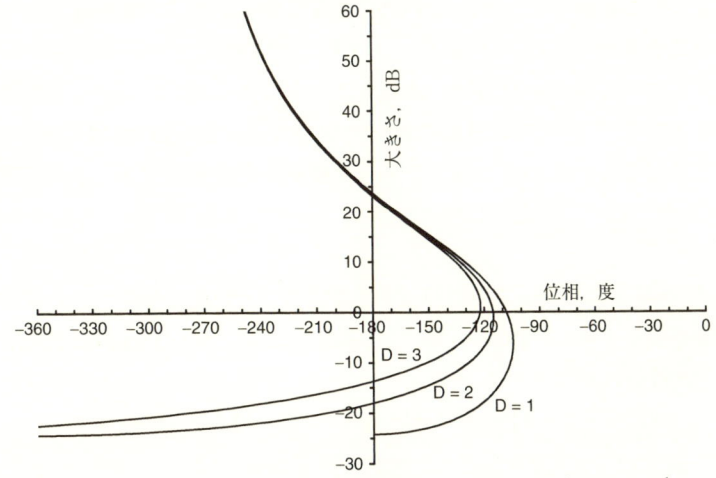

図4.7 タイプ3 DPLLのニコルス線図．$\kappa = \frac{1}{8}$, $\kappa_2 = \frac{1}{32}$, $\kappa_3 = \frac{1}{128}$.

図のゲイン係数は $\kappa = \frac{1}{8}$, $\kappa_2 = \frac{1}{32}$, $\kappa_3 = \kappa_2/4 = \frac{1}{128}$ である．κ_3 の選択で 2 個のゼロ点が $z = 1 - \kappa_2/2$ で重なる．κ_2 と κ の選択は前のタイプ 2 DPLL と同じで，これによりいくつかの興味深い比較ができる．

ゲインと位相の切片は，関連する余裕とともに，直ちにニコルス線図で見える．余裕の値は，特に図 4.7 の形式で描かれたニコルス線図からの方が，ボード線図（図 4.6 と比較すること）からよりも一層容易に抽出できる．切片の多さにもかかわらず，図 4.7 で，ひと目で直ちに安定性は明らかである．ペナルティとして，ニコルス線図ではボード線図に含まれている周波数情報が失われている．

位相余裕は $D = 1, 2, 3$ に対して，それぞれおよそ，71°, 64°, 58° である．各曲線は 2 個の位相切片を持つ（この例は，全てのタイプ 3 PLL のように，条件付で安定である）．大きなゲインで比較的低周波のものと，小さなゲインで高周波のものとである．この例の高周波の位相切片は $D = 1, 2, 3$ に対して，それぞれ，約 24, 18, 13 dB のゲイン余裕を持つ．これらのゲインと位相の余裕は，κ と κ_2 の値が同じである前の例のタイプ 2 DPLL で見られたものと殆ど違わない．このような類似性が期待できる理由は，高周波での位相切片とゲイン切片は全て PLL のバンドの端の特徴であって κ_3 や，さらに κ_2 のような低周波のパラメータではほとんど影響を受けないからである．

各曲線は約 23 dB のゲイン余裕を持った低周波の位相切片を示しており，3 本の曲線に対して殆ど同じである．これらの曲線は，高周波で最も強い影響を持つ D の値しか違わないので，低周波の位相クロスオーバーは殆ど一致することが期待される．高周波のゲイン余裕は，ループを不安定にするゲインの増加量である．しかしこれとは逆に，低周波のゲイン余裕は，ループを不安定にするゲイン低下量である．ゲイン余裕の定義は，一般的な適用性のためには両者を含んでいなければならないが，ごく通常の定義には高周波の場合しか含まれていない．

4.7 DPLL の連続時間近似

DPLL の例のボード線図は，少なくとも十分小さなゲイン係数に対しては，アナログ PLL のものと似ていることが分かっている．工学での民間伝承によれば，離散時間システムの振る舞いは，もし離散時間システムのバンド幅（「バンド幅」がどのように定義されていても）がサンプリング・レートに比べて小さいならば，連続システムの振る舞いに近い．直観によれば，DPLL の性質は，もし安定なディジタル PLL の極とゼロ点が $z = 1$ に近ければ，アナログ PLL の性質に近いということになる．この節では，これらの曖昧な定性的概念の 1 次の定量化を提供する．「十分小さい」とか「近い」の意味は個々のプロジェクトの前後関係から定義されなければならない．

(4.17) の離散時間システム伝達関数 $H_2(z)$ を考える．z 変換で使用される複素変数 z はラプラス変換の複素変数 s により $z = \exp(st_s)$ として定義される．もし $|Dst_s| \ll 1$ が当てはまるのであれば，以下の 1 次近似は有効である．

$$z^{-1} \approx 1, \qquad z^{-D} \approx 1, \qquad 1 - z^{-1} \approx st_s \qquad (4.32)$$

これらの近似を (4.17) へ代入すると，次式が得られる．

$$H_2(e^{st_s}) \approx \frac{s\kappa/t_s + \kappa\kappa_2/t_s^2}{s^2 + \kappa s/t_s + \kappa\kappa_2/t_s^2} \tag{4.33}$$

(4.33) を (2.16) と比較すると,

$$\omega_n \leftrightarrow \frac{1}{t_s}\sqrt{\kappa\kappa_2}, \qquad \zeta \leftrightarrow \frac{1}{2}\sqrt{\frac{\kappa}{\kappa_2}} \tag{4.34}$$

また, (2.19) と比較すれば次式が得られる.

$$K \leftrightarrow \frac{\kappa}{t_s}, \quad \tau_2 \leftrightarrow \frac{t_s}{\kappa_2} \tag{4.35}$$

ここで矢印↔は, 近似 (4.32) が有効な場合に等価性を表す.

こうして, 図 4.6 のような $\kappa/\kappa_2 = 4$ という選択はアナログ PLL におけるダンピング $\zeta = 1$ (2個の極が重なっている) と等価である. 実際, (4.18) は, κ にかかわらず, もし $\kappa/\kappa_2 = 4$ であるならば $D = 1$ のタイプ 2 DPLL において 2 個の極が重なっているということを表している. もっと大きな D に対しては, $\kappa/\kappa_2 = 4$ におけるこうした一致は期待できない.

4.8 周波数応答の例

アナログ PLL に対する付録 3C では, ボード-ニコルス・スプレッドシートを拡張してクローズドループの周波数応答も描くことが如何に容易かが示された. そうしたテクニックは修正無しに, ディジタル PLL にも応用できる. この節ではタイプ 2 DPLL の大きさの応答と様々な性質の例が描かれる.

4.8.1 ディレイ (遅延) の効果

図 4.8 には $\kappa = 4\kappa_2$ のタイプ 2 DPLL の大きさの応答 $|H_2(e^{j\psi})|$ がディレイ D のいくつかの値に対して描かれている. (4.18) から, $D = 1$ でこれらのゲイン係数を持ったタイプ 2 DPLL は重なった極を持つが, これは $\zeta = 1$ の 2 次タイプ 2 アナログ PLL と同様である.

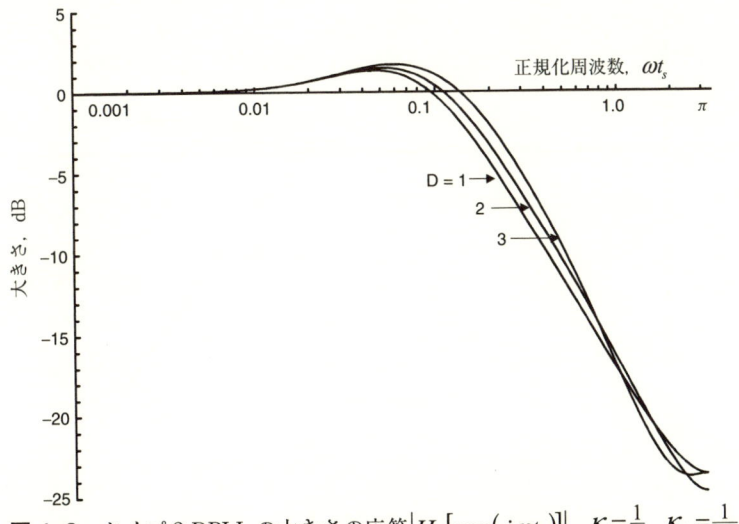

図 4.8 タイプ 2 DPLL の大きさの応答 $|H_2[\exp(j\omega t_s)]|$. $\kappa = \frac{1}{8}$, $\kappa_2 = \frac{1}{32}$.

ディレイはゲイン・ピーキングに影響するが，この例では大きくはない．ゲインのピークは $D=1,2,3$ に対して，それぞれ，$1.34, 1.50, 1.72$ である．これらの値を，$\zeta=1$ の 2 次タイプ 2 アナログ PLL に対する (2.25) による 1.25dB というゲイン・ピーキングと比較してみよう．ディレイはまた高周波ロールオフにも影響するが，ディレイが適度であればあまり大した影響はない．ゲイン $\kappa=\frac{1}{8}$ は通常かなり大きいと考えられるので，これらの結果は 4.7 節の近似をかなりよく裏付けている．

4.8.2　バンド幅の効果

DPLL に対する周波数目盛りは 0 から π/t_s まで及んでいる．その結果，バンド幅は π/t_s に比べて広かったり狭かったりする．DPLL の相対的バンド幅を変更すると，周波数応答の形が変わるが，これは（PD の比較周波数 f_c に比べてアナログ PLL のバンド幅が小さいと仮定したとき）そのアナログ PLL でのバンド幅の変化に伴う単純な膨張とは異なる．これらの形状の変化が意味していることは，相対的バンド幅は DPLL の設計パラメータではあるが，狭帯域のアナログ PLL の通常の概念では無視されるのが普通である（ただし，第 12 章の反対の例を参照すること）ということである．

図 4.9 では，システム・クローズドループ周波数応答の大きさ $|H(e^{j\omega t_s})|$ に対する相対バンド幅の効果を示している．この DPLL はタイプ 2 でディレイ $D=1$ である．ループゲイン κ を相対バンド幅の尺度としている．図において，κ は $4\kappa_2$ の値を割り当てられており，曲線群は κ_2 のラベルを付けられている．最小の κ_2 の曲線は図 4.8 の曲線の 1 つと同じである．この曲線は，(4.34) 式に従うダンピング値を持ったアナログ PLL のものと，少なくともおよそ $\omega t_s \approx 1$ までは，あまり違わない．

κ_2 の，従ってまた κ のもっと大きな値に対しては，ゲイン・ピーキングは増加し，最も高い周波数での減衰は低下する．$\kappa_2 > 1-\sqrt{0.5} \approx 0.292$ に対しては，大きさの応答はローパス特性を完全に失う（すなわち，全ての周波数に対して $|H| \geq 1$）．安定性の余裕は最大の相対的バンド幅に対して，たとえ貧弱であるとしても，図 4.9 の DPLL の例は全て，安定である．

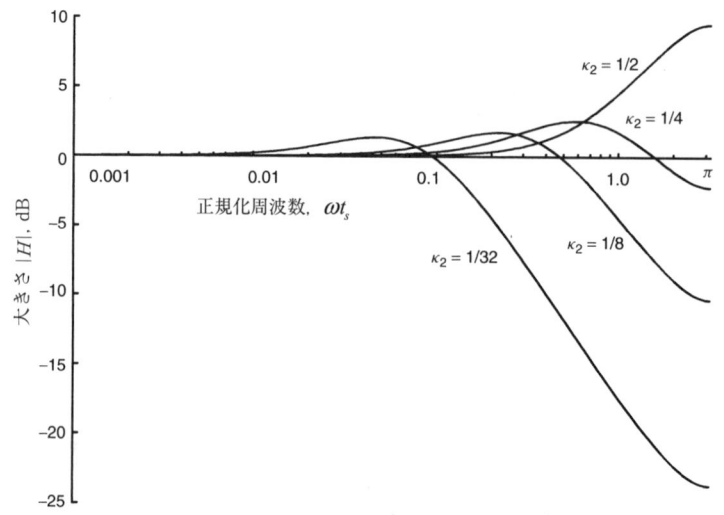

図 4.9　タイプ 2 DPLL の大きさの応答 $|H_2[\exp(j\omega t_s)]|$．$\kappa=4\kappa_2$, $D=1$.

4.9 ループ内のローパス・フィルタ

　第2章と第3章では，望ましくない高周波の信号やノイズをフィルタするために意図的なものであるにせよ，ループ要素の周波数応答の限界から不可避的なものであるにせよ，アナログPLLのフィードバック・ループ内にローパス・フィルタが含まれる可能性があるということが示された．この章ではディジタルPLLに関して，いかなるローパス・フィルタも，まだ導入されていない．DPLLで考慮される唯一の明らかな高周波効果とは，避けられない過剰ディレイによるものであって，過剰ディレイはローパス・フィルタにはならない．これまでに調べたDPLLで可能であるよりもっと急峻に高周波応答がロールオフする必要のある事態が起きる．ローパス・フィルタをフィードバック・ループへ組み入れることにより，より急峻なロールオフが達成できる．この節では，DPLL用に2個の単純なローパス・フィルタを解説する．

4.9.1 無限インパルス応答ローパス・フィルタ

　アナログPLL内で使用される最も単純なローパス・フィルタには1個の極がある．ループ内の複数極のローパス・フィルタは単極フィルタをカスケード接続したものであることが多い．極のあるフィルタは無限インパルス応答（IIR）を有する．同じように，ディジタルPLL内で使用するための最も単純なIIRローパス・フィルタもまた1個の極を持つ．その差分方程式は次式で与えられる．

$$y[n] = ax[n-1] + (1-a)y[n-1] \qquad (4.36)$$

ここでxとyはそれぞれ，入力と出力であり，高速クロックを考慮して1サンプル期間のディレイが含まれている．0.5の整数乗としてゲイン・パラメータaを選ぶことにより掛け算の必要性が避けられる．差分方程式のz変換により次のフィルタ伝達関数が得られる．

$$F_{\mathrm{iir}}(z) = \frac{az^{-1}}{1-(1-a)z^{-1}} = \frac{a}{z-1+a} \qquad (4.37)$$

単極IIRローパス・フィルタの顕著な性質

- 極の位置：$z = 1-a$
- 安定性境界：$a = 2$
- DCゲイン：$F_{\mathrm{iir}}(+1) = 1$
- 最大の減衰：$F_{\mathrm{iir}}(-1) = \dfrac{a}{a-2}$
- 周波数応答：

$$\begin{aligned}
F_{\mathrm{iir}}(e^{j\psi}) &= \frac{a}{e^{j\psi}-1+a} = \frac{a}{\cos\psi - 1 + a + j\sin\psi} \\
\mathrm{Arg}[F_{\mathrm{iir}}(e^{j\psi})] &= -\tan^{-1}\frac{\sin\psi}{\cos\psi - 1 + a} \\
20\log|F_{\mathrm{iir}}(e^{j\psi})| &= 20\log(a) - 10\log[(\cos\psi - 1 + a)^2 + \sin^2\psi]
\end{aligned} \qquad (4.38)$$

- 3-dB周波数：

$$\psi_{3dB} = \cos^{-1}\left[1 - \frac{a^2}{2(1-a)}\right] \qquad (4.39)$$

もし$a \ll 1$ならば，$\psi_{3dB} \approx a/\sqrt{2}$．大きさの応答は$\psi$に関して単調である．もし$a<1$ならば応答は$\psi$に従って減少するが，もし$a>1$ならば増加する．事実，もし$a>1$ならばフィルタのローパス特性は完全に失われる．

例 上記の最大減衰の公式から，かなりの減衰を達成するためには小さい値のaを用いなければならないことは明らかである．第2章と第3章では，容認できる位相余裕と容認できるダンピングを達成するためには，ローパス極のコーナー周波数は，ゲイン・クロスオーバー周波数を超えなければならないということが示された．類似した制約がDPLLに当てはまり，ローパス・フィルタの3dB周波数ψ_{3dB}はかなりの余裕を持ってκを超えているべきである．

図4.10はループ・パラメータ$D=1$，$\kappa=\frac{1}{8}$，$\kappa_2=\frac{1}{32}$のタイプ2 DPLLのボード線図を示す．曲線群はループ内にフィルタがある場合と無い場合に対して描かれている．この例のフィルタ・パラメータは$a=4\kappa=\frac{1}{2}$であって，これにより$\psi=\pi$において9.5dBの減衰となるが，これはあまり大きくはない．この例の位相余裕は〜60°であり，従って幾分これより小さなaを使うことができるが，位相余裕を過度に損なうことがないように小さすぎてはならない．高周波でかなり大きな減衰を達成しつつ位相余裕を確保するには，小さめのaだけでなく小さめのκとκ_2も必要である．

4.9.2 有限インパルス応答ローパス・フィルタ

アナログPLLで用いるための実用的な全てのローパス・フィルタは無限インパルス応答を持っている．このようなフィルタはまた，ディジタルPLLにも適用可能であるが，DPLLはまた，有限インパルス応答(FIR)のローパス・フィルタを用いることもできる．このオプションはディ

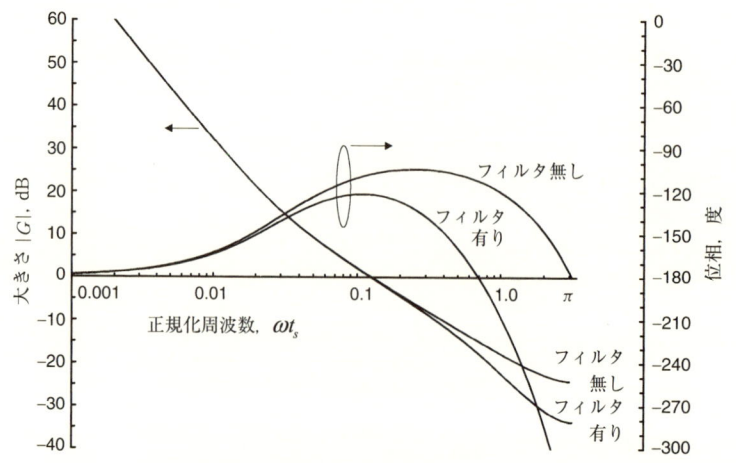

図 4.10 ループ内にIIRローパス・フィルタを持つタイプ2 DPLLのボード線図．フィルタの極の位置は$z=1-a$である．$D=1$．$\kappa=\frac{1}{8}$，$\kappa_2=\frac{1}{32}$，$a=\frac{1}{2}$．

ジタルの実装がアナログよりも融通がきく1つの小さなケースである．最も単純なFIRローパス・フィルタは以下の2項の差分方程式と伝達関数とを持つ．

$$y[n] = 0.5(x[n] + x[n-1]) \tag{4.40}$$

$$F_{\text{fir}}(z) = \frac{Y(z)}{X(z)} = \frac{1}{2}(1 + z^{-1}) \tag{4.41}$$

[コメント：係数0.5はDCゲインを1に等しくするために挿入されている．実際には，フィルタは0.5という係数無しに実装されるであろうし，結果として得られるDCゲイン2はκの値に組み入れられる．]

2タップFIRローパス・フィルタの顕著な性質
- ゼロ点の位置：$z = -1$
- 安定性境界：無条件に安定
- DCゲイン：$F_{\text{fir}}(+1) = 1$
- 最大減衰：$F_{\text{fir}}(-1) = 0(-\infty \text{dB})$
- 周波数応答：

$$\begin{aligned} F(e^{j\psi}) &= e^{-j\psi/2} \cos\frac{\psi}{2} \\ \text{Arg}[F(e^{j\psi})] &= -\frac{\psi}{2} \\ |F(e^{j\psi})| &= \cos\frac{\psi}{2} \end{aligned} \tag{4.42}$$

- 3dB周波数：$\psi_{\text{3dB}} = \pi/2$

例 図4.11はタイプ2 DPLLのボード線図上でFIRローパス・フィルタの効果を示している．DPLLの全てのパラメータは，FIRフィルタとディレイ以外は図4.10と同じである．差分方程式（4.40）はディレイ無しであるので，また，もし信号サンプリング周波数が最も速いクロック

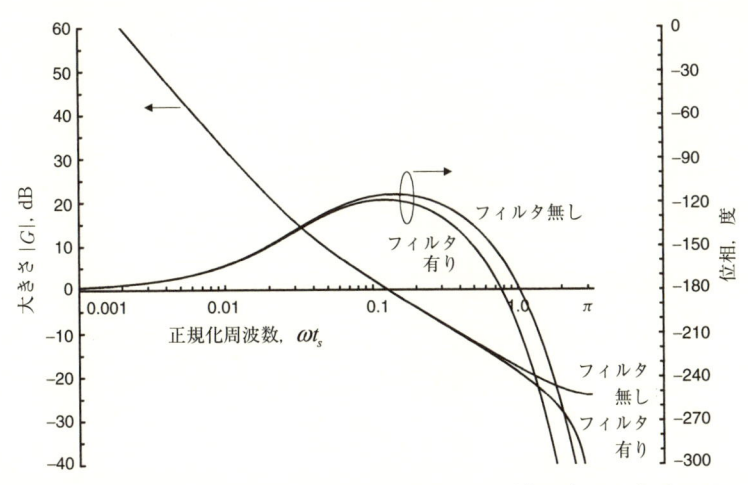

図4.11 2タップFIRローパス・フィルタがループ内にあるタイプ2 DPLLのボード線図．フィルタのゼロ点は$z = -1$．$D = 2$，$\kappa = \frac{1}{8}$，$\kappa_2 = \frac{1}{32}$

周波数と等しければディレイ無しの動作は実現不能であろうから，モデルがもっと現実的なものになるように余分なディレイが追加してある．このため，この例では$D=2$が用いられている．

フィルタ動作は明らかに最高周波数に限られている．それは，妨害もまた最高周波数に限定されているならば有益な性質であるが，フィルタがもっと低周波数でも必要ならば，そうではない．この最も単純なFIRフィルタは低周波で減衰を与えるように調節することはできない．他のFIRフィルタは所望の殆どいかなる減衰特性も持てるように設計することができ，ディジタル信号処理の文献は豊富な例を掲載している．しかし，大きなFIRフィルタには注意すること．それらは余分なディレイをループに導入し，それによって安定性が損なわれる．

付録4A：ディジタル位相同期ループの安定性

もし全ての極が単位円の中にあれば，DPLLは安定であるので，安定性の境界は根軌跡と単位円との$z=\exp(j\psi)$での交差で定義される．もしψを決定できるならば，円との交差に関連したゲインκは特性方程式から計算することができる．ψの決定には単純なDPLLに対しては簡単な代数と三角法が伴うが，複雑度が増加するにつれて労力はよりつらいものになってくる．この付録ではいくつかの例に対して計算が実行される．

単位円と軌跡とのあらゆる交差はかならずしも安定性境界を特定するわけではないということに注意．交差は外側から内側へ向かい，他の極は外部に残っているかも知れない．あるいは，DPLLの他の極はより低い値のゲインに対して単位円と外向きに交差し，従ってループは既にもう1つの交差ですでに不安定になっているという場合もあり得る．多極システムにおける各交差は，それが真の安定性境界かどうかを検証するためにチェックしなければならない．

4A.1　タイプ1 DPLL

ディレイDの(4.19)のタイプ1 DPLLの特性方程式は次式で与えられる．
$$1-z^{-1}+\kappa z^{-D}=0 \tag{4A.1}$$
全体にz^Dを掛けて$z=\exp(j\psi)$を代入することにより次式のように，単位円との交差に対する特性方程式が得られる．
$$e^{jD\psi}-e^{j(D-1)\psi}+\kappa=0 \tag{4A.2}$$
この実部と虚部は以下のとおり．
$$\begin{aligned}\cos D\psi-\cos[(D-1)\psi]+\kappa=0\\ \sin D\psi-\sin[(D-1)\psi]=0\end{aligned} \tag{4A.3}$$
標準の三角関数の恒等式を用いて，虚部は次のように書き換えられる．
$$\sin D\psi-\sin[(D-1)\psi]=2\sin\frac{\psi}{2}\cos\frac{\psi(2D-1)}{2}=0 \tag{4A.4}$$
$\sin(\psi/2)=0$（トリビアルな場合）もしくは$\cos[\psi(2D-1)/2]=0$であるが，後者は有益な解である．コサインは$(2k-1)\pi/2, k=$整数の角度で消滅する．求める角度は次式のとおり．
$$\psi=\frac{\pi(2k-1)}{2D-1} \tag{4A.5}$$
この結果を(4A.3)の実部に代入し，三角関数の恒等式を適用すると単位円におけるκの値が次のように得られる．

$$\kappa = 2\sin\frac{\psi}{2} \tag{4A.6}$$

このタイプ 1 DPLL はそのオープンループ伝達関数の中に，D 個の極を持ち，ゼロ点は持たない．各極の軌跡は κ のある値に対して単位円と交差し，そのような最小の κ を決定しなければならない．上側の半円に注意を限定しよう（複素極は共役ペアの形で生じるからである）．そして $\sin(\psi/2)$ が ψ のその範囲では単調増加なので（4A.5）から得られる ψ の最小値は安定性境界における最小ゲインに対応するものであるということを認識すること．

上半分の円周上の最も小さな角度は $\kappa = 1$ に対応しており，従って，このタイプ 1 DPLL の安定性境界は次式で与えられる．

$$\kappa = 2\sin\frac{\pi}{2(2D-1)} \tag{4A.7}$$

これは以前に（4.21）として示されたものである．

4A.2 タイプ 2 DPLL

（4.17）の分母はタイプ 2 DPLL の特性多項式である．$z = \exp(j\psi)$ を代入し，κ に対して解くと次式が得られる．

$$\kappa = \frac{-(1-e^{-j\psi})^2}{e^{-jD\psi}(1-e^{-j\psi}+\kappa_2 e^{-j\psi})} \tag{4A.8}$$

$\exp(-j\psi) = \cos\psi - j\sin\psi$ を代入し，いくつかの三角関数恒等式を適用すると，κ の式は次のようになる．

$$\kappa = \frac{4\sin^2\psi/2}{\text{Re[denom]} + j\text{Im[denom]}} \tag{4A.9}$$

ここで分母の実部と虚部は次式で与えられる．

$$\text{Re[denom]} = \kappa_2\cos\left[\left(D-\frac{1}{2}\right)\psi\right]\cos\frac{\psi}{2} + (2-\kappa_2)\sin\left[\left(D-\frac{1}{2}\right)\psi\right]\sin\frac{\psi}{2} \tag{4A.10}$$

$$\text{Im[denom]} = (2-\kappa_2)\cos\left[\left(D-\frac{1}{2}\right)\psi\right]\sin\frac{\psi}{2} - \kappa_2\sin\left[\left(D-\frac{1}{2}\right)\psi\right]\cos\frac{\psi}{2} \tag{4A.11}$$

ゲイン κ は実数で正である．（4A.9）の分子は実数で正であり，従って（4A.11），すなわち，分母の虚部は $z = \exp(j\psi)$ でゼロでなければならない．虚部が消滅する条件は次式で与えられる．

$$(1-\kappa_2)\sin D\psi - \sin(D-1)\psi = 0 \tag{4A.12}$$

分母の虚部がゼロであると仮定すると，実部は次の式に帰着する．

$$\text{Re[denom]} = \cos(D-1)\psi - (1-\kappa_2)\cos D\psi \tag{4A.13}$$

（4A.9），（4A.12），（4A.13）は十分に簡単に見えるが，任意の D に対して安定性境界の一般解を求めようとすると複雑すぎてうまくいかない．その代わりに，特定の $D = 1, 2, 3$ に対する解の概略は次のようになる．

タイプ 2, D=1　$D=1$ に対しては，(4A.12) で $\sin\psi = 0$ が導かれ，従って，$\psi = 0$ もしくは π である．ゼロの解はオープンループの極を特定し，$\kappa = 0$ で起こるので，$\psi = \pi$ が求めている臨界角である．$\psi = \pi$ に対しては，(4A.13) は $2 - \kappa_2$ となり，従って，安定性境界は次式で与えられる．

$$\kappa = \frac{4}{2 - \kappa_2} \tag{4A.14}$$

これは，(4.22) と同じである．追加の制約が条件 $\kappa_2 < 1$ で課せられる．もし，$\kappa_2 > 1$ ならば，根軌跡の複素部分で記述される，$1 - \kappa_2$ を中心とする円が，単位円の外側にあり，(4A.12) で見出される交差は外側から内側へ向かっている．

タイプ 2, D=2　もし，$D = 2$ ならば，(4A.12) は $2(1-\kappa_2)\sin\psi\cos\psi - \sin\psi = 0$ となるので，$\sin\psi = 0$ もしくは $2(1-\kappa_2)\cos\psi - 1 = 0$ である．図 4.3 の根軌跡図から，$\sin\psi = 0$ はあり得る解ではないのが明白であり，その結果，$2(1-\kappa_2)\cos\psi - 1 = 0$ でしかあり得ず，この式から，交点の角度のコサインは次式のように決まる．

$$\cos\psi = \frac{1}{2(1-\kappa_2)} \tag{4A.15}$$

この結果を (4A.13) に代入し，簡単化すると，安定性境界は次式のようになる．

$$\kappa = \frac{1 - 2\kappa_2}{(1-\kappa_2)^2} \tag{4A.16}$$

任意の $\kappa_2 > 0.5$ に対しては κ が許容できない負の値になるので，$\kappa_2 = 0.5$ は κ によらず安定性境界でもある．十分小さな κ_2 に対して，安定性境界は $\kappa = 1$ と $\psi = \pm 60°$ に近づく．

タイプ 2, D=3　$D = 3$ に対しては，(4A.12) は次式になる．

$$\begin{aligned}&(1-\kappa_2)\sin 3\psi - \sin 2\psi \\&= (1-\kappa_2)\sin\psi(3 - 4\sin^2\psi) - 2\sin\psi\cos\psi = 0\end{aligned} \tag{4A.17}$$

これより，結論されることは，$\sin\psi = 0$（つまり，$\psi = \pi$）もしくは

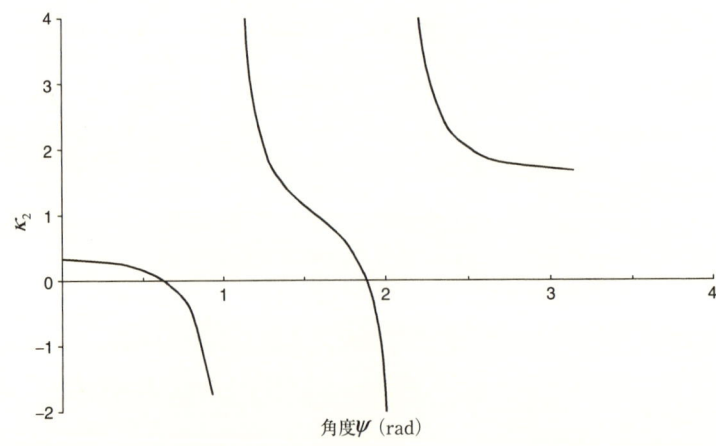

図 4A.1　根軌跡と単位円との交点における積分経路のゲイン κ_2 対角度 ψ．$D = 3$ のタイプ 2 DPLL．

第4章　ディジタルPLL：伝達関数と関連ツール

$$(1-\kappa_2)(3-4\sin^2\psi)-2\cos\psi$$
$$=4(1-\kappa_2)\cos^2\psi-2\cos\psi-(1-\kappa_2)=0 \quad (4A.18)$$

両者の選択肢はともに単位円の交点を特定するのでともに追求しなければならない．もし$\psi=\pi$が正しい交点であるならば，(4A.13)は$2-\kappa_2$に帰着し，円との交点でのゲインは次式で特定される．

$$\kappa = \frac{4}{2-\kappa_2} \quad (4A.19)$$

これは，形式的には$D=1$に対する(4A.14)と同じである．

(4A.19)を受け入れる前に，(4A.18)で課せられる制約を調べる必要がある．そのために，(4A.18)がκ_2に対して解かれ，図4A.1にψに対応して描かれた．負のκ_2の領域は受け入れがたく，直ちにそれ以上の考察の対象から除外される．もし，(4A.18)が真であるならば，(4A.9)は次式になる．

$$\kappa = \frac{2(1-\cos\psi)}{2(1-\kappa_2)\cos\psi-1} \quad (4A.20)$$

もし，$\cos\psi$が負で$\kappa_2<1$なら，この式は負であるが，これは0.5πと0.6πの間のψの領域に対して生じる条件である．同様に，(4A.20)は$\psi=\pi/3$から$\pi/2$の領域で負になる．これらの領域における角度は許容しがたい．$\psi=0$から$\psi=\pi/5$［すなわち，$\cos\psi=1$から$(1+\sqrt{5})/4$］の領域では，結果として得られるκ_2は$\frac{1}{3}$から0まで変化する．(4A.20)から，もし$\psi=0$ならば，安定性境界は$\kappa=0$であり，この交差の角度は$\kappa_2=\frac{1}{3}$で得られる．つまり，$z=1$に起点を持つ2個の極は，$\kappa_2>\frac{1}{3}$ならば，全ての$\kappa>0$に対して単位円の外側にある．こうして，$\kappa_2<\frac{1}{3}$が$D=3$のタイプ2 DPLLに対する安定性の制約である．許容できるκ_2の値は$\frac{1}{3}>\kappa_2>0$である．この制約は，(4A.20)と同様に，(4A.19)に当てはまる．

この範囲の他方の端では，$\psi=\pi/5$で$\kappa_2=0$だが，この場合は(4A.20)から$\kappa=0.618$が得られ，これは$D=3$のタイプ1 DPLLで見られたのと同じ境界であり，これは$\kappa_2=0$の場合に期待される．(4A.20)からの結果は(4A.19)で得られるゲインよりも小さいので，(4A.20)は$D=3$のタイプ2 DPLLの真の安定性境界を明らかにしているが，一方で(4A.19)は，すでに安定性限界を超えているゲインでの単位円の交点を単に明らかにしているにすぎないという結論に至る．

$\psi=2\pi/3$からπまでの領域は依然としてまだ考察されていない．κ_2が大きすぎるので，これは不安定領域であるが，極に関して何が明らかになるのであろうか？　重要な特徴は，この領域では$\kappa_2>1$であり，従って，$1-\kappa_2$における伝達関数のゼロ点は負の実数軸上にある．このため，過剰ディレイによる2個の極は実軸に沿って$z=0$を離れることはできず，それらの軌跡は最初は複素でなければならず，ゼロ点の位置のまわりを周回し，結局は十分大きなκに対して実軸へ戻る．それから，1つの極は$z=-\infty$に向かって移動し，他方はゼロ点に向かう．式(4A.20)でこれらの軌跡の複素部分が単位円と外向きに交差する際のκの値を明らかにし，また，(4A.19)は右へ移動する実数の極が単位円へ再び入る際の，もっと大きなκの値を明らかにする．しかし，過剰なκ_2により，全ての$\kappa>0$に対してループは，この領域では不安定になるので，この挙動は学術的な興味にしか過ぎない．

参 考 文 献

4.1 J. W. M. Bergmans, "Effect of Loop Delay on Stability of Discrete-Time PLL," *IEEE Trans. Circuits & Syst. I*, *42*, 229–231, Apr. 1995.

第5章 トラッキング

ロックされたPLLは入力信号にトラック（追従）しているという．トラッキングは，様々な入力位相θ_iから生じる位相誤差θ_eを通して調べられる．小さな位相誤差が通常好まれ，良好なトラッキング性能の基準と考えられている．もし，誤差が大きくてVCOがサイクルをスリップするならば，たとえ，ほんの瞬間的であれトラッキングは失敗した（ループはロックを失った）と考えられる．

この章は最初に，線形近似が有効であるのに十分なだけ小さい位相誤差を取り扱う．線形性により，工学上重要な入力に対してPLLの応答を決定するために，伝達関数解析の強力なツールが使えるようになる．1つの中心的な解析により，タイプ2 PLLがなぜ圧倒的に使用されているのかが説明される．次に，非線形の振る舞い，特に，位相同期に対する限界を調べる．すなわち，いかなる入力条件によりPLLがサイクルをスリップするのか，つまり，言い換えると，ロックを失うのだろうか？　サイクル・スリップは後の章で再び現れる重要な話題である．

5.1 線形トラッキング

伝達関数は，過渡入力への応答や入力の正弦波角度変調への応答において，定常状態での位相誤差を定義するのに役に立つ．連続時間PLLに対する位相誤差伝達関数$E(s)$は（2.7）により次式で与えられる．

$$E(s) = \frac{\theta_e(s)}{\theta_i(s)} = \frac{1}{1+G(s)} = \frac{s}{s + K_d K_o F(s)} \tag{5.1}$$

適切に変形すれば，離散時間PLLに対して，$E(z)$が得られる．この章は連続時間PLLに集中するが，同様な結果は多くの離散時間PLLに対しても期待することができる．

5.1.1 定常位相誤差

解析すべき最も単純な位相誤差は，いかなる過渡現象も減衰しきった後に残っている定常誤差である．これらの誤差はラプラス変換の最終値定理により直ちに見積もることができる．この最終値定理は次式で与えられる．

$$\lim_{t \to \infty} y(t) = \lim_{s \to 0} sY(s) \tag{5.2}$$

またz変換に対しては次式になる．

$$\lim_{n\to\infty} y[n] = \lim_{z\to 1}(1-z^{-1})Y(z) \tag{5.3}$$

すなわち，時間領域の関数の定常値は変換領域におけるその変換の目視から直ちに決定される．最終値定理を位相誤差の式 (5.1) に適用すると次式が得られる．

$$\lim_{t\to\infty}\theta_e(t) = \lim_{s\to 0}\frac{s^2\theta_i(s)}{s+K_dK_oF(s)} \tag{5.4}$$

位相オフセット 最初の例として，入力位相のステップ変化$\Delta\theta$から生じる定常誤差を考えよう．入力のラプラス変換は$\theta_i(s)=\Delta\theta/s$であり，これを (5.4) に代入することができて次式が得られる [$F(0)>0$と仮定している]．

$$\lim_{t\to\infty}\theta_e(t) = \lim_{s\to 0}\frac{s\Delta\theta}{s+K_dK_oF(s)} = 0 \tag{5.5}$$

言い換えると，ループは入力位相のいかなる変化にも最終的には追従してしまい，いかなるPLLでも入力位相のステップ変化から生じる定常位相誤差は存在しない．

周波数オフセット もう1つの例として，入力周波数のステップ変化（すなわち初期オフセット）から生じる定常誤差を考えよう．入力位相は傾斜$\theta_i(t)=\Delta\omega t$であり，従って，$\theta_i(s)=\Delta\omega/s^2$である．$\theta_i$のこの値を (5.4) へ代入すると次式になる．

$$\theta_v = \lim_{t\to\infty}\theta_e(t) = \lim_{s\to 0}\frac{\Delta\omega}{s+K_oK_dF(s)} = \frac{\Delta\omega}{K_oK_dF(0)} \tag{5.6}$$

積$K_oK_dF(0)$は，DCゲインとして2.2.3項で導入されたが，これはまた，速度定数とも呼ばれ，記号K_{DC}で表記される．サーボの用語に通じている人は速度誤差係数と認識するであろう．K_{DC}は周波数の次元を持っていることに注意すること．同様に定義されるが無次元のDCゲインもディジタルPLLに存在する．

入力信号の周波数はVCOのゼロ制御電圧周波数と正確に一致することは殆ど皆無である．原則として，この2つの間には周波数差$\Delta\omega$が存在する．この差は，送信機と受信機の間の実際の差によるのかもしれないし，あるいは，ドップラー・シフトによるのかもしれない．いずれにせよ，結果として生じる位相誤差は速度誤差，ループ・ストレス，あるいは，スタティック位相誤差と呼ばれることが多く，次式で与えられる．

$$\theta_v = \frac{\Delta\omega}{K_{\text{DC}}} \quad \text{rad} \tag{5.7}$$

(5.7) の発見的な導出により，より良い物理的な洞察が得られる．VCOを$\Delta\omega$だけ異なる周波数に同調させるのに必要な制御電圧の増分v_cは$\Delta\omega/K_o$である．定常状態では，制御電圧は$v_c=v_dF(0)$であり，ここでv_dは位相検出器のDC出力である．しかし，位相検出器の出力は位相誤差$\theta_e=v_d/K_d$で作り出される．従って，必要な制御電圧を作り出すには，(5.6) におけるように，位相誤差は$\theta_e=\Delta\omega/K_oK_dF(0)$であることが要求される．

今や，タイプ2 PLLの人気がある理由が明らかになる．タイプ1 PLLでは，DCゲインは有限なのでスタティック位相誤差は避けることができない．スタティック位相誤差はPLLの性能を損

なう．これとは対照的に，タイプ2 PLLではループ・フィルタ内の積分器によりDCゲインは無限大であり［これによって$F(0)=\infty$］，従ってスタティック位相誤差はゼロである．読者は直ちに，いかなる物理的なアナログ積分器も無限大のDCゲインは持ち得ないと反論するだろうが，殆どの実用的なPLLのDCゲインは容易に十分に大きくできて，スタティック位相誤差を無視できるくらいまで小さくできる．

傾斜周波数 次に，入力周波数が，Λ rad/sec^{2}の率で時間に対してリニアに変化するものと仮定しよう．すなわち，この場合は$\theta_i(t) = \Lambda t^2/2$となる．このような入力の挙動は，送信機と受信機の間の加速度運動から，もしくは衛星が上空を通過する間の変化するドップラー周波数から，あるいは，掃引周波数変調から生じうる．ラプラス変換された位相は$\theta_i(s) = \Lambda/s^3$であり，もし$K_{DC}$が有限ならば位相誤差が際限なく増加することを示すことができる．

しかしながら，PLLがタイプ2で2次であると仮定しよう．そうすると，(2.7)，(2.14)，(2.16)から，ラプラス変換領域における位相誤差は次式のように書ける．

$$\theta_e(s) = \frac{s^2 \theta_i(s)}{s^2 + 2\zeta\omega_n s + \omega_n^2} \tag{5.8}$$

傾斜周波数に対して最終値定理とラプラス変換を適用すると，加速度誤差（ダイナミック・トラッキング・エラーもしくはダイナミック・ラグと呼ばれることもある）が得られる．

$$\theta_a = \lim_{t\to\infty}\theta_e(t) = \lim_{s\to 0}\frac{\Lambda}{s^2 + 2\zeta\omega_n s + \omega_n^2} = \frac{\Lambda}{\omega_n^2} \tag{5.9}$$

式(5.9)は物理的な考察から導出できる．DC電圧v_dをループ・フィルタの積分器に印加する．積分器の出力は$v_c(t) = v_c(0) + v_d t/\tau_1$であり，従って，VCO周波数の変化率は$\Lambda = K_o v_d/\tau_1$である．DC電圧$v_d$は位相誤差$\theta_e = v_d/K_d$によって生成されなければならない．この位相誤差は周波数変化率に対する式に代入すると$\Lambda = K_o K_d \theta_e/\tau_1$となる．(2.16)から，$K_o K_d/\tau_1 = \omega_n^2$で，それにより，(5.9)が得られる．

時には，定常トラッキング誤差無しに傾斜周波数に追従する必要のあることもある．いかなる形の$F(s)$がθ_aをゼロにするのに必要だろうか？ 最終値加速度誤差に対する式は，

$$\theta_a = \lim_{s\to 0}\frac{\Lambda}{s[s + K_o K_d F(s)]} \tag{5.10}$$

θ_aがゼロであるためには$F(s)$が$Y(s)/s^2$の形を持つことが必要であり，ここで，$Y(0) \neq 0$である．ファクタ$1/s^2$はループ・フィルタが2個のカスケード接続された積分器を含まなければならないということを意味する．VCOの積分器とともに，ループには3個の積分器が含まれ，従って，タイプ3である．この定常加速度誤差を除去する性質により，タイプ3 PLLは衛星もしくはミサイルからの信号に追従するのに役に立つことができる[5.1-5.3]．急速に変化する入力周波数を取り扱うのにタイプ2 PLLは大きな自然周波数とそれゆえまた大きなバンド幅を必要とする．その代わりにタイプ3 PLLを使うことにより，周波数の変化率は小さなバンド幅のループで対応可能である．

DCオフセット アナログPLLには別の定常誤差が常に存在しているが，これはアクティブ・フィルタや位相検出器の望ましくないDCオフセットに起因するものである．ループは，オフ

セットの効果を含むDCバランスを生み出すように動作する．そのオフセットを相殺するのに必要な位相誤差は単にオフセット電圧をK_d，つまりPDのゲイン・ファクタで割ったものである．オフセットは更に，第10章と第11章で論じられる．ドリフトとDCオフセットは全ディジタルPLLには無いアナログ回路の欠点である．

5.1.2 過渡応答

定常状態の振舞いのほかに，個々の入力に起因する過渡的な位相誤差を決定することが必要になることが多い．5.1.1項で考察した信号位相は次のとおりである．
- ステップ状の位相，$\Delta\theta$ rad
- ステップ状の周波数（位相勾配），$\Delta\omega$ rad/sec
- ステップ状の加速度（周波数勾配），Λ rad/sec^2

これらの入力に対して，ラプラス変換された入力位相はそれぞれ，$\Delta\theta/s$，$\Delta\omega/s^2$，Λ/s^3である．過渡的位相誤差を計算するために，各入力を(5.8)に代入し，逆ラプラス変換をそれから計算するか，もしくはテーブルを参照して求めて，時間応答を決定する．この節の解析は全て線形近似を根拠としており，ループが非線形領域に追い込まれると全て成り立たなくなる．

タイプ1 PLL　1次のループにおいて，結果として得られる過渡位相誤差は単純な指数関数である．

$$\Delta\theta e^{-Kt} \qquad \text{位相ステップ}$$

$$\frac{\Delta\omega}{K}(1-e^{-Kt}) \qquad \text{周波数ステップ}$$

$$\frac{\Lambda}{K^2}(Kt+e^{-Kt}-1) \qquad \text{周波数勾配}$$

いくつかの特徴は注目に値する．まず第1に，周波数ステップに対する位相誤差の応答の初期勾配は$\Delta\omega$ rad/secであり，Kにはよらない．（ここには示されないが）さらなる解析により，初期勾配$\Delta\omega$ rad/secは，タイプ，次数，あるいはループのいかなるパラメータにもかかわらず，いかなるPLLに対しても同様に生じるということが明らかになる．この現象が生じるのは，入力位相が周波数ステップの瞬間に$\Delta\omega$ rad/secのレートで急速に変化し始めるが，修正的なフィードバックはループ・フィルタやVCOの内部で必ず遅らされるからである．また，1次のPLLの周波数勾配に対する誤差応答は時間とともに増加し，線形な限界を結局超えてしまい，1次のPLLは長期間続く周波数勾配をトラッキングするのには適していないということにも注意すること．

タイプ2 PLL　重要な2次タイプ2のループの過渡的な位相誤差に対する解析的な式は表5.1で与えられているが，ここでは自然周波数ω_nに正規化されており，図5.1～5.3に描かれている．これらの曲線は広くPLLの文献に現れてきており，PLLの記述的なパラメータとしてのω_nの普及に貢献してきた．同じ過渡応答の追加の図が図5.4～5.6でループ・ゲインKに対して正規化されて示されており，図5.7～5.9ではノイズ・バンド幅$2B_L$（ノイズ・バンド幅の定義に

表 5.1 2次タイプ2 PLLの過渡位相誤差 $\theta_e(t)$ (rad)

	位相ステップ $\Delta\theta$(rad)	周波数ステップ $\Delta\omega$(rad/sec)	周波数勾配 Λ(rad/sec^2)
$\zeta < 1$	$\Delta\theta\left(\cos\sqrt{1-\zeta^2}\ \omega_n t\right. $ $\left. -\dfrac{\zeta}{\sqrt{1-\zeta^2}}\sin\sqrt{1-\zeta^2}\ \omega_n t\right)e^{-\zeta\omega_n t}$	$\dfrac{\Delta\omega}{\omega_n}\left(\dfrac{1}{\sqrt{1-\zeta^2}}\sin\sqrt{1-\zeta^2}\ \omega_n t\right)e^{-\zeta\omega_n t}$	$\dfrac{\Lambda}{\omega_n^2}-\dfrac{\Lambda}{\omega_n^2}\left(\cos\sqrt{1-\zeta^2}\ \omega_n t\right.$ $\left.+\dfrac{\zeta}{\sqrt{1-\zeta^2}}\sin\sqrt{1-\zeta^2}\ \omega_n t\right)e^{-\zeta\omega_n t}$
$\zeta = 1$	$\Delta\theta(1-\omega_n t)e^{-\omega_n t}$	$\dfrac{\Delta\omega}{\omega_n}(\omega_n t)e^{-\omega_n t}$	$\dfrac{\Lambda}{\omega_n^2}-\dfrac{\Lambda}{\omega_n^2}(1+\omega_n t)e^{-\omega_n t}$
$\zeta > 1$	$\Delta\theta\left(\cosh\sqrt{\zeta^2-1}\ \omega_n t\right.$ $\left.-\dfrac{\zeta}{\sqrt{\zeta^2-1}}\sinh\sqrt{\zeta^2-1}\ \omega_n t\right)e^{-\zeta\omega_n t}$	$\dfrac{\Delta\omega}{\omega_n}\left(\dfrac{1}{\sqrt{\zeta^2-1}}\sinh\sqrt{\zeta^2-1}\ \omega_n t\right)e^{-\zeta\omega_n t}$	$\dfrac{\Lambda}{\omega_n^2}-\dfrac{\Lambda}{\omega_n^2}\left(\cosh\sqrt{\zeta^2-1}\ \omega_n t\right.$ $\left.+\dfrac{\zeta}{\sqrt{\zeta^2-1}}\sinh\sqrt{\zeta^2-1}\ \omega_n t\right)e^{-\zeta\omega_n t}$

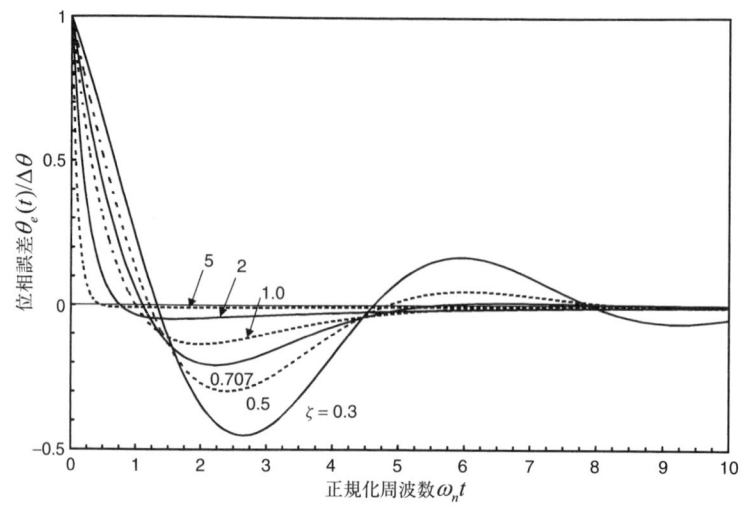

図 5.1 2次タイプ2 PLL の位相ステップに対する過渡応答

関しては第6章を参照すること）に正規化されて示されている．これらの6個の図は表5.1 にまとめられている同じ式から以下の代入の後に得られたものである．

$$K = 2\zeta\omega_n, \qquad B_L = \frac{\omega_n}{2}\left(\zeta + \frac{1}{4\zeta}\right) \qquad (5.11)$$

なぜ，わざわざ背景が同じ式の図，それも正規化パラメータしか違わない図をいくつも作るのだろうか？ 1つの理由として，自然周波数ω_nは，文献では伝統的に普及しているが，設計エンジニアにはずっと利点は少なく，ループ・ゲインKの方が広帯域 PLL に対してはずっと役に立つパラメータであり，ノイズ・バンド幅B_Lは狭帯域 PLL に対してずっと役に立つことが多いからである．パラメータのこれ以上の議論に対しては，2.2.3項を参照すること．

もう1つの理由として，以下の例で持ち出されるように，異なる正規化を施された図を研究すると意外な性質が浮上するからである．しかし，例を調べる前に，全ての図が小さなダンピング・ファクタζに対して大きなオーバーもしくはアンダーシュートを示すことに気付くこと．大きな振動的過渡現象は通常は受け入れられないので，小さなダンピング値は，かなり異常な状況を除き避けなければならない．

位相ステップ過渡現象　図5.1（ω_nに正規化されている）では最大のダンピング・ファクタに対して誤差応答が初期に最も急速な減少率を示しているように見えるが，図5.4（Kに正規化されている）は最大のダンピング・ファクタに対して初期のレートが最もゆっくりしたものになっていることを示しており，また，図5.7（$2B_L$に正規化されている）は，全ての$\zeta > 0.5$に対して初期のレートはほぼ等しいということを示している．図5.1 は誤解を招く，というのはω_n固定でダンピング・ファクタを増加すると$K = 2\zeta\omega_n$の関係を通じてバンド幅が大きくなり，バンド幅を大きくすると一層明らかな応答が期待されるからである．

周波数ステップ過渡現象　図5.2（ω_nに正規化されている）を図5.5（Kに正規化されている）と比較すると，効果の同様な逆転がより明確に見られる．図5.2における，ダンピングが高いと

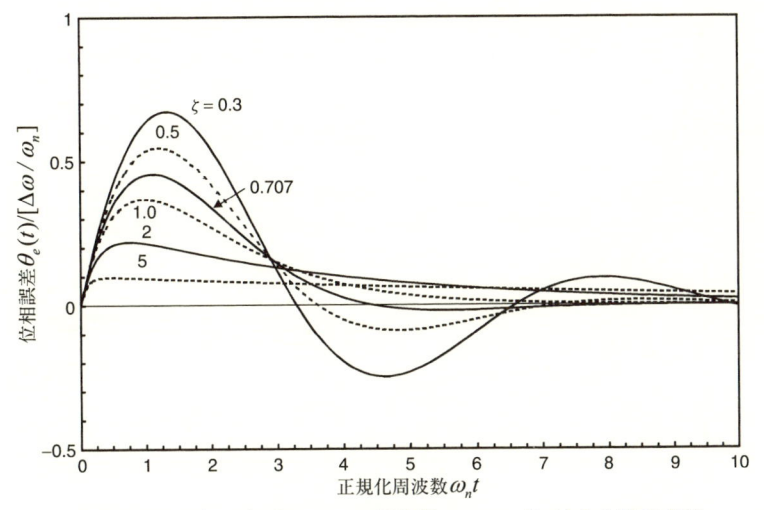

図 5.2 2次タイプ2 PLLの周波数ステップに対する過渡応答

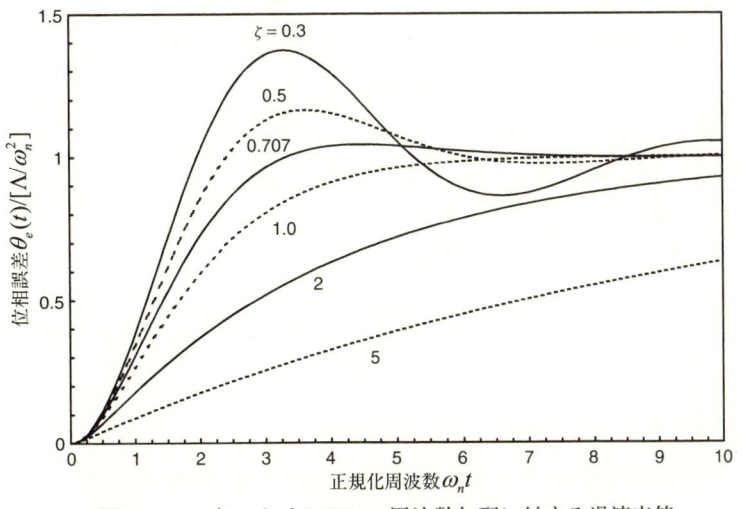

図 5.3 2次タイプ2 PLLの周波数勾配に対する過渡応答

明らかに有利である点は上で述べたバンド幅が大きくなる結果だけによるものである．周波数ステップからの速い回復に対して小さなダンピングが有利であるという点に対する次の議論を考えよう．（しかし，小さなダンピングには他の不利な点があり，ダンピングやあるいはいかなる他のパラメータについても，ただ一つの基準で選択することはめったに無いはずだ．）図5.2, 5.5ならびに5.8の各々において，最初は位相誤差はダンピング・ファクタとは独立に近似的には直線的に立ち上がっていく．（ダンピングに応じて）ある期間の後に，勾配は平坦になりまた逆向きになる．過渡応答の最初の部分は，周波数変化により$\Delta\omega$ rad/secのレートで次第に蓄積する位相誤差であり，一方，平坦化と勾配の逆転はループの比例経路と積分経路の組合せによるフィードバックに起因するものであると考える．図5.5では比例経路のゲインは全ての曲線で同じだが，積分経路のゲインはダンピングに反比例する関数である．小さなダンピング（積分経路の大きなゲイン）では過渡特性は急速に反転するが，大きなダンピング（積分経路の小さなゲイ

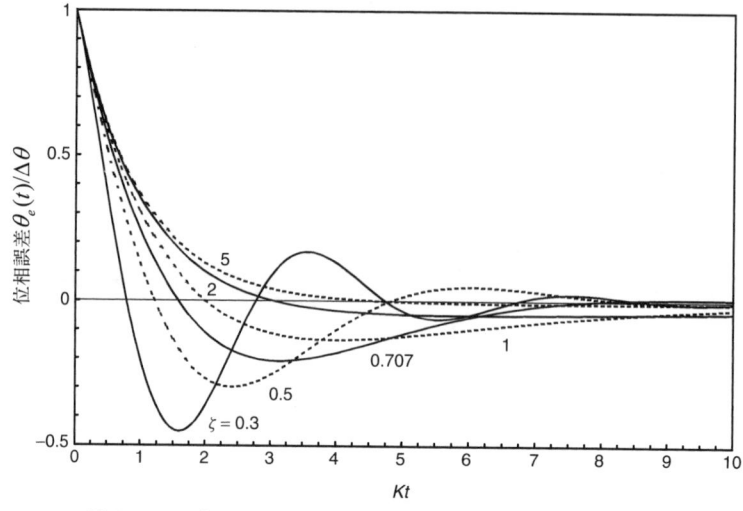

図 5.4　2次タイプ2 PLL の位相ステップに対する過渡応答

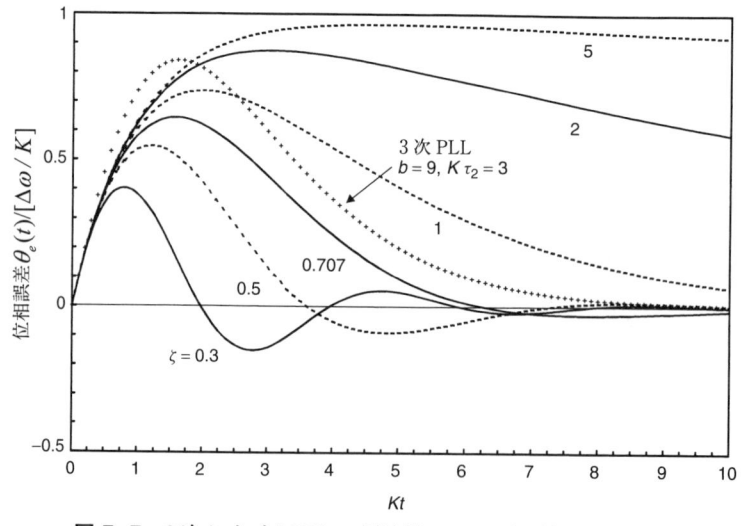

図 5.5　2次タイプ2 PLL の周波数ステップに対する過渡応答

ン）では反転が極めて遅くなる．極めて大きなダンピングに対しては，ピークの誤差は $\Delta\omega/K$ に近づくが，これはタイプ1 PLL の定常誤差である．比例経路のゲイン K は一定の ω_n に対して ζ とともに増加するので図5.2は誤解を招く恐れがある．図5.8（$2B_L$ に対して正規化）は意外な現象を示している．ζ とは独立に，全ての $\zeta > 0.5$ に対して位相誤差のピークは $\Delta\omega/B_L$ ラジアン ±10％ であるが，これは狭帯域 PLL を設計する際に記憶しておくべき性質である．

周波数勾配過渡現象　図5.3（ω_n に正規化）は，全ての誤差曲線が同じ定常状態の値 Λ/ω_n^2 に収束することを示しており，これは（5.9）に合致している．ω_n への正規化はこの1つの事例で非常に有益であるが，ここでは定常状態の位相誤差は専ら ω_n に依存し，他のバンド幅のパラメータのいずれにもそれほど直接的には依存していない．

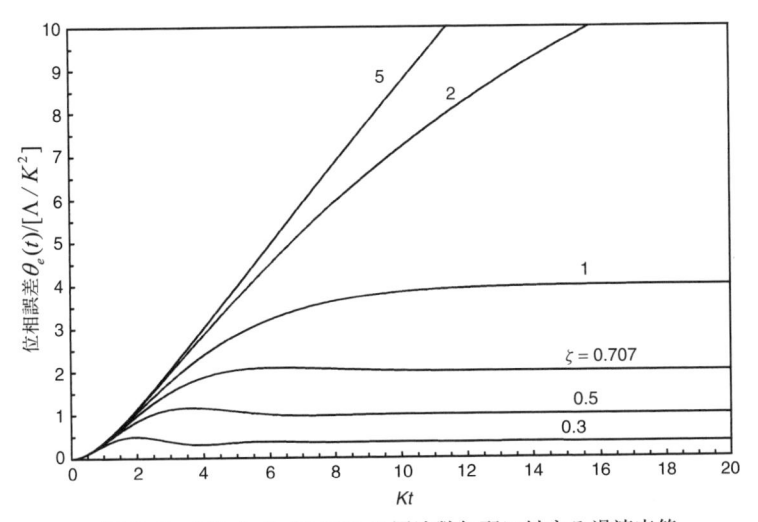

図 5.6 2次タイプ2 PLL の周波数勾配に対する過渡応答

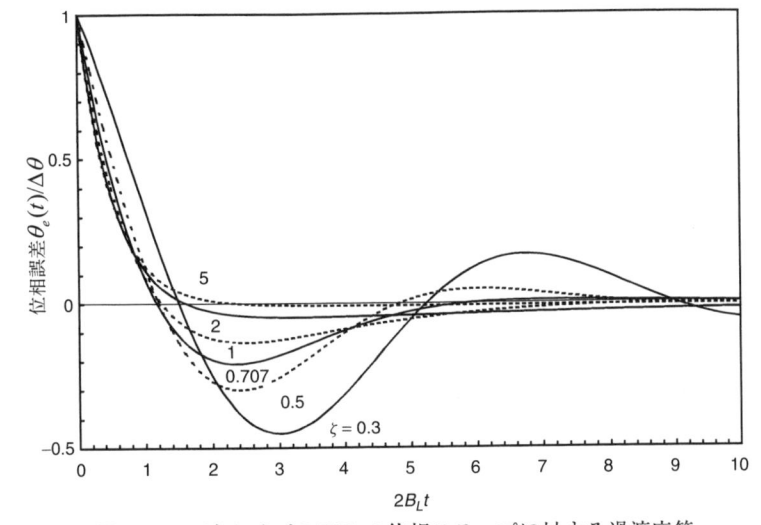

図 5.7 2次タイプ2 PLL の位相ステップに対する過渡応答

高次のタイプ2 PLL　図 5.1 から 5.9 までの過渡応答は各々，$1/\omega_n$，$1/K$，もしくは $1/B_L$ のいずれかと比較して長い期間にわたって生じている．従って，高周波の極が追加されても過渡応答に対して強い効果を持つことは無いであろうし，特に，その高周波の極がゲイン・クロスオーバー周波数より十分高周波側であるならば，そう期待される．

極端な例として，特定の3次タイプ2 PLL の応答が，図 5.5 に，同じループゲイン K を持った2次タイプ2 PLL の応答とともに含めてある．3次の例は $b=9$ で $K\tau_2=3$ である．（この種のPLLの詳細に関しては 2.3.3 項を参照すること．）解析の結果，周波数ステップ $\Delta\omega$ に対するラプラス変換の応答は次式で与えられる．

$$\theta_e(s) = \frac{\Delta\omega(s+3K)}{(s+K)^3} \tag{5.12}$$

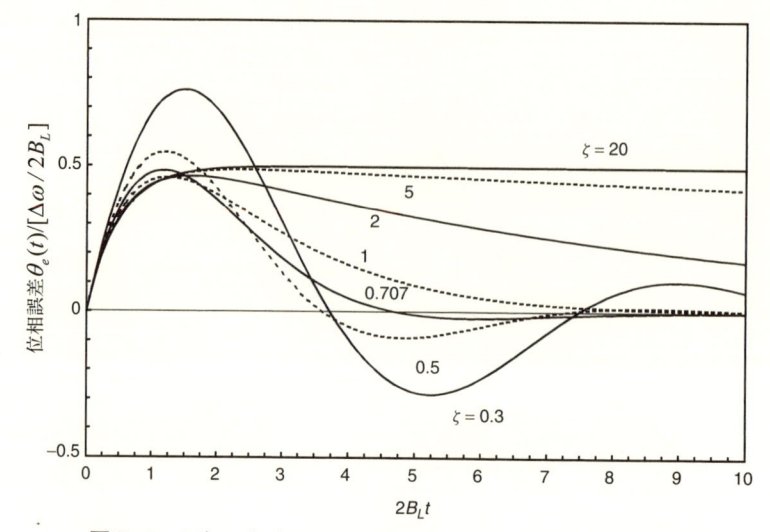

図 5.8 2次タイプ2 PLL の周波数ステップに対する過渡応答

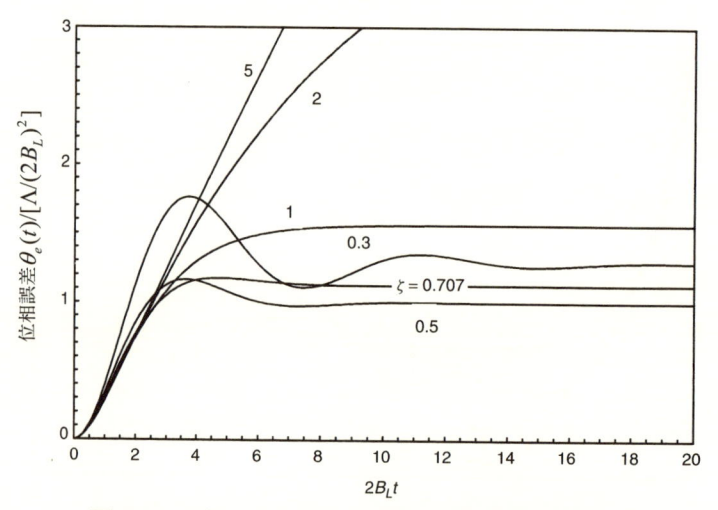

図 5.9 2次タイプ2 PLL の周波数勾配に対する過渡応答

この式から，時間領域の過渡応答

$$\theta_e(t) = \frac{\Delta\omega}{K}[Kte^{-Kt}(Kt+1)] \tag{5.13}$$

は，図5.5において「3次PLL」というラベルを付けた曲線として描かれている．3次ループに対する曲線と $\zeta=1$ の2次のループの曲線と比較してみよう．2つの PLL はそれぞれ，全ての極が負の実数軸上で重なっているという点で類似している．すなわち，3次の PLL では $s=-K$ であり，2次の PLL では $s=-K/2$ で重なっている．極は実数なので，過渡応答はともに単極性であり，過渡特性がおさまる際に，誤差ゼロを超えるバックスイングはない．

条件 $K\tau_2=3$ により，2次タイプ2 PLL ではダンピング・ファクタ $\zeta=0.866$ となるが，3次 PLL の例では明らかにそうではない．それにもかかわらず，$\zeta=0.866$ の2次 PLL のように，3次 PLL の収束曲線は $\zeta=0.707$ と $\zeta=1$ の間にある．こうして，3次 PLL の収束の振舞いは，

3番目の極が非常に近いにもかかわらず，$K\tau_2$の値が同じ2次のPLLとほぼ同じである．過渡的な振舞いの主な相違はピーク誤差への上昇の中に現れるが，このピーク誤差は$K\tau_2$の値が等しい2次のPLLよりも3次PLLの方が高く険しい．どうしてピークは高くなるのだろうか？ 余分なローパス・フィルタ処理で，位相検出器からのフィルタされた位相誤差の表示が3番目の極が無い場合よりも遅れてVCOに到達し，従って，有意の修正的なフィードバックの効果が現れる前にもっと多くの位相誤差が蓄積する．

タイプ3 PLL タイプ3 PLLはタイプ2 PLLと同じように取り扱うことができるが，表示された結果 [5.1-5.7] は少なく，広く分散している．理由は一部にはタイプ2 PLLのはるかに大きな人気にあるが，また，タイプ3の余分な複雑さにもある．タイプ3ループには(少なくとも)3つのループ・パラメータがあり，例えば図5.1と同種のデータを示すのに何ページもの多くの図が必要であろう．大雑把に言って，位相ステップもしくは周波数ステップに対する応答におけるタイプ3ループの過渡的な誤差は，ループ・ゲインKが同じで主要な極の位置が類似しているタイプ2ループとほぼ同じであると仮定することができる．[5.4]に例が示されている．2つのループ・タイプの主な違いは周波数勾配への応答で生じる．タイプ2 PLLの応答にはΛ/ω_n^2ラジアンの定常状態の誤差があるが，同じ入力のタイプ3 PLLの定常状態の誤差はゼロである．それにもかかわらず，同様なバンド幅のタイプ3ならびにタイプ2のPLLは，周波数勾配が突然開始した場合にそれに応答してほぼ同じ位相誤差のピークを示すが，これは動的に変化する信号を取り扱う場合に留意すべき重要な事実である．

一層複雑な入力 位相ステップ，周波数ステップ，もしくは周波数勾配は実際に遭遇する信号の性質を有益な形で単純化したものである．単純化した入力への応答の知識は，もっと一般的な状況下でのPLLの振舞いに対する貴重なガイドである．それにもかかわらず，入力信号の性質が単純化されたものより著しく違っていると，ここに示した方法と結果は十分でないかもしれず，エンジニアは信号と応答の数値計算に訴えなければならないかもしれない．いくつかの例が [5.3] に出ている．線形回路の時間領域の応答の計算に対するコンピュータ・プログラムはこの作業に十分適している．

ディジタルPLL 過渡応答に対する前述の題材はアナログPLLに対して展開されたものである．4.7節から予測できることは，同様な振舞いが，サンプリング・レートに比べてバンド幅が小さなディジタルPLLに期待されるということである．「小さい」とは何を意味するのだろうか？

恐らく，ループ・ゲイン$\kappa \approx 0.1$というのはもっともらしい境界線である．

もっと大きな値のループ・ゲインが使われるならば，実際の過渡的な振舞いの決定には離散時間解析が必要になるであろう．

5.1.3 正弦波的角度変調に対する応答

次に，角度変調された入力信号が存在する場合のループの振舞いを調べよう．正弦波的位相変調に対して，

$$\theta_i(t) = \Delta\theta \sin\omega_m t \tag{5.14}$$

また，正弦波的周波数変調に対しては

$$\theta_i(t) = \frac{\Delta\omega}{\omega_m}\cos\omega_m t \tag{5.15}$$

ただし，$\Delta\theta$はピーク位相偏差，$\Delta\omega$はピーク周波数偏差，そしてω_mは変調周波数である．位相誤差は（線形近似では）正弦波的であり，単に，クローズド・ループ誤差応答$E(s)$の定常状態周波数応答として計算することができる．例は図5.10から5.12までに示されている．位相変調に対する誤差応答は，図2.5と5.10に示されているように，変調周波数のハイパス関数である．低周波数では，応答振幅はタイプnループに対して$6n$ dB/octaveで増加する．高い変調周波数ではループは変調に追従できないので，変調位相全てが位相検出器で誤差として現れる．従って，図5.10の高周波漸近線は0dBで一定である．

図5.10の曲線は略図であり，これらの例は誤差応答$E(s)$で同じコーナー周波数を持つ種々のタイプのループである．ループ・バンド幅以内の任意の周波数に対して高位タイプのループは低位タイプのループよりも良く変調に追従しているのは明らかである．ループ内でいかなる高周波フィルタ処理を追加してもその主な効果は図5.10のコーナー周波数の近傍にあり，漸近線には殆ど効果がないということが期待される．

正弦波的なFMに対する誤差応答は図5.11で3つの異なる種類のループに対して示されている．高周波漸近線は全てのループに対して同じであることに注意すること．応答の差は，ループ・バンド幅内の低周波数にある．高周波での6dB/octaveのロールオフが生じるのはひとえに入力位相偏差$\Delta\theta = \Delta\omega/\omega_m$が変調周波数に逆比例しているからである．図5.11の曲線は全てループゲインKが等しいループに対して描かれている．1次のループは1極の伝達関数に応じたローパス応答を持つが，タイプ2ループの方が低周波数への追従に対して，より効果的である．

図5.12は2次タイプ2PLLのFMへの応答での位相誤差を示しており，ダンピングを描画パラメータとして自然周波数に対して描かれている．位相誤差は，ダンピングにかかわらず，自然周波数ω_nに等しい変調周波数で最大になる．

振幅のピークは$\Delta\omega/K$であり，位相誤差と入力周波数変調との間の位相シフトは$\omega_m = \omega_n$における振幅のピークでゼロを通過する．これらの性質はω_nの実験的な測定の根拠として用いられることがある．

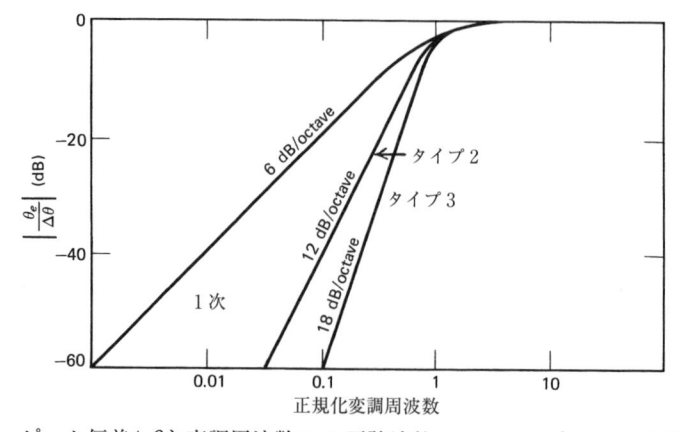

図5.10 ピーク偏差$\Delta\theta$と変調周波数ω_mの正弦波的PMによるピーク定常状態位相誤差

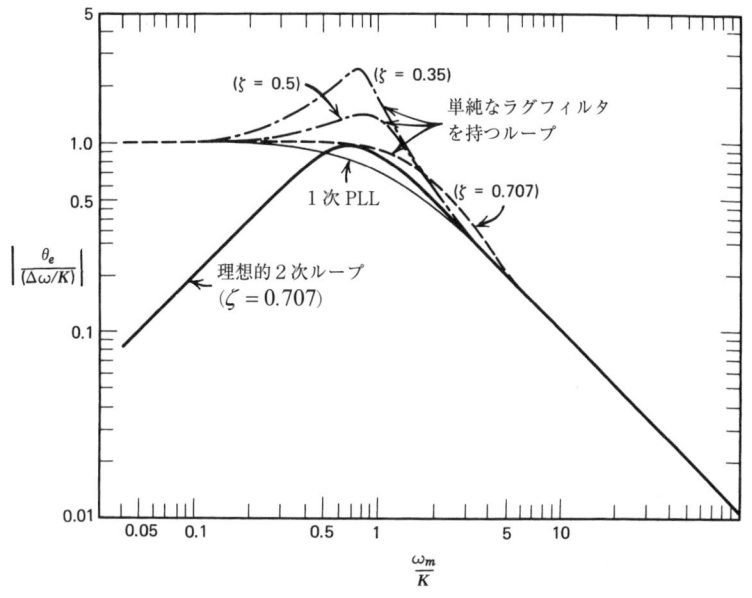

図 5.11 ピーク偏差が$\Delta\omega$で変調周波数がω_mの正弦波 FM による定常状態ピーク位相誤差

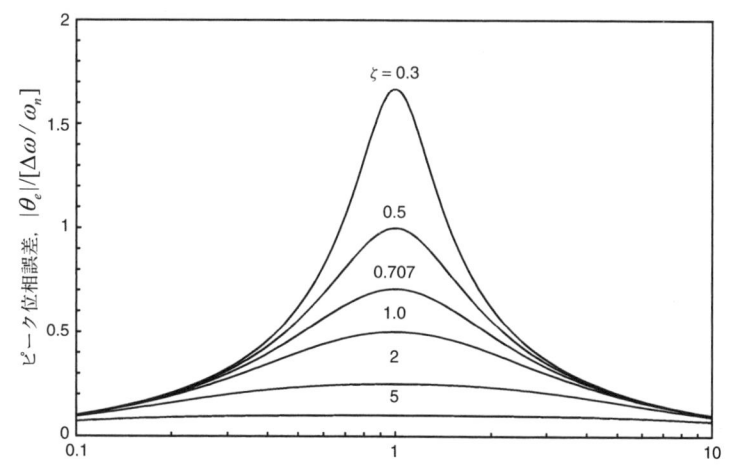

図 5.12 ピーク偏差が$\Delta\omega$で変調周波数がω_mの正弦波 FM による2次タイプ2 PLL の定常状態ピーク位相誤差

5.2 非線形トラッキング：ロック限界

　トラッキングと位相誤差に関する上述の全ての題材は，位相誤差が十分小さくてループの動作が線形と考えられるという仮定に立っている．この仮定は誤差が増加すると次第に不正確になり，結局ループはロックがはずれてその仮定は完全に価値がなくなる．この節では，線形仮定は放棄され，ループがロックするための制約条件を調べる．

5.2.1 位相検出器の非線形性

第10章で更に説明されるように，位相検出器のs曲線群（出力対位相誤差）は周期的で必ず非線形である．s曲線は位相誤差の関数であって，通例$g(\theta_e)$と表記し，$\theta_e=0$で見積もられた勾配$dg/d\theta_e$は位相検出器のゲインK_dである．s曲線は有界な関数であり，位相検出器はある最大の出力量までしか出せない．1つの大変ありふれたしかも重要なs曲線は正弦波である．

$$g(\theta_e) = K_d \sin\theta_e \tag{5.16}$$

正弦波位相検出器によって課せられるロック限界は文献において，それからこの章の次の節でも顕著な注意を集めてきた．他のs曲線はもうじき紹介する．位相検出器の非線形性を強調しているにもかかわらず，後で説明されるように，トラッキング限界はそれよりもループ内の他の要素によって決定される可能性が高いことに注意．

5.2.2 定常状態の限界

ここでとりあげる最初のトピックはループがロックを維持する入力周波数レンジである．(5.7)において，周波数オフセットによる定常位相誤差の線形近似は$\theta_v = \Delta\omega/K_{DC}$であることが示されている．しかしながら，正弦波$s$曲線の位相検出器に対して，正しい式は$\sin\theta_v = \Delta\omega/K_{DC}$であるべきである．サイン関数は大きさ1を超えることはできない．従って，もし$\Delta\omega > K_{DC}$ならば，この方程式の解は存在しない．その代わり，ループはロックから抜けおちて，位相検出器の電圧はDCレベルというよりはうなりとなる．正弦波位相検出器を持ったPLLのホールド・イン・レンジは従って，次のように定義される．

$$\Delta\omega_H = \pm K_{DC} \quad \text{rad/sec} \tag{5.17}$$

式(5.17)によれば，ホールド・イン・レンジは単に極めて高いDCゲインを用いることにより任意に大きくすることができる．もちろん，無限にゲインを増加させていけば，位相検出器よりも以前にループの他の部分が過負荷になるので常に効果があるわけではない．

この理由付けを考えよう，VCOの与えられた周波数偏差を達成するのに，ある明確な制御電圧が必要である．しかしながら，ループ増幅器（もし使われているとして）は出力できる最大の制御電圧偏位を有し，また，VCOは許容できる，ある最大の制御電圧偏位を有する．これらの限界のいずれか一方でも超えてしまうとループのロックは外れる．実際，スタティック位相誤差がほんの数度しか存在しないときに増幅器かVCOが飽和するほど高いDCゲインを持ったPLLは普通に見かけられる．もし，PLLが真にタイプ2である（ディジタルPLLが通常そうであるように）ならば，周波数オフセットによるスタティック位相誤差は正確にゼロであり，ホールド・イン・レンジは位相検出器以外の要素に関する限界によって完全に決定される．

タイプ2 PLLのダイナミック誤差は以前に(5.9)により，$\theta_a = \Lambda/\omega_n^2$と近似された．正弦波$s$曲線を有する位相検出器に対する正確な式は$\sin\theta_a = \Lambda/\omega_n^2$であるべきで，この式から，入力周波数変化の最大許容レートは次式で与えられるということが導出される．

$$\Lambda = \omega_n^2 \tag{5.18}$$

入力レートがこの値を超えるとループのロックは外れる．

多くの位相検出器は(5.16)の正弦波s曲線で与えられるよりも大きな線形スパンと大きな最大出力を有する．いくつかの例が図5.13に示されている．図5.13の全ての曲線は$\theta_e=0$におい

PDタイプ	拡張ファクタ
正弦波	1
三角波	$\pi/2$
鋸波	π
シーケンシャル位相/周波数	2π

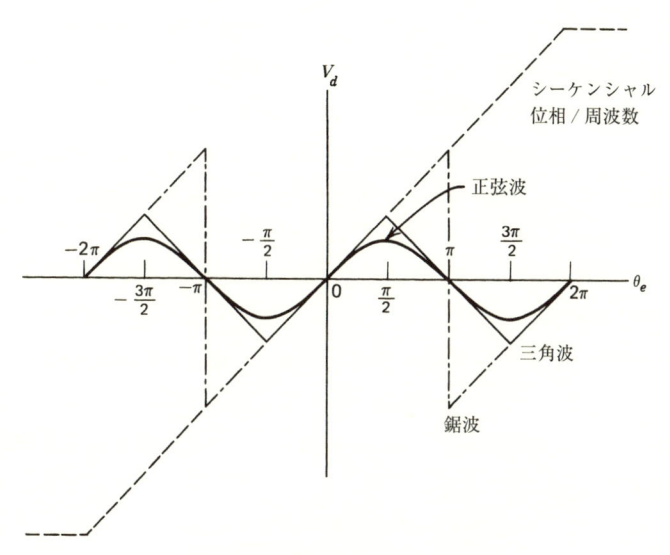

図 5.13 位相検出器の s 曲線

て同じ勾配を持って描かれておりこれは，様々な PD が全て同一のゲイン・ファクタ K_d を持つことを意味している．これらならびに他の拡張された s 曲線を与える回路に関して第10章で説明される．

PD 出力能力を増加すると，正弦波 PD で得られるよりも大きなトラッキング・レンジ（すなわち，大きなロック限界）が得られる．（勿論，拡張された PD のレンジは，この限界が PD により決められており，演算増幅器のクリッピングのような何か他の非線形性によるものでない場合に限り役に立つ．）図5.13 に示された PD の種類の各々のロック限界の拡張は，表に与えられている．(5.17) のホールド・インや (5.18) のレート限界はともに，同じファクタだけ拡張される．

5.2.3 過渡限界

図5.1 から 5.9 は，過渡位相誤差は定常位相誤差よりもずっと大きくなりうることを示しており，これは，定常状態では容易に追従できる入力変化でも，過渡的にはループのロックが外れることがありうることを示している．この節ではこのような過度な過渡条件をいくつか調べる．

殆どの位相検出器は周期的であり，従って，$\Delta\theta + 2\pi n$ の位相ステップを $\Delta\theta$ の位相ステップと区別することはできない．従って，他のストレスが無い場合は，普通の PLL は，位相ステップを与えられた時に，その大きさあるいはループの次数によらず，決してロックを失うことはない．（この能力は，位相検出器の s 曲線が1周期内の全ての位相誤差に対して極性の正確な，ゼ

ロでない出力を持つ場合に限り当てはまる．反例については，図14.3を参照すること．）周波数ステップはロックを外す可能性がある．正弦波 PD に対しては (5.17) で与えられ，他の形状の s 曲線に対しては上述のように拡張されるホールド・イン限界を周波数ステップが超えた場合，かつその場合にのみ 1 次のループはロックを失う．タイプ 2 PLL に対する限界は非線形解析に対するツールを紹介してから取り扱う．

位相平面の原理　位相平面ポートレートは 2 次 PLL の過渡的な非線形の振る舞いの研究に有益である．位相平面の描写は多くの制御システムの教科書で見ることができる．ビタビ [5.8, 5.9] は位相平面解析を正弦波 s 曲線を持つ PLL に適合させた．2 次のループの動力学は，時間を独立変数として用い，位相誤差 θ_e と周波数誤差 $d\theta_e/dt = \omega_e$ を従属変数として用いる 2 本の 1 次非線形微分方程式によって記述できる．方程式から時間変数を消去すると，位相誤差と周波数誤差を関係付ける 1 本の 2 次の非線形微分方程式が得られる．

2 次の方程式の解は $d\theta_e/dt = \omega_e$ 対 θ_e で記述され，位相平面に描けるが，この平面は ω_e と θ_e を座標軸とする．解は解析的には得られず，コンピュータによる支援が必要である．

位相平面上の 1 つの解の図は位相平面トラジェクトリ（軌道）として知られている．一群のトラジェクトリは位相平面ポートレート（描像）として知られている．トラジェクトリはループが平衡状態へ落ち着く（もしくは落ち着くことに失敗する）ときの動的な振る舞いを示す．

図 5.14 は，正弦波位相検出器と臨界ダンピング $\zeta = 1$ を有するタイプ 2 PLL の 1 つの特定の位相平面ポートレートのスケッチである．異なるポートレートはループ・ダンピング，位相検出器 s 曲線，ループ・ストレス，もしくは信号変調の様々な選択に対応して得られる．

ポートレートのもっとも優れた出典は，もしアクセス可能であれば，ビタビ（Viterbi）のオリジナルの報告 [5.8] の中に見出すことができる．彼の本 [5.9] は同じポートレートを含んでいるが不便なくらいに縮小されている．Blanchard の本 [5.10] は大きな尺度でポートレートのいくつかを掲載している．この節ならびに第 8 章でこの後出てくる結果の多くは [5.8] のポートレートを用いて得られている．位相平面解析は 2 次のループの非線形ダイナミックスの理解に中心的な役割を持っている．

周期的な位相検出器を有する PLL の位相平面ポートレートはそれ自体，変数 θ_e に関しては周期 2π で周期的であり，ω_e に関しては非周期的である．そのパターンは位相軸に沿って無限に繰り返し，2 個の完全な周期が図 5.14 に示されている．トラジェクトリは流れの矢印によって示されているように，時計回りにしか進まない．特異点だけでしかトラジェクトリの交差は起きないが，これらの特異点は安定か不安定のいずれかになりうる．平衡が生じる（つまりトラジェクトリが安定点に到達する）のは安定特異点であって，この特異点はループがオーバーダンプ（過減衰）であるならば安定ノードと呼ばれ，アンダーダンプ（減衰不足）であるならば安定フォーカスと呼ばれる．平衡は無限時間後に到達できる定常状態のトラッキングの条件である．（いかなる平衡も存在しないように条件を課すことができる．Viterbi の [5.8] [5.9] で例を参照すること．）

不安定特異点はサドルポイント（鞍点）と呼ばれる．いかなる僅かな妨害もアクティブなトラジェクトリに鞍点を移行させるのでループの状態が無限に鞍点に留まることはできない．鞍点で終結するトラジェクトリはセパラトリックスと呼ばれる．図 5.14 のセパラトリックスは太い曲

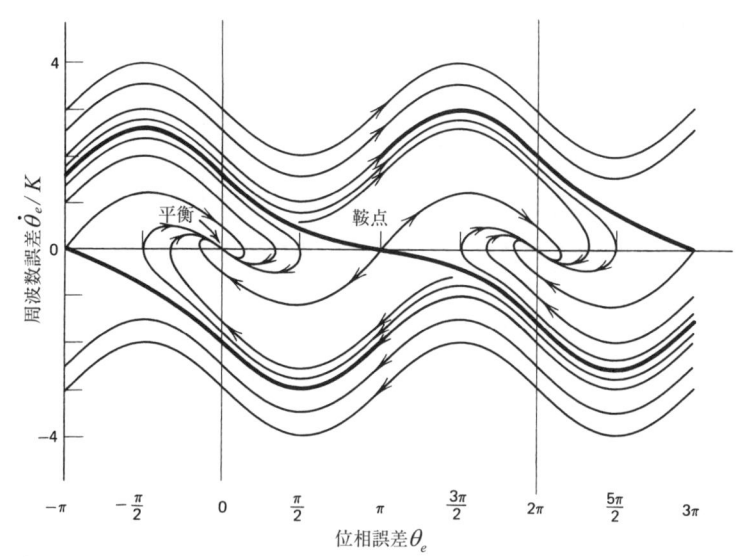

図5.14 $\zeta=1$で正弦波位相検出器を有する2次タイプ2 PLLに対する位相平面ポートレート

線群で示されている.(「セパラトリックス」という指定は,トラジェクトリが無限の過去への経路を全て戻るのではなくて鞍点で終結する2πの区間にしか当てはまらない.)

トラジェクトリは,もし2個のセパラトリックスの間にあるならば,その特定の2πの区間の平衡点で終結するであろう.もしトラジェクトリがそれらのセパラトリックスの外側にあるならば,ループは平衡点に到達する前に1個以上の完全なサイクルだけスリップする(もし本当に平衡点に到達するならばであるが.限りなくスリップし続けることもあり得る.)サイクル・スリップは2πラジアンの位相誤差の偏位である.

位相平面の応用 こんどは,2次タイプ2のPLLで無限大のDCゲインを持ったループの過渡現象を考察しよう.原理的には,この種類のループは永久にロックを失ったままになることはありえない.もし大きな周波数ステップが印加されると,ループのロックが外れ,しばらくの間何サイクルかスリップしてから再びロックする.位相誤差は,スリップしたサイクル数に対応したサイクル数の間のリンギング振動である.それ以下ではループはサイクルのスリップを起こさずロックを維持する,ある周波数ステップ限界が存在し,この限界をプルアウト周波数と表記し,$\Delta\omega_{PO}$というラベルを付ける.周波数ステップが印加される瞬間,ループが$\theta_e=0$で$\omega_e=0$の平衡状態にあるとすれば,プルアウト限界は単純にセパラトリックスと$\theta_e=0$軸との交点である.[5.8]のポートレートを用いて,正弦波PDのプルアウト限界は図5.15に示された値を持つことが判明した.

0.5と1.4の間のζに対して,これらのデータ点は次の経験式に合う.

$$\Delta\omega_{PO} = 1.8\omega_n(\zeta+1) \tag{5.19}$$

位相ポートレートはまた,大きな周波数ステップに対してピーク位相誤差を決定するのに使うこともできる.$\Delta\omega=\Delta\omega_{PO}$に対してピーク位相誤差は180°である.しかしながら,誤差は90°を超えた途端に急速に増加するので,90°のピーク誤差を生じる周波数ステップは$\Delta\omega_{PO}$よりもほんの少し小さいにすぎない.図5.16はこの状況を,$\zeta=0.707$という特殊なケースに対して

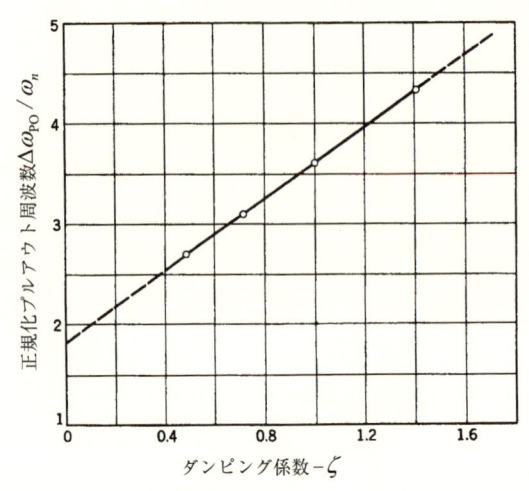

図 5.15 正弦波位相検出器を持つ2次タイプ2 PLL のプルアウト周波数

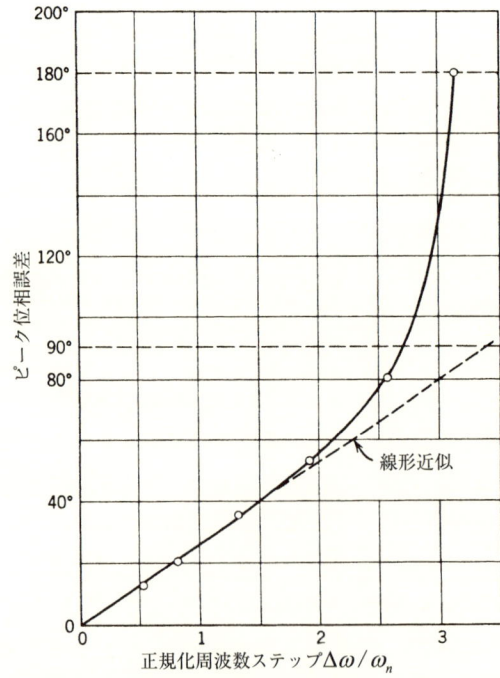

図 5.16 $\zeta = 0.707$ で正弦波位相検出器を有する2次タイプ2 PLL の周波数ステップに対する応答のピーク過渡位相誤差

示している．位相平面は2次のループに対してのみ適用可能である（言い換えると，1次ループに対しては縮退位相平面となる）．3次のループには位相，周波数，周波数レートという3個の状態変数があるので，それを完全に表現するためには3次元位相空間が必要である．このような空間の表現は2次元では極めて難しい．その結果，2次ループよりも高次のループの非線形過渡応答に関してははるかに知られていない．

5.2.4 変調限界

エンジニアはまた，入力信号が角度変調されているときのアンロック（ロック外れ）問題にも関心を持たなければならず，PLL は変調指数が大きすぎる場合には信号に対してロックを維持することはできない．変調スペクトラムが完全にループ・バンド幅の外部にあるキャリア・トラッキング・ループと変調スペクトラムがループ・バンド幅の内部にある変調トラッキング・ループとを区別すること．前者の種類は主に指数の小さな PM 信号の復調に使われるが，後者は指数の大きな FM か PM 信号を取り扱う．

キャリア・トラッキング PLL　キャリア・トラッキング・ループに印加される変調は，追従可能なキャリアが実際に存在するように制約されなければならない．もしピーク偏差 θ の正弦波位相変調が印加された場合，キャリア強度はゼロ次ベッセル関数 $J_0(\theta)$ に比例している．この関数は $\theta = 2.4$ rad$(137°)$ に対して最初のゼロを通過する．その最初のヌルに極めて近い変調指数に対してロックが失われることが実験で実証されている．2.4 rad を少し超えて偏差が増加すると，ロックが回復されて，$\theta = 5.5$ rad における次の J_0 のヌルに偏差が到達するまでロックが保持される．原理的には，キャリア・トラッキング・ループは正弦波変調された信号に対してキャリアのヌルの直近でのみロックを失い，他の全ての変調指数に対してロックを保持する．

変調トラッキング PLL：正弦波変調　変調トラッキング・ループの振舞いは同じように易しく説明することはできない．課題を紹介するために，正弦波変調された信号（PM もしくは FM）が，正弦波位相検出器を備えた PLL に印加される研究室の実験を想像してみよう．PLL が変調に追従できるように，ループ・ゲイン K は変調周波数 ω_m よりはるかに大きいことが要求される．さもなければ，その後の説明がもはや当てはまらなくなってしまう．

位相検出器の出力電圧はオシロスコープで観測され，変調指数は適切に調節される．小さな偏差では，観測される波形は期待されるように正弦波である．PD 出力の振幅は偏差の増加につれて増加する．偏差が大きすぎるようになると，ループはサイクルをスリップし始め，強い歪がスコープの面に現れる（スリップの詳細は後で述べる）．

歪の不在　しかしながら，PD 出力は小さな指数からロックが失われる条件までずっと殆ど正弦波（すなわち，殆ど歪無し）を維持するように見える．PD はロックが失われる前にかなりの程度まで非線形領域で動作するので，この振舞いはかなり驚くべきである．非線形デバイスで如何にして低歪の動作が可能なのだろうか？　答えは勿論，フィードバック・ゲインが変調周波数において大きいと仮定して，ネガティブ・フィードバックが PD の出力における歪の殆どを打ち消すということである．歪の削減は一般にフィードバック・ループの良く知られた性質であり，これは，特に PLL が共有する性質である．

もし PD 出力が殆ど無歪であるならば，ピーク位相誤差は，良い近似で，入力偏差のサイン逆関数で増加しなければならない．言い換えると，PD の非線形性の故に予想される歪は位相誤差 θ_e に現れるが，PD 出力 $v_d = K_d \sin\theta_e$ には現れない．

この関係は次のパラグラフにおいてピーク PD 出力の関数として位相誤差の波形を決定するの

に使われる.

もしPD出力が正弦波ならば，$v_d(t) = aK_d\sin\theta_m t$という形であるはずであり，ここで$a$は0と1の間の係数である．正弦波位相検出器からの可能な最大の出力電圧はK_dボルトであり，従って，aはピーク出力の最大可能出力に対する比である．さらに，$v_d(t) = K_d\sin\theta_e t$であり，これにより次式が得られる（第1象限で有効）．

$$\theta_e(t) = \sin^{-1}(a\sin\omega_m t) \tag{5.20}$$

aのいくつかの値の例は図5.17に描かれている．θ_eのかなりの歪がaの大きな値に対して顕著であるが，v_dに対する曲線は全て正弦波である.

変調限界 ひとたびv_dはかなり無歪であることが認識されれば，変調限界を決めるのは単純な問題になる．入力変調を知れば，v_dの振幅は次の周波数応答から求めることができる．

$$V_d(j\omega_m) = K_d E(j\omega_m)\theta_i(j\omega_m) \tag{5.21}$$

ここでθ_iは入力信号における位相変調を表す．(5.21)のV_dの大きさは，ラジアン周波数ω_mにおける正弦波PD出力のピーク値v_{dp}を与える．もしv_{dp}の計算値$<K_d$であれば，ループはロックを維持し，また，もしv_{dp}の計算値$>K_d$ならば，サイクルをスリップする．（この基準は正弦波PDに適用可能で他のPDの特性に対しては修正されなければならない.）もし，変調が，変調周波数がω_mでピーク周波数偏差が$\Delta\omega$の正弦波であれば，偏差の限界は次式であることが分かる[5.11].

$$\Delta\omega = \begin{cases} K & \text{type 1 PLL}; \omega_m \ll K \\ \dfrac{\omega_n^2}{\omega_m} & \text{type 2 PLL}; \omega_m \ll \omega_n \end{cases} \tag{5.22}$$

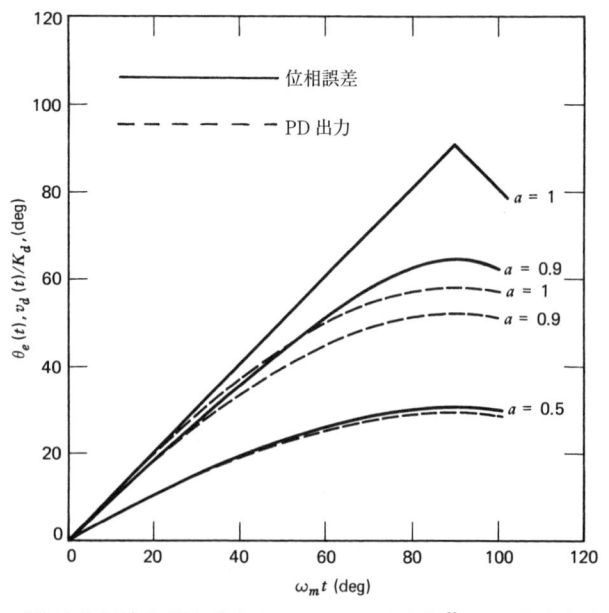

図5.17 正弦波位相検出器を備えたPLLの，周波数ω_mの正弦波角度変調に対する応答の位相誤差$\theta_e(\omega_m t)$（実線）とPD出力$v_d(\omega_m t)/K_d$（破線）．$v_d(t)/K_d = a\sin\omega_m t = \sin\theta_e(t)$に基づいている

アンロックの振舞い　アンロック（ロック外れ）の閾値におけるループの詳細な振舞い [5.12] はかなり奇妙である．もし変調が正弦波的ならば，PD 出力はロック限界までいかなる偏差に対しても殆ど正弦波的であることを維持する．この限界を超えて無限小の増加があると PD 出力に劇的な変化が生じる．1 次のループ（図 5.18）に対しては，アンロックで大きなスパイクが突然現れる．各スパイクは 1 つのサイクルのスリップを表している．スリップ・スパイクが起きるのは，瞬間的な偏差がロック限界を超えている間に限られ，1 次のループは瞬間的な入力偏差がロック限界内に戻ると直ちに再ロックする．オーバーモジュレーションが軽度であれば単発のスパイクが各変調ピークに対して現れ，オーバーモジュレーションが増加すると追加のスパイクがバーストで現れる．

タイプ 2 PLL のアンロックの振舞いはかなり異なる．位相検出器出力はロック限界まで正弦波的であるが，偏差の無限小の増加によりループは完全にロックがはずれ，そのままになり，PD 出力にはうなり（ビート）だけが現れる．ループは，ピーク偏差がロック限界以下に削減されるまで再ロックはしない．偏差を調節して図 5.18 の単発スパイクを得ることは不可能である．

タイプ 2 ループはなぜこのように 1 次のループと異なる振舞いをするのであろうか？ （1 次ループにおけるように）周波数変調サイクルのピークにおいてピーク位相誤差が生じないということを認識すれば直ちに洞察が得られる．そのかわり，ピーク位相誤差は周波数変化の最大レートと一致し，これは正弦波変調に対するゼロ瞬時周波数偏差に対応している．事実，正弦波アンロック基準 (5.22) は $\Lambda = \omega_n^2$ と同じであることを示すことができるが，これはタイプ 2 PLL に対する掃引レート限界 (5.18) である．

なぜループは変調サイクルが過度な周波数レートの領域を通過しても直ちにリロック（再ロック）しないのだろうか？　結局，1 次ループは過度な周波数偏差の領域を通過すれば直ちにリロックする．信号と VCO が，（周波数変調のゼロ偏差で生じる）周波数変調の変化の最大レートの瞬間でしか周波数が一致せず，また，レートが過度であればループはロックすることができないものと考える．サイクルの他の点では，レートはロック可能だが，信号と VCO の間の周波数差により急速な再ロックが妨げられる．

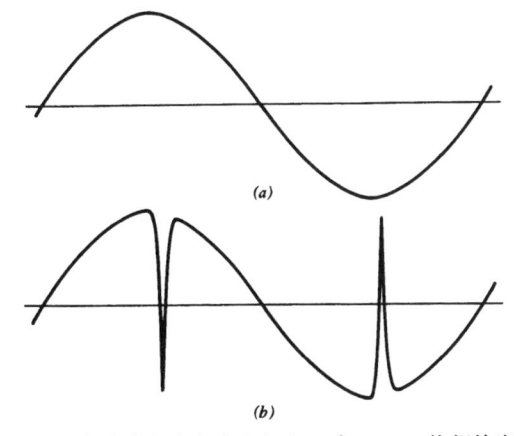

図 5.18　正弦波的な角度変調を与えられた 1 次 PLL の位相検出器出力における波形．(a) ロック限界内の変調ピーク偏差，(b) ロック限界を少し超えた変調ピーク偏差．

変調トラッキングPLL：ガウス変調 ベースバンド・スペクトルがDCからカット・オフ周波数B_m Hzまで平坦で，rms周波数偏差がσ_f Hzの，ガウス信号 [5.11] による周波数変調に対しても変調限界が研究されている．ガウス信号は制約の無いピークを持ち，従って，rms偏差が如何に小さくてもループが時々サイクルをスリップするなんらかの小さな確率が存在する．工学的なツールとして，クレスト・ファクタの概念を動員してこれに記号γを与える．γを，瞬間的な偏差の大きさが殆ど常に$\gamma\sigma_f$より小さいように選択する．$\gamma = 3.5$という値が研究室での変調アンロックの観測に対して経験的によく合致していることが分かっている．これらの概念を用いて，ガウス変調に対するロック限界は次式のようであることがわかる [5.11]．

$$\sigma_f = \begin{cases} \dfrac{K}{2\pi\gamma} & \text{タイプ1 PLL}; B_m \ll K/2\pi \\ \dfrac{\sqrt{3}\omega_n^2}{4\pi^2\gamma B_m} & \text{タイプ2 PLL}; B_m \ll \omega_n/2\pi \end{cases} \tag{5.23}$$

参考文献

5.1 R. C. Tausworthe, "Improvements in Deep-Space Tracking by Use of Third-Order Loops," *JPL Q. Tech. Rev.* **2**, 96–106, July 1971.

5.2 R. C. Tausworthe and R. B. Crow, "Improvements in Deep-Space Tracking by Use of Third-Order Loops," *IEEE Int. Conf. Commun.*, 1972, pp. 577–583.

5.3 P. H. Lewis and W. E. Weingarten, "A Comparison of Second, Third, and Fourth Order Phase-Locked Loops," *IEEE Trans. Aerosp. & Electron. Syst.* **AES-3**, 720–727, July 1967.

5.4 H. Meyr and G. Ascheid, *Synchronization in Digital Communications*, Wiley, New York, 1990, Sec. 2.5.

5.5 S. L. Goldman, "Jerk Response of a Third-Order Phase-Lock Loop," *IEEE Trans. Aerosp. & Electron. Syst.* **AES-12**, 293–295, Mar. 1976.

5.6 E. T. Tsui and R. Y. Ibaraki, "Third-Order Loop Filter Design for Acceleration-Rate," *IEEE Trans. Aerosp. & Electron. Syst.* **AES-13**, 200–204, Mar. 1977.

5.7 S. C. Gupta, "Transient Analysis of a Phase-Locked Loop Optimized for a Frequency Ramp Input," *IEEE Trans. Space Electron. & Telem.* **SET-10**, 79–83, June 1964.

5.8 A. J. Viterbi, *Acquisition and Tracking Behavior of Phase-Locked Loops*, External Publ. 673, Jet Propulsion Laboratory, Pasadena, CA, July 1959.

5.9 A. J. Viterbi, *Principles of Coherent Communication*, McGraw-Hill, New York, 1966, Chap. 3.

5.10 A. Blanchard, *Phase-Locked Loops*, Wiley, New York, 1976, Sec. 10.2.1.

5.11 F. M. Gardner and J. F. Heck, "Angle Modulation Limits of a Noise-Free Phase Lock Loop," *IEEE Trans. Commun.* **COM-26**, 1129–1136, Aug. 1978.

5.12 F. M. Gardner and J. F. Heck, "Phaselock Loop Cycle Slipping Caused by Excessive Angle Modulation," *IEEE Trans. Commun.* **COM-26**, 1307–1309, Aug. 1978.

第6章 加算的ノイズの効果

　高いレベルのノイズに対処する能力は位相同期ループの主要な強みである．この章では加算的な静止的（ステーショナリ）ガウシャン・ノイズの効果を詳しく調べる．ホワイト・ノイズは加算的ノイズの最も重要な例であり，従って最大の注意を与えられるが，色ノイズの効果を解析するための技術も含めている．加算的なノイズはトラッキング・エラーを起こす．少量のノイズは小さなエラーを起こし，大量のノイズは大きなエラーを起こす．小さなノイズの中での性能は伝達関数による線形解析で扱いやすいが，大きなノイズによってPLLは伝達関数が当てはまらない非線形動作に追い込まれ，そのかわりに，もっと厄介な非線形手法が必要になる．双方のノイズの型がこの後の頁に報告されている．

6.1 線形動作

　線形解析には2個の部分があり，第1に，位相検出器のノイズモデルが展開され，それからそのモデルがPLLのフィードバック・ループに印加される．解析によりループにおけるノイズバンド幅や信号対ノイズ比という計り知れないほど貴重な概念に到達する．

6.1.1 位相検出器のノイズモデル

　位相検出器が各々ボルトの単位を持ち，$v_i(t)$と$v_o(t)$と表記される2つの入力が印加される完全なマルチプライア（乗算器）であると考えよう．その出力は積$K_m v_i v_o$であり，K_mは$(volt)^{-1}$の次元を持った定数である．[**コメント**：位相検出器はマルチプライアとしてモデル化されることが多いが，これは一部は解析上の便利さのためであり，また一部は多くの実用的な位相検出器がマルチプライアの良い近似になっているからである．さらに，マルチプライアタイプの位相検出器は大きな加算的なノイズの存在下で最善の選択である．第10章を参照されたい．]

　PDへの入力　マルチプライアへの1つの入力$v_i(t)$は正弦波的信号プラス加算的ノイズ$n(t)$の和であって，$n(t)$は（複素ではなくて）実数で，ステーショナリ（静止的），ガウシャン，バンドパス，平均値ゼロである．

$$v_i(t) = V_s \sin(\omega_i t + \theta_i) + n(t) \tag{6.1}$$

マルチプライアへの他方の入力はVCOから来るのであって，次の形をしている．

$$v_o(t) = V_o \cos(\omega_i t + \theta_o) \tag{6.2}$$

[**コメント**：(1) v_iとv_oは実際はお互いに90°位相が異なり，入力信号はサインと書かれ，VCO

電圧はコサインと書かれてきたことに注意．2つの位相θ_iとθ_oはこれらの直交参照信号に基づいている．VCOが入力信号に対して直交してロックするのはマルチプライア型位相検出器に特有なので，その事実を予想して表記法が決められている．(2)VCO出力を記述する式(6.2)が(6.1)における入力信号と同じ周波数ω_iであることに気づくこと．周波数が等しいということはループがフェーズロックされていることを意味しているが，これは線形解析を適用する必要条件である．]

この章の目的のために，入力位相θ_iは時間不変であると仮定されている．θ_oの取り扱いはそれほど直接的ではない．一時的に，θ_oは時間不変と仮定するが，明らかにその条件は現実には起こらない．信号に伴うノイズはVCOの位相を変動させ，そうした変動の統計を規定することが線形解析の目的である．話を続けるために，ノイズがVCOに届かないように架空のオープン・ループの条件を仮定する．本質的には，解析の最初の部分では位相検出器だけに注意が限定される．後ほど，ループは閉じられ，時間依存のθ_oが許容される．

位相検出器の積 バンドパス入力ノイズ$n(t)$は2個の直交する独立な成分［6.1, 8-5節］に次式の形で分解することができる．

$$n(t) = n_c(t)\cos\omega_i t - n_s(t)\sin\omega_i t \tag{6.3}$$

これによりマルチプライアの出力は次式となることが分かる．

$$\begin{aligned}
v_d(t) &= K_m v_i(t) v_o(t) \\
&= \tfrac{1}{2}K_m V_s V_o \sin(\theta_i - \theta_o) + \tfrac{1}{2}K_m n_c V_o \cos\theta_o + \tfrac{1}{2}K_m n_s V_o \sin\theta_o \\
&\quad + \tfrac{1}{2}K_m V_s V_o \sin(2\omega_i t + \theta_i + \theta_o) + \tfrac{1}{2}K_m n_c V_o \cos(2\omega_i t + \theta_o) \\
&\quad - \tfrac{1}{2}K_m n_s V_o \sin(2\omega_i t + \theta_o)
\end{aligned} \tag{6.4}$$

マルチプライアの積は低周波の3個の項と，入力周波数の2倍の$2\omega_i$の3個の項からなる．我々の関心は，差の周波数の項にあるので，倍周波リップル項はこの解析では放棄される．実際には，倍周波リップルを抑制するためにフィルタリングや他の手段を適用しなければならない．それを別にすればこの章では無視されるが，リップルは多くの応用において重大な妨害であって，その抑制のためには，かなりの努力が必要なことが多い．第10章には位相検出器のリップルに関するこれ以上の情報が含まれている．

今度は位相検出器のゲインを次式で定義しよう．

$$K_d = \frac{K_m V_s V_o}{2} \tag{6.5}$$

従って，マルチプライア出力は，リップルを除去した後には，次式で与えられる．

$$v_d = K_d \sin(\theta_i - \theta_o) + \frac{n_c K_d}{V_s}\cos\theta_o + \frac{n_s K_d}{V_s}\sin\theta_o \tag{6.6}$$

等価ノイズ 次に$n'(t)$を次式で定義する．

$$n'(t) = \frac{n_c}{V_s}\cos\theta_o + \frac{n_s}{V_s}\sin\theta_o \tag{6.7}$$

ボルトの次元を持つ$n(t)$とは異なり，これは無次元量である．位相検出器の出力はこれにより次のように単純化される．

$$v_d = K_d[\sin(\theta_i - \theta_o) + n'(t)] \qquad (6.8)$$

位相検出器の正確な非線形等価回路が図 6.1 に示されている．まだ，どのような線形近似も適用されていない．位相検出器出力は信号項 $K_d\sin(\theta_i - \theta_o)$ とノイズ項 $K_d n'(t)$ の線形な重ね合わせからなる．

(6.5)から，K_d は入力信号レベルに比例していることに注意すること．従って，もし入力信号の振幅が変化すると K_d と，ループ・ゲイン依存の全てのループ・パラメータも変化する．（位相検出器ゲイン K_d は理想マルチプライア・モデルで VCO の振幅 V_o にも比例する．VCO の振幅に対する依存性は信号の振幅に対する依存性よりも重大ではないが，これは一部には VCO の振幅は信号の振幅よりもずっと一定な傾向にあるからであり，また一部には多くの実用的な位相検出器は VCO 入力を効果的にクリップ（切り取り）しており，それによって VCO 振幅の変動性を除去しているからである．）

$n'(t)$ の性質　$n'(t)$ の統計的な性質のいくつかを展開しよう．$n(t)$ のバンドパスで平均値ゼロの定義から，n' も平均値ゼロであることが結論できる．（時間に対する明白な依存性は表記の便宜上除いている．）もし，独断的ではあるが θ_o は時間不変と仮定するなら，n' の分散は次式で与えられる．

$$\sigma_{n'}^2 = \frac{1}{V_s^2}\left\{E[n_c^2]\cos^2\theta_o + E[n_s^2]\sin^2\theta_o + 2E[n_c n_s]\sin\theta_o\cos\theta_o\right\} \qquad (6.9)$$

ここで，$E[\cdot]$ は統計的な期待値を表している．よく知られているように [6.1，8-5 節]，バンドパス・ガウシャン・ノイズは $E[n_c^2] = E[n_s^2] = E[n^2] = \sigma_n^2$ かつ $E[n_c n_s] = 0$ という性質を持っている．さらに，$\cos^2\theta_o + \sin^2\theta_o = 1$ なので，

$$\sigma_{n'}^2 = \frac{\sigma_n^2}{V_s^2} \qquad (6.10)$$

等価ノイズの強度は回転不変であり，θ_o の値には依存しない．

今度は θ_o に対するモデルを改訂しよう．それはランダムな変数であって，$[0, 2\pi)$ に一様に分布しておりノイズには依存しないと考えよう．n' のスペクトルはその自己相関関数を求めてフーリエ変換すれば得られる．(6.7)から，n' の自己相関関数は

$$E[n'(t_1)n'(t_2)] = \frac{1}{V_s^2}\left\{E[n_c(t_1)n_c(t_2)]E[\cos^2\theta_o] + E[n_s(t_1)n_s(t_2)]E[\sin^2\theta_o]\right.\\
\left. + (E[n_c(t_1)n_s(t_2)] + E[n_s(t_1)n_c(t_2)])E[\sin\theta_o\cos\theta_o]\right\} \qquad (6.11)$$

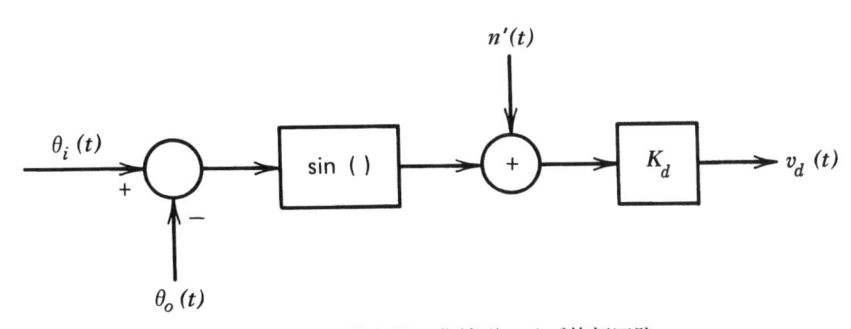

図 6.1　位相検出器の非線形ノイズ等価回路

三角関数の係数の期待値は$E[\cos^2\theta_o] = 0.5 = E[\sin^2\theta_o]$と$E[\sin\theta_o\cos\theta_o] = 0$である．

ノイズは静止的なので，ノイズの自己相関は時間差$\tau = t_1 - t_2$にしか依存しない．自己相関を$R(\tau)$で表記すると，$R_{nc} = R_{ns}$ [6.1, p.162] であることにより，n'の自己相関は次のようになることが分かる．

$$R_{n'}(\tau) = \frac{1}{2V_s^2}[R_{nc}(\tau) + R_{ns}(\tau)]$$
$$= \frac{1}{V_s^2}R_{nc}(\tau) \tag{6.12}$$

ノイズスペクトル n'の両側スペクトルは

$$S_{n'}(f) = \frac{S_{nc}(f)}{V_s^2} = \frac{S_{ns}(f)}{V_s^2} \tag{6.13}$$

ここで$S_x(f)$は$R_x(\tau)$のフーリエ変換である．両側ベースバンド・スペクトルS_{nc}もしくはS_{ns}をパスバンド・スペクトル$S_n(f)$から求めるために，$S_n(f)$の負の周波数部分を右へ$f_i = \omega_i/2\pi$の大きさだけ移動し，正の周波数部分を左へ同じ大きさ$f_i = \omega_i/2\pi$だけ移動して，平行移動した部分同士を加える．式にすると，

$$S_{nc}(f) = S_{ns}(f) = u(f + f_i)S_n(f + f_i) + u(f_i - f)S_n(f - f_i) \tag{6.14}$$

周波数ドメインの単位ステップ$u(f)$はスペクトル$S_n(f)$の正の周波数部分を選択し，$f < 0$ならば$u(f) = 0$であり，$f \geq 0$ならば$u(f) = 1$である．スペクトルの負の周波数部分は$u(-f)$によって選択される．

片側ならびに両側スペクトル 自己相関関数$R(\tau)$のフーリエ変換としてのスペクトル密度の正式な定義により，正負両方の周波数に対して定義された両側スペクトル$S(f)$が作り出される．理論家は整然とした数学的な性質のために両側スペクトルを好む．しかし，何年にもわたって，電子工学一般の慣例では，そして特にPLLの文献ではその代わりに片側スペクトルが用いられてきている．スペクトルを構成している時間領域の信号もしくはノイズは実数であると仮定すると，片側スペクトルは両側スペクトルに対して次式で関係付けられる．

$$W(f) = 2S(f), \qquad f \geq 0 \tag{6.15}$$

負の周波数は片側スペクトルでは存在しないと見なされる．

背景にある信号もしくはノイズが実数であるならば，スペクトルの片側定義を用いることができるが，これはその場合には両側スペクトルが実数で偶対称だからである．片側スペクトルは複素信号に対しては用いることはできないし，実数信号の場合でもスペクトルの畳み込みやエイリアシングの存在する場合には不便である．それにもかかわらず，過去において信号は殆ど実数であったので，既存のPLLの文献の多くが伝統的に片側スペクトルを用いてきた．本書ではこの伝統に従うことにする．

［表記法：[6.1]のように，ノイズや確率的過程に関する殆どの教科書では$S(f)$が両側スペクトルの記号として使用されている．片側スペクトルに対する表記については同じような合意は存在しない．本書では$W(f)$が使われる．］

［次元：もし背景にある信号やノイズがボルトで測定されているならば，$R(\tau)$の次元は（ボルト）^{2}であり，$S(f)$や$W(f)$の次元はV^2/Hzである．もし$n'(t)$のように背景にある信号やノイ

ズが無次元ならば，$R_{n'}(\tau)$ もまた無次元であり，$S_{n'}(f)$ や $W_{n'}(f)$ の次元は Hz^{-1} である．]

片側ベースバンド・スペクトル $W_{nc}(f) = W_{ns}(f)$ は片側パスバンド・スペクトル $W_n(f)$ から次の関係により得られる．

$$W_{nc}(f) = W_{ns}(f) = [W_n(f_i + f) + W_n(f_i - f)], \qquad f \geq 0 \qquad (6.16)$$

$W_n(f) = N_o \text{V}^2/\text{Hz}$ となる白色ノイズの特殊な場合には，n' のスペクトルは

$$W_{n'}(f) = \frac{2N_o}{V_s^2} \qquad (6.17)$$

等価位相ジッタ 位相検出器のノイズ出力（6.8）は $K_d n'(t)$ である．このような出力はすでに述べたように，加算的なノイズで生じうるし，あるいはまた，$\sin\theta_{ni}(t) = n'(t)$ というように，入力位相妨害 $\theta_{ni}(t)$ によって生じる．もし，$\theta_{ni}(t)$ が十分に小さければ，正弦波的な非線形性は無視することができ，仮想的な入力位相妨害の分散は $E[\theta_{ni}^2] = \sigma_{\theta_{ni}}^2 = \sigma_{n'}^2 = \sigma_n^2/V_s^2$ である．

入力の信号対ノイズ比は $\text{SNR}_i = V_s^2/2\sigma_n^2$ なので，入力位相の分散は $\sigma_{\theta_{ni}}^2 = 1/(2\text{SNR}_i) \text{rad}^2$ によって近似される．これは，大きな信号対ノイズ比の条件下でクリーンな信号とノイズで悪化した信号との間の位相差の測定から期待される位相ジッタである．この関係は後に，位相同期ループの信号対ノイズ比に対する定義を確立するのに用いられる．n' と θ_{ni} の二重性の見地から，n' をラジアンの単位の角度妨害という無次元量であると考えることが有益であることもある．その場合はスペクトル密度 W_n' は rad^2/Hz の単位を持つと考えることができる．

線形化 θ_{ni} を加算的な入力ノイズと等価な位相変調として定義する場合を除き（全体的な展開の中では補足的な問題ではあるが），これまでに得られた結果において如何なる線形化近似もなされていない．時間不変の θ_o の仮定はオープン・ループを意味してきた．もし，ループがクローズドであればノイズは VCO を角度変調し，θ_o をランダムに変動させる．位相検出器は非線形なので，フィードバックされた変動は入力信号とノイズとの和と相互変調する．如何なる単純な解析もこの非線形性で阻止されてしまう．伝達関数による解析を適用するには近似を単純化する必要がある．

最も通常の単純化では，ノイズが十分小さいので位相誤差 $(\theta_i - \theta_o)$ は小さく，PD は線形であるとみなすことができると仮定する．これらの条件下で，相互変調は無視できて，図 6.2 に示されているように，単純な加算的ノイズ $n'(t)$ を与えられた線形化された位相同期ループを考察することができる．この線形化されたループに対しては伝達関数による解析が適用できる．

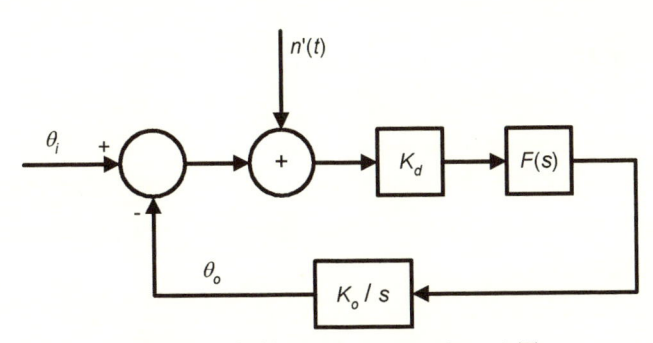

図 6.2 線形化された PLL のブロック図

6.1.2 ノイズ伝達関数

図 6.2 は線形化されたループ内の $n'(t)$ が入力信号の位相 θ_i に直接加算されることを示している. θ_o を θ_i に関係付けるシステム・クローズド・ループ伝達関数 $H(s)$ は第 2 章で導出された. n' は θ_i に加算的なので,重ね合わせの原理により同じ伝達関数が θ_o を $n'(t)$ に関係付ける.VCO の位相の変動のスペクトル密度 $W_{\theta no}$ は n' のスペクトルに対して次式で関係付けられる.

$$W_{\theta no}(f) = W_{n'}(f)|H(f)|^2$$
$$= \frac{1}{V_s^2}[W_n(f_i - f) + W_n(f_i + f)]|H(f)|^2, \qquad f \geq 0 \qquad (6.18)$$

［表記法：記号 $H(f)$ は $H(s)|_{s=j2\pi f}$ の略記版である.純粋主義者は直ちに,この処置は表記法の乱用であり非難すべきであると反対する.それにもかかわらず,この略記法はエンジニアには十分に受け入れられており,便利であり,本書を通じて用いられている.］

VCO の位相の分散は（6.18）の積分であり,

$$\sigma_{\theta no}^2 = \int_0^\infty W_{n'}(f)|H(f)|^2\, df \qquad \text{rad}^2 \qquad (6.19)$$

6.1.3 ノイズ・バンド幅

一般に,（6.19）の積分の値を求めるのは面倒である.しかしながら,白色入力ノイズという重要な特殊な場合はすごく単純になる.もし,関心のある全ての周波数で $W_n(f) = N_o\, \text{V}^2/\text{Hz}$ であるならば,（6.19）は次式に帰着する.

$$\sigma_{\theta no}^2 = \frac{2N_0}{V_s^2}\int_0^\infty |H(f)|^2\, df \qquad \text{rad}^2 \qquad (6.20)$$

（6.20）における積分により,ループのノイズ・バンド幅 B_L は次式のように定義される.

$$B_L = \int_0^\infty |H(f)|^2\, df \qquad \text{Hz} \qquad (6.21)$$

同様な積分が離散時間（ディジタル）PLL に適用できる.

$$2B_L t_s = \frac{1}{2\pi j}\int_{|z|=1} H(z)H(1/z)\frac{dz}{z} = \frac{1}{2\pi}\int_{-\pi}^{\pi} H(e^{j\omega t_s})H(e^{-j\omega t_s})d\omega t_s \qquad (6.22)$$

ノイズ・バンド幅はループが安定な場合に限り意味のある概念である.

（6.21）と（6.22）の積分はいくつかの重要な PLL に対して直接的に値が求められ,ノイズ・バンド幅に対して結果として得られる式が表 6.1 に示されている（表記の定義については第 2 章と第 4 章を参照すること）.K や ω_n のような周波数の次元を持った他のパラメータはラジアン／秒の単位で表示されているという事実に拘わらず,B_L はヘルツの次元を持つことに注意すること.

表ではいくつかの顕著な特徴が明らかにされている.

- ループ・ゲイン K（アナログ PLL）もしくは κ（ディジタル PLL）はノイズ・バンド幅を規定する上で中心的な役割を演じている.
- 単純なラグ・フィルタを 1 次 PLL に付け加えてもノイズ・バンド幅には影響ない.
- 第 3 の極を 2 次タイプ 2 PLL に加えても第 3 の極のパラメータ b の実用的な値（例えば,$b \geq 9$）に対して殆ど効果は無い.
- $\kappa_2 < \kappa \ll 1$ であれば,タイプ 2 ディジタル PLL に対するノイズ・バンド幅の公式は $\kappa(1 + \kappa_2/\kappa)/4t_s$ に近づく.この形は 4.7 節の連続時間近似と合致する.図 6.3 には,この

第6章　加算的ノイズの効果

表の公式で与えられるノイズ・バンド幅の，ループ・ゲインKの関数としての近似に対する比の一例が示されている．実際のノイズ・バンド幅は常にこの近似を超えており，また，大

表6.1 通常のPLLのノイズ・バンド幅

PLLの説明	式[a]	ノイズ・バンド幅B_L(Hz)
タイプ1，次数1	(2.32)	$K/4$
タイプ1，次数2（ラグ・フィルタ）	(2.33)	$K/4$
タイプ2，次数2	(2.16)	$\dfrac{\omega_n}{2}\left(\zeta + \dfrac{1}{4\zeta}\right)$
タイプ2，次数2	(2.19)	$\dfrac{K}{4}\left(1 + \dfrac{1}{K\tau_2}\right) = \dfrac{K}{4}\left(1 + \dfrac{1}{4\zeta^2}\right)$
タイプ2，次数2	(2.14), (2.17)	$\dfrac{K}{4}\left(1 + \dfrac{K_2}{KK_1}\right)$
タイプ2，次数3	(2.39)	$\dfrac{K}{4}\dfrac{1 + 1/K\tau_2}{1 - 1/b}$
タイプ3，次数3	(2.45)	$\dfrac{K}{4}\dfrac{1 + \dfrac{K_2}{KK_1} + \dfrac{K_1K_3}{KK_2^2}}{1 - \dfrac{K_1K_3}{KK_2^2}}$
タイプ3，次数3	(3B.2)	$\dfrac{K}{4}\dfrac{1 + \dfrac{1}{K}\left(\dfrac{1}{\tau_A} + \dfrac{1}{\tau_B} - \dfrac{1}{\tau_A + \tau_B}\right)}{1 - \dfrac{1}{K(\tau_A + \tau_B)}}$
DPLL，タイプ2，$D=1$	(4.17)	$\dfrac{\kappa}{4t_s}\dfrac{1 + \dfrac{\kappa_2}{\kappa} - \dfrac{\kappa_2}{2}(3 - \kappa_2)}{1 - \kappa_2 - \dfrac{\kappa}{4}(2 - \kappa_2 + \kappa_2^2)}$

[a] 各PLLの伝達関数に対する式の番号

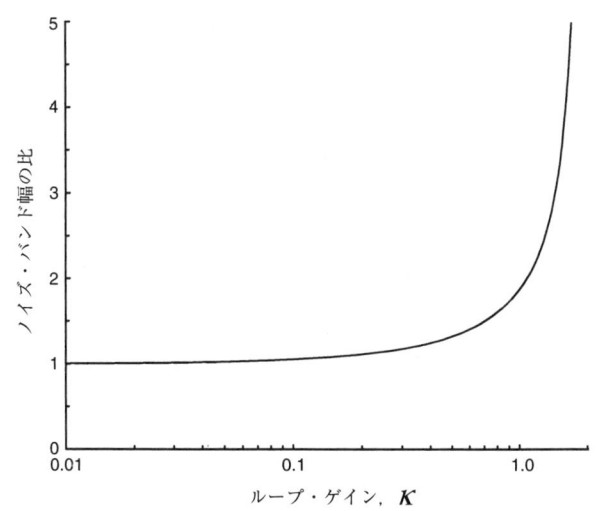

図6.3 表6.1のタイプ2ディジタルPLLのノイズ・バンド幅の，4.7節の連続時間近似に対する比較（$D=1$，$\kappa_2 = \kappa/2$であって$\zeta = 0.707$と等価）

きなκに対しては大幅にこの近似を超えているが，この近似は0.2程度のκに対しては大変妥当である．

6.1.4　PLLにおける信号対ノイズ比

信号対ノイズ比（SNR）は有益な工学的概念であって位相同期ループに対して定義することは役に立つことが多い．入力信号対ノイズ比SNR_iの定義は分かりやすく，単に，位相検出器に与えられた入力信号パワーの入力ノイズパワーに対する比である．それとは対照的に，PLLの内部の「信号」は無く，例えば，通常のトラッキングでは位相検出器の出力はほぼゼロである．また，ループ「ノイズ」は測定が実行されるループ内の位置の関数であって，唯一の定義というものは存在しない．その結果，ループの信号対ノイズ比SNR_Lは自由裁量で定義されなければならず，確固たる物理的な意味の無い仮想的な量である．

本書ではSNR_Lは，位相ジッタの間の類推で，白色ノイズ入力に対して定義される．(6.20)が適用可能であるようにループに与えられる入力ノイズが白色であるならば，VCOの位相分散は次の単純な公式で与えられる．

$$\sigma_{\theta no}^2 = \frac{2N_0 B_L}{V_s^2} = \frac{W_0 B_L}{P_s} \quad \text{rad}^2 \tag{6.23}$$

ここで，P_sはワットを単位とする入力信号パワーであり，W_0はW/Hzを単位とする入力ノイズパワースペクトル密度である．

大きなSNR_iに対する入力位相ジッタは前述のように次式であると決定された．

$$\sigma_{\theta ni}^2 = \frac{1}{2SNR_i} \quad \text{rad}^2 \tag{6.24}$$

類推により，SNR_Lを次式で定義する．

$$\sigma_{\theta no}^2 = \frac{1}{2SNR_L} \quad \text{rad}^2 \tag{6.25}$$

入力の加算的白色ノイズに起因するVCO位相ジッタの定義として (6.23) を用いると，次式が得られる．

$$SNR_L = \frac{P_s}{2B_L W_0} = \frac{V_s^2/2}{2B_L N_0} \tag{6.26}$$

式 (6.26) は，大きい場合も小さい場合も含めて，全てのSNR_Lの値に対する，ループの信号対ノイズ比の自由裁量の定義と見なされる．しかしながら，(6.23) と (6.24) は (6.26) を生成するのに用いられたが，これらは，大きなSNR_Lに対してのみ有効である．（小さなSNR_Lにおける）非線形動作は章の後の方で考察される．[**注釈**：ループの信号対ノイズ比のもう一つの通常の定義は$P_s/W_0 B_L$であり，それと (6.26) は等しく有効であり等しく任意である．フェーズロックの文献を読む場合には著者がどちらの定義を使っているのか確かめるよう注意する必要がある．]

その自由裁量の定義にもかかわらず，SNR_Lには有益な概念的意味を与えることができる．PLLは受信信号に対してバンドパス・フィルタとして機能すると考えよう．そのフィルタは信号の周波数に中心を置き，全等価入力バンド幅$2B_L$に対して中心の各々の側にノイズ・バンド幅B_Lを有する．こうして，スペクトル密度W_0の白色ノイズに対して，ループに入る全ノイズ・パ

ワーは $2B_LW_0$ ワットである．このノイズ・パワーの値に対する信号パワーの比は SNR_L の定義 (6.26) である．

本書における全てのバンド幅のように，B_L は片側バンド幅である．$2B_L$ をループの両サイドバンド・ノイズ・バンド幅と呼ぶのは理にかなっており，適切ではあるが，$2B_L$ は片側である．$2B_L$ を両側ノイズ・バンド幅と記述するという，通常あることではあるが悩ましい慣例は間違いであり，片側ノイズ・スペクトルと関連している場合は特にそうである．

6.1.5 最 適 性

加算的な白色ノイズに起因する PLL 内の位相分散に対する式 (6.23) は Cramér-Rao の下限 (CRB) に等しいことを示すことができる．同一の信号，ノイズ，バンド幅を与えられた，いかなる不偏位相推定器でも分散をこれ以上小さくすることはできない．CRB に関するこれ以上の情報については，[6.22] を参照すること．線形動作する PLL の分散は CRB を満たすが PLL 性能は，非線形動作に追い込まれると，悪化する．

6.2 非線形動作

線形近似により，適度に大きな SNR_L での PLL の解析に十分な少数の簡単な式，(6.19) ないし (6.26) が導かれる．その近似は，今日の PLL の応用の大部分に対して満足のいくものである．しかしながら，低い SNR_L での性能が重要な（遠距離の宇宙飛行のための狭帯域フェーズロック受信機のような）いくつかの応用が残っている．低い SNR_L では線形近似は不十分であり，非線形的な方法が必要である．

低い SNR_L での非線形 PLL の解析は簡単とは程遠い．この問題は我々の職業での最も優れた頭脳の幾人かによって数学的な名人芸を発揮して取り組まれ，目を見張らせた（参考文献参照のこと）．残念ながら，最も簡単な PLL 回路や信号形式しか非線形解析になじまず，多くの現実的な状況で，エンジニアは依然として時間のかかるシミュレーションや既知の結果の証明されていない経験的な外挿に頼らざるを得ない．この節では，非線形問題の簡潔な要約を示すが，文献のほうがずっと広範である．

6.2.1 観測される振る舞い

PLL の動作が研究室で観測される際に，SNR_L が約 4dB 以下に減少すると VCO の位相ジッタは，(6.23) と (6.25) で予測されるよりも多く観測される（図 6.4 において曲線 a を参照すること）．この食い違いは，何ら驚きに値しないがこれは，線形解析がループ内の位相誤差は小さいという仮定に根拠を置いていたが，低い SNR_L では実際の誤差は小さくないからである．線形解析は，その根拠になっている仮定が守られないと，成立しない．

低い SNR_L では別の現象が現れる．すなわち，発振器の位相が信号に関して 1 サイクル以上スリップすることが時々ある．実効的に，大きなノイズ事象によって，ループが一時的にロックから外れ，トラッキングが最初の条件から n サイクル（$n = \pm1, \pm2,$ など）離れて平衡状態に戻る．スリップの周波数は SNR_L の非常に急峻な関数であり，図 6.5 に示したようになる．サイクルのスリップは，ドップラー速度の測定やディジタル・クロック・タイミングの再生のように，あら

ゆるサイクルが重要である動作にとっては特に破壊的である．スリップはフェーズロックFM復調器の理解にとっても重要である（第16章）．

もし SNR_L が十分に小さくなると第3の現象が現れる．すなわち，ループはロックが外れて，そのままになる．VCOの制御が失われ，その周波数は信号の周波数から外れてさまよう．2つの現象が同じ名前のもとで一塊にされることが多かったが，ロック外れはサイクル・スリップの繰り返しとは定性的に異なる．ループ部品に対して極端に注意を払っても外れるポイントが1-2dB下に延長できるかもしれないが，ロック外れの SNR_L は通常は0dBの近傍にある．観測者の受ける印象は，低い SNR_L でのループは（繰り返されるサイクル・スリップのために）ふらつき，ロックが完全に失われたときに結局はあらゆるものが崩壊するように見えるということである．SNR_L を著しく（約3～6dBまで）上げなければ，ロックの再捕捉は脱落後には殆ど不可能である．

ロック外れの現象の経験からPLLのノイズ閾値という概念が導かれた．すなわち，もし SNR_L が「閾値」レベルより下であるならばループはロックが外れる．後になって次第に，良くできているループでは解析的な閾値以下でロックを保持することができることが明らかになり，それにより予測された閾値は解析における近似の特徴であって物理的なPLLの特徴ではないということが認識された．

今日受け入れられている非線形解析はノイズ閾値を明らかにはしない（次節参照）．現在の意見で支持されているのは，ループの部品，特に位相検出器の不完全性から生じる小さなバイア

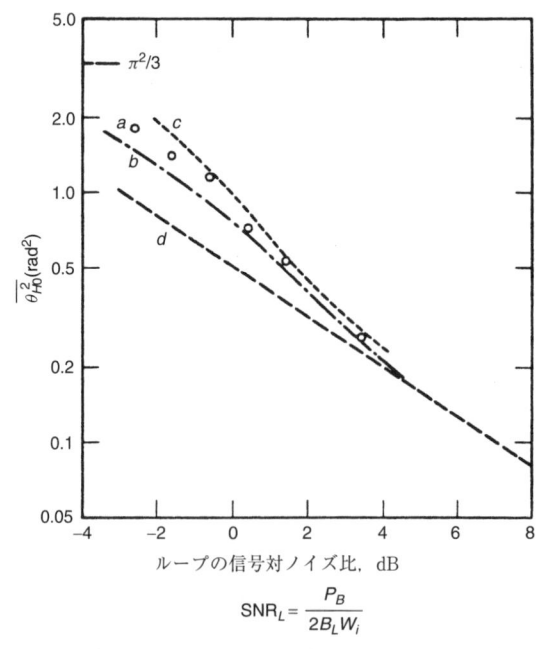

図 6.4 位相誤差分散．$(a)\zeta = 0.707$ の2次タイプ2 PLLの実験データ [6.4]．低い SNR_L での性能が重要な（遠距離の宇宙飛行のための狭帯域フェーズロック受信機のような）いくつかの応用が残っている．低い SNR_L では線形近似は不十分であり非線形的な方法が必要である．(b)1次PLLに対する正確な非線形解析 [6.2]．(c)タイプ2 PLL，$\zeta = 0.707$ に対する近似的な非線形解析 [6.3, 6.8]．(d)線形近似，(6.25)．

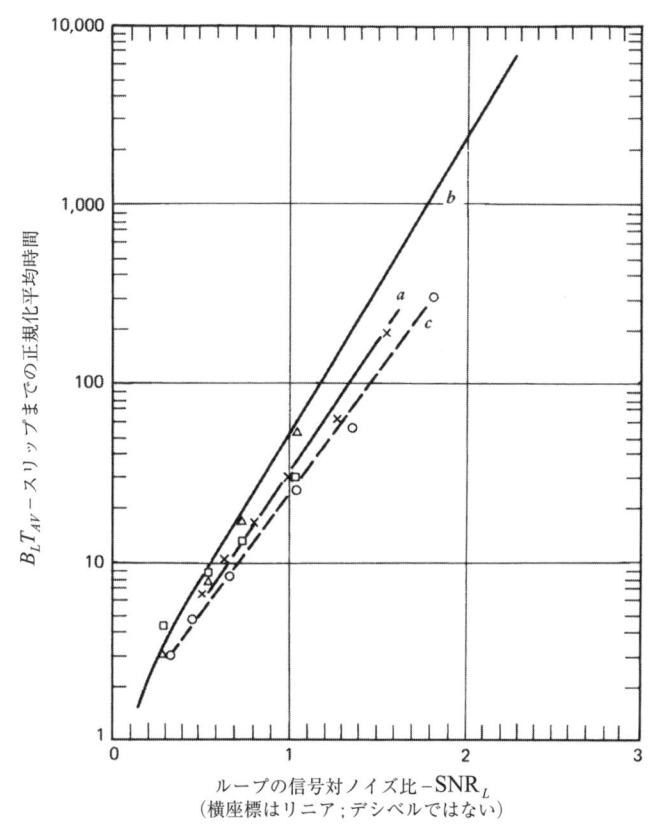

図 6.5 最初のスリップまでの平均時間. $(a)\zeta = 0.707$ の 2 次タイプ 2 PLL に対する実験データ[6.4], x 印. (b) 1 次 PLL に対する正確な結果, 式(6.30). $(c)\zeta = 0.707$ の 2 次タイプ 2 PLL に対するシミュレーション結果[6.10], 丸印. $(d)\zeta = 1.4$ の 2 次タイプ 2 PLL に対するシミュレーション結果[6.9], 三角印. $(e)\zeta = 0.35$ の 2 次タイプ 2PLL に対するシミュレーション結果 [6.9], 四角印.

ス,ドリフト,DC オフセットと,ノイズ起因の位相ジッタとの間の複雑な非線形相互作用からロック外れが生じるということである(第 10 章参照).その不完全性は回路特有であり,通常は,回路が作られた後でも予見不能である.一般的には,ロック外れは解析が非常に困難であり,いかなる解析も適用が困難であろう.

　解析的な困難は別として,この観点ではロック外れを製造技術的な問題と見なし,PLL 自体に固有であるとは見なさない.もし,その観点が正しければ,ロック外れは原理的にはループの部品の改良によって低い信号対ノイズ比に押しやることができる.それにもかかわらず,ロック外れの SNR_L の測定は,たとえ,その情報が他の PLL の実装との比較においてしか評価できず,その比較のための理論的な境界が存在しないにせよ,PLL の実装の品質の貴重な目安を提供する.これとは対照的に,この後で説明される解析では,少なくとも解析が当てはまる単純な PLL に対しては,サイクル・スリップ特性が大変良く予測されている.さらに,サイクル・スリップの予測は理想ループに対するものなので,ループの部品を改良しても何の救いにもならない.

6.2.2 位相誤差の非線形解析

線形システムにおいては，ガウス分布入力がガウス分布出力を生じさせる．従って，ループの線形動作やガウス分布入力ノイズという初期の仮定では，VCO の位相ジッタはガウス分布であるということを意味している．ガウス分布のプロセスは，自己相関関数によって，あるいは，これと等価であるが (6.18) で導出された，そのスペクトル密度によって完全に定義される．分散はいずれか一方から直ちに得られる．ガウス分布の刺激に対する非線形システムの応答は一般に非ガウス分布であり，2次の統計ではプロセスは完全には定義されない．PLL の非線形解析は，位相誤差の非ガウス分布の確率密度関数（pdf）の導出，pdf からの位相分散の計算，ならびにサイクル・スリップの統計の研究に関係してきた．

伝達関数の解析的な単純性は非線形システムでは失われる．非線形システムの解析はずっと困難であり，線形解析よりももっと高度な数学的な洗練が要求される．ここでの取り扱いでは，様々な非線形解析の結果の要約が示されるが，その取り扱いは殆どの工学的な目的に対しては十分以上である．（実際，線形解析は大部分の工学的設計問題に対して十分である．）参考文献を，詳細な数学に関心のある人のために用意してある．

6.2.3 確率密度と分散

ビタビによる草分け的な正確な1次ループの解析 [6.2, 6.21] により，非線形動作を理解するための多くの洞察と多くの有益なツールが与えられた．第一に，サイクル・スリップにより位相誤差 $\theta_e = (\theta_i - \theta_o)$ が増加する量となり究極的に限界が無くなるということを認識しなければならない．すなわち，サイクル・スリップの存在下で位相誤差はステーショナリでなく，従って，ステーショナリな解析という良く研磨されたツールを直接当てはめることはできない．この問題を回避するために，ビタビは新しい位相変数を次式のように定義したので

$$\phi = (\theta_i - \theta_o) \quad \text{mod-}2\pi \quad \text{rad} \tag{6.27}$$

$(\theta_i - \theta_o)$ は $-\infty$ から $+\infty$ までの任意の値を取ることができるが，(6.27) の mod-2π 表記は $\theta_i - \theta_o = \phi + 2n\pi$ を意味しているので ϕ の値は有界である．ただし，n は ϕ が $[-\pi, \pi)$ の区間にあるように選ばれるものとする．

ϕ のこの定義は，正弦波の全てのサイクルは同じように見えて，互いにすぐには区別することができないということを意味している．サイクル・スリップはこの定義では無視されており，別に取り扱う必要がある．大抵の実験室の計器はモジュロ 2π で動作し，従って $(\theta_i - \theta_o)$ よりもむしろ ϕ を出力し，この考えは最初の奇妙な印象にも拘らず通常の慣例に良く一致している．

ϕ は（如何なる過渡現象も終息した後に，定常状態では）静止的であることになり，これにより，ステーショナリ統計の適用が可能となる．ϕ の確率密度関数を $p(\phi)$ と表記すると，これは，フォッカー－プランク方程式として知られる非線形の確率論的な偏微分方程式の定常解であることが分かる．詳細を省略すると [6.2]，pdf はティコノフ（Tikhonov）密度となる．

$$p(\phi) = \frac{\exp(\rho \cos \phi)}{2\pi I_0(\rho)}, \quad |\phi| \leq \pi \tag{6.28}$$

ここで，$\rho = 2\text{SNR}_L$ であり，$I_0(\rho)$ は第1種，ゼロ次の修正ベッセル関数である．[**コメント**：式 (6.28) はスタティック位相誤差 $E[\phi]$ がゼロである場合に限り有効である．スタティック位

相誤差の説明に関しては第5章参照のこと．もしスタティック位相誤差（ループ・ストレス）がゼロでない場合には［6.3，第9章］参照のこと．］密度（6.28）は大きなSNR_Lに対してガウス分布に近づき，それにより線形解析と一致する．非常に小さなSNR_Lでは，$p(\phi)$は$(-\pi, \pi]$で一様な密度に近づくが，これはランダム・ノイズの位相に特有である．

位相誤差の分散は次式の数値的な見積もりによって求めることができる．

$$\sigma_\phi^2 = \int_{-\pi}^{\pi} \phi^2 p(\phi) d\phi \quad \text{rad}^2 \tag{6.29}$$

その結果，すなわち，モジュロ-2πに縮小された位相分散が図6.4の曲線 b に描かれている．正確な分散は大きなSNR_Lに対する線形解析と一致し，極めて小さなSNR_Lに対しては$\pi^2/3 \text{ rad}^2$に接近する．［$(-\pi, \pi)$で一様に分布するランダム変数の分散は$\pi^2/3$である．］

6.2.4 サイクル・スリップ

分散の知識は有益であるが，その計算の中でサイクル・スリップが無視されるのでそれ自体不十分である．サイクル・スリップの統計は低いSNR_LでのPLL動作の重要な属性であって，位相分散よりさらに一層重要である．フォッカー・プランク方程式に対する操作により，ビタビ（Viterbi）[6.2]はサイクル・スリップ間の平均時間T_{AV}に対する式を導出した．位相誤差ゼロの初期条件から，T_{AV}はループ位相誤差が最初に$\pm 2\pi$に達するのに必要な平均時間である．もし，スリップが主として単独で分離した事象であるならば，サイクル・スリップの周波数は$1/T_{AV}$である．もし，スリップが，タイプ2以上のループで生じるように，クラスター（群）で発生するならば，T_{AV}とスリップ・レートは単純には関係付けられない．

スタティック位相誤差ゼロの1次ループに対しては，

$$T_{AV} = \frac{\pi^2 \rho I_0^2(\rho)}{2B_L} \quad \text{sec} \tag{6.30}$$

これは，大きなρに対しては次式で近似される．

$$T_{AV} \approx \frac{\pi}{4B_L} \exp(2\rho) \quad \text{sec} \tag{6.31}$$

(6.30)によりT_{AV}の図は，図6.5で曲線 b として示されており，直線性により，(6.31)は全ての現実的なSNR_Lに対して容認できる．更に，スリップ間の時間は指数関数的に分布しており，ループが誤差ゼロから始めて，T 秒間スリップしない確率は

$$P(t) = \exp(-T/T_{AV}) \tag{6.32}$$

この分布は，1次および2次のループに対するコンピュータ・シミュレーションや研究室での測定で十分に立証されている．

ビタビの結果は，正弦波位相検出器，スタティック位相誤差ゼロ，加算的な白色ガウス分布ノイズを有する1次のループに正確に当てはまる．$F(s) = (s\tau + 1)^{-1}$の形の単純なラグ・フィルタがループに挿入されるならば［6.4，6.5］，スタティック位相誤差がゼロであると仮定して，一次のpdf (6.28) と分散もまた，修正無しに当てはまる．

6.2.5 実験とシミュレーションの結果

フォッカー-プランクの方程式はタイプ2 PLLに対して書くことができるが，正確な閉じた形での解が得られていない．2次タイプ2 PLLは技術的に最も重要な構成であり，従って，低い

SNR_Lに対するその統計を決定する強い動機が存在する．$p(\phi)$，σ_ϕ^2ならびにスリップの統計に対する実験的な測定がCharlesとLindseyにより[6.4]に報告された．彼らの測定した分散は図6.4の実験結果の点（曲線a）で示されており，サイクル・スリップの結果が図6.5の曲線aに示されている．3個の重要な結論が引き出せる．

1. 1次ループの正確な非線形解析によって得られる位相分散は，0dBを超えるSNR_L，言い換えると，任意の有益な値のSNR_Lに対して同じノイズ・バンド幅のタイプ2ループの分散の測定値とよく一致している．
2. もし，SNR_Lが5〜6dBを超える場合には，近似的な線形解析により，良い精度の分散が得られる．
3. 最初のスリップまでの平均時間は，特にダンピング・ファクタの小さめの値に対しては1次のPLLよりもタイプ2PLLの方が短い．

MeyrとAscheid[6.6,第6章]，[6.7]は2次タイプ2PLLにおけるサイクル・スリップの集中的なシミュレーションによる研究を実行した．彼らは，ダンピング・ファクタが$\zeta \approx 0.9$より小さいならば，スリップが長びくバースト状態で発生しやすく，ダンピングが0.9を超えるとスリップは孤立化されやすいということを見出した．彼らの研究結果は以前の著者たちのものを確証するものであるが[6.3, 6.8-6.13]，AscheidとMeyrは物理的な説明を観測された振る舞いに対して与え，これは従来欠けていた説明である．要するに，スリップの発生により，ループ・フィルタの積分器に蓄えられた電圧の妨害が引き起こされる．その蓄積された電圧により，VCOの平均周波数が制御される．蓄積された電圧の誤差がPLLのスリップの振る舞いを一層悪化させるので，フィードバックが積分器に蓄えられた電圧を修正するまで，スリップは反復する傾向がある．ダンピングが小さくなることは，ループ・フィルタの積分経路のゲインが大きくなることを意味し，その結果，積分器のノイズ妨害に対する感受性が大きくなることを意味する．サイクル・スリップが生じる見込みに直面した設計者に対する教訓は，広く宣伝され初期の文献で大いに注目を集めた$\zeta = 0.707$よりも幾分大きめのダンピング（例えば$\zeta = 1$以上）を用いることである．

6.2.6 近似的解析

タイプ2PLLの現実的な重要性のために，非常に多数の近似的解析が考案されてきた[6.3-6.5, 6.8, 6.14-6.16]．これらの解析は巧妙な仮定や英雄的な数学を伴うのが一般的である．いくつかの方法の中で，[6.3]と[6.8]はフォッカー–プランク方程式で始まり，従って，位相分散と同様にpdfやスリップ統計に対しても近似を与える．それらは，図表や公式の形でかなり詳細まで与えている．それらの分散の予測は図6.4の曲線cとして示されている．その近似は，やや悲観的ではあるが，明らかに測定結果に非常に近い．同様な一致は測定されたpdfを予測値と比較した場合にも見られる．

[6.3]と[6.8]の解析により，位相分散はダンピング・ファクタζに対する弱い逆数の依存性を持つことが予測される．すなわち，同じループ・バンド幅B_Lと同じSNR_Lとを仮定すると，小さなダンピングに対してジッタがやや悪化する．この予測はシミュレーション結果[6.17]によって支持されている．しかしながら，もしSNR_Lが1を超えると（有益なループでは，そうでなければならないが）軽いダンピング（$\zeta = 0.35$）と1次ループ（$\zeta = \infty$）の間の分散の広がり

は小さくて殆どの目的に対して無視することができる．

　幾人かの研究者は2次タイプ2PLLにおけるサイクル・スリップをコンピュータ・シミュレーションにより，また研究室における物理的なループの測定により研究してきた．彼らの出版された研究結果の要約は図6.5に示されている．ダンピングが小さいとスリップが悪化するのは明らかである．1次ループは無限大のダンピングを持ち，従って，最初のスリップまでの時間T_{AV}は，同じノイズ・バンド幅のいかなるタイプ2ループよりも大きい．（実験的な曲線は測定サンプル数が有限であることによる統計的な変動や「スリップ」の意味のその場限りの再定義の影響を被る [6.9]．そのデータを用いるには注意が必要である）．

　2次タイプ2PLLに対するT_{AV}の予測が，Lindsey [6.3], Lindsey と Simon [6.8] ならびに Tausworthe [6.10, 6.11] によって（大変な努力で）開発された公式によって与えられているが，これらの予測は実験にかなり近い．その公式は面倒であり，またその導出には必然的に近似が伴うので，現役のエンジニアであれば通常，図6.5の曲線の方がスリップの振る舞いに対する，より便利なガイドであることが分かるであろう．

　図6.5のデータ点を注意してみると，それらを対数縦座標でプロットした時に直線にかなりよく合致することが示されている．これは，T_{AV}が近似的にSNR_Lに対して指数関数的に依存していることを意味している．図の曲線bとcは探求された全ての構成を網羅する限界を表している．曲線bは1次ループの正確な結果であり，(6.30) と (6.31) により記述される．曲線cはダンピングを0.707とするタイプ2PLLのシミュレーションによるものであり，そのレベルはいささか悲観的と考えられる．cの点は経験的な次の関係式（スタティック位相誤差がゼロの場合にのみ有効）と良く一致している．

$$B_L T_{AV} = \exp(\pi \cdot SNR_L) \qquad (6.33)$$

　(6.31) と (6.33) をT_{AV}の上限と下限として用いることは理にかなっているように見える．いくつかの数に関心がある．$SNR_L = 1 (0dB)$で$B_L = 20Hz$とすると，それから (6.33) により$T_{AV} = 1.16\,\text{sec}$と予測されるが，これは実際非常に貧弱な性能である．(6.31) を用いると$T_{AV} = 2.1\,\text{sec}$と予測されるが，これもまた大変貧弱である．こんどは，T_{AV}に対する下限が$2.2 \times 10^{12}\,\text{sec}$つまり，約70,000年（実験的な検証無しに，指数関数的な関係が大きなSNRに対して外挿できると仮定して）と予測される$SNR_L = 10$を考えよう．Meyr と Ascheid [6.6, Pt.4] による有名なもっと後の非線形解析が上級の学生に対して薦められる．

6.2.7　種々の特徴

ループ・ストレスの効果　前述の結果は，定常的な位相誤差や角度変調に起因するような他の如何なる位相誤差によってもストレスを加えられていないループに対して示されてきた．

　第5章では，このような位相誤差の起源やそれをどうすれば削減できるかについて論じている．スタティック位相誤差の存在により（すなわち，$E[\phi] \neq 0$），位相分散が増加し，また，ノイズの存在により，如何なるスタティック位相誤差もノイズ無しレベルよりは増加する．魅力的な物理的な洞察がBlanchardの近似的な解析により与えられる[6.18]．他の解析は[6.3]と[6.8]に与えられている．容易に想像されるように，位相誤差の存在により，サイクル・スリップの傾向は増加する．スタティック位相誤差のスリップに対する効果は [6.3], [6.8-6.13], ならびに [6.23] で詳述される．

PD s-曲線の効果　上記の全ての結果は，周期2πの連続的な正弦波である位相検出器s曲線に対してのみ当てはまる．他の形状のs曲線を有する位相検出器が実装されることが多く，図5.13にいくつかの例が現れ，他の例が第10章に現れる．Chie[6.19]はs曲線の形状のスリップ統計に対する影響を解析した．トラッキング点（すなわち，もしループ・ストレスが存在しないならばs曲線のゼロ・クロッシング）からサイクル・スリップ境界までのs曲線の下の積分された面積が重要な性質であることを彼は見出した．T_{AV}はその面積の増加関数である．彼の論文はいくつかの通常のs曲線に対する便利な要約した式を提供している．ループ・ストレスの効果も含まれている．非正弦波s曲線は，位相検出器の入力SNRが小さくなると，正弦波に向かって悪化していくと，Chieは注意している．s曲線の形状の悪化は更に第10章で追求する．

狭帯域ノイズ　前述の非線形解析，シミュレーション，ならびに測定の全ては白色ノイズにだけ当てはまる．現実的には，「白色」は，入力ノイズのバンド幅はPLLのノイズ・バンド幅$2B_L$に比べて大きいということを意味している．フォッカー–プランクのアプローチは狭帯域ノイズの解析に適用できない．結果として，狭帯域のノイズ入力に対するサイクル・スリップを予測することは一般的には可能ではない．Hess[6.20]は1次のループが帯域を制限されたノイズにさらされた際のサイクル・スリップの近似的な解析を考案した．彼の公式は研究室のPLLのサイクル・スリップの測定で立証されている．

ノイズpdf　前述の全てで，PLLに対してガウス分布ノイズが印加されていると仮定してきたが，異なるノイズ統計には修正された解析が必要である．リミッターが位相検出器の前段で用いられてノイズ統計を明らかに非ガウス分布にしていることが多い．ループ動作の非線形領域でのリミッター効果の議論は［6.8］と［6.20］に見出すことができる．線形領域でのリミッターの効果は第10章で調べる．

高次PLL　最後に，非線形動作で知られている情報は1次と2次のループに限定されており，高次ループに関しては殆ど何も公表されていない．3次タイプ3ループは実用的な重要性を持っているので，このデータの欠如は十分理解された設計とするのに障害となる．現在の唯一の手段は，3次ループは，ノイズ・バンド幅が同じである2次のループと全く同じように振る舞うと仮定することである．

参 考 文 献

6.1　W. B. Davenport and W. L. Root, *Random Signals and Noise*, McGraw-Hill, New York, 1958.

6.2　A. J. Viterbi, *Principles of Coherent Communications*, McGraw-Hill, New York, 1966, Part 1.

6.3　W. C. Lindsey, *Synchronization Systems in Communication and Control*, Prentice Hall, Englewood Cliffs, NJ, 1972.

6.4　F. J. Charles and W. C. Lindsey, "Some Analytical and Experimental Phaselocked Loop Results for Low Signal-to-Noise Ratios," *Proc. IEEE* **54**, 1152–1166, Sept. 1966.

6.5　A. Blanchard, *Phase Locked Loops*, Wiley, New York, 1976, Chap. 12.

6.6 H. Meyr and G. Ascheid, *Synchronization in Digital Communications*, Wiley, New York, 1990.

6.7 G. Ascheid and H. Meyr, "Cycle-Slips in Phase-Locked Loops: A Tutorial Survey," *IEEE Trans. Commun.* **COM-30**, 2228–2241, Oct. 1982.

6.8 W. C. Lindsey and M. K. Simon, *Telecommunication Systems Engineering*, Prentice Hall, Englewood Cliffs, NJ, 1973, Chap. 2.

6.9 R. W. Sanneman and J. R. Rowbotham, "Unlock Characteristics of the Optimum Type II Phase-Locked Loop," *IEEE Trans. Aerosp. Navig. Electron.* **ANE-11**, 15–24, Mar. 1964.

6.10 R. C. Tausworthe, "Cycle Slipping in Phase-Locked Loops," *IEEE Trans. Commun.* **COM-15**, 417–421, June 1967.

6.11 R. C. Tausworthe, "Simplified Formula for Mean Cycle-Slip Time of Phase-Locked Loops with Steady-State Phase Error," *IEEE Trans. Commun.* **COM-20**, 331–337, June 1972.

6.12 E. A. Bozzoni, G. Marchetti, U. Mengali, and F. Russo, "An Extension of Viterbi's Analysis of Cycle Slipping in a First-Order Phase-Locked Loop," *IEEE Trans. Aerosp. Electron. Syst.* **AES-6**, 484–490, July 1970.

6.13 J. K. Holmes, "First Slip Times Versus Static Phase Error Offset for the First- and Passive Second-Order Phase-Locked Loop," *IEEE Trans. Commun.* **COM-19**, 234, Apr. 1971.

6.14 H. L. Van Trees, "Functional Techniques for the Analysis of the Nonlinear Behavior of Phase-Locked Loops," *Proc. IEEE* **52**, 894–911, Aug. 1964.

6.15 J. K. Holmes, "On a Solution to the Second-Order Phase-Locked Loop," *IEEE Trans. Commun.* **COM-18**, 119–126, Apr. 1970.

6.16 H. Meyr, "Nonlinear Analysis of Correlative Tracking Systems Using Renewal Process Theory," *IEEE Trans. Commun.* **COM-23**, 192–203, Feb. 1975.

6.17 J. R. Rowbotham and R. W. Sanneman, "Random Characteristics of the Type II Phase-Locked Loop," *IEEE Trans. Aerosp. Electron. Syst.* **AES-3**, 604–612, July 1967.

6.18 A. Blanchard, "Phase-Locked Loop Behavior near Threshold," *IEEE Trans. Aerosp. Electron. Syst.* **AES-12**, 628–638, Sept. 1976; corrections: **AES-12**, 823, Nov. 1976.

6.19 C. M. Chie, "New Results on Mean Time-to-First-Slip for a First-Order Loop," *IEEE Trans. Commun.* **COM-33**, 897–903, Sept. 1985.

6.20 D. T. Hess, "Cycle-Slipping in a First-Order Phase-Locked Loop," *IEEE Trans. Commun.* **COM-16**, 255–260, Apr. 1968.

6.21 A. J. Viterbi, "Phase-Locked Loop Dynamics in the Presence of Noise by Fokker–Planck Techniques," *Proc. IEEE* **51**, 1737–1753, Dec. 1963.

6.22 U. Mengali and A. N. D'Andrea, *Synchronization Techniques for Digital Receivers*, Plenum Press, New York, 1997, Secs. 2.4 and 5.3.6.

6.23 W. C. Lindsey and M. K. Simon, "The Effect of Loop Stress on the Performance of Phase-Coherent Communication Systems," *IEEE Trans. Commun.* **COM-18**, 569–588, Oct. 1970.

第7章 位相ノイズの効果

第6章では加算的なステーショナリなガウシャン・ノイズの効果を取り扱い，一定の（白色）スペクトルを持ったノイズに主として専念した．加算的ノイズは遠隔宇宙通信リンクに用いられるような高感度フェーズロック受信機の主要な関心事である．たとえ，最も単純な構成のPLL以外でノイズレベルが高いと，個々の数学的問題が，抗しがたいものになるとしても，加算的ノイズの中でのPLLの振る舞いには，確固たる理論的な基礎がある．

位相ノイズは，フェーズロック周波数シンセサイザやトランスミッターとレシーバの局部発振器において最大の関心事として浮上してきた．この章では，位相ノイズの効果のいくつかを論じ，これ以上に関しては第9章と第15章で与えられる．第6章の加算的なノイズとは違って，位相ノイズは掛け算的で，非ステーショナリであり，そのスペクトルは白色ではない．位相ノイズの確率密度分布は解答の用意されていない問題のようであり，夥しい数の文献がガウス分布を仮定しているが，位相ノイズのいくつかの成分に対しては確固たる根拠は無い．最も驚くべきことに，位相ノイズの数学的な解析は確固たる理論的基礎に基づいておらず，この章の1つの目標は，異常な分野を認識してそれに対するガイドを提案することである．位相ノイズは理論的研究に対してまだ答えの無い課題なのである．この主題に対する，初期の背景になっている記事や広範な参考文献は[7.1]に見出すことができる．

第6章ではPLL内の加算的なノイズの効果は小さなノイズ・バンド幅を用いることによって削減されることが示された．この章の解析で，PLL内の位相ノイズの悪影響は大きなバンド幅を用いることによって減少するということが立証される．設計者が2種類のノイズの間でトレード・オフして，全位相ジッタを最小化する折衷的なバンド幅を決める．

7.1 位相ノイズの性質

この節では位相ノイズの初歩的な性質を紹介する．

7.1.1 発振器モデル

良い設計のシステムでの位相ノイズの主要な原因はシステム発振器による．これは，他のハードウェア要素が位相ノイズに何の重要な寄与も無いということではなく，発振器が特殊な性質を持っているということである．出力電圧$v_o(t)$が正弦波の波形を持ち，名目上の発振周波数がf_oヘルツである一般的な発振器を考えよう．

$$v_o(t) = [A + a(t)]\cos[2\pi f_o t + \phi(t)] \qquad (7.1)$$

ここでAは発振器出力の平均振幅であり，$a(t)$は平均値ゼロの振幅ノイズであり，$\phi(t)$は名目上の発振周波数f_oと位相$2\pi f_o t$からの全ての位相と周波数の逸脱を含んでいる．位相の妨害$\phi(t)$（単位はラジアン）には，ランダムな平均値ゼロの位相ノイズ，位相初期値，ならびに周波数オフセットとドリフトの集積された効果が含まれる．

7.1.2 振幅ノイズの無視

位相ノイズの標準的な解析では振幅ノイズ$a(t)$は無視される．発振器には振幅の変動を大幅に抑制する振幅制御メカニズムが含まれている．また，位相変動を累積する本質的なメカニズムも含まれている［7.2, 7.3］．その結果，殆どの状況において位相ノイズの効果は振幅ノイズの効果の影を著しく薄くしている．振幅ノイズは本書では無視する．

7.1.3 分　　散

振幅ノイズが無い場合は，発振器出力$v_o(t)$の分散は，$\phi(t)$において考えうるいかなる変動や他の妨害にかかわらず単純に$A^2/2$である．すなわち，分散は有界，ステーショナリ（静止的）で，よい振る舞いである．その性質の御しやすさをここで指摘して，これから明らかになる$\phi(t)$の手に負えない性質と対比する．

7.1.4 非　静　止　性

$v_o(t)$の自己相関関数を考えよう．というよりもむしろ，関係ない数学的混乱を避けるために，$v_o(t)$の代わりに複素信号$z_o(t)$を扱う．

$$z_o(t) = A\exp[j(2\pi f_o t + \phi(t))] \qquad (7.2)$$

その自己相関関数は

$$E[z_o(t_1)z_o^*(t_2)] = A^2 \exp[j2\pi f_o(t_1-t_2)]E\{\exp[j(\phi(t_1)-\phi(t_2))]\} \qquad (7.3)$$

この期待値は，位相過程中$\phi(t)$の１次増分$\phi(t_1)-\phi(t_2)$がステーショナリである場合に限り広い意味でステーショナリであり，さもなければ非ステーショナリである．［過程の自己相関関数が時間差(t_1-t_2)にのみ依存し，他のいかなる時間の関数にも依存しないならば，その過程は広い意味でステーショナリである．］例えば，$\phi(t) = \Lambda t^2/2$であるようにΛ rad/sec^{2}のレートでドリフトする発振器周波数を考えよう．Λは，未知で関連性のない確率分布のランダム変数と見なす．また，それ以外では位相妨害は無いと仮定する．その場合，(7.3)の自己相関関数は次式のようになる．

$$E[z_o(t_1)z_o^*(t_2)] = A^2\exp[j2\pi f_o(t_1-t_2)]E\{\exp[j\Lambda(t_1-t_2)(t_1+t_2)]\} \qquad (7.4)$$

これはt_1-t_2だけでなく，t_1+t_2にも依存している．従って，周波数ドリフトのある発振器の自己相関関数はステーショナリではない．

なぜ，ステーショナリであることが注意を引くに十分なほど重要であるのだろうか？　信号のスペクトルは信号の性質を理解するのに極めて重要なツールとして，実用的な重要性が高い．スペクトル密度は自己相関関数のフーリエ変換として正式には定義され，また，１次元フーリエ変換はステーショナリな自己相関関数に対してのみ定義されるので，スペクトル密度の標準的な定義は，自己相関関数がステーショナリな場合にのみ意味を持つ．

第7章 位相ノイズの効果　　　　　　　　　125

待てよ，全ての発振器はドリフトするではないかと読者は言うだろう．しかし，発振器のスペクトルは毎日研究室でスペクトラム・アナライザで表示されている．もしスペクトルが存在しないのであればどうやってそれが可能なのだろうか？　現実問題として，スペクトラム・アナライザは，もし，測定間隔T_mの間に蓄積される周波数ドリフト$\Lambda T_m/2\pi$がアナライザの分解能バンド幅よりもずっと小さければ，工学的な目的に対して妥当な近似的スペクトルを表示する．周波数掃引スペクトラム・アナライザにおいて，T_mは信号が分解能バンド幅内にある時間間隔である．

周波数ドリフトは通常は位相ノイズの構成要素とは見なされていないし，普通は PLL の重大な問題ではない．（傾斜周波数に対する PLL の応答について 5.1 節を参照すること．）更に，他の数学的なツール（本書の範囲外）が周波数が変化する信号の解析に使える．周波数ドリフトは次の3つの目的で導入されてきた．(1) 非ステーショナリな過程の理解しやすい例として役立つこと，(2) 非ステーショナリであることによりスペクトルの標準的な定式化の前提が損なわれることを示すこと（スペクトル解析は大変貴重なツールであるので重大な問題），(3) 厳密な理論的な支えが無くても，工学的な近似によって標準的な定式化が挫折するのを回避することができることを示すこと．

位相ノイズの殆どの成分は非ステーショナリであり，従って周波数ドリフトの演習により，位相ノイズのスペクトル表現には理論的な矛盾が予想されるという警告が得られる．幸運なことに，PLL の広く観測される実際の振る舞いと両立する工学的な近似によって，理論的な基礎が弱いにもかかわらず殆どの場合に賢明な設計手順が成功している．

7.2 位相ノイズのスペクトル

いくつかの異なるスペクトル密度関数が，位相ノイズを特徴付けるのに普通に使われる [7.4, 7.5]．

- $W_{vo}(f)$：発振器信号$v_o(t)$の理論的パスバンドのスペクトル
- $\mathcal{L}(\Delta f)$：$W_{vo}(f)$の正規化版
- $W_{RF}(f), P_{RF}(f)$：RF スペクトラム・アナライザで観測されるような発振器信号$v_o(t)$の近似的なスペクトル
- $W_\phi(f)$：位相ノイズ$\phi(t)$のベースバンド・スペクトル
- $W_\omega(f)$：周波数ノイズ$\omega(t)=d\phi(t)/dt$のスペクトル

［コメント：(1) 6.1.1 項で定義されたように，これらは全て片側スペクトルである．(2) 位相ノイズの非静止性によって提起される，これらのスペクトルの存在に対する疑問は後ほどまで延期する．］

7.2.1　理論的スペクトル$W_{vo}(f)$

このバンドパス・スペクトルは，(7.1) のランダム過程$v_o(t)$の自己相関関数のフーリエ変換である．その定義には，自己相関関数が静止的（ステーショナリ）であることが要求される．(7.3)から，もし，$\phi(t)$の1次増分がステーショナリであれば$v_o(t)$の自己相関関数はステーショナリ

である. 残念ながら, 常に$\phi(t)$に存在する1つの成分は非ステーショナリな1次増分を持っているので, スペクトルの標準的な定義は当てはまらない. 当面は, 自己相関関数の真の性質は無視して, 標準的なスペクトルが存在するふりをすることにしよう.

図7.1は$v_o(t)$の理論的スペクトルの性格の定性的な見通しを与えるものである. 位相ノイズが無いと, スペクトルは$f = f_o$における1本の直線——デルタ関数——である. 位相ノイズの存在によりスペクトルは広がっており, 少量のノイズでは小さな広がりになるが, 多量のノイズでは広がりが大きくなる. 位相ノイズの量や他の性質にかかわらず, $v_o(t)$の分散——$W_{vo}(f)$を$f = 0$から∞までの全周波数にわたって積分したもの——は$A^2/2$ボルト^{2}に等しいが, これは定義された有界な数である. 更に, $\phi(t) \equiv 0$という実現不能の条件は別として, 理論的スペクトル$W_{vo}(f)$は至る所で有限である. $W_{vo}(f)$の単位は, V^2/Hzである.

7.2.2 正規化スペクトル$\mathcal{L}(\Delta f)$

もう1つの片側スペクトル記述 [7.5] は$\mathcal{L}(\Delta f)$であり, これは理論的スペクトル$W_{vo}(f)$の正規化版である. その定義は

$$\mathcal{L}(\Delta f) = \frac{W_{vo}(f_o + \Delta f)}{A^2/2} \tag{7.5}$$

言葉による説明では, $\mathcal{L}(\Delta f)$は, キャリア周波数f_oから周波数オフセットΔf離れた単一側波帯の1Hzのバンド幅における, 信号の全パワーに対する相対的なノイズ・パワーである. 数値的には, $\mathcal{L}(\Delta f)$の値は通常, $10 \log[\mathcal{L}(\Delta f)]$dBc/Hzのようにデシベル形式で表現される. [**表記法**: dBcは「キャリアに相対的なdB」を意味するが, ここで, キャリアは実際には信号の全パワーを意味し, "per Hz"は1Hzのバンド幅を指す.] ここで定義されているように, $W_{vo}(f)$と$\mathcal{L}(\Delta f)$は, 静止的であるかの問題は別として, ナローバンドのRFランダム過程$v_o(t)$の完全に正当なスペクトル表現である. 残念ながら, $\mathcal{L}(\Delta f)$の考え方と表記法は, 後に説明するように広く誤って使われている.

7.2.3 RFスペクトル$W_{RF}(f)$ならびに$P_{RF}(f)$

理論的スペクトルはランダム過程の全体的効果の性質であって観測することはできない. ランダム過程をサンプルする機能しか得られない. スペクトラム・アナライザは信号を測定し, その理論的なスペクトルに対する近似を表示する研究室の測定器である. 図7.2は1つの種類のスペクトラム・アナライザの単純化したブロック図である. 信号周波数f_oは掃引局部発振器の周波数f_{LO}とミックスされる. 差周波数$f_o - f_{LO}$が, 中心周波数がf_{IF}で分解能帯域幅がRBWであ

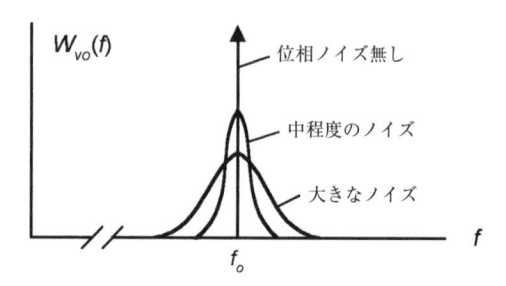

図7.1 発振器出力$v_o(t)$の理論的なスペクトル$W_{vo}(f)$

るバンドパス・フィルタに入力される．バンドパス・フィルタの出力はスクエア・ロー検出器に入力され，その出力はまた，ビデオ・バンド幅 VBW を持ったローパス平滑化フィルタに入力される．平滑化フィルタの出力は直接，パワーなどを表示するディスプレイへ行くか，対数変換器を通してパワーを dB スケールで表示するディスプレイへ行く．実際の発振器で測定された例が図 7.3 と 7.4 に示されている．

生の測定ではスペクトル密度 $W_{RF}(f)$ は，少なくとも測定データのかなりの処理無しには表示されない．スペクトル表示の垂直軸は分解能バンド幅 RBW 内の信号パワーを表している（実際のパワーは，volts^2 単位の分散ではなくてワットで示しているが，これはアナライザ入力コネクタが，通常は 50 オームの正確な抵抗ターミネーションを備えているからである）．スペクトル密度は 1Hz バンド幅内のパワーである．RBW は殆どの RF スペクトラム・アナライザで 1Hz よりも通常かなり大きいので，ディスプレイは真のスペクトル密度ではない．その理由により，図 7.3 と 7.4 における垂直軸は "$W_{RF}(f)$" ではなくて "$P_{RF}(f)$" とラベルが付けられている．図 7.3 で P から W への変換をするには，P スケールを RBW で割り算すればよく，図 7.4 で対数の縦座標上では $10\log(RBW)$ dB を引き算すればよい．（アナライザには座標軸スケールを調整するビルト・イン機能を備えたものもある．）勿論，垂直スケールを調節しても，$W_{RF}(f)$ で意図さ

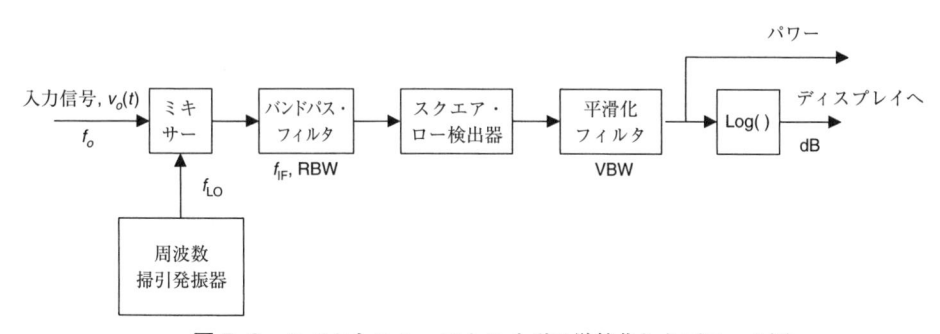

図 7.2 スペクトラム・アナライザの単純化したブロック図

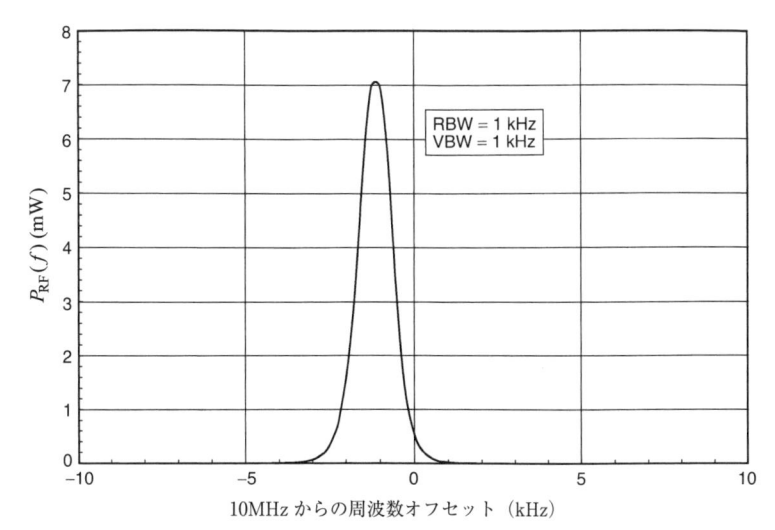

図 7.3 10MHz 水晶発振器の RF パワー・スペクトル密度 $P_{RF}(f)$ の測定値（縦座標は，RBW ヘルツのバンド幅内のパワーを mW で示している）

れている 1Hz 分解能が与えられるわけではなくて，分解能は依然 RBW である．分解能を上げるには RBW を減らし，それに対応してスキャンスピードを減らしさえすればよい．

信号源とスペクトラム・アナライザ自体はともに位相ノイズが無く，従って，アナライザに入力される信号のスペクトルは 1 本の線であると仮定する．その場合には，アナライザのバンドパス・フィルタの周波数応答をディスプレイはトレースし，表示は 1 本の線ではない．現実的な信号に対して，アナライザは信号スペクトルとバンドパス・フィルタの周波数応答との間の周波数ドメインの畳み込みを示している．もし，RBW が信号スペクトルと比較して大変狭いのでなければ，アナライザはスペクトルの表示をぼやけさせる．ぼかし除去（逆畳み込み）は簡単ではなく，アナライザに搭載されそうもない．

$P_{RF}(f)$ から正規化された $\mathcal{L}(\Delta f)$ を推定しようという試みはよくなされる．もし，その推定の過程で正確な正規化パワーが用いられるならば，これはもっともらしい行為である．スペクトラム・アナライザのディスプレイの観点から，適切な正規化パワーは図 7.3 に示すように，パワー・スペクトルの積分であるが，これはめったに計算されることのない積分である．もっと普通には，図 7.4 のようなスペクトルのピークが正規化パワーとして採用される．そのピークは正確なパワーの近似でしかなくて，実質上すべての信号パワーが分解能バンド幅内に入った場合に限って，その近似は良い精度に近づくことができる．その場合には，接近した見かけ上のサイドバンドが，解析対象の信号よりもアナライザのパスバンドの形状によって決定される．RF スペクトルを注意深く解釈することが常に望ましい．

RF スペクトルは信号源のスプリアス（不要波）出力を探すのに用いたり，隣接チャネル信号に対する潜在的なノイズ・サイドバンドの干渉を暴露するのに優れたツールである．後者の条件を図 7.5 に示す．RF スペクトラム・アナライザは位相ノイズと振幅ノイズを区別せずに，全ての源からフィルタ・パスバンドに入ってくる全パワーを示していることに留意すること．

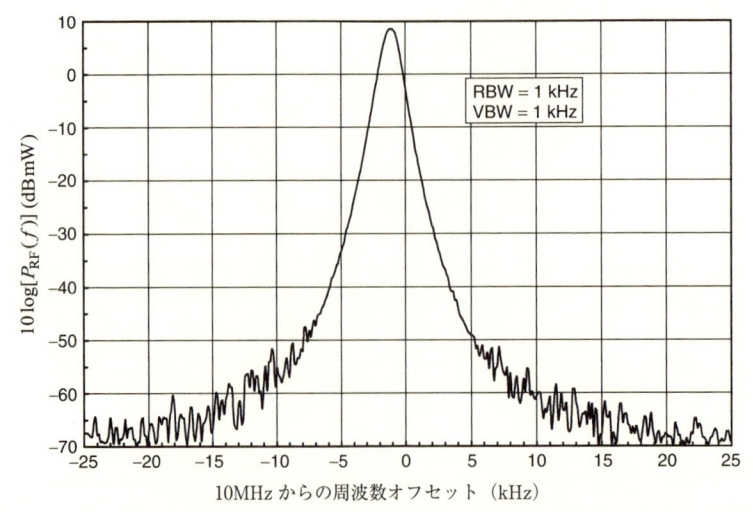

図 7.4 dB スケールでの RF パワー・スペクトル密度の測定値（図 7.3 と同じ発振器；縦座標はバンド幅 RBW 内のパワーを，1 mW に相対的に dB 単位で示している）

第7章 位相ノイズの効果　　129

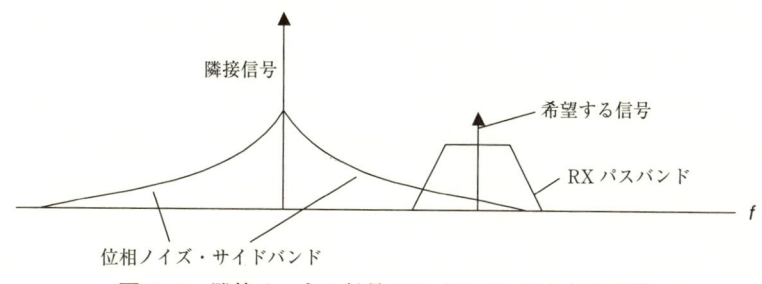

図7.5 隣接チャネル信号のサイドバンドからの干渉

7.2.4　位相ノイズ・スペクトル $W_\phi(f)$

$W_{vo}(f)$, $L(\Delta f)$, $W_{RF}(f)$, $P_{RF}(f)$ という量は全て物理的な RF 信号 $v_o(t)$ のスペクトルである．それらのピークはキャリア周波数 f_o にあり，ピークの両側にサイドバンドがある．ディスプレイの分解能は全ての周波数オフセットに対して同じなので，もっと遠くのサイドバンドを含めなければならないとすれば f_o に接近した詳細は犠牲になる．

更に，どの実用的な RF アナライザにもダイナミック・レンジの必要条件があり，過負荷にならずに信号の全パワーを受け入れなければならず，しかも，微弱なサイドバンドを表示できなければならず，満足するのが難しい条件である．もっとも重要なことであるが，PLL 内の認識可能なノイズ源と作り出される最終的な RF スペクトルとの間には容易に解析可能な関係はなんら存在しない．

これらの RF スペクトルの欠点によって，——位相ノイズ変調 $\phi(t)$ のローパス，片側スペクトル——$W_\phi(f)$ が PLL を取り扱う，よりよいツールとして広く使用されるようになった．$W_\phi(f)$ の測定に対する概念的なブロック図が図7.6 に示されている．測定装置は $\phi(t)$ の絶対値調整済み版を再生する位相復調器，$W_\phi(f)$ を生成する低周波スペクトラム・アナライザ，表示のための対数変換器からなる．ディスプレイは通常，$10\log W_\phi(f)$ を対数スケールの周波数に対して表示したものである．$W_\phi(f)$ の単位は rad^2/Hz であって，dB フォーマットは $1\ rad^2/Hz$ についての dB と解釈すべきである．

実際には，現実の測定が $W_\phi(f)$ に関するものであるけれども，縦座標は残念ながら殆どいつも $10\log L(\Delta f)$ として表示され，これは周波数オフセット Δf における単一サイドバンド内の 1Hz バンド幅での相対ノイズと考えられているものである．もし，位相ノイズ振幅が十分小さければ，$L(\Delta f) \approx W_\phi(f)/2$ であることを示すことができ，従って，想定されている $L(\Delta f)$ の表示は実際は $W_\phi(f)/2$ である．しかし，位相ノイズの振幅はキャリア周波数の近傍の周波数では決して十分に小さいことは無いので，$W_\phi(f)$ は，近傍 RF サイドバンドである，近傍 $L(\Delta f)$ の良い表現ではありえない．悪いのは位相ノイズ変調 $\phi(t)$ のベースバンド・スペクトルに適用されたラベル $L(\Delta f)$ であって，測定そのものではない．正しい $10\log[W_\phi(f)]$ を得るには，$10\log[L(\Delta f)]$ と称するいかなるローパス・スペクトルにも 3dB を単に加算すればよい．

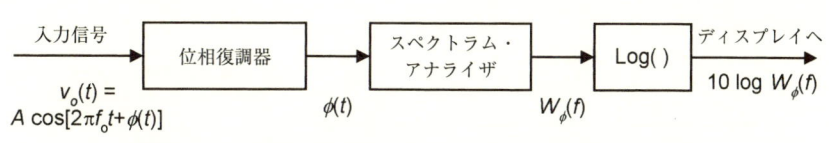

図7.6 一般的な位相ノイズ・アナライザのブロック図

位相ノイズ・アナライザの中心部は位相復調器である．1つの顕著な実現方法が，ずっと単純化して図7.7に示されている．PLLが位相復調器として使われている．PLLの変調器や復調器への応用に関しては第16章の更に詳しい説明を参照すること．テストされる発振器はPLL内のVCOとして接続されており，その位相は適切な参照源の位相に対して比較される．位相誤差の変動$\theta_e(t)$が，位相検出器ゲインK_dでスケールされて，希望するスペクトル$W_\phi(f)$に対する近似であるスペクトル$W_{\theta_e}(f)$を生成するスペクトラム・アナライザに入力される．

スペクトラム・アナライザの生の出力は通常$W_\phi(f)$の十分に良い近似ではなく，様々な骨の折れるキャリブレーションや補償が適用されなければならず，たとえば次のようなものがある．

- スケール・ファクタK_dはキャリブレート（較正）されなければならない．
- PLLのクローズド・ループ誤差応答$E(f)$（第2章参照）を決定しなければならず，また測定されたスペクトルはそれに応じて補正されなければならない．誤差応答$E(f)$は発振器のノイズ$\phi(t)$とPLLの位相誤差$\theta_e(t)$の間のハイパス・フィルタとして機能する．
- スペクトラム・アナライザの固有分解能はいつも1Hzというわけではなく，測定されたスペクトルは1Hzの分解能を表現するためにスケール（尺度変更）されなければならない．

他の退屈な処理も必要である．幸運なことに，（キャリア周波数に比べて）位相ノイズ変調は低周波なので，スペクトル解析と補正／補償処理はディジタル的に実行できる．そうしたスペクトラム・アナライザは，多くのRFスペクトラム・アナライザに特有な単一掃引周波数解析フィルタのかわりに高速フーリエ変換アルゴリズムによって実現されたフィルタ・バンクであることが普通であろう．大変な複雑度と柔軟性を持ったディジタル処理がこの種の計器に大きな力を与えるために用いられる．

測定対象の発振器の位相ノイズ以外の追加的なノイズ源が図7.7の計器に存在する．1つの明白な源は参照用発振器（レファレンス・オシレータ）自体の位相ノイズである．もし参照用発振器がテスト対象の発振器よりもはるかに（ノイズが少ない）静寂なものにできないのであれば，よくある応急手段は，テスト対象の発振器と殆ど同等な参照用発振器を用い，測定ノイズ・スペクトルの半分がそれぞれの発振器に起因するようにすることである．

測定計器内部の全ての様々なノイズ源が一緒になってノイズ・フロアを形成し，それ以下では，測定対象の発振器に関する測定は非現実的である．位相ノイズ・スペクトルは通常は低周波では大きく，高周波に向かって減少していく．結果として，テスト対象の発振器の位相ノイズ・

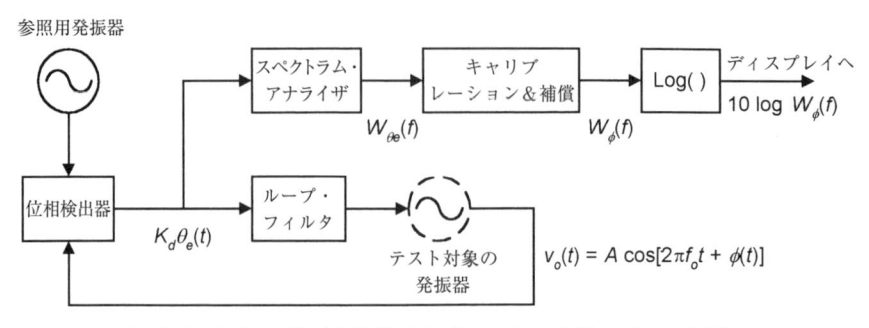

図7.7 PLLに基づく位相ノイズ・アナライザのブロック図

第7章 位相ノイズの効果   131

スペクトルは通常，低周波ではノイズ・フロアよりずっと上だが，高周波ではフロアより下へ落ちることもある．

7.2.5 周波数ノイズ・スペクトル $W_\omega(f)$

瞬間的なラジアン周波数 $\omega(t)$ は位相 $\phi(t)$ の時間微分である．もし，位相 $\phi(t)$ がフーリエ変換 $\Phi(f)$ を持つならば，その微分のフーリエ変換は $\Omega(f) = j2\pi f \Phi(f)$ である．無限エネルギーのランダム過程のフーリエ変換は存在しないが，それにもかかわらず，微分変換はスペクトル密度に適用できて次の関係式が得られる．

$$W_\omega(f) = 4\pi^2 f^2 W_\phi(f) \qquad (\text{rad/sec})^2/\text{Hz} \qquad (7.6)$$

式（7.6）は $\phi(t)$ の位相ノイズ・スペクトルを測定するもう1つの方法の基本である．出力が周波数変調 $\omega(t) = d\phi(t)/dt$ の尺度変更版となっている周波数弁別器に対して信号 $v_o(t)$ が入力される．その回復された周波数変調が，出力を $W_\omega(f)$ とするスペクトラム・アナライザに伝達される．周波数スペクトルはそれから $1/4\pi^2 f^2$ の重み付けがなされて，所望の $W_\phi(f)$ が得られる．

キャリブレーションと補正もまた，周波数弁別器に基づく位相ノイズ・アナライザには必要であり，PLLベースのアナライザに対する上述のものと同様である．周波数ノイズのスペクトルは高周波に向かって次第に強く重み付けがなされるであろうから，$W_\omega(f)$ の低周波部分は計器のノイズ・フロア以下に低下するであろうが，高周波部分は強調される．このように，2種類の位相ノイズアナライザは相補的であり，計器のなかには，より広いフーリエ周波数範囲をカバーするために両者を兼ね備えているものもある．

7.2.6 位相ノイズ・スペクトルの例

図7.8は，図7.3と図7.4にそのRFスペクトルが示されたのと同じ発振器の位相ノイズ・スペクトルを示している．垂直軸は，$10\log[\mathcal{L}(\Delta f)](\text{dBc/Hz})$ とラベルが付けられているが，このフォーマットでアナライザが表示する．もし，その代わりに $10\log[W_\phi(f)]$ を表示したいのであ

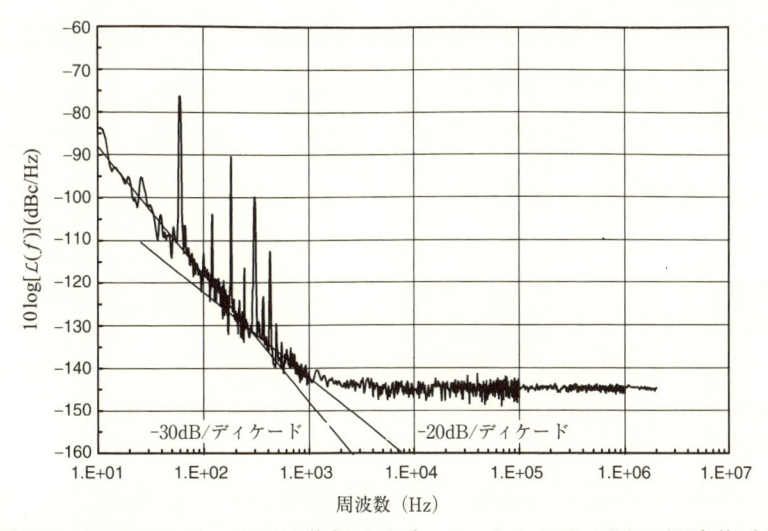

図7.8 log-log スケールでの位相ノイズ・スペクトル $W_\phi(f)/2$ の測定値（発振器は図7.3, 7.4と同じ）

れば，3 dB を加算して単位を「1 rad²/Hz について」へ変更すればよい．
　この図のいくつかの特徴は注目に値する．

- いくつかの大きなスパイクが顕著である．これらは 60Hz の高調波の位置にあるが，これは電源からの干渉の兆候である．ハードウェアの実装方法と，場合によってはテストの設定も含めて細心の注意をはらうことによりスパイクがかなり減少するはずである．
- かなりのばらつきが図に見られる．ばらつきが生じる理由は，テストにおけるノイズ波形は無限の全母集団からのサンプル機能なので，それ自体，母集団スペクトルからのランダムな相違が存在するからである．観測時間を長くするとともに，スペクトラム・アナライザの出力を適切に円滑化すれば，このばらつきは減少する．
- ばらつきの性質は，周波数の 10 倍ごとのいくつかの境目で急激に変化する．これらの変化はアナライザの内部パラメータが異なる周波数領域に対して自動的に変更されるということを示唆している．
- この位相ノイズ・グラフの各部分の log-log 表示での勾配を示す 2 本の直線に注意すること．これらの勾配の値は殆どの発振器のスペクトルに現れ，これらは位相ノイズの異なるスペクトル成分から生じるが，これについては，この章の後の部分と第 9 章で説明する．

7.3　位相ノイズ・スペクトルの性質

　位相ノイズ・スペクトルはランダム位相ノイズによる連続部分と，電源電圧内の AC 電源残留分や，PLL の位相検出器からのリップルの不完全な抑制や，環境からの他の原因による周期的な干渉から生じる離散的なスペクトル線とからなる．連続部分と離散部分は以下で切り離して考察する．

7.3.1　通常の連続スペクトル

　発振器の連続位相ノイズ・スペクトルは次式が良い近似を与えている傾向があるということを数多くの測定が一貫して示している [7.6]．

$$W_\phi(f) \approx \frac{h_4}{f^4} + \frac{h_3}{f^3} + \frac{h_2}{f^2} + \frac{h_1}{f} + h_0 \qquad \text{rad}^2/\text{Hz} \qquad (7.7)$$

ここで h_ν は各個別デバイスに特有の係数である．h_ν の次元は $\text{rad}^2 \cdot \text{Hz}^{\nu-1}$ である．log-log スケールでは，式 (7.7) は図 7.9 にスケッチされているように，直線セグメントを連結したもので近似的に描かれる．各セグメントは，その h_ν/f^ν 項と dB/decade 単位の log-log 勾配とでラベル付けされている．図 7.8 の例との類似性は明らかである．
　h_4/f^4 項は主に高精度周波数標準（例えば，セシウム時計）のスペクトルの 1Hz よりはるかに下で現れ，通常は PLL の発振器では問題でない．本書ではこれ以上は考察しない．したがって，その直線セグメントは破線で示されている．他の項は全て有意である．各項は位相ノイズの異なる要因から生じており，これについては更に第 9 章で説明される．位相ノイズ項の h_3/f^3 と h_2/f^2 は，第 9 章で議論されるように，フリッカーと周波数の白色ゆらぎとを生じさせる発振器内部のフリッカー・ノイズ（$1/f$）と白色ノイズに起因している．これらの周波数ゆらぎは集積されて

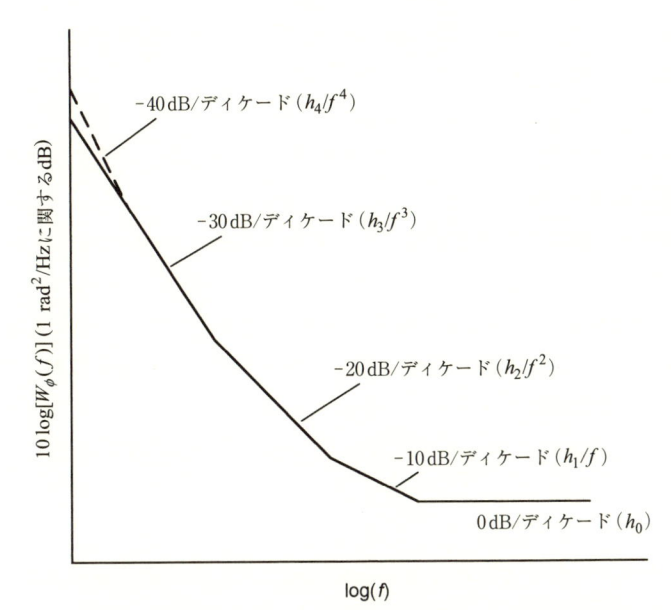

図 7.9 発振器の位相ノイズの典型的なスペクトル成分

発振器内の位相となり，$1/f^3$や$1/f^2$のスペクトル成分を生じる．通常の非積分回路要素は$1/f^3$や$1/f^2$ノイズ・スペクトルを示すことは無いが，これらの項は発振器の内部には行き渡っている．

7.3.2 $W_\phi(f)$の意味

(7.7)の中の各項は，もし$\nu>0$ならば$f=0$では無限大であることに注意．これらの特異性により，$f=0$から任意の正の周波数までの$W_\phi(f)$の積分が収束しなくなるが，これは$\phi(t)$の分散が無限大であることを意味する．そのスペクトルがある極めて低い周波数で平坦化するはずだと推測するかもしれないが，測定 [7.7] ではこのような平坦化は明らかになっておらず，スペクトル平坦化に対するいかなる理論的な根拠も存在しない．位相ノイズの無限大の分散は自然の事実であるように見える．

無限大の分散は最初は直観的に困ったことである．位相ノイズの累積的な性質が認識されると理にかなっているように見えてくる．発振器の位相偏差に対してはいかなる回復力や記憶の減衰も存在せず，いかなる偏差の増分も永久に残留する．瞬間的な位相ノイズ$\phi(t)$は，発振器が最初に動作し始めてから生じた位相偏差の全ての累積である．しかし，無限の偏差は無限時間の後でしか累積しないので決して観測されない．もっと細かく言うと，ランダム過程のスペクトル密度は形式的には，その過程の自己相関関数のフーリエ変換と定義され，自己相関関数がステーショナリであると仮定している．しかし，h_2/f^2過程の自己相関関数は非ステーショナリであり，h_3/f^3過程の自己相関関数は非ステーショナリよりももっと悪く，存在すらしない．厳密に言えば，それだから，スペクトル密度の標準的な定義は位相ノイズには適用できない．

それでは，正確に言って，位相ノイズのスペクトルの意味するものとは何なのだろうか？ 第一に，位相ノイズに対してスペクトルというのは適切な表現ではないのかも知れないということと，恐らく他の何らかの表現がそのかわりに使われるべきであると言っておこう．（例：Wornell [7.8, 7.9] はウェーブレット表現支持を述べており，Flandrin [7.10] はウェーブレットだけで

なく Wigner-Ville スペクトルも探っている.）将来は改善された表現が導入される可能性があるが，現在使われているのは「スペクトル」である．

　理論的な根拠が怪しいにもかかわらず，実験室の位相ノイズ・アナライザはスペクトルを描写すると称するデータを出しており，PLL はそれらのデータに基づいて成功のうちに設計・評価されている．位相ノイズ・アナライザのバンドパス解析フィルタは $f=0$ と $f=\infty$ で透過率 0 となっており，これにより極端な周波数に関連した特異性の効果を抑制するのに役立っている．また，いかなる物理的な測定も必然的に有限な時間間隔にしか及ばないのに対して，スペクトル・モデルでは無限の分散が意味されているがその累積には無限の時間間隔が必要である．物理的な，時間的に有限で振幅が制限された波形，従ってエネルギーが有限な波形，例えば，位相ノイズ・アナライザ内の位相復調器が出力するようなものは，これまたエネルギーが有限で，他の特異性の無い，明確に定義されたフーリエ変換を有する．アナライザは，恐らく，良い振舞いのフーリエ変換の絶対値の 2 乗に関係した何かを構成し，その何かに「スペクトル」というラベルを付けている．

　フィルタの透過率ゼロの助けと測定に対する必然的に有限な時間間隔とにより，位相ノイズ・アナライザは (7.7) のスペクトル・モデルの無限大に決して立ち向かわない．スペクトラム・アナライザのその成功を考慮して，上記の質問に対する開業者の回答は次のとおりである．位相ノイズのスペクトルは位相ノイズ・スペクトラム・アナライザによって与えられるデータで構成されている．

7.3.3　スペクトル表示の解釈

　図 7.8 は，連続スペクトルと離散スペクトルの個別の線との混合物を示している．これらは別の解釈がなされなければならない．まず最初は連続スペクトルである．背景にある，ランダム過程 $\phi(t)$ の連続位相ノイズ・スペクトルを $W_\phi(f)$ と表記し，このスペクトルは，厳密な定義がなくても意味のある存在であると仮定しよう．図 7.6 にあるような位相ノイズ・アナライザを仮定する．解析周波数 f_m に対する解析フィルタは f_m に中心を置くバンドパスの形状を持つものとし，フィルタの周波数応答を $Y(f;f_m)$ と表記することにしよう．このフィルタの周波数応答は f_m の近傍に集中しており，出力から周波数ゼロの特異性を抑制するに十分な選択性を持つものと仮定しよう．各解析周波数 f_m は，周波数掃引かスペクトラム・アナライザ内のフィルタ・バンクのための解析フィルタを備えている．

　フィルタ出力のスペクトル密度は $W_\phi(f)|Y(f;f_m)|^2$ である．2 乗と平滑化の処理は次式で表される．

$$P_c(f_m) = \int_0^\infty W_\phi(f)|Y(f;f_m)|^2 df \qquad \text{rad}^2 \qquad (7.8)$$

ここで $P_c(f_m)$ は f_m フィルタ出力の強度であり，下付き文字 c は連続スペクトルを示す．もし $W_\phi(f)$ が解析フィルタの実効的なバンド幅内でほとんど平坦であるならば，(7.8) は次のように近似できる．

$$P_c(f_m) \approx W_\phi(f_m) \int_0^\infty |Y(f;f_m)|^2 df \qquad (7.9)$$

(7.9) の積分は単に $|Y(f_m;f_m)|^2 B_N(f_m)$ であるが，ここで $|Y(f_m;f_m)|$ は周波数 f_m における解析フィルタの周波数応答の絶対値であり，$B_N(f_m)$ は，そのフィルタのノイズ・バンド幅である．周波数 f_m におけるスペクトル密度の，アナライザによる推定は従って次式のようになる．

$$W_\phi(f_m) \approx \frac{P_c(f_m)}{|Y(f_m;f_m)|^2 B_N(f_m)} \qquad (7.10)$$

(7.10) の分子は測定される数であり，分母はアナライザの設計者が知っているハードウェア・パラメータである．割り算処理は必要なキャリブレーションと補正の一部であり，ディジタル・システムの中では取るに足りないかもしれない．

[コメント：(1) 上記の処理，特に積分は，単純化され理想化されている．それにもかかわらず，それらは，アナライザで実行されなければならない処理の近似的な性質を示している．(2) 実際のキャリブレーションには，キャリブレーションの原理を変更すること無しにノイズ・バンド幅以外のフィルタの特徴的なバンド幅が関係する．(3) 洗練されたアナライザであれば平坦でない形状の$W_\phi(f)$を考慮に入れて$W_\phi(f_m)$のより正確な推定値を得ることができるかもしれない．その場合はキャリブレーションは幾分もっと複雑になるが背景にある原理は同じである．]

今度は，離散的なスペクトル成分の取り扱いを考えよう．$\phi_d(t) = \beta\cos(2\pi f_m t)$とする．ただし，下付き文字$d$は離散的であることを表し，$\beta$はラジアンを単位とするピーク位相偏差である．この成分の片側パワー・スペクトル密度は$(\beta^2/2)\delta(f-f_m)$である．すなわち，無限大の高さ，幅はゼロ，面積は$\beta^2/2$で$f = f_m$に位置する1本の離散的な線である．$\phi_d(t)$をフィルタに通過させ，そのフィルタ出力を2乗し，その平方出力を平滑化するという組合せは次式で近似される．

$$P_d(f_m) = \int_0^\infty \frac{\beta^2}{2}\delta(f-f_m)|Y(f,f_m)|^2 df = \frac{\beta^2}{2}|Y(f_m,f_m)|^2 \qquad (7.11)$$

離散成分のパワー$\beta^2/2$は測定値$P_d(f_m)$を周波数f_mにおけるフィルタ応答の絶対値の2乗によって割り算することによって見積もられる．連続スペクトルの位相ノイズの測定とは違って，この測定は分析フィルタのバンド幅には依存しないことに注意．(7.10) のキャリブレーションを離散的なスペクトル成分に適用することは重大な誤りである．

もし，アナライザが離散スペクトル成分を連続スペクトル成分から自動的に識別することが高い信頼性で可能であれば，また，もしアナライザが正確なキャリブレーションを適用するならば，ユーザにとっては何の問題も無い．しかしもし，アナライザがスペクトルの離散成分と連続成分を区別せず（取扱説明書が恐らくその機能があるか説明しているであろう），同じキャリブレーションを両方の種類に適用するならば，一方の種類に対する結果はひどく間違っていることになる．ユーザは離散スペクトルと連続スペクトルの成分をディスプレイの目視で区別することができることが多い．その場合にはユーザは，もしアナライザのバンド幅とキャリブレーションの原理が分かっているならば，誤ってキャリブレートされたスペクトル成分の尺度を変更することができる．

要約すると，いずれかの種類のスペクトル成分が間違った尺度で表示されていることがありうることに注意すること．アナライザのキャリブレーションの原理と分析フィルタのバンド幅が分からないとディスプレイを補正することはできないであろう．

7.3.4 $W_\phi(f)$と$\mathcal{L}(\Delta f)$の関係

ベースバンド位相ノイズ$\phi(t)$のスペクトル$W_\phi(f)$とパスバンド信号$v_o(t)$の正規化スペクトル$\mathcal{L}(\Delta f)$は同じ信号の単に異なる側面なので，その2つのスペクトルの間には関係があるはずだと

いうことになる．エンジニアは，例えば，$W_\phi(f)$の測定値を取って，そこから対応する$\mathcal{L}(\Delta f)$を計算したいであろう．広く適用可能な計算方法は何も知られていない．この節ではいくつかの断片的なアプローチを手短に概観する．

正弦波変調 よく知られているように，もしキャリアが単一の正弦曲線で位相変調されているならば，変調された信号のスペクトルは残留キャリア成分と，互いに変調周波数だけ離れた無限個のサイドバンドを含む．残留キャリアとi番目のサイドバンドの振幅はベッセル関数$J_i(\Delta\theta)$に比例している．ここで$\Delta\theta$は変調のピーク位相偏差である．位相変調の本質的な非線形性で多数のサイドバンドが生成される．もし$\Delta\theta$が十分小さければ，$J_1(\Delta\theta) \approx \Delta\theta/2$に比例した1次のサイドバンドだけが有意の振幅を持つのに対して，他のサイドバンドは無視できる．

もしベースバンド変調信号が1個以上のサイン波を含んでいるならば，変調されたスペクトルは，ベースバンド・サイン波の各々に対応した無限個のサイドバンドとベースバンド成分間の多重無限個の相互変調積とを含むが，全てベッセル関数に基づく振幅を持つ．相互変調は，位相変調の本質的な非線形性から生じる．もし全位相偏差が十分小さければ，各ベースバンド信号の第1次のサイドバンドだけが有意である．

$W_\phi(f)$の離散近似 $W_\phi(f)$のような連続スペクトルの解析への1つのアプローチは，それを多数の等しい連続的な周波数増分に分割し，各々のそうした増分を，分散の等しい離散的なスペクトル線で置き換えることである．これは多かれ少なかれ，$\phi(t)$のような時間領域の過程の有限な部分のフーリエ級数解析を実行することと等価であるが，これは例えば［7.11］のような確率過程に関する教科書に書かれている手順である．

位相ノイズに適用されたスペクトルの離散化のアイデアは正弦波位相変調のために周知のベッセル関数の関係を用いることである．特に，もし各離散スペクトル線の位相偏差が十分小さいならば，変調されたスペクトルに対するその寄与が有意なのは対応する1次のサイドバンドのペアだけであるはずである．$W_\phi(f)$がこうして離散化されるとき，結果は，キャリアから十分離れたオフセット周波数に対して$\mathcal{L}(\Delta f) \approx W_\phi(f)/2$である．すなわち，RF信号の離れたサイドバンドは，ベースバンド位相ノイズ$\phi(t)$のスペクトル$W_\phi(f)$の知識から近似することができる．

しかし$W_\phi(f)$は，(7.7)におけるように常にh_ν/f^νの形式の成分を常に含んでいる．これらの成分はfが0に近づくと際限なく増大する．小偏差近似は，十分小さな周波数オフセットに対して決して有効でない．$W_\phi(f)$と$\mathcal{L}(\Delta f)$の間の簡単な関係は，キャリアに十分近いサイドバンド周波数に対しては常に破綻する．この関係が破綻しなければならないのは，$\mathcal{L}(\Delta f)$は全てのfに対して常に有限であるのに対して，$W_\phi(f)$は十分小さなfに対して有界でないからである．

特殊な場合 W_ϕの中のh_2/f^2項は発振器回路内の白色ノイズから生じ（第9章を参照），$\mathcal{L}(\Delta f)$に対するその関係はよく研究されている［7.3, 7.12-7.14］．それは，$\mathcal{L}(\Delta f)$に対する単純な公式が知られており，$W_\phi(f)$に関係付けることができる特殊なケースである．

［7.14］の中の展開に従って，もし$W_\phi(f) = h_2/f^2$ならば，$\mathcal{L}(\Delta f)$に対する式はローレンツ型である．

$$\mathcal{L}(\Delta f) = \frac{h_2/2}{(\pi h_2/2)^2 + \Delta f^2} \tag{7.12}$$

これは光学的なスペクトロスコピー（分光学）で長らく知られている．式（7.12）は次の性質を持っている．

- $\mathcal{L}(0) = 2/h_2\pi^2$．これは $W_\phi(0)$ という無限値とは対照的に有限値である．
- $\int_{-\infty}^{\infty} \mathcal{L}(\Delta f) d\Delta f = 1$
- パワーが 1/2 となるバンド幅（全幅，最大値半分：FWHM）は πh_2 ヘルツである．
- もし $\Delta f^2 \gg (\pi h_2/2)^2$ ならば，$\mathcal{L}(\Delta f) \approx h_2/2\Delta f^2 = W_\phi(f)/2$ である．

他のスペクトルの形状に対して，$W_\phi(f)$ の h_3/f^3 項に対応した $\mathcal{L}(\Delta f)$ に対する式は [7.2] で導出されている．PLL の出力における $\mathcal{L}(\Delta f)$ を決定するために，h_2/f^2 の位相ノイズの PLL 内の伝播が [7.15] で解析されている．h_ν/f^ν 項は $W_\phi(f)$ では加算的だが，$\mathcal{L}(\Delta f)$ では非線形的に結合するので，より一般的な解析をこれまで阻んできた点に注意すること．

7.4 位相ノイズの伝播

この節では，通常電子回路内で見られる各種のデバイスの中を位相ノイズがどのように伝播していくかを述べる．伝播に関して，まず補助的なデバイスに対して，それから PLL に対して要約する．PLL に対して明示される場合以外は，位相ノイズの伝播のみをここでは考察し，デバイスに対して内部的に発生したノイズは除く．

7.4.1 補助デバイス内部の位相ノイズの伝播

関心のある補助デバイスは周波数マルチプライア，周波数ディバイダ，ミキサー，ハード・リミッターである．これらは全て非線形デバイスである．それらの位相ノイズに対する近似的な効果は図 7.10 にまとめてある．倍率 N 周波数マルチプライアは入力位相ノイズを係数 N，すなわち，デシベルでは $20\log(N)$ だけ拡大する．同様に，M で割る周波数ディバイダは位相ノイズを係数 M，すなわちデシベルでは $-20\log(M)$ だけ縮小する．周波数マルチプライアとディバイダはその入力の時間ジッタを維持する．

位相ノイズはミキサーへの 2 個の入力の各々で運ばれる．ミキサーのいずれの積が出力に対して選択されるかに応じて出力位相ノイズは入力位相ノイズの和もしくは差である．もし，入力ノイズが無相関であるならば，出力ノイズ・スペクトルは 2 個の入力ノイズ・スペクトルの和が出力キャリア周波数に変換されたものである．いくつかのシステムで生じうる条件であるが，もし入力ノイズに相関があれば，差周波数出力積は位相ノイズをある程度打ち消す可能性がある．リミッターはその入力の位相ノイズを維持し，振幅ノイズを抑制する．

これらのルールは全て 1 次である．それらのルールにはデバイス出力の高調波は無視でき，また，有意なスペクトル折り返しは無いという狭帯域の暗黙の仮定がある．周波数ディバイダはかなりのスペクトル折り返しを引き起こす可能性が十分にあり（第 15 章で更に検討する），また，フィルタで抑制しないとリミッターはかなりの出力の高調波を伴う．もしスペクトル折り返しが無く，不要な高調波が無視できるのであれば，これらのデバイスは入力位相ノイズのスペクトル

周波数マルチプライア：

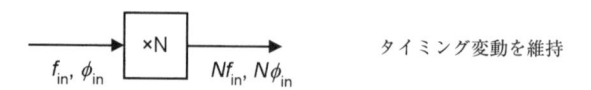

f_{in}, ϕ_{in} → ×N → $Nf_{in}, N\phi_{in}$　　タイミング変動を維持

周波数ディバイダー：

f_{in}, ϕ_{in} → 1/M → $f_{in}/M, \phi_{in}/M$　　タイミング変動を維持
（しかしエリアシングに注意）

ミキサー：

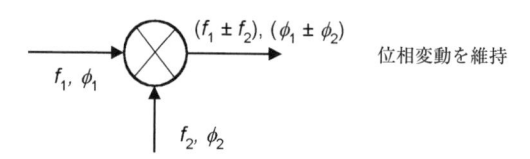

f_1, ϕ_1 → ⊗ → $(f_1 \pm f_2), (\phi_1 \pm \phi_2)$　　位相変動を維持
　　↑
　f_2, ϕ_2

ハード・リミッター：

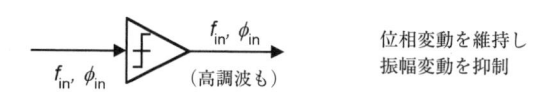

f_{in}, ϕ_{in} → ▷ → f_{in}, ϕ_{in}　　位相変動を維持し
（高調波も）　　振幅変動を抑制

図7.10 PLLに含まれていることが多い素子内の位相ノイズの伝播

の形状は変更せず，単に全体の絶対値を変えるだけであるということをこの単純なルールは意味している．

リミッターは入力位相ノイズを変更しないけれども，加算的ノイズや狭帯域の干渉源などの加算的な妨害を出力位相ノイズに変換する．もしリミッターへの所望の信号入力が振幅Aを持ち，干渉源の振幅が$B \ll A$であるならば，リミッターの出力はほぼ振幅がB/Aラジアンの望ましくない位相変調を伴うことになろう．干渉源の周波数が所望の信号の周波数からΔfだけのオフセットを有するならば，リミッター出力のスペクトルには，所望の信号出力に対する相対的な振幅が$B/2A$の一対の干渉サイドバンドが，所望の信号から$\pm \Delta f$の位置に現れる．

図7.11は孤立した干渉源に対する効果を示しており，付録7Aに解析が書かれている．リミッターはそれ自体興味深く（第10章参照），また，ディジタル周波数ディバイダにも暗黙のうちに含まれているので，PLLベースの周波数シンセサイザで広く使われているデバイスである（第15章参照）．

7.4.2　PLL内の位相ノイズの伝播

PLLへの入力信号が位相ノイズ・スペクトル密度$W_{\phi i}(f) \mathrm{rad}^2/\mathrm{Hz}$を有するとしよう．入力位相ノイズへの応答としてVCO出力に現れる追従された位相ノイズ・スペクトルは次式で与えられる．

$$W_{\theta o \phi i}(f) = W_{\phi_i}(f)|H(f)|^2 \tag{7.13}$$

ここで$H(f)$はクローズド・ループPLLのシステム周波数応答である（2.1.2項参照）．追従

第7章 位相ノイズの効果   139

された位相ノイズは単に，入力位相ノイズが応答$H(f)$のローパス・フィルタを通じて伝送されたものである．入力位相ノイズに起因する追従されない位相ノイズ・スペクトル（位相誤差スペクトル）は

$$W_{\theta e \phi i}(f) = W_{\phi i}(f)|E(f)|^2 \tag{7.14}$$

ここで$E(f)$はPLLの誤差応答である．[**表記**：$W_{\theta e \phi i}(f)$は，入力位相ノイズϕ_iによる位相誤差θ_eの位相ノイズ・スペクトル密度を表す．]

PLL位相ノイズのもう1つの重要な原因は，図7.12に図示されているようにVCO内に発している．図の破線の箱は物理的なVCOを囲んでいるが，それは出力位相θ_vを与える仮想的なノイズ無しのVCOとスペクトル密度$W_{\phi o}(f)$ rad^2/Hzの内部位相ノイズ源ϕ_oからなる．回路解析により，ϕ_oからθ_oへの伝達関数は，誤差応答$E(f)$であることが分かる．

従って，フェーズ・ロックされた物理的なVCOの出力におけるVCOの内部的な位相ノイズに起因する位相ノイズ・スペクトル密度は

$$W_{\theta o \phi o}(f) = W_{\phi o}(f)|E(f)|^2 \tag{7.15}$$

これはϕ_oからの追従されない位相ジッタのスペクトルである．ϕ_oによる位相誤差θ_eは$-\theta_o$であり，従って，(7.15)はまた，スペクトル密度$W_{\theta e \phi o}$も規定することに注意すること．

追従されないジッタに対する式(7.14)と(7.15)は同じフォーマットを持ち，従って，両者は追従されないジッタに対する次の1つの式に結合することができる．

$$W_{u\phi}(f) = W_\phi(f)|E(f)|^2 \tag{7.16}$$

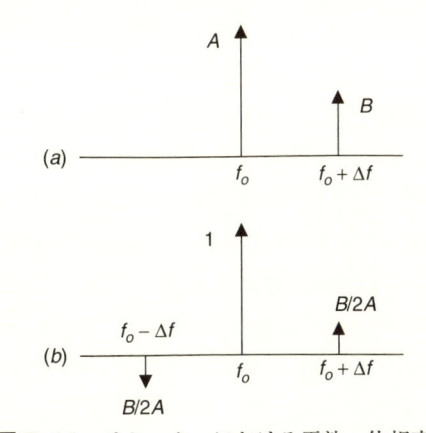

図7.11 リミッターにおける干渉−位相変換

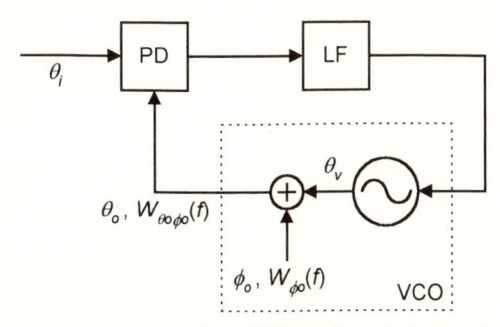

図7.12 PLLにおける発振器位相ノイズのモデル

ここで $W_\phi(f) = W_{\phi i}(f) + W_{\phi o}(f)$ であり，下つき文字 u は追従されない位相ノイズを示す．

7.5 PLL 内の積分された位相ノイズ

7.4 節で述べられているように，位相ノイズ・スペクトルの形状の知識は位相ノイズの性質を理解するため，その原因を突き止めるため，また設計のガイドのために有益である．もう1つの重要なデータは積分された位相ノイズ，つまり，全ての周波数にわたって積分された位相ノイズ・スペクトル密度である．積分された位相ノイズのいくつかの特徴はこの節で扱われる．

7.5.1 基本公式

もし位相ノイズ源のスペクトルが (7.7) のようであれば，追従された位相ノイズの積分は収束せず，追従された位相ノイズの積分は常に無限大である．実用的な言葉で言うと，どんなに位相偏差が大きくなるにしても，ロックされた PLL は位相偏差の十分に遅い蓄積には追従する．無限大の位相偏差は無限大の時間後にしか蓄積しない．無限大の故に，追従された位相ノイズの積分は有益な概念ではない．

積分された追従されない位相ノイズ θ_u はずっと有益な概念である．

$$\sigma_{\theta_u}^2 = \int_0^\infty W_{u\phi}(f) df = \int_0^\infty W_\phi(f) |E(f)|^2 df \quad \text{rad}^2 \tag{7.17}$$

式 (7.17) は入力上ならびに VCO 上の位相ノイズに起因し，$W_\phi(f)$ という結合スペクトルを持った2乗平均追従誤差を記述している．

7.5.2 過大な位相ノイズ

追従されない位相ノイズにより PLL トラッキングにストレスが加わる．過大な追従されない位相ノイズにより，サイクル・スリップやロックの完全喪失さえ引き起こされる．追従されない位相ノイズの許容可能限界に関してあまり情報は無い．過大ストレスの限界に対する大変大雑把な考えは，第6章で描かれたような加算的な白色ノイズに対して良く知られている結果から推論することができる．線形操作に基づいて得られる式 (6.25) は，位相分散を信号対ノイズ比 SNR_L に対して，$\sigma_{\theta no}^2 = 1/(2SNR_L)$ rad^2 により関係付けた．それから 6.2 節では，位相分散はもし $SNR_L < 2.5$（すなわち 4dB）ならばこの式で予測されるよりも著しく大きくて，PLL は通常 $SNR_L \approx 1$(0dB) でロックが失われるということが述べられた．公式 (6.25) によれば，4dB の SNR_L の値に対しては 0.2 rad^2 (26° rms) の位相分散，0dB の SNR_L の値に対しては 0.5 rad^2 (40° rms) の位相分散が与えられる．位相ノイズによる追従されない位相ジッタに対する (7.17) の同様な値が，かなり容認しがたい動作の警告として解釈されるべきである．

7.5.3 コヒーレントな復調に対する効果

位相ノイズは数多くの通信システムにおいて深刻な問題である．占有されていない無線スペクトルを見出す努力の中で一層高いキャリア周波数が用いられる場合にこの問題は一層悪化する．PLL に対するストレスは追従されない位相ノイズの唯一の悪い効果というわけではなく，最も重要な効果であるというわけですらない．ループ・ストレスの観点から許容できる追従されない位相ノイズの量でも，コヒーレントな復調器を持った受信機で許容できないほど高いレートのデ

シジョン・エラーを引き起こす可能性がある．位相ノイズの効果は大きくて緊密につまった信号コンステレーションでは特に損害が大きい．位相ノイズはシステム性能の予算の中で余裕が必要であり，予算以内であることを保証するためには評価が必要である．

7.5.4 バンド幅トレード・オフ

$E(f)$はハイパス周波数応答を持っていることに注意しよう．PLLのバンド幅Kの増加によりハイパス・コーナーが高周波側にシフトし追従されない位相ジッタの積分は減少する．(6.19)では加算的なノイズが$H(f)$のローパス・フィルタ動作により抑制されるが，この(6.19)により与えられるような加算的なノイズに起因する位相ジッタに対するバンド幅の効果に対して，これは逆である．

加算的なノイズと位相ノイズを一緒にしたものに起因する全位相ジッタは次の形をしている．

$$\sigma_{\theta o}^2 = \int_0^\infty W_{n'}(f)|H(f)|^2 df + \int_0^\infty W_\phi(f)|E(f)|^2 df \tag{7.18}$$

(7.18)の全位相ジッタを最小化するループ・パラメータの選択が存在する．特殊な例として，加算的な白色ノイズと主にh_3/f^3位相ノイズとを与えられた狭帯域の2次タイプ2 PLLを考えよう．これらの制約のある（しかしある応用では現実的な）条件下で，解析［7.16, 7.17］は，位相ジッタの積分に対する位相ノイズの寄与は，もしζが1.14に設定されていれば任意のノイズ・バンド幅B_Lに対して最小化されるということを示している．加算的な白色ノイズによる寄与はB_Lのみに依存し［(6.23) 参照］，ζには依存しないので，$\zeta=1.14$の選択は述べた条件に対して最適なダンピングとなっている．最適なB_Lを見出すために，以下を(7.18)に代入しよう．(6.23)で定義されているようにSNRとB_Lに関する加算的な白色ノイズによる位相ジッタの寄与，位相ジッタの積分へのh_3/f^3位相ノイズの寄与を定義する付録7Bの(7B.4)に対する平方根近似，B_LをKとζに関係付ける表6.1からの式，それと$\zeta=1.14$である．B_Lに関して微分し，その導関数をゼロとおいて解くことにより，最適なノイズ・バンド幅$B_L \approx (15h_3P_S/W_0)^{1/3}$ Hzを得る．

位相ノイズ・スペクトルは，殆どの他の応用では同様に簡単であることは稀である．解析的な最適化は実現しそうもないことが通常で，従って，数値積分と最小値の探索が通常は必要になる．スプレッド・シートは，必要なデータを集めて，試行錯誤で最適パラメータを見出すのに便利なツールである．

7.5.5 積　分

追従されない位相ノイズの積分は形式的には(7.7)の項と$|E(f)|^2$に対する式を(7.17)に代入し，積分の値を求めることにより決定することができる．付録7Bは(7.7)の各個別の項に対して2次タイプ2 PLLの例を提供する．この結果は，必ずしも，位相ノイズ・スペクトルがもっと複雑な実世界の事情に直接適用できるものではないが，PLLの追従能力と，PLLパラメータに対する追従されない位相ノイズの積分の依存性とに対する有益な洞察を与えてくれる．実際のハードウェアで規定されるような位相ノイズの近似的な積分は，付録7Cと7Dに述べられる式を用いてスプレッドシートの助けを借りて実行することができる．

位相ノイズ・サイドバンドと振幅ノイズ・サイドバンドが結合して原因となる隣接チャネル干渉は，干渉源のRFスペクトル$W_I(f)$と，犠牲になるレシーバのRF参照周波数応答$X(f)$とから最もよく評価することができる．受信機のパスバンド内の干渉パワーは次式で与えられる．

$$P_I = \int_0^\infty W_I(f)|X(f)|^2 df \quad \text{ワット} \tag{7.19}$$

ここで，下付き文字Iは干渉源を表す．もし，干渉源と被害対象物のキャリア周波数が十分に遠く離れているならば，振幅ノイズは干渉サイドバンド内で位相ノイズと同程度なので，位相ノイズだけの評価では楽観的過ぎるであろう．

更に，レシーバの局部発振器内に起源を持つ位相ノイズは隣接チャネルの信号のスペクトルを拡散し，それによって，たとえ，伝送される隣接チャネル信号がレシーバのパスバンドの外側に完全に限定されたスペクトルを持っているにしても所望の信号に対する干渉の原因となりうる．もし，レシーバの位相ノイズの正規化されたパスバンド・スペクトルが$\mathcal{L}_R(\Delta f)$であるならば，レシーバのパスバンド内の干渉パワーは結果的に次のようになる．

$$P_I = \int_0^\infty [W_I(f) \otimes \mathcal{L}_R(f - f_I)]|X(f)|^2 df \quad \text{ワット} \tag{7.20}$$

ここで$\otimes$はコンボリューション（畳み込み）を表し，f_Iは干渉源のキャリア周波数であり，下付き文字Rはレシーバを指す．

7.5.6 パラドックス

高周波カットオフがh_1とh_0のスペクトル項に適用されると仮定すると（付録7B 参照），(7.17)の積分は，タイプ2以上のいかなるPLLに対しても，(7.7)の全ての項に対して収束する．しかしながら，この積分はタイプ1のいかなるPLLに対してもh_3とh_4の項で発散し，正式な手順によれば，タイプ1のPLLは追従されない位相ジッタが無限にあり，そのためロックを失うと予測される．完全な積分器はアナログ回路では作れないので，全てのアナログPLLはタイプ1である．アナログPLLは大変よく位相同期しており，理論にもかかわらず，ひどく劣悪な条件下でもなければ同期を失うことはないということを多年の経験と数え切れない程多数の成功したPLLは保証している．理論と観測された挙動がこれほど過激に乖離した場合に人はどう考えたらいいのだろうか？

位相ノイズの非静止性と位相ノイズ・スペクトルの意味とに関する警告が前節で明らかにされた．〔(7.7)における位相ノイズの全成分は，h_0に対するものを除き，非静止的である．更に，h_4/f^4とh_3/f^3の1次増分は非静止的である．〕従って，1つの可能性は，これらの警告を無視して開発された理論は間違っているかもしれないし，タイプ1 PLLは同期不能であるとの予測は単に欠陥のある理論の結果に過ぎないのかもしれないということである．

もう1つの可能性は，この理論は正しいがその解釈が間違っているということである．位相ノイズは累積的なので，この理論は単に，タイプ1 PLLの位相誤差の積分の2乗平均は静止的ではなく，時間とともに増加すると言っているだけなのかもしれない．実用的なPLLにおける増加率は非常に遅いので同期が外れる時間が長すぎて観測できない可能性がある．この説明はGrayとTausworthe〔7.16〕によって示唆され，Egan〔7.18〕によって拡張された．

上で述べた説明のいずれも，動くPLLを設計しなければならない現役のエンジニアには大した慰めにはならない．このパラドックスを回避するために，いくつかの応急処置がとられてきた．

- もしPLLが不完全な積分器をそのループ・フィルタ内に持っているならば，単にそれが完全であるふりをする．そうすると積分は収束し，全てはうまくいく．非常に多くの実用的な

第7章 位相ノイズの効果

PLL のループ・フィルタの中には近似的な積分器が入っているので，この応急処置はかなりよく役に立ってきた．

- 位相ノイズの h_3 と h_4 の成分は無視する．残りの成分に対しては積分は収束する（高周波カットオフが h_1 と h_0 項に対しては適用されると仮定する）． h_4 項を殆どの PLL に対して無視するのは理にかなっているが，特にバンド幅の小さな PLL で h_3 項を無視するのは危険である．
- 低周波カットオフをその問題に適用する．すなわち，積分の下限を，ゼロより大きなある低い周波数に設定する．これは普通の，しかし危険な応急処置であり，仕様や実験データが低周波限界を持つ場合には特に誘惑である．これはバンド幅が小さい PLL に対しては取り分け危険である．この問題は付録 7C の一部として更に取り組む．殆どの発振器のスペクトルにおいて $1/f^3$ の形状が低周波で緩和することに対しては理論的もしくは実験的な証拠は存在しないことを認識すること ［7.7］．

7.5.7 スペクトル線の積分

位相ノイズ変調に対する上記の積分公式は，連続的位相ノイズ・スペクトル密度 $W_\phi(f)$ に基づいて展開されたものである．7.3.3 項では，位相ノイズ・アナライザが離散スペクトル線を連続スペクトルから区別することができない可能性があり，従って，不適切なキャリブレーションによって離散的な線のパワーに対して誤った値を表示する可能性があると警告された．十分注目すべきことだが，もしアナライザが離散的な線スペクトルを連続的なスペクトルから区別できないとすると，誤った特性キャリブレーションを含んでいても，表示されたスペクトル密度の積分で，位相ノイズの正確な積分値を生じる可能性がある．詳細は付録 7D を参照のこと．

分解能帯域幅が線のパワーの殆ど全てを含むだけ十分に広いと仮定すれば，RF スペクトルの中の離散的な線のパワーは一般に正確に表示されている．（バンド幅が十分大きいかどうかチェックするためには，RBW を 2 倍にして，線に起因するパワーが著しく増加するかどうか見ればよい．）7.2.3 項で説明されているように，普通はユーザによってスケールを調節されなければならないのは連続的な RF スペクトルである．（位相ノイズと振幅ノイズの両者を含む）サイドバンド・パワーの積分を決定するためには，まず，離散的な線を全て分離し，それらのパワーを単純に足し合わせる．（dBmW ではなく mW で足し合わせる．）それから，適切なキャリブレーションを考慮に入れて，残りの連続スペクトルを積分する．RF にしても復調された位相ノイズにしても，いずれの種類のスペクトルに対しても，積分を関心のある周波数に限定するために，(7.17) におけるような $|E(f)|^2$ や，(7.19) か (7.20) におけるような $|X(f)|^2$ のように，重み付け関数を含めて積分しなければならない．

7.5.8 位相ノイズ仕様

位相ノイズに対する制約は正式な仕様に組み入れる必要があることが多い．1 つの通常のアプローチは，単一の周波数オフセット f の値に対して dBc/Hz 単位で $10 \log[W_\phi(f)]$ を規定することである．（実際には，その仕様は通常 $10 \log[\mathcal{L}(\Delta f)]$ で記述されるが，これは普通は $10 \log[W_\phi(f)] - 3 \mathrm{dB}$ と解釈されるべきである．）

この方式の仕様は危険である．装置はこの仕様に合致するであろうが，まだ満足すべき性能を与えてはいない．この方式は，位相ノイズ・スペクトルの形状には何らの制約も課しておらず，

また，離散的なスペクトル成分を全く考慮していない．これは広く使用されているにもかかわらず，過小仕様であり，一般的には避けるべきである．

もう1つのアプローチは，$W_\phi(f)$に対する位相ノイズ・マスクを規定することであり，これは発振器やシンセサイザのカタログ・データに適した様式である．これは単一の点での仕様よりずっと安全であるが，これもシステムの仕様としては次のような欠点がある．(1) マスクは製造業者に対して不必要に厳しい制約を課し，それによってコストを引き上げる可能性があるという点で過大仕様であることが多く，(2) それは，容易には離散的なスペクトル成分に対応できない．

位相ノイズの積分の仕様により，過小ならびに過大な仕様の危険が回避される．たった1つのオフセット周波数でのスペクトル密度だけでなく，全ての関連する位相ノイズが考慮されている．スペクトルの形状の詳細は重要でなく，従って，仕様からは省略される．離散的なスペクトル線は自動的に含まれる．この仕様は位相ノイズの分散の積分に対する限界と位相ノイズを測定する重み付けフィルタの特性とからなる．隣接チャネル干渉の場合には，所望の信号と干渉源の間の周波数間隔もまた規定される．システムの複数の異なるブロックからの位相ノイズの寄与は通常は個別の分散の和として結合され，各ブロックの位相ノイズの積分は，この条件が成立する場合に個別に規定することができる．例えば，通信システムに対する仕様では，位相ノイズの2乗平均の許容値，PLLのタイプとノイズ・バンド幅とダンピング・ファクタ，それから積分の上限周波数が列挙されよう．PLLの特性と周波数上限により，積分の重み付けフィルタの性質が確立される．この種の仕様は多年にわたり宇宙通信システムのフェーズロック・レシーバに用いられてきている．

7.6 タイミング・ジッタ

位相の変動よりもむしろ，タイミング・ジッタと通常呼ばれているタイミングの変動を特性付けする必要があることが多い．位相とタイミングの変動は，付録7Eで説明されているように，緊密に関係しているが，タイミングの記述はこれまでの位相変動の記述には現れてこなかった微妙さを示している．これらの微妙さ，タイミング・ジッタの多くの原因，そして多様な応用により，この話題に関する文献に有る程度の混乱が見られるようになってきた．付録7Eの記述は発振器で生じ，PLLで処理されるタイミング・ジッタに制限されている．その付録での定義と結果は，Lee [7.19] に厳密に従っているが，表記法は本書の他の部分で確立されているものに合致するように変更されており，単純化と短縮化も伴っている．この話題に関する初期の出版物に関してはLeeの論文の中の参考文献を参照のこと．

発振器がタイミング・ジッタの主な原因であると結論してはならない．他の原因には発振器内の位相累積から生じるh_2/f^2, h_3/f^3, h_4/f^4のスペクトル項が含まれることはめったに無いが，いかなるまともな発振器よりもはるかに大きなジッタを持ち込む数多くの原因が存在する．そのいくつかは以下のとおりである．

- ディジタル遠距離通信の地上線において，パルスを補充したりポインタを調節するマルチプレクサやデマルチプレクサに起因するジッタ [7.20-7.25]
- 加算的ノイズに起因するジッタ（第6章）
- シンボル間干渉の1形態である自己ノイズ [7.26, 7.27]

第7章 位相ノイズの効果

- データ・レピータのチェーン内でのジッタの累積 [7.28-7.33]
- 加算的な干渉（共通チャネルもしくは隣接チャネル）；クロストーク
- 同じシステム内の他の近接回路，特に，ディジタル回路のスイッチングからの内部的な取り込み

付録7A：ハード・リミッター内の干渉の解析

入力信号プラス干渉

$$x(t) = A\cos2\pi f_o t + B\cos2\pi(f_o + \Delta f)t$$
$$= A\cos2\pi f_o t + B[\cos2\pi f_o t \cos2\pi\Delta ft - \sin2\pi f_o t \sin2\pi\Delta ft]$$
$$= (A + B\cos2\pi\Delta ft)\cos2\pi f_o t - B\sin2\pi\Delta ft \sin2\pi f_o t$$

これは，振幅変調と位相変調を結合するものとして認識されよう．ハード・リミッターは振幅変調を除去し，位相変調のみを残す．

$$\phi(t) = \tan^{-1}\frac{B\sin2\pi\Delta ft}{A + B\cos2\pi\Delta ft}$$

$$\approx \frac{B}{A}\sin2\pi\Delta ft \quad \text{if } B \ll A$$

リミッターの出力を $y(t)$ と表記する．

$$y(t) = \cos[2\pi f_o t + \phi(t)] \approx \cos\left(2\pi f_o t + \frac{B}{A}\sin2\pi\Delta ft\right)$$
$$= \cos2\pi f_o t \cos\left(\frac{B}{A}\sin2\pi\Delta ft\right) - \sin2\pi f_o t \sin\left(\frac{B}{A}\sin2\pi\Delta ft\right)$$
$$\approx \cos2\pi f_o t - \sin2\pi f_o t\left[2\sum_{n=1}^{\infty}J_{2n-1}\left(\frac{B}{A}\right)\sin2\pi(2n-1)\Delta ft\right]$$
$$\approx \cos2\pi f_o t - \frac{B}{A}\sin2\pi f_o t \sin2\pi\Delta ft$$
$$= \cos2\pi f_o t + \frac{B}{2A}\cos2\pi(f_o + \Delta f)t - \frac{B}{2A}\cos2\pi(f_o - \Delta f)t$$

付録7B：追従されない位相ノイズの積分

位相ノイズの連続スペクトルは，(7.7) のように，$\nu = 0, 1, 2, 3$ もしくは4として，h_ν/f^ν の形の項の和で良好に近似される場合が多い．ν 番目の項による追従されない位相ノイズの積分への寄与は次式で与えられる．

$$\sigma_\nu^2 = h_\nu \int_0^\infty \frac{1}{f^\nu}|E(f)|^2 df \quad \text{rad}^2 \tag{7B.1}$$

この付録では2次タイプ2 PLLの積分を $\nu = 0$ から4までについて列挙する．高周波カットオフが $\nu = 1$ と0に対して適用されると仮定して，全ての積分はタイプ2 PLLに対して収束する．[コメント：$\nu = 4$ に対する項はPLLに対して問題にならないことが多く，ここでは参考までに掲載してある．]

7B.1 積分手順

パラメータ K と ζ を持った誤差伝達関数が (2.21) のように使われた．(2.21) の操作により，

$$|E(f)|^2 = \frac{(4\pi f \zeta)^4}{(8\pi f \zeta^2)^2(K^2 + 4\pi^2 f^2) - 2(4\pi K f \zeta)^2 + K^4} \tag{7B.2}$$

この式はコンピュータの代数的なプログラムにより，各 ν 毎に，h_ν/f^ν を掛けて，積分された．$\nu = 1$ および 0 に対する式は，積分上限で強制的に収束させるために，高周波カットオフが必要である．2 つの異なるカットオフがこれらの項に適用された．すなわち $f = B$ Hz における急峻なカットオフか，あるいは，絶対値を 2 乗した周波数応答が $1/(1+f^2/B^2)$ である単一の極のロールオフかである．両者の結果はリストにしてある．

7B.2 積分結果

積分の詳細はプログラムの内部に隠されており，結果のみが以下にリストにされている．

- h_4/f^4 項

$$\sigma_4^2 = h_4 \frac{16\pi^4 \zeta^2}{K^3} \tag{7B.3}$$

- h_3/f^3 項

$$\sigma_3^2 = \begin{cases} \dfrac{h_3}{K^2} \dfrac{2\pi^2 \zeta \left[\pi - 2\sin^{-1}(2\zeta^2 - 1)\right]}{\sqrt{1-\zeta^2}}, & \zeta < 1 \\[1em] \dfrac{h_3}{K^2} 8\pi^2, & \zeta = 1 \\[1em] \dfrac{h_3}{K^2} \dfrac{2\pi^2 \zeta \ln[(2\zeta\sqrt{\zeta^2-1} + 2\zeta^2 - 1)^2]}{\sqrt{\zeta^2-1}}, & \zeta > 1 \end{cases} \tag{7B.4}$$

2 個の簡単な近似が σ_3^2 に対して見出されている．それらは複雑な (7B.4) の代わりに数値計算に使用することができる．

- 平方根近似

$$\sigma_3^2 \approx \frac{8\pi^2 h_3}{K^2}\sqrt{\zeta} \quad \text{rad}^2$$

- 二次近似

$$\sigma_3^2 \approx \frac{4\pi h_3}{K^2}(1 + 2\pi\zeta - \zeta^2) \quad \text{rad}^2$$

両者の近似は $\zeta = 1$ で正確であり，二次近似は $\zeta \approx 0.75$ および 2 でも正確である．平方根近似の誤差は，いかなる $\zeta \geq 0.7$ に対しても $\pm 7.5\%$ (0.3dB) を超えないのに対して，二次近似では $0.6 < \zeta < 2.25$ に対しては $\pm 1\%$ 以内であるが，$0.32 < \zeta < 3.2$ に対しては $\pm 10\%$ 以内である．二次近似の精度は $\zeta > 3.2$ に対して急激に悪化するが，平方根近似の精度は ζ が大きくなると次第に改善される．

- h_2/f^2 項

$$\sigma_2^2 = \frac{h_2 \pi^2}{K} \qquad \zeta \text{と独立} \tag{7B.5}$$

第7章 位相ノイズの効果

- h_1/f 項（$\zeta=1$, 急峻なカットオフ）

$$\sigma_1^2 = \frac{h_1}{2} \frac{(16\pi^2 B^2 + K^2)\ln\left(\frac{16\pi^2 B^2 + K^2}{K^2}\right) - 16\pi^2 B^2}{16\pi^2 B^2 + K^2}$$

$$= \frac{h_1}{2}\left\{2\ln\left(\frac{4\pi B}{K}\right) + \ln\left[1+\left(\frac{K}{4\pi B}\right)^2\right] - \frac{1}{1+(K/4\pi B)^2}\right\} \quad (7\text{B}.6)$$

$$\approx h_1\left[\ln\left(\frac{4\pi B}{K}\right) - 1/2\right], \quad K \ll 4\pi B$$

- h_1/f 項（$\zeta=1$, 単極ロールオフ）

$$\sigma_1^2 = h_1 \frac{8\pi^2 B^2\left[32\pi^2 B^2 \ln\left(\frac{4\pi B}{K}\right) - 16\pi^2 B^2 + K^2\right]}{(16\pi^2 B^2 - K^2)^2}$$

$$= h_1\left[\frac{1}{1-(K/4\pi B)^2}\right]\left[\frac{1}{1-(K/4\pi B)^2}\ln\left(\frac{4\pi B}{K}\right) - 1/2\right]$$

$$\approx h_1\left[\ln\left(\frac{4\pi B}{K}\right) - 1/2\right], \quad K \ll 4\pi B \quad (7\text{B}.7)$$

- h_0 項（$\zeta=1$, 急峻なカットオフ）

$$\sigma_0^2 = h_0 \frac{4\pi B\left[2 + 3\left(\frac{K}{4\pi B}\right)^2\right] - 3K\left[1+\left(\frac{K}{4\pi B}\right)^2\right]\tan^{-1}\left(\frac{4\pi B}{K}\right)}{8\pi\left[1+\left(\frac{K}{4\pi B}\right)^2\right]}$$

$$\approx h_0 \frac{8\pi B - 3K\pi/2}{8\pi} = h_0\left(B - \frac{3K}{16}\right), \quad K \ll 4\pi B$$

$$\approx h_0 B, \quad K \ll 16B/3 \quad (7\text{B}.8)$$

- h_0 項（単極ロールオフ）

$$\sigma_0^2 = h_0 \frac{\pi^2 B^2 (8\pi B\zeta^2 + K)}{8\pi B\zeta^2(2\pi B + K) + K^2} \quad (7\text{B}.9)$$

もし，$\zeta=1$ ならば

$$\sigma_0^2 = h_0 \pi B \frac{1+\dfrac{K}{8\pi B}}{2 + \dfrac{K}{\pi B} + \dfrac{1}{8}\left(\dfrac{K}{\pi B}\right)^2} \quad (7\text{B}.10)$$

$$\approx \frac{h_0 \pi B}{2}, \quad K \ll \pi B$$

7B.3 検 討

任意のζに対する結果は骨が折れすぎるし，込み入りすぎていて表示したり簡単に理解するのが困難なので（7B.6）から（7B.8）までの結果は$\zeta=1$に対してだけ示されている．ダンピング$\zeta \approx 1$が使われることが多いので，$\zeta=1$に対する式は多くのPLLに対して良い近似であるべきである．（7B.6）ないし（7B.10）における近似的な結果を正当化するために規定される不等式は，殆どの実用的な状況で適用可能である．（7B.8）と（7B.10）の近似的な結果に関して，Bは急峻なカットオフのローパス・フィルタのノイズ・バンド幅(B_N)であって，$\pi B/2$は単極ローパス・フィルタのノイズ・バンド幅であることに注意すること．さらに，急峻なカットオフと単極のロールオフはローパス・フィルタの極端な例であり，殆どの他の実用的なローパス・フィルタはその両極端の間の性質を持っている．これらの観察により，白色位相ノイズによる追従されない位相ノイズの分散の積分は，ローパス・フィルタの他の特性を心配せずに，$h_0 B_N$で近似できることが示される．

付録7C：PLL位相ノイズの数値積分

この付録では，PLLの追従されない位相ノイズの積分を，ベースバンドの位相ノイズ・スペクトルの測定もしくは仕様から得られた数値データにより如何にして計算するかが示されている．

このモデルは，入力信号もしくは自らのVCOの位相ノイズによって包囲された所定の伝達関数を有するPLLに関するものであって，位相ノイズの原因がいずれであれ計算は同じである．

7C.1 位相ノイズの積分の定義と応用

追従されない位相ノイズの積分は（7.17）で次のように定義された．

$$\sigma_{\theta u}^2 = \int_0^\infty W_\phi(f) |E(f)|^2 df \qquad \text{rad}^2 \qquad (7C.1)$$

ここで，$W_\phi(f)$は位相ノイズ源の片側スペクトル密度で，$E(f)$はPLLの誤差応答である．式(7C.1)は数値的に近似しようとしている積分である．ここに記した方法は，誤差応答が代数的な公式で記述され，また，位相ノイズのスペクトル密度が表形式のデータで与えられることを仮定している．

物理システムは多数の位相ノイズ源を持っている可能性が高い．（線形フィルタリングのように，あるいは，スカラーによる掛け算か割り算のように）位相変調に対する線形操作だけをそのシステムが実行するならば，そして，全ての原因が無相関であるならば，各原因からの寄与は個別に計算することができる．位相分散の全積分は，個別の寄与の分散の和としてただちに計算される．従って，ここでは単一の原因を取り扱う．さらに，加算的なノイズに起因し，公式(6.19)，(6.21)から(6.23)まで，あるいは(6.26)によって別々に得られた位相分散は，また，その和に含めることもできる．加算的なノイズに対するこれらの簡単な計算はここではさらに説明はしない．（指定された位相ノイズ源，入力信号対ノイズ密度比，およびPLL伝達関数の制約のもとで）達成しうる最小の全位相分散は，PLLのパラメータにわたって調べることで見出すことができる．全ての計算はスプレッドシートに十分適している．

7C.2 データ・フォーマット

ベースバンドのスペクトル・データは正確な位相ノイズ・スペクトル $W_\phi(f)$, もしくは誤ったラベルを付けられた $L(\Delta f) = W_\phi(f)/2$ を表すことができる. 実際は, 位相ノイズ・データは殆ど常に $10 \log[W_\phi(f)]$ もしくは $10 \log[L(\Delta f)] = 10 \log[W_\phi(f)] - 3\mathrm{dB}$ のように dB 形式で与えられる. 処理方法は両者に対応している. 入力データは, f_i と指定された離散的な周波数における有限個の欄と $D(f_i) = D_i$ と指定されたスペクトル密度データとして与えられる. ここで, i は周波数に対する記号の指標である. データ D_i は $10 \log[W_\phi(f_i)]$ もしくは $10 \log[L(f_i)]$ であって, データの起源の表記法によって指定される.

データ・セットの最低の周波数は f_a と記され, データ・セットの中の最高周波数は f_b と記される. 製造業者の仕様からのデータ・セットは少数の点しか含んでいないかもしれないが, 位相ノイズ・アナライザからのデータ・セットは数千個もの点を含んでいる. 周波数ポイントは等間隔であるという意味合いは無く, 逆に, 間隔は殆ど常に不均一である. PLL の誤差応答は非常に便利に, $Ed_i = 10 \log |E(f_i)|^2 \mathrm{dB}$ として与えられ (d は dB の略), これは計算に関連する各周波数 f_i に対して評価されるべき量である.

7C.3 データ補正

計算には各データ点におけるスペクトル・データもしくはデータ・セット内の点の数を補正する必要があることが多い.

スペクトル補正 補正されたスペクトル・データを $Wd_i = D_i + A$ と表記する. ここで, dB 単位の A はスペクトル・データに適用される補正であり, 全てのデータ点で同じである. A にはいくつかの構成要素があり得る.
- 何の補正も必要でないならば $A = 0$.
- もし, 与えられた D_i が $W(f)$ ではなくて $L(f)$ と指定されているならば 3dB を A に加える.
- 位相ノイズがその基本周波数で規定されている発振器の N 番目の高調波 (サブ高調波) に起因するならば, A に (から) $20 \log(N)$ dB を加える (差し引く).
- もしシステムが同じスペクトルの 2 つの無相関位相ノイズ源を有するならば, A に 3dB を加える. こうした状況は送信機と受信機の両者に類似した局部発振器を用いている通信システムではよく起きる.

データ・セットの補正 他のいくつかの補正が次の 2~3 の段落で, 記述される. 積分 (7C.1) は 0 と無限大の境界値を持つが, データ・セットはいずれの境界までにも広がっていない. 実現可能な下限 f_3 と上限 f_h は数値積分のために確立されなければならない. データ・セット内の点の数は増加もしくは切り取りが必要な可能性がある.

上限を選ぶ ディジタル・データ通信システムにおいて, f_h は通常は符号レートの半分が選ばれる. もし $f_h < f_b$ ならば, 単にデータ・セットを適度に切り詰める. もし $f_h > f_b$ ならば, データ・セットは拡張されなければならない. 悲観的に拡張するには単に周波数 f_h で, スペクトル・データ $D(f_h) = D(f_b)$ を有するデータ点を 1 つ追加する, すなわち, 平坦な拡張である.

あるいはまた，通常はもっと楽観的な拡張により，f_bにおける dB でのスペクトル勾配が評価され，それがf_hまで拡張される．上限周波数の拡張は，拡張内での真のスペクトル・データに関してかなりの不確実性が伴う可能性がある．不確実性の重さを見積もるために最善と最悪のケースの確証を試みるのが賢明である．

下限の取り扱い　データ・セット内の最低周波数f_aは常にゼロより大きいが，ゼロ以外の積分の下限に対する正当化は存在しない．さらに，全ての発振器は，十分に低周波で他の全てのスペクトル成分を圧倒するh_3/f^3の位相ノイズ・スペクトルを示している．低周波に対する理にかなった取り扱いは数値積分の下限を周波数f_3に設定することであり，この周波数はこれ以下でh_3/f^3のノイズが支配的になるコーナー周波数である．それから，h_3/f^3の寄与が付録7Bの方法に応じて解析的に求められ，f_3で始まる周波数に対する数値積分から得られた位相分散に単純に足しあわされる．

もしコーナー周波数f_3がデータ・セットの中にあれば，f_3より下の周波数は数値積分からは削除される．もし，いかなるh_3/f^3の勾配もデータ・セットの低周波領域で明らかではないならば，最も保守的な行動は，$f_3 = f_a$を割り当てることである．もし，$W_d(f_3)$がf_3の点に対して補正されたスペクトル・データであるならば，解析的な積分に対する係数h_3の値は次のように計算される．

$$h_3 = f_3^3 \cdot 10^{Wd(f_3)/10} \tag{7C.2}$$

解析的な積分の下限は$f = 0$である．積分が$f = \infty$で収束し，また他のスペクトル成分がf_3より上の周波数で支配的であるので，簡単のため，解析的な積分は無限大の上限まで実行してもよい．これらの理由により，f_3より上の解析的な積分の延長は，解析的な計算と数値的な計算の和に対してあまり大きな効果は持たないであろう．

［**コメント**：1つのスペクトルには2個以上の$1/f^3$の振る舞いの領域が含まれる可能性がある．$f = 0$からf_3までの$1/f^3$領域のみが解析的に積分されるべきである．f_3を超える，いかなる分離した$1/f^3$領域も他のスペクトル成分とともに数値的に積分されるべきである．］

内挿された点　データ頻度の間隔はまばらすぎることがあり，特に簡単な仕様から抽出したデータ・セットの場合は特にそうである．数値積分から容認できる結果を得るためには，データ・セットに内挿された点を追加することが必要かもしれない．内挿の密度は，判断の問題であって，それに対していかなる確固としたルールも定めることはできない．次の考察に留意して欲しい．(1) 数値積分は log-log グラフ上で直線として表示されるスペクトル領域で非常に正確である．かなりの曲率もしくは鋭い勾配の変化の領域では追加のデータ点を補充するべきである．(2) $E(f)$のハイパス・コーナー周波数に近いスペクトル領域は，位相ノイズの積分に極端に寄与する．（ハイパス・フィルタされた位相ノイズのスペクトルは通例ではそのコーナーの近傍にピークを持つ．）コーナー周波数の近傍で十分な密度のデータ点を供給した方が良い．

7C.4　データ・フィルタリング

フィルタリングの効果は，各周波数f_iで補正された dB スペクトル・データにEd_iを加えることにより直ちに計算される．記号で書くと，

$$U_i = Wd_i + Ed_i = D_i + A + Ed_i \qquad (7C.3)$$

7C.5 数値積分

データ点が十分な密度で与えられているならば，log-log スケールでのデータのグラフは，1つの点から次の点まで殆ど直線のように見え，図7C.1に示したようになる．すなわち，$U(f_i) = U_i$ のプロットは次式に密接に近づく．

$$U(f) \approx 10[r_i \log(f) + q_i] \qquad \text{dB} \qquad (7C.4)$$

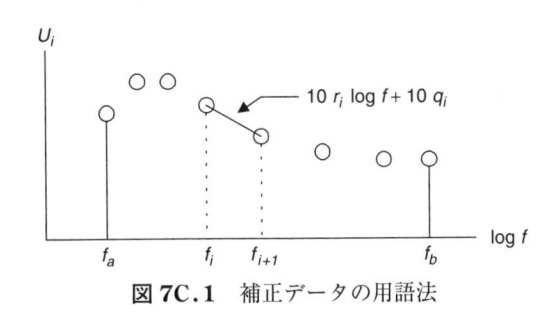

図 7C.1 補正データの用語法

ここで，r_i は log-log での勾配であり，q_i は近似の log-log での $f = f_i$ における切片である．積分はリニア・スケールでなければならず対数的ではない．そのために，次式を定義する．

$$V(f) = 10^{U(f)/10} \approx f^{r_i} \cdot 10^{q_i} \qquad (7C.5)$$

こうして，$V(f)$ ——積分されるべき量——は f のべき乗則に従う．i 番目の区間での積分は

$$\begin{aligned} I_i &= \int_{f_i}^{f_{i+1}} V(f) df \\ &\approx \frac{10^{q_i}}{1+r_i}\left(f_{i+1}^{r_i+1} - f_i^{r_i+1}\right), \quad r_i \neq -1 \\ &\approx 10^{q_i} \ln(10) \log\frac{f_{i+1}}{f_i}, \quad r_i = -1 \end{aligned} \qquad (7C.6)$$

i 番目の区間の勾配は前方分割差分で次のように近似される．

$$r_i \approx \frac{1}{10}\frac{U(f_{i+1}) - U(f_i)}{\log(f_{i+1}/f_i)} \qquad (7C.7)$$

また，関連する切片は

$$10^{q_i} \approx \frac{10^{U(f_i)/10}}{f_i^{r_i}} \qquad (7C.8)$$

f_3 から f_h までの全積分 I_N は $f_i = f_3$ から f_{h-1} までの I_i の和である．それに対して，加算されなければならないのは，h_3/f^3 ノイズに対して解析的に求められた I_3，加算的なノイズからの寄与ならびに他の位相ノイズ源の積分からの寄与である．

付録 7D：位相ノイズ・スペクトル内の離散的な線の積分

片側単一周波数位相変調をシッソイド（疾走線）として表現する．

$$\phi_d(t) = \frac{\beta}{\sqrt{2}} e^{j2\pi f_d t} \qquad \text{rad} \qquad (7D.1)$$

この複素波形のフーリエ変換は面積 $\beta/\sqrt{2}$ で $f = f_d$ に位置するデルタ関数である．変調強度は $|\phi_d(t)|^2 = \beta^2/2 \text{ rad}^2$ であり，これは，（両側フーリエ変換を有する）実数のコサイン波と同じ強度である．(7D.1) を位相ノイズ・アナライザ内の位相復調器の出力と考えよう．その出力は，測定周波数 f_m が $-\infty$ から ∞ まで掃引される，片側複素解析フィルタに印加される．フィルタの周波数応答を $Y(f - f_m)$ と表記する．フィルタ応答は 1 つのピークを $f = f_m$ に持ち，フィルタの裾野がスペクトラム・アナライザにおいて望ましい性質を持っている．掃引は非常に遅いために擬似静止的とみなすことができる．すなわち，測定されたフィルタ出力は定常値であり，過渡現象で汚染されていない．フィルタ応答は極座標形式で次のように表現できる．

$$Y(f - f_m) = |Y(f - f_m)| e^{j\psi(f - f_m)} \qquad (7D.2)$$

ここで ψ はフィルタの位相シフトである．解析フィルタのバンド幅と形状は全ての f_m に対して同じであると仮定されており，その周波数上の位置だけが f_m が掃引される際に変化する．特に，そのピーク応答 $|Y(0)|$ とそのノイズ・バンド幅 B_N は f_m と独立であると仮定されている．

もし，$\phi_d(t)$ がフィルタへの入力として印加されるならば，その出力は，

$$x(t) = \frac{\beta}{\sqrt{2}} |Y(f_d - f_m)| e^{j[2\pi f_d t + \psi(f_d - f_m)]} \qquad (7D.3)$$

アナライザの最終出力は，このすぐ後のスクエア・ローによる検出と平滑化の後で，

$$P_d(f_m) = |x(t)|^2 = \frac{\beta^2}{2} |Y(f_d - f_m)|^2 \qquad (7D.4)$$

$P_d(f_m)$ を全ての f_m に対して積分して，$\phi_d(t)$ による位相ノイズの積分の尺度が得られる．

$$\int_{-\infty}^{\infty} P_d(f_d - f_m) df_m = \frac{\beta^2}{2} \int_{-\infty}^{\infty} |Y(f_d - f_m)|^2 df_m$$
$$= \frac{\beta^2}{2} |Y(0)|^2 B_N = \sigma_d^2 |Y(0)|^2 B_N \qquad (7D.5)$$

ここで $\sigma_d^2 = \beta^2/2 \text{ rad}^2$ は位相ノイズの積分に対する線スペクトルの寄与であり，$|Y(0)|^2 B_N$ はアナライザのキャリブレーション係数である．

連続スペクトル $W_\phi(f_m)$ の結果としての位相ノイズ・アナライザの表示が (7.9) で（この付録のモデルに適合させるため，表記を若干補正している）次のようであることが判明した．

$$P_c(f_m) \approx W_\phi(f_m) |Y(0)|^2 B_N \qquad (7D.6)$$

また，全周波数に対するその積分は

$$\int_{-\infty}^{\infty} P_c(f_m) df_m = |Y(0)|^2 B_N \int_{0}^{\infty} W_\phi(f_m) df_m = \sigma_c^2 |Y(0)|^2 B_N \qquad (7D.7)$$

ここで，$\sigma_c^2 \text{ rad}^2$ は連続位相ノイズ・スペクトルの位相ノイズ積分への寄与である．

(7D.5) と (7D.7) は同じフォーマット——つまり，同じキャリブレーション係数 $|Y(0)|^2 B_N$ を有することに注意．従って，アナライザのスペクトル表示における連続成分と離散成分の表示のキャリブレーション係数は異なっているけれども，それらの表示の積分は同じキャリブレーション係数を持っている．ユーザは測定された位相ノイズを積分する際に，キャリブレーション係数に関して懸念する必要はない．もし，よくあるように，アナライザが離散的スペクトル成分

第7章 位相ノイズの効果　　153

と連続的スペクトル成分を区別しないならば，アナライザはこれを既に考慮に入れている．

[コメント：(1) 位相ノイズ・アナライザは，上で導出されたように連続体ではなく，一群の離散的な周波数で結果を表示する．$|Y(f_d - f_m)|$ の良い定義を与えるためにはデータ・セットは，f_d の近傍で十分密度がなければならない．(2) PLL の追従されない位相ノイズの積分は $|E(f)|^2$ の重みが与えられなければならないが，これは上記の式から省略された係数である．]

付録7E：タイミング・ジッタ

7E.1 ジッタの定義

名目上の周期が $T_o = 1/f_o$ の発振器を考えよう．その n 番目のサイクルは時刻 $t = nT_o$ で終了すべきであるが，そのサイクルの終端は実際にはジッタにより時刻 $t = t_n$ に変位しているものとする．（サイクル終端は，例えば，発振器電圧が正の方向にゼロ・クロスする点と考える．）

絶対ジッタ　Lee [7.19] は絶対ジッタを次の数列で定義している．

$$\{t_n - nT_o\} \tag{7E.1}$$

絶対位相ジッタは数列 $\{\phi_n = 2\pi f_o(t_n - nT_o)\}$ であって，これはこれまで考察してきた位相変動 $\phi(t)$ のサンプル化版である．絶対タイミング・ジッタの分散は

$$\sigma_A^2 \approx \frac{1}{(2\pi f_o)^2} \int_0^\infty W_\phi(f) df \quad \sec^2 \tag{7E.2}$$

[コメント：(1) 厳密に言うと ϕ_n は f_o のレートでサンプルされた離散値の系列であるので Lee は積分の上限として $f_o/2$ を示している．(7E.2) の無限大の上限は便利な近似である．(2) もし積分の上限が無限大ならば $W_\phi(f)$ のスペクトル成分 h_1/f と h_0 の積分により無限大の分散になる．これら2つの成分に対して有限な上限が必要である．他に候補が無い状況では $f_o/2$ はもっともらしい．更に，位相ノイズ・スペクトルの測定はめったに $f_o/2$ の小さな割合以上の周波数にまで延長されることは無く，従って，実際のスペクトルは，より高い周波数では知られていない傾向にある．(3) スペクトル成分 h_1/f, h_2/f^2, h_3/f^3 や h_4/f^4 の積分への寄与は無限大であり，自走発振器の絶対タイミング・ジッタの分散は無限大である．]

周期ジッタ　Lee は次の数列によって周期ジッタを定義している．

$$\{J_n = t_{n+1} - t_n - T_o\} \tag{7E.3}$$

これは絶対ジッタの1次増分である．文献に現れる他の名前はサイクル・ジッタ，サイクル間ジッタ，エッジ間ジッタである．本書の執筆時（2003年10月）にはまだ名前は標準化されていない．周期ジッタは，コンピュータのような高速ディジタル回路では大きな関心事であり，そこではタイミング・マージンが大変重要である．複数周期にわたるジッタは次の数列で定義される．

$$\{J_n(kT_o) = t_{n+k} - t_n - kT_o\} \tag{7E.4}$$

周期ジッタの分散は

$$\sigma_J^2(kT_o) \approx \frac{1}{(\pi f_o)^2} \int_0^\infty \sin^2(\pi f k T_o) W_\phi(f) df \quad \sec^2 \tag{7E.5}$$

ここで，差分 $t_{n+k} - t_n$ は係数 $\sin^2$ を被積分関数に入れており，それにより，$W_\phi(f)$ の h_2/f^2 ス

ペクトル成分に対して$f=0$での収束を与えている．h_3/f^3やh_4/f^4成分のゼロ周波数での特異性は依然として自走発振器の周期ジッタの分散に対して無限大の寄与をしており，それらの特異性を打ち消すのに$\sin^2$係数では十分ではない．h_1/fやh_0成分の寄与を有限なものにするためには，依然として積分の上限を有限にする必要がある．

式（7E.5）は，積分が収束するスペクトル成分に対して数値が求められ，その結果は以下の通りである．

- 白色位相ノイズに対して，積分の上限 = $f_o/2$

$$\sigma_{J0}^2 = \frac{h_0 T_o}{4\pi^2} \quad \sec^2 \tag{7E.6}$$

- $1/f^2$位相ノイズに対して，積分の上限 = ∞

$$\sigma_{J2}^2 = \frac{h_2}{2f_o^2}|kT_o| \quad \sec^2 \tag{7E.7}$$

この最後の結果は行使されることが多いが，当てはまるのは$1/f^2$位相ノイズ成分に対してだけである．$1/f$位相ノイズ成分に起因する周期ジッタに対しては，いかなる単純な閉じた形での結果も得られていない．

もう1つのパラドックス 水晶発振器に関する製造業者のパンフレットでは数ピコ秒 rms でジッタを規定していることが多い．恐らく，この仕様は1つの周期（すなわち$k=1$）に対する周期ジッタの測定である．通常は，水平掃引を起動する正の向きのゼロ・クロスに続く最初の正の向きのゼロ・クロスの統計値を抽出するサンプリング・ディジタル・オシロスコープによって，この測定は実行される．様々な測定のセットアップや結果が［7.34］に示されている．

測定されたジッタは，正しく動作している高品質の発振器では例外なく極めて小さいが，積分（7E.5）は，遍在するh_3/f^3のスペクトル成分に対して無限大となる．なぜ理論は実際と，こんなに違っているのだろうか？ 1つの説明は，7.5.6項で述べられているように，位相ノイズのh_3/f^3スペクトル成分に対してタイプ1のPLLは追従できないと称されていることに対する説明と同じである．要するに，h_3/f^3成分は時間領域ではゆっくりと変化しているので，小さな時間にわたって測定されたジッタに対する寄与は大変小さい．逆に言うと，もし測定が長時間にわたって実行されるならば測定されるジッタは増加するはずであるが，（仮想的な静止性に基づく）単純な理論では非静止的な振る舞いに対処できない．

7E.2 PLL内のジッタ

PLL内でのタイミング・ジッタの積分は，位相ノイズの積分に対する（7.17）におけるのと同様にして得られる．すなわち，絶対ジッタに対しては（7E.2）の被積分関数の中に，$|E(f)|^2$を係数として入れる．

$$\sigma_A^2 \approx \frac{1}{(2\pi f_o)^2}\int_0^\infty |E(f)|^2 W_\phi(f) df \quad \sec^2 \tag{7E.8}$$

あるいはロックしたPLLの周期ジッタに対しては（7E.5）の中に入れる．

$$\sigma_J^2(kT_o) \approx \frac{1}{(\pi f_o)^2}\int_0^\infty |E(f)|^2 \sin^2(\pi f k T_o) W_\phi(f) df \quad \sec^2 \tag{7E.9}$$

絶対タイミング・ジッタに対する (7E.8) は，位相分散から時間分散に変換するために $(2\pi f_o)^2$ で割り算をしている点以外では，追従されない位相ジッタに対する式 (7.17) と同じである点に注意しよう．付録7Bでは2次のタイプ2PLLの中の位相ノイズのスペクトル成分 h_v/f^v に対する (7.17) の数値を求めている．これらの結果を $(2\pi f_o)^2$ で割り算して絶対タイミング・ジッタを求めて，h_0 と h_1/f のノイズ成分に対する式で $B = f_o/2$ を代入する．ループ・ゲイン K rad/sec の1次のPLLに対する秒を単位とする絶対ジッタの2乗は以下のとおりである．

- h_0 項，上限 $= f_o/2$

$$\sigma_{A0}^2 = \frac{h_0 T_o}{8\pi^2}\left(1 - \frac{K}{\pi f_o}\tan^{-1}\frac{\pi f_o}{K}\right) \approx \frac{h_0 T_o}{8\pi^2}\left(1 - \frac{K}{2 f_o}\right) \approx \frac{h_0 T_o}{8\pi^2} \quad (7E.10)$$

- h_1/f 項，上限 $= f_o/2$

$$\sigma_{A1}^2 = \frac{h_1}{8\pi^2 f_o^2}\ln\left[1 + \left(\frac{\pi f_o}{K}\right)^2\right] \quad (7E.11)$$

- h_2/f^2 項，上限 $= \infty$

$$\sigma_{A2}^2 = \frac{h_2}{4 f_o^2 K} \quad (7E.12)$$

- h_3/f^3 項

$$\sigma_{A3}^2 = \infty \quad (7E.13)$$

1次PLLの $|E(f)|^2$ が h_3/f^3 のゼロ周波数での特異性を打ち消すのに十分ではないために (7E.13) という結果が生じる．この知見は，h_3/f^3 位相ノイズにさらされた1次PLLの追従されない位相ジッタの無限大の積分に対する以前の知見と正確に等価であり，7.5.6項で述べられたものと同じ懐疑論にさらされる．

1次もしくは2次タイプ2のPLLに対して $|E(f)|^2$ の式を代入すると，すぐには数値を求めることができない積分形式になる．Lee [7.19] は，h_2/f^2 位相ノイズにさらされた1次のPLLの周期ジッタは次式で与えられると報告している．

$$\begin{aligned}\sigma_{J2}^2 &= 2\sigma_{A2}^2(1 - e^{-K|kT_o|}) \\ &\approx 2\sigma_{A2}^2 K|kT_o|, \quad |kT_o| \ll 1/K \\ &\approx 2\sigma_{A2}^2, \quad |kT_o| \gg 1/K \end{aligned} \quad (7E.14)$$

彼は，h_2/f^2 位相ノイズにさらされた2次タイプ2PLLにおける周期ジッタに対して，類似してはいるけれども幾分もっと複雑な振る舞いを見出した．

(7E.9) の中の $\sin^2$ 項は $f=0$ で2個のゼロ点を導入し，また，$|E(f)|^2$ は少なくとももう2個を，タイプ1PLLに対してさえ導入することに注意しよう．重み付け関数の中のその最低でも4個のゼロ点は，h_3/f^3 や h_4/f^4 の位相ノイズにおける特異性の全てをキャンセルするのに十分なので，(7E.9) の積分は全てのPLLと全ての位相ノイズのスペクトル成分に対して $f=0$ で収束するはずである．従ってこれが以前に確認されたパラドックスの帰結である．現存の理論ではタイプ1PLLに対して無限大の絶対タイミング・ジッタを予想するが周期ジッタは有限と予想する．

参 考 文 献

7.1 V. F. Kroupa, ed., *Frequency Stability: Fundamentals and Measurement*, Reprint Volume, IEEE Press, New York, 1983.

7.2 A. Demir, "Phase Noise and Timing Jitter in Oscillators with Colored-Noise Sources," *IEEE Trans. Circuits Syst. I* **49**, 1782–1791, Dec. 2002.

7.3 D. Ham and A. Hajimiri, "Virtual Damping and Einstein Relation in Oscillators," *IEEE J. Solid-State Circuits* **38**, 407–418, Mar. 2003.

7.4 L. S. Cutler and C. L. Searle, "Some Aspects of the Theory and Measurement of Frequency Fluctuations in Frequency Standards," *Proc. IEEE* **54**, 136–154, Feb. 1966. Reprinted in [7.1].

7.5 D. W. Allan, J. H. Shoaf, and D. Halford, "Statistics of Time and Frequency Data Analysis," in B. E. Blair, ed., *Time and Frequency: Theory and Fundamentals*, Natl. Bur. Std. Monogr. 140, U.S. Department of Commerce, Washington, DC, 1974, Chap 8.

7.6 J. A. Barnes et al., "Characterization of Frequency Stability," *IEEE Trans. Instrum. Meas.* **IM-20**, 105–120, May 1971. Reprinted in [7.1].

7.7 W. R. Attkinson, L. Fey, and J. Newman, "Spectrum Analysis of Extremely Low Frequency Variations of Quartz Oscillators," *Proc. IEEE* **51**, 379, Feb. 1963. Reprinted in [7.1].

7.8 G. W. Wornell, "Wavelet-Based Representations for the $1/f$ Family of Fractal Processes," *Proc. IEEE* **81**, 1428–1450, Oct. 1993.

7.9 G. W. Wornell, *Signal Processing with Fractals: A Wavelet-Based Approach*, Prentice Hall, Upper Saddle River, NJ, 1996.

7.10 P. Flandrin, "On the Spectrum of Fractional Brownian Motion," *IEEE Trans. Inf. Theory* **IT-35**, 197–199, Jan. 1989.

7.11 W. B. Davenport and W. L. Root, *An Introduction to the Theory of Random Signals and Noise*, McGraw-Hill, New York, 1958, Secs. 6-4 and 8-5.

7.12 J. Salz, "Coherent Lightwave Communication," *AT&T Tech. J.* **64**, 2153–2209, Dec. 1985.

7.13 J. R. Barry and E. A. Lee, "Performance of Coherent Optical Receivers," *Proc. IEEE* **78**, 1369–1394, Aug. 1990.

7.14 A. Demir, A. Mehrotra, and J. Roychowdhury, "Phase Noise in Oscillators: A Unifying Theory and Numerical Methods for Characterization," *IEEE Trans. Circuits Syst. I* **47**, 655–674, May 2000.

7.15 A. Mehrotra, "Noise Analysis of Phase-Locked Loops," *IEEE Trans. Circuits Syst. I* **49**, 1309–1316, Sept. 2002.

7.16 R. M. Gray and R. C. Tausworthe, "Frequency-Counted Measurements and Phase Locking to Noisy Oscillators," *IEEE Trans. Commun.* **COM-19**, 21–30, Feb. 1971.

7.17 F. M. Gardner, *Phaselock Techniques*, 2nd ed., Wiley, New York, 1979, p. 104.

7.18 W. F. Egan, *Phase-Lock Basics*, Wiley, New York, 1998, Sec. 11.5.

7.19 D. C. Lee, "Analysis of Jitter in Phase-Locked Loops," *IEEE Trans. Circuits Syst. II* **49**, 704–711, Nov. 2002.

7.20 D. L. Duttweiler, "Waiting Time Jitter," *Bell Syst. Tech. J.* **51**, 165–208, Jan. 1972.

7.21 D. Choi, "Waiting Time Jitter Reduction," *IEEE Trans. Commun.* **37**, 1231–1236, Nov. 1989.

7.22 H. Sari and G. Karam, "Cancellation of Pointer Adjustment Jitter in SDH Networks," *IEEE Trans. Commun.* **42**, 3200–3207, Dec. 1994.

7.23 K. Murakami, "Jitter in Synchronous Residual Time Stamp," *IEEE Trans. Commun.* **44**, 742–748, June 1996.

7.24 K. Murakami, "Waveform Analysis of Jitter in SRTs Using Continued Fractions,"

IEEE Trans. Commun. *46*, 819–825, June 1998.

7.25 S. Bregni, *Synchronization of Digital Telecommunications Networks*, Wiley, Chichester, West Sussex, England, 2002, Chap. 3.

7.26 L. E. Franks and J. P. Bubrouski, "Statistical Properties of Timing Jitter in a PAM Timing Recovery Scheme," *IEEE Trans. Commun. 22*, 913–920, July 1974.

7.27 F. M. Gardner, "Self-Noise in Synchronizers," *IEEE Trans. Commun. 28*, 1159–1163, Aug. 1980.

7.28 C. J. Byrne, B. J. Karafin, and D. B. Robinson, "Systematic Jitter in a Chain of Digital Regenerators," *Bell Syst. Tech. J. 42*, 2679–2714, Nov. 1963.

7.29 U. Mengali and G. Pirani, "Jitter Accumulation in PAM Systems," *IEEE Trans. Commun. 28*, 1172–1183, Aug. 1980.

7.30 Y. Takasaki, *Digital Transmission Design and Jitter Analysis*, Artech House, Norwood, MA, 1991.

7.31 P. R. Trischitta and E. L. Varma, *Jitter in Digital Transmission Systems*, Artech House, Norwood, MA, 1989.

7.32 H. Meyr, L. Popken, and H. R. Mueller, "Synchronization Failures in a Chain of PLL Synchronizers," *IEEE Trans. Commun. 34*, 436–445, May 1986.

7.33 M. Moeneclaey, S. Starzak, and H. Meyr, "Cycle Slips in Synchronizers Subject to Smooth Narrow-Band Loop Noise," *IEEE Trans. Commun. **COM-36**,* 867–874, July 1988.

7.34 J. A. McNeil, "Jitter in Ring Oscillators," *IEEE J. Solid-State Circuits 32*, 870–879, June 1997.

第8章　位相同期の捕捉

これまでの全ての章において，ループはすでにロックされていると仮定されていた．

しかし，ループはロックしていない状態で始まり，自分自身の自然な動作かあるいは補助的な回路の助けを借りてロックに持ち込まれなければならない．ループをロックに持ち込む過程は，捕捉と呼ばれ，この章の主題である．

8.1 特性付け（キャラクタライゼーション）

もしループが独自にロックを捕捉するならば，そのプロセスはセルフ・アクイジション（自己捕捉）と呼ばれ，また，もし補助的な回路によって補助されているならば，このプロセスはエイデッド・アクイジション（補助付き捕捉）と呼ばれる．自己捕捉は遅く信頼性の無いプロセスとなる可能性がある．PLL は優れた追従デバイスであるが，捕捉はかなり下手になりがちである．従って，捕捉補助の回路が通常使われ，代表的な PLL の全回路の半分をそれらが占めるのは異常ではない．

タイプ n PLL には n 個の積分器が含まれている．各積分器は VCO やディジタル積分器のように完全であるか，あるいはアナログ積分器のように不完全である．各積分器にはループの状態変数が関連付けられている．位相，周波数，周波数レート，などである．ループをロックさせるためには，状態変数の各々（すなわち，積分器の各々）と入力信号の対応する条件との一致度を高めることが必要である．従って，設計者は，タイプ n ループに対して n 個の捕捉形態まで，位相捕捉や周波数捕捉などに対するプランを立てなければならない．周波数捕捉は最大の注意を受けてきたが，他の状態変数も重要であり，極めて重要であることもある．捕捉は本質的に非線形現象であり，一般的には線形近似から容易な手助けを得ること無しに非線形解析することが必要である．

8.2 位相捕捉

位相は通常は自己捕捉される．位相捕捉の研究により，捕捉問題全体のより良い理解に導かれ，補助付き捕捉が必要ならば手引きが与えられる．

8.2.1　1次ループ

1次ループの解析から始めるのが分かりやすい．性能を示すために，ループの非線形微分方程式が導かれ，その意味が調べられる．ω_iを，PLLに対する入力周波数（一定と仮定する）とし，ω_oをVCOの自走周波数とすると，VCOの瞬間的な周波数は$\omega_o + K_o v_d$である．電圧$v_d = K_d \sin\theta_e$は位相検出器からの誤差電圧であり，フィルタリングを介すること無しにVCOに直接印加される．正弦波的なs曲線を持つ位相検出器が仮定されており，他の形状のs曲線により幾分異なる結果が成り立つ．

入力位相は$\omega_i t$であり，発振器位相は

$$\begin{aligned}\theta_o(t) &= \omega_o t + \int_0^t K_o v_d(\tau)d\tau + \theta_o(0) \\ &= \omega_o t + \int_0^t K_o K_d \sin\theta_e(\tau)d\tau + \theta_o(0)\end{aligned} \quad (8.1)$$

ここでrad/sec単位のループ・ゲインは$K_o K_d = K$であり，位相誤差θ_eは

$$\theta_e = \theta_i - \theta_o = (\omega_i - \omega_o)t - \int_0^t K\sin\theta_e(\tau)d\tau - \theta_o(0) \quad (8.2)$$

$\Delta\omega = \omega_i - \omega_o$と置き，(8.2)を微分すると次式が得られる．

$$\frac{d\theta_e(t)}{dt} = \Delta\omega - K\sin\theta_e(t) \quad (8.3)$$

これは1次のフェーズロック・ループの非線形微分方程式である．定義により，ループがフェーズロック平衡状態にあるならば，$d\theta_e(t)/dt$はゼロである．しかしながら，逆は正しいであろうか？　すなわち，もし$d\theta_e(t)/dt = 0$ならば，ループは必ず正確に位相同期しているであろうか？　この質問は次の2～3の段落の中で追究される．

先へ行く前に，ホールド・イン・リミット（5.2.2項参照）が(8.3)から直接得られることに注意．つまり，もし$d\theta_e/dt = 0$ならば$\sin\theta_e = \Delta\omega/K$である．$\sin\theta_e$は1を超えることはできないので，$|\Delta\omega| < K$の場合に限りループはロックできる．

正確な位相同期の疑問に関して続けると，(8.3)をKで割って，正規化した(8.3)を図8.1

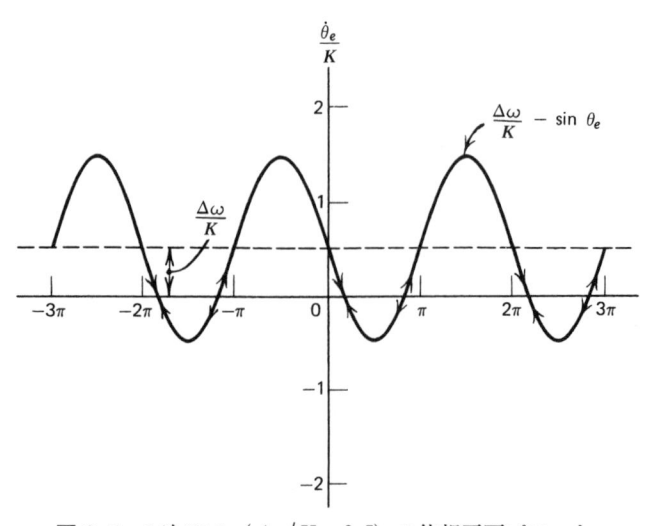

図8.1　1次PLL（$\Delta\omega/K = 0.5$）の位相平面プロット

におけるようにプロットすると役に立つ．（この解析は，Viterbi [8.1, 8.2] による同様なものに従っている．図8.1は縮退した位相平面ポートレートである．）

図から，もし$|\Delta\omega|<K$ならば，2πの区間毎に2個の点（ヌル）で$d\theta_e/dt$がゼロになる．入力とVCOとの間の周波数差はヌルではゼロである．

隣接したヌルでは勾配が逆である．ループの振る舞いを解析するために，動作点が，1つのヌルから若干離れていると考えよう．負の勾配のヌルに対して，$d\theta_e/dt$の符号はヌルに向かってθ_eを駆動する．（例として，もし，位相変位が負の勾配のヌルの少し左であるならば，$d\theta_e/dt$の符号は正でθ_eは必然的に増加しなければならない，すなわち，ヌルの方へ移動する．）逆に，正の勾配のヌルの1つからの変位はループの状態をヌルから遠ざける．こうして，負の勾配のヌルは安定であり，正の勾配のヌルは不安定である．図8.1の矢印は位相変化の方向を示している．ロックの前には$d\theta_e/dt$は非ゼロであり，それはθ_eが単調に変化しなければならないことを意味している(増加もしくは減少)．この理由により，θ_eは結局は安定なヌルの1つの値を取る(勿論，$|\Delta\omega|<K$を仮定している)．θ_eが安定したヌルに到達すると，ループはロックし，θ_eはそのスタティック誤差に固定されたままである．あらゆるサイクルは安定したヌルを有するので，θ_eはロックする前に1サイクルより多く変化することはできない．こうして，ロック・アップ過程においてサイクル・スキップは起こりえない．ヌルに接近するのに必要な時間は位相と周波数の初期値に依存するが，かなり大雑把に見て，$3/K$秒のオーダーであろう．

正確なセトリング・タイムは微分方程式（8.3）の積分によって得ることができる [8.3]．（正確なクローズド形式の積分は1次のループに対しては可能であるが，2次以上に対しては可能ではない．）$\Delta\omega=0$と$\theta_e(0)$のいくつかの値に対して図8.2にいくつかの位相過渡現象の例が示されている．もし，θ_eが小さければ，ループ動作は殆どリニアであり，位相誤差の波形は殆ど時定数$1/K$の指数関数である．

もし，θ_eが大きければ，波形は単純な指数関数からかなりはずれ，セトリング・タイムは同じ初期位相誤差の指数関数で得られるものから増加する．

8.2.2 ハング・アップ

もし，初期位相誤差が不安定ヌルにかなり近いならば，位相は長い期間，そのヌルの近傍に滞留するが，これは図8.2の上の方の2つの曲線で示されている．この滞留現象は，ハング・アッ

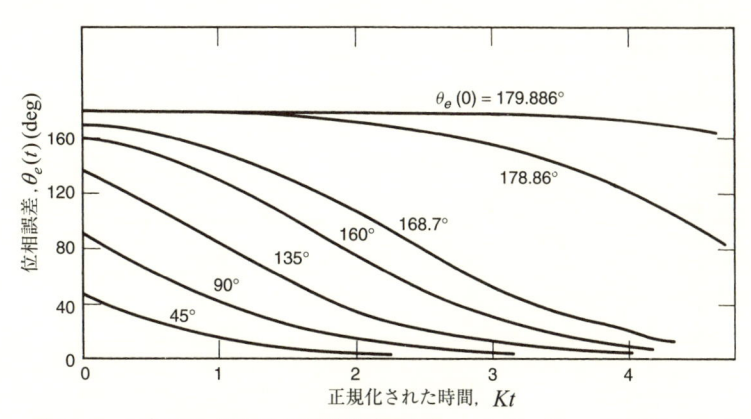

図8.2 1次PLLにおける過渡位相誤差，ハング・アップを示している

プ効果とも言われ[8.4], 高い信頼性で高速の捕捉が必要な応用において極めて厄介になりうる. ハング・アップは図8.2で, 正弦波的な位相検出器を持ち, 周波数誤差ゼロのノイズのない1次ループに対して示されている. 直感的な概念にもかかわらず, それとは逆に, これらの条件のいずれかもしくは全てを変えてもハング・アップは消えない. 特に, ハング・アップはノイズや他の妨害により悪化され, 2次以上のループは等しくハング・アップしやすく, 拡張した位相検出器特性（例えば, のこぎり歯）を用いることにより, ハング・アップは軽減するが必ずしも除去するわけではない. そして, 図8.1に示したように, 周波数をオフセットしても不安定なヌルの位置をシフトするだけである. 1個のハング・アップの無い位相検出器が知られている, 第10章の位相周波数検出器（PFD）である. ハング・アップの全ての原因, その統計, ならびにいくつかのハング・アップ防止の提案が [8.4], [8.5], [8.6, 第4章] と [8.7] に示されている.

8.2.3 ロック・イン

もし信号周波数がVCO周波数に十分近ければ, PLLは位相過渡現象だけでロック・アップし, ロックに先立ちサイクル・スリップは生じない. ループがスリップ無しに位相を捕捉する周波数レンジはPLLのロック・イン・レンジと呼ばれる. 1次のループでは, ロック・イン・レンジはホールド・イン・レンジと等しく, ループはホールドできる信号は自己捕捉する. 同じことはタイプ2以上のループでは成立しない.

ロック・イン・レンジは常にホールド・イン・レンジよりも小さい. さらに, ホールド・イン区間より小さく, ロック・イン区間よりは大きい周波数区間が存在し, そこでは, ループはしばらくの間サイクル・スリップした後, ロックを捕捉する. この中間的な区間は, プル・イン・レンジと呼ばれ, 8.3節で議論される.

ロック・イン, すなわち, PLLによる位相の自己捕捉は本節の主題である. 馴染み深い2次タイプ2 PLLに対する比例 - プラス - 積分ループ・フィルタは1個の極（$s=0$）と1個のゼロ（$s=-1/\tau_2$）を持つ. このフィルタの振幅応答は高周波で漸近的に平坦になり, 図8.3にスケッチしたとおりである. フィルタの高周波漸近応答を$F(\infty)$と表記する. 高周波では, ループはゲイン$K = K_d K_o |F(\infty)|$を持った1次ループと区別ができない. 公正な近似として, タイプ2ループは, 同じゲインKを持った1次ループと同じロック・イン・レンジを持つ.

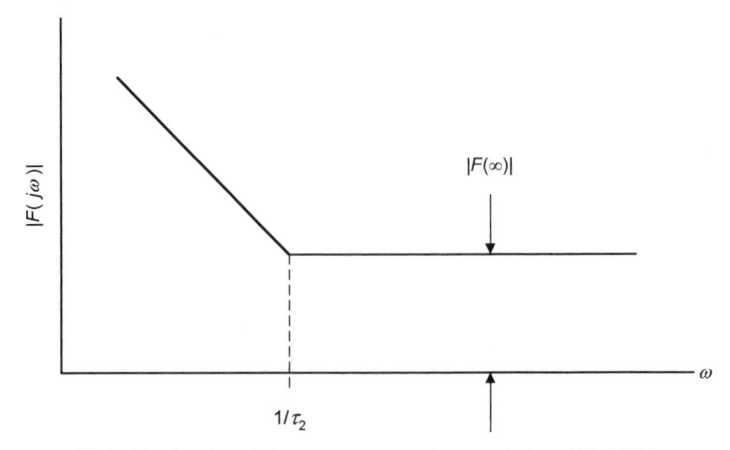

図8.3 比例 - プラス - 積分ループ・フィルタの振幅応答

1次ループのロック・イン限界はKに等しい．ここでの議論は，同じリミット

$$|\Delta\omega_L| = K \tag{8.4}$$

が，高い次数とタイプのPLLのロック・イン・レンジに対して，荒いけれども有益な工学的な近似であるという点である．(8.4)のロック・イン限界は正弦波的な位相検出器特性の仮定の下に得られている．(図5.13におけるような)拡張されたPD特性ではロック限界が拡張される．

近似的なロック・イン・レンジに至る議論はPLLの実際の振る舞いの単純化である．高次あるいは高位タイプのPLLにおいて，初期の周波数誤差だけに基づいて，ループがロックする前にサイクル・スリップするかしないかを決定するのは可能ではなく，全ての初期状態変数を調べなければならない．2次タイプ2ループでは，変数は周波数と位相である．それらは位相平面ポートレートを用いて研究されている．

位相平面（例えば，図5.14）を見てみると，ロック・インの全体概念が単純化され過ぎていることが直ちに明らかとなる．もし初期状態がセパラトリックスの間にあるならば，2次のループはスリップすること無しにロックする．セパラトリックスは曲がりくねった境界なので，唯一のロック・イン周波数を正確に定義する自然な方法は無い．正のセパラトリックスの平均的な縦座標をロック・イン周波数と独断的に定義する人もいるかもしれない．あるいは，定義は$\theta_e = 0$もしくは$\theta_e = -180°$におけるセパラトリックス縦座標であるかも知れない．図5.14もしくは，[8.1]の中のもっと数多くのポートレートの調査により，(8.4)がロック・イン・レンジの控えめな見積もりであることが示唆される．その曖昧な現実にもかかわらず，ロック・イン・レンジは工学的な計算に対して，また，後の段落で示される解析において有益な概念である．

8.2.4 補助付き位相捕捉

ハング・アップが問題でない場合，もし位相検出器が通常の特性のいずれかを有するのであれば（例えば，図5.13）位相は通常自己捕捉される．しかしながら，位相検出器特性が小さなアクティブ領域しか持たない信号のタイプもいくつか存在し，位相誤差区間の殆どにわたって，s曲線はゼロとなることがある．例が図8.4に示してある．擬似ランダム・ノイズ（PRN）信号は，こうしたPD特性を与える1つの種類であり[8.9]，ゲーテッド・パルス・トレインがもう1つの例である．後者に対する位相検出器はレーダーのレンジ・ゲートであろう．

この種のループは初期位相誤差がPDのアクティブ領域にある場合に限り位相捕捉が可能である．もし，初期の誤差がPD特性の不感部分にあるならば，いかなる種類の誤差情報もループには与えられず，従って，捕捉は位相ドリフトにより偶然にしか起こりえない．もし，PRNコードが長いかあるいはパルスのデューティ・サイクルが短いならば，捕捉の可能性は極めて乏しい．信号を捕捉するために，全ての位相にわたって装置は位相を検索する．PDのアクティブ領

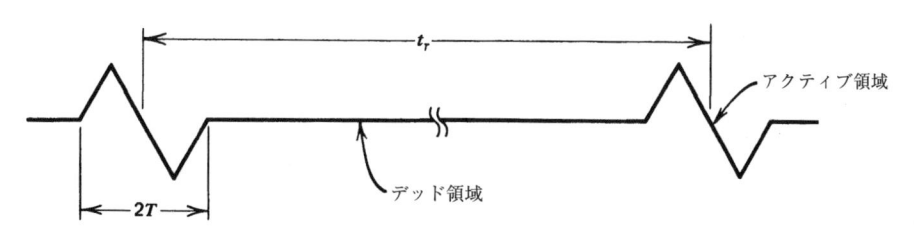

図8.4 短いパルスもしくはPRN信号に対する位相検出器s曲線

域に遭遇すれば，ループはロックするはずであり，検索は終了するはずである．位相検索の応用は位相の補助付き捕捉の構成要素になっている．

　連続的な位相掃引はVCOの周波数オフセットと同じであり，通常は位相検索を実装する簡単な方法である．もし，位相レート（周波数オフセット）が大きすぎるならば，検索によって，停止すること無しに直ちにアクティブ領域を通り抜けて続けて次のデッド領域に入ってしまうだろう．捕捉が成功するためには超えてはならないレートの限界がある．2次タイプ2のループによる捕捉は位相平面ポートレートの方法によって解析される．Gilchriest [8.10] はPRN信号を研究し，また，Gardner（未公表）はゲーテド・パルス列を調べた．図8.4に示された種類のPD特性に対して，また，0.75以上のダンピング・ファクタに対して，彼らの発見によると，最大位相レートは次式で与えられる．

$$\Delta f \approx B_L \delta \quad \text{Hz} \tag{8.5}$$

ここでB_Lは第6章で定義されたノイズ・バンド幅であり，δはパルス・システムに対するデューティ・レシオもしくはPRN信号のチップ／コード時間比である．予想されるように，PD特性の形状を変更すると許容できる位相掃引レートにかなりの影響がでる．更に，ダンピングを小さくすると許容レートが削減される．

8.3　周波数捕捉

　周波数捕捉は通常は位相捕捉に比べて困難であり，遅く，また，設計上の多くの注意が必要である．その結果，"捕捉"といえば殆ど"周波数捕捉"と同義語であるほど，文献ではかなり周波数捕捉に集中している．さらに，周波数捕捉の研究は主に2次のタイプ2のループに専念しているが，これは一部は技術的な重要性によるものであるが，高位タイプのループの解析はずっと難しいからでもある．この節での議論は殆ど2次タイプ2のループに集中している．

　周波数の自己捕捉は周波数プル・インあるいは簡単にプル・インとして知られている．プル・インは遅くかつ多くの場合信頼性が乏しくなりがちであるために，数々の補助付き周波数捕捉技術が考案されてきており，これには，周波数掃引，周波数弁別器，ならびにバンド幅拡張法が含まれる．

8.3.1　周波数プル・イン

　プル・インは，特に非常にバンド幅の狭いループにおいては，興味深い．信号が最初に印加されたときは，ループはロックされず周波数$\Delta\omega = \omega_i - \omega_o$のうなりだけがPDの出力に現れるが，ここで，$\omega_i$は入力信号の周波数であり，$\omega_o$はVCOの周波数である．うなりの周波数はロック限界に到達するまでゆっくりと減少し，VCO周波数は信号周波数にゆっくり近づき，ロック限界でループはそれ以上サイクルスリップすることなしにロックする．

プル・インの記述

　うなりはループ・フィルタによって振幅が減少するが完全に抑制されるわけではないということを認識することにより，プル・インの振舞いを理解することができる．ピークの振幅が$K_d|F(j\Delta\omega)|$の減衰したうなりがVCO制御端子に印加されて，VCOがうなり周波数で周波数

変調される．(この解析を通じてPDは正弦波状のs曲線を持ったマルチプライアであり，図8.3のように，ループ・フィルタは高周波で一定の応答をすると仮定されている．) 従って，PD出力は正弦波と周波数変調波との低周波のマルチプライア積である．変調周波数はうなり周波数に等しいので，うなり波形は殆ど正弦波的ではない．

Richman [8.3] はループの微分方程式 (8.3) を積分することにより1次ループに対するうなりの波形を導出した．波形を記述する陽関数表示の式は厄介であり，問題に対する洞察をあまり与えてはくれない．しかしながら，図8.5に示すように，波形のプロットは大変わかりやすく，うなりの非正弦波的な性格は明らかである．さらに，極めて重要であるが，正と負の偏位の面積は明らかに等しくない．従って，位相検出器の出力はロックが獲得される前に既にDC成分を含んでいるに違いない．プル・インを起こさせるのはこの成分の存在である．

ひとたびDC成分の存在が認識されると，その存在のもう1つの説明が理解の助けになる．すなわち，うなり周波数がVCOに変調をかけるということである．この変調で $\omega_k = \omega_o + k\Delta\omega$ の周波数でVCO出力にFMサイドバンドが発生する．ここで，kは全ての整数値をとる．変調されたVCO出力は位相検出器内で周波数 ω_i の正弦波的な入力により掛け合わされる．

位相検出器からの差信号は $\omega_i - \omega_k = \omega_i - \omega_o - k\Delta\omega = (1-k)\Delta\omega$ の全ての周波数における個々の信号からなる．$k=1$ に対応する個別の信号はゼロの周波数を持つ．すなわち，$k=1$ はDC成分に対応する．関連するスペクトルは図8.6に示されている．このDC成分にプル・イン

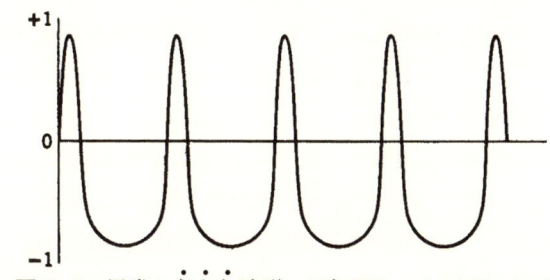

図 8.5 通常のうなり波形，1次 PLL，$\Delta\omega/K = 1.10$

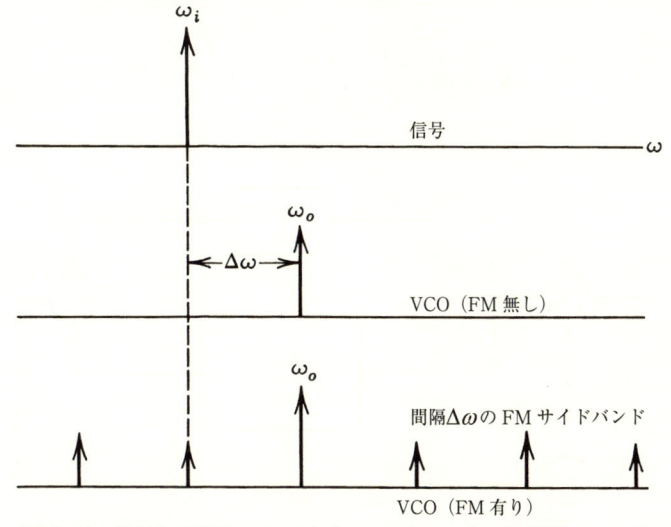

図 8.6 信号と VCO のスペクトル，プル・インを説明している

電圧という名前をつけ，それをv_pと表記しよう．その効果は1次ループでは大した価値は無く，もし，最初の差の周波数がロック・イン周波数を超えるならば，DC成分の大きさはロック状態に引き込まれるには不十分である．しかしながら，平均の差周波数は減少し，たとえロックには至らないにしても1次ループはロックの方へ近づいていく．

タイプ2のループはループ・フィルタ内に1つの積分器を含んでいる．この積分器は，DC入力に応答して，増加する出力を蓄積する．この積分器の出力が蓄積するにつれて，VCO周波数はロックに向けて調節される．もし，初期の差周波数があまり大きくなければ，ループは最終的にはロックする．

プル・インの解析 プル・イン時間とプル・イン限界に対する近似公式はRichman[8.3]が考案した方法に従って得ることができる．ループを図8.7におけるように表現しよう．PDからVCOまで$|F(\infty)|=\tau_2/\tau_1$のフラットなゲインを持った高周波経路と，積分器を持つ低周波経路が存在する．積分器は完全であると考えよう．位相検出器の出力はACのうなりとDCのプル・イン電圧v_pからなる．

解析のために，AC部分が高周波経路のみを通過し，積分経路で完全に抑制されると仮定する．（十分に高いうなり周波数の場合はほとんど偽りは無い．）同様に，DCプル・イン電圧が主に積分器を通過し，無視できる割合しか高周波経路を通過しないものと仮定しよう．これは時定数τ_2よりかなり長い時間に対しては正確な近似である．

入力周波数はω_i，VCOの初期周波数はω_o，そして，初期周波数差は$\Delta\omega = \omega_i - \omega_o$である．もし，ループがすぐにロック・インするよりはむしろ，ゆっくりプル・インするには，関係式$|\Delta\omega| > K$があてはまらなければならない．

プル・インの間のVCOの平均周波数（うなりの周期内での平均）は$\Omega_o(t) = \omega_o + K_o v_I(t)$であり，ここで$v_I$は積分器の出力である．$v_I$もしくは$\Omega_o$におけるいかなる変化も，うなりの1個の周期の時間では無視できる．短時間内の平均周波数誤差は$\Omega = \omega_i - \Omega_o$である．

プル・イン電圧はΩの関数として変化する．Richmanは1次ループの微分方程式を積分し，そのプル・イン電圧は$|\Omega| > K$に対して次式で与えられることを見出した．

$$v_p = K_d \left[\frac{\Omega}{K} - \sqrt{\left(\frac{\Omega}{K}\right)^2 - 1} \right] \quad (8.6)$$

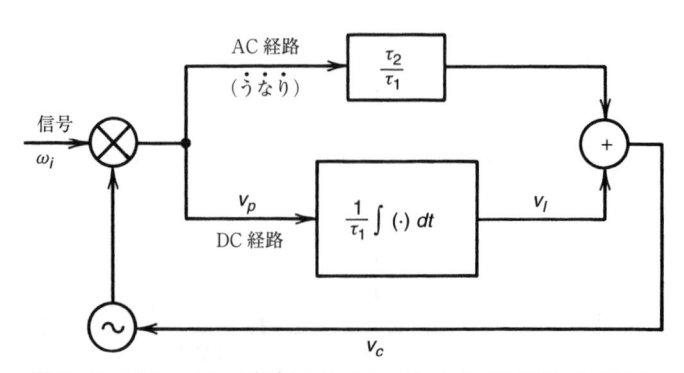

図8.7 プル・インの解析のための2次タイプ2 PLLのモデル

同じ公式をタイプ2のループのプル・イン電圧に対して適用しよう．これは課せられた仮定の下で理に適った方策である．低周波ループの周辺の各種の式を組み合わせて次式が得られる．

$$\Omega(t) = \Delta\omega - \frac{K_o}{\tau_1}\int_0^t v_p(\tau)d\tau \tag{8.7}$$

これを微分すると次式が得られる．

$$\frac{d\Omega}{dt} = -\frac{K_o v_p(t)}{\tau_1} \tag{8.8}$$

(8.6) を v_p に対して代入し，dt に対して解くと次式が得られる．

$$dt = -\frac{\tau_2 d\Omega}{K[(\Omega/K) - \sqrt{(\Omega/K)^2 - 1}]} \tag{8.9}$$

プル・イン時間 プル・イン時間 T_p は平均周波数誤差が初期条件 $\Omega = \Delta\omega$ からロック限界 $\Omega = K$ まで変化するのに必要な時間と定義される．(8.9) を $\Delta\omega$ と K の限界の間で積分することにより T_p を求める．$|\Delta\omega| \gg K$ を仮定すると，プル・イン時間は

$$T_p \approx \frac{(\Delta\omega)^2 \tau_2}{K^2} = \frac{4\zeta^2(\Delta\omega)^2}{K^3} = \frac{(\Delta\omega)^2}{2\zeta\omega_n^3} = \frac{(\Delta\omega)^2 \zeta^2 (1+1/4\zeta^2)^3}{16 B_L^3} \tag{8.10}$$

近似であるので，$|\Delta\omega|$ がきわめて大きい（もうじき定義するが，プル・イン限界 $\Delta\omega_p$ の近傍）か極めて小さい（K の近傍）かのいずれかであればこの公式は適用すべきではない．一番よく当てはまるのは中間であり，最初のオフセットから K に等しいうなり周波数（この時点ではループはすぐにロック・インする）まで引き込むのに必要な時間と考えるべきである．狭帯域のループはプル・インに大変長い時間がかかる可能性がある．例えば，もし，$\Delta\omega/2\pi = 1\mathrm{KHz}$ で $B_L = 10\mathrm{Hz}$ ならば，プル・イン時間は1時間と10分であり，これは殆どの応用に対しては耐え難いほど長い．

プル・イン限界 もしループ・フィルタが完全な積分器を備えているならば，プル・インは初期周波数誤差がどんなに大きくても達成されるであろう．（この文はクリッピング限界を無視している．あきらかに，VCO に対して過度な制御電圧を必要とする信号にループがプル・インすることはできない．また，プル・イン電圧とは逆に作用し，その代わりに VCO 周波数を押しやるような，望ましくない DC オフセットがループ内には存在しないことが仮定されている．）

アナログ・ループ・フィルタでは積分器は不完全で DC ゲインはある有限な数 $F(0)$ である．もし v_p が十分小さければ――もし初期周波数誤差が十分大きければ――ループはプル・インできない．ループが依然ロックへ引き込める最大周波数はプル・イン限界と呼ばれ，$\Delta\omega_p$ と表現される．

プル・イン限界を導出するために，図8.7の完全積分器を DC ゲイン $F(0) - F(\infty)$ の不完全積分器で置き換える．[全ループ・フィルタの DC ゲインは $F(0)$ であり，高周波経路の DC ゲインは $F(\infty)$ である．従って，低周波経路の DC ゲインは $F(0) - F(\infty)$ でなければならない．] $|\Delta\omega|$ が非常に大きくてループはプル・インできないと仮定する．位相検出器は依然としてプル・イン電圧 v_p を生成するが，これは係数 $F(0) - F(\infty)$ 倍に増幅されて VCO に印加され，そこで定常状態の周波数変化 $K_o[F(0) - F(\infty)]v_p$ を生じさせる．

定常状態の周波数誤差は

$$\Omega = \Delta\omega - K_o[F(0) - F(\infty)]v_p \tag{8.11}$$

(8.6)をv_pに代入し，第2章から$K_{DC} = K_o K_d F(0)$および$K = K_o K_d F(\infty)$を思い出して，ロックしていない定常状態における平均周波数誤差は次式で与えられる．

$$\Omega = \Delta\omega - (K_{DC} - K)\left[\frac{\Omega}{K} - \sqrt{\left(\frac{\Omega}{K}\right)^2 - 1}\right] \tag{8.12}$$

式 (8.12) は定常周波数誤差に対して解くことができる．実数解はもし$|\Delta\omega| \geq K(2K_{DC}/K - 1)^{1/2}$であれば求められる．$|\Delta\omega|$のもっと小さい値に対しては (8.12) の複素根が得られ，これは，いかなる実数の究極的な周波数誤差もこの式を満さないということを意味しており，つまり，ループは$|\Delta\omega|$のより小さな値に対してプル・インする．

なされてきた多くの近似により，$K_{DC} \gg K$の場合に限り，その境界は正確である．従って，プル・イン限界に対する近似公式は

$$\Delta\omega_p \approx \sqrt{2K_{DC}K} \tag{8.13}$$

原理的に，プル・イン・レンジは単に大きなDCゲインK_{DC}を用いることにより必要なだけ大きくすることができる．さらに，大きなプル・インは必要なだけ狭いノイズ・バンド幅によって達成することができ，パラメータKとK_{DC}は独立である．

プル・イン時間に対する公式 (8.10) は，初期周波数誤差がループ・ゲインKよりもかなり大きく，プル・イン限界よりかなり小さい場合に限り成立する．Richman [8.3]はいずれかの限界に近い初期周波数誤差を含む全ての条件に対してプル・イン時間を記述する改善された公式を開発した．その結果は (8.10) よりもはるかに厄介である．

他の条件に対するプル・イン

多くの研究者によってプル・インは研究されてきた．Viterbi [8.1, 8.2]は位相平面内のリミット・サイクルを通してこの問題を調べ，ここで与えられたのと本質的に同じ結果に到達した．

前述の結果は正弦波的な位相検出器を持ったループにしか当てはまらない．Mengali [8.11]は拡張されたPD特性に対する他の著者たちの研究を要約しており，PD特性を考慮に入れたプル・イン時間と範囲に対する一般的な公式に到達している．期待されるように，拡張されたPD特性によってプル・イン・レンジの拡張やプル・イン時間の高速化が得られる．Meer [8.12]は拡張されたPD特性や高次ループの研究を行った．彼は三角形ならびに鋸歯状のPDに関するプル・イン電圧を導出し，これらが正弦波状のPDよりも大きいと述べた．

タイプ3 PLLに対するプル・イン

タイプ3ループでは低周波経路に2個の積分器が存在し，2重に積分されるプル・イン電圧の増加はリニアというよりは放物線状である．その結果，タイプ3ループではプル・インはタイプ2のループよりも高速である．両方の積分器が理想的で，$|\Delta\omega| \gg K$であると仮定しよう．Meerの解析に従い，また，2個のゼロ点が$s = -1/\tau_2$で重なっているループ・フィルタに限定すると，タイプ3のループのプル・イン時間は次式で与えられることがわかった．

$$T_p \approx \frac{|\Delta\omega|\tau_2\sqrt{\pi}}{K} \tag{8.14}$$

タイプ3のPLLのプル・イン時間は，(8.10)で示されるような，タイプ2のPLLにおけるように$|\Delta\omega|^2$よりも初期周波数誤差の1乗に従って変化する．

　残念ながら，うなりゼロへの周波数プル・インによってタイプ3のPLLで高速な位相同期が得られる保証は無い．式 (8.14) は，ループ・フィルタ内の周波数積分器に正確なトラッキング電荷を蓄積するのに必要な時間を示しているが，周波数レート積分器上の電荷はその時点では誤りである．最初の積分器に蓄えられた電荷によって第2の積分器が，適切な周波数で充電を停止するよりは充電し続けるように強制する可能性が高い．もしそれが生じたならば，VCO周波数は正確な平衡状態をオーバーシュートし，プル・イン電圧は極性を逆転し，プル・イン動作は逆方向から平衡状態へ向かう．

　言い換えると，ロックするアプローチは振動的になる可能性があり，(8.14) は，位相同期までの時間ではなく，周波数誤差ゼロを最初に通過するまでの時間を述べているに過ぎない．周波数レート積分器上の電荷が平衡状態のトラッキングに必要な正確な値に落ち着くまではロックはできない．他方において，ゼロ周波数誤差の近傍では，ループ・フィルタの高周波経路は強力なロック動作をする．もし，そのロック力が，第1の積分器からの周波数スルー(slew，変化速度)力を克服することができれば，ループは最初の通過でロックし，平衡周波数を中心に振動することはない．TausworthとCrow [8.13, 8.14] は，もしクローズド・ループの極が過減衰ならば最初の通過でロックが生じ，また，極が過小減衰であるならば振動的な捕捉が生じることを見出した．タイプ3のPLLのプル・インに関する補足的な情報は [8.15] に入っている．

プル・インの実用的な限界　上述の解析と参考文献は，極とゼロ点の個数が等しいループフィルタを備えた擬似的タイプ2かそれ以上のタイプのPLLしか取り扱っていない．もしこれらの条件が違反になるとこれらの解析は殆ど成立しなくなる．14.4節ではループ内で極が増加した場合のまずい結果が記述されている．

　この話題に対する多くの論文から，プル・インは周波数捕捉の主要な方法であるかの印象を偶々受ける読者もいるかもしれない．実際には，プル・インは実用的である以上に興味深いと主張することもできよう．その遅さに加えて，プル・インは位相検出器（第10章）もしくはアクティブ・ループ・フィルタ（第11章）で生じる望ましくないが避けられない，DCオフセットに負けてしまうかもしれないし，あるいは，ループ内の過度の極もしくはディレイによりプッシュ・アウトもしくは偽似ロックに変換される可能性もある（第14章）．著しいノイズが存在するときのプル・インの振る舞いに関する情報は殆ど得られていない．

　著者の経験では，プル・インが実用的なのは比較的穏和な環境に限られる．すなわち，ノイズは小さく，急速な動作を許容するのに十分にバンド幅は大きくかつ初期周波数オフセットは十分小さく，また，余分な極を回避できる程度にループ回路が単純な場合である．もっと難しい応用では，プル・インはほとんど常に不十分か使い物にならず，何らかの形の補助付き捕捉が必要である．補助つき周波数捕捉の形態は以下の頁で議論される．

8.3.2 周波数掃引

より高速かつ信頼性の高い周波数捕捉は，信号の周波数を求めて VCO の周波数を掃引することにより達成することができる．もしその検索が正確になされるならば，VCO 周波数が掃引されて信号と一致した際にループはロック・アップする．ロック・アップにより，VCO 周波数は更に変化することが禁止され，掃引過程は自動終了する．掃引捕捉は，信号がノイズに深く浸っている場合には殆ど唯一の実用的な方法であるブラインド・サーチ（盲目的な検索）である．

掃引速度の限界：ノイズ無しの場合 周波数傾斜が存在する場合のホールド・インに関して前に述べた議論から，掃引速度は過度であってはならないということが明らかである．5.2.2 項では，掃引速度 Λ が ω_n^2 rad/sec^2 を超える場合には正弦波的な PD はロックを維持することができないことが示された．もしループが信号に対してロックを維持できないならば，ロックを捕捉することは決してできないであろう．従って，（正弦波的な s 曲線を持った PD に対して）掃引速度の絶対最大許容限界は ω_n^2 である．

Viterbi [8.1, 8.2] は周波数捕捉の問題を位相平面の軌道を用いて研究した．彼は，たとえ，$\Lambda < \omega_n^2$ であり，かつまたループにはノイズが無いとしても捕捉は確実ではないことを発見した．もし Λ が $\omega_n^2/2$ より幾分大きくなれば，ロックすることなしに VCO が入力周波数を掃引しきってしまう可能性がある．ロックするかしないかの可能性は，周波数と位相のランダムな初期条件に依存する．Viterbi の位相平面グラフはロックの確率を見積もるのに用いられ，結果が図 8.8 で掃引レートに対してプロットされている．これらの結果は，正弦波的な PD を持ち，$\zeta = 0.707$ である 2 次タイプ 2 の PLL の特殊な場合にのみ直接当てはまる．しかしながら，定性的に同様な振る舞いが他のダンピング係数や PD の s 曲線に対して期待される．

掃引捕捉の振る舞いに関するこれ以上の定性的な情報は Frazier と Page によるシミュレーションによる研究 [8.16] から得られる．[**コメント**：彼らの論文を通じて 1.4 の係数だけ数値的な誤差が存在し，定量的な解釈を困難にしている．] 彼らの論文は一定の自然周波数と掃引速度に対して，ロックの確率はダンピングが増加するにつれて改善されるということを示している．

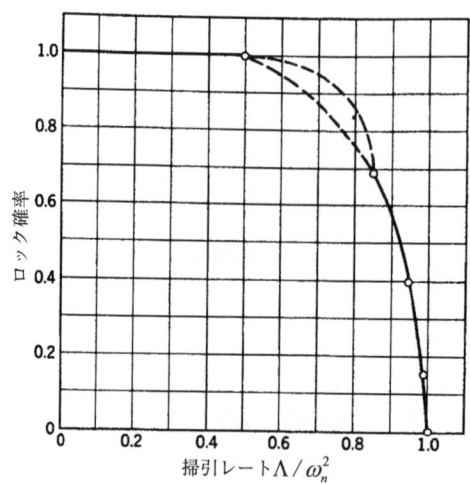

図 8.8 $\zeta = 0.707$ のノイズの無い 2 次タイプ 2 の PLL における掃引捕捉の確率

図8.9を見てみると，これは，少なくともロックするまではループの減衰は大きくすべきであるということを意味しているように見える．こうした結論を下すのは時期尚早であり，自然周波数が一定としてもPLLのノイズ・バンド幅はダンピングで変化する．一定のノイズ・バンド幅に基づいて，ω_nの最大（従ってまた最大掃引速度の最大値）が$\zeta = 0.5$において生じる．しかし，ω_n^2より小さな掃引速度でロックを捕捉する確率はダンピングが増加すると改善する．最善の捕捉性能を与える，あるζの値が存在し，正確な値は知られていないが，恐らく0.7と1.0の間にある．

ノイズの中での掃引速度の限界 これまでは，ループはノイズ無しと仮定されてきた．実際には，ノイズは常に存在し，考慮されなければならない．簡単な直観によりノイズにより信号を捕捉することは一層難しくなると予想される．この困難さを数で表現できれば有益であろう．FrazierとPageの実験により，容認できる高い捕捉確率をノイズの存在下でも維持するには，掃引速度は係数$[1-(\mathrm{SNR}_L)^{-1/2}]$だけ小さくすべきであることを示す経験的なデータが提示された．この式により，ループ内で0dBの信号対ノイズ比では捕捉は不可能となることが予測されている．経験によれば，この結論は楽観的であることが示唆される．

本質的に異なる断片的な情報と筆者の経験を組み合わせると，掃引速度の，よりよい予備的な設計値は，$\zeta = 0.7$ないし1.0と組み合わせて次のようになる．

$$\Lambda = \frac{1}{2}\omega_n^2\left(1 - \frac{2}{\sqrt{\mathrm{SNR}_L}}\right) \qquad \mathrm{rad/sec}^2 \tag{8.15}$$

この選択は，掃引捕捉は6dB未満のSNR_Lでは不可能であることを意味しているが，これは幾分保守的な判断であるが著しく誤っているというわけでもない．必要であれば，これらの値からの実験的な補正により改善が可能である．

非線形系のために，著しいノイズが存在する中では掃引捕捉は満足な解析を阻んできた．MeyrとAscheid [8.6, 第5章] は，(8.15)の大雑把な方法よりは微妙なニュアンスのあるアプローチを，ループがロックした後のサイクル・スリップの確率に基づいて提示した．Blanchard [8.17] は掃引速度と，信号対ノイズ比と，正確な捕捉と誤報との確率を関係付ける広範な一連の研究室の測定に関して報告している．

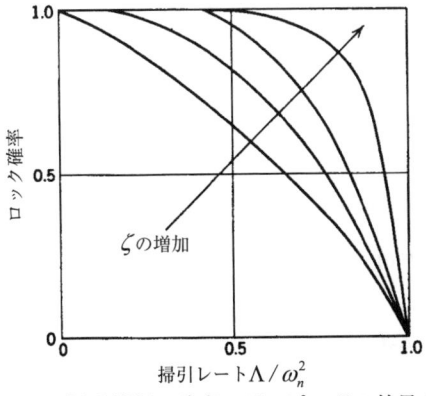

図 8.9 掃引捕捉の確率，ダンピングの効果を示す

ここに与えられた結果は正弦波的な位相検出器を持ったループに当てはまる．異なる PD 特性によって，異なる掃引能力が作り出されることが期待できる．この問題が研究されてこなかったように見えるのは，恐らく，盲目的な掃引捕捉は主として PD の入力端で SNR が低いシステムに適用されてきたという事実によっている．第 10 章では，もし入力の SNR が大変小さければ，正弦波的な S 曲線が唯一可能な形状であることが示されている．

掃引の実装　掃引はタイプ 2 の PLL に対して大変シンプルでエレガントなやり方で適用することができる．直接 VCO に掃引電圧を印加する鋸波発生器を別に作った研究者もいるが，このアプローチは不必要に複雑であり，ループの状態変数の不十分な理解に基づいている．一定のスルー電流 I_s をループ・フィルタの積分器へ挿入する方がずっと良いアプローチである．積分された出力は VCO に印加される傾斜波形であり，周波数の掃引を引き起こす．傾斜波形の勾配は積分器の時定数と電流の大きさで決定される．回路の詳細は図 8.10 に示されている．

スルー電流はオペアンプの総和をとる接続部に直接ではなくて，R_2 と C の接続部に挿入される．もし電流が直接オペアンプに印加されたならば，スルー電流がオン，オフされるたびに（所望の傾斜に加えて）$I_s R_2$ の出力ステップ成分が存在することになろう．このステップにより回路パラメータによっては，ループがロックを飛び越えてしまう原因になりうる．ループがロックするときには，積分器は，VCO を信号周波数に保持するのに丁度必要なだけの正しい電荷を持っている．

ループは PD からの DC 出力によって注入されたスルー電流を克服するが，この DC 出力はまた，ダイナミック・ラグ位相誤差によって生成される（5.1.1 項）．

ロックが達成された後は，位相誤差は，ノイズや他の妨害の存在下でトラッキング能力を損なうループ・ストレスを形成する．ロックが一度確認されたら，スルー電流を遮断することが望ま

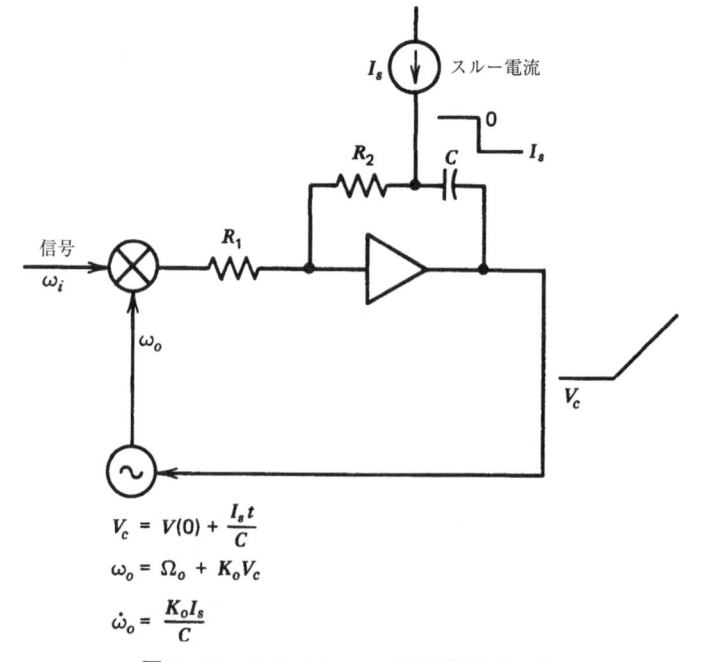

$$V_c = V(0) + \frac{I_s t}{C}$$
$$\omega_o = \Omega_o + K_o V_c$$
$$\dot{\omega}_o = \frac{K_o I_s}{C}$$

図 8.10　タイプ 2PLL の周波数掃引回路

しい．（ロック検出器はこの章の後ろの方で説明する．）もし信号が高速なフェーディングに晒されているならば，スルーの遮断は特に必要であり，フェーディングの場合はVCO周波数を掃引回路が奪い取り，全掃引範囲を検索しない限り信号を再捕捉することはできない可能性がある．しかしながら，スルーを遮断する決定は特に高速である必要はない．ループは与えられたスルーでロックを保持するので，信頼できる決定を保証するためにロックの確認に十分な時間をとることができる．

　これまでに述べてきた単純さとゆっくりとしたロックの確認を実行する自由度とはクローズド・ループの掃引にしか与えられない．オープン・ループ掃引を実行することもできる［8.17］が，その場合は周波数の一致を極めて高速で検出して掃引を速く遮断しループを閉じなければならなくなる．原理的には掃引速度はもはやループの傾斜トラッキング限界によって制約されないが，ノイズが存在する中で周波数の一致に対して信頼性のある測定をする必要から依然として速度には限界が課せられる．

　掃引はまた，タイプ3 PLLに対して適用することもできる．タイプ3 PLLは周波数勾配によりよく追従することができることが想定されているので，より高速な掃引が可能であることが期待されているかもしれない．残念ながら，タイプ3ループは余計に複雑になっているのでそうした想定された改善を達成する実用的な方法は発見されていない．これとは反対に，設計者の間にはクローズド・ループのタイプ3 PLLによる捕捉は不安定であるという恐れが存在し，不安定性を避けるための様々な手段がしばしば用いられる．1つの解は最初に述べたようにオープン・ループの検索を用いることである．この検索にはう̇な̇り̇ゼロの高速な認識と直ちにループを閉じることとが必要であり，これらは，成功裏に達成されては来たがトリッキーな操作である．

　もう1つの解は，タイプ2クローズド・ループで検索し，ロックが達成された後にループ積分器を追加挿入することである．検索速度はタイプ2ループに許容されているよりも大きくはなりえない．TausworheとCrow［8.13，8.14］は，ループ・スイッチング動作を通じてロックを維持することを保証するために3次の極は過減衰とすべきであることを示している．タイプ3ループは3個の変数，すなわち，位相，周波数そして周波数レートを捕捉しなければならないという事実はあまり一般に認識されていない．周波数と周波数レートの双方に対する2次元の検索を用いる必要があるかもしれない．（位相は恐らく自己捕捉である．）この話題はもっと調べる必要がある．

8.3.3　弁別器援用周波数捕捉

　もし，入力の信号対ノイズ比が十分大きければ，周波数弁別器を従来の自動周波数制御ループ内で用いてVCOの周波数を信号の周波数に近づけることができる．位相同期は，周波数誤差がロック限界内に持ち込まれたときに起きる．

　線形s曲線を有する弁別器　線形解析は，そのs曲線が近似的には周波数誤差の線形関数となる弁別器に適用することができる．位相ならびに周波数同期を組み合わせたループの通常のブロック図とその線形化されたループの式は図8.11に示されている．位相ループはロックが外れているときには殆ど効果がなく，VCOは殆ど唯一周波数ループで制御されている．ロック後は，それがずっと大きなDCゲイン（VCOの位相積分の性質により実際上は無限大）を持ち，また，

その場合に弁別器をもし希望すれば切り離すことができるので,位相ループが支配的になる.

もしタイプ2伝達関数がPLLに対する適切な選択であるならば,タイプ1伝達関数は周波数ループに対して適切であり,周波数ループに対するループ・フィルタはリードのゼロ点を持たない,単純な積分器であろう.図8.12に示されているように,2つのループは同じオペアンプ積分器を共有することができる.位相同期が起きた後は,図8.12のPLLの閉ループ・システム伝達関数は

$$H(s) = \frac{sK_o\left(\dfrac{K_d\tau_2}{\tau_1} + \dfrac{K_f}{\tau_f}\right) + \dfrac{K_oK_d}{\tau_1}}{s^2 + sK_o\left(\dfrac{K_d\tau_2}{\tau_1} + \dfrac{K_f}{\tau_f}\right) + \dfrac{K_oK_d}{\tau_1}} \tag{8.16}$$

これは2次のタイプ2 PLLの伝達関数を定義する(2.15)と同じ形の式である.(8.16)において,係数K_fはボルト/(rad/sec)を単位とする線形弁別器のゲインであり,$\tau_f = R_fC$,$\tau_1 = R_1C$また$\tau_2 = R_2C$である.(8.16)を(2.15)と比較すると次式が得られる.

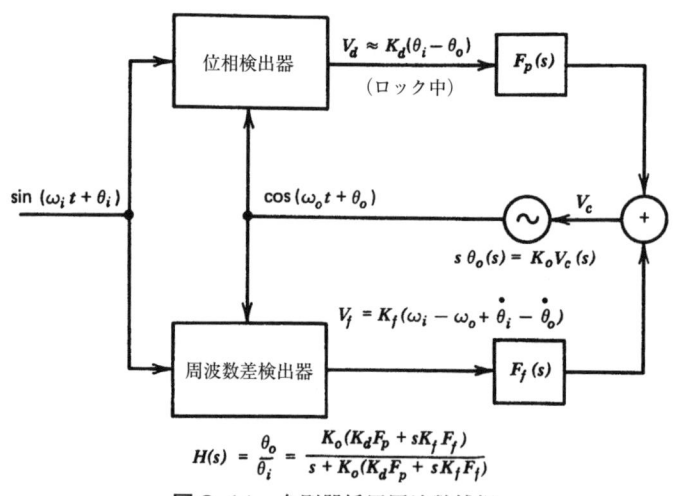

図8.11 弁別器援用周波数捕捉

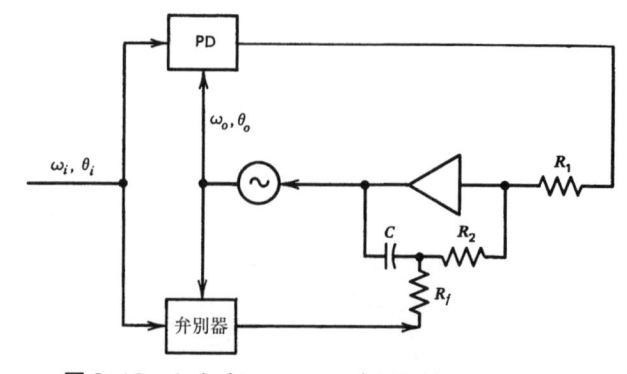

図8.12 タイプ2 PLLでの弁別器援用周波数捕捉

$$\omega_n^2 = \frac{K_o K_d}{\tau_1}$$

$$\zeta = \frac{K_o}{2\omega_n}\left(\frac{K_d \tau_2}{\tau_1} + \frac{K_f}{\tau_f}\right) \quad (8.17)$$

$$K = K_o\left(\frac{K_d \tau_2}{\tau_1} + \frac{K_f}{\tau_f}\right)$$

弁別器の分枝の存在が ω_n には何の効果も無いが，ζ と K の値を増加させるのは明らかである．原理的には，タイプ2のPLLの安定のために必要なループ・フィルタのゼロ点は完全に省略することができてダンピングは全て弁別器の分枝で供給できる．弁別器は永久に接続したままにしておき，所望のダンピングを得るために位相と周波数の検出器の相対的な寄与に重み付けするだけでよい．

弁別器の恒久的な接続は良い性能を与えるとは限らない．PLLはコヒーレントなデバイスであり，ノイズに埋もれた信号を回復することができるので入力の信号対ノイズ比が悪くても掃引動作は満足に進めることができる．これとは対照的に，弁別器は非コヒーレントなデバイスであり信号とノイズを区別することはできない．その平均出力は信号+ノイズの平均周波数になる傾向があり，この平均周波数は近似的には弁別器に印加されたスペクトルのセントロイド（中心点）の周波数である．もし，ノイズが支配的であるならば，弁別器の出力は殆ど完全にノイズの性質で決まり，信号は抑制される．弁別器を使うことができるのは信号周波数に関する有益な情報を提供してくれる場合に限られ，これは通常は入力信号がノイズを凌駕しなければならないということを意味している．大雑把な議論として，入力のSNRが6ないし10dBよりも小さい場合には注意が必要で，もし入力SNRが0dBよりも小さければ，弁別器を捨てるほどまでに強い懸念を持っているべきである．

タイプ2のループに対して，前述の解析では，プル・イン時間は初期周波数差の2乗に比例し，また掃引検索時間は検索範囲にリニアに比例していることが示された．もし，線形の弁別器が使用されるならば，周波数捕捉時間は初期周波数誤差の対数に比例していることを示すことができる．適用できる場合には，弁別器の援用は周波数捕捉の高速な方法である．

非線形弁別器 弁別器の援用に対する前述の解析は線形の弁別器に当てはまる．非線形弁別器を用いたいくつかの技術が注目に値する．非線形弁別器の平均出力は周波数誤差の本質的に非線形な関数である．重要な例は極めてポピュラーなデバイスである，第10章の位相／周波数検出器（PFD）である．PLLのロックが外れているときは，PFDは，多くのサイクルにわたって平均された，約 $K_d/2$ のDC出力を与える．（このDCレベルは信号周波数に比べて周波数誤差が小さい場合に生じ，周波数誤差が増加するにつれて K_d に向かって増加する．）第10章にはPFDの詳細な説明がある．

実効的には，PFDからのDC出力がループ・フィルタの積分器に一定のスルー（slew）を与えるので，VCOは正しい周波数を求めて掃引される．解析により，PFDからの $K_d/2$ のDC出力により $\pi\omega_n^2$ rad/sec^2 の掃引速度が作り出され，この速度は正弦波的なPDを備えたPLLが耐えることができる速さの 2π 倍である．この増加したレートは2つの理由でもたらされている．

(1) PFD に対する s 曲線は 2π にわたって正弦波的であるというのではなくて 4π にわたって線形であり，(2) PFD は，ロック・イン・レンジのなかで周波数誤差が減少するにつれて，非線形周波数検出器から線形位相検出器へとスムーズに変化する．

　他の1つの特徴が PFD（あるいは周波数誤差の正確な符号を示す他の任意のデバイス）による周波数捕捉のスピード向上に寄与する．通常の掃引は盲目的であり，開始する方向が正しい場合と間違った場合とで確率が等しい．それとは対照的に，PFD は正しい方向を示し，掃引が最も短い経路になるようにしている．

　さらに高速な捕捉のために，VCO が，名目的には等間隔な離散的な周波数に切り替わるシステムを考えよう．離散的な周波数の間でのバイナリ・サーチ（各ステップで周波数の不確定さの範囲を半分にする）は，捕捉時間が周波数範囲に比例する連続掃引とは対照的に，方向を示す周波数検出器と一緒に用いられて，スイッチされる周波数の個数の対数に比例する時間で周波数捕捉を達成する．バイナリ・サーチの例は［8.18］で示された．

オープン・ループ周波数捕捉　もし（例えば，シンセサイザにおけるように）所望の周波数が既知であり，また，もしスイッチされる周波数自体が十分に較正されているならば一層高速な捕捉を達成するために VCO を既知の周波数にスイッチする能力を用いることができる．いかなる検索もせず，如何なる弁別器の補助も無しに単に VCO を所望の周波数にスイッチする．（シンセサイザを除き）通常は所望の周波数は知られておらず，アナログ VCO ではスイッチされる周波数の正確で安定した較正はひどく困難である．所望の周波数もスイッチされる周波数も知る必要がないので探索手法が有効である．ディジタル数値制御発振器はスイッチされる周波数の知識は豊富に提供してくれるが，多くのアプリケーションにおいてアナログ VCO に取って代わることは依然としてできない．

　VCO の中でスイッチ可能な周波数を実装する1つの方法はディジタル・アナログ変換器（DAC）からの周波数制御電圧を用いることである．このスイッチ可能な電圧はループ・フィルタからの制御電圧に足しあわされる．しかし，DAC はノイズが多くなりがちで，VCO 内部で過度な位相ノイズを引き起こす可能性がある．［8.19］で提案されている別の方法では，正確に制御された電荷量がループ・フィルタの積分器へ急速に供給される．積分器の出力は VCO 周波数を制御しているので，これは DAC からのノイズによる汚染を避けながら急速に VCO 周波数を変化させる1つの方法である．この手法がうまくいくためには VCO の優れた較正が必要である．

　本質的にディジタル機能を持ったシステムで時々用いられるもう1つのアプローチは，周波数が不確定な領域のスペクトルを高速フーリエ変換（FFT）の助けを借りて計算し，求めている信号周波数のベストの見積もりとして計算されたパワー・スペクトルのピーク周波数を選択することである．それから PLL の VCO はその周波数にセットされる．この方式は，有効な場合には，不確実なバンド幅内のノイズ・レベルまで使える利点を持っているが，これは他では盲目的な掃引でしか可能ではない処理機能である．この方法を十分に活用するためには，VCO の周波数を十分な精度で設定できなければならない．

　既知の周波数へのスイッチングのこれらの方法は，弁別器やフィードバックを用いないオープン・ループの方法である．オープン・ループの方法は一般的にはクローズド・ループの方法よりも高速であるが，不正確さを是正するためのフィードバックの恩恵にあずかれないので一般的に

は十分に較正されていなければならない．

8.3.4 周波数弁別器の実装

無線工学の教科書にあるような，周波数弁別器の従来の回路を使うこともできるが，もっと良い選択肢が存在する．絶対周波数の測定の代わりに，捕捉弁別器は入力信号とVCOの間の周波数差を出力すべきで，つまり，周波数差弁別器が必要である．Richman [8.3] は，自分でクオドリコリレータ（直交相関器）と呼ぶ周波数差弁別器を記述している．ブロック図と関連する式が図 8.13 に示されている．入力バンドパス信号は発振器で駆動される1対のマルチプライア（ミキサー，位相検出器）により，2個の直交ベースバンド成分に変換される．ベースバンド・ローパス・フィルタは，回路が動作する周波数差の範囲を確立する（Richman は，PLL が制御権を取る極めて小さな周波数差に対しては自動的に直交相関器を切り離すために，ベースバンド・フィルタ内にハイパス部分も含めた．）

フィルタされたベースバンド・チャネルの1つは微分されて他のチャネルと乗算される．その積は信号と発振器の周波数差に比例する DC 成分を適切な符号とともに含んでいる．これは周波数差の優れた表示を与える．（また，差周波数の2倍で，等しい振幅の正弦波的なリップル成分も存在する．もし，直交相関器が FM 復調器として使われるならば，これは深刻な悩みになるが，位相ループがロックすると差周波数はゼロになり，従って直交相関器が捕捉の援用に使われる時にはリップルは消える．）

直交相関器や直交相関器的な構造に関する更なる情報は［8.20-8.24］で見出すことができる．他の弁別器の技術に関しては，Natali [8.24] は FFT アルゴリズムを用いた AFC フィードバック・ループを提案している，Alberty と Hespelt [8.25] は通常の直交相関器では深刻な問題となっている自己ノイズを回避する，データ変調信号用の周波数弁別器を開示している．

Messerschmitt [8.26] は回転式周波数検出器の概念を考案した．入力信号と VCO からのフィードバックとの間の周波数差である角速度で回転するベクトルを想像しよう．位相同期したときのベクトルの角をゼロ度と定義し，象限にゼロから反時計回りに円周に沿って I，II，III，IV とラベルを付ける．第 II 象限から第 III 象限へのベクトルの通過は信号周波数が VCO 周波数よりも大きいことを示し，また一方で，第 III 象限から第 II 象限への通過は信号周波数の方が小さいことを示している．1秒間当たりのこうした通過の回数は周波数差の大きさの目安である．

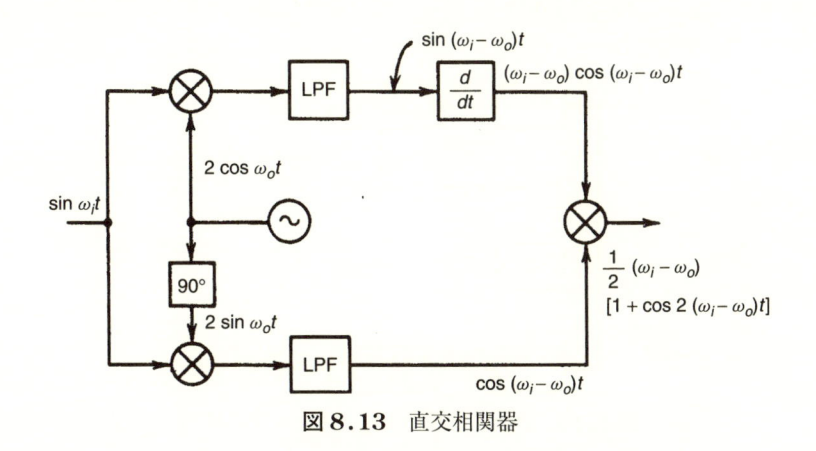

図 8.13 直交相関器

線形周波数弁別器は (1) II-III の通過の発生と向きを検出し，(2) こうした通過のたびに PLL ループ・フィルタ内の積分器に正確な極性を持った測定された電荷を与える回路により実現することができる．

VCO から直交して駆動される 1 対の位相検出器からの出力は，任意の瞬間における位相誤差の象限を識別するのに十分な情報を与える．1 つの PD は位相誤差のサインに依存する出力を与え，他方の出力はコサインに依存している．2 個の PD の出力の符号を調べれば十分である．もし位相誤差が最初の象限にあれば双方の PD は正の出力を持ち，第 2 象限の位相に対してはサインの PD は正の出力だがコサインの PD は負の出力である，などである．II から III への通過の検出，もしくはその逆の検出には，以前の象限の測定の記憶，ならびに，それと現在の測定との比較が必要である．コサイン PD からの出力が隣接する測定でともに負であり，かつサイン PD の出力が隣接する測定で符号を変えるならば，通過は検出される．通過の向きは，検出された各通過における，サイン PD の符号によって示される．回転検出器の例は［8.27-8.30］にある．

8.4 多様な事柄

ロック表示器，バンド幅可変な方法やループ・メモリのように，多かれ少なかれ捕捉のテーマには関連しているものの，それ自体はきちんとした見出しに収まらないトピックスがいくつか存在する．それらはこの節に一緒にまとめてある．

8.4.1 ロック表示器（ロック・インジケータ）

ロック表示でしばしば用いられる方法は，直交位相検出器であり，図 8.14 に示されているように補助位相検出器あるいはコヒーレント振幅検出器としても知られている．直交位相検出器は一方の入力に受信信号が印加され，他方の入力には VCO の 90° 位相シフト版が印加されている．主要な位相検出器は $\sin\theta_e$ に比例する出力電圧と $\cos\theta_e$ に比例する直交出力とを有する．ロック条件では，θ_e は小さく，従って，$\cos\theta_e \approx 1$ である．ループがロックしていないときは，両者の位相検出器からの出力は差周波数でのうなり音であり，従って，DC 出力は殆ど 0 である．こうして，直交検出器のフィルタされた出力はロックの有益な表示を与えてくれる．

ノイズの無い安定した入力から得られたものに対する相対的な出力電圧の大きさはロックの品質に対する目安となる．このように用いられるとき，円滑化された電圧は時にはコリレーション

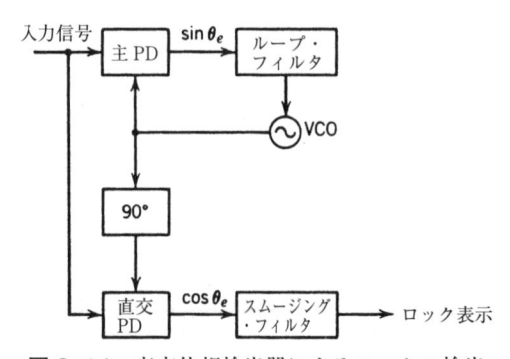

図 8.14 直交位相検出器によるロックの検出

（相関）出力として知られることもある．同じ電圧をコヒーレントな AGC 制御電圧源として用いることも可能である．AGC の話題は Meyr と Ascheid [8.6, 7.2 節] によって十分カバーされている．

出力円滑化フィルタは実用的なロック・インジケータの極めて重要な部分である．円滑化なしには，表示はノイズのためにオン，オフで点滅し，ロックやロック喪失の誤った表示を与える．過度に円滑化すると，ロックやアンロックの表示が実際に発生した時刻から過度に遅らされる．円滑化の妥協できる量が必要である．Tausworthe [8.31] はこの問題の詳細な解析を実行し，設計曲線を作った．

ロック検出の全く異なる原理（10.3.8 項で説明される）が位相／周波数検出器によって一般的に使われている．

8.4.2 広帯域の方法

捕捉のスピード（プル・イン，掃引，あるいは弁別器補助による）はループ・バンド幅を拡大することにより改善される．ループは高速な捕捉の為に大きなバンド幅を持つようにも作れるし，ノイズが存在する中で追従特性を良くするためにずっと狭いバンド幅を持つように作ることもできる．バンド幅の増加が成功であるのはループの信号対ノイズ比が十分に大きく，ループが広いバンド幅で安定である場合に限られるということは明らかである．もし，バンド幅の変化によりループがノイズ閾値や不安定性に近づくならば，捕捉はありそうもない．

バンド幅は，ループ・ゲインを変えることによって変更される．これは，図 2.2 のように，回路内で異なる抵抗値に切り替えることにより，あるいは，チャージ・ポンプ PLL 内のポンプ電流を変えることにより（第 12 章），もしくは，マルチプライア・クラスの位相検出器に印加される入力信号の振幅を制御することにより（第 10 章）実現できる．ループ・フィルタ内の積分器の妨害にならないように，キャパシタを切り替えてはならない．積分器へのいかなる妨害も周波数の記憶を損ない，ロック喪失の原因となる可能性がある．

バンド幅切り替えの指令のための信号は，直交位相検出器からのロック表示電圧でよい．ループがロックから外れると，表示電圧の喪失により，広帯域側にスイッチがセットされる．ループがロックすると，表示電圧が現れ，スイッチを狭帯域側へセットする．切り替え型の適応バンド幅は何年にもわたって探求されてきたが，期待される恩恵までには達することはまれであった．結果的に，捕捉の補助としてバンド幅スイッチを内蔵する実用的な PLL は殆どなかった．

コヒーレントな AGC が使われると，適応バンド幅の同じ効果をスイッチ無しに得ることができる．ロック外れの条件では，コヒーレントな AGC 電圧は存在せず，位相検出器での信号レベルは大きい．ループがロックすると，AGC 電圧が現れ，印加される信号電圧を削減する．マルチプライア型の位相検出器のゲイン――従ってまたループ・ゲイン――は信号レベルに比例するので，ループがロックすると，ループ・バンド幅とダンピングはともに，自動的に減少し，スイッチは必要ない．

8.4.3 記　憶

妨害がない場合は，タイプ 2 の PLL の VCO は，ループ・フィルタの積分器に蓄えられた電荷のために，信号が喪失した場合にはロックした周波数の近くにとどまる傾向がある．信号が復

帰すると，ロック・インかプル・インによる再捕捉が高速に行われるはずである．このループは積分器内に周波数記憶を持つ．信号が喪失すると，ループはオープンとなり，積分器はそのオープン・ループ時定数と存在しうる DC オフセットで決まるレートでゆっくりとドリフトしていく．さらに，積分器入力に与えられる平均値ゼロのノイズは出力ではランダム・ウォークに変換され，DC オフセットがない場合でも，完全な積分器でさえ揮発性がある．ロック喪失の検出により積分器の入力を妨害から切り離すことができれば記憶の維持は改善される．

1次のループは揮発性のある位相記憶を有する．信号喪失とともに，VCO の位相は直ちにロックした状態から，信号と自由走行の VCO との周波数差に等しいレートでドリフトし始める．言い換えると，信号が消えると VCO は直ちにその自由走行周波数に復帰する．タイプ2の PLL は，周波数の記憶があるので，1次 PLL よりはずっとよくその位相情報を保持する．タイプ3の PLL には，周波数と位相の記憶に加えて周波数レートの記憶がある．もし信号減衰中に入力周波数が変化するならば，第3の記憶が役に立つ．

参 考 文 献

8.1 A. J. Viterbi, *Acquisition and Tracking Behavior of Phase-Locked Loops*, External Publ. 673, Jet Propulsion Laboratory, Pasadena, CA, July 1959.

8.2 A. J. Viterbi, *Principles of Coherent Communication*, McGraw-Hill, New York, 1966, Chap. 3.

8.3 D. Richman, "Color Carrier Reference Phase Synchronization Accuracy in NTSC Color Television," *Proc. IRE 42*, 106–133, Jan. 1954.

8.4 F. M. Gardner, "Hangup in Phase-Lock Loops," *IEEE Trans. Commun.* **COM-25**, 1210–1214, Oct. 1977. Reprinted in [8.8].

8.5 H. Meyr and L. Popken, "Phase Acquisition Statistics for Phase-Locked Loops," *IEEE Trans. Commun.* **COM-28**, 1365–1372, Aug. 1980.

8.6 H. Meyr and G. Ascheid, *Synchronization in Digital Communications*, Wiley, New York, 1990.

8.7 F. M. Gardner, "Equivocation as a Cause of PLL Hangup," *IEEE Trans. Commun.* **COM-30**, 2242–2243, Oct. 1982. Reprinted in [8.8].

8.8 W. C. Lindsey and C. M. Chie, eds., *Phase-Locked Loops*, Reprint Volume, IEEE Press, New York, 1986.

8.9 J. J. Spilker, "Delay-Lock Tracking of Binary Signals," *IEEE Trans. Space Electron. Telem.* **SET-9**, 1–8, Mar. 1963.

8.10 C. E. Gilchriest, *Pseudonoise System Lock-in*, Research Summary 36–9, Vol. I, pp. 51–54, Jet Propulsion Laboratory, Pasadena, CA, July 1, 1961.

8.11 U. Mengali, "Acquisition Behavior of Generalized Tracking Systems in the Absence of Noise," *IEEE Trans. Commun.* **COM-21**, 820–826, July 1973.

8.12 S. A. Meer, "Analysis of Phase-Locked Loop Acquisition: A Quasi-Stationary Approach," *IEEE 1966 Conv. Rec.*, Vol. 14, Pt. 7, pp. 85–106, 1966.

8.13 R. C. Tausworthe and R. B. Crow, "Improvements in Deep-Space Tracking by the Use of Third-Order Loops," *IEEE Int. Conf. Commun.*, 1972, pp. 577–583.

8.14 R. C. Tausworthe, "Improvements in Deep-Space Tracking by the Use of Third-Order Loops," *JPL Q. Tech. Rev.* **1**, 96–106, July 1971.

8.15 F. Russo and L. Verranzzani, "Pull-in Behavior of Third-Order Generalized Phase-Locked Loops," *IEEE Trans. Aerosp. Electron. Syst.*, **AES-12**, 213–218, Mar. 1976.

8.16 J. P. Frazier and J. Page, "Phase-Lock Loop Frequency Acquisition Study," *IRE*

Trans. Space Electron. Telem. **8**, 210–227, Sept. 1962.

8.17 A. Blanchard, *Phase-Locked Loops*, Wiley, New York, 1976, Chap. 11.

8.18 C.-C. Chung and C.-Y. Lee, "An All-Digital Phase-Locked Loop for High-Speed Clock Generation," *IEEE J. Solid-State Circuits* **38**, 347–351, Feb. 2003.

8.19 J. Hakkinen and J. Kostamovaara, "Speeding Up an Integer-N PLL by Controlling the Loop Filter Charge," *IEEE Trans. Circuits Syst. II* **50**, 343–354, July 2003.

8.20 F. M. Gardner, "Properties of Frequency Difference Detectors," *IEEE Trans. Commun.* ***COM-33***, 131–138, Feb. 1985. Reprinted in [8.21]. Also, extended version in [8.8].

8.21 B. Razavi, ed., *Monolithic Phase-Locked Loops and Clock Recovery Circuits*, Reprint Volume, IEEE Press, New York, 1996.

8.22 J. A. Bellisio, "A New Phase-Locked Timing Recovery Method for Digital Regenerators," *IEEE Intl. Commun. Conf. Rec.*, Vol. 1, pp. 10–17 to 10–20, June 1976. Reprinted in [8.21].

8.23 R. R. Cordell, J. B. Forney, C. N. Dunn, and W. G. Garrett, "A 50 MHz Phase- and Frequency-Locked Loop," *IEEE J. Solid-State Circuits* ***SC-14***, 1003–1009, Dec. 1979. Reprinted in [8.21].

8.24 F. D. Natali, "AFC Tracking Algorithms," *IEEE Trans. Commun.* ***COM-32***, 935–947, Aug. 1984. Reprinted in [8.8].

8.25 T. Alberty and V. Hespelt, "A New Jitter Free Frequency Error Detector," *IEEE Trans. Commun.* ***COM-37***, 159–163, Feb. 1989.

8.26 D. G. Messerschmitt, "Frequency Detectors for PLL Acquisition in Timing and Carrier Recovery," *IEEE Trans. Commun.* ***COM-27***, 1288–1295, Sept. 1979. Reprinted in [8.21].

8.27 F. M. Gardner, "A Cycle-Slip Detector for Phase-Locked Demodulators," *IEEE Trans. Instrum. Meas.* ***IM-26***, 251–254, Sept. 1977.

8.28 J. A. Afonso, A. J. Quiterio, and D. S. Arantes, "A Phase-Locked Loop with Digital Frequency Comparator for Timing Signal Recovery," *IEEE Natl. Telecommun. Conf. Rec.*, Vol. 1, pp. 14.4.1–14.4.5, 1979. Reprinted in [8.21].

8.29 A. Pottbäcker, U. Langmann, and H.-U. Schreiber, "A Si Bipolar Phase and Frequency Detector IC for Clock Extraction up to 8 Gb/s," *IEEE J. Solid-State Circuits* ***SC-27***, 1747–1751, Dec. 1992. Reprinted in [8.21].

8.30 L. M. DeVito, "A Versatile Clock Recovery Architecture and Monolithic Implementation," pp. 405–420 in [8.21].

8.31 R. C. Tausworthe, *Design of Lock Detectors*, JPL Space Programs Summary 37–43, Vol. III, pp. 71–75, Jet Propulsion Laboratory, Pasadena, CA, Jan. 31, 1967.

第 9 章　発　振　器

周波数が制御可能な発振器はフェーズロック・ループの必須要素である．この章では様々なクラスの発振器の概要を位相ノイズの問題を強調して提供する．

9.1　望ましい性質

発振器には多くの要求がなされるが，これらの要求は通常は互いに相反しており，殆ど常に妥協が必要である．重要な必要条件には次のようなものが含まれる．

1. 低い位相ノイズ
2. 周波数の正確さ
3. 広いチューニング（同調）・レンジ
4. 同調のリニアリティ（線形性）
5. 広帯域（すなわち高速）変調能力
6. 低電力消費
7. 小さいサイズ
8. チップへの集積

位相ノイズ以外のいかなる特長を達成しようとしても，位相ノイズ性能を犠牲にしないわけには行かなくなる．

9.2　種々の発振器

2種類のアナログ発振器がPLLでは重要であるが，それらは，周波数選択共振器を用いるものと，緩和原理で動作するものとである．共振器タイプには水晶，表面弾性波(SAW)デバイス，マイクロ波もしくは光空洞，誘電体円筒（DRO：誘電体共振発振器），伝送線，インダクタンス／キャパシタンス(LC)タンク，セラミック・フィルタ，電気機械的フィルタ，それとYIG(イットリウム－鉄－ガーネット) 半球がある．リング発振器はこれが書かれている時点では最も顕著な緩和発振器であり，初期の非安定マルチバイブレータに大部分取って代わった．

現在（2004年）では全てのPLLの部品を，1つのシステムの他の全てのアナログならびにディジタルの回路とともに，1つの集積回路（IC）チップに内蔵させるために大きな努力が払われている．リング発振器に人気がある理由の1つは，ディジタル論理デバイスに使われているのと同じICプロセスを用いてすぐにオン・チップに集積できるからである．集積する上でもう1つの

人気のある回路がプッシュ・プルの LC 発振器である．これはリング発振器よりも位相ノイズが良く，本質的にチューニング・レンジが狭い．リング発振器や LC 発振器の集積化の夥しい数の論文が Razavi の論文集［9.1, 9.2］に，オンチップ・インダクタの難しい設計に関する論文とともに収められている．

9.3 発振器内の位相ノイズ：単純化したアプローチ

位相ノイズの重要性が認識される前に何年も発振器は作られてきた．数多くの論文や書物で，位相ノイズに言及すること無しに発振器回路が説明されている．位相ノイズの悪影響が次第に明らかになるに従って，かなりの知的な努力が，その定式化に捧げられた．Kroupa［9.3］のリプリント集は，これら初期の位相ノイズに対する努力の例や他の多くの参考文献を，今日の PLL の設計者の注意を引くのに十分値する他の論文とともに収めている．

位相ノイズは時間ドメイン（Allan の分散［9.4］による）か，周波数ドメインで定式化できる．周波数ドメインの定式化が PLL の設計と応用で好まれる．本書では，位相ノイズは周波数ドメインで片側ベースバンド・スペクトル密度 $W_\phi(f)$ により，$\mathrm{rad}^2/\mathrm{sec}$ の単位で記述される（定義は第 7 章を参照）．

9.3.1 Leeson のモデル

1966 年に，Leeson［9.5］は，それ以来ずっとランドマークとなっている有名な論文を出版した．彼は，増幅器と共振器がポジティブ・フィードバック・ループで接続されていて 2 個のノイズ源を持つ単純なモデルを提案した．彼の解析的な結果は殆ど全ての物理的な発振器で測定される位相ノイズ・スペクトルの形状に定性的には近い．図 9.1 はこのモデルのやや特殊なバージョンを示している．増幅器は線形であると仮定された．1 つのノイズ源は加算的であり，白色であると仮定された．図 9.1 では，それは，増幅器の入力での等価的ノイズとして示されている．他のノイズ源はフリッカー（$1/f$）のスペクトル形状を持ち，信号の位相変調の原因となると仮定された．

推論 Leeson は発振の Barkhausen の基準［9.12, 第 1 章；9.13, 6.1 節］を用いて，観測された位相ノイズ・スペクトルを説明した．この基準によれば，安定な発振フィードバック回路の

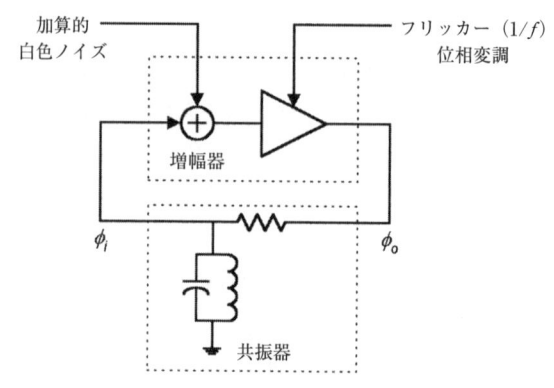

図 9.1 Leeson のモデルを説明する発振器のブロック図

第9章 発振器

位相シフトは2πの整数倍でなければならない．加算的なノイズは振幅と位相の成分に分解することができる．この位相成分はループの位相をその安定条件から変えるように見え，従って発振器はその周波数をシフトしてループ周りの位相を2πの正確な整数倍に戻そうとする．位相の修正は共振器の位相対周波数特性によって与えられ，周波数シフトは必要な位相修正を施すものである．同様な議論がフリッカー起因の位相ノイズ変調に当てはまる．こうして，発振器の周波数変動は増幅器の中のノイズ変動の位相成分に従う．発振器の周波数ノイズ・スペクトル$W_{\omega o}(f)$はノイズ源のスペクトルと同じ形状を持ち，従って，発振器の位相ノイズ・スペクトルは$W_{\phi o}(f) = W_{\omega o}(f)/4\pi^2 f^2$（7.2.5項）の形状を持つ．

前のパラグラフの議論は，f_oを発振の周波数として，共振器の半値幅$f_o/2Q$に十分収まる変調周波数fに対してのみ当てはまる．そのバンド幅の十分外にあるノイズ周波数は共振器でかなり減衰させられており，従って，フィードバック・ループに沿って伝播することはない．こうして，それらの周波数に対する位相ノイズ・スペクトルはノイズ源のスペクトルと同じであり，白色ノイズと恐らく$1/f$ノイズとの組合せである．更に精度を上げると，増幅器の出力での位相ϕ_oは共振器の出力での位相ϕ_iと異なっており，共振器は増幅器の位相ノイズに対するフィルタとして作用する．

結果 これら全ての条件を考慮に入れると，図9.1の発振器の構成での位相ノイズ・スペクトルを近似する1対の式が得られる．

$$W_{\phi o}(f) = \frac{W_0}{P_s}\left[1 + \left(\frac{f_o}{2Qf}\right)^2\right]\left(1 + \frac{f_3}{f}\right)$$

$$W_{\phi i}(f) = \frac{W_0}{P_s}\left(\frac{f_o}{2Qf}\right)^2\left(1 + \frac{f_3}{f}\right) \quad (9.1)$$

ここで，W_0は白色ノイズのノイズ・スペクトル密度，P_sは発振器のパワー，Qは共振器の負荷付きのQファクタ，f_3はフリッカー・ノイズに関連したコーナー周波数である．Sauvage[9.6]は，Barkhausenの基準を持ち出すこと無しに，(9.1)と同じフォーマットに帰着する伝達関数解析を実行した．

スペクトル形状 スペクトルのいくつかの特徴は(9.1)から導出することができる．
- 図9.1に示された理想化された共振器では$1/f$や白色ノイズ・スペクトルを出力端子でサポートすることができないので，$W_{\phi i}(f)$は$1/f^3$と$1/f^2$の周波数領域しか持ち得ない．$1/f^3$と$1/f^2$の領域の間のコーナー周波数はf_3である．
- $W_{\phi o}(f)$は常に$1/f^3$の領域を持っている．
- $W_{\phi o}(f)$はf_3から$f_o/2Q$まで伸びている$1/f^2$領域を持つが，これは$f_3 < f_o/2Q$の場合に限られる．
- $W_{\phi o}(f)$は$f_o/2Q$からf_3からまで伸びている$1/f$領域を持つが，これは$f_3 > f_o/2Q$の場合に限られる．
- $W_{\phi o}(f)$は$f = f_o/2Q$か$f = f_3$のいずれか大きい方で始まる白色ノイズ領域を持つ．

9.3.2 発振器設計ガイド

Leeson のモデルと (9.1) により，低位相ノイズの発振器へのいくつかの貴重な設計ガイドが与えられる．

- 白色ノイズ・スペクトル密度 W_0 は小さくする．
- 発振器のパワー P_s は大きくする．
- 共振器の Q は大きくする．
- フリッカーのコーナー f_3 は小さくする．
- もし，大きな f での位相ノイズが重要であるなら，共振器での更なるフィルタリングを活用するために，発振器出力は増幅器の出力よりも共振器の出力からとる．しかし，発振器の後の回路（例えば，バッファ増幅器，周波数マルチプライア，周波数ディバイダ，あるいは位相ノイズ・アナライザ）が，発振器の挙動を隠してしまうのに十分なだけ $1/f$ あるいは白色ノイズに寄与することが多いことに注意しよう．

図 9.1 の構成が議論のために選ばれたのは，その共振器の位相ノイズ出力が，増幅器の出力端のように平坦化するのではなくて -20dB/decade に漸近してロール・オフするからである．もし共振器の減衰が高周波で平坦化するならば，$W_{\phi i}(f)$ も平坦化して位相ノイズ性能に損害を与える [9.6]．

水晶は平坦化した漸近応答を有する共振器の一例である [9.7]．水晶の等価回路は並列容量 C_p でシャント（分路）された直列 RLC 回路からなる．多くの水晶発振器回路は直列共振かその近傍で動作するが，並列キャパシタンスは，発振周波数からかなり離れたノイズ周波数の減衰にフロアを与えるバイパス経路を提供する．その結果，水晶発振器の位相ノイズ・スペクトルは，比較的小さな値のオフセット周波数で始まる白色ノイズ・フロアを持っている．

この特徴は，水晶のシャント（分路）容量のバイパス経路をキャンセルし，それによって，大きな f で位相ノイズ・スペクトルを改善するために，一方の経路に水晶があり他方の経路に C_p に等しいキャパシタンスを有するハーフ・ブリッジでの利点を示唆している．無線エンジニアにはこのテクニックは中和として知られ，一時は広く用いられていた．

発振器の $1/f^3$ の位相ノイズは広帯域 PLL で追従されるので，大して懸念にはならない．しかし，PLL が狭いバンド幅を持たなければならない場合は，$1/f^3$ 位相ノイズは支配的なものになりうる．その場合は，フリッカー変調を最小化する（すなわち，f_3 コーナー周波数を最小化する）必要がある．Halford, Wainwright と Barnes [9.9] によるショート・ノートで，（例えば，増幅器のエミッタかソース回路内のバイパスされない抵抗器による）増幅器と周波数マルチプライアの局部的な RF フィードバックによりフリッカー位相変調の抜本的な改善が得られることが報告されている．このテクニックが発振器に適用されてきたかどうか筆者は知らない．図 9.1 では増幅器内で生じるフリッカー・ノイズが示されている．しかしながら，Walls と Wainwright [9.8] は，フリッカー・ノイズは水晶内でも生じることを発見した．Q の高い水晶は，Q の低い水晶よりもフリッカー・ノイズが低くなる傾向がある．

9.3.3 位相ノイズ・スペクトルの例

図 9.2 は異なる構成のいくつかの発振器に対して測定されたり仕様に記された位相ノイズスペクトルを示している．縦座標は $W_\phi(f)$ ではないことに注意すること．例えば，1MHz で発振し

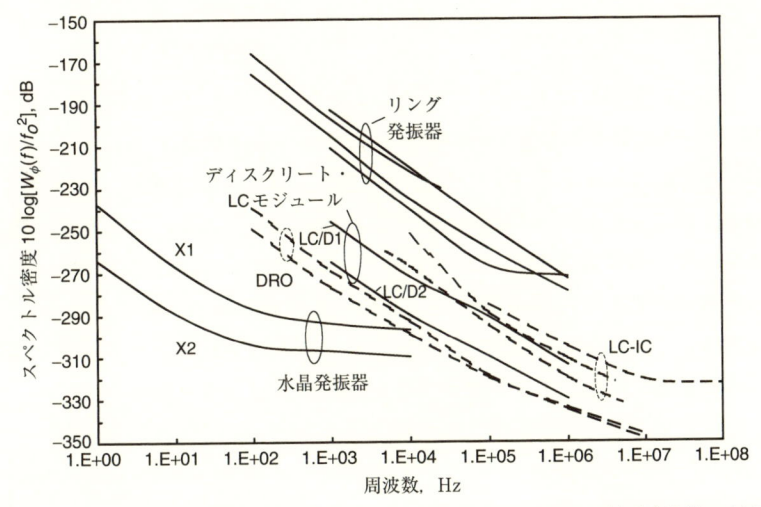

図 9.2 代表的な発振器の位相ノイズ・スペクトル，共通の発振周波数に対して正規化

ているリング発振器の位相ノイズを 20GHz の DRO のものと直接比較するのはフェアではない．その代わり，$W_\phi(f)$ を f_o^2 で割ることにより発振周波数に対してスペクトルが正規化され [9.10]，プロットされている量は $10\log[W_\phi(f)/f_o^2]$ である．

なぜこの正規化された尺度が用いられるべきなのであろうか？ ある特定の周波数帯で走行している発振器からの信号は掛け算され，割り算され，あるいは合成されて任意の他の所望の周波数帯に出力を与えることができる．もし，マルチプライア，ディバイダ，あるいはシンセサイザが位相ノイズが無いと仮定されるならば（幻想であるが，評価を進めるための出発点である），異なる発振器の性能は，全く異なる個々の周波数ではなくて，所望の周波数で比較することができる．発振周波数に関する正規化により全ての発振器からの位相ノイズ・スペクトルは共通ベースへ集約される．

図 9.2 では，大きく異なる構成の発振器が同様な形状の位相ノイズ・スペクトルを持ち，これらの形状は Leeson のモデルからの予測にかなり類似している．リング発振器は最悪の位相ノイズを示し，LC 発振器は広い中間レンジを占め，誘電共振器発振器（DRO）はさらに若干優れており，水晶発振器は他の全てよりも，特に低オフセット周波数で遥かに優れている．これらの結果は各種共振器の相対的な Q 値から期待される．第 15 章で更に詳述されているようにこれらのプロットはフェーズロック周波数シンセサイザの基礎を示している．水晶のレファレンスは近接オフセット周波数で最善の位相ノイズを持っているが，より高周波の発振器は通常は遠く離れたオフセット周波数で優れている．シンセサイザ PLL のバンド幅は，水晶の性能が近接点で達成され，一方，制御された発振器の性能が遠隔点で支配的となるように選ばれる．

2 個のモジュラー LC 発振器（LC/D1 と LC/D2 とラベル付けされている）は，個別部品とともに製造され，図 9.2 に含まれている．これら 2 個は同等なケースにパッケージされ，同じ周波数領域で動作し，従って，恐らく同程度のサイズのインダクタを持っている（同程度の Q ファクタを意味している）．しかし，それらの位相ノイズ・スペクトル密度はほぼ 20dB だけ異なっている．ノイズ密度が小さい方の発振器（LC/D2）は非常に小さいチューニング・レンジを持ち，

大きなチューニング・レンジと低い位相ノイズは互いに相反しているという，この章の最初の記述を例示している．

図のモジュラーLC発振器はICのLC発振器よりも良い位相ノイズを示している．この優位性は通常のICインダクタよりもQが高いディスクリート・インダクタとモジュラー発振器の高いパワー・レベルとに起因すると考えることができる．更に良い性能が，もっと大きくてQの高い共振器を持ち，パワー・レベルの高いLC（もしくは空洞，あるいは伝送線）発振器から期待できる．水晶発振器に対する2個のプロットのうち，X1とラベル付けされているものは従来型の設計によると考えられる高品質商用ユニットのカタログ・スペックであるのに対して，X2のプロットは提案されている珍しい設計 [9.11] に対して予測されるノイズ性能を示している．その原理は，例外的に低い位相ノイズを要求する応用では貴重かもしれない．

9.3.4 Leesonのモデルの欠点

Leesonのモデルは共振器を備えた発振器に基づいている．図9.2はLeesonによって予測されたスペクトル形状を持つリング発振器を示しているが，リング発振器は共振器を持たないので，そのモデルは解析には適用できない．

Leesonのモデルは線形増幅器に基づいており，加算的な白色ノイズに起因する位相ノイズ・スペクトルを予測すると想定されている．しかしながら，図9.2に示された発振器のいずれも線形ではなく，単純なモデルは当てはまらない．もっと肝心なことに，殆どの発振器の動作は高度に非線形であり，線形モデルはめったに当てはまらない．

Leesonのモデルはフリッカー・ノイズの存在を認めており，低周波のフリッカーは角度変調効果を通じて高周波発振器のスペクトルに影響する可能性があることに正しく気付いている．しかし変調の物理的な動作と大きさは保留になっている．このモデルは不完全であり，フリッカー・ノイズに起因するスペクトル成分を予測することに使うことはできない．もっと正確に言うと，フリッカーのコーナー周波数f_3はこのモデルから予測することができない．要するに，Leesonのモデルは定性的な思考と改善された位相ノイズの概算とに対する基礎を与えるが，きわどい設計には十分ではない．もっと何かが必要である．

9.4 発振器の分類

位相ノイズの深い説明に入る前の序章として，この節では発振器の関連する性質を説明する．PLLの中で関心のある殆どの発振器はポジティブ・フィードバック回路であって，最低でも（共振器のような）周波数決定回路と発振を維持する増幅器を備えている．安定な発振はBarkhausenの基準を満足する——つまり，平衡状態で，フィードバック・ループを一周する実効的なゲインの大きさが1で，ループを一周する位相はモジュロ2πとして0である．

高速で信頼性のある発振開始を保証するために，必要最小限よりも大きなゲインを与えるのが通常であり，普通は3～5倍となる．従って，発振器には発振が一度定常状態の平衡に達したら実効ループ・ゲインを1に減じるメカニズムを含めなければならない．増幅器はそれから，振幅制御がどのように設定されているかに応じて，線形領域か非線形領域で動作することになる．発振の振幅を検出し，ループに沿ったゲインを調節して，振幅を増幅器の線形領域内で所望のレベ

ルに維持する素子を通じて線形動作は達成される．ゲインの調節は別の素子でも可能であり［9.13, p.215］あるいはもっと普通に，維持している増幅器自体のゲインが例えば，バイアス電流を調節することにより［9.14-9.17］制御される．

［コメント：［9.16］と恐らくは［9.14］しかリニアな保持用の増幅器を使っていない．他の論文は非線形発振器の振幅制御を説明している．］リニアな発振器では，増幅器の線形性と共振器の選択性により高調波は理想的には存在しない（あるいは非常に小さい）．単一トランジスタ増幅器のクラスAのバイアスと駆動が，線形動作を実現する最も普通の方法である．クラスAの発振器はPLLではあまり見かけない．

レベル制御ループはセンサと被制御素子の間にフィルタ（通常は，積分器）を含む．そのフィルタは発振器のダイナミック・エンベロープ応答とカスケード接続されている．もし共振器のバンド幅が狭ければ，エンベロープ応答は遅い．制御ループの安定な動作を保証するために注意が必要である［9.18］．

2つのクラスの非線形発振器を区別することができる．発振の振幅を設定するためにリミッターに依存するものと，振幅を制御するために増幅器のコンダクション・アングルを調節するものとである．

他のクラスも存在する．特定の非線形発振器のクラスを決定するのは必ずしも容易ではなく，文献では，その区別はめったに検討されることがない．リミッター制御の発振器の例は過去において普通ではなく，背中合わせの並列ダイオードは［9.19］で提唱され，電圧比較器（ハード・リミッター）は［9.20］で提唱されている．リミッターは発振サイクルを通じて常に電流を伝導し（つまり，常に共振器にパワーを送り），決して遮断することは無い．もしリミッターの特性が対称的であるならば，奇数次の高調波だけがその出力に表れる．最近人気のあるプッシュ・プルLC型のIC発振器［9.2］はリング発振器と同様にリミッター類に属すると解釈できる．

もう1つのクラスの非線形発振器は高調波発振器あるいは——混乱して——自動制限発振器と呼ばれることが多々ある．これらにおいては，増幅器はクラスCで動作し，電流は発振サイクルの半分よりずっと少ない間，増幅器に流れる．最初は，振幅が増加する前に，電流が連続的に流れる．バイアスは増加の過渡的時間の間に変化して電流と実効ゲインを減じる．平衡では，発振は大きな振幅に強まっているがバイアスもそうである．結果として，増幅器はサイクルの殆どの間はオフになっており，電流はほんの短いパルスの間しか流れない．これらのパルスは各サイクルにおいてほんのわずかしか共振器を駆動せず，それ以外では増幅器はサイクルの殆どの間，共振器から切り離されている．短いパルスの列は高調波を多量に含んでおり，ほぼ正弦波の電圧が共振器の狭帯域のフィルタリングだけの理由で現れる．最も良く知られている発振器の殆どがクラスCで非線形的に動作する．

エレクトロニクス共同体で，ある解決されていない問題が何年も議論されている．どのクラスの発振器の位相ノイズの方が少ないか，つまり，クラスAなのかクラスCなのかということである．初期の文献［9.12，第7章；9.13，6.9節］では周波数安定度が大幅に改善されるという理由で，クラスA動作，特にブリッジ発振器が好まれている．クラスC発振器の支持者は，増幅器は各サイクルのほんのわずかな割合しか回路にノイズを出さないというように増幅器の電流のデューティ・サイクルの短さを挙げている．共振器はカット・オフの期間中，増幅器からノイズ妨害を受けること無しに自動走行している．

発振器に関する前述の説明はフィードバック・ループに関するものであった．多くの発振器に対しては，この説明は，アクティブ回路によって作り出され共振器に接続される負の抵抗（もしくはコンダクタンス）として書き直すことができる．平衡では，負性抵抗は共振器内の損失の正の抵抗を正確にキャンセルし，安定な発振が得られる．プッシュ・プル LC 発振器は負性抵抗の観点から都合よく解析できる．Gunn ダイオードや IMPATT ダイオードをアクティブ素子として用いるような発振器にはフィードバックの無いものがあり，実際アクティブ素子が負性抵抗を生成する．これらの発振器は負性抵抗回路としてのみ解析が可能である．

前述の発振器の全ては共振器を含んでいたが，他の回路はそうではない．リング発振器は後者の重要な実用的な例である．共振器はフィードバック・ループ内で狭帯域を成立させており，周波数とともに急峻に変化する位相を持っている．狭帯域と位相シフトの急峻さは共振器の高い Q 値に伴っている．発振はループに沿った位相が $360°$ の整数倍となる周波数で起きるので，増幅器の中で生じる可能性のある位相変動にかかわらず，共振器内の急峻な位相勾配によって発振周波数が，小さな領域に限定される．

リング発振器は位相シフト発振器や緩和発振器として様々に取り扱われる．位相シフト発振器では，電気的なネットワーク（通常は抵抗－キャパシタンス回路）が位相シフト（通常 $180°$）を生み出し，またアクティブ素子における位相反転はもう $180°$ を生み出し，合計で発振に必要な量である $360°$ となる．（ちゃんとした共振器と比べると Q 値が非常に低い）RC 位相シフト・ネットワークの位相勾配は殆どの共振器に比べて非常に浅く，従ってアクティブ回路における位相の揺らぎは発振周波数に対して大きな影響がある．

緩和発振器は，キャパシタの充放電で作られるランプ（傾斜）波形で決定される 1 個以上のタイム・ベースと，キャパシタ上の傾斜電圧が閾値を横切ることで活性化されるスイッチとを有する．閾値との交差の時間間隔が発振周期を決定する．

発振器の分類に向けられた注意はそれ自体のためだけではなく，それは様々なリニアならびに非線形タイプがノイズに異なる反応をするからである．分類は位相ノイズの解析では重要であり，1 つのクラスに対して有効な手続きは他に対して有効でないかもしれない．例えば，Leeson のモデルは共振器つきの線形発振器に対してしか当てはまらないと想定されている．クラスの区別は次の節で再び現れる．

9.5 発振器内の位相ノイズ：進んだ解析

発振器の位相ノイズに対する文献の数は 1990 年代に爆発的に増加した．この関心の高まりがもたらされたのにはいくつかの理由がある．

1. 発振器は，システムの他の全ての回路とともに，オン・チップに集積されつつあった．回路設計者は発振器の設計ができるように理解する必要があった．この仕事はもはや，以前のように，発振器の専門メーカーに渡すことができない．
2. 位相ノイズはシステム劣化の重要な原因としてよりよく認識されつつあり，従ってよりよく制御される必要があった．
3. IC 発振器は，これまでは，個別回路の発振器よりも位相ノイズが悪く，それにより，過去におけるアプリケーションよりも多くの注意を必要としている．

第 9 章 発振器

4. 位相ノイズは，通信リンクの傾向である高周波化につれて厄介になっている．
5. デバイスと回路のモデルの理解は年々劇的に改善し，知的な解析が可能になってきた．
6. 回路シミュレーション・プログラムにより著しく強力なツールが設計エンジニアの手に与えられ，動作している回路の測定からは得ることが困難か不可能である回路動作を垣間見ることができるようになった．
7. 洗練された数学が工学共同体で進歩した．我々の中には非線形回路の教学をよりよく理解するものがおり，彼らが発振器の位相ノイズの論文を書いている．年代順にリストされた注意すべき文献には［9.21-9.32］が含まれる．これらの論文の実用的な応用は高度にコンピュータ集約的であり，簡単な公式は与えられていない．これらの文献は相互に競合し相違しているが，それぞれは考慮に値する寄与をしている．将来はこれらの食い違ったものが洗練し調和してとりまとめられることが望まれる．

発振器の解析により，2つの質問の答えが与えられなくてはならない．
1. 発振器はどのようにして，発振器周波数 f_o の近傍（あるいは，これから判明するようにその高調波の近傍でも）の加算的な白色ノイズを，そのベースバンド・スペクトル形状 $W_\phi(f)$ が $1/f^2$ に比例する位相ノイズへ変換するのか？ これと等価であるが，発振器はいかにして，周波数 $f_o + \Delta f$ における加算的な正弦波の干渉を（$f_o \pm n\Delta f, |n|>1$ における，もっと弱いサイドバンドは無視），$f_o \pm \Delta f$ における 1 対の等振幅で，それぞれのパワーが $1/\Delta f^2$ に比例する，逆位相のサイドバンドに変換するのか？
2. いかにして発振器は，加算的な低周波の（スペクトル密度が $1/f$ に比例する）フリッカー・ノイズを，そのスペクトル $W_\phi(f)$ が $1/f^3$ に比例する位相ノイズに変換するのか？ これと等価であるが，発振器はいかにして（普通はオーディオの領域の）低周波 f_a における加算的な正弦波の干渉を，$f_o \pm f_a$ における 1 対の等振幅，逆位相で，それぞれのパワーが $1/f_a^3$ に比例するサイドバンドに変換するのか？

9.5.1 インパルス感度関数

Hajimiri と Lee はインパルス感度関数（ISF）と命名した，発振器の位相ノイズ解析ツールを考案した．彼らの最も詳細な説明（2004 年初頭時点）は［9.21］に与えられており，短い紹介は［9.27］に与えられており，また，ISF 情報が彼らの多数の他の文献の要約とともに彼らの著書［9.26］に纏められている．ISF は発振器の中の特定の位置で発振サイクルの特定の瞬間に生じるノイズ・インパルスに起因する位相の妨害を定量化する．ISF は加算的な干渉の位相ノイズへの変換に関する上記の質問に対する答えを与えている．質問の中で列挙されている加算的な干渉の各カテゴリーは ISF の手続きにより本質的に同じやり方で取り扱われており，そのいずれに対しても特殊な取り扱いは必要でない．ISF の方法は，線形であれ非線形であれ，共振器ベースであろうがなかろうが，発振器の全カテゴリーに適用可能である．

実効 ISF は発振器内の各ノイズ源に関して定義され，これは発振波形の関数であり，周期的である．ISF は発振器回路のシミュレーションにインパルスを注入することにより非常に便利に決められている．周期的な実効 ISF はフーリエ級数に展開することができて，位相ノイズの分離された寄与が級数の各項に関連付けられる．

白色加算的ノイズは$1/f^2$位相ノイズに変換される．$1/f^2$スペクトル形状は，共振器の選択性に訴えることなしに全ての発振器に固有の位相妨害の蓄積に帰着される．

低周波の$1/f$フリッカー干渉に起因する$1/f^3$位相ノイズはノイズ源の強度とISFのフーリエ級数展開のDC項の係数とだけで決まる．$1/f^3$位相ノイズは，もしその係数が小さくできるのであれば低くできる．もし，発振器が立ち上がりと立ち下がりとで対称的な波形をしているならば，たとえMOSトランジスタにおけるように，低周波のフリッカー・ノイズが大きくても，係数を小さくできる．

差動発振器回路によるフリッカー・ノイズの抑制は[9.34]の中でかなり以前に提案されたが，後に[9.35]で反論された．HajimiriとLeeは反対の主張に同意している．つまり，差動回路のみではフリッカーのアップ・コンバージョンを抑制するのには十分でなく，差動回路の各デバイスに対して対称的な波形遷移が要求される．線形増幅器を備えているがリミッターは別になっている発振器が[9.19]で提案されたが，このリミッターは背中合わせに並列に接続された一対のショットキー（Schottky）ダイオードで実装されるべきものである．この装置で所望の波形の対称性が得られるかは不明であり，（ISF解析を通じた）さらなる研究が効果的であろう．

位相ノイズの予測の正確さはISFの正確な計算と発振器回路内のノイズ源の正確な知識に依存している．HajimiriとLeeは[9.21]の中で，予測の正確さをテストするためにいくつかの実験を詳述している．彼らは，ISFの理論的に基礎付けられた特性付けと，発振器内の熱ノイズならびにショット・ノイズの起源とだけに基づいて，位相ノイズ・スペクトルの$1/f^2$領域における測定に対して数分の1dB以内の予測を示している．$1/f^3$の位相ノイズを予測するために，彼らはアクティブ・デバイスのサンプル上でフリッカー・ノイズを測定しなければならなかった．恐らく，理論的な特性付けから十分な精度でフリッカー・ノイズを決めるのは可能性が低かったのであろう．

Ouほか[9.33]はいくつかの発振器回路のシミュレーションと測定を実行した．彼らは，位相ノイズを予測するためにISF解析を実行し，2個の異なる商用シミュレーション・プログラムで独立に位相ノイズを評価した．プログラムとISFの方法との一致は良好で，差異は数分の1dBから数dBであったが，測定された位相ノイズは全ての予測からは（個々の発振器により，いずれかの方向に）3ないし4dBだけ一貫して離れていた．この食い違いの理由の申し出はなかった．これほど大きな食い違いでも，初期の解析より現実に近いので，元気付けられる．

9.5.2 位相ノイズの非線形解析

いくつかの論文の位相ノイズ問題へのアプローチは，厳密な非線形解析によるというものである．Huang[9.29]は，その解析をクラスCのコルピッツ（Colpitts）発振器に限定している．彼は，発振振幅を，バイアス電流で課せられる制約に基づいて導出し，それから前述の問題1を攻める．長ったらしい導出の中で，彼は$f_0+\Delta f$における正弦波の加算的な妨害がどのようにしてRFスペクトルで$f_0\pm\Delta f$における等振幅で逆位相のサイドバンドを生じさせるのか，またどのようにして各サイドバンドにおけるパワーが$1/f^2$に比例するのかを数学的に示した．測定結果は$1/f^2$領域で位相ノイズ・スペクトルの予測とよく一致している．発表された解析はフリッカー・ノイズのアップコンバージョン，あるいはクラスCモデルと著しく異なる発振器を論じているようには見えない．

第9章 発振器

Samori ほか [9.22] はバイポーラ・トランジスタを用いて差動 LC 発振器を解析している。彼らは，差動ステージの瞬時トランスコンダクタンス $dI_{\text{out}}(t)/dV_{\text{in}}(t)$ は LC 共振器の瞬時電圧 $V_{\text{in}}(t)$ の偶関数であると述べている。電圧は発振周波数 f_o において周期的な正弦波に近い関数なので，瞬時トランスコンダクタンスは，$n=0$ を含んで $n=-\infty$ ないし ∞ として，周波数 $2nf_o$ に対して非ゼロ項を持つフーリエ級数に展開できる。

正弦波の加算的な干渉源を，発振周波数の振幅に比べて小さな振幅で周波数 $f_o-\Delta f$ に差動的に増幅器対に導入しよう。その干渉源が周波数 $2f_o$ における瞬時的なトランスコンダクタンス項と相互変調して $f_o+\Delta f$ に 3 次の積を生成する。相互変調には AM と PM の成分を共に含んでいる。AM を抑制するための制限が起動される一方で，$1/\Delta f^2$ の依存性は（発振器に固有な位相変動の蓄積ではなくて）同調回路の選択性に起因すると考えられる。彼らはまた，f_o の奇数高調波から $\pm\Delta f$ 離れたノイズは $f_o\pm\Delta f$ にあるノイズ・サイドバンドに重畳され，この重畳されたノイズもまた AM と PM の成分からなるということも示している。

テールにおいて電流源で生成されたノイズを考慮して，[9.22] の解析により偶数高調波の周り $2nf_o\pm\Delta f$ で発生するノイズが $f_o\pm\Delta f$ における AM と PM のサイドバンドに重畳されることが分かる。経験に反して，解析では（実際はフリッカー・ノイズで支配される）$f=\Delta f$ での低周波ノイズが AM サイドバンドを発振に寄与させるが PM サイドバンドは寄与させないということが予測されている。これらの予測との比較のため，いかなるノイズの測定も示されていない。

Leeson のモデルでは，位相ノイズは信号パワー（あるいは信号電圧の 2 乗）に逆比例していると予測される。参考文献 [9.37] では，発振振幅に対するこの理想的な依存性はある点までしか有効ではなく，実際には，位相ノイズは十分大きな振幅に対して増加する。この参考文献では，この増加はバイポーラ・トランジスタ内の電流に関係した遅延の変化（例えば，ベースの拡がり抵抗の変調）によるものとしているが，この現象はまた非線形のリアクティブな素子（例えば，トランジスタやバラクタ・ダイオードの，電圧に敏感なキャパシタンス）における AM-PM 変換に起因するとも考えることができる。この参考文献では，プッシュ・プル LC 発振器内のテール電流源からの低周波の加算的ノイズの位相ノイズへのアップコンバージョンは，[9.22] で取り扱われている非線形効果ではなくて AM-PM 変換に起因するという主張もしている。

プッシュ・プル発振器におけるテール電流ノイズはいくつかの他の論文 [9.24, 9.38-9.40] で位相ノイズ源として注意を惹いたが，これらの論文はその問題を縮小させる方法を示唆している。Levantino 他 [9.40] は，テール電流トランジスタの除去を勧めるほどまでしている。Ham と Hajimiri [9.41] による論文では，かなり詳細に ISF のコンセプトによる差動 LC 発振器の設計におけるトレード・オフを論じている。差動 LC 発振器に関するそれ以上の論文は [9.2] で与えられている。

Demir, Mehrotra, と Roychowdhury [9.28] は非線形微分方程式の体系で記述できる任意の発振器に適用可能な非線形解析を提示している。公表された解析は正式で，厳密で，抽象的で，証明に Floquet 理論と確率論的微分方程式を用いている。解析の結果は，RF スペクトル $W_v(f)$ もしくはその正規化 $\mathcal{L}(f)$ であり，それ自体，7.3.4 項で論じられているように骨の折れる問題である。

もし加算的なノイズが白色であるならば，Demir 他は発振の RF スペクトルがローレンツ型（7.3.4 項参照）であることを示している。彼らは非線形微分方程式の値を求める 2 つの数値的

な方法を簡潔に論じ，これらの計算方法がモンテ・カルロの方法よりも数桁高速であると論じている．ノイズ予測のいくつかの例が示されているが，予測と測定の間の定量的な比較がその論文には与えられていない．

Vanassche, Gielen, Sansen [9.86] による後の論文は [9.28] に対するフォローアップで，現役のエンジニアを援助するために詳細を提供している．[9.86] におけるキーになる特徴は，低周波のエンベロープのプロセス（最も重要なのは，位相ノイズ）を高周波のキャリアから解析的に分離している点である．分離により，コンピュータ・シミュレーションが著しく高速化される．Coram [9.30] は，Demir, Mehrotra, Roychowdhury の論文と同様 Hajimiri と Lee の論文の根底にあるリミット・サイクルのいくつかの技術的な側面を吟味している．彼の結論では，前者のアプローチは厳密に正しいのに対して Hajimiri と Lee に用いられた近似は，許容できることが多いけれども，状況によっては問題となりうるということである．

非線形発振器は意外なやりかたで困った振る舞いをする可能性がある．スクエッギング (squegging) として知られている現象は久しく知られている [9.13, 6.8節]．セルフ・バイアス回路の時定数が共振器の応答の時定数と組み合わさって，所望の高周波発振に加えて，大振幅で低周波数の発振が生じる．[9.13] での説明は，如何にしてスクエッギングに対して備えるかを述べている．Maggio, DeFeo, Kennedy [9.36] による論文は，非線形発振器は，設計が不適切だと大混乱になる可能性があるということを明らかにしている．共振器の Q 値が低く，かつ増幅器の初期のゲインが，発振を保証するのに必要であるよりずっと大きい場合に大混乱の可能性は最大になる．

前述の参考文献は同調共振器を内蔵する発振器を論じている．その最悪のものは $Q \approx 5$ ないし 6 であるのに対して，最良の水晶発振器は 10^6 に近い Q 値を持っている．これとは対照的に，同調回路を持たないリング発振器は大きなバンド幅を持ち，従って，内部で発生する位相ノイズは殆どの共振器型発振器よりも悪いかずっと悪い．リング発振器の原理は [9.1]，[9.25]，[9.42-9.48] ならびに [9.85] に書かれている．

9.6 他の妨害

9.5 節で引用された位相ノイズの論文は全て発振器内で白色ないしフリッカー・スペクトルを持った加算的なノイズ源を論じている．あまりよくドキュメント化されていないが，他の妨害も発振器を苦しめる．発振器に物理的に密着した外部ノイズ源は，内部源よりも遥かに多くの位相ノイズを容易に生じる可能性がある．最悪の外部ノイズは発振器と同じプリント板，もしくはもっと悪いが，同じ IC チップ上のディジタル回路のスイッチングに起因している．リング発振器は，周波数選択性が無く小さな妨害に対して通常は感度が高いために外部ノイズに対して最も弱いのが普通である．Herzel と Razavi [9.49] は外部起因の位相ノイズに関する情報を提供している．リング発振器の解析で，Hajimiri, Limotyakis, Lee [9.25] はシングル・エンドの段ははっきりと感じ取れるほど内部源からの位相ノイズが少ないが，外部ノイズ源を拒絶しなければならない場合は差動段を薦めるということを示している．Heydari [9.87] は IC チップ上の電源，グランド，基板のノイズの問題を解析して数学的なモデルを提供している．

電源供給線上を伝わる外部ノイズは，弱い部品のために電源線分離や分離レギュレータによっ

て戦うことができる．外部ノイズはまた誘導的もしくは容量的カップリングを通じても伝送され，これらはレイアウトや絶縁の問題である．最悪の外部ノイズ・カップリングはアナログ回路とディジタル回路で共有されるグランド線や基板で作り出される［9.50］．差動アナログ回路はそれだけでは十分でなく，回路には妨害に対するコモン・モードの高度なリジェクション（排除）が必要であり，また，外部妨害は差動モードへの変換を避けながら完全にコモン・モードであるように設計されていなければならない．例えばディジタル・ロジック内で差動電流モード回路を用いるなどにより，これは外部妨害を削減するのにも役立つ．

物理的環境——温度，圧力，振動，重力，電源電圧——もまた重要であるが，文献で取り扱われることはめったにない．高品質の水晶発振器の周波数に対する環境起因の効果は［9.51］で報告されている．

もう１つの妨害は，説明のつかない周波数ジャンプの妨害である．これらは突然であるのが普通であり，小さな周波数ジャンプが明白な理由無しに起こる．かなりの周波数ジャンプはめったに起こらないので位相ノイズの通常の測定では現れず，従って広く知られることを免れている．PLL は第５章で説明されているように位相誤差における過渡現象を伴って周波数ステップに応答する．もしジャンプがループ・バンド幅に比べて十分に大きければ，PLL はロックを喪失し，再度捕捉できるまでサイクルをスキップする．このような振る舞いは，システムにとって極めて破壊的になりうる．

専門家［9.52］は長い間この現象に気付いていたが，その問題は広範な文献にまでは進出していない．満足な説明はこれまでに見つかっていないようだ．以下にリストアップしたように，様々な説明が唱えられている．いずれも証明されていない．２個以上正しいかもしれない．これまでに想像されていない何かが正しい説明となりうる．この時点では，たとえ適切な対策が明らかでなくても，ジャンプが実際に存在することに注意しよう．

- 周波数ジャンプは加算的なガウシャン・ノイズ［9.52］の結果である可能性があるというありそうも無い説明．
- 周波数ジャンプはフリッカー・ノイズの極端でまれな結果である可能性がある［9.52］．フリッカー・ノイズは殆ど熱ノイズかショット・ノイズと同程度には理解されていないので，この説明は直ちに退けられない．もし正しければ，フリッカー・ノイズが高いデバイス（例えば，MOS トランジスタ）は避けるべきである．
- 周波数ジャンプは発振器部品の正常な劣化プロセスの一部であるかもしれない．この説明は特に水晶に適用できよう．水晶の機械的な振動は吸収されたガス分子や金属電極や水晶の微細な断片を連続的に発散している．質量の負荷の変化が周波数に影響する．
- 周波数ジャンプはアクティブ素子の中のポップコーン・ノイズから生じるのかもしれない．ポップコーン・ノイズは一方向のジャンプによって特性付けられ，それから少し遅れて元の条件へジャンプして戻る．順方向バイアスした PN 接合がホット・スポットで電流を伝導する．ポップコーン・ノイズはホット・スポットの位置での突然のジャンプから生じるのかもしれない．その位置の変化がデバイスの性質にわずかな変化を起こし，それが更に発振器の周波数に反映される．もし正しければ，順方向にバイアスされたベース−エミッタ接合を持ったバイポーラ・トランジスタは発振器では避けるべきである．
- 温度変化が共振器内（あるいは発振器回路のどこか他）にストレスを蓄積して，それが突然

解放されて周波数に小さなジャンプが生じるのかもしれない．もし本当であるならば，熱的機械的設計に注意が必要である．
- アルファ粒子か同様な放射線が発振器の弱い部分に打撃を加え，そうして周波数ジャンプを生じさせるのかもしれない．

9.7 発振器の同調のタイプ

発振器のいくつかの人気のある実現方法はこの章の前の節で述べられてきた．この節ではそれ以上のタイプを選んで2つのクラスに分けて説明する．(1) 連続的同調発振器と (2) 離散的同調発振器とである．

9.7.1 連続的同調発振器

連続的同調発振器は，その同調レンジ内の任意の周波数に同調できる．全ての伝統的なアナログ発振器はこのクラスに入る．連続的同調の問題は更に9.8節で論じられる．前の節ではリング発振器，差動 LC 発振器，Colpitts LC 発振器，それから水晶発振器が言及された．多くの他の発振器回路は何年にも渡って考案されてきた．例えば，Edson [9.12] を参照してください．この節では PLL エンジニアにとって興味のある種々様々の連続同調発振器に関してコメントする．[コメント：Edson の著書は，絶版になって久しく，真空管のみを取り扱っているが，発振器に関してこれまでに出版された最も徹底的な書物の1つである．もし手に取ることができるならば十分読むに値する本であり，トランジスタで真空管を置き換えることができる．]

水晶発振器 Pierce 水晶発振器 [9.12, 9.7節；9.53, 9.54] は単純であり周波数が安定しているという名声がある．参考文献は等価回路と詳細な動作解析を与えている．発振は共振器インピーダンスが誘導的である周波数で起こるが，この誘導性は水晶の直列共振周波数より少し上で動作するか，あるいは，水晶と直列にインダクタンスを追加することにより得られる．

LC 発振器 エンジニアは上述の差動ならびに Colpitts LC 発振器に加えて，Clapp 発振器 [9.55] を知っているべきである．Clapp 回路は修正された Colpitts 回路かあるいは水晶発振器の LC 版として考えられてきた．それは Colpitts 発振器よりも良い安定性（低い位相ノイズを意味している）を有すると考えられている．

この改善された性能に対するいくつかの相入れない説明が [9.12, 8.9節；9.56] で，また最近では [9.23] で与えられている．過度に単純化した説明では，ノイズが多く不安定なアクティブ素子からの絶縁は Clapp 回路内の共振器の方が，他の LC 発振器よりも良好であるということが直観的に示唆される．

直交発振器 多くの現代のレシーバやトランスミッターは，IQ ミキサーとしても知られている直交ミキサーを，イメージ除去ミキサーやシングル・サイドバンド生成や再生，あるいは I と Q のベースバンド信号へのダウンコンバージョンのために使用している．このようなミキサーのためのローカル発振器は同じ周波数で，位相が厳密に90°離れ，そして厳密に同じ振幅の2個の

出力を送り出さなければならない．このような信号を作り出す1つの方法は直交発振器によるものである．

有望な技術は2個の同等な差動LC発振器を同じICチップ上に置き，両者の間の緊密なマッチングの助けになる配置とすることである．2個の発振器は同じ制御電圧で同調し，もしお互いに分離されているならば，ほぼ同じ名目周波数で発振するであろう．その代わりに，互いに90°異なる位相でインジェクション・ロックするように2つの発振器をクロス・カップルさせる．（年代順のリストになっている）参考文献は [9.57 - 9.62] を含む．警告が [9.62] で発せられており，その2個の発振器は，ランダムにいずれかの発振器が位相で先行する2個の異なるモードで起動することができる．通常のシステムではリード（進み）とラグ（遅れ）の位相関係が厳密に定義され，任意ではないことが要求される．望まないモードを抑制するための方法は [9.62] で述べられている．

リング発振器は直交出力を生成するのに使うことができる．4段を複数個用いて直交位相でタップを取り出すか，あるいは2段リングの中で差動回路を使う．リング発振器は多くのアプリケーションにとってノイズが多すぎる．ノイズと戦うために，Kinget他 [9.63] は2段リング発振器を直交ジェネレータとして用い，それを低ノイズのレファレンスに対してインジェクション（入射）・ロックさせる．インジェクション・ロックは1次のワイドバンドPLL [9.64 - 9.67] による位相同期に似ており，従って，リング発振器のノイズはインジェクションの実効バンド幅内に追従される．

9.7.2 離散的同調発振器

ディジタルもしくはハイブリッドのPLLは，その同調レンジにわたって離散的な周波数だけを出力する．2種類の離散的周波数発振器が区別できる．時間連続（すなわち"アナログ"）な出力信号を与えるものと，真のディジタル出力（すなわち，一連のサンプルの数列）を与えるものとである．PLLへの入力信号の周波数は殆ど常に連続的な値を取るので，離散的同調発振器の出力周波数は殆ど決して入力の周波数と正確に一致することはありえない．量子化された出力周波数を持つ良い挙動のPLLは，入力周波数に最も近い2個の隣接した量子化された周波数の間を交互にスイッチする．ループ・フィードバックにより，平均出力周波数が入力周波数と等しくなるように働く．第13章で説明されているように避けがたい曖昧な表現によって位相ジッタが導入される．

離散的同調アナログ発振器　ディジタル的に実現されたループ・フィルタからの制御ワードをアナログVCOの同調のためのアナログ電圧に変換するためにディジタル・アナログ・コンバータ（DAC）が用いられることが多い．

ディジタル・ループ・フィルタは極めて狭いバンド幅を必要とするPLL，つまり，ループ・フィルタが大きな時定数を必要とするPLLには魅力的である．このようなハイブリッド・ディジタルPLLはテレコミュニケーション・ネットワークで普及しているが，そこでは，1Hz以下の小さなループ・バンド幅が用いられている．

様々なメーカーが数多くのDACを製造しているので，DAC制御の同調はVCOの離散的周波数同調を実現するために明白かつ成功しやすい方法である．しかし，DACはノイズが多いこと

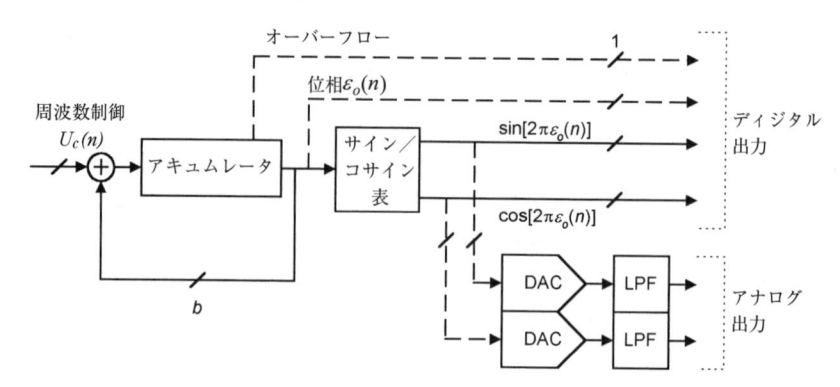

図9.3 数値制御発振器（NCO），様々な出力オプションを示している．

と，DACのノイズがメーカーによって仕様に書かれることはめったにないことを知っておこう．また，必要な同調レンジと離散的周波数に必要とされる細かい間隔との組合せが，実用的なDACで得られるよりももっと細かい分解能（より多くのビット）を必要とするかもしれない．

最近の開発［9.68］ではDACが除去され，代わりに，発振器自体の内部にスイッチされる同調キャパシタを用いている．同調キャパシタと関連するスイッチとはMOSデバイスである．このやり方は，より大きな動向と一致している．つまり，全ての部品を単一のICチップに搭載する，多数の部品をチップに搭載する，大きな複雑度が集積化で可能になる，そして，微細な形状と低電圧とを取り扱うための方法を見いだす，という動向である．その参考文献は回路のイノベーションを説明するだけでなく，解析方法を表に出して従来のVCOでは生じないアーキテクチャー上の問題点を議論している．

離散的周波数ディジタル発振器 数値制御発振器（NCO）は4.2節で紹介され，図9.3で説明されている．NCOのコア部分はPLLのループ・フィルタで与えられる周波数制御ワード$u_c[n]$を蓄積するレジスタからなる．コアに対する差分方程式は　　サイクル

$$\varepsilon_o[n] = \{u_c[n-1] + \varepsilon_o[n-1]\} \mod 1 \tag{9.2}$$

ここでnはサンプルの指数でありmod 1は，アキュムレータの内容$\varepsilon_o \in [0,1)$が1サイクル未満の位相と見なされるということを示す．NCOは周波数f_{ck}のクロックを与えられる．

$\pm f_{ck}/2$のレンジ内にある出力周波数f_oはエリアスによる曖昧性を生じること無しに生成することができる．周波数間隔は$f_{ck}/2^b$で，bは位相レジスタのビット数である．

様々な出力が可能である．

1. 例えば，レジスタ内のMSBによって実現される，オーバーフロー出力によって，f_0/f_{ck}サイクルの位相の不規則性を持った荒い出力が与えられる．これは通常は満足できない．
2. レジスタの内容$\varepsilon_o[n]$は$1/2^b$サイクルという細かい分解能をもった位相として使用できるが，実際の精度は出力に保存されているビット数に依存する．bは通常は24ないし64ビットの間のいずれかであるので，全分解能はアキュムレータ外では必要でないことが多い．
3. サインとコサインのディジタル出力はルックアップ・テーブルから取ってくるかあるいは計算することもできる．これらの関数は複素信号位相検出器を含む，トランスミッター

第 9 章 発 振 器

やレシーバ内での I/Q（複素数の信号）周波数変換に使われる．
4. ディジタルのサインとコサインは，DACでアナログの階段状の波形に変換することができる．その出力はフィルタされて不要な人為的データを抑制し比較的クリーンなアナログ正弦曲線を供給する．アナログ構成はダイレクト・ディジタル・シンセサイザ（DDS）として知られており，広く文献で知られている [9.69, 9.70].

数値制御発振器は融通が利き，広い範囲の周波数を供給することができ，極めて小さい，一様な周波数増分を提供でき，広範に研究されてきた．それらはビット数が増加するにつれて扱いにくくなり，遅延と同期の問題を引き起こす可能性がある．

リカーシブ（再帰的）ディジタル正弦波発振器（RDSO）[9.71]は，もし広い同期レンジが必要でなければ，また周波数増分の非一様性の程度が許容できるのであれば，考慮に値する選択肢である．RDSOは正弦曲線のサンプル値である2つの出力を与えるような構成の2次のディジタル・フィードバック・ネットワークである．Turner [9.71] は，如何にして2個の出力を振幅と直交位相に関して等しくするかについて述べている．レベル制御のメカニズムは，回避しがたい丸め誤差の存在下で発振を維持するのに必要である．RDSOは，外部システムが発振器からの直交正弦曲線を必要としている場合には特に魅力的である．RDSOの文献はNCO/DDSの文献に比べて乏しい．Turner [9.71] は貴重な数学的な基礎を与えているがディジタル工学の事柄にはほんのわずかしか触れていない．結果として，RDSOを設計する場合にはもっと解析が必要であり，工学的なリスクが大きい．

9.8 アナログVCOの同調

位相同期ループの設計者はVCOの同調特性を取り扱わなければならない．様々な発振器に関して沢山書かれているが同調特性に関してはあまり書かれていない．この節は著者の同調に関する経験の概要である．

9.8.1 同 調 曲 線

図9.4はVCO周波数対同調電圧v_cの（人工的ではあるが）通常のプロットである．明確な曲率がはっきりしている．曲線の低周波端での勾配は高周波端におけるよりもずっと急であり，これはよくある特性である．VCOのメーカーは，最善の直線からの最大偏差としての同調曲線の曲率を，フルスケールの同調レンジのパーセントで規定している．

"最善の"直線は偏差の極値が全て等しくなる線と定義され，図で破線で示される．その定義によれば，図9.4の周波数曲線は±7.3%の範囲内でリニアであり——多くのデータ・シートで主張されている±10%よりもやや良い．

曲率のこの定義はカタログに広く引用されているにもかかわらずPLLのエンジニアには無駄である．ずっと重要なのは周波数曲線の変化する勾配であり，この勾配はVCOのゲインK_vであり，図ではMHz/Vで示されている．勾配は変化するので，VCOゲインと従ってループ・ゲインもまた，VCOが同調する周波数に依存して変化する．図9.4ではゲインは5.7対1ほど変化する．かなりの変化であるが異常ではない．エンジニアはPLLの設計にあたって変化するゲイ

ンを考慮に入れておかなければならない．

図9.5は不注意な人へのもう1つの罠を示す．同調曲線には制御範囲内で1つの極値が存在し，その極値を超えると勾配の符号は逆転する．もし制御電圧が逆勾配の領域に及ぶと，PLLは制御電圧の遠い端へ行ってしまいそこでラッチしてしまう．勾配逆転領域を持った同調曲線は避けよう．

9.8.2 同調方法

共振発振器における電気的な同調はバラクタ，つまり電圧に敏感なキャパシタにより達成されるのが極めて普通である．バラクタによる同調については他の方法に手短に言及してからさらに説明する．

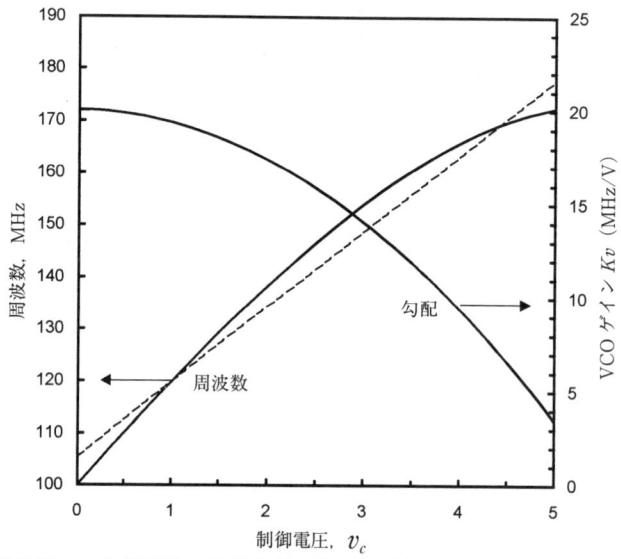

図 9.4 同調曲線で，非線形性，最善直線近似（破線）ならびに勾配変化を示している．

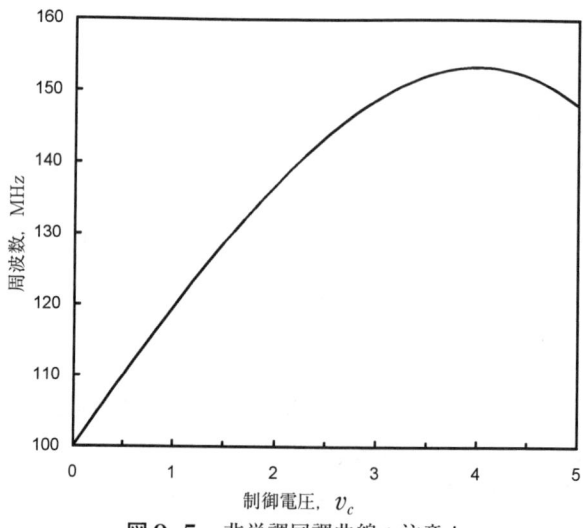

図 9.5 非単調同調曲線：注意！

様々な同調方法　リアクタンス・モジュレータ——共振器に人工的な制御可能なリアクティブなインピーダンスを提供するアクティブ回路——はバラクタが出現する前に用いられていたし，いくつかの設計ではまだ見受けられる［9.72, 9.73］．電圧制御位相シフトを発振器回路のフィードバック・ループに挿入することにより発振周波数を変化させ，それによって発振器の周波数を変更してループを巡って正確に360°の位相シフトを維持することも可能である．いくつかの発振器の周波数は，特にマイクロ波の周波数ではトランジスタ増幅器に対するバイアス条件を変化させることにより制御される．このような手段に伴うメカニズムは明確ではないが，恐らく，とりわけバイアス変化に起因するトランジスタ・キャパシタンスの変化を伴うと考えられる．

磁気的な同調も使用されてきた．飽和可能なインダクタが低周波で用いられてきた．マイクロ波周波数では，YIG共振器が，それを取り囲んでいる磁場を変更することにより同調する．磁場は電磁石にかけられる電流を制御することによって調節される．磁気的な同調は，通常は同調範囲が大きい（オクターブかそれ以上）が，電磁石の高インダクタンス・コイルの中ではゆっくりとしか電流を変えることはできない．磁気的同調発振器は2個の同調コイルを持っていることが多く，1つは全周波数範囲をカバーする大きくて遅いコイルと周波数範囲が制限されているが広いループ・バンド幅に必要な高速の同調に適している小さなコイルとである．電磁石で使われる鉄心は浮遊磁場を拾いやすく，また磁気的な揺らぎの原因になる可能性もあり，ともに位相ノイズの原因となる．

緩和発振器は，制御可能な電流によって充放電される（1個かそれ以上の）キャパシタを備えている．キャパシタにかかる電圧が閾値を横切るとき，スイッチが起動されて発振が持続するように充電状態を変更する．このような緩和発振器は実際はCCO（電流制御発振器）であるが，通常は電圧電流コンバータが前に置かれ，従って，全体的にはVCO（電圧制御発振器）である．上述のようにリング発振器は電流制御であるかもしれないし，あるいはRC回路の抵抗もしくはキャパシタンスを制御することによって動作するのかもしれない．リング発振器の基本的な原理が［9.1］で説明されている．いくつかの低周波のVCO［9.74-9.76］は，9.7.2項で述べたRDSOのアナログ・アクティブ回路版で積分器やマルチプライアを用いている．

バラクタ　LC-VCOや水晶VCXOの同調は長い間電圧制御キャパシタで実装されてきた．逆バイアスされたpn接合ダイオードは多年にわたって用いられていたが，現在ではMOSデバイスで置き換えられつつある．MOSデバイスにはいくつかの利点がある．(1) pnダイオードは順方向伝導へ駆動される可能性があり，それによりキャパシタンスの性質を損なうのに対して，MOSデバイスは絶縁破壊以下の全ての電圧条件で容量性を維持する，(2) MOSデバイスのキャパシタンスは小さな範囲の制御電圧で調節できる，(3) MOSデバイスはICチップ上に含めやすい．

ダイオード・バラクタは通常個別デバイスとして購入することができる．その性質はメーカーのデータ・シートから広く手に入る．MOSバラクタは普通にチップに含められているので，チップのエンジニアはその設計に責任がある．MOSバラクタの構成と性質に関する記事はとりわけ［9.77-9.79］を含んでいる．

バラクタの接続　単一のバラクタは，いつも可能とは限らないオプションであるが，バラクタ

の一方の面がRFのグランドとして動作する場合に時々使われる．より良い配置として，バラクタの整合されたペアが，反対向きの直列接続で一緒にして使われる．ダイオード・バラクタにとっては，たとえ他方が順方向伝導で駆動されているとしても，一方のダイオードが常に逆バイアスとなっているのが直列接続の利点であり，順方向電流は逆バイアス・ダイオードでブロックされる傾向にある．

[コメント：並列共振回路のキャパシタを貫くRF電流は，LC共振器の端子のRF電流のQ倍である．直列共振回路のキャパシタにかかる電圧はLC共振器の端子のRF電圧のQ倍である．Qの高い共振器内の電圧と電流が高いのに注意すること．また，共振回路内の点は高インピーダンス・レベルにある可能性があり，従って，外部回路による意図しない負荷によって悪い効果を受けやすい．バラクタで設計する場合にはいつもこうしたファクタを考慮しよう．]

差動発振器では，2個の反対向きのバラクタの使用で共通ポイントを仮想RFグランド近くに置き，それによって制御電圧の導入を容易にしている．他の殆どの発振器では，反対向きのバラクタの3個の端子全てに著しいRF電圧がかかっている可能性がある．RFは制御駆動回路へ逃げ込むことが許されず，バイアスと制御の回路は共振器に大きな負荷をかけるべきでなく，正しいバイアスが全てのバラクタ端子に与えられなければならず，バイアス回路，制御回路，バラクタの組み合わせがVCOの制御ポートのバンド幅に対して不当な制約を課すべきでない．

バラクタと制御回路の間の絶縁はしばしば抵抗によって与えられる．共振器のQが大きければ，望まない負荷を避けるために抵抗の値は非常に大きくなければならない．大きな抵抗は小さな抵抗よりも多くの熱的ノイズを発生する．もしダイオード・バラクタを使うならば，RFのピークにおける順電流とリーク電流により抵抗のDC電圧降下が発生し，従ってバラクタに対する実際の制御電圧は制御回路で供給されるものと同じではない．駆動しなければならないキャパシタンス（もし単一のバラクタが使われるのであれば，バラクタ・キャパシタンスと存在しうる任意のバイパス・キャパシタのキャパシタンス）と一緒になった抵抗はローパス・フィルタを形成し，これはPLLの周波数応答と安定性において考慮されなければならない．

制御回路からバラクタを絶縁するためにもっとエレガントな接続は，可能であれば，抵抗でなくてインダクタである．インダクタは，RF電圧に対しては高いインピーダンスを示すが低周波の制御電圧に対しては低いインピーダンスを示すように発振器の周波数で自己共振的にすることができる．理想的なインダクタは無損失であり，従ってノイズが無い．実用的なインダクタは不可避の損失を通してのみノイズを発生する．（反対向きのバラクタのペアが用いられるということを仮定して）2個のバラクタのキャパシタンスと組み合わされたインダクタのローパス・バンド幅は，インダクタの代わりの大きな抵抗と一緒の同じバラクタよりもずっと大きい．インダクタとシャント・キャパシタだけでできたローパス・フィルタは，これら2つの素子の直列共振のあたりで周波数応答に大きなピーキングを示す．その共振を減衰させるためにはインダクタに直列に小さな抵抗が必要である．

前述の全ては，電圧可変同調キャパシタは発振器回路の1箇所にしか置かれないということを暗黙のうちに仮定している．Winch[9.83]は同期レンジが増加できて同期の線形性が大幅に改善できる，3個のキャパシタの組合せを探求している．

バラクタの非線形性 慣例的には，発振周波数は$f_o = 1/2\pi\sqrt{LC(v_c)}$として計算されてきた．

ここで，$C(v_c)$ はバラクタに対するバイアス電圧 v_c で得られる共振器キャパシタンス（バラクタと他の全ての関連するキャパシタを含む）である．

バイアスされているバラクタはRF電圧に対してリニアに応答し，従って，同調はスタティックな容量によって決まるということが，この計算で仮定されている．実際にはバラクタは高度に非線形であり，制御電圧の小さな変化に応答してキャパシタンスの大きな相対的変化が生じるものは特にそうである．また，RF電圧は通常大きく——RFのスイングはバイアス電圧をはるかに超える可能性がある．発振周波数の従来の計算は正しくない．改善された解析 [9.79, 9.80] では非線形キャパシタで発生する高調波を考慮に入れて実効的な同調キャパシタンスに到達している．非線形性は従来の計算で予測されるものより同調曲線の勾配を削減することが判明している．

また重要なこととして，バラクタに印加される（低周波フリッカー・ノイズを含む）加算的なノイズは制御電圧と区別できず，従って，位相ノイズに現れる発振器周波数の変動の原因となる．更に，バラクタの非線形性に起因するキャパシタンスの変化はRF振幅に依存するので，RF発振の振幅変動（加算的ノイズではない振幅乗算的ノイズ）は周波数変動へ変換される．これらの位相ノイズの原因により，可変周波数発振器が固定周波数発振器よりノイズが多い理由の例が与えられる．これ以上の情報については [9.84] を参照してください．

9.8.3 同調速度

共振器の選択性は発振器が周波数を変えることができる速度に対して主要な影響を持つであろうと推測されるかもしれない．著者はその推測が正しくないことを発見した（未発表の実験，1959）．速い矩形波が制御電圧として電圧制御水晶発振器に印加され，その出力をFMレシーバで観察した．発振器周波数は $2\mu s$ 以下の立ち上がりと立ち下がり時間を有することが見いだされたが，水晶のバンド幅は〜2ms であると期待された．その実験の主な結論は，バラクタのバイアス電圧が変化できるのと丁度同じくらい速く発振器の周波数は変化したということである．バイアス電圧の変化の速度は制御電圧源とバラクタの間に置かれるフィルタだけに依存している．

この結論は，発振器の詳細な回路に応じて，修正されなければならない．Shibutani ほか [9.81] は Colpitts 発振器内の同調キャパシタンスのステップ変化に応答した発振周波数の過渡現象についてレポートしている．そこでの解析は，[9.82] に動機づけられて，水晶発振器による実験で予想される周波数の瞬間的変化の代わりに，Colpitts 発振器での周波数過渡現象が長引き，かなり減衰不足（underdamped）となっていることを予測している．この振る舞いは Colpitts 発振器内の共振器が3次のネットワークであるという事実に関係している．周波数のシフトはバイアスのシフトの原因となり，周波数とバイアスは回路の時定数に応じて一緒に落ち着く．この解析は，2次の共振器回路を持った回路ではこのような振る舞いは生じないであろうと結論している．この論文はこの振る舞いを示す VCO を持つ PLL に対して伝達関数解析に含めるべき等価なベースバンドフィルタ回路を展開している．

参考文献

9.1 B. Razavi, ed., *Monolithic Phase-Locked Loops and Clock Recovery Circuits*, Reprint Volume, IEEE Press, New York, 1996.

9.2 B. Razavi, ed., *Phase-Locking in High-Performance Systems*, Reprint Volume, IEEE Press, New York, 2003.

9.3 V. F. Kroupa, ed., *Frequency Stability: Fundamentals and Measurement*, Reprint Volume, IEEE Press, New York, 1983.

9.4 D. W. Allan, "Time and Frequency (Time Domain) Characterization, Estimation, and Prediction of Precision Clocks and Oscillators," *IEEE Trans. Ultrason. Ferroelectr. Freq. Control* **UFFC-34**, Nov. 1987.

9.5 D. B. Leeson, "A Simple Model of Feedback Oscillator Noise Spectrum," *Proc. IEEE* **54**, 329–330, Feb. 1966. Reprinted in [9.1] and [9.3].

9.6 G. Sauvage, "Phase Noise in Oscillators: A Mathematical Analysis of Leeson's Model," *IEEE Trans. Instrum. Meas.* **IM-26**, 408–410, Dec. 1977.

9.7 R. Brendel, M. Olivier, and G. Marianneau, "Analysis of the Internal Noise of Quartz Crystal Oscillators," *IEEE Trans. Instrum. Meas.* **IM-24**, 160–170, June 1975.

9.8 F. L. Walls and A. E. Wainwright, "Measurement of the Short-Term Stability of Quartz Crystal Resonators and the Implications for Crystal Oscillator Design and Applications," *IEEE Trans. Instrum. Meas.* **IM-24**, 15–20, Mar. 1975. Reprinted in [9.3].

9.9 D. Halford, A. E. Wainwright, and J. A. Barnes, "Flicker Noise of Phase in RF Amplifiers and Frequency Multipliers: Characterization, Cause, and Cure," *Proc. 22nd Annu. Symp. Freq. Control*, 1968, pp. 340–341. Reprinted in [9.3].

9.10 V. F. Kroupa, "Noise Properties of PLL Systems," *IEEE Trans. Commun.* **COM-30**, 2244–2252, Oct. 1982. Reprinted in [9.3].

9.11 F. L. Walls and S. R. Stein, "A Frequency Lock System for Improved Quartz Crystal Oscillator Performance," *IEEE Trans. Instrum. Meas.* **IM-27**, 249–252, Sept. 1978.

9.12 W. A. Edson, *Vacuum-Tube Oscillators*, Wiley, New York, 1953.

9.13 K. K. Clarke and D. T. Hess, *Communication Circuits: Analysis and Design*, Addison-Wesley, Reading MA, 1971, Chap. 6.

9.14 D. Aebischer, H. Oguey, and V. R. von Kaenel, "A 2.1-MHz Crystal Oscillator Time Base with a Current Consumption Under 500 nA," *IEEE J. Solid-State Circuits* **32**, 999–1005, July 1997.

9.15 M. A. Margarit, J. L. Tham, R. G. Meyer, and M. J. Deen, "A Low-Noise, Low-Power VCO with Automatic Amplitude Control for Wireless Applications," *IEEE J. Solid-State Circuits* **34**, 761–771, June 1999.

9.16 R. A. Bianchi, J. M. Karam, and B. Courtois, "Analog ALC Crystal Oscillators for High-Temperature Applications," *IEEE J. Solid-State Circuits* **35**, 2–13, Jan. 2000.

9.17 A. Zanchi, C. Samori, A. L. Lacaita, and S. Levantino, "Impact of AAC Design on Phase Noise Performance of VCOs," *IEEE Trans. Circuits Syst. II* **48**, 537–547, June 2001.

9.18 D. Li and Y. P. Tsividis, "A Loss-Control Feedback Loop for VCO Indirect Tuning of RF Integrated Filters," *IEEE Trans. Circuits Syst. II* **47**, Mar. 2000.

9.19 P. Grivet and A. Blaquiere, "Non-Linear Effects of Noise in Electronic Clocks," *Proc. IEEE* **51**, 1606–1614, Nov. 1963.

9.20 S. Pavan and Y. P. Tsividis, "An Analytical Solution for a Class of Oscillators and Its Application to Filter Tuning," *IEEE Trans. Circuits Syst. I* **45**, 547–556, May 1998.

9.21 A. Hajimiri and T. H. Lee, "A General Theory of Phase Noise in Electrical Oscillators," *IEEE J. Solid-State Circuits* **33**, 179–194, Feb. 1998. Reprinted in [9.2]. Corrections: 928, June 1998.

9.22 C. Samori, A. L. Lacaita, F. Villa, and F. Zappa, "Spectrum Folding and Phase Noise in LC Tuned Oscillators," *IEEE Trans. Circuits Syst. II* **45**, 781–790, July 1998.

9.23 A. L. Lacaita and C. Samori, "Phase Noise Performance of Crystal-like LC Tanks," *IEEE Trans. Circuits Syst. II* **45**, 898–900, July 1998.

9.24 A. Hajimiri and T. H. Lee, "Design Issues in CMOS Differential LC Oscillators," *IEEE J. Solid-State Circuits* **34**, 717–724, May 1999.

9.25 A. Hajimiri, S. Limotyrakis, and T. H. Lee, "Jitter and Phase Noise in Ring Oscillators," *IEEE J. Solid-State Circuits* **34**, 790–804, June 1999. Reprinted in [9.2].

9.26 A. Hajimiri and T. H. Lee, *The Design of Low Noise Oscillators*, Kluwer Academic, Norwell, MA, 1999.

9.27 T. H. Lee and A. Hajimiri, "Oscillator Phase Noise: A Tutorial," *IEEE J. Solid-State Circuits* **35**, 326–336, Mar. 2000.

9.28 A. Demir, A. Mehrotra, and J. Roychowdhury, "Phase Noise in Oscillators: A Unifying Theory and Numerical Methods for Characterization," *IEEE Trans. Circuits Syst. I* **47**, 655–674, May 2000.

9.29 Q. Huang, "Phase Noise to Carrier Ratio in LC Oscillators," *IEEE Trans. Circuits Syst. I* **47**, 965–980, July 2000.

9.30 G. J. Coram, "A Simple 2-D Oscillator to Determine the Correct Decomposition of Perturbations into Amplitude and Phase Noise," *IEEE Trans. Circuits Syst. I* **48**, 896–898, July 2001.

9.31 A. Demir, "Phase Noise and Timing Jitter in Oscillators with Colored-Noise Sources," *IEEE Trans. Circuits Syst. I* **49**, 1782–1791, Dec. 2002.

9.32 D. Ham and A. Hajimiri, "Virtual Damping and Einstein Relation in Oscillators," *IEEE J. Solid-State Circuits* **38**, 407–418, Mar. 2003.

9.33 Y. Ou, N. Barten, R. Fetche, N. Seshan, T. Fiez, U.-K. Moon, and K. Mayaram, "Phase Noise Simulation and Estimation Methods: A Comparative Study," *IEEE Trans. Circuits Syst. II* **49**, 635–638, Sept. 2002.

9.34 H. B. Chen, A. van der Ziel, and K. Amberiadis, "Oscillator with Odd-Symmetrical Characteristics Eliminates Low-Frequency Noise Sidebands," *IEEE Trans. Circuits Syst.* **CAS-31**, 807–809, Sept. 1984.

9.35 C. P. Hearn, Comments on [9.34], *IEEE Trans. Circuits Syst.* **CAS-34**, 324–331, Mar. 1987.

9.36 G. M. Maggio, O. DeFeo, and M. P. Kennedy, "Nonlinear Analysis of the Colpitts Oscillator and Applications to Design," *IEEE Trans. Circuits Syst. I* **46**, 1118–1130, Sept. 1999.

9.37 C. Samori, A. L. Lacaita, A. Zanchi, S. Levantino, and G. Cali, "Phase Noise Degradation at High Oscillation Amplitudes in LC-Tuned VCO's," *IEEE J. Solid-State Circuits* **35**, 96–99, Jan. 2000.

9.38 B. De Muer, M. Borremans, M. Steyaert, and G. Li Puma, "A 2-GHz Low-Phase-Noise Integrated *LC*-VCO Set with Flicker-Noise Upconversion Minimization," *IEEE J. Solid-State Circuits* **35**, 1034–1038, July 2000.

9.39 E. Hegazi, H. Sjöland, and A. A. Abidi, "A Filtering Technique to Lower LC Oscillator Phase Noise," *IEEE J. Solid-State Circuits* **36**, 1921–1930, Dec. 2001.

9.40 S. Levantino, C. Samori, A. Bonfanti, S. L. J. Gierkink, A. L. Lacaita, and V. Boccuzzi, "Frequency Dependence on Bias Current in 5-GHz VCOs: Impact on Tuning Range and Flicker Noise Upconversion," *IEEE J. Solid-State Circuits* **37**, 1003–1011, Aug. 2002.

9.41 D. Ham and A. Hajimiri, "Concepts and Methods in Optimization of Integrated LC VCO's," *IEEE J. Solid-State Circuits* **36**, 896–909, June 2001.

9.42 B. Razavi, "A Study of Phase Noise in CMOS Oscillators," *IEEE J. Solid-State Circuits* **31**, 331–343, Mar. 1996. Reprinted in [9.2].

9.43 J. A. McNeil, "Jitter in Ring Oscillators," *IEEE J. Solid-State Circuits* **32**, 870–879,

June 1997. Reprinted in [9.2].

9.44 S. L. J. Gierkink, E. A. M. Klumperink, A. P. van der Wel, G. Hoogzaad, A. J. M. van Tuijl, and B. Nauta, "Intrinsic $1/f$ Device Noise Reduction and Its Effect on Phase Noise in CMOS Ring Oscillators," *IEEE J. Solid-State Circuits* **34**, 1022–1025, July 1999.

9.45 L. Sun and T. A. Kwasniewski, "A 1.25-GHz 0.35-μm Monolithic CMOS PLL Based on a Multiphase Ring Oscillator," *IEEE J. Solid-State Circuits* **36**, 910–916, June 2001.

9.46 O. T.-C. Chen and R. R.-B. Sheen, "A Power-Efficient Wide-Range Phase-Locked Loop," *IEEE J. Solid-State Circuits* **37**, 51–62, Jan. 2002.

9.47 L. Dai and R. Harjani, "Design of Low-Phase-Noise CMOS Ring Oscillators," *IEEE Trans. Circuits Syst. II* **49**, 328–338, May 2002.

9.48 S. Docking and M. Sachdev, "A Method to Derive an Equation for the Oscillation Frequency of a Ring Oscillator," *IEEE Trans. Circuits Syst. II* **50**, 259–263, Feb. 2003.

9.49 F. Herzel and B. Razavi, "A Study of Oscillator Jitter Due to Supply and Substrate Noise," *IEEE Trans. Circuits Syst. II* **46**, 56–62, Jan. 1999. Reprinted in [9.2].

9.50 P. Larsson, "Measurements and Analysis of PLL Jitter Caused by Digital Switching Noise," *IEEE J. Solid-State Circuits* **36**, 1113–1119, July 2001. Reprinted in [9.2].

9.51 H. Hellwig, "Environmental Sensitivities of Precision Frequency Sources," *IEEE Trans. Instrum. Meas.* **IM-39**, 301–306, Apr. 1990.

9.52 J. A. Barnes, *Models for the Interpretation of Frequency Stability Measurements*, NBS Tech. Note 683, National Bureau of Standards, U.S. Department of Commerce, Washington, DC, 1976, Sec. 5.

9.53 E. P. Felch and J. O. Israel, "A Simple Circuit for Frequency Standards Employing Overtone Crystals," *Proc. IRE* **43**, 596–603, May 1955.

9.54 W. L. Smith, "Miniature Transistorized Crystal-Controlled Oscillators," *IRE Trans. Instrum.* **I-9**, 141–148, Sept. 1960.

9.55 J. K. Clapp, "An Inductance–Capacitance Oscillator of Unusual Frequency Stability," *Proc. IRE* **36**, 356–358, Mar. 1948.

9.56 J. K. Clapp, "Frequency Stable *LC* Oscillators," *Proc. IRE* **42**, 1295–1300, Aug. 1954.

9.57 M. Tiebout, "Low-Power Low-Phase-Noise Differentially Tuned Quadrature VCO Design in Standard CMOS," *IEEE J. Solid-State Circuits* **36**, 1018–1024, July 2001.

9.58 P. Vancorenland and M. S. J. Steyaert, "A 1.57 GHz Fully Integrated Very Low-Phase-Noise Quadrature VCO," *IEEE J. Solid-State Circuits* **37**, 653–656, May 2002.

9.59 J. van den Tang, P. van de Ven, D. Kasperovitz, and A. van Roermund, "Analysis and Design of an Optimally Coupled 5-GHz Quadrature LC Oscillator," *IEEE J. Solid-State Circuits* **37**, 657–661, May 2002.

9.60 P. Andreani, A. Bonfanti, L. Romano, and C. Samori, "Analysis and Design of a 1.8-GHz CMOS *LC* Quadrature VCO," *IEEE J. Solid-State Circuits* **37**, 1737–1747, Dec. 2002.

9.61 S. L. J. Gierkink, S. Levantino, R. C. Frye, C. Samori, and V. Boccuzzi, "A Low-Phase-Noise 5-GHz CMOS Quadrature VCO Using Superharmonic Coupling," *IEEE J. Solid-State Circuits* **38**, 1148–1154, July 2003.

9.62 S. Li, I. Kipness, and M. Ismael, "A 10-GHz CMOS Quadrature *LC*-VCO for Multirate Optical Applications," *IEEE J. Solid-State Circuits* **38**, 1626–1634, Oct. 2003.

9.63 P. Kinget, R. Melville, D. Long, and V. Gopinathan, "An Injection-Locking Scheme for Precision Quadrature Generation," *IEEE J. Solid-State Circuits* **37**, 845–851, July 2002.

9.64 R. Adler, "A Study of Locking Phenomena in Oscillators," *Proc. IRE* **34**, 351–357, June 1946.

9.65 K. Kurokawa, "Noise in Synchronized Oscillators," *IEEE Trans. Microwave Theory. Tech.* **MTT-16**, 234–240, Apr. 1968. Reprinted in [9.3].

9.66 R. Adler, "A Study of Locking Phenomena in Oscillators," *Proc. IEEE* **61**, 1380–1385, Oct. 1973.

9.67 K. Kurokawa, "Injection Locking of Microwave Solid-State Oscillators," *Proc. IEEE* **61**, 1386–1410, Oct. 1973.

9.68 R. B. Staszewski, D. Leipold, K. Muhammad, and P. T. Balsara, "Digitally Controlled Oscillator (DCO)-Based Architecture for RF Frequency Synthesis in a Deep-Submicrometer CMOS Process," *IEEE Trans. Circuits Syst. II* **50**, 815–828, Nov. 2003.

9.69 J. Tierny, C. M. Rader, and B. Gold, "A Digital Frequency Synthesizer," *IEEE Trans. Audio Electroacoust.* **AU-19**, 48–57, Mar. 1971. Reprinted in [9.70].

9.70 V. F. Kroupa, ed., *Direct Digital Frequency Synthesizers*, Reprint Volume, IEEE Press, New York, 1999.

9.71 C. S. Turner, "Recursive Discrete-Time Sinusoidal Oscillators," *IEEE Signal Process. Mag.*, 103–111, May 2003.

9.72 J. F. Parker, K. W. Current, and S. H. Lewis, "A CMOS Continuous-Time NTSC-to-Color-Difference Decoder," *IEEE J. Solid-State Circuits* **30**, 1524–1532, Dec. 1995.

9.73 W.-Z. Chen and J.-T. Wu, "A 2-V, 1.8 GHz BJT Phase-Locked Loop," *IEEE J. Solid-State Circuits* **34**, 784–789, June 1999.

9.74 S. K. Saha, "Linear VCO with Sine Wave Output," *IEEE Trans. Instrum. Meas.* **IM-35**, 152–155, June 1986.

9.75 S. K. Saha and L. C. Jain, "Linear Voltage Controlled Oscillator," *IEEE Trans. Instrum. Meas.* **IM-37**, 148–150, Mar. 1988.

9.76 V. P. Singh and S. K. Saha, "Voltage Controlled Oscillator with Sine-Wave Output," *IEEE Trans. Instrum. Meas.* **IM-37**, 151–153, Mar. 1988.

9.77 A.-S. Porret, T. Melly, C. C. Enz, and E. A. Vittoz, "Design of High-Q Varactors for Low-Power Wireless Applications Using a Standard CMOS Process," *IEEE J. Solid-State Circuits* **35**, 337–345, Mar. 2000. Reprinted in [9.2].

9.78 P. Andreani and S. Mattisson, "On the Use of MOS Varactors in RF VCO's," *IEEE J. Solid-State Circuits* **35**, 905–910, June 2000. Reprinted in [9.2].

9.79 R. L. Bunch and S. Raman, "Large-Signal Analysis of MOS Varactors in CMOS-$G_m LC$ VCOs," *IEEE J. Solid-State Circuits* **38**, 1325–1332, Aug. 2003.

9.80 E. Hegazi and A. A. Abidi, "Varactor Characteristics, Oscillator Tuning Curves, and AM–FM Conversion," *IEEE J. Solid-State Circuits* **38**, 1033–1039, June 2003.

9.81 A. Shibutani, T. Saba, S. Moro, and S. Mori, "Transient Response of Colpitts-VCO and Its Effect on Performance of PLL System," *IEEE Trans. Circuits Syst. I* **45**, 717–725, July 1998.

9.82 G. Sarafian and B. Z. Kaplan, "A New Approach to the Modeling of the Dynamics of RF VCO's and Some of Its Practical Implications," *IEEE Trans. Circuits Syst. I* **40**, 895–901, Dec. 1993.

9.83 R. G. Winch, "Wide-Band Varactor-Tuned Oscillators," *IEEE J. Solid-State Circuits* **17**, 1214–1219, Dec. 1982.

9.84 S. Levantino, C. Samori, A. Zanchi, and A. L. Lacaita, "AM-to-PM Conversion in Varactor-Tuned Oscillators," *IEEE Trans. Circuits Syst.* **CS-49**, 509–512, July 2002.

9.85 S. Docking and M. Sachdev, "An Analytical Equation for the Oscillation Frequency of High-Frequency Ring Oscillators," *IEEE J. Solid-State Circuits* **39**, 533–537, Mar. 2004.

9.86 P. Vanassche, G. Gielen, and W. Sansen, "Efficient Analysis of Slow-Varying Oscillator Dynamics," *IEEE Trans. Circuits Syst. I* **51**, 1457–1467, Aug. 2004.

9.87 P. Heydari, "Analysis of the PLL Jitter Due to Power/Ground and Substrate Noise," *IEEE Trans. Circuits Syst. I* **51**, 2404–2416, Dec. 2004.

第10章　位相検出器

　位相検出器の2つの広範なクラスを区別することができる，マルチプライア（あるいは，組合せ論理）デバイスとシーケンシャル（順序回路）デバイスとである．マルチプライアは有効なDC誤差出力を入力信号波形×ローカル発振器波形の積の平均値として生成する．マルチプライアはゼロ・メモリ・デバイスである．正しく設計されたマルチプライアはノイズに深く埋もれた入力信号に対して動作することが可能である．

　シーケンシャル位相検出器は信号波形の遷移とVCO波形の遷移との間の時間間隔だけに依存する有効な誤差出力電圧を生成する．波形の他の詳細は出力に寄与しない．シーケンシャル位相検出器は過去の遷移の記憶を保持している．それらはマルチプライア回路では困難あるいは不可能なPD特性を生成することができる．シーケンシャル回路は遷移で動作するので，遷移の喪失や余分な遷移には耐えられない可能性がある．その結果，そのノイズ処理能力はマルチプライアに比べて劣る．

　シーケンシャルPDは通常はディジタル・ロジック回路（フリップ・フロップ，ゲート）から作られ，バイナリの矩形入力波形で動作する．従って，「ディジタル」位相検出器と呼ばれることが多く，それを含むPLLは「ディジタル」位相同期ループと呼ばれることが多い．この命名法は正確ではなく，殆どのシーケンシャルPDの出力はアナログ量でありそのPLLはアナログ回路である．ディジタルPDとPLLの例に関しては第13章を参照されたい．

10.1　マルチプライア位相検出器

　もし，理想的なマルチプライアの両方の入力が正弦波であるならば，その有効なDC出力は2個の入力の振幅の積と，それらの位相差のコサインとに比例する．（位相差が90°の時に位相誤差はゼロになる．）理想的なマルチプライアの式は第6章で述べられた．有効な出力に加えて，可能な最大のDC出力レベルに等しい振幅で入力周波数の2倍の好ましくない正弦波のリップルも存在する．リップルは好ましくないサイドバンドがVCOに現れるのを防ぐために抑制されなければならない．付録10Aではリップルをもっと深く調べる．乗算は物理的にはGilbertセル[10.1]のような4象限アナログ・マルチプライアにより実装することができる．このようなデバイスは1チップの集積回路として手に入れることができる．今日（2004年）のテクノロジーでは数百メガヘルツの周波数まで良い性能が得られる．真のマルチプライアが最良の解である需要があり，例としては10.5節を参照されたい．

10.1.1 スイッチング位相検出器：原理

真のマルチプライアは位相検出器に対する有益な解析的モデルを提供するが，実際の装置では通常は見受けられない．その代わりに，スイッチング位相検出器が遥かに普及している．マルチプライア位相検出器への正弦波によるVCO駆動が次の形の方形波で置き換えられたと仮定しよう．

$$v_o(t) = \text{sgn}[\cos(\omega_i t + \theta_o)] \tag{10.1}$$

ここで符号関数は$x>0$ならば$\text{sgn}(x)=1$，$x<0$ならば$\text{sgn}(x)=-1$として定義される．（VCOの周波数はω_iとして示されているが，これは入力信号の周波数と同じであることに注意．もし違ったように宣言されていなければ，本章での全ての説明はロックしたループを取り扱っている．）方形波は周期的でフーリエ級数に次のように展開することができる．

$$v_o(t) = \frac{4}{\pi}\left[\cos(\omega_i t + \theta_o) - \frac{1}{3}\cos 3(\omega_i t + \theta_o) + \frac{1}{5}\cos 5(\omega_i t + \theta_o) + \cdots\right] \tag{10.2}$$

マルチプライアの出力はフーリエ級数の各個別の項に入力信号を掛けたものの和である．

極めて多くの場合，入力信号とノイズはキャリア周波数の周りの狭いスペクトルにバンド制限されており，高調波は入力には存在しない．この場合は，低周波（DC近傍）の成分を含むマルチプライアの唯一の積は方形波の基本周波数に関するものであることを示すのは容易である．全ての他の積は単に高周波リップルに寄与するに過ぎない．[**注意**：この性質は入力信号に高調波が含まれていない場合に限り当てはまる．]

入力信号が$v_i(t) = V_s \sin(\omega_i t + \theta_i)$としよう．積$v_i v_o$の平均値（DC成分）は

$$v_d(t) = \frac{2}{\pi}V_s \sin(\theta_i - \theta_o) \tag{10.3}$$

第2章と第6章の表記を用いて，位相検出器のゲインは$K_d = 2V_s/\pi$ V/radである．

言い換えると，有効な出力は，もしVCOの駆動が振幅$4/\pi$の正弦曲線であれば得られていたであろう値と同等である．

この回路はVCOからの正弦波駆動を用いる等価位相検出器と全く同じDC信号と全く同じ低周波ノイズとを生成する．

単位振幅の方形波による乗算は入力の極性の周期的スイッチングと正確に等価であり，マルチプライアは，（リップル波形以外では）不都合無しに極性スイッチによって置き換えることができる．スイッチはリニア・マルチプライアよりもずっと簡単でしかも製造費が安価であることが多いので，最も普通のマルチプライアのタイプの位相検出器は実際にスイッチング・デバイスである．真のスイッチングPDに対する出力振幅とPDゲインK_dは入力信号振幅V_sに比例しているが，スイッチング電圧の振幅とは独立である．

前述の内容では全波スイッチングPDに関して述べられている．これはスイッチング・サイクルの両半分で出力がある．半波回路は入力信号$v_i(t)$を，例えば，スイッチング・サイクルの正の半分で通過させ，負の半分で入力信号を遮断する．半波と全波のPDの波形は図10.1に示されている．半波PDの平均出力は，全波PDから得られる出力の正確に半分であり，従って，半波PDのゲインはV_s/π V/radである．図10.1の半波波形を調べると，基本リップル周波数が信号周波数になっており，リップルは全波PDにおけるよりも削減がもっと困難であることが明らかになる．ここで基本リップル周波数は，図10.1の下の部分に示されているように，信号周

第 10 章 位相検出器

図 10.1 スイッチング位相検出器の波形

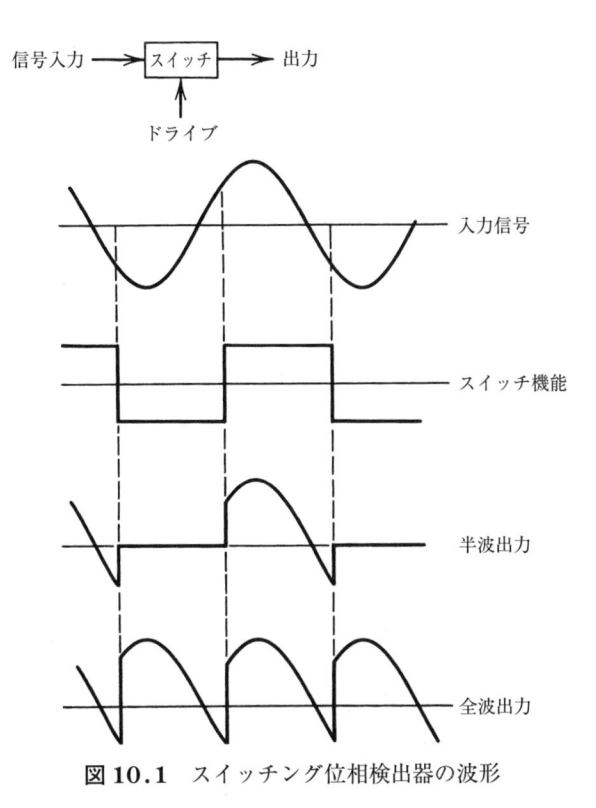

波数の 2 倍である．

従って，PD リップルを削減する 1 つの技術は半波回路よりは全波回路を使うことである．

10.1.2 スイッチング位相検出器：例

多くの異なるデバイス・タイプがスイッチング位相検出器の中のスイッチとして使われてきており，これには，全ての種類のトランジスタ，ダイオード，真空管，電磁リレー，光電デバイスが含まれる．

モジュレータもしくはミキサー モジュレータやミキサーと特徴付けられる多くの回路がまた位相検出器としても十分に役に立つ．（位相検出器は，信号をゼロ周波数に変換するミキサーと見なすことができる．）これらのデバイスはアクティブ（DC 電源から電力を必要とする増幅素子を含む）かパッシブ（増幅はなく DC 電源への接続は無い）と区別できる．

アクティブ・モジュレータ 1 つのポピュラーな種類のスイッチング PD はバランスト・モジュレータ（ミキサーと同等）に基づいている．シングル・バランストとダブル・バランストの両方の構成が，図 10.2 に例示されているように用いられる．図では回路の中でバイポーラ接合型トランジスタが示されているが，その代わりに同じ動作で MOS トランジスタが使われることが多い．図 10.3 は図 10.2a のシングル・バランスト回路の波形を示している．全波スイッチング位相検出器に通常あるリップルに加えて，ピーク振幅 I_E で信号周波数の方形波も存在し．こ

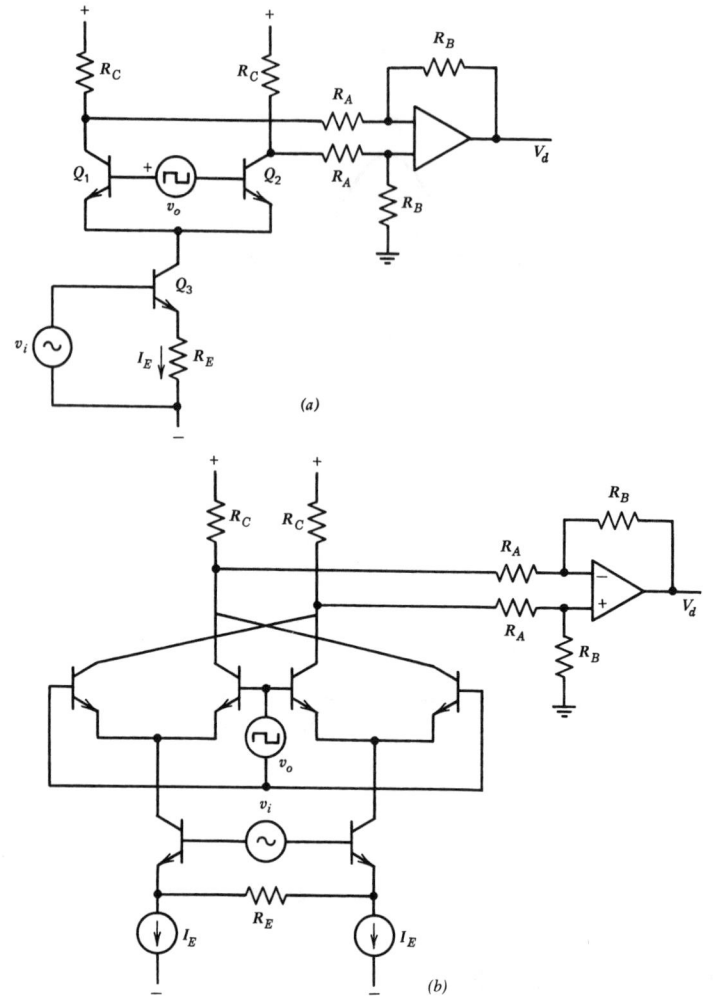

図 10.2 アクティブ・バランスト・モジュレータ位相検出器：(a) シングル・バランスト，(b) ダブル・バランスト

れは通常のリップルよりもずっと悪い．リップルの方形波部分は出力増幅器に入る前にフィルタされなければならない．

ダブル・バランスト回路は2個のシングル・バランスト回路が一緒に接続されたものと等価である．図 10.3 で明らかなコレクタ電流ギャップが埋め合わされ，図 10.1 のようにリップルが全波スイッチング PD と同等になるような接続の極性になっている．ダブル・バランスト回路の位相検出器ゲインは

$$V_d = \frac{4V_s}{\pi R_E}\sin(\theta_i - \theta_o)\frac{R_B R_C}{R_A + R_C} \tag{10.4}$$

一方シングル・バランスト回路では丁度この半分の大きさになる．［入力信号にノイズをプラスしたものが入力トランジスタに過負荷とならず，全てのトランジスタの電流ゲインが極めて大きく，内部エミッタ抵抗は R_E に含まれ，対照的に配置された回路部品が完全に整合している，といった仮定のもとで式（10.4）が得られている．］

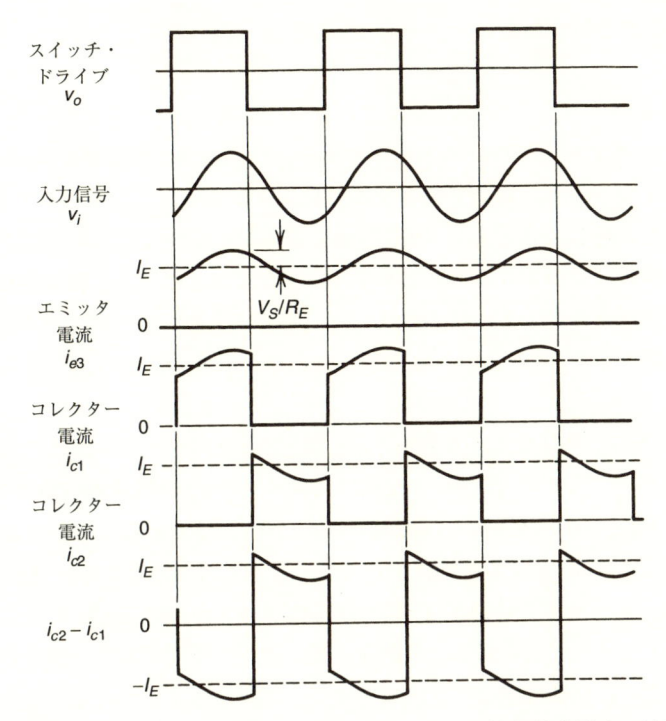

図10.3 シングル・バランスト・モジュレータ位相検出器内の波形

よくバランスした集積回路が出現する前には，アクティブな位相検出器はDCオフセットの問題で排除されていた．図10.2の回路はディスクリートな部品を用いて成功することは決してなかったであろう．シングルICチップ上の同様な部品の優れた整合により，分離したアクティブ部品では想像できないバランスを達成している．それにしても，もしDCオフセットを小さい値に押さえようとするならば，外付け部品の間の緊密なバランスを達成し，また低インピーダンスで良いバランスの入力の駆動を確保するために大きな注意が払われなければならない．バランスト・モジュレータPDはコモン・モードDCオフセットを持った差動，バランスト出力を有する．

殆どのループ・フィルタ回路はゼロ・オフセットのシングル・エンド入力を必要としてきた．図10.2には，個別の演算増幅器による差動――シングル・エンド変換が示されているが，これは，たびたび用いられる技術である．

博識な読者であれば，図10.2の同じように指定された抵抗対には正確なマッチングが要求され，また，オフセット電圧と電流を低くするためにはDCアンプが必要であると反論するであろう．

さらに，バランスト－アンバランスト方式はカレント・ミラー回路に比べて過度に複雑であるように見える．これらの反論は有効である．しかし，残念ながら（公表されていない）実験によれば，バイポーラPNPトランジスタを用いたカレント・ミラーは，たとえ，トランジスタ自体が正確にマッチしていても，バランスが極めて悪いということが見出されている．カレント・ミラー・トランジスタのコレクタ電圧は差動接続の反対側で大いに異なり，これによってミラーの電流ゲインが1という理想値から大幅に外れ，これによって目的とする微細なバランスを破壊してしまうということが問題である．従って，バランスト・モジュレータPDには，差動――シングル・エンド変換のためにPNPカレント・ミラーではなくて，オペアンプが必要である．著者

は MOS トランジスタを用いたカレント・ミラーの性能を調べたことはない．

ダイオード・ミキサー　もう 1 つの人気のある回路が図 10.4 のダイオード・リングである．これらのユニットはダブル・バランスト・ミキサーという名前で低価格で大量に売られている．これらは広いバンド幅を持ち，極めて大きな周波数レンジで使え（トランジスタ PD の能力より遥かに上の周波数で十分に動作する），PLL の設計者に対して殆ど負担をかけず，良好な性能を提供する．正確な解析は骨が折れる．もしダイオードが理想的であると仮定され，また，信号電圧がスイッチング電圧よりもはるかに小さければ，動作は全波スイッチング PD と高い精度で同じである [10.2，第 2 章]．これらの条件は破られることが多く，従って，既存の解析は近似である．

信号電圧がスイッチング電圧よりかなり小さいと仮定すると，PD の s 曲線は $V_d = V_m \sin(\theta_i - \theta_o)$ という形態をとるが，ここで V_m は信号の振幅に比例する．V_m の通常の値は 0.3 ないし 0.4V までの範囲を持つ．1mV のオーダーでの DC オフセットは普通である．もし，信号とスイッチングの振幅が殆ど等しければ，PD の特性は正弦波ではなくて三角形となる．（10.1.4 項参照）

標準的なダイオード・リングは通常は 50 オームのソースからの 5mW の正弦波駆動に対して規定されている．ダイオードは非線形な負荷なので，また，時間平均での負荷は必ずしもマッチしていないので，この仕様は可能なパワーであって，実際に送りだされるパワーではない．もし信号がノイズに埋もれているならば，信号とノイズを足し合わせた全体は，もしクリッピングを避けなければならないのであれば，スイッチング駆動レベルよりずっと下でなければならない．リングの各辺に 2 個以上のダイオードが直列に接続されている「ハイレベルな」回路はより大きなスイッチング駆動を，従ってまたより大きな入力信号を受けいれることができる．可能な最大の出力電圧 V_m は直列ダイオードの数に比例している．

ダイオード・リングは位相検出器への用途に対しては実際にはあまりよく特性付けされていない．回路が広い範囲の動作条件に耐えられるのは幸運である．

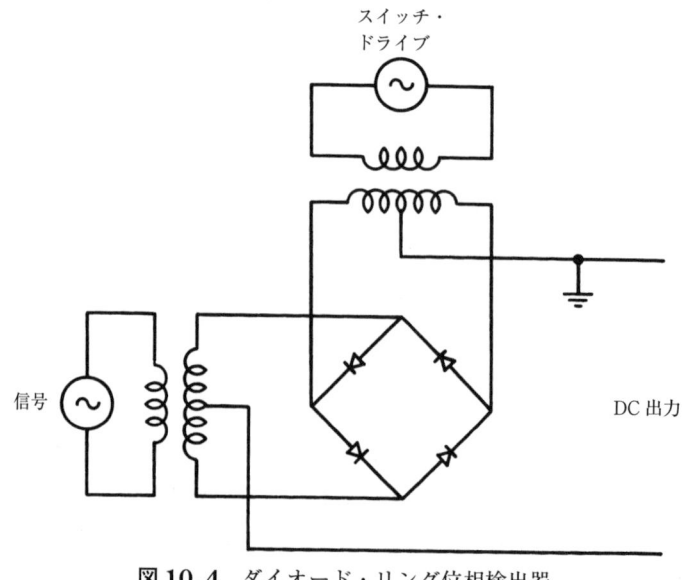

図 10.4　ダイオード・リング位相検出器

サンプル・アンド・ホールド PD サンプル・アンド・ホールド位相検出器は時々出会うことがある [10.4]．サンプラーは短いパルスで駆動されるスイッチに過ぎない．パルスの瞬間における信号値は次のサンプルが取られるまでキャパシタ上に蓄積される．

もし信号が正弦波であるならば，PDの特性も正弦波的であり，最大のDC出力は信号振幅のピークに等しい．サンプル・アンド・ホールド PD はサンプリング・レートの高調波へのロックのため，リップルの抑制のため，あるいは信号が短いバーストで現れる応用のため使われる．高調波動作は14.2節と17.3.2項で論じられる．

もしノイズが無く，また入力信号が変調されていないならば，あるサイクルから次のサイクルへと入力波形の同じ点でサンプリングが常に起きる．（平衡トラッキングでは0に近い）DC値は変化しない．スイッチの不完全性に起因するサンプリング時点で起こりうる鋭いスパイク以外では，蓄積用キャパシタ上の電圧は一定のままである．リップルは完全に抑制されているが，これは貴重な性質である．ループのサンプルの解析は第2章のラプラス変換の方法ではあまり正確には達成されず，その代わりに z 変換を用いた方が良い．サンプルされるループの応答と安定性 [10.5, 10.6] は第2章と第3章で提示された連続時間の振る舞いとは異なる．

10.1.3 ハイブリッド・トランス位相検出器

かつて大変普及していたPD回路（唯一の位相検出器回路と考えられていた）が図10.5に示されている．ハイブリッド・トランスフォーマーが2つの入力信号のベクトル和とベクトル差を形成し，これらがダイオード整流器によりDC信号に変換される．有効な出力は2個の整流された電圧の間の差である．解析によれば，出力は位相誤差のサイン（正弦）に比例しており，2個の入力振幅の関数である [10.3]．もし，$V_o \gg V_s$ であるならば，V_d は V_s に比例し，殆ど V_o に依存しない．大きな入力電圧に対するこの鈍感さは，前述のダイオード・リングを含め，多くの異なるPD回路で見出される．ピーク検出器の RC 負荷における非線形フィルタリング動作のために前述のPDで見られるものよりリップルは縮小している．

この回路の人気は優れたICやパッケージされたリングの出現により低下した．出力は，2個の大きなDC電圧の間の小さな差なので，DCオフセットを避けなければならないならば，バランス（平衡）はきわどい調節である．個別部品から組み立てるよりもよくバランスした集積回路もしくはモジュラー回路を買う方がずっと容易である．しかしながら，基本的な回路を完全に捨て去るべきではない．これは音声から光までの周波数範囲にわたって動作する潜在能力を持っている．トランスフォーマーは同軸ハイブリッド接合や導波管のマジックTやあるいは光デバイスによってさえ置き換えることができよう．

検出器はダイオード整流器である必要は無く，気圧計，熱伝対，あるいは光ダイオードでもあ

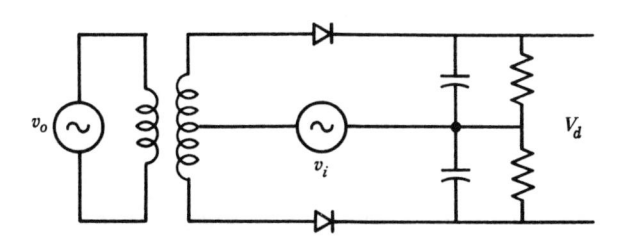

図 10.5 ハイブリッド・ベース位相検出器

りうる．ダイオード・リングやトランジスタの能力を超えた周波数でこの回路に対するニッチな場が存在する．

10.1.4 非正弦波的 s 曲線

いくつかのかなり異なる PD 回路をここまで調べてきた．そして各ケースで正弦波的な s 曲線（DC 誤差電圧 vs 位相誤差）が見出された．正弦曲線が各種回路の共通の性質であると考えられるかもしれない．実際には，s 曲線の形状は印加された波形に依存し，必ずしも回路に依存するわけではない．例えば，真のマルチプライアもしくはスイッチング PD の両方の入力に矩形波が印加された場合は s 曲線は三角形になる．この結果は正弦波入力が与えられた時に正弦波 s 曲線を生成するのと丁度同じ回路から得られる．

もし波形が矩形であるならば，アナログ回路のかわりにディジタル論理ゲートを使うことができる．スイッチング位相検出器と等価なディジタル回路は排他的論理和ゲートである．平均的な DC 出力は位相誤差の三角形の関数であり，リップル波形は位相誤差に依存するデューティ・サイクルを持った矩形である．位相誤差ゼロでは，リップルは信号周波数の 2 倍で，50% のデューティ・サイクルを持った方形波である．ディジタル回路とディジタル入力波形が使われているという事実にもかかわらず，出力はアナログ量であることに注意．

サンプル型 PD の s 曲線は丁度サンプルされた信号の波形である．希望する殆ど如何なる特性でもサンプルされるべき波形を適切にシェイピングすることにより得ることができる．例えば，もし波形が矩形であるならば，矩形の PD 特性が生じる．矩形の PD 特性は位相誤差ゼロで無限大の勾配を持つが，これは無限大のループ・ゲインを意味している．bang-bang サンプル型ループとしての非線形解析がそれにより必要となる．非線形 PLL は解析的な困難にもかかわらず大変役に立つ可能性がある．鋸波 s 曲線が鋸波形のサンプリングで得られるが，10.2 節で説明されているように，鋸波はシーケンシャル PD からもっと簡単に得られる．

位相検出器回路には正弦波入力を与えられている場合でも非正弦波 s 曲線を生成するものがある．s 曲線の線形領域を延長しようとする回路の例が [10.7-10.10] に与えられている．これらの回路はめったに使われない．（これらの回路で近似しようとしている）鋸波特性は，10.2 節や 10.3 節で説明されているように，簡単なシーケンシャル回路で直ちに得られるということが 1 つの理由である．もう 1 つの理由は，10.4.3 項で探求されているが，延長された特性はいずれもノイズによって劣化してしまうということである．もし，信号がノイズに埋もれているならば，PD の s 曲線は信号自体の形状にかかわらず正弦波に近づく．

正弦波的 s 曲線は，0°における安定なヌルと 180°における不安定なヌルとで同じ大きさの勾配になっている（図 8.1 参照）．同じことが，三角形もしくは矩形の s 曲線，あるいはピーク出力に関して偶の対称性を持ついかなる PD でも成り立つ．このタイプの PD のフィードバックの極性は通常は重要でなく，ループが 2 個のヌルのいずれがネガティブ・フィードバックを提供するか自動的に選択する．（鋸波のような）延長された PD 特性は 2 個のヌルで勾配の大きさが等しくない．所望のヌル近傍で安定した追従を保証するためには，ループ全体に沿った極性が正確でなければならない．

逆極性のフィードバックにより，ループは誤ったヌルの周辺で追従を試みるように強制されるが，これは通常は不安定性のような許容しがたい振る舞いをともなう．フィードバックが正しい

極性を持っていることを確かめよう．

10.2 シーケンシャル位相検出器

シーケンシャル PD は，信号とローカル発振器の波形の遷移で動作し，波形の他の如何なる特性も無視される．回路動作の信頼性のために，波形は通常矩形にクリップされる．平均出力は信号の遷移と VCO 波形の遷移との間の時間間隔に比例する．回路はその時間差を測定することができるためにメモリを内蔵していなければならない．

フリップ・フロップ PD 最も単純なシーケンシャル PD は普通の RS フリップ・フロップである [10.11]．一方の入力の遷移（例えば，負に向かう）により，フリップ・フロップが true（真）の状態にセットされ，他方の入力の遷移により false（偽）の状態にリセットされる．通常の波形が図 10.6 に示されており，s 曲線――鋸波――が図 10.7 に示されている．この種の PD は研究室の位相メーターで用いられ，遠隔通信ネットワークでも使用されてきた [10.11]．

入力信号と VCO 出力の間の位相差を θ_d と表記する．有効出力はフリップ・フロップの1つの出力端子上の DC 平均電圧 V_d である．

$0 < \theta_d < 2\pi$ に対して，出力は

$$V_d = \frac{V_H \theta_d}{2\pi} \qquad \text{V/rad} \tag{10.5}$$

ここで V_H は図 10.6 で定義されている通りである．リニアな範囲は，マルチプライア PD のように 90° ではなくて $\theta_d = 180°$ を中心としている．位相検出器のゲインは $K_d = V_H/2\pi$ である．平衡状態のトラッキングは通常は 180° を中心としており，従って，V_d における DC オフセットは適切なバイアス回路でキャンセルされなければならない．リップルは信号周波数での方形波で

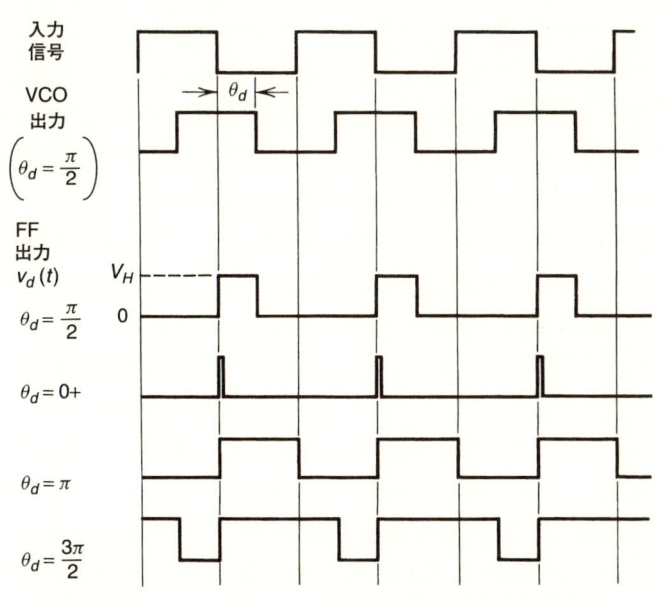

図 10.6 RS フリップ・フロップ位相検出器の波形

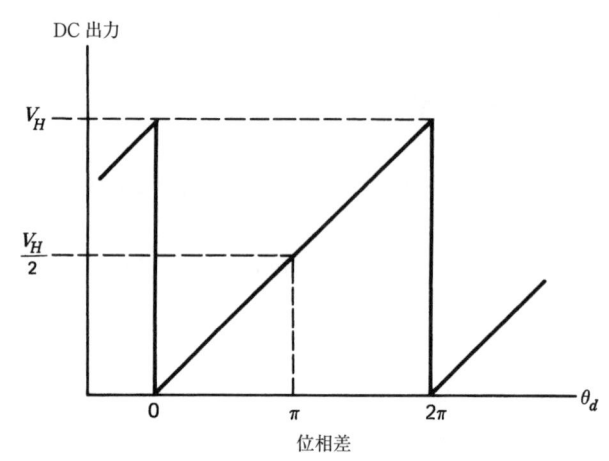

図 10.7 フリップ・フロップ位相検出器のs曲線

あり，位相誤差に依存するデューティ・レシオを持っている．もしトラッキングが$\theta_d = 180°$で平衡に達するならば，デューティ・レシオは，50%である．

個別のデバイスのハイ（high）もしくはロー（low）の論理レベルに対して現れる小さなノイズ電圧を顧慮すること無しにディジタルICは製造されている．もしノイズが低い必要があれば，ディジタル回路を用いてロー・ノイズのアナログ・ゲート——チャージ・ポンプ——を駆動して実際のDC出力を生成することを薦める．第12章はチャージ・ポンプのあるPLLに全て占められている．

フリップ・フロップは実際の入力周波数において動作させる必要は無く，ディジタル・カウンタが入力周波数を係数Nで割り算をすることができる．入力信号に関してPDの線形な範囲は$2\pi N$ラジアンになり，これは正弦波マルチプライアPDで達成できるずっと小さな範囲に比べてかなり対照的である．

RSフリップ・フロップへの入力信号が途切れたものと仮定する．その場合，次のVCOの負の遷移がフリップ・フロップをリセットし，信号が回復するまでリセットされたままである．ループが定常的なリセット状態を大きな位相誤差と解釈してVCOの周波数を下げることにより，その状態を是正しようと試みる．結局は，ループ・フィルタかVCOが飽和限界まで押しやられ，この状態に留まる．入力信号の喪失に起因する問題は容易に単純なフリップ・フロップで修復できる，つまり，VCOの遷移がフリップ・フロップをリセットするのではなくてトグルするように回路を用意する［10.11］．その場合，入力が消えると，フリップ・フロップが50%のデューティ・レシオで2個の論理レベルの間でトグルを繰り返し，これをループは位相誤差ゼロと解釈し，従ってループは現在の状態を記憶している傾向があり，入力が回復すると直ちにトラッキングを再開する用意ができている．

信号の喪失はシーケンシャル位相検出器の一般的な問題を例示しており，この回路は遷移の喪失や余分な遷移には耐えられない傾向がある．この振る舞いはマルチプライアと対比すべきである．マルチプライアでは，遷移はそれ自体殆ど効果が無く，全体の波形がDC出力を決定する．10.4節で議論されているように，この遷移に敏感な性質はノイズの存在下でシーケンシャルPDの動作に大きな有害な効果を持っている．

10.3 位相／周波数検出器（PFD）

最も重要で最もよく知られているシーケンシャル PD は位相／周波数検出器（PFD）である．これは非常に広く説明され使われているので，それ自身の節をここに割り当てよう．Brown [10.12] は PFD の原理を明らかにした最初の人のようであり，彼の論文の後にまもなくして商品が出てきた [10.14, 10.15]．

10.3.1 PFD の構成

基本的な PFD は，図 10.8 に示されているが，1 対の D フリップ・フロップ（D フロップ）と AND ゲートとフィードバック接続内の遅延(図の中でバッファと示されている)からなっている．D フロップのデータ端子は常に真値に維持されている．（レファレンスの R とラベルされている）入力信号からの遷移と，（VCOのV とラベルされている）フィードバック信号からの遷移が D フロップのクロック端子に印加される．D フロップの一方からの出力は UP とラベル付けされ，他方は DN（*down* を表す）とラベル付けされている．正しい極性のクロック遷移が関連する D フロップをオンにする．もし，UP と DN が同時に真値であると，AND ゲートで検出され，フィードバックで両方の D フロップがリセットされる．

図 10.9 の波形は PFD の理想化した動作を描いている．R と V の信号は矩形のパルスとして示されており，これらのパルス上の正の遷移は D フロップを活性化させる．例で R のパルスは等間隔であり，V パルスは動作を説明するために様々な位置に割り当てられている．（恐らく，V パルスのタイミングは決して図に示されているほど不規則ではない．）もし，R が V に先行している（図の左側におけるように）ならば，V パルスが DN の D フロップをオンするまで，しばらくの間，UP D フロップはオンしており，DN D フロップがオンすると両方の D フロップがオフする．もし（図の右側におけるように）V が R に先行しているならば，逆になる．

VCO は入力信号に遅れているので，アクティブな UP の出力で PLL は VCO の周波数を上げるように指示される．アクティブな DN 出力により逆の指示になる．従って，UP もしくは DN のアクティブな出力は位相誤差の方向を与える．位相誤差の大きさは UP もしくは DN のいずれ

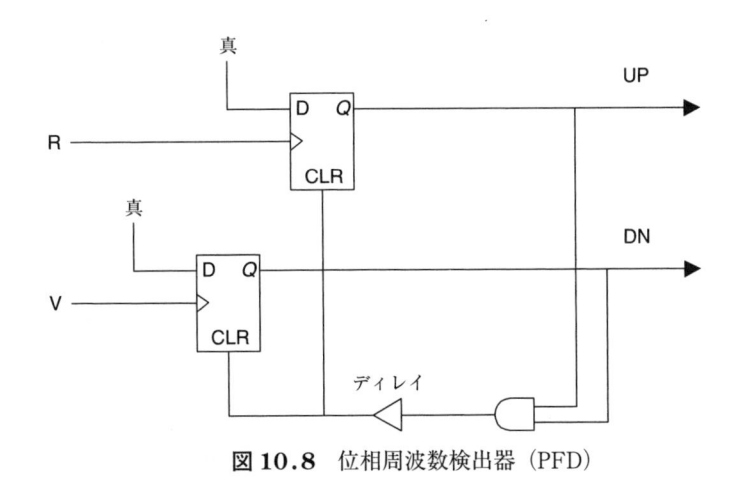

図 10.8 位相周波数検出器（PFD）

```
    R  ___|‾‾|_____|‾‾|_____|‾‾|_____|‾‾|____|‾‾|__
    V  _____|‾‾|_____|‾‾|_____|‾‾|_____|‾‾|____|‾‾|
              ←―――タイミング
                   誤差
   UP  __|‾|_____|‾|_____
   DN  _____|‾|_____|‾|__
```

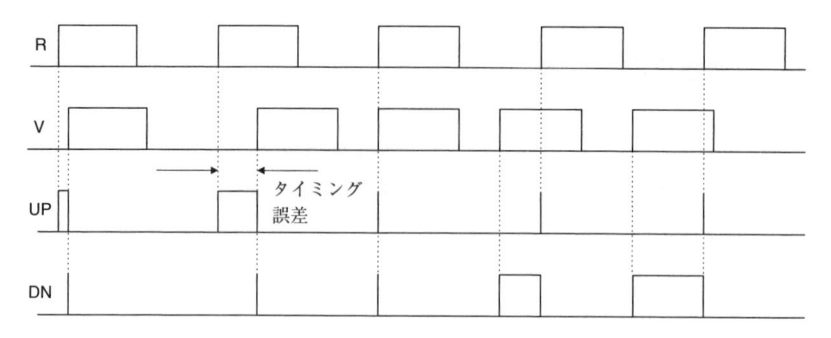

図 10.9 位相周波数検出器の波形

か適切な方のパルスの幅で示される．

　正味デューティ・レシオという概念を導入することは有益である．UP もしくは DN パルスのデューティ・レシオはパルス期間の信号期間に対する比である．2 個の D フロップからのデューティ・レシオを d_{UP} と d_{DN} と表記しよう．正味デューティ・レシオは $d = d_{UP} - d_{DN}$ である．位相誤差はサイクル単位では正確にデューティ・レシオ d で与えられる．もし，R と V のパルスが正確に整合しているならば，2 個の D フロップは一緒に，極めてすばやくオン，オフし，図 10.9 の中央に描かれたようになる．その条件に対する正味の出力は UP と DN の間の（あるいは次段のチャージ・ポンプ内の）不均衡に起因する一連のグリッチに過ぎない．このグリッチは，PLL が平衡状態にあるときは，位相検出器のリップル波形を構成する．明らかに，リップルのエネルギーは極めて小さく，そのスペクトルの内容は広く拡散しており，以前に示された，殆どのマルチプライア PD に対するリップル波形との比較において特にそう言える．PFD リップルの双方の特徴はリップルの抑制には極めて好ましい．

　多くの著者が，ディジタル論理回路を用いているという理由で PFD を "ディジタル" 位相検出器と記述している．これは誤った命名である．PFD 出力情報は UP と DN のパルスの幅に入っており，これらは連続的に可変なアナログ量である．PFD を用いるフェーズロック・ループは殆ど常にアナログ PLL であって，ディジタルはない．

10.3.2　PFD 内の遅延

　フィードバック経路における遅延の必要な役割は，図 10.10 の目視によって得られる．瞬間的な遷移よりもむしろ，この図は有限の立ち上がり時間をその代わりに示している．R もしくは V の遷移の駆動が始まった後，少し遅延時間をおいたときまでは D フロップは完全にはオンせず，CLR（リセット）パルスは，UP と DN の両方が完全にオンしてからある遅延時間後までは完全にオンしない．CLR パルスは，双方の D フロップが確実にオフするのを，極端に高い確率で保証するのに十分に長い間オンしていなければならない．その CLR の必要なパルス幅は CLR の経路に遅延を挿入することにより確かなものになる．フィードバック遅延は，たとえ初期の文献が決して言及しなかったにせよ，PFD の重大な特徴である．

　実際には，遅延は PFD の確実なスイッチングに要求されるよりもかなり長くなければならない．多くの場合に，PFD はチャージ・ポンプを駆動するが，これは，位相比較の各サイクルで位相誤差に比例する電荷をループ・フィルタに出力する電子的なスイッチである．（チャージ・

第 10 章 位相検出器

ポンプ PLL は第 12 章の主題である．) PFD の D フロップのように，これらのスイッチはオン，オフするのに有限な時間が必要である．もし，UP と DN のオンの期間が短すぎるならば（それらは位相誤差が小さいときに最も短くなる），チャージ・ポンプ・スイッチは全くオンしない．それにより PFD とチャージ・ポンプの組合せに対する s 曲線にデッド・ゾーンが挿入される．

s 曲線の中にデッド・ゾーンを持つフィードバック・ループは決して安定した平衡点に落ち着くことはできない．その代わり，デッド・ゾーンの中であてどもなくさまよう．さまよいは，PLL のバンド幅の中では通常比較的低周波であるノイズとして見え，これにより VCO に対する好ましくない，フィルタ不能な位相ノイズ変調の原因となる．さらに，デッド・ゾーンは非線形性であって PFD に存在する可能性のあるノイズ成分の間の相互変調の原因となる．相互変調により，そのノイズのスペクトルは変形し，フィルタ可能な高周波ノイズをフィルタ不能な低周波ノイズに変換する．ノイズ相互変調に関しては第 15 章でまた取り扱う．

デッド・ゾーンの最悪の効果を予防するために，両方のチャージ・ポンプ・スイッチが各サイクルでずっと同時にオンにされるように十分長く両方の D フロップがオンするように PFD の中に十分なディレイを設計するのが通常の慣例である．

UP と DN の電流が等しく，従って，両方のスイッチが同時にオンである間はループ・フィルタに転送される正味の電荷はゼロであるようにチャージ・ポンプは設計されているものと想定さ

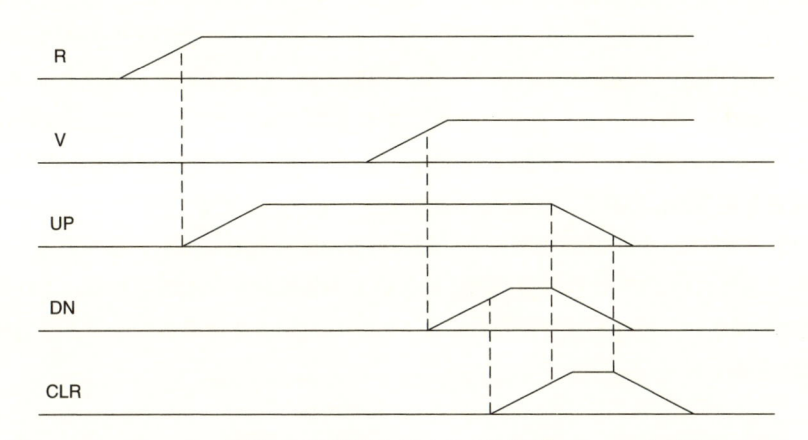

図 10.10 PFD 内の波形，伝播遅延を示すために時間スケールを拡大してある．

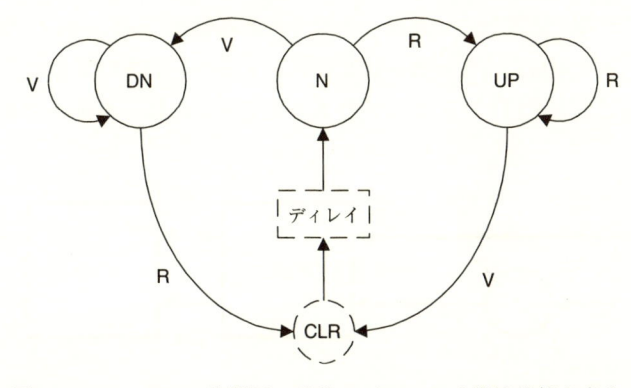

図 10.11 PFD の状態図，破線のブロックは過渡状態を表す．

れている．ゼロでない位相誤差により，極めて小さい位相誤差であったとしても，一方の電荷スイッチの方が他方より長い間オンになり，こうしてデッド・ゾーンが除去（あるいは少なくとも改善）される．

図10.9の波形は理想化されており，信号の期間に比べて無視できる遅延を仮定している．特に大きな位相誤差に対して，遅延はPFDの動作を妨げる．満足な動作のためには，信号期間に比べて遅延が小さいことが必要である．こうして，必要な遅延はPFDの動作周波数に対する上限を意味している．この制限は単に位相検出器だけではなく，全てのスイッチング回路になんらかの形で現れる．

10.3.3 PFD状態図

PFDの理解は状態図［10.13, P.25；10.16, 10.17］を援用することにより高められる．2個のDフロップ，すなわち，PFDの2個のメモリ要素は，それぞれ，オンかオフの2つの状態の一方に存在できて，従って，2個の素子の中で4個の異なる可能な状態が存在する．両方のDフロップがオフである状態はゼロもしくはヌル状態（ここでは*N*状態と表記する）として知られ，UP Dフロップだけがオンしているもう1つの状態は*UP*状態と呼ばれ，また，DN Dフロップだけがオンしている状態は*DN*状態である．両方のDフロップが同時にオンしている1つの状態は，両方のDフロップをすばやくオフにするフィードバックのために，過渡的であり，*CLR*状態と呼ばれる．図10.11は，これらの状態（ラベルをつけた円の中）と状態間の許容された遷移（矢印のついた円弧）の図である．各アーク（円弧）は，状態遷移をひき起こすイベント（RもしくはVのクロックのエッジ）を示すラベルを有する．例えば，ヌル状態から始めてRエッジによりUP状態への遷移が生じ，続くVエッジによりヌルへ戻る遷移が起きるが，その前にまずCLR状態を過渡的に通過する．もし，もう1つのRエッジが次のVエッジが到着する前に生じるならば，PFDはUPの状態を維持し，他の可能な状態に対しても同様である．

［**コメント**：過渡的なCLR状態は慣例的にはこれらの状態図から省略される．これが無いと曖昧になる数々の問題が，後ほど取り扱われるように，この状態を含めることにより明瞭になるので，ここでは含めてある．］

10.3.4 PFDの*s*曲線

思考実験の結果によりPFDの*s*曲線が紹介しやすくなる．図10.12に示された仮想的なテストの配置を考える．これは，周波数f_cのクロック源，可変遅延τ，PFD，PFDの2個の出力に対する一対の平均化フィルタからなっている．クロック・ジェネレータの出力は2個の経路に分かれており，一方の経路は直接PFDのR端子に行き，他方の経路は可変遅延を通ってPFDのV端

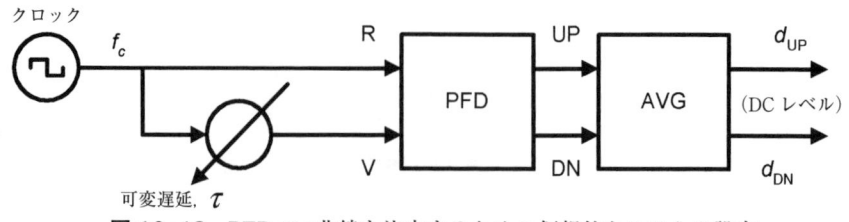

図10.12 PFDの*s*曲線を決定するための仮想的なテストの設定

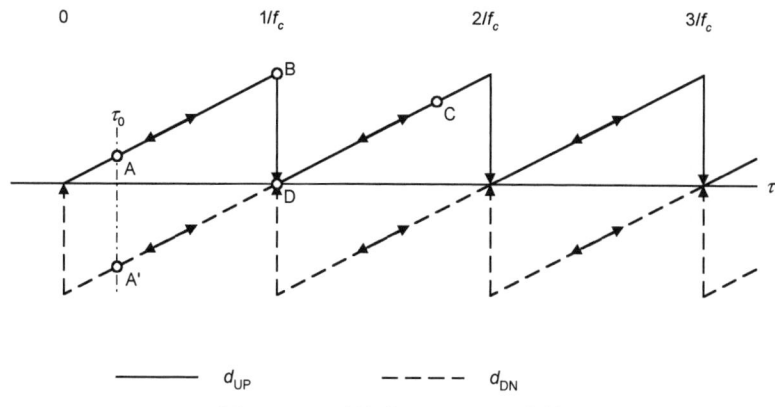

図 10.13 理想的な PFD の s 曲線

子に行く．PFD の平均化出力は d_{UP} と d_{DN} とラベルが付けられており，遅延 τ の関数として説明されるべきである．その目的の為に，d_{UP} と d_{DN} の τ に対するプロットからなる図 10.13 を参照すること．PFD はヌル状態で始まり，開始時点での可変遅延は τ_0（すなわち，最初は V エッジは R エッジより τ_0 だけ遅れる）であり，PFD に到達する最初のクロック・パルスは R 経路からである．それらの初期条件は図 10.13 で点 A によって印が付けられている．

R と V の信号の周波数は等しいので，あらゆる R エッジには常に，次の R エッジが到着する前に V エッジが続く．図 10.11 の状態図から，PFD 状態は N から UP, CLR, N へ繰り返し巡回し，τ が変化しない限り決して DN 状態に入ることはない．当面，CLR 状態に残留する時間は $1/f_c$ に比べて無視できると仮定する．その結果，デューティ・レシオ d_{UP} は $\tau_0 f_c$ であり，デューティ・レシオ d_{DN} はゼロである．ここで，V の R に対する遅れが次第に大きくなるように可変遅延を次第に増加しよう．デューティ・レシオは，$\tau f_c = 1$ となる点 B まで，$d_{UP} = \tau f_c$, $d_{DN} = 0$ である．すなわち，この点で R と V のエッジが一致し，R と V の間の位相シフトが 360° = 0° モジュロ 360° となる．UP と DN の両方のデューティ・レシオがその境界で 0 になる．τ をさらに増加させると $d_{DN} = 0$ のままで，d_{UP} はゼロから図で示された鋸波に沿ってリニアに増加する．

点 C に到達するまで遅延 τ を増加させ続け，そこからは τ がそれ以降減少するように遅延の変化する方向を逆転しよう．最初は d_{DN} はゼロのままで，d_{UP} は，その経路に沿って前方に横切った鋸波を単純に後戻りする．しかし，後戻りは点 D で終わる．鋸波の不連続性は一方向であって，矢印で示されている通りである．D の左では，PFD はタイミングを，V エッジが R エッジに先行するものと解釈し，従って DN 状態はアクティブとなり，また τ が減少し続ける限り，PFD が UP 状態に再び入ることは決してない．減少する τ に対しては，PFD 出力は d_{DN} に対する破線の鋸波に従う．

今度は s 曲線は明瞭に理解することができる．思考実験により 2 個の相互に絡み合った s 曲線の存在が明らかになる．どちらがアクティブかは，全く初期条件における偶然，すなわち，たまたま最初に到着するのが R エッジなのか V エッジなのかということに依存しており，点 A と A' によって例示されている通りである．一旦 1 つの s 曲線が選ばれれば，他のトラックに飛び移らせる破壊的な事象がない限り，PFD がそこに留まる．各位相検出 s 曲線は $d = (d_{UP} - d_{DN}) = 0$ の位置の周りに，$\pm 2\pi$ の範囲にわたって線形な形状を持っている．デューティ・レシオの振幅

は一方の端での -1 から他方の端での $+1$ まで変化する．（PD のゲインに関連する）勾配は $(d_{max} - d_{min})/4\pi = 1/2\pi \text{ rad}^{-1}$ である．2個の s 曲線は互いに 2π だけシフトされている．

10.3.5 PFD における周波数検出

図 10.11 の状態図と図 10.13 のデューティ・レシオの軌道とを一緒にして PFD の周波数検出能力の説明が提供される．R 入力の周波数 f_R は V 入力の周波数 f_V よりも若干大きく，これらの周波数は変わらないと仮定する．状態図は，PFD の状態が N，UP，CLR の間を循環するが決して DN には入らないということを示している．デューティ・レシオの軌道は一様に図 10.13 の上側の部分（実線）を一様に辿り，決して下の部分（破線）には入らない．最大振幅 1 の鋸波軌道の平均デューティ・レシオは 0.5 であり，これは VCO に周波数の増加を指示するループ・フィルタに与えられる平均的な値である．同様に，もし f_R が f_V よりわずかに小さいならば，PFD からの平均デューティ・レシオは -0.5 である．

もし f_R が f_V よりかなり大きくて，UP 状態が f_R の1個以上の全サイクルにわたって続くならば，V エッジが起こる前に2個以上の R エッジが交互に起きる場合が数多くあるであろう．これらの事象の存在により，平均デューティ・レシオが，2個の周波数が殆ど等しい場合に得られる 0.5 という値よりも増加する．比 f_R/f_V が大きくなると，平均デューティ・レシオはこうして 1 に近づく．同様に，比 f_R/f_V が 0 に近づくと，平均デューティ・レシオは -1 に近づく．Goyuer と Meyer [10.18] は理想化された周波数検出表示の解析を行い次式に到達した．

$$d = \begin{cases} 1 - \dfrac{0.5 f_V}{f_R} & f_R > f_V \text{ の場合} \\ \dfrac{0.5 f_R}{f_V} - 1 & f_V > f_R \text{ の場合} \end{cases} \tag{10.6}$$

10.3.6 PFD 内の遅延の効果

位相検出器の s 曲線と周波数検出器特性の上記の説明は PFD の CLR 経路内のフィードバック・ディレイ（遅延）の影響が無視できることに基づいた単純化である．もし信号周波数が十分大きいならばフィードバック・ディレイは無視することはできず，以下でそのディレイによる2～3 の効果を調べる．

図 10.13 は位相誤差 $\pm 2\pi$ における鋸波 s 曲線の不連続性を示している．現実の PFD ではフィードバック・ディレイのためにこの理想化は達成できない．$+2\pi$ に近い位相誤差で動作する PFD を思い浮かべよう．すなわち，R エッジよりほぼ完全に1サイクル遅れて V エッジが来る．デューティ・レシオ d_{UP} はほぼ $+1$ であり d_{DN} はゼロである．しかし，それらのデューティ・レシオが成立するのは全てのエッジが PFD によって正しく一致させられている場合に限る．そしてそれこそがフィードバック・ディレイが邪魔している点である．もし CLR 状態の期間が次の R パルス（CLR 状態を開始した V パルスのすぐ後に続く）を包みこむほど十分にディレイが長ければ，R パルスは何の効果も持たず，CLR 状態の御しがたい期間に消えてしまう．次の V パルスは D フロップをトリガーできる次のパルスであり，DN 状態を活性化するが，この DN 状態はすぐ後の R パルスによって速やかに終結される．

1つの R パルスが喪失すると PFD は1つの s 曲線から他方へシフトする．今度は R が殆ど完

全に1サイクルだけVに先行する代わりに少しだけVに遅れるということをPFDが示す．Rがこれほど大きな値だけVに先行している理由に応じて，この振る舞いはパルスが喪失するとサイクル・スリップが始まることを示唆している．いずれにせよ，図10.13の完全な鋸波のs曲線は，著者が知る限りではまだ公表されていない，あるやり方で，不連続点の近傍で悪化する．しかし，明らかに，±2πの理想化された位相誤差範囲はフィードバック・ディレイの存在により減少する．

　周波数検出もまたフィードバック・ディレイの存在で苦しめられる．GoyuerとMeyer[10.18]は，もしフィードバック・ディレイがレファレンス源の周期の半分を超えるならば周波数検出は完全に失敗すると結論している．フィードバック・ディレイが減ると，有効な周波数誤差の表示を構成する平均デューティ・レシオの大きさが減少する．

　逆のメカニズムは本来有効なRもしくはVのエッジが，PFDがCLR状態にあって制御しがたい期間内に喪失するということである．$f_R > f_V$であると仮定する．フィードバック・ディレイが無い理想的なPFDは上述のようにN，UP，CLRの間を巡回し，決してDN状態には入らない．しかし，現実的な回路において，RエッジのいくつかはPFDがCLR状態にある間に到着し，喪失される．次のVエッジはPFDをDN状態に送り込み，PFDはそこでいくつかのレファレンス周期の間巡回する．結局は，PFDは回復する――UP状態を巡るサイクルに入る――しかし，周波数誤差はDN状態のサイクルが生き残る限り間違った方向に示される．(10.6)の周波数検出予測はノン・トリビアルなフィードバック・ディレイの存在下では楽観的である．ディレイ起因の逆転の存在が[10.19]に示されている．

10.3.7　余分もしくは欠落した遷移

　信号あるいは信号の状態によってはR入力で遷移が少なすぎたり多すぎたりすることがある．もし，信号の遷移が抜けたり，あるいは余分な遷移が現れるならば，PFDはこの事象を同期外れと解釈し，同期を再捕捉しようとする．PFDはメモリを持っているので，余分な（あるいは欠落した）遷移の効果が1サイクル以上伝播する．もしループが小さな誤差で追従しているならば，欠落した遷移は少なくとも1サイクルの間，非常に大きな誤差の表示を引き起こす．従って，PFDは遷移の欠落や，余分な遷移には耐えられない．

　1つの例として，バイナリ・データの信号は，*non-return-to-zero*（NRZ）形式で伝送されることが極めて多いが，この形式では，データの値が変化する場合に限り連続したビット間で信号の値が変わる．データ遷移の確率はランダムなバイナリ・データに対しては，50%である．上述した種類のPFDはこのような入力ストリームを実際のビット・レートよりずっと低周波の信号と解釈し，不適切に同期を取ろうとする．修正されたPFDが特殊なNRZストリームに対して考案されており，パーソナル・コンピュータのフロッピー・ディスク・ドライブに多数使用されている．図10.8のPFDの要素に対して追加の素子――イネーブル（EN）ラッチとディレイ――が加えられる．ENクロック端子とディレイの両方に対してR入力が印加される．ENが偽（false）の時は，コアのPFDのDフロップのD端子は偽に保持され，従ってPFD出力はヌル状態に固定される．データ遷移（いずれかの極性の）はENをアサートし，ENの出力はUPとDNのDフロップをイネーブルする（すなわち，そのD入力を真（true）にセットする）．通常は2分の1ビット・サイクルのディレイの後にデータ遷移がUP Dフロップにクロックとして印加され，

DN D フロップは普通の PFD におけるように V 信号によってクロックを与えられる．UP と DN に対する AND 操作からのフィードバックが EN をクリアするために印加され，次に UP と DN の D フロップがクリアされる．

もう 1 つの例として，大きなノイズによって信号波形のゼロ・クロスが余分になったり喪失したりする可能性がある．クロスの数はノイズ・スペクトルと信号対ノイズ比に依存する [10.20]．もし，1 秒間あたりのクロスの数が信号周波数から外れるならば，位相周波数検出器はループが同期していないかのように振る舞い，PLL は VCO 周波数を変更してループを"同期"状態に戻そうとする．少なくとも，クロス数の誤りによって PD 出力のバイアスが生じ，もしクロス数が十分に外れているならばトラッキング（追従）は完全に失敗する．

シーケンシャル PD はノイズの多い環境では慎重にかつ正当な理由がある場合に使用すべきである．この問題は，（D フロップのクロックのアクティブ・エッジに対する極性を持った）ノイズのクロスのレートが信号周波数に等しくなるような形状のノイズ・スペクトルであれば幾分緩和される．信号周波数に関して数学的な対称性を持ったノイズ・スペクトルは好ましい性質を持っている．

10.3.8 PFD のロック・インジケータ

8.4.1 項では，広く用いられている位相同期のインジケータとしてマルチプライア・クラスのメインの位相検出器に直交する補助的な位相検出器の使用を説明した．この方式は PFD や RS フリップ・フロップ位相検出器ではうまく行かない．位相関係が誤っているのである．しかし，PFD は，次に述べるように，効果的で簡単な方式に向いている．

2 入力 OR ゲートは，PFD の UP と DN の出力を入力とする．PLL が小さな位相誤差でロックしているときは，UP も DN も，各比較サイクルの間，極めて短い間しか真値（true）にはならない．PLL がロックしていないときは，UP か DN が，多くのサイクルの平均で 50% 以上の時間，真値である．ロック検出の基本は，OR ゲートの出力を平滑化フィルタを通過させて，真値ステートに滞留する平均時間を抽出し，その平均を適切な閾値（例えば，25% の平均真値滞留時間）に対して比較することである．もし平均真値時間が閾値以下であれば PLL はロックしていると考えられ，平均真値時間が閾値以上ならばロックしていないと考えられる．

ロック検出器（全ての種類，PFD 用だけでない）はまた位相同期が宣言される前に指定された時間間隔の間ロックの表示が続くことを要求するタイマーを含んでいることも多い．そのタイマーは，平均滞留時間が閾値以下のときにスタートし，タイマーが指定された時間に達する前に，閾値を超えるたびにゼロにリセットされる．

10.4 位相検出器のノイズの中での振舞い

フェーズロック・ループは位相検出器への信号入力における信号対ノイズ比が極めて悪い条件で動作しなければならないことがある．マルチプライア・クラスの PD であれば適切に設計されていれば，ノイズに深く埋もれた信号でも動作できるが，シーケンシャル PD はずっと弱い．この節では，従って，マルチプライア・クラスの PD だけを取り扱う．ここで示される結果の全てはアナログ PD に対して得られたものであるが，同等なディジタル PD にも当てはまる．

10.4.1 バンドパス・リミッター

リミッターの紹介が，位相検出器動作へのノイズの効果を調査する際の入門として必要である．理想的なバンドパス・ハード・リミッターへ注意を制限する．これがバンドパスであるのは，信号周波数を中心とする，ナロウバンド・フィルタがリミッター本体に対して先行しているからである．ハード・リミッターは入力電圧をv_i，出力を$v_L = V_L \text{sgn}(v_i)$とするが，この出力はフィルタされた入力のゼロ・クロスの位置を保存する矩形波になっている．帯域フィルタが全ての高調波を除去し，基本バンドのみを通過させるためにリミッターの後に置かれるかもしれない（あるいは置かれないかもしれない）．

リミッター動作は正弦波的な信号とガウシャン（Gaussian）ノイズからなる入力に対して解析されている［10.21 – 10.23］．様々な興味深い性質がこの解析で明らかにされ，後続のパラグラフに要約されている．

リミッターからの出力パワーは，入力の信号対ノイズ比にかかわらず，一定である．出力波形は一定振幅の方形波なので，この結果は殆ど驚くべきものではなく，ノイズの唯一の効果は，その方形波のゼロ・クロスのジッタを生じさせることである．更に，各帯域（すなわち，各高調波帯域——基本，3次高調波，5次高調波，等である）の出力パワーは入力SNRにかかわらず，一定である．対称的リミッターは偶の高調波を生成しない．ノイズが存在しなければ，リミッターの矩形波出力の基本成分は振幅$4V_L/\pi$の正弦波である．入力にノイズが加えられると，全出力信号プラス・ノイズは一定に保たれているので出力の信号成分は減少しなければならず，リミッター内ではノイズは信号を抑制する．信号抑制は記号αを与えられ，入力フィルタのパスバンド内で測定される場合の入力の信号対ノイズのパワー比ρ_iの関数である．αを入力SNR ρ_iにおける基本信号の振幅の，ノイズが存在しない場合の振幅$4V_L/\pi$に対する比であると解釈しよう．信号抑制は次式で与えられる．

$$\alpha = \sqrt{\frac{\pi \rho_i}{4}} \left[I_0\left(\frac{\rho_i}{2}\right) + I_1\left(\frac{\rho_i}{2}\right) \right] e^{-\rho_i/2}$$

$$\approx \sqrt{\frac{\rho_i}{\rho_i + 4/\pi}} \qquad (10.7)$$

ここでI_0とI_1は修正ベッセル関数である．比率αは図10.14にプロットしてある．この近似公式は工学的な計算に対して十分以上に正確である．

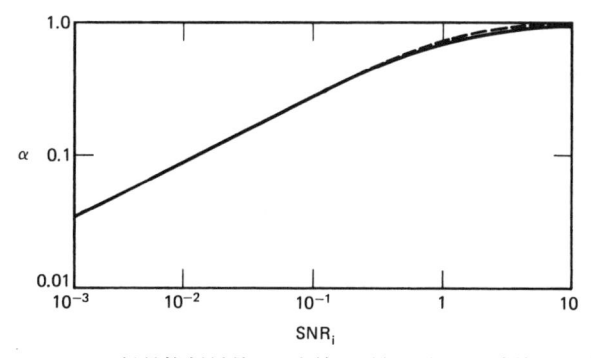

図10.14 リミッターの信号抑制係数α．実線は近似であり，破線の曲線が正確である

マルチプライア・タイプの位相検出器のゲインK_dは加えられた信号電圧に比例する．もし信号電圧が係数αだけ抑制されていれば，PDゲインもまた係数αだけ小さくなる．その結果，もしリミッターが位相検出器の前に置かれているならば，ループゲイン，ダンピング，バンド幅は入力信号対ノイズ比の関数である．信号抑制はリミッターの主要な効果であり，ループの計算においては考慮されなければならない．基本帯域における出力信号対ノイズ比SNR_oも興味深い[10.21]．出力SNR_oは極めて低い入力SNR値（$\rho_i \ll 1$）に対して最大1.05dBだけ劣化し，極めて大きな入力SNR値では3dB改善を示すことが解析により示される．

これらのSNR_oの結果は正確だが，当初の考えに反して，PLLの解析に無批判的に適用することはできない．3dBの改善は不適切と認識されるべき最初の特徴である．たとえリミッターが実際にSNR_oをρ_iの大きな値に対して3dBだけ改善するとしても，その改善はPLLにおける位相ジッタの減少としては決して生じない．高いSNRの改善はノイズのAM成分の抑制を反映しており，リミッターはPM成分には何の影響も無い．PLLジッタは振幅ではなく，位相に依存しているのでAMノイズの抑制はトラッキング性能を改善することはなく，3dBの改善は決してない．

また，低い入力SNR（$\rho_i \ll 1$）におけるジッタの悪化は1.05dBほど悪くはない．リミッターは，基本帯域の出力スペクトルがテールにおいて相対的に密度が増加しスペクトルの中心で密度が減少するというように，入力のノイズ・スペクトルを拡散する[10.23]．

ナロウバンド（狭帯域）のPLLは主にスペクトルの中心部分を通過させ，従って，ノイズの悪化は1.05dBよりも小さい．本当の悪化は入力フィルタの形状，後置フィルタ，PDの構成に依存している[10.22]．これ以上の議論は10.4.4項まで延期することにする．

10.4.2 位相検出器のノイズ閾値

ノイズは位相検出器の動作に対して多くの有害な効果を持っている．その1つはループ，特にPD自体における不可避のDCオフセットから生じる．補償されないバイアス，バランスしていない回路，直流化したノイズ，偶発的な周波数弁別，それから沢山の一層難解な起源によりオフセットが生じる．通常，オフセットは温度，信号周波数，SNR，ならびに時間に依存する．

もしリミッターが用いられるならば，PDにおける信号の振幅は，入力におけるSNRが低いと抑制される．もしリミッターが使用されないならば，信号プラス最悪条件でのノイズがPDの過負荷にならないように信号振幅は小さくなければならない．いずれにせよ，一部はオフセットに対するノイズの効果のために，また一部は信号を低い振幅に制限する必要のために，（信号に対して）相対的なノイズ起因のオフセットが，SNRの悪化につれて増加する．もし，PDの有効な出力が小さいためにオフセットを克服することができないのならば，トラッキングは失敗し，ループは同期を失う．これは位相検出器閾値と呼ばれ，PLLの本質的な性質というよりは回路の不可避的な欠陥に起因する．それにもかかわらず，実際の位相検出器回路はこのような欠陥を持ち，設計で考慮に入れなければならない．

バランスの悪い位相検出器であれば約-20ないし-15dBあるいはそれ以上の入力SNRに対してPD閾値を示す可能性があるが，これに対して良い設計の回路であれば-30dBには耐えるであろう．約-25dB以下で満足な動作を得るためには困難な設計努力が必要になる．入力SNRは位相検出器の前に置かれるバンドパス・ノイズ除去フィルタによって制御される．

10.4.3 ノイズの中でのs曲線の形状

もう1つの効果は，大きな入力ノイズの存在下でのPDのs曲線の形状悪化である．Pouzet [10.24] はいかなる周期的なs曲線も，入力SNRが小さくなるとノイズ無しでの形状を失い正弦波的になる傾向を持つことを示した．図10.15は矩形のs曲線に対する例を示しているが，同様な変化 [10.2, 第7章；10.24 – 10.26] が他の通常の形状のいずれに対しても生じる．任意のSNRにおけるs曲線の形状はPouzetの解析によって計算することができる．信号とノイズの和の位相が，信号のみによる平均位相の周りにランダムに変動するという認識から物理的な洞察が，得られる．有効なDC出力は，揺らぐ入力位相が位相変動の確率密度で重み付けされて，ノイズの無いs曲線に対して平均化されたものと考えることができる．

平均位相誤差をθ_e，ノイズの無いPD特性を$g(\theta_e)$と表現しよう．ノイズに起因する位相揺らぎはθ_nと表記され，ρ_iの関数である確率密度$p(\theta_n)$を持つ．結果として得られる信号とノイズの和の合力の位相は$\theta_e - \theta_n$である．位相検出器の平均DC出力は

$$V_d(\theta_e, \rho_i) = \int_{-\pi}^{\pi} g(\theta_e - \theta_n) p(\theta_n) d\theta_n \tag{10.8}$$

ここでθ_nはモジュロ2πでの値である．このように表現すると，DC出力V_dは，ノイズ無しの特性$g(\theta_e)$の入力位相確率密度$p(\theta_n)$による畳み込みであると見られる．ノイズがない場合は，位相密度はデルタ関数$\delta(\theta_n)$であり，DC出力は$V_d(\theta_e, \infty)$になる．ノイズが存在するときは，畳み込みによりDC出力はボケて縮小したものになる．入力ノイズがGaussianであるならば成立するように，もし$p(\theta_n) = p(-\theta_n)$で，かつまた$g(-\theta_e) = -g(\theta_e)$であるならば，入力SNRが変化しても$\theta_e = 0$におけるヌルはシフトしない．もし，$g(\theta_e)$が奇対称ではないならば，ヌルはシフトする可能性があるが，これはかなり満足しがたい事である．

ノイズはPD特性を正弦曲線に向けて縮退させるだけでなく，ヌルにおける勾配が減少する．これは信号の抑制であり，リミッターが前に置かれている正弦波的なPDに対して10.4.2項で説明されている．他のs曲線に対する抑制を知るために，(10.8)を積分の内側でθ_eに関して微分し，微分された積分を$\theta_e = 0$で値を求めよう．Pouzetの論文から，通常のPDにおける抑制は正弦波PDに対して知られているものから過激にずれることは無いと推論することができる．

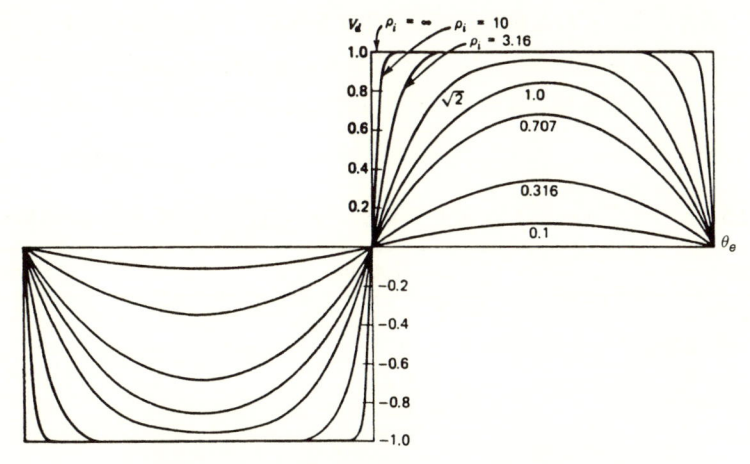

図10.15 矩形s曲線のノイズによる劣化

区分的にリニアな s 曲線には全てリミッターを位相検出器の前に置くことが必要である．もし方形波のリミッター出力がフィルタされずにスイッチング位相検出器を駆動するのに使われるならば，三角形の s 曲線が得られる．もしフィルタされていないリミッターの出力がサンプルされるならば矩形 s 曲線が得られる．もし PD のいずれかの入力が正弦波的であるならば s 曲線は正弦波的である．もし入力のバンドパス信号がリミットされないか，リミッター出力が高調波除去のためにフィルタされるか，あるいはまた PD への VCO 駆動が正弦波的であるならば，こうしたことが起きる可能性がある．これら全ての 3 つの選択肢は同等な形状の s 曲線を与える．

10.4.4 s 曲線の形状へのジッタの依存性

PLL の前に置かれるリミッターにより，リミッターの無い場合のジッタに比べて小さな ρ_i で位相ジッタの増加が生じる．この増加は，ノイズ無しの s 曲線や入力バンドパス・フィルタの形状に依存する．Pouzet は様々な条件に対して，この増加を計算し，その結果は表 10.1 に要約されている．示されている数は，プレリミッター・バンドパス・フィルタの 2 個の異なる極端な形状に対して，極めて低い入力 SNR でのジッタの漸近的な増加を表している．

特に，もし入力フィルタが単一同調であるならば，正弦波的な s 曲線かあるいは三角形もしくは矩形の s 曲線ですら殆ど損失が生じない．しかしながら，鋸歯特性では厳しい損失が存在する．実際の特性は正弦曲線に縮退するので，もし入力信号が通常ノイズに埋まっているならば鋸状 PD を用いることを正当化するのは難しい．同様な結果が他の任意の拡張した PD 特性から予見されるはずである．

10.5 2 相（複素）位相検出器

位相検出器のリップルをフィルタで平滑化する必要により，位相比較の周波数に比べて小さなループ・バンド幅が必要になる．この節では，その代わりに，リップルを打ち消し（キャンセルし），それによって比較的大きなループ・バンド幅を許容する方法を説明する．

打消しはディジタル PLL で最もうまく行くがアナログ PLL に対しても（めったに無いが）適用され成功してきた．打ち消しの技術は図 10.16 に示されている．入力信号は 2 個の直交成分に分離され，その各々がそれぞれの位相検出器に印加される．VCO の出力もまた 2 個の直交成分を持ち，各々が 2 個の位相検出器の一方に印加される．位相検出器は理想的なマルチプライアであり，直交信号の各ペアは振幅と正確な位相直交性において完全にバランスしていると仮定する．

表 10.1 リミッターによる PLL 位相ジッタ（dB）の増加（$\rho_i \ll 1$ の場合）

PD s 曲線	単一同調 BPF	矩形 BPF
正弦曲線		
リミッターなし	0	0
リミッターあり	0.25	0.65
三角形	0.3	0.7
矩形	0.36	0.97
鋸歯	2.9	2.9

第10章 位相検出器

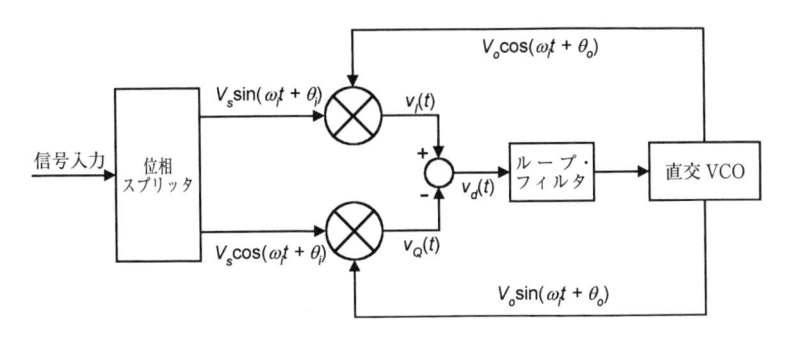

図10.16 複素（2相）位相検出器

個々の位相検出器は各々，$v_I(t)$と$v_Q(t)$を出力する．丁度，6.1.1項におけるように，各個別のPD出力には位相誤差の正弦に比例するDC項と倍周波のリップル成分との和が含まれる．しかし，一方のPDの出力を他方から差し引くことによりDC項は2倍になるけれどもリップル項はキャンセルするので，

$$v_d(t) = K_m V_s V_o \sin(\theta_i - \theta_o) \tag{10.9}$$

ここで，（6.1.1.項と同じように）K_mはマルチプライアのスケーリング・ファクタ，V_sは各PD入力信号の振幅，V_oは各VCO信号の振幅，θ_iは入力位相，θ_oはVCOの位相と表記されている．

バランスが完全である限り，リップルは完全に抑制される．ディジタルPLLでは本質的に完全なバランスが可能である．アナログPLLでは直交ペアにおける個々の経路の間の緊密なバランスを達成するのが困難なために，約30dBしかリップルの抑制は期待できない．リップルの打消しは，正弦波的な信号で理想的なマルチプライアPDの場合にしか（理想的には）完全ではない．例えば，図10.1や10.2bに示されているように，もしPDが全波スイッチであるならば，打消しは失敗する．その場合には，（2個のPDから結合された）v_dに対するリップル波形が比較周波数の4倍の基本成分を有するが（これはリップルのフィルタ処理の負荷を幾分軽減する），ピーク・トゥ・ピーク（peak-to-peak）の振幅は図10.1で示されたものから変わらない．

図10.16の配置は，（ゼロ周波数における）下位サイドバンドが選択され，上位サイドバンドは除去されるシングル（片側）サイドバンド復調器として認識することができる．位相スプリットの方法に対する豊富な片側サイドバンドの文献を参照されたい．また，直交VCOに対する参考文献に関しては9.7節を参照のこと．基本的な2相PDに対する変形は［10.27］と［10.28］に現れている．

もう1つの有益な表現は複素指数フォーマットで，それによると

$$z_s(t) = V_s e^{j(\omega_i t + \theta_i)}, \qquad z_o(t) = V_o e^{j(\omega_i t + \theta_o)} \tag{10.10}$$

従って，図10.16の構成から次式が得られる．

$$v_d(t) = K_m \mathrm{Im}[z_s z_o^*] = K_m V_s V_o \sin(\theta_i - \theta_o) \tag{10.11}$$

ここで$\mathrm{Im}[x]$はxの虚部を示し，アスタリスク*は複素共役を表す．

付録10A：位相検出器のリップルによる位相変調

位相検出器のリップルは位相検出器の正常動作に付随する妨害である．リップルはループ・フィルタで処理され，制御電圧の一部としてVCOに印加される．制御電圧におけるリップルは

VCO 出力に対して位相変調を生じる．これらの変調効果は望ましいものではなく，最小化されなければならない．この付録では，いくつかの通常の位相検出器によって生成されるリップルの特徴を記述し，リップルの振幅の計算法を示す．それ以上のリップルの情報は第11章と第12章に含まれている．

10A.1　リップル・モデル

位相検出器における比較周波数をf_cと表記しよう．この付録における全ての例は，リップルは$1/f_c$の周期を持つと仮定している．従って，周期的なリップルによる位相変調もまた$1/f_c$の周期を持つ．もし，変調されていない発振器の周波数f_oがf_c（あるいはf_cの低位高調波）に等しいならば，VCO 波形の個々のサイクル内でのf_cに同期した歪みがリップルによって生じる．このような歪によってf_oの整数高調波が生成される．この問題の研究は PLL の非線形微分方程式を伴う［10.29, 10.30］が，この研究にはここでは立ち入らない．その代わりに，周波数分周器が VCO と PD の間のフィードバック経路上にある（第5章）という理由，あるいは周波数変換が（フェーズロック・レシーバにおけるように）フィードバック経路上で起きるという理由により，$f_o \gg f_c$と仮定しよう．リップルによって生じる位相変調はその場合，$f_o \pm nf_c$の周波数でサイドバンドを生じる．ただし，nは正の整数値を取る．サイドバンドの振幅はリップルの振幅と波形に依存する．

リップルは周期的なので，フーリエ級数に展開することができ，その級数の各項の変調指数はリニアな計算によって決めることができる．サイドバンドの振幅と位相は各項に対して個別に，正弦波的な位相変調に対する周知のベッセル関数展開を通して計算できる．全体的な振幅と位相は，フーリエ級数の高調波項の各々によって生成されるサイドバンドの寄与のベクトル和である．多くの場合において，級数の最低周波数の項が変調において支配的である．

この付録では，フーリエ級数の項，つまりn番目の位相偏差項のピーク振幅$\Delta\theta_n$を導出する．このような各項は，位相ノイズ・スペクトル$W_\phi(f)$（このスペクトルの定義は7.2節を参照のこと）の中で，1本の線，つまり，面積$\Delta\theta_n^2/2\,\mathrm{rad}^2$を持ったディラックのデルタ関数を周波数$nf_c$に生成する．ここで示される結果は，高周波での追加のフィルタの無い，2次タイプ2の PLL（2.2節）におけるリップルを取り扱っている．これは非現実的であって，リップルの十分な抑制のために殆ど常に追加のフィルタ処理が必要である．これらの結果（すなわち，位相偏差の振幅）は，離散成分の許容可能な強度に課せられる要件とともに，追加のフィルタリングやループ・バンド幅の削減を通じて，必要とされる追加のリップルの減衰を明らかにする．PLL の線形動作は一貫して仮定されている．もし，リップルがとても大きくて PLL が非線形動作に追い込まれるならば，$\Delta\theta_n$の解釈によって警告が発せられるがこのような過負荷の結果については何もわからない．非線形の過負荷は更に第11章で論じる．

10A.2　解析の基礎

PD 出力のリップル成分を$v_{dr}(t)$と表記するが，これは PD の DC 出力v_dに加算される．解析の目的のために，PLL はいかなる静的な位相誤差も無く追従するものと仮定する．以下で考察されるリップル波形は PD におけるスタティック位相誤差がゼロであることに基づいている．しかし，PLL の動作は位相誤差がゼロでない場合には波形の殆どが変更になり，また，フーリエ

成分は，ここで提示されたものから変化するということに注意．

リップルはループ・フィルタを通ってVCOに対する制御電圧に達する．制御電圧のリップル成分を$v_{cr}(t)$と表記する．リップル周波数が十分に高いために，ループ・フィルタの比例経路を通じたリップルの伝送は積分経路を通じた伝送を超え，従って後者は無視できるものと仮定する．従って，制御電圧へのリップルの寄与は$v_{cr}(t) \approx v_{dr}(t)\tau_2/\tau_1$によって近似される．ただし，$\tau_2$と$\tau_1$は第2章で定義されている通りである．リップルによってVCOに課せられる周波数変調は$\omega_{or}(t) = K_o v_{cr}(t)$ rad/secであり，対応するリップル位相変調は

$$\theta_{or}(t) = \frac{K_o \tau_2}{\tau_1} \int v_{dr}(t) dt \tag{10A.1}$$

この式はリップル波形$v_{dr}(t)$のフーリエ級数展開の各項に適用されて各項に起因する位相偏差が得られる．

10A.3 リップルの例

図10A.1は，良く知られた位相検出器によって生成されるいくつかのリップル波形を示している．それらは$1/f_c$の周期を持ち，図は$1/f_c$の1周期の間に対して描かれている．描かれた波形は全てスキュー対称性を持ち，従って，そのフーリエ展開は$V_r a_n \sin(2\pi n f_c t)$の形式の正弦項だけを有する．ただし，$V_r$はリップルのピーク振幅であり，$a_n$は単位振幅のリップルのフーリエ級数展開の$n$番目の係数である．

位相検出器の各例において，PDのゲインK_dはV_rに比例している．従って，いかなる特定のPDからのリップルの振幅も$K_d = cV_r$と記述できる．ただし，cは個々のPDに固有の定数である．(2.18)から，ループ・ゲインは$K = K_d K_o \tau_2 / \tau_1$ rad/secと定義される．前述の式と組み合わせると，第n項に対するピーク位相変調振幅は次式で与えられることが分かる．

$$\Delta\theta_n = \frac{a_n K}{2\pi c n f_c} \quad \text{rad} \tag{10A.2}$$

様々なリップル波形の例はVCO位相変調に対する結果において，cとa_nしか異ならない．表

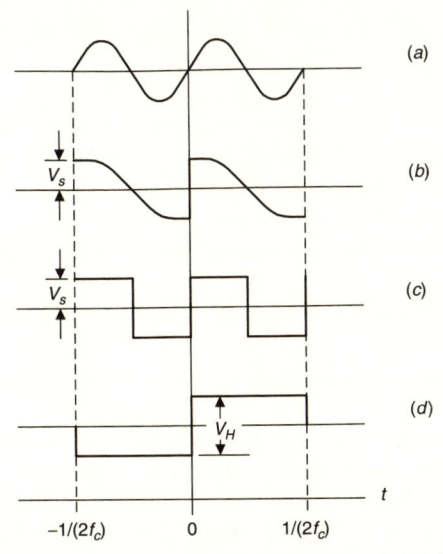

図10A.1 位相検出器の例におけるリップル波形

表 10A.1　位相検出器の例に対するリップルの性質

PD 名	波形	s 曲線	ループ・ゲイン	式[a]	電圧[b]	偏差$\Delta\theta_n$	有効n[c]
マルチプライア 全波スイッチャ	図 10A.1a	正弦	$K_d = V_r$	(6.4), (6.5)	—	$\dfrac{K}{2\pi n f_c}$	$n = 2$
正弦入力	図 10A.1b	正弦	$K_d = 2V_r/\pi$	(10.3)	$V_r = V_s$	$\dfrac{K}{\pi(n^2-1)f_c}$	$n =$ 偶数 > 0
方形入力	図 10A.1c	三角形	$K_d = 2V_r/\pi$	—	$V_r = V_s$	$\dfrac{2K}{\pi n^2 f_c}$	$n/2 =$ 奇数 > 0
RS フリップ・フロップ	図 10A.1d	鋸歯	$K_d = V_r/4\pi$	(10.5)	$V_r = V_H/2$	$\dfrac{8K}{\pi n^2 f_c}$	$n =$ 奇数 > 0

[a] K_d に対する定義式

[b] K_d の定義における，ピーク信号電圧とピーク・リップル電圧V_rの間の関係

[c] 前のカラムの$\Delta\theta_n$に対するnの適用可能な値．これ以外では，他の全てのnに対して$\Delta\theta_n = 0$

10A.1 は図 10A.1 の例の各々に対するリップル特性の要約である．

10A.4　リップル・フィルタ

　リップルの抑制に対するフィルタの追加は殆ど全てのPLLにおいて必須である．最も単純なフィルタは，コーナー周波数を$f = f_p$とする単一の極を持つローパス・ネットワークである．もし，$nf_c \gg f_p$であるならば，$f = nf_c$におけるリップル成分の減衰は約$20\log(f_p/nf_c)$ dBである．単極のローパス・フィルタよりも大きな減衰を得るために一層多くのローパス・フィルタがループ内でカスケードされることが多い．余分な極を挿入する場合には，一方でリップルの抑制があるが，他方でループ安定性と位相余裕を考慮しないといけないので，トレードオフを伴う．安定性と位相余裕の議論に関しては第 2 章と第 3 章を参照されたい．

　リップルの一つのスペクトル成分（通常は，フーリエ級数の最低周波数成分）が支配的であるならば，また，もし比較周波数f_cが狭い範囲に限られているならば，ツイン T [10.31] のようなノッチ・ネットワークがリップルの抑制に有効である．伝送ノッチを持つアクティブ・フィルタもまた有効であろうが，文献にはそれらを PLL に用いた例が提供されていない．

参　考　文　献

10.1　B. Gilbert, "A Precise Four-Quadrant Multiplier with Subnanosecond Response," *IEEE J. Solid-State Circuits* **SC-3**, 365–373, Dec. 1968.

10.2　A. Blanchard, *Phase-Locked Loops*, Wiley, New York, 1976.

10.3　W. J. Gruen, "Theory of AFC Synchronization," *Proc. IRE* **41**, 1043–1048, Aug. 1953.

10.4　C.-S. Yen, "Phase-Locked Sampling Instruments," *IEEE Trans. Instrum. Meas.* **IM-14**, 64–68, Mar.–June 1965.

10.5　B. R. Eisenberg, "Gated Phase-Locked Loop Study," *IEEE Trans. Aerosp. Electron. Syst.* **AES-7**, 469–477, May 1971.

10.6　S. Barab and A. L. McBride, "Uniform Sampling Analysis of a Hybrid Phase-Locked Loop with a Sample-and-Hold Phase Detector," *IEEE Trans. Aerosp. Electron. Syst.* **AES-11**, 210–216, Mar. 1975.

10.7　L. M. Robinson, "TANLOCK: A Phase-Lock Loop of Extended Tracking Capability," *Proc. IRE Conv. Mil. Electron.*, Los Angeles, Feb. 1962, pp. 396–421.

10.8 M. Balodis, "Laboratory Comparision of TANLOCK and Phaselock Receivers," Paper 5-4, *Conf. Rec. Natl. Telem. Conf.*, 1964.

10.9 A. Acampora and A. Newton, "Use of Phase Subtraction to Extend the Range of a Phase-Locked Demodulator," *RCA Rev.* **27**, 577–599, Dec. 1966.

10.10 J. Klapper and J. T. Frankle, *Phase-Locked and Frequency Feedback Systems*, Academic Press, New York; 1972, Chap. 8.

10.11 C. J. Byrne, "Properties and Design of the Phase-Controlled Oscillator with a Sawtooth Comparator," *Bell Syst. Tech. J.* **41**, 559–602, Mar. 1962.

10.12 J. I. Brown, "A Digital Phase and Frequency-Sensitive Detector," *Proc. IEEE* **59**, 717–718, Apr. 1971. Reprinted in [10.13].

10.13 B. Razavi, ed., *Monolithic Phase-Locked Loops and Clock Recovery Circuits*, Reprint Volume, IEEE Press, New York, 1996.

10.14 D. K. Morgan and G. Steudel, *The RCA COS/MOS Phase-Locked-Loop*, Appl. Note ICAN-6101, RCA, Somerville, NJ, Oct. 1972.

10.15 *Phase-Locked Loop Data Book*, 2nd ed., Motorola, Schaumburg, IL, Aug. 1973.

10.16 C. A. Sharpe, "A 3-State Phase Detector Can Improve Your Next PLL Design," *EDN*, Sept. 20, 1976. Reprinted in [10.13].

10.17 J. Tal and R. K. Whitaker, "Eliminating False Lock in Phase-Locked Loops," *IEEE Trans. Aerosp. Electron. Syst.* **AES-15**, 275–281, Mar. 1979.

10.18 M. Soyuer and R. G. Meyer, "Frequency Limitations of a Conventional Phase-Frequency Detector," *IEEE J. Solid-State Circuits* **25**, 1019–1022, Aug. 1990.

10.19 A. M. Fahim and M. I. Elmasry, "A Fast Lock Digital Phase-Locked Loop Architecture for Wireless Applications," *IEEE Trans. Circuits Syst. II* **50**, 63–72, Feb. 2003, Fig. 8.

10.20 S. O. Rice, "Mathematical Analysis of Random Noise," *Bell Syst. Tech. J.* **23**, 282–332, 1944; **24**, 46–156, 1945.

10.21 W. B. Davenport, Jr., "Signal-to-Noise Ratios in Band-Pass Limiters," *J. Appl. Phys.* **24**, 720–727, June 1953.

10.22 J. C. Springett and M. K. Simon, "An Analysis of the Phase Coherent–Incoherent Output of the Bandpass Limiter," *IEEE Trans. Commun.* **COM-19**, 42–49, Feb. 1971.

10.23 J. H. van Vleck and D. Middleton, "The Spectrum of Clipped Noise," *Proc. IEEE* **54**, 2–19, Jan. 1966.

10.24 A. H. Pouzet, "Characteristics of Phase Detectors in Presence of Noise," *Proc. Int. Telem. Conf.* **8**, Los Angeles, 1972, pp. 818–828.

10.25 B. N. Biswas, S. K. Ray, A. K. Bhattacharya, B. C. Sarkar, and P. Banerjee, "Phase Detector Response to Noise and Noisy Fading Signals," *IEEE Trans. Aerosp. Electron. Syst.* **AES-16**, 150–158, Mar. 1980.

10.26 E. H. Sheftelman, "The Transfer Function Characteristic of a Linear Phase Detector When Its Input Signal–Noise Ratio Is Small," *Proc. IEEE* **55**, 694, May 1967.

10.27 G. L. Baldwin and W. G. Howard, "A Wideband Phaselocked Loop Using Harmonic Cancellation," *Proc. IEEE* **57**, 1464, Aug. 1969.

10.28 R. E. Scott and C. A. Halijak, "The SCEM-Phase-Lock Loop and Ideal FM Discrimination," *IEEE Trans. Commun.* **COM-25**, 390–392, Mar. 1977.

10.29 J. L. Stensby, "On the PLL Spectral Purity Problem," *IEEE Trans. Circuits Syst.* **CAS-30**, 248–251, April 1983.

10.30 J. L. Stensby, *Phase-Locked Loops*, CRC Press, New York, 1997.

10.31 V. F. Kroupa, *Phase Lock Loops and Frequency Synthesis*, Wiley, Chichester, West Sussex, England, 2003, Sec. 3.1.4.

第11章　ループ・フィルタ

　2つのクラスのループ・フィルタが普通である．位相検出器とともに直接使われるものとチャージ・ポンプとともに使われるものとである．この章ではPDと直接使われるループ・フィルタを取り扱うこととし，チャージ・ポンプとともに用いられるものは第12章で考察する．ループ・フィルタは，その線形解析が第2章から第4章までで十分にカバーされている比較的単純な回路である．この章ではアクティブ・ループ・フィルタの様々な特徴，それも回路解析ではカバーされていないがかなりの実用的な重要性を持った特徴を述べる．タイプ2 PLLの利点は第5章で述べられ，適切なループ・フィルタの実装が第2章から第4章で述べられた．これからの議論は，タイプ2のPLL設計を優先し，タイプ2にかなり未達の場合は不運であるということを仮定している．

11.1　アクティブ対パッシブ・ループ・フィルタ

　PLLの初期のDC増幅器は大きな，ドリフトしやすいオフセット電圧を持っており，一般に信頼性が無かった．フェーズロック・ループはDC増幅器を避けるためにパッシブ・ループ・フィルタを用いて構成されていた．パッシブ・フィルタはPLLを構築する自然な方法であるということを意味するほどまでに，PLLの初期の文献はパッシブ・フィルタに集中していた．タイプ1 PLLだけがパッシブ・フィルタで実現できるが，タイプ1 PLLの性能はスタティックな位相誤差によって損なわれている（第5章）．また，怪物のように大きなキャパシタがナローバンドPLLのパッシブ・ループ・フィルタで必要とされる傾向にある．［コメント：チャージ・ポンプはパッシブ・フィルタと共に動作することが多い，それらの動作はチャージ・ポンプの無いPLLとは異なる．タイプ2の動作は理想的なチャージ・ポンプによって駆動されるパッシブなループ・フィルタから達成することができる，第12章参照］

　素性の良い低コストのオペレーショナル・アンプリファイア（オペアンプ）の出現によって，パッシブ・ループ・フィルタに対する初期の理由は消えてしまった．この章の残りの部分では，アクティブ・ループ・フィルタ内のオペアンプによって生じる問題を主に取り扱う．

11.2　DCオフセット

　ループ・フィルタのオペアンプ内での入力換算のDCオフセットは，位相検出器の出力における反対のオフセットによってPLLフィードバックを通じてキャンセルされる．PDにおけるこの

ようなオフセットは定常位相誤差によって生成され，通常は好ましくない特徴である．PDを含む他の任意のDC回路やオペアンプにおけるDCオフセットを最小化するために注意が必要である．演算増幅器の文献はオフセットの削減に対するテクニックに満ち溢れている．入力信号が無く，ループのロックが外れているときには，ループ・フィルタの唯一の入力はDCオフセットとランダム・ノイズである．（DCフィードバックの無いオペアンプで通常あるように）オペアンプの極めて高いゲインによって，DCオフセットはループ・フィルタの積分機能で蓄積する．結局は，オペアンプの積分された出力は飽和レベルに追い込まれる．飽和したオペアンプは，信号が現れたときにフェーズ・ロックの捕捉を妨げる可能性がある．

DCオフセットに起因する捕捉の問題は，もし周波数掃引かあるいは周波数検出のような捕捉の補助がPLLに搭載されているならば除去される．飽和の近傍を避ける掃引パターンにより，信号が現れたら間もなくロック（同期）が捕捉される．周波数検出器は飽和を防止しないが，設計が適切であれば，信号が現れた時に小さなオフセット電圧は克服し，飽和から正しいロック周波数に向けて積分器を駆動する．

異常な状況，例えば，周波数検索が無線リンクのレシーバでなくトランスミッター内で実装されているという場合には，捕捉補助が許容されない可能性がある．それらの状況でも，飽和は回避されなければならない．一層強い制約であるが，（入力信号が無い場合の）VCOの停留周波数は，一旦信号が現れたときに素早くそれを捕捉できることを保証するために，制限的な限界内に維持されなければならないことが多い．1つのアプローチは，情報信号が無いときにローカルな参照信号に対してPLLをロックさせ，情報信号の存在が検出されたときにそれに対して切り替えるということである．例えば，ディスク・ドライブの中のタイミング・レカバリ用のPLLは，PLLがアイドル中は書き込みWriteクロックにロックしておき，ディスクからデータが読み込まれるときには再生されるデータ・ストリームに切り替えることができる．2個の異なる種類の位相検出器を，PLLに印加される2個の異なる種類の入力信号に対して使用することができる．このPLLはコマンドによりPDを切り替える．

もう1つのアプローチは，ループ・フィルタのオペアンプにローカルなDCフィードバック（出力と加算接続端子との間の抵抗）を適用することによって積分動作を抑えることである．最大に増幅されたオフセットによってオペアンプが飽和に追い込まれない事を保証するために，あるいはもっと厳密に言うと，VCOの停留周波数の範囲を制限する目的で，最大に増幅されたオフセットが狭い限界内に維持されることを保証するために，十分なフィードバックが用いられる．このテクニックにより，PLLはタイプ1動作に還元され，それとともにスタティック位相誤差が避けられない．

それにもかかわらず，注意深い技術により，パッシブ・フィルタによる性能に対してかなりの改善が得られる．

PLL内のアクティブ・フィルタの回路図ではオペアンプでのDCフィードバック抵抗を含めて示されることが多い．人々の言い伝えでは，こうしたフィードバックはともかく必要ではあるが，上のパラグラフで説明された以外には，この言い伝えには何の根拠も無い．もし飽和を打ち消すために適切な捕捉方法が用いられるならばDCフィードバックは必要ない．

11.3 一時的過負荷

過負荷が存在する場合には線形動作理論は適用できない．PLL 内の全ての部品は過負荷から守られなければならない．過負荷では部品の振る舞いは予測が困難な可能性があるが，部品が過負荷であるならば PLL の動作は通常損なわれる．オペアンプは，その大きなゲインの故に過負荷には特に影響されやすい．この節では，対策を立てるべき過負荷の潜在的な 2 つの原因を指摘する．

11.3.1 PD リップルによる過負荷

第 10 章では位相検出器の出力におけるリップル電圧の大きく速い変動の例を示した．VCO 出力におけるリップルのサイドバンドを最小化するため，また，ループ・フィルタや，恐らく VCO においても，その過負荷を防ぐためにもリップルのフィルタは必要である．この節では，オペアンプにおける過負荷に専念するが，これは一部にはオペアンプが一層影響を受けやすい素子であるのが通常であることによるが，またオペアンプの効果的な保護は通常は VCO をも保護することになるという理由にもよる．

オペアンプの保護には 2 つの側面がある．1 つは，増幅されたリップルはオペアンプの線形な出力電圧範囲を超えるほど大きくてはならないということである．これは捕捉の際の問題ともなり，次の節まで延期する．もっと微妙な側面はリップルの高周波的な性格である．特に，リップル波形が大きくて速い遷移を有する PD を考えよう．オペアンプは通常は，その入力のステップ遷移に耐えることができず，スルー・レートの制限に向かうが，PLL の動作に予測不能な効果を伴う．ステップ遷移もしくは他の高周波の人工的波形はオペアンプから排除しなければならない．線形動作を保証するためには十分なリップルのフィルタをオペアンプの前で行う必要があり，リップルの後置フィルタではオペアンプを一時的な過負荷から保護することにはならない．

リップルの抑制に適した周波数での追加の極は，オペアンプの出力から加算接続部へキャパシタを接続することによって提供されることが多い．これによって（オペアンプでは供給できない）オペアンプからのステップ電圧出力は回避されるが依然としてオペアンプをステップ入力での過負荷から保護することにはならない．これはフィードバック・キャパシタが必要とするステップ電流出力もオペアンプは供給することができないからである．オペアンプにステップ入力や他の大きな高周波入力を与えてはならない．

11.3.2 捕捉時の過負荷

捕捉の間，位相検出器は入力信号と VCO との間の差周波数でのうなりを出力する．うなりの波形は，s 曲線のピークに等しいピーク振幅を持った PD の s 曲線の複製である．

この現象に綿密な注意を払わないと，うなりによってループ・フィルタのオペアンプに過負荷を与える PLL を設計しがちである．PD とアクティブ・ループ・フィルタとの間のローパス・フィルタはこの問題と戦うのに何がしかの助けになるかもしれない．しかしながら，差周波数がロック・イン周波数（$\approx K$rad/sec，第 8 章による）に近い場合は潜在的な過負荷が最悪であるが，このような低周波での著しいフィルタ処理はロックしたループの不安定性の原因となる（第 2 章

と第3章参照).

　もう1つのアプローチは，ピークPD電圧とループ・フィルタ・ゲインとの積をオペアンプ出力範囲の線形限界内に維持することである．これは望ましいゴールではあるが次のいずれかもしくは全部が存在するなかで達成が難しい可能性がある．すなわち，大きなループ・ゲインK（従って，位相検出器の大きなゲインもしくはループ・フィルタを通じた大きなゲイン）の必要性と，VCOの広いチューニング・レンジもしくは（制御電圧の潜在的に広いレンジを必要とする）低いVCOゲインK_oの必要性とである．

　さらにもう1つのアプローチは，捕捉の間は過負荷が避けられないことを受け入れるが，予測可能な過負荷の振る舞いに対して素早い回復を提供することである．これはオペアンプの注意深い選択かあるいは外部のリミッター回路によって達成できる．オペアンプの過負荷の振る舞いはデータ・シートには十分に書かれていないことが多く，実験的に決める必要があるかもしれない．過負荷時のゲインの極性反転や，線形増幅器のバンド幅から予測されるよりもずっと遅い過負荷からの回復などには特に注意すること．

　オペアンプはうなりに対してはスルー律速になる可能性がある．最善の対策は，予測される周波数と振幅のいかなるうなりに対してもスルー律速にならないだけ十分高速なオペアンプである．スルー律速が避けられないならば，（捕捉に対して有害な）DC成分を歪んだ出力に導入する整流化を回避するために，スルーの速度は両方向共に同じであるべきである．完全に動作する何百万ものPLLが存在するということは過負荷の落とし穴は克服できるということをよく証明している．これらの警告の目的は，設計サイクルの初期にこの問題に注意し，後になってそれらで驚かないように読者に注意を喚起することである．

第 12 章　チャージ・ポンプ位相同期ループ*

PLL におけるチャージ・ポンプは位相検出器の制御のもとでループ・フィルタに対して電荷を施す電子的なスイッチである．位相誤差情報が出力波形のデューティ・レシオに含まれている 2 レベルの出力を送り出すいかなる位相検出器とでもチャージ・ポンプは有利に使うことができる．その広い応用性にもかかわらず，チャージ・ポンプは主に 10.3 節の位相／周波数検出器（PFD）と関連付けられてきた．従って，この章では PFD 位相検出器を仮定する．それにもかかわらず，ここで持ち出される様々なチャージ・ポンプの性質は他の種類の位相検出器とともに動作するチャージ・ポンプに適用することができる．

多くの初期の PFD はチャージ・ポンプ無しに動作した．PFD の 2 個の出力端子は，不正確ではあるが，差動ペアと見なされた．このペアの波形はループ・フィルタに対するシングル・エンドの入力に変換された．これらの PLL はロックし追従することができたが，チャージ・ポンプによって与えられる利点，すなわち，この章で論じられる利点は有していなかった．

12.1　チャージ・ポンプのモデル

通常のチャージ・ポンプは，PFD の UP と DN の端子から制御されて UP と DN とラベルが付けられている 2 個の電流スイッチからなる．UP スイッチは PFD の UP 端子がアクティブな時にポンプ電流 I_p をループ・フィルタに送り出し，DN スイッチは PFD の DN 端子がアクティブなときにループ・フィルタからポンプ電流 I_p をひきぬく．

電流スイッチは OFF になっているときは理想的にはオープンな回路である．PFD の第 3 (ヌル) の状態は，両方のスイッチが OFF になっており，チャージ・ポンプに重要な性質，すなわち，従来の PLL には存在しない性質を与えている．[コメント：電流スイッチよりもむしろ電圧スイッチも用いられている．12.5 節で論じられているように電流スイッチが好ましい．それ以外では，電流スイッチだけをここでは考察する．]

PLL はロックしていると仮定し，PD の比較周波数を ω_c rad/sec と表記する．位相誤差は $\theta_i - \theta_o = \theta_e$ ラジアンとする．UP もしくは DN の該当する方の ON の時間は入力信号の各周期 $2\pi/\omega_c$ に対して

$$t_p = \frac{|\theta_e|}{\omega_c} \tag{12.1}$$

---

*この章のいくつかの部分は，許可を得て，[12.1] から再版されている．F.M.Gardner," Charge-Pump Phase-Lock Loops," IEEE Trans. Commun. COM-28, 1849-1858, Nov. 1980, ©1980 IEEE

である．（添え字 p は"ポンプ"を意味する．）これら 2 つの特長——スリー・ステート記述と (12.1)——はこの節の目的に対しては完全に PFD を特性付ける．

ループ・フィルタはパッシブかアクティブかである．パッシブ・ループ・フィルタはその 2 端子インピーダンス $Z_F(s)$ によって表現され，アクティブ・ループ・フィルタはその伝達インピーダンス（電流入力で電圧出力）によって特性付けられる．ここでは殆どの注意はパッシブ・フィルタに向けられるが，これは一部にはそれによって解析が単純化するからであるが，またその構成が極めて実用的であり広く使われているからでもある．

スイッチングのために，チャージ・ポンプ PLL は時間的に変化するネットワークであり，正確な解析では回路トポロジーの時間変化を考慮しなければならず，それが時間不変のネットワークに必要とされるよりももっと骨の折れる努力である．特に，単純な伝達関数解析は時間的に変化するネットワークに直ちに適用できるわけではない．それにもかかわらず，多くのアプリケーションにおいて，PLL の状態は入力信号の各サイクルで極めて小さな分だけ変化し，ループ・バンド幅は信号周波数に比べて小さい．これらの場合に，1 サイクル内での詳細な振る舞いは多くのサイクルにわたる平均的な振る舞いよりも関心は低い．平均化した解析を適用することにより，時間的に変化する動作はバイパスすることができ，時間不変の伝達関数という強力なツールは維持できる．この節の残りは平均動作の伝達関数の導出に専念する．しかし，サイクル毎の振る舞いは，後に示すように，かなり狭いバンド幅に対してさえ重要であるということを知っておいて欲しい．

ポンプ電流 $I_p \text{sgn}(\theta_e)$ は各サイクルで時間 t_p の間，フィルタ・インピーダンス Z_F に出力される．各サイクルは $2\pi/\omega_c$ 秒の時間があり，従って，(12.1) を用いて 1 サイクル内で平均化された誤差電流は

$$i_d = \frac{I_p \theta_e}{2\pi} \quad \text{アンペア} \tag{12.2}$$

両方の入力が周期的であり，入力サイクルは 1 つも取りこぼしが無いと仮定して，式 (12.2) はまた多くのサイクルにわたって平均化された誤差電流でもある．従って，位相検出器のゲインは

$$K_d = \frac{I_p}{2\pi} \quad \text{A/rad} \tag{12.3}$$

発振器の制御電圧は次式で与えられる．

$$V_c(s) = I_d(s) Z_F(s) = \frac{I_p Z_F(s) \theta_e(s)}{2\pi} \tag{12.4}$$

ここで $I_d(s)$ は $i_d(t)$ のラプラス変換であり，他の記号も同様である．

VCO の位相は次式で与えられる．

$$\theta_o(s) = \frac{K_o V_c(s)}{s} \quad \text{rad} \tag{12.5}$$

ここで K_o は rad/sec・V を単位とする VCO のゲインである．これらの式からループ伝達関数は

第 12 章 チャージ・ポンプ位相同期ループ

$$G(s) = \frac{\theta_o(s)}{\theta_e(s)} = \frac{K_o I_p Z_F(s)}{2\pi s}$$

$$H(s) = \frac{\theta_o(s)}{\theta_i(s)} = \frac{K_o I_p Z_F(s)}{2\pi s + K_o I_p Z_F(s)} \quad (12.6)$$

$$E(s) = \frac{\theta_e(s)}{\theta_i(s)} = 1 - H(s) = \frac{2\pi s}{2\pi s + K_o I_p Z_F(s)}$$

12.2 ループ・フィルタ

　チャージ・ポンプと共に使用する通常のループ・フィルタは図 12.1 に示されており，部品のラベルは第 2 章と第 3 章での以前の表記と一貫したものが用いられている．$b = 1 + C/C_3$，$\tau_2 = R_2 C$ と定義することにより，フィルタ・インピーダンスの式は

$$Z_F(s) = \frac{b-1}{b} \frac{s\tau_2 + 1}{sC\left(\dfrac{s\tau_2}{b} + 1\right)} \quad \text{オーム} \quad (12.7)$$

次に，ループ・ゲインを次式で定義する．

$$K = \frac{b-1}{b} \frac{K_o I_p R_2}{2\pi} \quad \text{rad/sec} \quad (12.8)$$

　(12.7) と (12.8) を (12.6) に代入すると，以前に 3 次タイプ 2 の PLL に対して得られた伝達関数 (2.38) から (2.41) までが得られる．その伝達関数から明らかなようにチャージ・ポンプ PLL の平均化されたダイナミックスは第 2 章と第 3 章で述べられた従来の PLL と同じである．

　[コメント：(12.8) に現れる係数 $(b-1)/b$ は [12.1] で K の定義から誤って省略された．以下の段落を通じてこの誤りは訂正されている．]

　キャパシタ C_3 はループ・フィルタから省略されることがあり，その結果，その動的な性質が 2.2 節で概説されている 2 次タイプ 2 の PLL が得られる．C_3 の省略は通常は賢明ではなく，このキャパシタは殆ど全ての実用的なチャージ・ポンプ PLL において必須であるリップルのフィルタを提供している．C_3 が無いと，フィルタ・インピーダンスに発生するリップル電圧 $I_p R_2$ は VCO やアクティブ電流スイッチ自体の過負荷になりがちである．実際，多くのチャージ・ポンプ PLL はリップル・フィルタを強化するためにさらにもう 1 個のローパス極を内蔵し，4 次タイプ 2 のループを作り出している．チャージ・ポンプ PLL におけるリップルは 12.6 節で更に詳しく述べる．

12.3 スタティック位相誤差

　チャージ・ポンプ PLL のスタティック位相誤差（5.1.1 項参照）は

$$\theta_v = \frac{2\pi \Delta \omega}{K_o I_p Z_F(0)} \quad \text{rad} \quad (12.9)$$

(12.7) から，図 12.1 のループ・フィルタにおいて $Z_F(0) = \infty$ であり，従って (12.9) により，

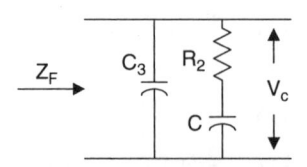

図12.1 チャージ・ポンプPLLのパッシブ・ループ・フィルタ（[12.1]による．©1980 IEEE）

スタティック位相誤差は0であることに注意．この望ましい特長はパッシブ・フィルタで達成される．スタティック誤差ゼロを従来のPLLで達成するには無限大のDCゲインを持つアクティブ・フィルタを必要とする．従って，チャージ・ポンプによりDC増幅の必要なしにスタティック誤差ゼロ（タイプ2の応答）が可能となり，これはチャージポンプの貴重な性質である．この効果が生じるのは，PFDのヌル状態の間はスイッチがオープンであるためであり，電流スイッチを使用していることには依存せず，同じ振る舞いが電圧スイッチでも見られる．

実用的な回路はパッシブ・フィルタ・インピーダンスにシャント（短絡）の負荷を設ける可能性がある．負荷を抵抗R_sと表記する．結果的に得られるスタティック位相誤差は，(12.9)から

$$\theta_v = \frac{2\pi\Delta\omega}{K_o I_p R_s} = \frac{\Delta\omega R_2}{K R_s}\frac{b-1}{b} \quad \text{rad} \tag{12.10}$$

シャントの負荷はVCO制御端子の入力インピーダンスもしくは電荷スイッチそのものによる可能性が高い．これらのインピーダンスは共に極めて大きくすることができる．VCOはバラクタ同調にすることができるが，これは殆ど無限大の抵抗を意味しており，スイッチは通常は逆バイアスのバイポーラ・トランジスタかあるいはMOSデバイスである．VCOの他の種類のもので，もし低インピーダンスの入力を絶縁する必要があるならば高インピーダンスのバッファを使用することができる．

もしR_sが非常に大きければ，位相誤差を生み出す上でリーク電流が更に重要になる可能性がある．フィルタ・ノードに連続的に注入されるバイアス電流I_bから生じる位相誤差θ_bは次のように計算することができる．

$$\theta_b = \frac{I_b}{K_d} = \frac{2\pi I_b}{I_p} \quad \text{rad} \tag{12.11}$$

12.4 安定性問題

従来の3次タイプ2のPLLに対する安定性と安定性のマージンとは第2章と第3章で詳しく論じた．同じ基準がチャージ・ポンプPLLに当てはまる．しかしながら，これより前の全ての章は平均的応答，連続時間，エレメント一定といったループ動作に基づいている．実際の不連続動作から生じる重大な問題が付け加わることにも注意が必要である．時間平均動作に基づく設計努力は，不連続動作に対して十分な安定性マージンが保証されるまで延期すべきである．

ある意味で，チャージ・ポンプPLLはサンプル化に基づき動作し直接的な連続時間回路として動作するわけではない．離散時間の安定性の近似的な解析は[12.1]で概略が説明された．チャージ・ポンプのスイッチングはPLLを時間可変にしているが，各スイッチング期間内の動作は時間不変として表現でき，線形であると十分近似することができる．PLLの状態変数――

キャパシタの電圧と，入力信号と VCO の間の位相誤差，それとスイッチングのタイミング——は各スイッチング期間内で標準的な線形回路解析によって計算することができる．1つのスイッチング期間の最終条件は次のスイッチング期間の初期条件となる．Gardner の [12.1] で2次タイプ2のチャージポンプ PLL に対する詳細が示されている．

チャージ・ポンプのオンの瞬間における3次の PLL に対する条件は，代数的ならびに超越的な差分方程式で記述される．これらは，それらの瞬間における位相誤差の1本の差分方程式に結合することができる．小さな位相誤差を仮定して，超越項は代数的に近似され，代数的差分方程式は z の有理伝達関数に z 変換される．PLL の z 平面の極は有理伝達関数の分母の3個の根である．

K を増加していったときの不安定性の境界は，ω_c, τ_2, b の全ての正の値に対して単位円と $z = -1$ で交差する実数の極に対応していることが分かる．正規化したゲインの境界の値は

$$K\tau_2 = \frac{(\omega_c \tau_2)^2}{\pi^2 \left(1 + \dfrac{\omega_c \tau_2}{\pi} \dfrac{1-a}{1+a} \dfrac{b-1}{b}\right)} \tag{12.12}$$

ここで，$a = \exp(-2\pi b / \omega_c \tau_2)$．安定性限界の近似として，図 12.2 で b のいくつかの異なる値に対して (12.12) が描かれている．PLL は適切な b に対する，曲線の下の正規化したゲインの値 $K\tau_2$ に対して安定であり，曲線より上のゲインの値に対しては不安定である．一見すると，あたかも b の小さな値によって高い値のループ・ゲインが許容されるかのように見える．この印象は正しいが，b が小さくゲインが高く安定した領域は，複素極のペアのダンピングが小さすぎる領域であることが殆どである（図 3.3 と 3.4 を参照）．これらは避けるべき領域である．安定性境界は重要であるが，よい性能の唯一の尺度であるわけではない．

よい設計には不安定性に対するマージンが必要であり，これは，不安定性境界におけるゲインよりも小さなゲインの選択である．

図 12.2 における破線の曲線は，ゲインの2つの選択について比較周波数に対して相対的な安定領域内の位置を示している．$K = \omega_c/10$ を選択すると約 10 dB のゲイン・マージンが得られるのに対して，$K = \omega_c/5$ では 6 dB 少ないマージンとなる．安定性マージンが十分である（例えば，

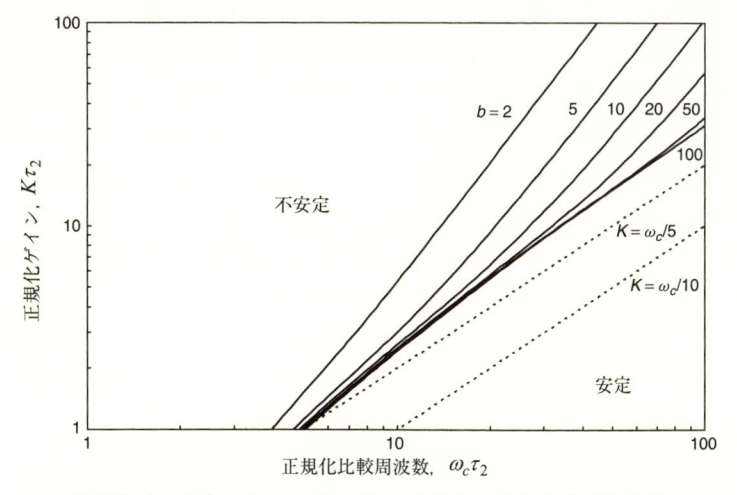

図 12.2 3次のチャージ・ポンプ PLL に対する安定性境界

$K \leq \omega_c/10$)という仮定の下で,伝達関数(12.6)による連続時間解析と第2,3章のツールにより,チャージ・ポンプ PLL の振る舞いに対する良い近似が与えられることが経験から分かる.

この節ではチャージ・ポンプ PLL のサンプル化の性質による不安定性を調べた.多くの他のアナログ PLL もまたサンプリングの特徴を持ち,従って,ループ・ゲイン(ループ・バンド幅)が通常は比較周波数よりもずっと小さく選ばれるという点を除き,関連する不安定性の問題を持っている可能性がある.チャージ・ポンプ PLL は VCO 内の大きな位相ノイズへの追従性を改善するために大きなループ・ゲインで設計されることが多いので,離散時間の不安定性限界に遭遇する可能性がある.この話題は第 15 章でさらに追究する.

サンプリングによる不安定性はこの節で取り扱った唯一の問題である.ひとたびサンプリングの安定性が保証されれば,第 2, 3 章で述べた連続時間の不安定性,安定性マージン,それからダンピング問題が依然として,ボード線図,根軌跡図,あるいはニコルス線図を適宜用いて考察される必要がある.

12.5 非 線 形 性

デッド・ゾーンは PFD の非線形性の一例である.10.3.2 項では PFD をリセットするフィードバックにおけるディレイがどのようにしてデッド・ゾーンの除去に役立つかが示された.ディレイは有益で必要であるが十分ではなく,この後の段落や第 15 章で説明するように,残留クロスオーバー歪が残る.

たとえ PFD やチャージ・ポンプが理想的で,デッド・ゾーンが存在しないとしても,一層微妙な非線形性が存在する.この非線形性の影響を紹介する上で最も良いのは図 12.3 に示された例を用いることであるが,この図では $\Delta\omega = \pm 2K$ rad/sec の周波数ステップに対する PFD/チャージ・ポンプ PLL の位相誤差の過渡応答のシミュレーション結果を示している.この例に対するループ・パラメータは $K\tau_2 = 2$, $K = \omega_c/10$, $b = \infty$($\zeta = 0.707$ の 2 次 PLL)である.バンド幅 K は比較周波数と比べてかなり広く,恐らく思慮深さに応じた広さである.図の滑らかな曲線は,動作が連続時間であると仮定されている従来の位相検出器に対する誤差応答を示している.線形システムから予測されるように,正負の変位に対する応答は互いに鏡像になっていることに注意.印を付けたデータの点を結ぶ曲線は PFD - チャージ・ポンプ PLL に対するシミュレーション結果である.各データ点は新しい PFD サイクルへの切り替わりの瞬間における位相誤差を表している.時間順のデータ点は明瞭な表示とするために直線の線分で結ばれているが,データ点の間の位相誤差の軌道は必ずしも直線にはならない.

図 12.3 の顕著な特徴は,PFD - チャージ・ポンプ PLL の誤差応答が正負の励起に対して鏡像にはならないという点である.負の応答は連続時間 PLL に対する理論的応答に極めて近いが,正の応答は,はっきり感じ取れる程度に大きく,平衡に落ち着くのが遅い.線形システムでは正負の刺激に対して(符号を除き)応答は等しいはずである.符号に応じて異なる応答が存在するということは,部品が完全な場合でも PFD - チャージ・ポンプ・システムが非線形であることを意味している.この非線形のふるまいは,PFD に固有である.

非線形に対する以下の説明に対する補助として PFD の動作に関する 10.3.1 項と図 10.9 を参照すること.もし V パルスが R パルスに先行(すなわち,位相誤差 θ_e が負)しているならば,

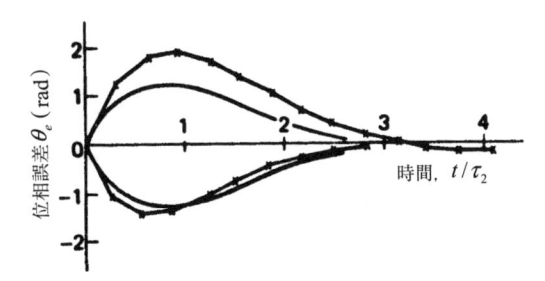

図 12.3 2次PLLの周波数ステップ$\Delta\omega = \pm 2K$に対する応答.滑らかな曲線は連続時間PLLの応答;印をつけた点は離散時間応答である.$K\tau_2 = 2$および$K = \omega_c/10$のチャージ・ポンプPLLに対するものである.([12.1] による;©1980 IEEE)

　任意のサイクルにおけるポンプ間隔t_pはVパルスの瞬間における位相誤差によって予め決められる.しかし,もし,RパルスがVパルスに先行するならば,フィードバックが無い場合よりもポンプ間隔t_pが短縮されるようにチャージ・ポンプがオンになりながらVCOのスピードが上がる.正の位相誤差に対してループ・フィルタに注入される電荷は同じ大きさの負の位相誤差で排出される電荷よりも少ない.従って,正の位相誤差に対する応答は,図12.3で明らかなように,負の位相誤差に対する応答より遅い.非線形性の効果は殆どの状況で取るに足りないが,特殊な場合には厄介なものになる可能性がある.

　異なる非線形性が,UPとDNのチャージ・ポンプの間のミスマッチから生じる.ここまでは,ポンプ電流が均等であり,電流源が瞬間的かつ時間的に整合されてスイッチングされることが仮定されてきた.実際の電流スイッチが完全に整合していることは決してない.ミスマッチによる非線形性はポンプUPに対するゲインがポンプDNに比べて異なるという形で現れる.

　更に,ループ・フィルタに送られる正味の電荷は定常状態ではゼロでなければならないので,電流の小さな電流スイッチは電流の大きなスイッチよりも長い期間オンにされなければならない.ミスマッチしているアクティブ期間は,対応するスタティックな位相誤差によってのみ発生する.位相誤差と非線形性とを最小化するためにはポンプ電流とスイッチング・スピードとを注意深く整合させる必要がある.

　さらにもう1つの非線形性が,非常に顕著に電圧スイッチのチャージ・ポンプに存在する.スイッチされる一対の電圧$\pm V_p$が完全にマッチしており,スイッチは完全であり,スイッチが抵抗R_1を通してループ・フィルタを駆動していると仮定する.もしループ・フィルタが電圧ゼロであるならば,ポンプ電流$\pm V_p/R_1$はいずれの極性の位相誤差に対しても同じである.しかしながら,もしループ・フィルタのキャパシタ上に蓄えられた電圧がV_Fであるとすれば,ソース・ポンプ電流は$(V_p - V_F)/R_1$であり,シンク・ポンプ電流は$-(V_p + V_F)/R_1$である.ここでまた,もう一つの非線形性が,位相誤差の極性が異なるとゲインが異なるという形で現れる.更に,非線形性の厳しさはループ・フィルタ上に蓄えられる電圧V_Fに依存する.

　深刻さが少ない同様な非線形性が電流スイッチでも生じる.実用的な電流源は無限大ではなく有限な,ノートンのシャント・コンダクタンスを有する.従って,送られる実際の電流は負荷にかかる電圧に依存する.たとえ一対の電流源に等しい電圧がかかる場合に完全にマッチしていたとしても,ゼロでない負荷電圧がこれら電流源にかかる電圧を等しくないようにする場合にはこ

れらの電流源はマッチからはずれて来る．

　負荷電圧に起因するミスマッチによる非線形性はオペアンプのアクティブ・フィルタを用いることによって軽減することができる．オペアンプの加算接続部は常に同じポテンシャルにあり，従って，電荷スイッチからはパッシブ・フィルタに発生するのと同じレンジの負荷電圧は見えない．

12.6　リップルの抑制

　PLL が 2 次になるように，$C_3 = 0$ と仮定する．大きさ $I_p R_2$ の電圧ジャンプが，いずれか一方（両方ではない）の電荷スイッチがオンになる各サイクルにおいて発生する．この電圧ジャンプは，電荷スイッチか VCO 制御端子の上側電圧余裕を超える可能性がある．その場合には許容できない過負荷が発生し，PLL の挙動は不満足なものになる．こういう理由で，設計者が C_3 を省略するのはまれであり，これは電圧ジャンプを抑制するのに必要である．しかし，参考のために，C_3 が省略され，正味の UP（もしくは DN）のアクティブな時間が t_p であると一時的に仮定する．

　電圧ジャンプ $I_p R_2$ によって対応する周波数ジャンプ $K_o I_p R_2$ が生じるが，これは期間 t_p にわたって積分すると，ピーク・トゥ・ピークで $|\Delta\theta_o|_2 = K_o I_p R_2 t_p$ ラジアンのエクスカーション（偏位）を持った位相ランプが生じる．

　今度は，チャージ・ポンプがキャパシタ C_3 を駆動する 3 次の PLL を考えよう．結果として生じる波形は図 12.4 を参照．解析を単純にするための近似として，ループ・フィルタの残りの部分のアドミッタンス $\omega_c C / (\omega_c C R_2 + 1)$ をアドミッタンス $\omega_c C_3$ が大幅に超えると仮定する．もし，その近似が有効であるならば，振幅 I_p，持続期間 t_p の矩形の電流パルスはピーク・トゥ・ピークで $\Delta v_c = I_p t_p / C_3$ の振幅の制御電圧ランプを生成する．その偏位を 2 次 PLL の内の電圧ジャンプである $I_p R_2$ ボルトと比較しよう．電圧エクスカーションの比は $t_p / R_2 C_3 = (b-1) t_p / \tau_2$

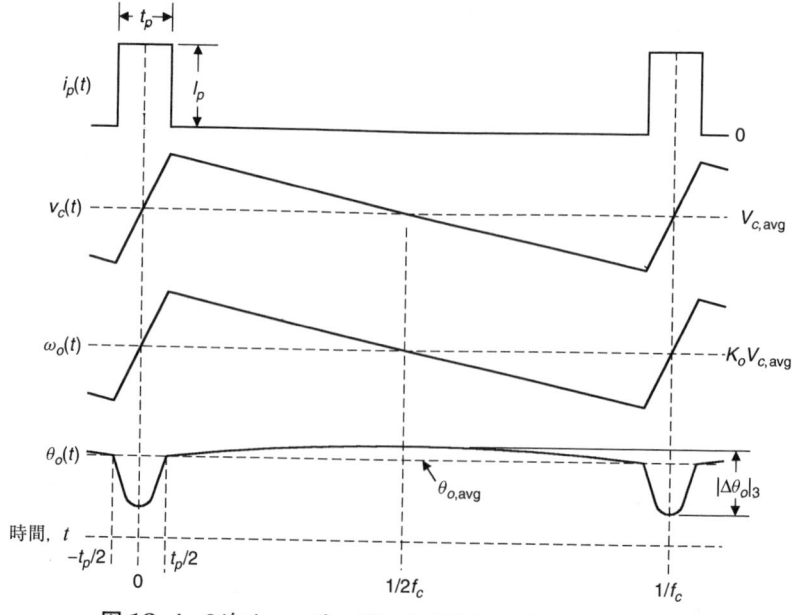

図 12.4　3 次チャージ・ポンプ PLL におけるリップル波形

である．（PLLがロックし，追従が良好な場合に存在する条件である）小さなt_pに対してかなりの削減が成り立つが，捕捉の間に生じるような大きなt_pに対する改善は少ない．捕捉の間に問題が生じるのであれば，制御電圧の偏位による過負荷を調査すべきである．

実際には，素子CとR_2は電荷スイッチに対する追加のアドミッタンスを提供し，従って，電圧スイングは示されているほどあまり大きくは無い．更に，その波形は指数関数の一部であり，真の線形ランプではない．これらの理由により，単純化された解析の結果はやや悲観的なものである．更に近似を進め，制御電圧はその最大の偏位から線形に傾斜して下がるものと仮定する．ランプは時間区間$1/f_c - t_p$にわたって生じ，正確に上昇ランプの開始レベルに戻る．[コメント：(1) $f_c = \omega_c/2\pi$ヘルツはPFDでの比較周波数であり，(2) もしPLLが定常的にロックしているならば，全てのリップル波形は周期$1/f_c$で正確に反復されなければならない．(3) 定常状態におけるt_pの非ゼロの値は，これまでの節で明らかにされたスタティック位相誤差の原因から生じるが，この原因はこの議論ではこれ以上明確にされることはない．]

$v_c(t)$の波形は，VCOのゲインK_oで較正されている点を除き，VCO周波数$\omega_o(t) = K_o v_c(t)$（rad/sec）で再現される．制御電圧とVCO周波数の平均値は図12.4で$V_{c,avg}$と$K_o V_{c,avg}$とラベルを付けられた破線によって示されている．ランプは平均値を中心として平均偏位はゼロである．位相偏位——周波数ランプの積分——はパラボラの部分である．負のパラボラのピークの振幅は$K_o I_p t_p^2/8C_3$ラジアンであることが分かり，正のパラボラに対する値は$K_o I_p t_p(1-t_p f_c)/8f_c C_3$ラジアンである．それらの和は

$$\left|\Delta\theta_o\right|_3 = \frac{K_o I_p t_p}{8 f_c C_3} \quad \text{ラジアン，ピーク・トウ・ピーク} \quad (12.13)$$

3次および2次のPLLのピーク・トウ・ピークの位相偏位の比は

$$\frac{\left|\Delta\theta\right|_3}{\left|\Delta\theta\right|_2} = \frac{1}{8 f_c R_2 C_3} = \frac{\pi(b-1)}{4\omega_c \tau_2} \quad (12.14)$$

数値例として，$\omega_c \tau_2 = 10$，$b = 10$とすると，$9\pi/40 = 0.7(-3\text{dB})$という比が得られる．もう1つの例として$\omega_c \tau_2 = 100$，$b = 51$とすると，$50\pi/400 = 0.39(-8\text{dB})$という比が得られる．これらは位相偏位の大幅な改善ではなく，C_3の主な恩恵は小さなt_pに対する電圧偏位を削減することにあるようだ．

12.7 最近の進展

チャージ・ポンプPLLに関する2つの重要な論文 [12.4]，[12.5] が本書の原稿が完了した後で現れた．これらはそれぞれ，この章の前のページには含まれていない貴重な情報を含んでいる．PFDのサンプル化の性格を考慮に入れて，[12.4]は筆者がやったのと同じではあるけれども，本書や [12.1] に含めなかったやりかたでタイプ2で3次のチャージ・ポンプPLLのz変換伝達関数を導出している．その導出の詳細は [12.4] を参照のこと．特に，我々は，彼らの式 (40) の分母である，クローズド・ループ伝達関数の同じ特性多項式を見いだした．[**注意**：我々の表記法は異なった定義になっている．特に，彼らのKは本書のKと同じではない．それにもかかわらず，異なる表記法の調和が一旦取られると両者の結果は一致する．]

このPLLに対するz領域の安定性の限界は，実数の極が$z = -1$で単位円を横切る場合のゲイ

ン K において到達されるということに気付いた研究者が何人かいる．この限界に関連したゲインは $z=-1$ を特性方程式に代入して K について解くことにより得られ，その結果は（12.12）であり，図 12.2 にプロットされている．

この論文はまた，位相余裕の良好な設計に対する情報を提供している．シミュレーションの結果から，Hanumolu ほか [12.4] は，ユニティ・ゲインのクロスオーバー周波数 $\omega_{gc} \approx \omega_c/3.5$ に対する制約により安定性境界の良好な近似が得られることを示唆している．近似 $K \approx \omega_{gc}$ を適用し，$K = \omega_c/3.5$ を図 12.2 に書き込んでみると（この書き込みは印刷された図には含まれていない），後者の近似はループ・パラメータのいくつかの選択に対しては理にかなっていることを示している．

Levantino ほか [12.5] は PFD とチャージ・ポンプを内蔵する PLL の研究をしている．その目的は，ループ・バンド幅を最大化し，z 領域でクローズド・ループの極をよく考えて配置することにより高速の周波数捕捉を達成することである．この著者達は安定化ゼロ点を $z = 0.5$ に，また 3 個のクローズド・ループの極を全て $z = 0$ 近傍に設定することを推奨している．実現不可能ではあるが，理論上は，PD の比較周波数のたった 3 サイクルでこうしたループは安定化が可能のはずである．（1 次のディジタル PLL に対する類似した振る舞いが 4.2.6 項に書かれている．）この論文では，PLL がシミュレーション上は 7 サイクルだけで安定化するが，これは通常の設計で達成されるものよりずっと高速である．

高速に安定化（高速セトリング）する設計は，安定性余裕，過渡応答，周波数応答に対するパラメータの公差の効果を注意深くチェックしなければならない．このような PLL のクローズド・ループのシステム応答 $|H(f)|$ は入力の妨害に対してほとんどフィルタにならない．このようなワイドバンド PLL のもっとも有りそうな応用は，周波数シンセサイザ（第 15 章）におけるように，ノイズの多い同期発振器の安定化用であろう．

参 考 文 献

12.1 F. M. Gardner, "Charge-Pump Phase-Lock Loops," *IEEE Trans. Commun.* **COM-28**, 1849–1858, Nov. 1980. Reprinted in [12.2] and [12.3].

12.2 W. C. Lindsey and C. M. Chie, *Phase-Locked Loops*, Reprint Volume, IEEE Press, New York, 1986.

12.3 B. Razavi, *Monolithic Phase-Locked Loops and Clock Recovery Circuits*, Reprint Volume, IEEE Press, New York, 1996.

12.4 P. K. Hanumolu, M. Brownlee, K. Mayaram, and U.-K. Moon, "Analysis of Charge-Pump Phase-Locked Loops," *IEEE Trans. Circuits Syst. I* **51**, 1665–1674, Sept. 2004.

12.5 S. Levantino, M. Milani, C. Samori, and A. L. Lacaita, "Fast-Switching Analog PLL with Finite-Impulse Response," *IEEE Trans. Circuits Syst. I* **51**, 1697–1701, Sept. 2004.

第13章　ディジタル（サンプル化）位相同期ループ

　これから明らかになるように，"ディジタル"と呼ばれてきた多くの PLL は実際にはアナログとディジタルのハイブリッド（混合）である．真のディジタル PLL は離散的な数列を処理するだけで動作する．ハイブリッド PLL はアナログとディジタルの演算の混合を含む．それぞれの例がこの章で現れる．サンプル化 PLL という用語はここでは両者を包含して用いる．（離散時間）サンプル化位相同期ループは様々な方法で分類することができる．当面の目的の為にそれらを2つの異なるクラスに分ける．(1) 擬似線形と (2) 確実な非線形とである．ディジタルにせよアナログにせよ，全ての PLL は非線形性を含んでいるのは，これまでの章で繰り返し述べられてきたとおりである．擬似線形サンプル化 PLL における非線形性は無視することができて，第4章のように，z 領域伝達関数に基づく有益な解析技術に到達する．2つの異なるタイプの非線形性を無視することができる．ディジタル位相検出器や VCO に固有なもの，すなわちアナログ PLL と本質的に同じ（あるいはそれほど目立たない）非線形性と，数値的な量子化から生じる非線形性とである．量子化による非線形性はディジタル演算に特有である．他のサンプル化 PLL は，いかなる線形近似も完全に阻む根本的な非線形性を有する．強度に非線形なネットワークでは，伝達関数の強力なツール，周波数応答，ゲイン，それからバンド幅といった強力なツールは定義可能な意味はもはや全く持っていない．非線形 PLL の振る舞いは線形 PLL よりもずっと複雑である．

　この章は (1) 擬似線形 PLL, (2) 量子化効果と (3) 非線形 PLL に関する3つの節に分かれる．ディジタル素子によるサンプル化 PLL に関する研究は少なくとも1960年代から進歩してきている．Lindsey と Chie [13.1] は初期の研究に対する優れた概要ならびに長い参考文献のリストを与える調査論文を発行した．

　彼らは，サンプル化 PLL を位相検出器の動作に基づいてクラス分けしているが，これは本章ではサブクラスになっている．彼らはまた多くのハイブリッド PLL をディジタルと命名しており，広く行き渡った用語法ではあるが本書では採用しない．

　サンプル化した PLL を含む殆どのシステムは，たとえ PLL 自体が純粋にディジタルであってもアナログ信号を入力として受け入れる．アナログ入力はシステム内部でサンプル化されディジタル化される．今後の全てにおいて，サンプル前の適切なフィルタが有害なスペクトル・フォールディング（スペクトル折り返し）を抑制するものと暗黙のうちに仮定されている．

13.1 擬似線形サンプル化 PLL

殆ど全ての擬似線形 PLL の同期動作は第 4 章で導入されたものに似た伝達関数によって近似することができる．この節では主に構成要素の実現方法と全体 PLL の多様な構成に専念する．全ての非線形性は量子化を含めて無視される．

13.1.1 ディジタル制御発振器

数値制御発振器（NCO）は第 4 章と 9 章で検討し，リカーシブ・ディジタル正弦波発振器（RDSO）は第 9 章で述べた．一般的な用語であるディジタル制御発振器（DCO）は，その周波数がディジタル数で制御される任意の発振器を意味するのに使われてきた．この節では関心のある 2 つの DCO を検討する．

周期 DCO 図 13.1 は初期のサンプル化 PLL [13.3, 13.4] で広く考察された配置を示している．これは周波数 f_{ck} の固定発振器の後に選択可能な分周比 Q を持つ周波数分周器を配置した構成になっている．分周器の出力周波数 $f_o = f_{ck}/Q$ は分周比に逆比例する．非線形の逆比例の関係に対処するよりは，その代わりに，出力周期 $T_o = 1/f_o = Q/f_{ck}$ を考察することによって解析を単純化する．

ここで T_o は Q に直接比例し，差分方程式や対応する伝達関数に容易に組み込まれる．

周期 DCO の動作に対する差分方程式を定式化するために，分周器の出力ストリームの n 番目の先頭の時刻（エッジ）を $t[n]$ と表記する．その発生時刻は次式で決定される．

$$t[n] = t[n-1] + Q[n-1]t_{ck} = t[n-1] + u_c[n-1]t_{ck} \tag{13.1}$$

ここで制御数 $u_c[n]$ を Q の代わりに用い，また $t_{ck} = 1/f_{ck}$ である．すなわち，分周器の係数 Q は各出力サイクルの後で制御ワード $u_c[n]$ の値に応じて更新される．制御ワードは 1 の増分を持つ整数と見なす．（13.1）の z 変換を取ると次式が得られる．

$$T(z) = \frac{z^{-1}}{1-z^{-1}} t_{ck} U_c(z) \tag{13.2}$$

式（13.2）は NCO に対して（4.9）と同じ形式を持つディジタル積分器を表している．この式は第 4 章で展開した方法で DPLL のリニアな記述に組み込むことができ，同じ形式の DPLL の

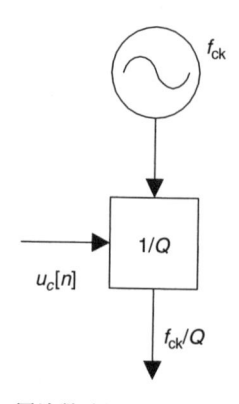

図 13.1 周波数分周器に基づく周期 DCO

伝達関数が得られ，ここでは伝達関数をこれ以上展開する必要は無い．周期発振器を含むサンプル化 PLL のこれ以上の解析は ［13.4］ならびに ［13.5］で見出すことができる．

先頭時刻は t_{ck} の増分毎でしか調節できないことが (13.1) から分かる．微調整を達成するためには，大きな周波数 f_{ck} の固定発振器と周波数分周器の高速回路が必要である．この粒度が生じるのは周期 DCO が完全にはディジタルではなく——ハイブリッド・デバイスだからである．その出力はディジタル数ではなく，その有効な情報が先頭エッジの瞬時的な時刻で伝達されるアナログ信号である．それらの先頭エッジは通常はアナログ入力信号をサンプルするスイッチを起動するのに使われる．

第4章の NCO はこの特有なタイミングの粒度に苦しむことはない．NCO の出力は (2.1.4 項で説明したように，密接に時間に関係している) 位相を表す離散的なディジタル数の系列である．位相の粒度はディジタル数の語長にのみ依存し，この語長は通常は分周器係数 Q で可能であるよりもずっと大きく，周期 DCO の出力に対して高周波では特にそうである．NCO の出力は，位相角のサインやコサインのサンプルを生成するために更に処理される可能性がある．第9章の RDSO の出力は，サインとコサインのサンプルをさらに処理すること無しに直接伝達する．位相関係はサインとコサインに暗に示されており，位相の分解能は主に語長に依存する．

位相セレクター DCO　図 13.2 は広範に使われているように見えるもう1つの技術を示しているが，広く受け入れられている名前を持っているようには見えない．筆者が発見することができた唯一の公表済み記事は ［13.42］とその参考文献である．図 13.1 の周期 DCO のように，これもまた実際にはアナログ出力を備えたハイブリッド・デバイスであって粒度問題を持っている．これは周期 DCO が要求する理不尽に高い周波数 f_{ck} を招くことなしに粒度を改善する．

位相セレクタ DCO は Q タップを有するタップ付きディレイ・ラインから離散的な位相を選択することに基づいている．オープン・ループ・ディレイ・ラインで生じる位相アンラップ問題を

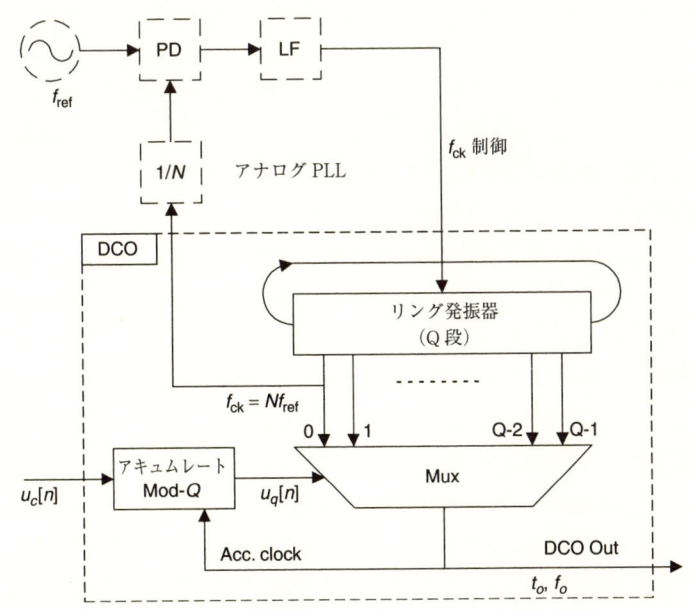

図 13.2　位相同期リング発振器とマルチプレクサに基づく位相セレクタ DCO

避けるために，ディレイ・ラインはリングで閉じており，そうしてリング発振器を形成している．リング内で正確な発振周波数を確立するために，発振器は周波数f_{ref}の安定した固定発振器の高調波に位相同期している．

リングを巡る発振周波数は$f_{ck}=1/t_{ck}=Nf_{ref}$である．リングの周りのQ個の等間隔のタップにより，隣接タップ間の時間増分は$\delta t=t_{ck}/Q$である．周期DCOにおけるように．高いクロック周波数や高速の分周器に依存するよりは，この方式では，時間増分を小さくするためにリング発振器の各セルの遅延を短くすることだけが要求される．

各タップにおける波形は形式上は方形波であって，それぞれが同じ周波数f_{ck}であるが互いに間隔δtだけ時間的にシフトしている．位相セレクタは，アキュムレータとマルチプレクサを介して，DCO出力として用いられるディレイ・ラインのタップを選択する制御信号$u_c[n]$を生成するPLLの一部である．PLLの周りのフィードバックによりタップ選択の位相は入力信号の位相に追随する．

アキュムレータの動作は次式で表される．

$$u_q[n]=\{u_q[n-1]+u_c[n-1]\}\quad \text{mod-}Q \tag{13.3}$$

ただし，$u_q\in\{0,1,...,Q-1\}$によりリング発振器上のアクティブなタップが選択される．DCOの各出力サイクルに対して新しいタップを選択することができる（しかし，通常はそうしない）．

制御信号u_cはDCOに対する効果において整数と考えることができる．これは1つのサイクルから次のサイクルへ，タップ位置における増分を指定する．この増分は次の範囲に制限される．

$$-\frac{Q}{2}\leq u_c<\frac{Q}{2} \tag{13.4}$$

（円周上で1つの方向に半分より多い円弧の増分は，他の方向の相補的な，より小さな増分とは区別ができない．制限されたレンジの外部のu_cの値はエリアスとなっている．）

(13.3)に従って，n番目の出力サイクルの長さは，

$$t_o[n]=t_{ck}(1+\frac{u_c[n-1]}{Q}) \tag{13.5}$$

また$f_o=1/t_o$である．u_cに対する制約(13.4)から，周期に対する限界は$t_{ck}/2<t_o<3t_{ck}/2$，従って，$2f_{ck}/3<f_o<2f_{ck}$．式(13.3)は(13.1)と同じフォーマットであり，$u_c[n]$の係数とQの意味が異なるだけである．これらのz変換は同じフォーマットである．従って，位相選択DCOは実際には周期DCOであり，都合に応じて異なるやりかたで実装されているにすぎない．

リング発振器の任意のタップにおける波形は通常は50%のデューティ・レシオの方形波であるが，マルチプレクサから出てくるDCOの波形は（殆ど$Q/2$に等しいu_cに対する）殆ど100%から（殆ど$3Q/2$に等しいu_cに対する）～33%まで任意のデューティ・レシオを取りうる．所望のタイミング情報はマルチプレクサ出力の先頭エッジの瞬間的な時刻に含まれており，波形自体には含まれていない．波形の中でエッジが余分に入ったり，エッジが失われるなどの――スイッチング誤りを避けるために，マルチプレクサの設計には大きな注意が払われなければならない．δtが非常に小さいならば，設計問題は特に困難になる可能性がある．

DCOはDPLLへの入力信号よりもずっと高い周波数で動作することができて有利である．入力周波数を再生するためにはDCOから出るフィードバック・パスの中に周波数分周器を置くだけでよい．分周器は，入力信号に対して位相の粒度を削減しつつ，タイミング分解能δtを維持

している．

13.1.2 ハイブリッド位相検出器

位相検出器のいくつかのカテゴリを識別することができる，すなわち，(1) 真のディジタル対ハイブリッド，(2) マルチプライア対シーケンシャル，そして (3) 信号のサンプル対 DCO のサンプルである．真のディジタル位相検出器に対する 2 個の入力は離散時間ディジタル数の数列からなり，PD 出力は，入力サンプルから数値的に計算される離散時間のディジタル数の，もう 1 つの数列である．ハイブリッド位相検出器への一方もしくは両方の入力はアナログ信号でありその出力はディジタル数の数列である．ハイブリッドの位相検出器はアナログ・ディジタル変換器 (ADC) を，何らかの曖昧な形式で内蔵する．この節ではハイブリッド PD に専念する．

マルチプライア対シーケンシャル　殆どのハイブリッドと全ての真のディジタル PD はマルチプライア (組合せ論理) のカテゴリに入る．第 10 章から，シーケンシャル PD は入力波形の特定のエッジの間の時間差を測定する事を思い出そう．時間差はサンプルのシーケンスにおいて意味は無く，従って完全ディジタル PD はシーケンシャルではありえない．ハイブリッドシーケンシャル PD を実装する 1 つの方法は高速カウンタをスタートさせるのに入力信号のエッジを用い，カウンタを停止するのに DCO からのフィードバック信号のエッジを用いることである．結果的に得られるカウントは位相 (もしくはタイミング) 誤差の表示になっており，このカウンタはADC として機能している．このような PD は十分な数のカウントを累積するのに十分低い周波数では機能しうるが，信号周波数が増加するにつれて次第に満足できないものになる．この理由で，殆どのハイブリッド PD はマルチプライアのカテゴリに属する．

信号のサンプル　より限定的に言うと，多くのハイブリッド PD と全ての真のディジタル PD は厳密にサンプリング位相検出器である．これらは全て，その出力にサンプルを送り出す (さもないと，出力はディジタルではなく，その場合は PD はアナログであって，ハイブリッドではない)．多くのハイブリッド PD は入力でサンプリングを実行する．通常の配置を図 13.3 に示す．アナログ入力信号 $r(t)$ はサンプルされ，DCO によって決められる (等間隔ではない) 瞬間的な時刻で保持される．アナログ電圧サンプル $r[n]$ は，ディジタル・サンプル $u_d[n]$ を出力する ADC に印加される．この PD の s 曲線，すなわち位相誤差 θ_e の関数としての u_d の平均値は，$r(t)$ の波形と同じ形状を持っている．もし $r(t)$ が正弦波的であれば，u_d 対 θ_e もまた正弦波的である．

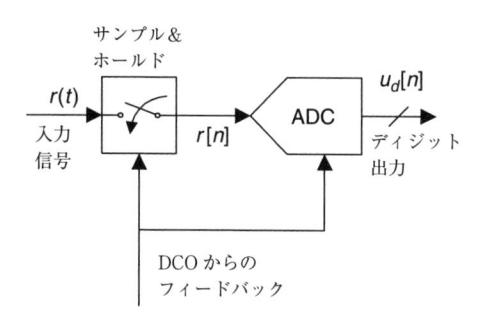

図 13.3　サンプラーとアナログ・ディジタル変換器からなるハイブリッド位相検出器

他の形状の$r(t)$は，対応する異なる形状のs曲線を与える．少なくとも入力での加算的なノイズがない場合には，信号波形がs曲線に再現するのはサンプリング PD の一般的な性質である．

DCO のサンプル 図 13.4 はサンプリング PD の通常のコンセプトを一変させるものであり，入力信号$r(t)$のトリガー・エッジがフィードバック情報をサンプルするのに使われている．図 13.4 において，DCO もしくは VCO の信号は入力信号よりずっと高い周波数にあると仮定されている．DCO もしくは VCO の出力は$r(t)$の周波数までカウント・ダウンされる．カウンタの 1 つの状態がゼロ状態として確立されている．もし PLL が入力信号に対してフェーズロック（位相同期）されているならば，（スタティックな位相誤差や位相ジッタが存在しない場合に）カウンタは入力信号の各トリガー・エッジに対してゼロ状態にあるべきである．図ではカウント・ダウン配置が示されているが，トリガー・エッジが NCO の位相レジスタをサンプルする場合に同じ原理が当てはまる．アナログ・ディジタル変換は，適用可能性に応じてカウンタもしくは NCO により提供され，信号をサンプルする PD で通常必要とされる従来技術の ADC を不要にする．もしカウントダウン比率がQであるならば，s曲線は，発振器信号の 1 つの完全なサイクルにわたってQ個の等しいステップに量子化される．量子化とは別に，s曲線はサイクルにわたって線形な鋸波である．

これまでに述べたように，s曲線にはゼロ状態に$1/Q$サイクルのデッド・ゾーンがある．s曲線のデッド・ゾーンは可能な限り避けるべきである．簡単な手段は各nに対して，$u_d[n]$に$\frac{1}{2}$LSB を追加することである．これにより，ゼロ出力の状態が PD から除去され，最小のu_dのサンプル値はゼロではなくて$\pm 1/2Q$となる．平衡状態では，PLL はこれら 2 個の最小の位相誤差の間を行ったり来たりしてゼロには決して落ち着かない．デッド・ゾーンに見られる遅いワンダリング（ふらつき）よりは高速のジャンプの方がずっと好ましい．

$r(t)$のトリガー・エッジはフィードバック・エッジに対して非同期である．図 13.4 に示された必須のシンクロナイザーのブロックの動作は，この後のパラグラフで説明する．非同期インタフェースはサンプル化 PLL 内のいくつかの異なる部分に現れる可能性があり，同期化の必要が潜在的にあることに注意を怠らないこと．もし転送レジスタが，制御されない瞬間的な時刻に起動されるならば，カウンタが状態変化しつつある時に転送が生じる可能性がある．状態のこの不確定性のために，転送レジスタに与えられるカウントは許容できないランダムな誤差を含むこと

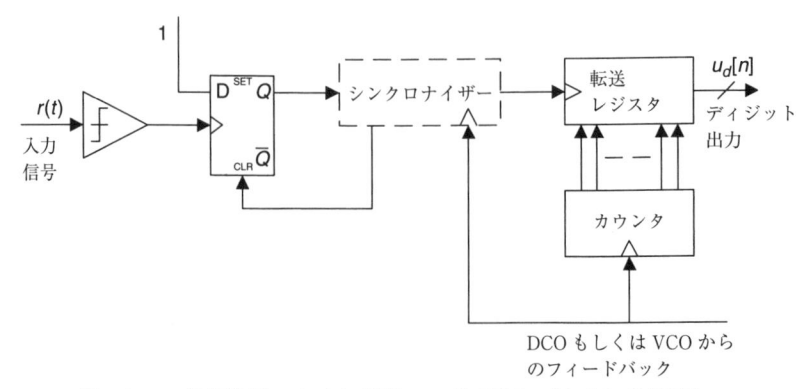

図 13.4 位相検出のために信号エッジでサンプルされる DCO

になる.シンクロナイザーは入力トリガーのエッジで武装されており,従ってカウンタが安定な瞬間に転送を起動する.

入力トリガーの到着と次のフィードバック・エッジとの間の時間は可変であり,従って,フィードバック・サンプリング PD での同期化によって,連続時間の入力信号が離散時間のフィードバックでサンプルされた場合には存在しない位相ジッタの要因が持ち込まれる.もし余分なジッタが容認できるならば,入力信号のサンプリングと関連して必要となる ADC を持ち込むよりはフィードバックのサンプリングの方が遥かに好ましい可能性がある.

サンプリング PD の性質 上記 2 種の構成のサンプリング PD(一方は入力信号をサンプルし,他方はフィードバックをサンプルする)は,もしサンプリング・ストリームの周波数が,サンプルされる信号の周波数の整数サブハーモニックであるならば,使用可能な位相誤差のシーケンスを生成する.この性質は有益になり得る(サブサンプリングの根拠となる)かあるいは,有害となり得る(もし誤ったサブハーモニックが軽率に選択されてしまうと,PLL が誤った周波数にロックする可能性がある).s 曲線は常にサンプリング・ストリームの周波数で周期的であり,サンプルされる信号の波形の形状をしている.

サンプリング PD のもう 1 つの価値ある性質は次のとおりである.すなわち,PLL がロックしたときにサンプリング・ストリームとサンプルされる信号が同期しており,また,サンプルされる信号のサイクルあたりのサンプル数が 1 個以下であるならば,PD の出力にリップルは無い.

13.1.3 複素信号ディジタル位相検出器

真のディジタル PLL はデータ信号レシーバにおいて信号同期(搬送波とクロックの再生)のために今日おそらく最も広く用いられている.多くのデータ信号は 2 次元(複素)フォーマットで生成され送信される.データ信号のための殆どの無線レシーバは,たとえ信号自体が 1 次元(例えば,BPSK 信号)であっても複素フォーマットで構成される.この節では複素信号に対するディジタル PD の顕著な性質を指摘する.

サンプリング後の複素入力信号を $v_i[n] = A \exp[j(2\pi f_i t_s + \theta_i)]$ と表し,フェーズロックした DCO の複素(2 相)出力を $v_o[n] = \exp[-j(2\pi f_i t_s + \theta_o)]$ と表す.ただし,A は入力信号の振幅であり,f_i はその周波数,そして t_s は一様なサンプリング間隔である.f_i と t_s の間には必要な関係は何も無い.真にディジタルの位相検出器は複素積 $v_i v_o = A \exp[j(\theta_i - \theta_o)] = A \exp[j\theta_e]$ に基づくことができる.特に,位相検出器アルゴリズム

$$u_d[n] = \text{Im}[v_i v_o] = A \sin \theta_e[n] \tag{13.6}$$

は複素信号処理の潜在的能力を示している.[表記法:$\text{Im}[x]$ は x の虚部を示している.](13.6)はリップル成分を含まず,f_i にも t_s にも依存しないことに注意.サンプリング周波数 $1/t_s$ は信号周波数 f_i に同期している必要は無い.サンプリング周波数は搬送波周波数よりずっと小さい可能性があり,もし所望のエリアスの位置が判明しており他のエリアスから十分に離れているならば,搬送波のエリアシングは許容できる.これはサブサンプリングの根拠である.

PD プロセスの内部を一瞥すると得るところが多い.$\exp(jx) = \cos(x) + j\sin(x)$ であり,従って,複素積 $v_i v_o$ は 4 個の実数の掛け算と 1 対の加算/減算からなる.この積の虚部(計算する必要がある唯一の部分)は

$$\text{Im}\{A[\cos(2\pi f_i t_s + \theta_i) + j\sin(2\pi f_i t_s + \theta_i)]$$
$$\times [\cos(2\pi f_i t_s + \theta_o) - j\sin(2\pi f_i t_s + \theta_o)]\}$$
$$= A\{-[\cos(2\pi f_i t_s + \theta_i)\sin(2\pi f_i t_s + \theta_o)]$$
$$+ [\cos(2\pi f_i t_s + \theta_o)\sin(2\pi f_i t_s + \theta_i)]\}$$
$$= \frac{A}{2}\{[\sin(\theta_i - \theta_o) - \sin(4\pi f_i t_s + \theta_i + \theta_o)]$$
$$+ [\sin(\theta_i - \theta_o) + \sin(4\pi f_i t_s + \theta_i + \theta_o)]\}$$
$$= A\sin(\theta_i - \theta_o) \qquad (13.7)$$

2個の実数の掛け算［(13.7) の 3 行目と 4 行目で角括弧に囲まれている］と 1 個の引き算だけが (13.6) を計算するのに必要である．個々の掛け算の積が（所望の周波数差成分に加えて）倍周波のリップル成分を含むが，それらのリップル成分は引き算でキャンセルされる．ディジタル実装により，積の間の本質的に完全なバランスとともにその結果として得られるリップルのほぼ完全なキャンセルが達成される．アンバランスと，それによるリップルのキャンセル未達は唯一，有限語長効果によって生じる．f_i と t_s との間の関係にかかわらず，$\text{Re}[v_i v_o] = A\cos(\theta_i - \theta_o)$ であることに注意．この性質は，8.4.1 項のアナログ補助位相検出器の性質と同等である．

13.1.4　ディジタル・データ・レシーバ内の DPLL

図 13.5 から図 13.7 までに示された DPLL 構成の例はデータ・レシーバにおける搬送波の再生に用いられるいくつかの技術を示している．これらの図における全ての素子と全ての接続はディジタルである．2 本線の接続は複素信号（ほぼ例外無しにパスバンド信号のディジタル処理で生成される）を示しているが，1 本線の接続は実数の信号である．これらの図は説明の為に大幅に単純化されており，実際のレシーバの構成はもっと複雑である．

基本的な DPLL の構成　図 13.5 はこれからの議論の基礎となっている．これはディジタル・レシーバ内に埋め込まれたキャリア（搬送波）再生 DPLL だけを示している．位相検出器（PD），ループ・フィルタ，NCO は第 4 章で導入されたディジタル素子である．2 個の新しい素子が図に現れている．サイン／コサイン・プロセッサと位相（フェーズ）ローテータである．サイン／コサイン・プロセッサは実数の NCO 位相サンプル $\varepsilon_o[n]$（小数サイクル）を入力として受け入れ，

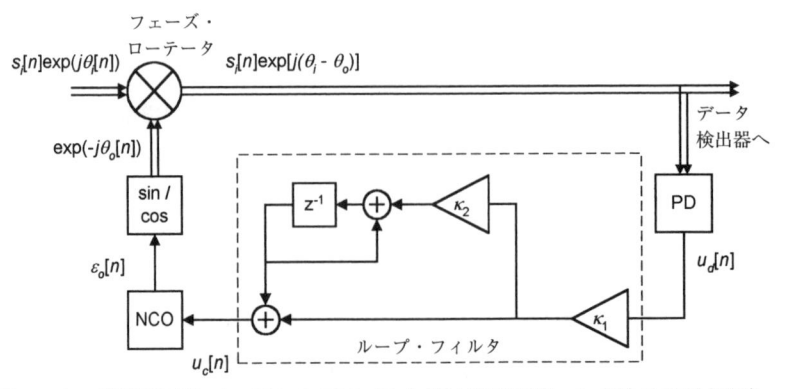

図 13.5　搬送波再生ディジタル PLL（2 本線は複素信号，1 本線は実数信号）

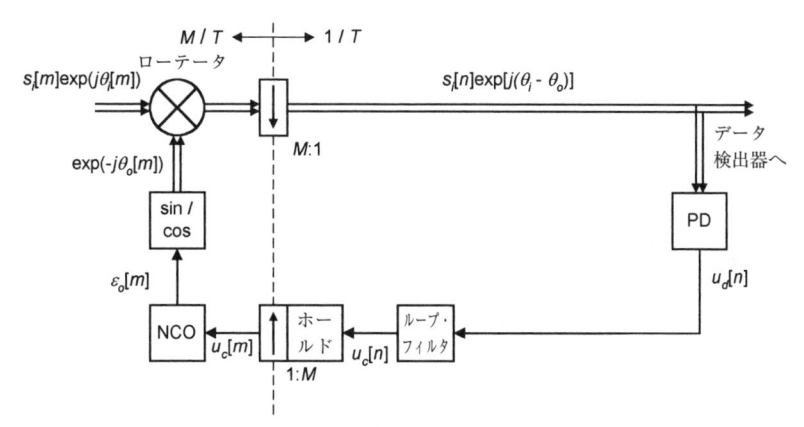

図 13.6 2個のサンプル・レート M/T および $1/T$ で走行するディジタル PLL

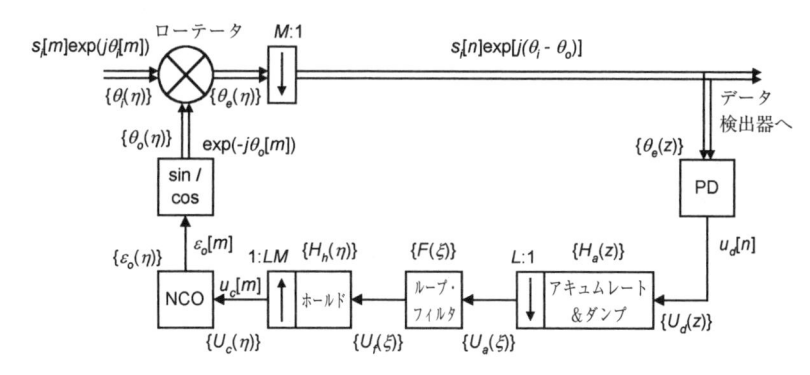

図 13.7 3つのレートで動作するディジタル PLL で，ホールド素子とアキュムレート＆ダンプ素子を示している．

複素ローカル発振器信号 $\exp(-j\theta_o[n])$（但し，$\theta_o[n] = 2\pi\varepsilon_o[n]$）を生成するためにそれらの位相のサインとコサインのサンプルを出力する．2π のスケーリングはサイン／コサインのプロセスに暗黙の内に含まれており，もし信号位相がラジアンで測定され，NCO の位相がサイクルで測定されるならば，伝達関数を展開するときにループ・ゲインの中の係数として含められなければならない．

位相ローテータは入力複素データ信号 $s_i[n]\exp(j\theta_i[n])$ とローカル発振器信号との間の複素乗算を実行して，複素数でリップル無しの差周波数信号 $s_i[n]\exp[j(\theta_i - \theta_o)]$ を作り出す．

一般に，データ信号とローカル発振器信号はノンゼロ周波数であり，その存在は線形に値が変化する θ_i と θ_o に組み込まれている．θ_i と θ_o の平均周波数は，PLL がロックしている時は等しく，従って，リニアに変化する成分は，差 $\theta_e = \theta_i - \theta_o$ でキャンセルされてしまう．インデックス n が付いたサンプルはデータ・シンボルの区間 T に対応する一様な時間増分で採取されている．サンプルのタイミングは受信したデータ・シンボルに同期していると仮定しよう．すなわち，タイミング再生は――豊富なテーマであるが――この節ではこれ以上は検討しない．

位相検出器はシンボル間隔毎に1回，位相誤差の表示を与える．（シンボルにつき1サンプルはディジタル位相検出に対して最適な設計である．）直交振幅変調（QAM）信号に対してしばしば用いられる PD アルゴリズムは $u_d[n] = \text{Im}\{c^*[n]s_i[n]\exp[j(\theta_i - \theta_o)]\}$ である．ただし，$c[n]$

は n 番目のシンボルのデータ値の見積もりであり $*$ は複素共役を示す.しかし,いかなる PD アルゴリズムが使われても,擬似線形モードでの動作により $u_d[n] \approx \kappa_d(\theta_i[n] - \theta_o[n])$ という近似が生み出される.

アナログ PLL では,位相検出器の動作は 2 個の要素からなる.すなわち,(1) それは位相誤差の表示を与えるが,(2) パスバンドからベースバンドへの周波数変換も提供する.図 13.5 のディジタル PLL は,それら 2 つの動作を複素信号レシーバの通常のやり方で分離しており,PD が位相誤差情報を複素ベースバンド信号から抽出している間に,位相ローテータはパスバンドからベースバンドへの周波数変換を実行している.これらの新規性にもかかわらず,図 13.5 の構成は第 4 章で展開されたのと同じ差分方程式と伝達関数により記述される.

マルチレート・サンプリング 図 13.6 はマルチレート処理 [13.6, 13.7] を導入している.ディジタル・レシーバのフロント部分は通例は,シンボル・レート $1/T$ より高いレート M/T でサンプルされる必要がある.2 から 4 の範囲の M の値が普及している.(サンプリング・レシオ M は整数である必要は無く有理数である必要すらない.[13.8-13.11] 参照のこと.)データ再生と位相検出はシンボル・レートで実行され,従って,これより高いレートは $1/T$ にダウン・サンプルされなければならない.レシーバのシンボル・レート部分から高いレートの部分へのいかなるフィードバックも高いレートへアップ・サンプルされなければならない.

説明のために,図 13.6 における $M:1$ のレシオのダウン・サンプリングが位相ローテータに続くように示されており,これはこの図の単純な構成に対してはありそうもない位置であるけれども,もっと複雑な構成では現実的である.その必要なダウン・サンプリングの後には,位相ローテータに印加されるローカル発振器信号と PD との間のなんらかの位置にアップ・サンプリングがなければならない.アップ・サンプリングの適切な位置はループ・フィルタと NCO との間である.

ホールド・プロセス アップ・サンプリングは,ループ・フィルタから $1/T$ のレートでサンプル $u_c[n]$ を受け取り,M 個の同等なサンプル $u_c[m] = u_c[n]$ を M/T のレートで生み出すゼロ次ホールド・プロセスによって達成されることが多い.

もし u_c がサンプル間隔当たりの(小数サイクル数での)NCO の位相増分であると考えると,NCO の位相は時間間隔 T で小数サイクル $Mu_c[n]$ だけ進む.ホールド機能により無次元のゲイン係数 M がループの式に挿入される.

なぜ位相増分は時間間隔 T/M ではなくて時間間隔 T で特性付けられるべきなのであろうか? PD は $1/T$ でサンプルされるので時間間隔 T で変化をセンスすることしかできない.マルチレート PLL では全ての位相と時刻を PD に関係付けるのが通常であり,この PD はループ誤差がセンス(検知)される場所である.

アキュムレート&ダンプ・プロセス データ・レシーバ内のシンクロナイザー PLL のループ・バンド幅は通常はシンボル・レート $1/T$ よりずっと小さい.現実的なバンド幅は,シンボル・レートの〜3 ないし 5% の上限からシンボル・レートの 0.1% あるいはさらにそれ以下という小ささまで分布する.多くの研究者は小さなバンド幅を認識して,なぜループをそんなに頻繁に

アップデートする必要があるのだろうかと自問してきた．なぜPDの後でダウン・サンプルして，もっと低いレートでアップデートし，それによって計算の負担を減らさないのだろうか？このアプローチに対しては優れた反論がいくつか後で起きてくるが，この技術はいくつかの実例に適用されてきた．次の2～3のパラグラフはその原理に関係している．

図13.7ではもう1つの要素，つまりアキュムレート＆ダンプ・プロセスがディジタルPLL内に置かれている．アキュムレート＆ダンプはダウン・サンプリングのための最も簡単なテクニックの1つを形成している．それによってL個の連続した入力サンプルを$1/T$のレートで加算し，その和を1つのサンプルの形で出力する．従って，このプロセスは（累計における）フィルタと（ダンプにおける）ダウン・サンプラーからなる．アキュムレート＆ダンプに続くループ・フィルタは$1/LT$のサンプル・レートで動作する．M/Tのレートを達成するためには，ループ・フィルタに続くホールド・プロセスは$1:LM$でアップ・サンプルしなければならない．

アキュムレート＆ダンプの挿入によりループ・ゲインはいかなる影響を受けているであろうか？　比較のため，単一レートのサンプリングの構成に対する図13.5を参照してほしい．ループ・フィルタの伝達関数$F(z)=1$に等価な$\kappa_1=1$，$\kappa_2=0$と設定することにより，ループ・フィルタを，直通接続で置き換える．PDからのL個の連続した等しい値u_dの出力サンプルに応答して，NCOの位相はLu_d個の小数サイクルだけ進む．

今度は図13.7を参照してください．これは$L:1$のダウン・サンプリングを有するアキュムレート＆ダンプと$1:LM$のアップ・サンプリングを有するゼロ次ホールドを備えている．（付録13Aまでは図中の中括弧$\{\cdot\}$内のラベルは無視する．）もう一度，ループ・フィルタはゲイン=1の直通接続であると仮定しよう．L個の連続した等しい入力サンプルu_dに応答して，アキュムレート＆ダンプは振幅Lu_dの1つのサンプルを出力する．ホールド・プロセスでのアップ・サンプリングで振幅Lu_dのLM個のサンプルが生成され，従って，NCOの位相は小数サイクルL^2Mu_dだけ進む．これは図13.5の構成におけるL個の等しいPDのサンプルによる位相進みより係数LMだけ大きい．ホールドはゲイン・ファクタMの寄与があるからループ・ゲインに対するアキュムレート＆ダンプの正味の寄与はファクタLである．

アキュムレート＆ダンプとホールドに対するこれらのゲイン・ファクタは一定の入力信号，すなわちゼロ周波数での信号に対してのみ当てはまる．ノンゼロ周波数での信号はフィルタされる．フィルタの性質の理解はフィードバック・ループの洗練された設計には必要である．

[13.6]の2.3節はマルチレート・システムにおけるリサンプリングの原理を説明している．付録13Aでは，図13.7のDPLLに対する伝達関数を展開するのにこれらの原理を応用している．

[**注意**：ダウン・サンプリングは入力信号のエリアシングを引き起こす．もし（ノイズや干渉のような）スペクトル成分が$1/2LT$以上の周波数でPD出力に存在するならば，それらの周波数は0ないし$1/2LT$の範囲の周波数にエリアスされ，PLL内でのフィルタリングによって除去することは一層困難になる．もしこのような妨害がかなりの振幅で存在するならば，アキュムレート＆ダンプによるダウン・サンプリングは回避すべきである．]

13.1.5　ループ安定性

擬似線形ディジタルやハイブリッドのPLLの線形化された解析により簡単な安定性の基準に至る．すなわち，システム伝達関数の全ての極は，ループが安定であるためには単位円内になけ

ればならない．しかし，量子化効果は別としても全ての PLL は非線形であり，線形化された解析は安定性に関係した全ての事実を必ずしも明らかにしてくれるわけではない．幾人かの著者 [13.12-13.15] は（量子化の問題は除き）安定性と捕捉に関して非線形の効果に対してハイブリッド PLL を調べた．彼らはアナログ PLL の経験からは予測されない振る舞いを発見した．思慮深い設計者であれば (1) そこで確認された危険に対して防御するためにこれらの解析に通暁し，(2) 予期せぬ驚きに対する防衛としてサンプル化 PLL に適度な安定性マージンを組み込むであろう．

13.2 量 子 化

ディジタル数は常に有限な精度を持っている——つまり量子化されている．この節では，PLL 位相ジッタに対する量子化の効果を研究する．これから明らかになるように，数多くの問題がさらに研究されなければならない．

13.2.1 関連研究からの教訓

量子化はディジタル信号処理［13.16-13.19］，デルタ・シグマ（$\Delta\Sigma$）コンバータ［13.20, 13.21］や量子化自体に関する論文［13.22-13.28］において大いに注目を受けてきた．いくつかの良く知られた結果が，以下のパラグラフで述べられているように，PLL に直接適用できる．

加算的ノイズとしての量子化　量子化の効果は，他の面では線形なシステムに加算される一様な確率密度のホワイト・ノイズとしてモデル化されることが多い．量子化誤差が信号と相関がなくなるのに十分なだけ信号もしくは外部の加算的ノイズは大きいという必須条件の場合だけこのモデルは有効であるということが，このアプローチの殆どの取り扱いで強く警告されている．その条件は PLL ではいつも満足されるわけではないが，これは関心のある PLL では加算的なノイズが多くの場合に小さいもしくは存在せず，ループが同期しているときには位相誤差は小さく，NCO への制御信号がかなり静止状態にあるからである．シミュレーション（Gardner，未公表のデータ）により，量子化誤差の加算的ノイズ・モデルは，他の入力ノイズが小さい PLL において大変お粗末であることが示された．

加算的ノイズの効果　加算的なノイズは量子化器の階段特性を "線形化" するということが数多くの研究によって示されてきた．すなわち，信号と平均ゼロのノイズとを加算した値の多くのサンプルにわたる平均値は，個々のサンプルの量子化にもかかわらず，真の信号値のみに漸近する．加算的ノイズが十分にあると，量子化誤差は，一様な確率密度を持った加算的な白色ノイズとして取り扱うことができる．驚くほど小さな加算的なノイズ（1 量子化増分のオーダーでの標準偏差）で十分であろう．この効果は，この後で明らかになるように，ディジタル PLL に対してもよく当てはまる．

リミット・サイクル　ディジタル・フィードバック・ネットワークはリミット・サイクルに支配される可能性がある．このリミット・サイクルは量子化による好ましくない周期的な発振であって，線形解析では予測されない．リミット・サイクルはリカーシブなディジタル・フィルタ

やΔΣコンバータで生じる．それはまたディジタル PLL でも生じ，その性質がこの節の主要なトピックである．厳密に言えば，真のリミット・サイクルは正確に周期的であって，同じサンプル値の同じシーケンスが毎周期正確に反復される．それが生じるのは，入力信号の周波数がサンプリング・クロックの周波数に対してある正確な有理数の比になっている場合に限られる．もし，通常あるように，入力信号とサンプリング・クロックが独立な発振器から得られているならば，周波数比は非有理数であり，2 つの周波数には公約数が無い．その場合には，サンプル値の（特に位相誤差の）同じシーケンスが正確に反復することは決してなく，発振は非周期的である．非線形ダイナミックスの専門家は，そのかわりに擬似周期的軌道という名前を用いている．周期性に対する要件に加えて，リミット・サイクルはその近傍における唯一の軌道であると想定されているが，記述対象である PLL では，詳細は異なる類似した"リミット・サイクル"が，初期条件に依存して沢山展開している可能性がある．リミット・サイクルという用語は量子化されたPLL に適用される場合には不適当である．それにもかかわらず，その用語は広い工学共同体の中でよく知られているのでここで用いることにする．

13.2.2 ハイブリッド PLL における量子化の考察

ハイブリッド PLL に関する初期の論文の多くが完全に量子化を無視していた．これらは，量子化という複雑さまで持ち出すことなしに当時としては十分に新しい概念を論じた．他の論文では，極めて荒い量子化が取り扱われた．後者のクラスのシステムはここでは，擬似線形ではなく本質的に非線形と考えられるが，その議論は 13.3 節まで延期する．初期の文献を調べるとマルチレベル量子化によるハイブリッド PLL に関してたった 2 つの論文 [13.29, 13.30] しか見当たらない．両方とも図 13.8 に似たモデルを用いており，それはアナログの正弦波的信号とノイズとの足し合わせを入力として，位相検出器用のサンプラー，量子化用のアナログ・デジタル変換器，ループ・フィルタ，それに周期 DCO からなる．D'Andrea と Russo の論文 [13.29] は 1 次ループしか扱っていなかった．Pomalaza-Raez と McGillem の論文 [13.30] は更に 2 次タイプ 2 のループも取り扱った．[13.29] における全ての量子化は ADC 内部であり，[13.30] はDCO での分離した量子化に対する準備もしている．

[13.29] での量子化は位相誤差が一様であるが信号振幅はそうではない．この種の s 曲線は図 13.4 の構成によって大変容易に実装される可能性がある．両者の量子化器はともにゼロ位相誤差の周りのデッド・ゾーンを意味するミッドトレッド（midtread）特性を持つ．双方の論文は低いないしは控えめな信号対ノイズ比を仮定しており，ノイズの中で動作するアナログ PLL に古典的に関連してきた問題，例えば，定常状態の位相誤差，（ノイズに起因する）ロック喪失ま

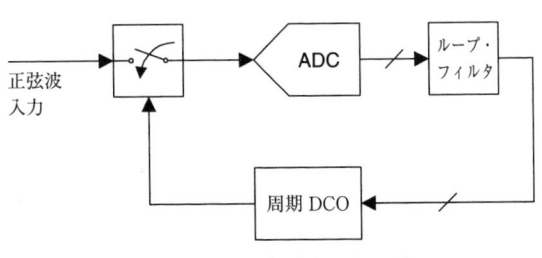

図 13.8 ハイブリッド PLL

での時間，ならびに，捕捉のスピードなどに主として関心を持っている．ともに，性能解析にはマルコフ・チェインを用いている．

13.2.3 周波数量子化（NCO 内）の効果

[13.29]や[13.30]で報告されている結果は，外部ノイズの存在下のハイブリッドもしくはディジタル PLL の性能評価に貴重であるが，量子化効果が支配的な，ノイズの無い条件下での振る舞いへの洞察は限られたものしか提供してくれない．ノイズ無しの PLL の解析には異なるアプローチが必要である．量子化は DPLL の個々の要素ごとに，それから全要素を一緒にして検討されなければならない．この節では NCO における周波数量子化に集中する．結果は直ちにディジタルやハイブリッドの如何なる PLL の中の如何なるディジット制御の発振器における周波数量子化にも拡張することができる．

周波数量子化は Gardner[13.31]によって研究されてきたが，彼はシミュレーションを実行し，そこから一般化された性質を推論した．また，周波数量子化は Teplinsky, Feely, および Rogers [13.32]，Teplinsky と Feely [13.33] によっても研究された．彼らは [13.31] の適用可能な部分を確証する骨の折れる非線形解析を実行した．本書の執筆の時点でループの他の部分での量子化に関しては殆ど公表されておらず，唯一の例外として，Da Dalt [13.43] はバイナリ量子化された（"bang-bang"）位相検出器を備えたディジタル PLL を研究した．

研究モデル　図 13.9 は [13.31-13.33] で考察されている DPLL の単純化されたモデルである．付録 13A に合うように表記法は幾分変えられている．これは図 13.7 の構成に大変類似しており，わずかな例外は，図 13.7 の信号経路の $M:1$ のダウン・サンプリングが無く（$M=1$ に等価），また，ループ・フィルタにおける積分器はディレイ・フリーである．その擬似線形伝達関数は殆ど付録 13A で得られたものと同じである．[13.31] の式（19）を（13A.20），（13A.21）と比較すること．

入力信号　入力信号は単位振幅の変調されていない複素指数関数 $\exp\{j\theta_i[n]\}$ としてモデル化される．ただし，入力位相は次式で定義される．

$$\theta_i[n] = 2\pi f_i t_s + \theta_i[0] \tag{13.8}$$

ここで t_s はサンプル間隔，f_i はサンプルされた信号の周波数である．サンプル間隔あたりのサイクル数を単位とする正規化された周波数 $f_i t_s$ を定義する．この解析では $|f_i t_s| < 0.5$ と仮定するが，

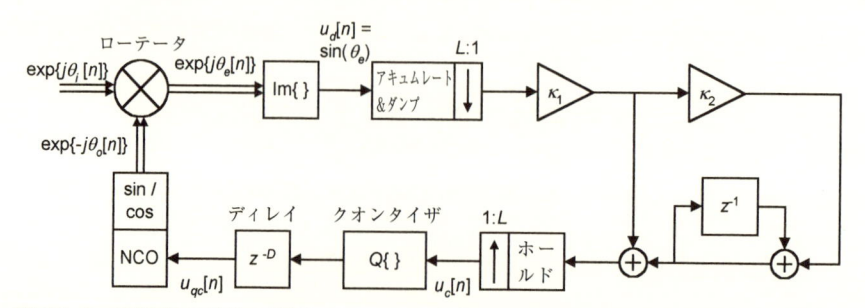

図 13.9 周波数量子化の研究のためのディジタル PLL のシミュレーション・モデル

これは連続するサンプル間でθ_iはπより大きく変化することはできないということを意味する．負の周波数は複素信号では正の周波数と丁度同程度に有効である．以下に報告されるように，いくつかのシミュレーションの試行では複素白色ゼロ平均のガウシャン・ノイズが信号に加えられた．ノイズのイン・フェーズと直交の成分はそれぞれ分散がσ_v^2である．

位相検出器　図13.9の位相ローテータと（虚部を指定する）$\text{Im}\{\cdot\}$というラベルを付けられたボックスは，そのs曲線が正弦波的であり，また，そのゲインが$\kappa_d = 1\,\text{rad}^{-1}$である位相検出器を構成している．13.1.3項で説明されているように，複素信号位相検出器はその出力にリップルが無い．

ループ・フィルタとディレイ　アキュムレート＆ダンプ，比例経路係数κ_1，係数κ_2と積分器とを持つ積分経路，そしてホールド動作は実質的に図13.7におけるものと同じである．ループ内における全てのディレイはディレイ$D \geq 1$を有する単一のボックスに一塊にされている．

クオンタイザ　クオンタイザは，2^b個の一様な増分でモデル化されたが，ここで$b =$ 正の整数であり，次の量子化ルールに支配される．

$$Q(u_c) = u_{qc} = \text{IP}[2^b u_c], \qquad |u_c| \leq 0.5 \tag{13.9}$$

ここでu_cはホールド素子からの出力である．領域の両端には，シミュレーションでは信号u_cは全く接近することは無かったので，その両端はこの議論には関係ない．

これらの定義により，クオンタイザに$u_c = 0$でライザー（階段の垂直部分）が与えられ，また，区間$u_c \in [0, 2^{-b})$でゼロ出力が与えられる．後で考えると，ゼロ値の領域を避けるのが望ましかったかもしれないが，それによって生じるシミュレーションの困難は信号周波数$f_i t_s$の賢明な選択によって回避された．

ゼロ値は，PDのs曲線ではなくNCOチューニング特性にあるので，その存在は次に述べるリミット・サイクルの性質には本質的な効果は無い，つまり，それは誤差検出器にデッド・ゾーンを形成しない．次式に従って，信号周波数を量子化区間に対して更に正規化するのが都合が良かった．

$$\mu_i = 2^b f_i t_s \tag{13.10}$$

NCOとサイン／コサイン・プロセス　これらの要素の動作は以前に記述したのと同じであり，唯一の違いは，NCOが2^bの離散的な周波数しか取れないようにNCOに与えられる周波数制御語u_{qc}を量子化している点である．シミュレーションの他の全ての量は浮動小数点数で表現され，その粒度は2^{-b}と比べて大変小さい．μ_iを定義する同じ正規化周波数スケール（13.10）において，NCOは-2^{b-1}から$2^{b-1}-1$までの任意の整数周波数μ_oで走行することができる．対照的に，μ_iは$(-0.5, 0.5)$の連続体からの値を取る．量子化されたNCOからの周波数増分は$\delta f_o = (2^b t_s)^{-1}$であり，これは，その周波数がNCO以外の発振器によって量子化されるPLLの性能を評価するのに役立つ関係式である．

ノイズ無しのリミット・サイクル　正規化された信号周波数μ_iが整数（これは，もし受信信

号と PLL クロックが独立な発振器によって生成されているならば確率ゼロの事象である）でなければ，NCO の周波数 μ_o は決して μ_i と同じにはなりえない．従って，NCO は単一の周波数に落ち着き，しかも位相同期を依然として維持していることはできない．シミュレーションにより，位相誤差 θ_e，ループ・フィルタ出力 u_c，クオンタイザ出力 u_{qc} それと NCO 周波数 μ_o において，リミット・サイクル（もっと正確に言うと，擬似周期的軌道）の存在が明らかになった．

（シミュレーションで作り出された何百もの中から）2 個のリミット・サイクル波形のプロッ

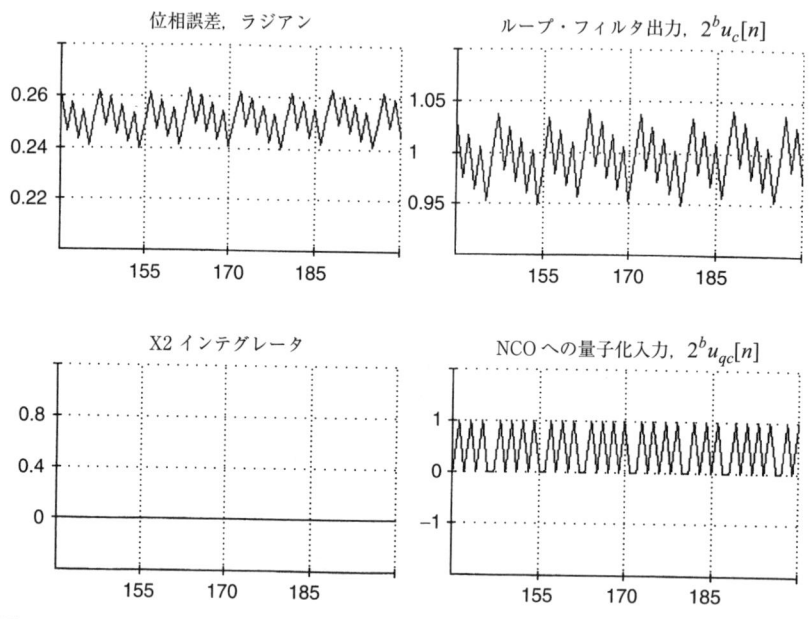

図 13.10 リミット・サイクル波形：1 次 DPLL，$\mu_i = 0.44$, $b = 8$, $D = 1$, $L = 1$

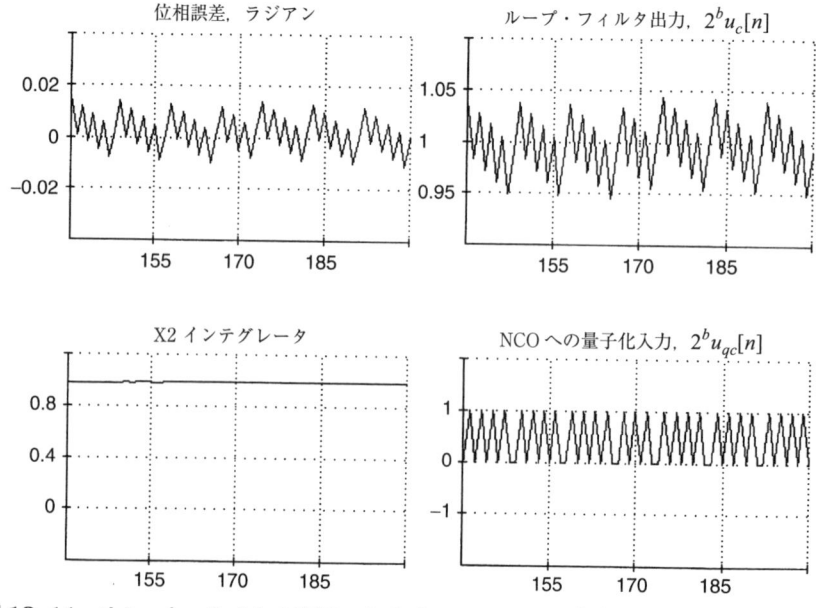

図 13.11 リミット・サイクル波形．タイプ 2 DPLL, $\mu_i = 0.44$, $b = 8$, $D = 1$, $L = 1$

トの例が図 13.10 と 13.11 に示されている．横座標はサンプル番号でラベルが付けられている．$u_I[n]$はタイプ 2 PLL のループ・フィルタ内の積分器の出力を意味しており，プロット内のX2という量はX2 $= 2^b u_I[n]$によって定義される．全ての波形プロットにおいて，接近した点を視覚的に分離するためにシミュレーション・プログラムによって隣接サンプル間に直線が引かれているが，全ての点は実際には離散的であることに注意．さらに，ぎざぎざの付いた接続線はコンピュータ・スクリーン上のピクセルに対する走査線の人為的な効果であって，リミット・サイクルの特徴ではない．

量子化された PLL のリミット・サイクルは非量子化 PLL の動作には現れない，驚くべき多様性を持った特徴を示している．加算的なノイズが存在しない場合には，次のようなものが，定常状態のリミット・サイクルの顕著な属性に含まれる．

- 波形は，正規化された信号周波数の小数部分であるFP$[\mu_i]$に対して強く依存する．
- （スタティック位相誤差ゼロを示す）タイプ 2 PLL に対して，IP$[\mu_i]$にかかわらず，同じFP$[\mu_i]$を持った全ての周波数に対して同じリミット・サイクルの波形が現れる．
- もしFP$[\mu_i]$が（pとqが相対的に素な整数であるとして）比p/qであるならば，リミット・サイクルはqにおいて周期的であり，サンプル値の同じシーケンスが正確に反復する．例えば，図 13.10 と 13.11 においては，$\mu_i = 0.44 = 11/25$であるが，周期 25 が識別できる．
- もしFP$[\mu_i]$が非有理数であるならば，リミット・サイクルは周期的ではありえず，それらは正確に反復することは決して無い．
- もし，リミット・サイクルが周期的であるならば，そのスペクトルは決してホワイトではありえない．そのスペクトルはリミット・サイクルの基本周波数の離散的な高調波から構成されなければならない．この事実は 量子化ノイズがフラットなスペクトルを有するという通常の仮定を無効にする．
- 実用的に関心のあるループ・パラメータ（十分小さなκ_2を意味する十分なダンピングと適度な安定性マージン）と$\mu_i \neq$整数に対して，量子化されたNCO の周波数は 2 個の値IP$[\mu_i]$と$1+$IP$[\mu_i]$の間をジャンプするだけである．PLL 内のフィードバック動作により，これら 2 つの NCO 周波数における相対的な存在時間が調節され，従って，平均 NCO 周波数は正確にμ_iであり，それによって NCO は周波数$\mu_i \neq$整数では走行できないという事実にかかわらずフェーズロックが許容される．
- 図 13.10 と 13.11 において，ループ・フィルタの出力は平衡リミット・サイクルを通じて$2^b u_c = 1 + IP[0.44] = 1$に近くあり続ける．そのレベルは，図 13.10 のタイプ 1 PLL の比例経路を通って伝搬する（例では≈ 0.25 radの）スタティック位相誤差に起因するノンゼロのPD 出力からか，あるいは，図 13.11 のタイプ 2 PLL のループ・フィルタ内の積分器から供給される．量子化が無い場合は，平均フィルタ出力は正確に 0.44 であり，~ 1 ではない．
- 図13.10 と 13.11 における位相誤差リミット・サイクルは，図13.10 の 1 次 PLL のスタティック位相誤差によるオフセットを除き同じ波形を持っている．更に，κ_1とbを変えても，$b=1$という荒い量子化に対してすら，リミット・サイクルの波形には（1 次のPLL におけるエクスカーション（偏位）の振幅と変更されたスタティック位相誤差以外は）何の効果も無い．κ_2が十分小さいと，κ_2を変えても何の効果も無い．
- もし積分経路のゲインκ_2が十分小さければ，積分器の経路の応答速度は極めて遅く，従っ

て比例経路のリミット・サイクルに追随することができない．定常状態のリミット・サイクルに関する限り，正しいオフセットが外部からクオンタイザへのバイアスとして与えられている場合には，タイプ2のPLLはタイプ1のPLLと殆ど区別できない．

- 殆んどの現実的な条件下では，位相誤差のピーク・トゥ・ピークの偏位は次式で近似されることが見出された．

$$\frac{2\pi(D+L-1)}{2^b} \quad \text{rad} \tag{13.11}$$

- (13.11) はゲイン係数κ_1とκ_2を省略していることに注意．つまり，NCOの量子化による位相偏位はループ・ゲインと独立である．κ_1や十分小さな値のκ_2が関係が無いことはシミュレーションで検証された．大きな値のκ_2はこれから述べるように，悪い効果を持っている．

- 位相誤差のリミット・サイクルを観察すると，鋸部分からなる波形が明らかになる（例えば，図13.10や13.11で分かる）が，これは一様な振幅の分布を意味していた．もし，その分布が実際に(13.11)の境界内で一様であるならば，NCOの量子化による位相誤差の分散は次式のようになるであろう．

$$\sigma_{\theta e}^2 = \frac{1}{12}\left[\frac{2\pi(D+L-1)}{2^b}\right]^2 \quad \text{rad}^2 \tag{13.12}$$

- 多くの試行での評価により，シミュレーション上の$\sigma_{\theta e}^2$は$D=1$と$L=1$に対して (13.12) とよく一致しているが，D か L が大きくなるといずれの向きに対しても，(13.12)からは 2:1 か，むしろそれより幾分大きく変化していることが見出された．(13.11) を正当化する発見的な議論を以下で更に提案する．

- 位相偏位の実験による評価は，不適切なサンプリングのために統計的に疑わしい．Teplinsky と Feely [13.33] は非線形数学を介して一層洗練された解析を展開しており（ただし$L=1$と$D=1$に対してだけであるが），位相誤差のピーク・トゥ・ピークの偏位は決して$4\pi/2^b$ radを超えることは無く，しかもこれは整数μ_iに対してだけであると結論している．彼らは更に，(13.11) は全ての非有理数μ_iに対して正しく，また，κ_2が十分小さいと仮定した場合，もし$\mu_i=p/q$ならば$2\pi(1+1/q)/2^b$ラジアンに漸近すると結論した．

- もしμ_iが有理数（しかもノイズが無い）ならば，1次PLLにおける定常状態のリミット・サイクルはそのサンプル値を毎周期正確に反復する．その結果，位相偏位やスタティック位相誤差のような，リミット・サイクルの性質は初期条件に依存しており，異なる初期条件に対しては異なるリミット・サイクルが生じる．

- もしμ_iが非有理数であるならば，平衡状態のリミット・サイクルが正確に反復することは決してなく，リミット・サイクルの性質は初期条件に依存しない．

整数周波数 $\mu_i=$整数に対するリミット・サイクル（もしあるならば）は，これまでに述べたものとはかなり異なる．シミュレーションによれば，整数周波数によりPLLの振る舞いは変則的であり縮退することを示している．以下のコメントはノイズ無しの条件に対するものである．1次PLLにおいては，もしμ_iが整数でループのロック・イン・レンジ内にあれば，位相誤差は究極的には$\mu_o=\mu_i$とする値で凍結し，それ以上の変化は起きない——すなわちリミット・サイクルは存在しない．量子化の故に，$\mu_o=\mu_i$となる位相誤差の完全な範囲が存在し，位相誤

第13章 ディジタル（サンプル化）位相同期ループ

差がその範囲に入ると直ちにループは凍結する．

　タイプ2のPLLにおいては，ループ・フィルタ内の積分器はゼロ入力に対してしか一定の出力を維持できないので，位相誤差はノンゼロ値で凍結することはできない．タイプ2のPLLにおいて$\mu_i = 0$に対するリミット・サイクルの説明図が図13.12に示されている．図示された振る舞いは任意の整数μ_iに対して有益である．もしPLLが初期条件$\theta_e[0] = 0$と$0 \leq 2^b u_I[0] = X2 < 1$で開始されたとすれば，単純にその初期状態で凍結し，リミット・サイクルは無い．しかしながら，ノンゼロの初期位相誤差によりPLLは，図13.12に例示したように，活気ある活動を始める．リミット・サイクルの間の位相誤差は2個の異なる値しか取らず，そのいずれもゼロではない．[**例外**：もし$\theta_e[0]$が$2\pi/2^b$の厳密な整数倍であったならば，位相誤差は有限時間で終了する過渡期間の中で最終的にはゼロに落ち着く．] 位相誤差は決してゼロではないので，積分器の出力は常に回転しなければならず，決して静止することは無い．異なる初期条件ではリミット・サイクルの詳細が異なる．

　積分器の極端な動きにかかわらず，NCOの周波数は短い瞬間を除き常に$\mu_o = 0 = \mu_i$である．その短い瞬間に対してループ・フィルタの出力がクオンタイザの対応する境界を超える際に，NCOの周波数は，+1か-1にジャンプする．整数$\mu_i \neq 0$に対してはジャンプは$\mu_o = \mu_i \pm 1$に対するものである．非整数のμ_iに対するリミット・サイクルではμ_oは2つの周波数$IP[\mu_i]$と$1 + IP[\mu_i]$の間だけをジャンプしていたが，それとは違って，μ_oは整数μ_iに対しては3個の周波数の間をジャンプする．図13.12に対してシミュレーションしたPLLは図13.11に対するものと同等であり，信号周波数が変わっているだけである．

　図13.10と13.11におけるリミット・サイクルは主にPLLの比例経路を通して維持されるが，図13.12におけるリミット・サイクルは積分経路が支配的である．タイプ2のPLLにおける2個の絡み合ったループを考えることは有益であり，それぞれ量子化の為に自己のリミット・サイクルに支配される．絡み合ったループの概念はこのあと活用される．

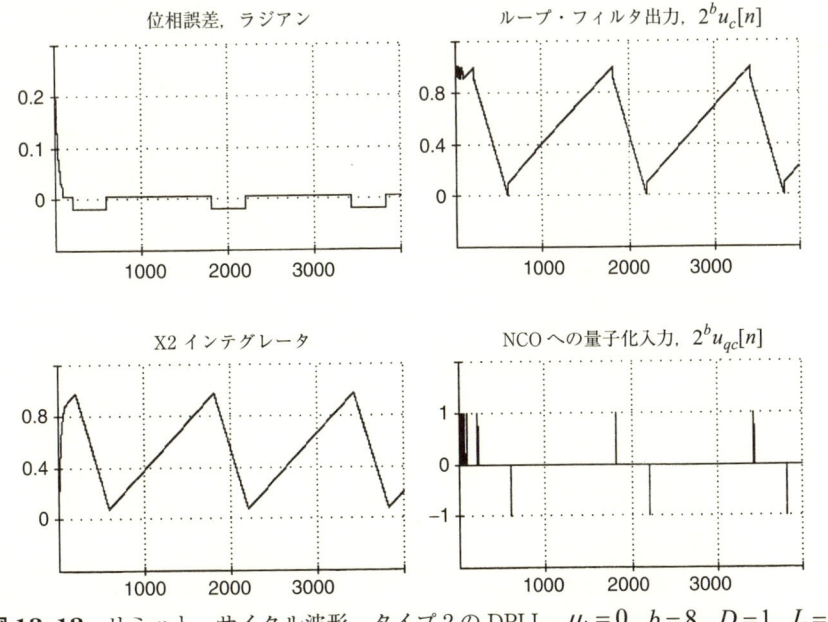

図13.12 リミット・サイクル波形．タイプ2のDPLL，$\mu_i = 0$，$b = 8$，$D = 1$，$L = 1$

アキュムレーションとディレイの効果　以上は $L=1$ (アキュムレーションとダウン・サンプリング無し)と $D=1$ (ループに余分なディレイは無い)に対してのみ当てはまる. Gardner[13.31] は $L>1$ と $D>1$ に対するシミュレーション結果を報告しており, [13.32] と [13.33] における解析は $L=1$ と $D=1$ に制限された. この節では, 図 13.13 や 13.14 に示されたようなシミュレーション結果をいくつか説明する. 整数入力周波数を除き, タイプ 1 およびタイプ 2 の PLL に対してリミット・サイクルは同様であるとの前提に立って, 両方の図で, 結果は 1 次 PLL に対す

図 13.13　リミット・サイクル波形：1 次 DPLL, $\mu_i = -0.56$, $b=8$, $D=1$, $L=16$

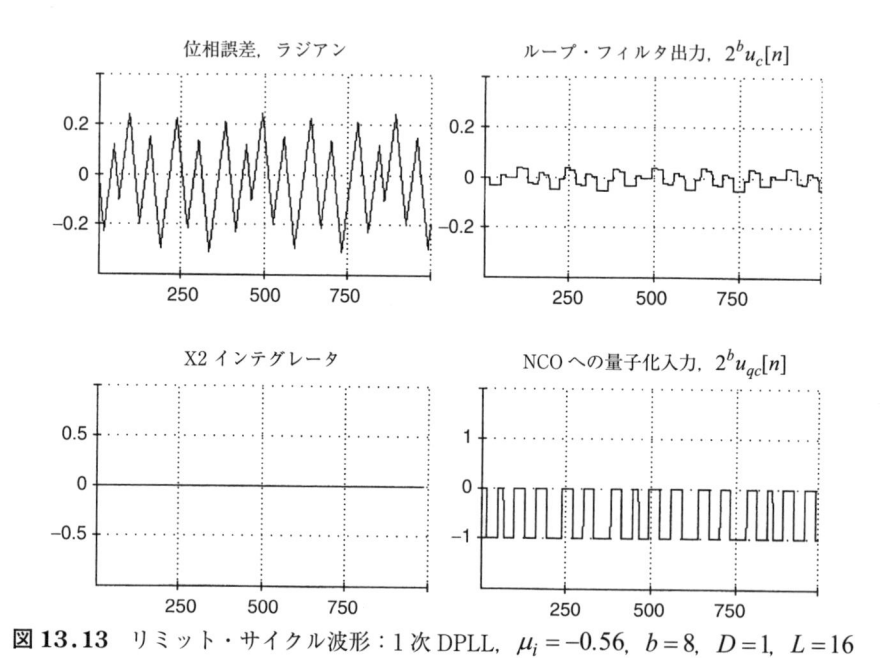

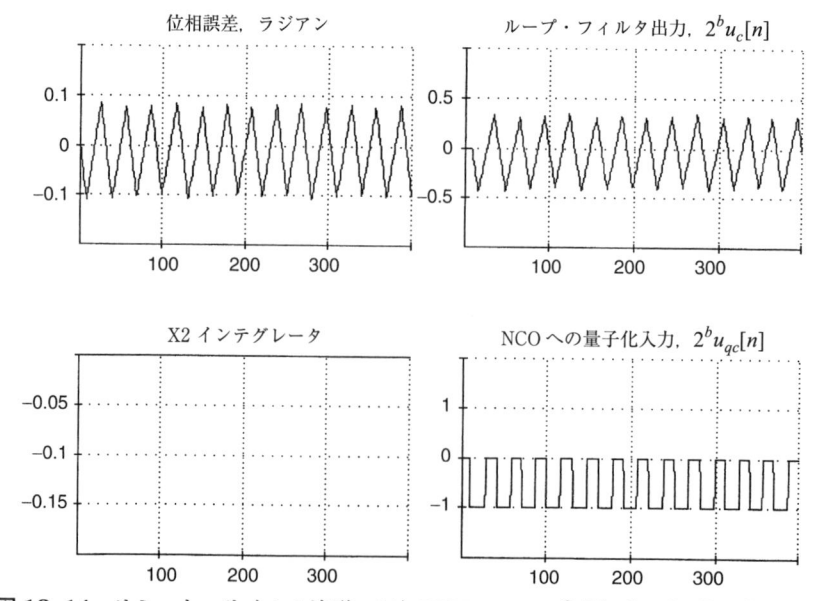

図 13.14　リミット・サイクル波形. 1 次 DPLL, $\mu_i = -0.56$, $b=8$, $D=8$, $L=1$

るものである．

　負の周波数$\mu_i = -0.56 = -1 + 0.44 = -14/25$はシミュレータ内でスタティック位相誤差による問題を避けるために用いられた．スタティック位相誤差を除き，$\mu_i = -0.56$は$\mu_i = +0.44$と等価であるが，後者は図 13.13 と 13.14 の比較の対象とすべき図 13.10 で用いられている通りである．

図 13.13，$L>1$　アキュムレーション・レシオLはループ・ゲインκの係数［(13A.18) 参照］であり，また，ループ更新レートは$1/Lt_s$なので，比例経路におけるシミュレーション上のゲインの設定は，図 13.10 におけるその値と比べてファクタ$1/L^2$だけ削減された．この応急処置により第一にループ・ゲイン内の係数Lが補償され，第二にループ・バンド幅がファクタ$1/L$だけ減少するが，これは，減少した更新レートに対して適切である．また，それにより，両方の場合に同じ安定性マージン（〜26dB）も維持される．この例ではディレイ$D=1$が用いられている．

　$L=16$に対する図 13.13 のプロットは図 13.10 に比べて位相誤差偏位の大きな増加を示しているが，（信号周波数の選択により）ずっと小さなスタティック位相誤差であり，全ての波形においてかなりの変化を示している．注意深く見てみると，位相誤差のリミット・サイクルの周期は$25 \times 16 = 400$サンプルに増加しており，また，そのピークからピークまでの偏位もまた約 16 倍に増加している．負の入力周波数の選択によって必然的になっているように NCO の正規化周波数は今度は 0 と -1 の間をジャンプするが，Lの大きな増加にもかかわらずジャンプは依然として 2 個のレベルの間に限られている．ダウン・サンプリングとそれに続くアップ・サンプリングとホールド・オペレーションのために NCO の周波数は 16 サンプル期間の間安定を維持する．従って，各位相誤差の偏位は$L=1$に対する場合よりも必ず 16 倍大きい．同じ理由により，リミット・サイクルの周期は 16 倍大きい．

図 13.14，$D>1$　ディレイDはループ・ゲインやアップデート・レートに入って来ないので，比例経路内のゲインκ_1は，図 13.10 の PLL に対して用いられたのと同じ値が図 13.14 の PLL のシミュレーションに対して選ばれた．$D=8$の場合には，ディレイによって安定性マージンは（26dB から）6.6dB に減少しているが，これは恐らく好ましい値よりは幾分低い値である．アキュムレーション・レシオはこの例では$L=1$に設定された．図 13.14 のプロットでは図 13.10 からは大幅に変化した波形を示しており，ピーク・トゥ・ピークの位相誤差の偏位は約 8 倍大きく，図 13.14 では，与えられた条件に対して NCO 周波数は依然として 2 個のレベル，0 と -1 だけの間をジャンプしている．

位相偏位の導出　$D=1$と$L=1$の場合の 1 次の PLL を考えよう．以下の性質によって定義される位相誤差閾値Θ_Eを仮定する．

$$2^b u_{qc} = \begin{cases} \text{IP}(\mu_i), & \theta_e < \Theta_E \\ 1 + \text{IP}(\mu_i), & \theta_e > \Theta_E \end{cases} \quad (13.13)$$

もし$2^b u_{qc} = \text{IP}(\mu_i)$ならば，位相誤差は次のサンプル区間には$\Delta\theta_+ = 2\pi \text{FP}(\mu_i)/2^b$ラジアンだけ進むが，もし$2^b u_{qc} = 1 + \text{IP}(\mu_i)$ならば位相誤差は$\Delta\theta_- = 2\pi[\text{FP}(\mu_i) - 1]/2^b$ラジアンだけ戻る．

$\theta_e = \Theta_E - \varepsilon (\varepsilon \to 0)$ から始めて，可能な最大の正の偏位は$\Theta_E + \Delta\theta_+$までであるが，これは$\theta_e > \Theta_E$ならば負の偏位だけが可能だからである．同様に，$\theta_e = \Theta_E + \varepsilon$から始めて，可能な最大の負の偏位は$\Theta_E + \Delta\theta_-$である．従って，$\theta_e$の最大の可能なピーク・トウ・ピークの偏位は$\Theta_E$にかかわらず

$$\Delta\theta_e \leq (\Theta_E + \Delta\theta_+) - (\Theta_E + \Delta\theta_-) = \Delta\theta_+ - \Delta\theta_-$$
$$= \frac{2\pi}{2^b} \quad \text{rad} \tag{13.14}$$

［13.32］と［13.33］の解析から，(13.14)は，全ての信号周波数に対するピーク・トウ・ピークの位相偏位に対する真の上限ではないことが明らかである．欠陥はあるが，それでもその導出により偏位を生み出す物理的過程の記述が与えられる．さて$L>1$と$D>1$に対してシミュレーションの知見を具体化しよう．図13.13と13.14に示された例はLとDに比例するピーク・トウ・ピークの位相誤差偏位を明示した．粗い仮説として，ディレイによって，あるいはアキュムレーションとそれに続くホールドによってループにディレイが挿入されると仮定しよう．挿入されたディレイは両方の原因からの和である．Dのディレイは明らかにループ・ディレイのDサンプル区間に寄与するが，$L=1$に対してはディレイが無い，すなわちアキュムレートとホールドの処理は無いのでアキュムレーションとホールドは$L-1$区間だけ寄与する．NCOの位相は，Θ_E境界を通過した後，$(D+L-1)$サンプル区間にわたって$2\pi/2^b$ radずつ増加（減少）し続け，それによってその分だけ偏位が増加する．(13.14)に対して，この発見的な推論を適用することにより(13.11)が得られる．

ゲイン係数κ_1とκ_2の効果 Teplinsky他の［13.32］と［13.33］は位相誤差リミット・サイクルのピーク・トウ・ピークの偏位は（ループは安定と仮定して）κ_1には依存しないがκ_2には依存すると述べている．［13.31］のシミュレーションでは同じ振る舞いが見出され，シミュレーションによる研究からの例により何らかの洞察が得られる．図13.15と13.16は，積分経路のゲイン係数κ_2の値を除いて同等な2つのタイプ2のPLLに対するリミット・サイクルを示している．これらのシミュレーションは$L=16$に対して実行されたが，それは偶然であり無関係である．それらが選ばれたのは，全ての試験的な実行の中でκ_2の効果を最も明瞭に示したからである．$L=1$による他のシミュレーションもまたその効果を示したがそれほど力強くはなかった．

タイプ2のPLLによるこれらの図で示したシミュレーションより前に，もう1つのシミュレーションが，図13.15や13.16におけるのと同じ$L=16$，同じμ_i，$\kappa_1 = 2^{-14}$の代わりに2^{-11}として1次のPLL（すなわち$\kappa_2 = 0$）によって実行された．その位相誤差のリミット・サイクルは（小さなスタティック位相誤差を除き）図13.15と同等であった．これらの結果からいくつかの結論を導くことができる，(1) ループ・タイプは位相誤差リミット・サイクルの波形に何の効果も持たない（スタティック位相誤差を除く），(2) （安定ループにおける）比例経路ゲインは位相誤差リミット・サイクルの波形に何の効果も持たない，そして(3) 図13.15における$\kappa_2 = 2^{-5}$の値は位相誤差リミット・サイクルの波形あるいは偏位に対して認識できる効果はないほど十分に小さい．

図13.15を検討するといくつかの特徴を書き留めることができる．
- ピーク・トウ・ピークの位相誤差偏位は(13.11)に厳密に一致する．

第13章　ディジタル（サンプル化）位相同期ループ

- （一旦初期の過渡現象が減衰した後）ピークはゼロの上下に均等に分布し，積分器がスタティック位相誤差を除去するのに成功していることを示している．
- NCOへの量子化された入力は2個のレベルだけの間をジャンプする．
- 積分器の出力は常にゼロより少し負である．
- 積分器の波形は，位相誤差の波形における最低周波数（周期 = 512？）の変動に対応する小

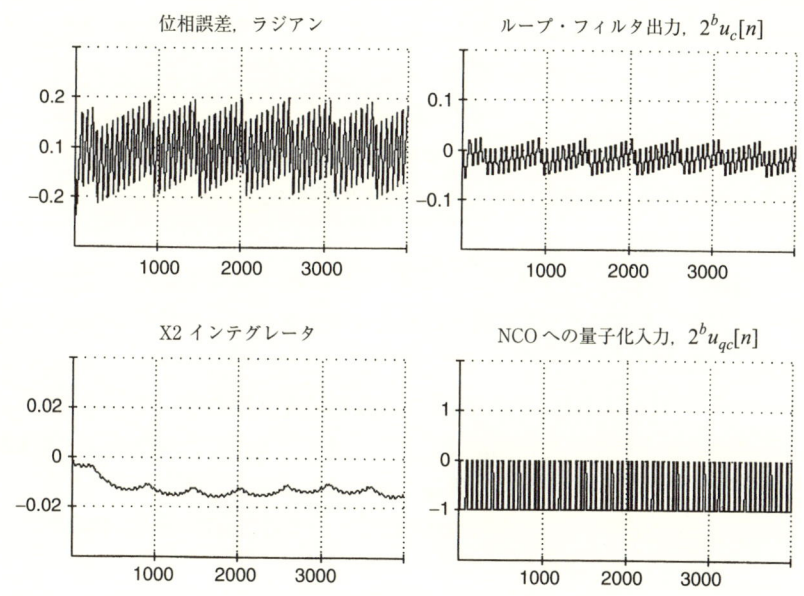

図13.15 リミット・サイクルの波形：タイプ2のDPLL：$\mu_i = -0.7425$, $b = 8$, $D = 1$, $L = 16$, $\kappa_1 = 2^{-14}$, $\kappa_2 = 2^{-5}$

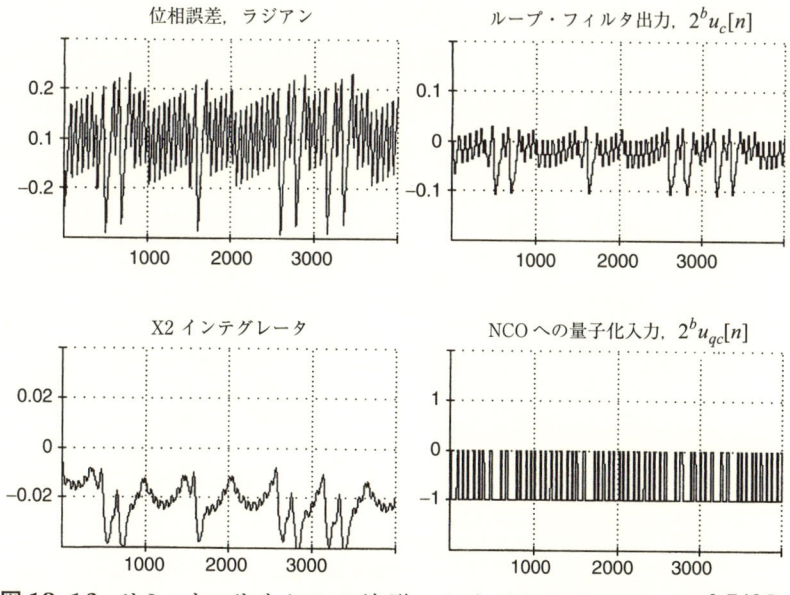

図13.16 リミット・サイクルの波形．タイプ2のDPLL，$\mu_i = -0.7425$, $b = 8$, $D = 1$, $L = 16$, $\kappa_1 = 2^{-14}$, $\kappa_2 = 2^{-3}$

振幅の波型を示している.

図 13.16 は，κ_2 が 2^{-5} から 2^{-3} へ増加している点を除き，図 13.15 と同じ条件下の同じ PLL に対するリミット・サイクルを示している．図 13.15 からのリミット・サイクルの名残が依然として見られる．位相誤差の名残は丁度小さな κ_2 に対するものとほぼ同じであるように見え，積分器内における波状の名残の大きな振幅は大きな κ_2 によって完全に説明することができる.

しかし，図 13.16 の最も驚くべき特徴は，図 13.15 の比較的規則的なリミット・サイクルからの大きな逸脱の出現である．それはあたかも，ループ・フィルタの積分経路に関連した別のもっと強力なリミット・サイクルが，比例経路に関連したもっと穏やかなリミット・サイクルを打ち破り圧倒しているかのようである．この説明は劇的すぎる——波形の微視的な検討によりスイッチング・レベルによる平凡な説明が明らかになるのは疑いようも無い．それにもかかわらず，競合するリミット・サイクルの概念によって κ_2 の効果以外の他のいくつかの現象に関して考察するための有益なモデルが提供される.

そのアイデアは既に整数 μ_i に対するタイプ 2 の PLL における大きなリミット・サイクルを説明するのに生じており，そのアイデアの変形はリミット・サイクルに対する加算的なノイズの効果を説明する際に現れるであろう.

図 13.15 と 13・16 の比較により，κ_2 の閾値（あるいは閾値の範囲）の存在が示唆される．閾値よりずっと下の値に対しては，位相誤差リミット・サイクルは比例経路によって支配され，積分経路からの影響は殆ど（恐らく完全に）排除されるほどである．閾値よりずっと上の κ_2 の値に対しては，積分経路が支配的である．理論は閾値を特定するほど十分には発展しておらず，シミュレーションが依然として必要である.

加算的なノイズの効果　単位振幅の複素指数関数信号に $2\sigma_v^2$（複素ノイズの各直交成分にそれぞれ σ_v^2）の分散の複素白色ガウシアン・ノイズが加わった入力に対して，量子化が無い場合には，DPLL 内の NCO の出力における位相分散は

$$\sigma_{\theta no}^2 = 2B_L t_s \sigma_v^2 \qquad \text{rad}^2 \tag{13.15}$$

ただし，B_L は第 6 章で定義されたようにノイズ・バンド幅であり，t_s はサンプル間隔である.

周波数量子化による位相の揺らぎが加算的ノイズによる揺らぎに加わる．図 13.17 は量子化と

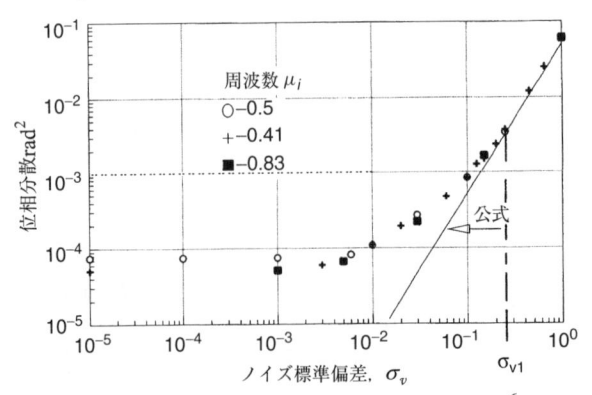

図 13.17　位相誤差分散とノイズ．$b=8, D=1, L=1, \kappa_1=2^{-6}, \kappa_2=0$（[13.31]）による，©1996IEEE）

加算的ノイズの組合せから生じる位相分散のシミュレーションの例をいくつか示している．小さなσ_vに対しては，プロットの平坦さから明らかなように量子化成分が支配的である．大きなσ_vに対しては，加算的なノイズが支配的で，理論的公式（13.15）（"公式"とラベルを付けられた直線）に密接に漸近する．これらの結果は，ノイズ，信号周波数，ならびにPLLパラメータといった様々な条件での多くの試行の代表的なものである．

ノイズと量子化の寄与がおよそ等しい遷移領域における総分散に対して経験的な公式を導出する試みがなされた．（ノイズだけ，そして量子化だけの）個々の分散もしくは個々の標準偏差の単純な加算では観測された総分散に対する一致が大変悪かった．図13.18では，遷移領域ではσ_vが増加すると総分散は減少する（個々のPLLにおいて不安定性近傍で引き起こされる挙動）が，この図13.18の偶然の発見の後，加算的なノイズと量子化リミット・サイクルが非線形的に組み合わさることと，単純な加算ルールは正しくないということが認識された．

リミット・サイクル波形の観測により，加算的なノイズはリミット・サイクルを増加させるというよりは崩壊させる傾向があることが明らかになった．典型的な波形では，ノイズ無しのリミット・サイクルが損なわれないセグメントに続けて，リミット・サイクルが破壊されノイズで置き換えられてしまっているセグメントが来る．2つのプロセスが非線形システムではお互いに競合し，いかなる単純な特性付けも明白ではない．

分散の結合則の代わりとして，加算的なノイズの寄与が量子化のノイズの寄与を圧倒するように，入力ノイズレベル$\sigma_v = \sigma_{v1}$に対して単純な経験則が考案された．この経験則は殆ど全ての実用的なケースにおいて，量子化器（クオンタイザ）からのノイズ無しのリミット・サイクルは2個だけの隣接量子化レベルの間を行ったり来たりしているという観察に基づいていた．

更に，量子化器への入力$u_c[n]$が殆どの場合に1量子化間隔よりもずっと小さなピーク・トゥ・ピークの偏位を持つリミット・サイクルを有するということが観察された．この経験則により，1量子化間隔に等しい標準偏差を持つ量子化器入力のノイズ成分を生み出す入力ノイズ・レベルとしてσ_{v1}が任意に定義される．

σ_{v1}に対する公式は次のようにして得ることができる．イン・フェーズ（同相）成分はPD出力に現れないので（6.1.1項参照），σ_v^2を分散とする入力ノイズの直交成分だけを考慮すればよい．ループ・フィルタを通るノイズの伝達は殆ど比例経路を通るので積分経路を通る伝達はその

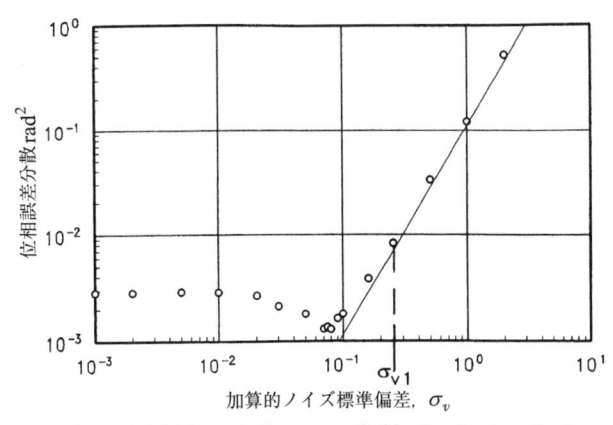

図13.18 位相誤差分散とノイズ．$\mu_i = -0.41$, $b = 8$, $D = 8$, $L = 1$, $\kappa_1 = 2^{-6}$, $\kappa_2 = 0$ ([13.31], ⓒ1996 IEEE)

ルールに対しては完全に無視することができると仮定しても理にかなっている．こうして，ループ・フィルタにより入力ノイズは係数κ_1だけスケールされる．

アキュムレート＆ダンプ——すなわち，$L>1$——により導出は複雑になる．付録13Aの伝達関数は入力信号のバンド幅がフィルタのアップデート・レート$1/t_s$に比べて小さいという近似によって導出された．しかし，その近似は両側バンド幅$1/Lt_s$にわたって白色である入力ノイズに対しては有効ではない．アキュムレータを考慮に入れると，アキュムレータは単にLサンプルのノイズを加えるにすぎないことを認識しよう．もしこれらのLサンプルが独立で標準偏差σ_vで同じように分布しているならば，アキュムレータからの標準偏差は単純に$\sigma_v L^{1/2}$であり，量子化器への入力における標準偏差は$\kappa_1 \sigma_v L^{1/2}$である．その積が$2^{-b}$（量子化器の1増分）に等しいと置くと次の経験則が得られる．

$$\sigma_{v1} = \frac{1}{2^b \kappa_1 \sqrt{L}} \tag{13.16}$$

総位相分散が量子化支配とノイズ支配との間の遷移領域を十分超えており，$\sigma_v = \sigma_{v1}$において(13.15)の公式に極めて近いということを図13.17と13.18におけるσ_{v1}のマーカーは示している．量子化器の出力のノイズの多いサンプルの大多数は，ノイズが無い場合に活性化される2個のレベルで生じ，かなりの部分のサンプルは各方向でもう1つのレベルに達し，もう2個のレベルに達するものはもっと少なく，もう3個のレベルに達するものはほんのわずかであるということが$\sigma_v = \sigma_{v1}$での波形の観測により明らかになる．これはまさに，1個の量子化区間のノイズの標準偏差から期待される類の量子化器出力である．

スタティック位相誤差　1次のディジタルPLLは，正確な平均周波数にNCOを同調させるためにループ・フィルタからノンゼロ出力を得る必要があることからスタティック位相誤差を被ることになる．過度な位相誤差によりループはロックを喪失し，丁度アナログPLLにおけるようにホールド・イン・リミットが存在する．スタティック位相誤差の例はノイズ無し条件とノイズの多い条件とに対して図13.19に示されている．位相誤差の公式は数々のシミュレーションの試行の観察から推論されたものである．図13.9のシミュレーション・モデルにおいて，ノイズが無い場合の公式は

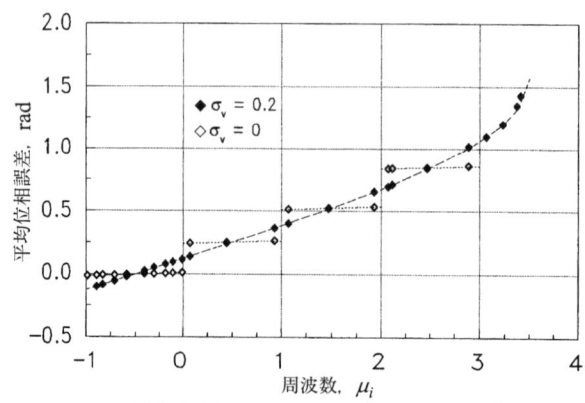

図13.19　スタティック位相誤差．$b=8, D=1, L=1, \kappa_1 = 2^{-6}, \kappa_2 = 0$（[13.31]による，©1996 IEEE）

$$\theta_v = \sin^{-1}\frac{\mathrm{IP}(\mu_i)+1}{2^b L \kappa_1} + \frac{2\pi(D+L-1)}{2^b}[\mathrm{FP}(\mu_i)-0.5] \qquad \mathrm{rad} \qquad (13.17)$$

これは$\mu_i = 0$においてのみゼロになる．(13.17)の逆サイン項は図13.19のノイズ無しの部分に現れている階段状特性の原因となっており，第2項は各段にほとんど識別できないくらいの傾斜を与えている．また拡大したプロットでは見えるが図13.19では見えないのは，(13.17)で示された直線のステップ上辺からの比較的小さな周波数依存の偏差である．

付加ノイズが十分あれば，ステップは払拭され，スタティック位相誤差は次式に近づく．

$$\theta_v = \sin^{-1}\frac{\mu_i + 0.5}{2^b L \kappa_1} \qquad \mathrm{rad} \qquad (13.18)$$

これは正弦曲線PDを持つアナログPLLにおけるものと殆ど同じ結果である．

デザイン・ルール　位相誤差偏位を最小化するためのいくつかのガイドラインを前述の全てから抽出することができる．
- 周波数量子化器で小さな量子化増分（大きなb）を用いる（明白な応急手段）
- スタティック位相誤差を避けるためにタイプ2のPLLを用いる（アナログPLLから良く知られている手段）
- ループ・フィルタ内のアキュムレーションとダウン・サンプリングは避ける．
- ループ内のディレイDを最小化する．

13.2.4 位相検出器と積分器における量子化

前の節で詳述した奇妙な振る舞いが豊富にあったにもかかわらず，NCO周波数の量子化の非線形効果に関して学ぶべきことは沢山残っている．ディジタルPLLの他のあらゆる要素の動作も量子化されており，その量子化の効果もまた理解する必要がある．それにもかかわらず，Da Dalt [13.43] を除き，周波数量子化は，これまでに深く研究された唯一のもののようである．この節では位相検出器やループ・フィルタの積分器内での量子化に関する予備的なアイデアや疑問を提起する．確実な取り扱いは将来になる．

位相検出器の量子化　1次のDPLLを考えよう．その位相検出器の出力は$u_d[n]$であり，NCOへの制御信号は$u_c[n] = \kappa_1 u_d[n]$である．PDはデッド・ゾーンを回避するように用意されており，κ_1の掛け算によりu_cに対してu_dの全ビットが保存されるということは有りそうなことであるがそのように仮定する．もしu_cのLSBがNCOのLSBと整合しているならば，PDの量子化はNCOの量子化と整合している．その条件下で，PLLの量子化は実効的にはNCOの量子化であるかのようであり，その振る舞いは13.2.3項で詳細に説明したとおりである．この結論は誤りであるかもしれない．直感的にはu_dの量子化は何らかの効果を持つはずである．この問題はさらなる研究の余地がある．

u_cのLSBがNCOのLSBより下であるならば，1ビット以上が無駄になる．たとえ，失われたビットがu_cから切り取られても性能は同じである．PDに余分なビットを持たせても明白な利点は無い．もしu_cのMSB（符号ビット）がNCOのLSBより下であるならば，ループは完全に破綻する．この特徴はNCO周波数の量子化により，ある意味で，少なくともこれまで考察して

きた DCO の構成に対しては，その PLL の最小バンド幅が確定されることを意味している．もし NCO が実際に符号ビットをその入力の一部とする構成であるならば，必要ならば，制御ワードの残りの部分の整合とは別に制御ワードからの符号ビットは常に NCO 符号ビットと整合していなければならない．

積分器の量子化　今度は，ループ・フィルタ内に積分経路を含んでいるタイプ 2 の PLL を考えよう．検討すべき条件の数を減らすために，u_c の LSB は NCO 入力ワードの LSB と整合しているものと仮定しよう．

積分器の出力は

$$u_I[n] = \sum_{k=0}^{n-1} \kappa_1 \kappa_2 u_d[k] + u_I[0]$$

従って，その最小の増分は，もし全ての入力ビットが保持されるならば，NCO によって受け入れられる最小の増分よりも係数 κ_2 だけ小さいであろう．これによって次の疑問が提起される．κ_2 がどんなに小さくてもそれらのビットは全て保持されるべきであろうか？

全ビットの保持に賛成する議論　$u_I[n]$ の個々のサンプルの LSB は $u_c[n]$ に含まれないけれども，それらの LSB は多くのサンプルにわたって累積し，それらの和は結局は $u_c[n]$ に，従ってまた NCO の周波数に入ってくる．その和は有益な情報である．積分器に蓄えられた周波数の情報は，もし全ビットが保持されていれば，信号喪失の場合に，より正確に記憶される．

全ビット保持に反対する議論　NCO の周波数精度よりもずっと小さな周波数増分に対するビットが特に κ_2 の小さな値に対してどのようにして PLL の動作に大きな効果を持つことができるのかを理解することは難しい．全ビットの保持には積分器内に長いワードが必要であり，演算とハードウェアの負担を課すことになる．

妥協　余分なビットの全てではなくて一部を保持する．保持か廃棄かのルールは良い研究課題である．

13.3　対処しがたい程度に非線形の PLL

この節では，その本質的な非線形性によって，近似的な線形化のいかなる試みも妨げるある特定の種類のサンプル化 PLL を論じる．ゲイン，バンド幅，そして伝達関数といったような概念は線形システムの性質であり，ひどく非線形のシステムでは何の意味も持たない概念である．非線形システムの解析は線形システムの解析よりもはるかに困難であり解析の結果は分かりにくいが，この後のいくつかの節で検討する見かけ上は複雑ではない PLL によって効果的に説明されるとおりである．PLL の例は，標準的なディジタル集積回路として直ちに実装される部品からほとんど完全に構築することができるので，ハードウェアの観点からは魅力的なものになっている．不十分な解析による特性付けの欠陥はシミュレーションによって緩和しなければならない．

13.3.1 非線形 PLL の構成

ここでの注意はハイブリッド PLL の特定の構成に限られるが，この PLL は入力信号の 2 値の量子化を実行し，各調節サイクルで 1 個の小さな固定増分だけ DCO の位相を変更するものである．過去において，その構成はインクリメンタル・フェーズ・モジュレータ（IPM）と時折呼ばれてきたが，その名前の起源は見失われている．

過去の文献 類似した関連する構成が初期の文献に現れている．それらの著者は全員ディジタル PLL（DPLL）という名前を自分たちのモデルに与えているが，全てのモデルは入力でアナログ信号を受け入れ，DCO からはアナログ信号を分配しており，丁度この節で検討したハイブリッド構成のようである．Cessna と Levy [13.34] は 2 レベルの量子化をした PLL から，かなりの性能が得られるということを見出した．他の文献の殆どのように，この文献は加算的なノイズの存在下での性能に大いに関係していた．Holmes [13.35] はノイズの存在下で関連したモデルを Markov チェインの助けを借りて解析し，位相ジッタの統計と最初のサイクル・スリップまでの平均時間を導出した．Ransom と Gupta [13.36] は同様な原理で動作するビット同期ループを記述している．D' Andrea と Russo [13.37] は非線形 PLL のステート・トラジェクトリを表現するためのグラフによる方法を説明している．レプリント集 [13.38] は [13.35] を含んでいる，Walker [13.40] は，この節で検討しているものと部分的に似ている特性を持った高度に非線形なアナログ PLL を検討している．

ブロック図 図 13.20 は IPM の 1 つのバージョンを描いている．このバージョンはいくつかの性質において 1 次の擬似線形な PLL に類似している．1 次のモデルを調べたのちに，タイプ 2 の IPM が紹介されている．ここで考察されている単純なモデルにおいて，入力信号（当面はノイズ無し）は，DCO の出力によってサイクル毎に 1 回サンプルされる位相 $\psi_i(t)$ を持った正弦曲線である．各サンプルはスライサー（リミッターとかクリッパとかコンパレータとか 1 ビット量子化器とも呼ばれる）を通過する．図 13.20 はサンプラーに続くスライサーを示しているが，スライサーはサンプラーに先行しても良く，IPM の動作はどちらでも同じである．もしサンプラーの前にスライサーが先行していれば，そのサンプラーは D フリップ・フロップとして実装でき，これにより潜在的にはこのスライサーが PLL 全体の中で唯一のミックスト・シグナル回路となる．

バイナリーのサンプルは，オーバーフローで出力 $c[n]$ が +1，アンダーフローで -1，それら以外はゼロとなるアップ／ダウン・カウンタへのクロックとして用いられる．初期の執筆者達はカ

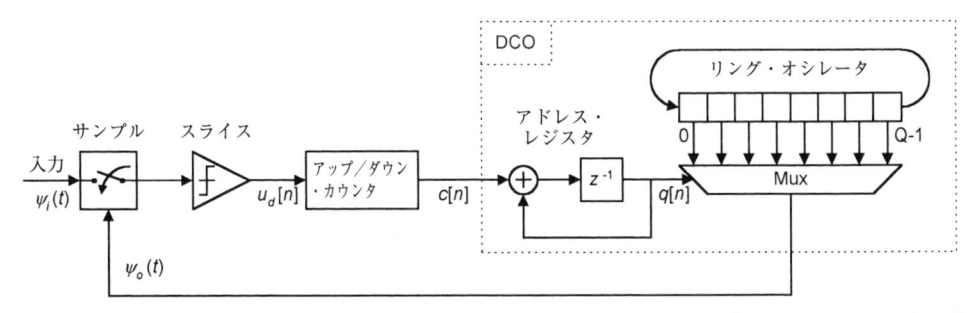

図 13.20 高度非線形 PLL の 1 例としてのインクリメンタル・フェーズ・モジュレータ（IPM）

ウンタをシーケンシャル・フィルタと記述したが，カウンタは PLL においてループ・ゲインに相当するものを実現する1つの手段であるにすぎないことをここで主張している．図 13.2 に類似したリング発振器の配置は図 13.20 で DCO に対して示されているが，図 13.1 に示されているように，カウンタの配置も用いられてきた．両方の配置は同じように動作し，アップ・ダウン・カウンタからの制御入力 $c[n]=+1$ により DCO 出力の位相（その信号のサンプラーに対する位相）は増分 $2\pi/Q$ だけ進み，制御入力 $c[n]=-1$ により位相は $2\pi/Q$ だけ遅らされ，$c[n]=0$（もっとも普通の条件である事が多い）により DCO の位相は不変である．これらの説明はこのあと補足される．

構成のバリエーションは可能である．R:1 の比率での周波数分周は，サンプリングが DCO 周波数の $1/R$ の周波数で実行されるように，DCO の後に挿入する事ができる．ディバイダ出力での位相増分は DCO の $1/R$ である．もう1つの修正はサブサンプリングである．すなわち，信号周波数の約数であるサンプリング・レート（すなわち，DCO 周波数）である．この手段によって回路スピードの問題は軽減できる．サブサンプルされた PD の s 曲線はサンプリング・レートの1周期の中に複数のサイクルを有する．

13.3.2　PLL 要素の動作

PLL への入力における正弦波の連続時間のアナログ信号は次式で表現される位相を持つ．

$$\psi_i(t) = \omega_i t + \theta_i \tag{13.19}$$

ここで，信号のラジアン周波数 ω_i(rad/sec) と信号の位相 θ_i(rad) とは固定あるいはゆっくりとだけ変化するものと考えられる．

位相検出器　n 番目のサンプルは時刻 t_n に取られるので値 $\sin(\omega_i t_n + \theta_i)$ を持つ．サンプリングの瞬間は一様な間隔ではない．スライサーの出力は，

$$u_d[n] = \operatorname{sgn}\{\sin[\psi_i(t_n)]\} \tag{13.20}$$

これは2個の値 +1 と -1 しか取らない．スライサーの出力はアップ／ダウン・カウンタに印加される．

アップ・ダウン・カウンタ　カウンタの動作は図 13.21 のステート・ダイアグラムに描かれている．カウンタは $u_d=+1$ 毎に1増分だけカウント・アップし，$u_d=-1$ 毎に1増分だけカウント・ダウンする．2個の異なるカウンタの配置をここで検討する．一方はシングル・ループ・カウンタであり，他方はダブル・ループ・カウンタである．それらは各々およそ同じ総合的な特性を PLL に与えているが，いくつかの詳細に対しては大幅に異なる影響を及ぼしており，特に位相リミット・サイクルに対してそうである．

図 13.21a のシングルループ・カウンタはリング状に接続された単純なアップダウン・カウンタである．このカウンタには終了状態は無く，カウントはいずれの方向でも1つの状態から次の状態へ際限なく進む．PD からの +1 によりカウントは次の高い番号の状態へ1単位だけ増加し，PD からの -1 によりカウントは次の低い番号の状態へ1単位だけ減少し，PD からの 0 によりカウンタの状態は変わらないままである．状態番号はこのモデルに対しては任意形式である．状態は閉じたリング内に存在するので，どの状態も自然な起点や終点にはならない．図で，状態 (0)

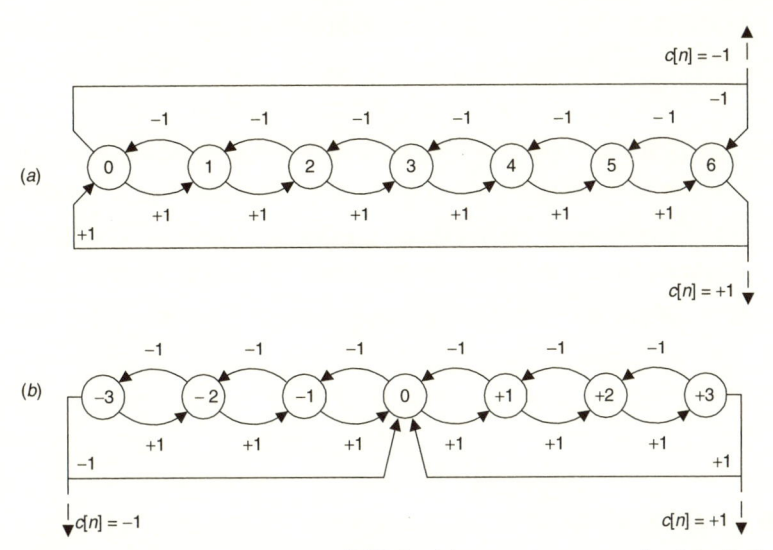

図 13.21 2個のアップダウン・カウンタの状態図．(a) シングル・ループ，(b) ダブル・ループ

と (6) が"終了"状態に選ばれているのは，もしカウンタが (6) 状態にあるときにPDから +1が出力されたならば，状態は (0) 状態に駆動されるが，もしカウンタが (0) 状態にあるときにPDから-1が出力されると，カウンタは (6) 状態に駆動されるという意味である．同等な振る舞いを達成するためには，隣接状態の任意のペアを代わりに選ぶこともできる．2個の"終了"状態の間の遷移によりカウンタ出力 $c[n]$ が生成される．(6) から (0) への遷移により $c[n]=+1$ が生成され，(0) から (6) への遷移により $c[n]=-1$ が生成され，他の任意の隣接状態ペア間の任意の遷移により $c[n]=0$ が生成される．状態 (0) と (6) の間の遷移により $c[n]=\pm 1$ が出力され，如何なる特定の状態の占有によっても生じないことに特に注意．このカウンタ内の状態は $s_c[n]$ により表記される．

カウンタのサイズは C_i（シングルループ・カウンタに対しては $i=1$）で指定され，これはループを丁度1回転してカウントを進めるのに必要な+1の入力サンプルの正味の数である．図13.21aにおけるカウンタのサイズは $C_1=7$ であるが，これは状態の数に偶然等しくなっている．一般的には C_1 は2のべき乗である必要はなく，任意の正の整数でよい．

図13.21bのもっと複雑なカウンタは (0) と表記された中央の状態を共有する2個のループを持つ．中央の状態を設けた結果，1対の終了状態 C_2-1 と $-(C_2-1)$ もまた定義される．カウンタ・サイズ C_2 はループを1回まわるカウントを駆動するのに必要な入力サンプルの正味の数である．図13.21bにおいて，カウンタ・サイズは $C_2=4$ であるが，これは偶然各ループ内の状態の数になっている．(0) 状態は2個のループの間で共有されているので，カウンタには全部で7状態しかないことに注意．また，中央の状態が存在するためには C_2 は正の偶数でなければならないことにも注意．

カウンタ・サイズ C_i はPLLのキー・パラメータの1つである．いずれの終了状態からも (0) への状態遷移が存在するが，逆方向は無い．C_2-1 から (0) への遷移により $c[n]=+1$ が出力され，$-(C_2-1)$ から (0) への遷移により $c[n]=-1$ が出力され，他の任意の遷移では $c[n]=0$ が出力される．

ディジット制御発振器　図 13.20 の DCO は，Q 個の等間隔のタップを持ち，固定のラジアン周波数 ω_{ck} で走行するリング発振器を含んでいる．実際は，リング発振器は安定で正確なレファレンスにフェーズロックしているであろうが，それは図には示されていない．マルチプレクサは DCO 出力の位相を調節するために Q 個のタップから選択する．$q[n]$ を保持するアドレス・レジスタによって，マルチプレクサは番号 q で指定されるタップを選択するように制御される．

　[コメント：(1) 図でのタップの番号付けは，q が増えると DCO の位相が進むようになっている．(2) リングの原点の指定，すなわちタップ 0 に割り当てられるタップは任意であり，リングは閉じた輪であり，識別可能な始まりや終わりは無い．(3) 1 つのタップから次のタップへの位相の増分は $2\pi/Q$ ラジアンである．]

　アドレス・レジスタは次の差分方程式を持ったリサイクリング・アキュムレータの一部である．

$$q[n] = \{q[n-1] + c[n-1]\} \quad \text{mod-}Q \tag{13.21}$$

ここで $q \in (0, 1, ..., Q-1)$ である．このアキュムレータは，その制御入力 $c[n]$ が 0 と ±1 の値しか取らない点を除き NCO に似ている．アキュムレータとアドレス・レジスタの代わりに，マルチプレクサのタップはリング状に接続された Q 段のシフト・レジスタによって選択することができるが，タップはどの瞬間でもただ 1 個だけが真値をとるものとする．シフトレジスタはシーケンス $\{c[n]\}$ により，前か後ろにシフトするかあるいは一定にとどまるかである．もう 1 つの選択肢として，図 13.20 の DCO 全体は，必要な DCO 位相シフトをパルス・スワロウ手法で実装することにより図 13.1 のものと類似したカウント・ダウン構成によって置き換える事ができる．外部の性質が同じである限り，この後の内容は特定の構成に依存しない．

　これらの DCO 構成のいずれにおいても，位相シフトが如何なる種類のスイッチング誤りもなしに実行されることを確実にしよう．PD におけるサンプリングは DCO からの波形エッジによってトリガーされるので，動作を損なわないようにエッジの欠損や余分なエッジが無いことは極めて重要である．n 番目のサンプルの時刻 t_n における DCO の出力の位相は

$$\psi_o(t_n) = \omega_{ck} t_n + \theta_o(0) + \frac{2\pi q[n]}{Q} \quad \text{rad} \tag{13.22}$$

時間変数の原点は，$\theta_o(0) = 0$ であるように選ぶ事ができるので，それはこれ以上は考えなくて良い．位相誤差 $\psi_e(t_n) = \psi_i(t_n) - \psi_o(t_n)$ は

$$\psi_e(t_n) = \Delta\omega t_n + \theta_i - \frac{2\pi q[n]}{Q} \quad \text{rad} \tag{13.23}$$

となるが，ここで $\Delta\omega = \omega_i - \omega_{ck}$ であり，ψ_e はモジュロ 2π で評価されている．$|\psi_e|$ が小さければ PLL はロックされていると考えられる．

13.3.3　PLL ステート・ダイアグラム（状態図）

　PLL の振る舞いの理解には，(ダブルループ・カウンタに対する) 図 13.22 や (シングルループ・カウンタに対する) 図 13.23 で例証されているようにステート・ダイアグラムが助けになる．これらの図には，入力位相の連続時間的性質とともに PLL のディジタル部分の有限状態が含まれている．状態を示すことに加えて，これらの図はまた DCO の $q = 0$ タップに対する適切な位相も表示している．

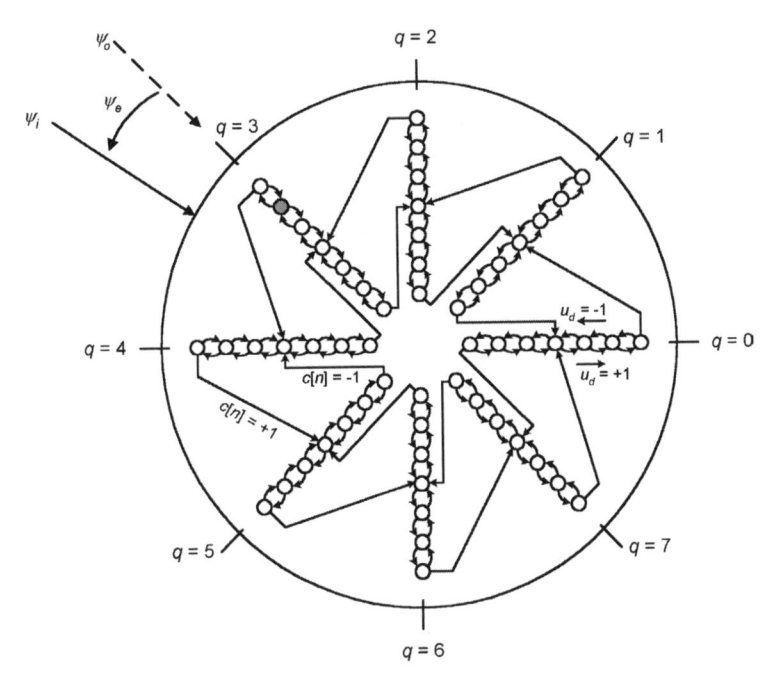

第13章 ディジタル（サンプル化）位相同期ループ

図 13.22 ダブルループ・カウンタを持つ1次IPMの位相と状態のダイアグラム

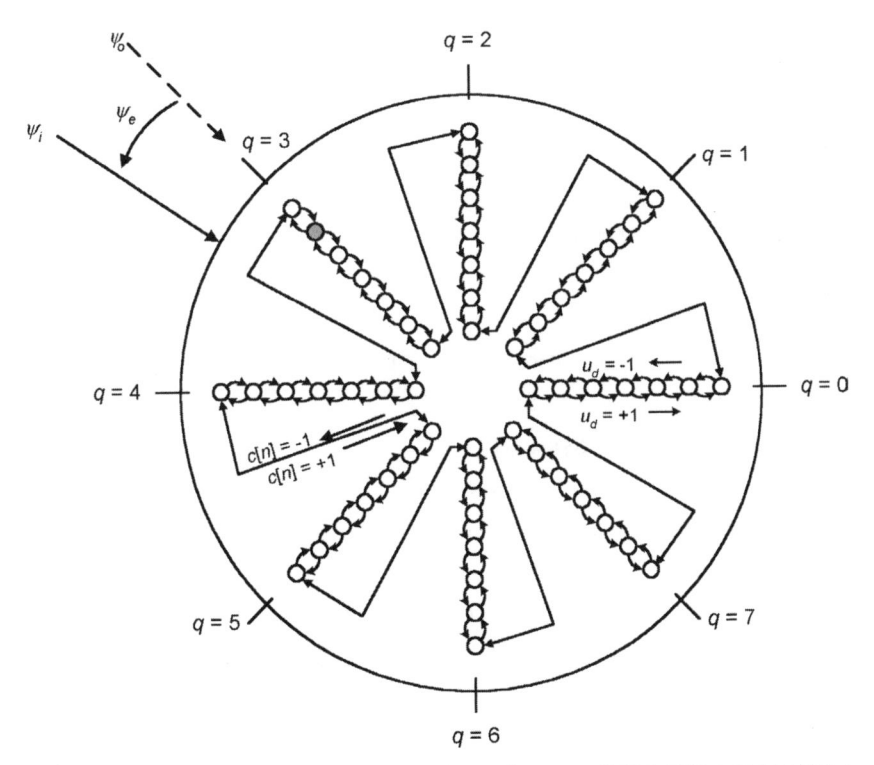

図 13.23 シングルループ・カウンタを持つ1次IPMの位相と状態のダイアグラム

入力位相ψ_iは連続した外周に沿う任意の位置を取りうる．DCO の位相ψ_oは円と交差する短い放射方向の線で印を付けられ，値qのラベルを付けられた離散的な位置だけを取ることができる．図中の矢印はこれらの位相の位置の例を示しており，それらの間の円弧は位相誤差$\psi_e = \psi_i - \psi_o$を示している．ψ_oに対してqのラベルを付けられた各々の位置はDCOに対するQ個の状態の1つを表している．円の中には8個のチェーンがあり，各qの位置に対して1個のチェーンがある．これらのチェーンは図 13.21 のアップ／ダウン・カウンタを表している．こうしたカウンタは1つのシステムに1個だけ存在するが，PLLのディジタル状態の全てを表示するためにカウンタの状態は各qの位置に対して複製されている．

チェーンは放射状に，番号の小さい状態は円の中心の方へ，そして正の状態は周辺の方へ配置される．

正のu_dはカウンタ状態を外向きに駆動し，負のu_dは状態を内側に駆動する．u_dがカウンタをその端の状態の一つを超えて駆動するときには常にカウンタ出力$c[n] = \pm 1$が出力され，DCOのq状態が1だけ進むか遅れる．カウンタのリサイクリング（再循環）は図では，$c[n]$の符号に応じた1つのチェーンから次の高次あるいは低次のチェーンへの乗り換えとして現れる．

図 13.22 におけるチェーンの間の乗り換えはソース・チェーンの終了状態からターゲット・チェーンの (0) 状態へ行き，2個の端から2個の異なるターゲットへ別々の線が示されている．図 13.23 における1つのチェーンの一方の端からの乗り換えは受側チェーンの反対の端へ行き，逆方向の乗り換えは同じ2つの端の間で生じる．この理由のため，また図が乱雑にならないように，図 13.23 では各チェーン間の乗り換え経路に対しては双方向経路を1本だけ示してある．

PLL の各状態はその座標$\{q[n], s_c[n]\}$すなわち，DCO に対する座標とカウンタに対する座標で定義される．ダイアグラムをスナップショットとして考えると，図 13.22 の例における状態は$q = 3$, $s_c = 2$として示されており，q座標は$q = 3$を指し示すψ_oの矢印によって識別され，s_c座標はチェーンの中のその状態に陰影をつけることにより識別される．これに対して，図 13.23 では，カウンタ内の相違により座標は$q = 3$, $s_c = 5$である．

13.3.4　非線形 PLL の動作

さて個々の要素は特性付けられたので，クローズド・ループの振る舞いはステート・ダイアグラムの助けを借りて決定することができる．最初は，入力はノイズ無しと仮定されており，後の節でジッタや加算的ノイズにおける性能を論じる．

リミット・サイクル　（ダブルループ・カウンタを持つ PLL に対しては）図 13.22 のスナップショットで位相誤差は正として示されているので，u_dの次のサンプルによりカウンタの状態は$s_c = 3$に駆動され，その後，次の状態は$s_c = 0$にリサイクルするがまた DCO の状態も$q = 4$に駆動する．ψ_iは定数(すなわち，$\omega_i = \omega_{ck}$)であると仮定すると，今度は位相誤差は負であり，従って，後続のu_dのサンプルによりカウンタはそれに対応して負に駆動される．4番目の負のu_dで，カウンタは (0) にリサイクルし，DCO の位相は$q = 3$に戻る．これがリミット・サイクルである．それは$2\pi/Q$ラジアンのピーク・トゥ・ピークの位相振幅と$2C_2$サンプル間隔の周期を持っている．位相量子化は，システムに課せられる要求にリミット・サイクルの振幅が合致するだけ十分に細かくなければならない．現実問題として，この種の DCO における位相量子化は NCO で達

成可能なものと同程度の精度にできることは稀である.

次に（シングルループ・カウンタを持つPLLに対して）図13.23のPLLの振る舞いを考察しよう. $q=3$, $s_c=5$の図示された状態から, 次の$u_d=+1$のサンプルによりカウンタ状態は$s_c=6$に進む. その後で, 次は$s_c=0$, $q=4$に進む. 今度は位相誤差は負であり, 従って次のサンプルは$u_d=-1$でPLLの状態は直ちに$q=3$, $s_c=6$に戻される. するとすぐに次の$u_d=+1$で状態は$q=4$, $s_c=0$に駆動される. 今度は異なるカウンタの配置でもたらされる異なったリミット・サイクルである. $2\pi/Q$ラジアンのピーク・トゥ・ピークの位相振幅は同じだが, カウンタ・サイズC_1にかかわらず, たった2サンプル区間の周期しかない. どちらのカウンタ配置の方が良いだろうか？ 短い周期のリミット・サイクルのジッタは, (もし存在するなら) 後続のどんなPLLでもフィルタが容易であるが, $c[n]$の活動度が高いと, (13.3.5項で述べる) タイプ2動作のための積分器などの付加的特徴によるDCOへの制御アクセスが阻害される可能性がある. 他のまだ気づかれていない考察によりいずれか一方のカウンタの方が他方より好ましいということになる可能性がある.

位相捕捉 ノイズ無しのPLLが最初の位相誤差$|\psi_e[0]|<\pi$から定常状態のリミット・サイクルへ移行するのに, どれだけの時間のサンプル区間N_Aが必要だろうか？ $\Delta\omega=0$と仮定し, (捕捉の振る舞いは, いずれの方向の位相誤差に対しても対称的であるべきであるから) $\psi_e[0]$の正の値だけを考えよう. ひとたび位相誤差が$2\pi/Q$以下に減少すれば定常状態のリミット・サイクルの端に到達するが, これは次式に対応しており,

$$q[N_A] = \text{IP}\left\{\frac{Q\psi_i(0)}{2\pi}\right\}$$

また, 最初の位相誤差は次式で定義され,

$$\psi_e(0) = \psi_i(0) - \frac{2\pi q[0]}{Q}$$

これより, 捕捉までに横切るDCOの位相増分の総数は次のようになる.

$$q[N_A] - q[0] = \text{IP}\left\{\frac{Q\psi_e(0)}{2\pi}\right\} \tag{13.24}$$

最初の位相増分を除き, 位相増分を横切る毎にカウンタはC_i個のサンプル間隔 ($i=1$あるいは2) が必要である. 最初の位相増分では, 必要なサンプル間隔の数はカウンタの初期状態$s_c[0]$とカウンタの配置に依存する. 最初の位相増分を横切るのに必要なサンプル間隔の数を$\text{IS}_i\{s_c[0]\}$によって表記すると,

$$N_A = \text{IP}\left\{\frac{Q|\psi_e(0)|}{2\pi}\right\}C_i + \text{IS}_i\{s_c[0]\} \quad \text{サンプル間隔} \tag{13.25}$$

線形PLLでは, 絶対値の大きな位相誤差により (少なくとも, s曲線のピークに対応した位相誤差までは) PDからの出力は大きくなるが, 考察の対象である非線形PLLにおける2レベルのPDは位相誤差の大きさにかかわらずPD出力は同じである. 位相の捕捉は, 位相誤差にかかわらずサンプル間隔あたり$2\pi/C_iQ$ラジアンの平均レートで進む.

周波数トラッキング限界 DCOは, その参照周波数ω_{ck}からどれだけ遠くまで調節できるの

だろうか？ もしψ_oが各サンプル間隔に対して1増分$2\pi/Q$だけ進むのであれば，上側同調可能周波数は$\omega_{ck}(1+1/Q)$であり，もし位相が遅れているならば最小値は$\omega_{ck}(1-1/Q)$である．明らかに，細かい量子化と大きな同調範囲は1つのIPMでは両立しない．この種のPLLは，周波数が狭い範囲に制限されている場合に限り用いることができ，例えば，ビット・レートが正確に分かっているデータ・シンクロナイザーがこれに相当する．

今度は周波数差$\Delta\omega$がノンゼロだが一定であるとしよう．フェーズロックが破綻するまでに$|\Delta\omega|$はどれだけ大きくなりうるであろうか？ もし，あらゆるPDサンプルの値が$u_d = +1$であるならば，DCOの位相ψ_oはQC_iサンプル間隔の間にω_{ck}の完全に1サイクルだけ進むことができる．もし信号周波数により入力位相ψ_iが少しでも早く進むならば，DCOの位相は遅れずにいることはできず，ロックは不可能である．従って，1次のIPMのホールドイン・リミットは近似的に

$$\Delta\omega_H \approx \pm \frac{\omega_{ck}}{QC_i} \quad \text{rad/sec} \tag{13.26}$$

ただしこの近似は$QC_i \gg 1$であることを仮定している．(13.26)を，PDが正弦波的なs曲線を持つ1次のアナログPLLに対するホールドイン・レンジ$\Delta\omega_H = \pm K$と比較しよう．類推により，非線形PLLに対する比率ω_{ck}/QC_iはアナログPLLに対するループ・ゲインKに類似していると解釈できる．アップ／ダウン・カウンタをフィルタというよりもむしろゲインを設定する手段として見なせるのはこの性質による．

今度は，PLLの状態図を辿って，周波数オフセット$\Delta\omega < \Delta\omega_H$の存在下で$\psi_o$の振る舞いを視覚化しよう．そのために，境界となる位相ψ_oのq値により，円のセクター$sct[q,q+1]$を定義する．図13.22と13.23において，ψ_iマーカーは$sct[3,4]$にある．一定の周波数オフセットは円周の周りのψ_iマーカーの一定レートの回転のように見える．

ψ_oのリミット・サイクル（存在する場合）は2つのセクター境界の間を行ったり来たりでジャンプする．いずれか1つのセクターでリミット・サイクルがひとたび始まると，ψ_iが回転してセクターから出て行くまで割り込まれること無しに続く．それからリミット・サイクルは停止する（ψ_iが横切った境界値でψ_oは一定に保持される）．そして，カウンタが終端を横切り，ψ_oが次のセクター境界にぶつかる時点までカウンタ状態は回転して，ψ_iの後を追う．その時点で，リミット・サイクルは再開し，ψ_iが再び回転して次のセクターへ入るまで続く．

13.2節において，NCO周波数の量子化によりPLLのループ・ゲインに下限が設けられることが確認され，もしスケールされた位相検出器の出力のMSBがNCO制御ワードのLSBよりも小さければ，フィードバック・ループは機能しなくなる．IPMではこのような下限は生じることは無く，ループ・ゲイン相当のω_{ck}/QC_iはフィードバック・ループを切断することなしに（しかしホールドイン・レンジが消滅するという代償を払って）好きなだけ小さくすることができる．

入力ジッタへの応答 入力信号の位相ψ_iが故意に変調される，もしくは好ましくないジッタを含んでいるものと仮定しよう．両方の種類の位相変化をジッタという用語でひとまとめにしよう．$\Delta\omega$が無視できるくらいに小さいと仮定して，非線形PLLは如何にして入力ジッタに応答するであろうか？ 第5章の線形解析は非線形PLLには当てはまらず，詳細な非線形解析というよりは定性的な小刻みの探求をここでは示す．

図13.22と13.23の状態図においてありうるジッタのモデルを考察しよう．これらの図のそれぞれにおいて，シングルサンプル・スナップショットを意図しているが，入力位相は円周上の角度ψ_iでの単一マーカーの矢印として示されている．それは，複数のサンプルに対して同等な表示を重ね合わせることによって拡張することが可能な出発点である．もし入力がジッタ無し（かつ$\Delta\omega = 0$）であるならば，全ての図は同等であり，寄せ集めて重ねたものは依然としてψ_iの単一マーカーを示す．もし入力にジッタが加わっていれば複数のψ_iのマーカーの位置は一致しない．その代わりに，マーカーの雲が平均位置のまわりに形成される．この雲に対する応答の定量的な解析には，少なくとも，ジッタの統計的性質の知識が要求されるが，この知識は手に入らない事が多い．線形システムでは，PLLの伝達関数とジッタのスペクトルを知れば十分である．非線形PLLに対しては，このような簡単なツールは得られない．ここでは特殊なケースに対する定性的な観察だけを提供する事ができる．

第1のケースとして，その雲が状態図の位相円の量子化セクターの1つの中に完全に含まれると仮定しよう．もしジッタの振幅が十分に小さく雲がセクターの境界から十分遠く離れているならば，これは勿論可能である．セクター内の全ての入力位相がPLLには同じに見え，それぞれ同一のPD出力を生成する．それらの条件下では，非線形PLLは完全にセクター内ジッタを抑制し，ψ_iへの入力ジッタは何も出力位相ψ_oには現れない．十分小さな入力ジッタは位相量子化の際に失われる．

次に，雲の大部分を含むセクターの外に位相を持つ孤立したサンプルを考えよう．このケースには2個の可能性がある．(1) 孤立サンプルに対する位相誤差の符号が雲に対するものと同じであり，従って，何の効果も無いか，あるいは (2) 孤立サンプルに対する位相誤差の符号が雲のそれとは反対であるかである．

第2の条件により，アップ／ダウン・カウンタの状態は，雲の大部分の中のサンプルに応答して1増分だけ進むのではなくて，以前の位置から1増分だけ後退する．この後退により，1個の孤立したリミット・サイクルの周期は伸びて妨害の方向での位相の滞留時間は増加するが，ピーク・トゥ・ピークのψ_oの位相偏位が変わることはない．

もし多くのサンプルの位相が中央のセクターの外部にあるならば単一の孤立サンプルへの応答が振る舞いの説明に役立つ．位相誤差が主要な雲のものと同じであるサンプルでは知覚できる効果は無く，主要な雲とは逆の位相誤差を持つ各サンプルによってPLLの状態はアップ／ダウン・カウンタの1増分だけ後退し，その方向の位相滞留時間を増加する．もし後退の蓄積が十分になると，DCOの位相は，ジッタを持つサンプル群の方向に1増分だけジャンプする．このようなジャンプの確率はジッタの統計やカウンタのサイズC_iに依存する．

直観的には，C_iが大きいとジッタのいかなる統計的性質に対してもジャンプの確率は減少するが，厳密に調べてみると疑問が起きる．大きなC_iだとジャンプが起こるまでにより多くのセクター外のサンプルが蓄積する必要があるが，大きなC_iはまた，より多数のサンプルの効果をも蓄積する．どの活動の影響が大きいかを決定するにはさらなる研究が必要である．もしジッタがロック喪失を引き起こすほどひどくは無いならば，DCOの位相はやがて中央の位相セクターへと戻る．もし雲が中央のセクターの両方の境界にまで広がっているならば，ジャンプはいずれの方向にも起こりうる．

13.3.5　タイプ 2 非線形 PLL

前述のように，DCO は周波数範囲 $\pm\omega_{ck}/Q$ にわたって同調可能であるが，1 次の IPM は $\pm\omega_{ck}/QC_i$ の範囲でしかロックを保持する事ができない．もっと大きなホールドイン・レンジが必要なことが多く，タイプ 2 のアナログ PLL の普及によりタイプ 2 の IPM が，この節で説明されているように，より広いレンジを達成する明白な候補になっている．もう 1 つのアプローチは [13.39] で提案されている．

図 13.24 ではタイプ 2 の IPM を実装する 1 つの方法が示されている．比例経路の部品——サンプラー，スライサー，ならびにアップ／ダウン・カウンタ——は図 13.20 の 1 次の IPM と同じである．

DCO は以前の節で論じたものと同等な構成を持つことができる．入力信号の周波数は f_i であり，PLL がロックされている場合は DCO で出力される平均周波数 f_o は f_i に等しくなければならない．サンプリングを含めて PLL 内の全ての動作は f_o で走行し，f_{ck} ではない．

周波数オフセットは $\Delta f = f_i - f_{ck}$ で定義される．PLL 内の積分経路の目的は，比例経路に過度にストレスがかからないように，Δf に十分に近いレートで単位の大きさの制御更新量を，DCO に対して追加的に出力することである．図 13.24 の積分経路は飽和積分器と循環 NCO を含む．積分器（インテグレータ）はアップ／ダウン・カウンタからのシーケンス $\{c[n]\}$ を足し合わせ，その和 $w[n]$ を NCO に周波数制御として入力する．$c[n] \in (0, \pm1)$ なので，積分器は，両端で飽和しリサイクルはしないという点を除き，もう 1 つのアップ／ダウン・カウンタとして実装することができる．積分器のレジスタは W ビットの語長を持つ．

NCO はこれまでに調べたものと全く同じであり，その差分方程式は
$$v[n] = \{v[n-1] + w[n-1]\} \quad \text{mod-}2^V$$
ただし，$v[n]$ は NCO レジスタの内容であり，V はレジスタのビット数である．中括弧内の和が $2^V - 1$ を超えるかゼロより小さければ，NCO はリサイクルする，すなわち，$v[n] \in (0,...,2^V - 1)$ である．NCO の有効な出力 $x[n] \in (0, \pm1)$ は，加算器がリサイクリングに際して発生する 1 ビットのオーバーフローとアンダーフローのキャリー（桁上がり）とボロウ（借り）に由来する．

DCO への制御信号は $a[n] = c[n] + x[n]$，$a[n] \in (0, \pm1, \pm2,)$ である．1 次の IPM のように，一度に DCO 位相の 1 増分だけスイッチングする代わりに，タイプ 2 の PLL はさらに一度に 2 増分だけスイッチできなくてはならない．スイッチングの増加した要件は，積分器と NCO におけるマルチビットの動作とともに，タイプ 2 の IPM において複雑度を増加させている．

積分器では何ビットの W が，また，NCO では何ビットの V が必要であろうか？ NCO を最初に考えよう．固定した $w[n]$ に対して NCO の平均周波数は $f_{NCO} = wf_o/2^V$ であり，w は整数

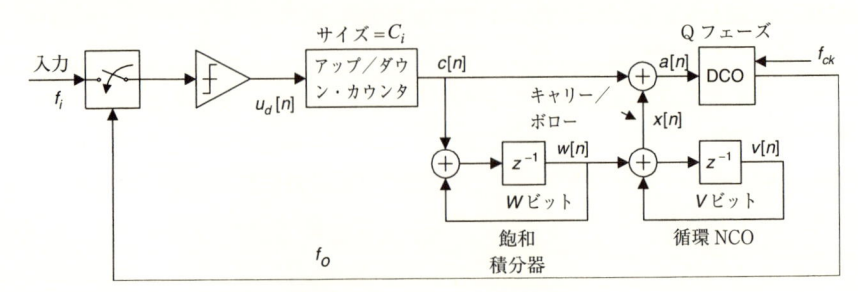

図 13.24　タイプ 2 の IPM

なので，周波数増分は$\delta f_{NCO} = f_o/2^V$である．比例経路のストレスを減らすために，周波数増分は（13.26）で与えられるような1次のIPMのホールドイン・リミットと比べて小さくするべきであり，NCOの語長により周波数量子化が決定される．$\delta f_{NCO} = \lambda \Delta f_H$となるように$\lambda$を定義する．ただし，$\Delta f_H = \Delta \omega_H/2\pi = f_{ck}/QC_i$, $0 < \lambda < 1$である．近似的には，$f_o \approx f_{ck}$であり，従って，NCOの語長は次式で決定される．

$$2^V \approx \frac{QC_i}{\lambda} \tag{13.27}$$

数値的な例として，もし$\lambda = 0.5$, $Q = 32$, $C_i = 16$ならば，$V = 10$である．

擬似線形PLLの積分経路のゲインκ_2とNCOの語長関連の比率λ/QC_iの間に大雑把な等価性を導出することができる．λに対する大きな値は積分経路における高いアクティビティを伴い，（これほど非線形のシステムにおいて"ダンピング"が何を意味するにしても）結果的に比例経路における高いアクティビティと不十分なダンピングの効果を引き起こす．十分小さな値のλにより積分経路の遅い応答と十分なダンピングが得られる．

もしλが大きすぎるとループは不安定になり，あるいはさもなければロックし損なう可能性があることに気づくべきである．この執筆の時点では，高度に非線形なPLLの安定性はPLLの文献において広く追及されてきたようには見えない．

積分器の語長Wにより積分経路が収容できる周波数範囲が確定される．IPMの関連で可能な最大の範囲（クロック区間あたりNCOからせいぜい1個のキャリーもしくはボロー）は$\pm f_o/Q$である．NCOがそのレートに接近するには，すべてのnに対して$w[n] = \pm(2^V - 1)$であることが要求されるが，その語長はW = V + 1ビットであることを要求し，これは明らかに不適である．しかしながら，もしWが符号プラス絶対値としてフォーマットされていればそれは達成可能であり，ここで符号はNCOが$w[n]$を加えるか，あるいは差し引くかを決定するが，大きさだけがNCOのワード$v[n]$に入ってくる．Wから1ビット減らす毎にタイプ2のIPMの周波数範囲は半分になる．W = Vへ最初に半分にすることにより，NCOでは従来技術の演算を使用する事ができる．タイプ2のIPMの振る舞いに関しては，あまり公表されていない．リミット・サイクル，捕捉スピード，安定性限界などのような特徴はこれから研究されなければならない．

13.3.6 加算的ノイズの効果

入力信号に次の式に従って加算的なノイズを加えよう．

$$s(t) = A\sin\psi_i(t) + y(t) \tag{13.28}$$

ただし，Aは信号のピークの振幅であり，$y(t)$は平均値ゼロで分散σ_y^2のガウシャン・ノイズである．位相検出器のサンプルは$u_d[n] = \text{sgn}\{s(t_n)\} = \text{sgn}\{A\sin[\psi_i(t_n)] + y(t_n)\}$である．信号対ノイズ比は次のように定義される．

$$\rho^2 = \frac{A^2}{2\sigma_y^2} \tag{13.29}$$

位相検出器の動作に対する効果 ノイズの無い場合には，もし$\sin[\psi_i(t_n)] > 0$であるならば，$u_d[n] = +1$であるが，ノイズの存在で，いくつかのサンプルに対しては，その代わりに$u_d[n] = -1$を引き起こす可能性がある．$u_d[n] = +1$の確率P_+は，特定の$\psi_i(t_n) = \psi$ならびに

SNR = ρを仮定して，次式で与えられ，

$$P_+ = \Pr\{s(t_n) > 0|\psi\} = \int_{-A\sin\psi}^{\infty} p(y)\,dy = \frac{1}{\sqrt{2\pi}}\int_{-(A/\sigma)\sin\psi}^{\infty} e^{-x^2/2}dx \quad (13.30)$$

負のサンプルの確率は$P_- = 1 - P_+$である．

（1秒間あたりの正の値を持ったサンプルにおける）平均レートは

$$r = f_s(P_+ - P_-) = f_s(2P_+ - 1) \quad (13.31)$$

ただし，f_sはサンプル・レートである．

（13.30）と（13.31）を組み合わせると，正規化したレートr/f_sは

$$\frac{r}{f_s} = 2P_+ - 1 = \frac{2}{\sqrt{\pi}}\int_0^{\rho\sin\psi} e^{-z^2}dz = \mathrm{erf}(\rho\sin\psi) \quad (13.32)$$

これは，全サンプルに対して相対的な（正か負の）増分の正味の割合である．これはPDの有効な出力であり，s曲線と考える事ができる．図10.15は若干表記の変更を加えた(13.32)のプロットである．

最大レートは$\psi = \pi/2$で得られるので，1次のIPMがロックを維持できる最大の平均定常状態位相誤差は$\mathrm{Max}(r/f_s) = \mathrm{erf}(\rho)$である．大きな$\rho$に対しては，$\mathrm{erf}(\rho) \approx 1$であり，小さな$\rho$に対しては，$\mathrm{erf}(\rho) \approx 2\rho/\pi^{1/2}$である．従って，ホールドイン・リミットは大きな$\rho$に対して(13.26)で以前に見たように$\Delta f_H \approx f_S/QC_i$であり，また小さな$\rho$に対しては

$$\Delta f_H \approx \frac{2f_s\rho}{\sqrt{\pi}QC_i} \quad (13.33)$$

である．

以前に，位相検出器のゲインはs曲線のゼロ・クロスにおける勾配であると定義されている．最初に（13.32）をψに関して微分して$\psi = 0$での

$$\frac{dr}{d\psi} = \frac{2f_s\rho\cos\psi}{\sqrt{\pi}} = \frac{2f_s\rho}{\sqrt{\pi}}$$

を得ることにより，同じ概念をIPMの2レベル・サンプリングPDに適用することできる．

次に，小さいψに対してテイラー級数展開によりrを近似すると，十分小さなψと全てのρに対して

$$\frac{r}{f_s} \approx \frac{2\rho\psi}{\sqrt{\pi}} \quad (13.34)$$

となる．増加するρに対してはrは非常に大きくなり，（13.34）が有効な領域は大変小さいということに注意．

アナログ位相検出器の$\psi = 0$におけるs曲線の勾配はPDのゲインK_dである．これと等価であるが，ノイズの存在下でのIPMに対するPDのゲインを（13.34）から定義することができて，アナログ形式では$K_d = 2\rho f_s/\sqrt{\pi}$正サンプル毎秒毎ラジアン，無次元のデジタル形式では$\kappa_d = K_d/f_s = 2\rho/\sqrt{\pi}$ rad^{-1}となる．さらに，カウンタとDCOの平均「ゲイン」は$2\pi/QC_i$ラジアン毎サンプルであり，したがって，1次IPMの「ゲイン」はアナログ形式では$K = 4\pi^{1/2}f_s\rho/QC_i$ rad/秒，またディジタル形式では$\kappa = 4\pi^{1/2}\rho/QC_i$（無次元）である．$\rho$が大きくなると定義の有用性は小さくなる．アナログPLL（ゲインの単位）かディジタルPLL（無次元）に対する等価性が生じるのは，問題のPLLがハイブリッドで，両方の実装の特性を共に

持っているからである.

DCO の位相変動に対する効果　状態の連鎖による 1 次の IPM のモデリングはマルコフ・チェインとしての解析の助けになる. 1 つの状態から次の状態へのあらゆる遷移は, 信号や DCO の位相に対する, そしてまたノイズや他の妨害の統計に対する, そのペアの状態の関係に依存する遷移確率を持っている.

もし（いつも可能とは限らないが）確率を割り当てる事ができるならば, 様々な加算によって位相誤差の統計が得られる. 参考文献 [13.34-13.36] によってそのような解析が定式化され, サイクル・スリップ統計（最初のスリップまでの平均時間）だけでなく DCO の位相変動の確率分布と分散の結果が与えられている. 統計の評価にはいつも個々のケースに対する広範なコンピュータによる計算が必要である.

13.3.7　ビット・シンクロナイザーへの応用

IPM モデルはここまでは正弦波入力信号に限られていた. IPM をもっと適用しやすいもう 1 つの信号は, バイナリ NRZ 符号ストリーム, すなわち, 一様な符号期間 $T = 1/f_i$ を持った 2 値の波形である. 1 つの符号から次の符号へのレベル間の遷移は確率 $d < 1$ で生じる. 単純化したモデルでは, 遷移は瞬間的であると仮定される. 実際には, データ・レート f_i は許容誤差が小さく規定される事が多く, ビット・レートの ±0.1% のレート不確定性はかなり大きいと考えられる.

修正された IPM は, この種のビット・ストリームからクロックを再生するための候補である. ビット・ストリームに IPM を適用するためには, 位相検出器とアップダウン・カウンタの修正が必要である. ひとたび修正を考慮に入れれば, この節の前の部分の解析が適用できる. ビット・ストリームのための位相検出器は, ±1 に加えて 0 が取りうる値である 3 レベルの出力 $u_d[n]$ を備えていなければならない. ただし, n は今回は符号の指数を示す. 2 個の符号の間で遷移が無ければ値 0 が出力され, +1 や −1 は, 信号が DCO の位相より進んでいるか遅れているかを示す. Ransom と Gupta [13.36], Walker [13.40] ならびに Gardner [13.41] は 3 値の出力を与えるように適応させることのできるタイミング・エラー検出器の例を記述している.

2 レベルの信号は必要なタイミング・エラー情報を抽出するために, 1 個の符号あたり少なくとも 2 個のサンプルが必要であるが, PD は 1 符号あたり 1 サンプルしか出力しない. すなわち, 信号をサンプルする平均レートは $2/T$ でなければならないが, PD のサンプルは $1/T$ で生成される. さらに, PD のサンプルのいくつかはゼロなので, +1 か −1 である平均レートは符号ストリームにおける遷移確率 $d < 1$ によって減少する. アップダウン・カウンタに 0 を与えてもカウントを進めもしないし遅らせもしない. $u_d[n] = 0$ に対して状態は不変であることを示すために, カウンタの各状態図は再入経路を持つべきである. DCO の動作はシーケンス $\{c[n]\}$ を通じてしか PD とアップダウン・カウンタに依存しないが, それ以外では 13.3.2 項と 13.3.3 項で与えられた説明からは変化は無い. ゼロ値の PD サンプルの存在により, DCO の位相をシフトするのに必要な, シンボル・レートのサンプルの平均数は係数 $1/d$ だけ引き伸ばされる. したがって, リミット・サイクルの平均周期もしくは信号の位相を捕捉するために必要なシンボル・レートのサンプルの平均数は係数 $1/d$ だけ増加する. PD の有効なサンプルが少なくなるために, 周波数ホールドイン・レンジは係数 d だけ減少する.

$u_d = 0$ はランダムに生じるので，リミット・サイクル周期，位相捕捉時間，ホールドイン・レンジのランダムな変化が生じる．[**コメント**：リミット・サイクルは定義により厳密に周期的なので，期間がランダムに変化する閉じたトラジェクトリはもはやリミット・サイクルではない．]

ビット・ストリームは同じシンボル値の長いストリング——遷移の無い長いストリング——を持つ可能性があるので別の問題が生じる．周波数オフセット$\Delta\omega$は殆ど決してゼロにはならないので，信号の位相はω_oに対して回転し続け，したがって遷移の無いストリングの間に大きな位相誤差が蓄積する可能性がある．周波数の許容誤差は，位相誤差の蓄積を制限するのに十分なだけ厳格でなければならない．

付録 13A：マルチレート DPLL の伝達関数

この付録では，[13.6, 2.3 節] で確立されたマルチレート理論に基づき，図 13.7 のマルチレート DPLL に対する伝達関数を展開する．該当する表記法は図 13.7 で中括弧内に示されている．マルチレート・プロセスを解析するための有益な技術も説明している．

13A.1 術　語

3 個の異なるサンプリング・レートが図 13.7 に現れている．位相検出器の入力と出力における $1/T$，信号入力，ホールド出力，NCO，サイン／コサイン・プロセス，フェーズ・ローテータにおける M/T，それからアキュムレート＆ダンプの出力とループ・フィルタにおける $1/LT$ である．シンボル・レートは $1/T$ であり，L と M は整数である．DPLL の全エレメントは z 変換の伝達関数で表現することのできる擬似線形プロセスであると仮定されている．説明の明瞭さを高めるために，この展開の中で 3 個の異なる変換変数を用いる．$1/T$ サンプリング領域における z，$1/LT$ サンプリング領域における $\xi = z^L$，それと M/T サンプリング領域における $\eta = z^{1/M}$ である．最終結果は z によってのみ表現される．

13A.2 位相検出器の動作

位相検出器の式は

$$U_d(z) = \kappa_d \theta_e(z) \qquad (13A.1)$$

ただし，κ_d は rad^{-1} 単位の PD ゲインであり，$\theta_e(z) = \theta_i(z) - \theta_o(z)$ は PD 入力における位相誤差の z 変換である．

13A.3 アキュムレート＆ダンプとループ・フィルタ

アキュムレート＆ダンプは L 個の均等な重み付けのタップを持ち，全てサンプリング・レート $1/T$ で動作し，$L:1$ のダウン・サンプラーが後に続く，有限インパルス応答（FIR）フィルタとしてモデル化することができる．フィルタの伝達関数は

$$H_a(z) = 1 + z^{-1} + z^{-2} + \cdots + z^{-(L-1)} = \frac{1 - z^{-L}}{1 - z^{-1}} \qquad (13A.2)$$

この DC 応答は $H_a(1) = L$ であることに注意．単位円上のフィルタの周波数応答は

$$H_a(e^{j\omega T}) = e^{-j(L-1)\omega T/2} \frac{\sin(L\omega T/2)}{\sin(\omega T/2)}, \qquad |\omega T| \leq \pi \qquad (13A.3)$$

したがって，このフィルタのディレイは$(L-1)T/2$であり，振幅応答は

$$\left|H_a(e^{j\omega T})\right| = \left|\frac{\sin(L\omega T/2)}{\sin(\omega T/2)}\right| \qquad (13A.4)$$

振幅応答は，$|k| < L/2$，$k \neq 0$に対して$f = \omega/2\pi = k/LT$にヌルを持つ．$1/LT$へのダウンサンプリングに付随するナイキスト折り畳み周波数は$1/2LT$の奇数倍で，ヌルの間の中間にあり，したがって，全てのヌルは$f=0$に対するエリアスである．

$L:1$のダウン・サンプリングの後のアキュムレート&ダンプの出力は次のz変換で表現される[13.6]

$$U_a(\xi) = \frac{1}{L} H_a(\xi^{1/L}) U_d(\xi^{1/L}) \qquad (13A.5)$$

この結果は全てのエリアシングを無視しており，エリアスの効果に対しては[13.6, 式(2.64)]を参照すること．エリアシングが無視できないならばダウンサンプリングは通常避けるべきである．ループ・フィルタ$F(\xi)$を通したトランスミッションは[13.6]

$$U_f(\xi) = U_a(\xi) F(\xi) = \frac{1}{L} U_d(\xi^{1/L}) H_a(\xi^{1/L}) F(\xi) \qquad (13A.6)$$

図13.5の比例プラス積分ループ・フィルタに対して，ループ・フィルタの伝達関数は

$$F(\xi) = \kappa_1 \left(1 + \frac{\kappa_2 \xi^{-1}}{1 - \xi^{-1}} \right) \qquad (13A.7)$$

13A.4 ホールド・プロセス

ホールドの動作は，間隔LTの入力サンプルの間に，間隔T/Mの$LM-1$個のゼロ値のサンプルが挿入される，$1:LM$のアップ・サンプリングと等価であり，各々重み1のLM個のタップを持つFIRフィルタ$H_f(\eta)$が後に続く．アップ・サンプルされたフィルタ後の信号は次式で表現され，

$$U_c(\eta) = U_f(\eta^{LM}) H_h(\eta) \qquad (13A.8)$$

等価なFIRフィルタの伝達関数は

$$H_h(\eta) = \frac{1-\eta^{-LM}}{1-\eta^{-1}} \qquad (13A.9)$$

これはタップ数を除き，アキュムレート&ダンプ内のFIRフィルタと同じ形である．

［コメント：CrochiereとRabiner[13.6]はアップ・サンプラーに続く内挿フィルタは一般的には時間的に変化して単純な伝達関数では表現する事ができないことを示している．ゼロ次ホールドにおける等価なフィルタは，13A.7節で明示されているように，時間不変な伝達関数によって表現できる，恐らく唯一の例外である．］

13A.5 NCO, 位相ローテータ，ならびに$M:1$ダウン・サンプリング

NCOとサイン／コサイン・プロセスで生成された位相$\theta_o(\eta) = 2\pi\varepsilon_o(\eta)$は

$$\theta_o(\eta) = 2\pi U_c(\eta) \frac{\eta^{-1}}{1-\eta^{-1}} \qquad (13A.10)$$

ただし，(4.4) と (4.9) で定義される NCO ゲインは $\kappa_v = 1$ であると仮定している．位相誤差は
$$\theta_e(\eta) = \theta_i(\eta) - \theta_o(\eta) \qquad (13A.11)$$
式 (13A.10) と (13A.11) は正確であり，サンプリング・レートが1つしかない PLL において満足できるが，図 13.7 の DPLL の特定の状況では役に立たない．特に，サンプル・レート $1/T$ における $\theta_e[n]$ の z 変換をどのようにして，サンプル・レート M/T における $\theta_i(\eta)$ と $\theta_o(\eta)$ の知識から決定すべきなのかが明確ではない．

図 13A.1 の人工的なモデルは近似を単純化するための代用品として提案されている．図 13A.1 によって2個の重要な即興的な方法が導入されている．(1) 信号経路の仮想的なアップ・サンプラーと (2) $1:LM$ のホールド・プロセスの2個の仮想的なホールド・プロセスへの分割とである．最初に，仮想的なアップ・サンプラーを考えよう．M/T のレートの入力シーケンス $\{\theta_i[m]\}$ が $1/T$ のレートのシーケンス $\{\theta_i[n]\}$ を $1:M$ の比率でアップ・サンプリングすることによって生成されると仮定しよう．そのようにして構成される可能性のあるレシーバはありそうも無く，仮想的なアップ・サンプラーは単なる解析的な方策にすぎない．シーケンス …, $\theta_i[n]$, $\theta_i[n+1]$, … は $\theta_i[n]$, $\theta_i[n+1/M]$, $\theta_i[n+2/M]$, …, $\theta_i[n+(M-1)/M]$, $\theta_i[n+1]$, … となる．このモデルは，$\theta_i[n]$ が $k=0$ に対して $\theta_i[n+k/M]$ において変更なしに保たれるということを意味しているが，これは一般にサンプリング・レート伸張器には無い性質である．レシーバは間隔 T 内の全ての M 個のサンプルを完全に保有しており，アップ・サンプリングの前の仮想的な $\theta_i[n]$ の値は無関係であるので θ_i を取り扱う上では問題ではない．

次に，$1:LM$ のホールド・プロセスを $1:L$ のホールドとそれに続く $1:M$ のホールドに分割しよう．出力サンプルは $1:L$ ホールド素子から $1/T$ のレートで流れ出し，したがって，指数 n をつける事ができ（PD の I/O サンプルと同じ），z は関連する変換変数となりうる．

これらの仮想的なサンプルを $u_{cL}[n]$ と表記すると，それらの z 変換は
$$U_{cL}(z) = U_f(z^L) \frac{1-z^{-L}}{1-z^{-1}} = U_f(z^L) H_a(z) \qquad (13A.12)$$
ここで 13A.7 節で導出される等価内挿フィルタの伝達関数は (13A.2) のアキュムレート&ダンプ・フィルタのものと同等である．

今度は $u_c[m]$ は $1:M$ のアップ・サンプリングと M-重の $u_{cL}[n]$ の反復となる．$\theta_o[m+1] = \theta_o[m] + 2\pi u_c[m]$ というのは正しいが，$u_{cL}[n]$ が仮想的であるにしても $u_{cL}[n]$ の M-重の反復のために

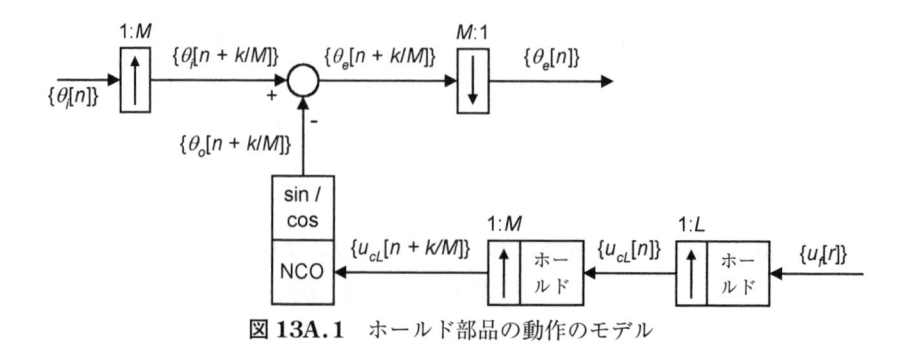

図 13A.1 ホールド部品の動作のモデル

$\theta_o[n+1] = \theta_o[n] + 2\pi M u_{cL}[n]$ というのも正しい．この単純な関係はゼロ次ホールドの結果であり，恐らく他のいかなる内挿フィルタにも当てはまらない．関連する z 変換は

$$\theta_o(z) = \frac{2\pi M z^{-1} U_{cL}(z)}{1 - z^{-1}} \tag{13A.13}$$

(この公式では $1:M$ ホールド動作の等価フィルタにおける約 $T/2$ のディレイは無視されているが，このディレイは結局は考慮に入れなければならない全ての他のディレイにまとめることができる．)

メモリ無しのフェーズ・ローテータの効果は単純に，$\theta_e(m)$ を生成するために $\theta_i(m)$ から $\theta_o(m)$ を差し引くことであり，フィルタ効果は全く含まれていない．$M:1$ のダウン・サンプリングの後の回転された出力は

$$\theta_e[n] = \theta_i[n] - \theta_o[n] \tag{13A.14}$$

であり，これの z 変換は

$$\theta_e(z) = \theta_i(z) - \theta_o(z) \tag{13A.15}$$

$M:1$ ダウン・サンプラーに関連したいくつかの問題はコメントに値する．第一に，ダウン・サンプラーはどのようにして１つの良いサンプルを M 個から選択して他のすべてを排除するのであろうか？　この選択はタイミング・レカバリ動作の任務であり，この主題自体を十分にカバーするためには何章かあるいは本全部を当てるに値するが，ここではこれ以上は論じない．次に，図 13.7 や 13.8 には $M:1$ の信号ダウン・サンプラーの前にはアンチエリアス・フィルタは何も示されていない．実際のレシーバはフェーズ・ローテータの前か後ろにフィルタがあるが，それらは信号の位相には殆ど効果が無く，その信号位相はシンボル・レートに比べてゆっくりと変化すると暗黙のうちに仮定されている．最後に，ローテータの後に置かれたいかなるフィルタもフィードバック・ループの内側にあり，その遅延は全体のループ・ディレイにまとめられなければならない．

13A.6　伝達関数

図 13A.2 ではこの付録の前の節で展開された情報が集められており，$\theta_e(z)$ を入力とし，$\theta_o(z)$ を出力とするオープン・ループとして示されている．各ブロックや信号に関連する括弧は該当する式の番号を示している．前の説明との唯一の違いは NCO とサイン／コサイン・プロセスに集中したディレイ D にあり，(13A.13) は $D=1$ として書かれている．

レート $1/LT$ でサンプルされたブロックで ξ に z^L を代入し，全ての式を組み合わせると，次のオープン・ループの伝達関数が得られる．

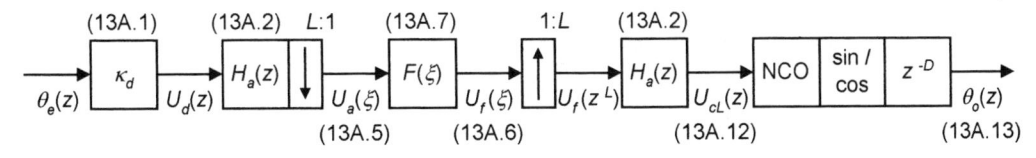

図 13A.2　マルチレート DPLL のオープンループ・モデル

$$G(z) = \frac{\theta_o(z)}{\theta_e(z)} = \frac{2\pi M \kappa_d z^{-D}}{L(1-z^{-1})} F(z^L)[H_a(z)]^2$$
$$= \frac{2\pi M \kappa_d z^{-D}}{L(1-z^{-1})} F(z^L) \left(\frac{1-z^{-L}}{1-z^{-1}}\right)^2 \quad (13A.16)$$

(4.11)から，比例プラス多重積分ループ・フィルタの伝達関数は，比例経路のゲインをκ_1として，次のように書ける．

$$F(z^L) = \kappa_1 \left\{ 1 + \frac{\kappa_2 z^{-L}}{1-z^{-L}} \left[1 + \frac{\kappa_3 z^{-L}}{1-z^{-L}} (1+\cdots) \right] \right\} \quad (13A.17)$$

3B.2節により，(13A.2)からのフィルタ$H_a(z)$はDCゲインを$H_a(1) = L$とするローパスフィルタとして解釈することができる．これらのファクターを取り込んで，ループ・ゲインκは次式で定義される．

$$\kappa = \frac{2\pi M[H_a(1)]^2 \kappa_d \kappa_1}{L} = 2\pi M L \kappa_d \kappa_1 \quad (13A.18)$$

それによりオープン・ループ伝達関数は次の形態をとる．

$$G(z) = \frac{\kappa z^{-D}}{1-z^{-1}} \frac{F(z^{-L})}{\kappa_1} \frac{[H_a(z)]^2}{L^2}$$
$$= \frac{\kappa z^{-D} F(z^L)}{\kappa_1 L^2 (1-z^{-1})} \left(\frac{1-z^{-L}}{1-z^{-1}}\right)^2 \quad (13A.19)$$

タイプ2のDPLLに対して，$F(z^L)$の伝達関数は(13A.7)によって与えられ，次のオープン・ループ伝達関数が得られる．

$$G(z) = \frac{\kappa z^{-D}}{L^2(1-z^{-1})} \left(1 + \frac{\kappa_2 z^{-L}}{1-z^{-L}}\right) \left(\frac{1-z^{-L}}{1-z^{-1}}\right)^2$$
$$= \frac{\kappa z^{-D}[1-z^{-L}(1-\kappa_2)](1-z^{-L})}{L^2(1-z^{-1})^3}$$
$$= \frac{\kappa z^{-D}[1-z^{-L}(1-\kappa_2)](1+z^{-1}+z^{-2}+\cdots+z^{-(L-1)})}{L^2(1-z^{-1})^2} \quad (13A.20)$$

このPLLは$z = (1-\kappa_2)^{1/L} \approx 1 - \kappa_2/L$に実数のゼロ点があり，単位円上の$L-1$個の複素のゼロ点が$\omega = 2\pi q/LT$にある．ただし，$|\omega T| \leq \pi$, $q =$ 整数 $\neq 0$ である．

クローズドループ・システム伝達関数は

$$H(z) = \frac{G(z)}{1+G(z)}$$
$$= \frac{\kappa z^{-D}[1-z^{-L}(1-\kappa_2)](1+z^{-1}+z^{-2}+\cdots+z^{-(L-1)})/L^2}{(1-z^{-1})^2 + \kappa z^{-D}[1-z^{-L}(1-\kappa_2)](1+z^{-1}+z^{-2}+\cdots+z^{-(L-1)})/L^2} \quad (13A.21)$$

また，クローズド・ループ誤差伝達関数は

$$E(z) = \frac{1}{1+G(z)}$$

$$= \frac{(1-z^{-1})^2}{(1-z^{-1})^2 + \kappa z^{-D}[1-z^{-L}(1-\kappa_2)](1+z^{-1}+z^{-2}+\cdots+z^{-(L-1)})/L^2} \tag{13A.22}$$

この PLL の次数は2次ではなく $(2L+D-1)$ である．これは最小の $L=1$（すなわち，アキュムレート＆ダンプ無し）かつ最小ディレイ $D=1$ に対してのみ2次である．

13A.7　ホールド・フィルタの伝達関数

L 重の反復のあるゼロ次ホールドはレート $1/LT$ で入力シーケンス $\{x[r]\}$ を受け取り，出力シーケンス $\{y[n]\}$ をレート $1/T$ で出力する．アップ・サンプラーは $L-1$ 個のゼロ値の等間隔の出力サンプルを，隣接した入力サンプルの間に点在させ，インパルス応答 $h[k]$ を持つフィルタは各 r に対して，L 個の出力サンプル，すなわち，T 間隔で $x[r]$ の値を持つサンプルを出力する．インパルス応答は次式のように定義される．

$$h[k] = \begin{cases} 1, & k = 0 \text{ から } L-1 \\ 0, & k \neq 0 \text{ から } L-1 \end{cases} \tag{13A.23}$$

[13.6，式(2.78)] から，

$$y[n] = \sum_{r=-\infty}^{\infty} h[n-rL]x[r] \tag{13A.24}$$

すなわち，$n = rL, rL+1, \ldots, rL+L-1$ に対して $y[n] = x[r]$ である．$y[n]$ の z 変換は

$$\begin{aligned} Z\{y[n]\} &= \sum_{r=-\infty}^{\infty} \sum_{n=rL}^{(r+1)L-1} x[r]z^{-n} = \sum_{r=-\infty}^{\infty} x[r] \sum_{n=rL}^{(r+1)L-1} z^{-n} \\ &= \sum_{r=-\infty}^{\infty} x[r] \sum_{k=0}^{L-1} z^{-(k+rL)} = \sum_{r=-\infty}^{\infty} x[r]z^{-rL} \sum_{k=0}^{L-1} z^{-k} \\ &= \frac{1-z^{-L}}{1-z^{-1}} \sum_{r=-\infty}^{\infty} x[r]z^{-rL} = \frac{1-z^{-L}}{1-z^{-1}} X(z^L) \end{aligned} \tag{13A.25}$$

参 考 文 献

13.1　W. C. Lindsey and C. M. Chie, "A Survey of Digital Phase-Locked Loops," *Proc. IEEE* **69**, 410–431, Apr. 1981. Reprinted in [13.2].

13.2　W. C. Lindsey and C. M. Chie, eds., *Phase-Locked Loops*, Reprint Volume, IEEE Press, New York, 1986.

13.3　F. D. Natali, "Accurate Digital Detection of Angle-Modulated Signals," *IEEE EAS-CON Conv. Rec.*, 407–413, 1968. Reprinted in [13.2].

13.4　G. S. Gill and S. C. Gupta, "First-Order Discrete Phase-Locked Loop with Applications to Demodulation of Angle-Modulated Carrier," *IEEE Trans. Commun.* **COM-25**, 454–462, June 1972. Reprinted in [13.2].

13.5　A. Weinberg and B. Liu, "Discrete Time Analyses of Nonuniform Sampling First- and Second-Order Digital Phase Lock Loops," *IEEE Trans. Commun.* **COM-22**, 123–137, Feb. 1974.

13.6　R. E. Crochiere and L. R. Rabiner, *Multirate Digital Signal Processing*, Prentice

Hall, Englewood Cliffs, NJ, 1983.

13.7 P. P. Vaidyanathan, *Multirate Systems and Filter Banks*, Prentice Hall, Englewood Cliffs, NJ, 1993.

13.8 F. M. Gardner, "Interpolation in Digital Modems, Part I: Fundamentals," *IEEE Trans. Commun.* **41**, 501–507, Mar. 1993.

13.9 L. Erup, F. M. Gardner, and R. A. Harris, "Interpolation in Digital Modems, Part II: Implementation and Performance," *IEEE Trans. Commun.* **41**, 998–1008, June 1993.

13.10 U. Mengali and A. N. D'Andrea, *Synchronization Techniques for Digital Receivers*, Plenum Press, New York, 1997, Sec. 7.3.

13.11 H. Meyr, M. Moeneclaey, and S. Fechtel, *Digital Communication Receivers*, Wiley, New York, 1998, Chap. 9.

13.12 W. C. Lindsey and C. M. Chie, "Acquisition Behavior of a First-Order Digital Phase-Locked Loop," *IEEE Trans. Commun.* **COM-26**, 1364–1370, Sept. 1978.

13.13 H. C. Osborne, "Stability Analysis of an Nth Power Digital Phase-Locked Loop, Part I: First-Order PLL," *IEEE Trans. Commun.* **COM-28**, 1343–1354, Aug. 1980. Reprinted in [13.2].

13.14 H. C. Osborne, "Stability Analysis of an Nth Power Digital Phase-Locked Loop, Part II: Second- and Third-Order DPLLs," *IEEE Trans. Commun.* **COM-28**, 1355–1364, Aug. 1980. Reprinted in [13.2].

13.15 G. M. Bernstein, M. A. Lieberman, and A. J. Lichtenberg, "Nonlinear Dynamics of a Digital Phase Locked Loop," *IEEE Trans. Commun.* **37**, 1062–1070, Oct. 1989.

13.16 A. V. Oppenheim and R. W. Schafer, *Digital Signal Processing*, Prentice Hall, Englewood Cliffs, NJ, 1975, Chap. 9.

13.17 L. R. Rabiner and B. Gold, *Theory and Application of Digital Signal Processing*, Prentice-Hall, Englewood Cliffs, NJ, 1975, Sec. 5.3.2.

13.18 *Digital Signal Processing, II*, Part 4C, "Limit Cycles," Reprint Volume, IEEE Press, New York, 1976.

13.19 J. G. Proakis and D. G. Manolakis, *Introduction to Digital Signal Processing*, Macmillan, New York, 1988, Sec. 10.4.1.

13.20 J. C. Candy and G. C. Temes, eds., *Oversampling Delta-Sigma Data Converters*, Reprint Volume, IEEE Press, New York, 1992.

13.21 S. R. Norsworthy, R. Schreier, and G. C. Temes, eds., *Delta-Sigma Data Converters*, Reprint Volume, IEEE Press, New York, 1997.

13.22 M. Bertocco, C. Narduzzi, P. Paglierani, and D. Petri, "A Noise Model for Digitized Data," *IEEE Trans. Instrum. Meas.* **IM-49**, 83–86, Feb. 2000.

13.23 N. M. Blachman, "The Intermodulation and Distortion Due to Quantization of Sinusoids," *IEEE Trans. Acoust. Speech Signal Process.* **33**, 1417–1426, Dec. 1985.

13.24 R. M. Gray, "Quantization Noise Spectra," *IEEE Trans. Inf. Theory* **IT-36**, 1220–1244, Nov. 1990.

13.25 R. M. Gray and D. L. Neuhoff, "Quantization," *IEEE Trans. Inf. Theory* **IT-44**, 2325–2383, Oct. 1998.

13.26 M. F. Wagdy, "Effect of Various Dither Forms on Quantization Errors of Ideal A/D Converters," *IEEE Trans. Instrum. Meas.* **IM-38**, 850–855, Aug. 1989.

13.27 M. F. Wagdy and M. Goff, "Linearizing Average Transfer Characteristics of Ideal ADC's via Analog and Digital Dither," *IEEE Trans. Instrum. Meas.* **IM-43**, 146–150, Apr. 1994.

13.28 B. Widrow, I. Kollar, and M. C. Liu, "Statistical Theory of Quantization," *IEEE Trans. Instrum. Meas.* **IM-45**, 353–361, Apr. 1996.

13.29 N. A. D'Andrea and F. Russo, "Multilevel Quantized DPLL Behavior with Phase- and Frequency Step Plus Noise Input," *IEEE Trans. Commun.* **COM-28**, 1373–1382, Aug. 1980.

13.30 C. A. Pomalaza-Raez and C. D. McGillem, "Digital Phase-Locked Loop Behavior with Clock and Sampler Quantization," *IEEE Trans. Commun.* **COM-33**, 753–759, Aug. 1985.

13.31 F. M. Gardner, "Frequency Granularity in Digital Phaselock Loops," *IEEE Trans. Commun.* **44**, 749–758, June 1996.

13.32 A. Teplinsky, O. Feely, and A. Rogers, "Phase-Jitter Dynamics of Digital Phase-Locked Loops," *IEEE Trans. Circuits Syst. I* **46**, 545–558, May 1999.

13.33 A. Teplinsky and O. Feely, "Phase-Jitter Dynamics of Digital Phase-Locked Loops, Part II," *IEEE Trans. Circuits Syst. I* **47**, 458–473, Apr. 2000.

13.34 J. R. Cessna and D. M. Levy, "Phase Noise and Transient Times for a Binary Quantized Digital Phase-Locked Loop in White Gaussian Noise," *IEEE Trans. Commun.* **COM-20**, 94–104, Apr. 1972.

13.35 J. K. Holmes, "Performance of a First-Order Transition Sampling Digital Phase-Locked Loop Using Random-Walk Models," *IEEE Trans. Commun.* **COM-20**, 119–131, Apr. 1972. Reprinted in [13.38].

13.36 J. J. Ransom and S. C. Gupta, "Performance of a Finite Phase State Bit-Synchronization Loop with and Without Sequential Filters," *IEEE Trans. Commun.* **COM-23**, 1198–1206, Nov. 1975.

13.37 N. A. D'Andrea and F. Russo, "A Binary Quantized Digital Phase Locked Loop: A Graphical Analysis," *IEEE Trans. Commun.* **COM-26**, 1355–1363, Sept. 1978.

13.38 W. C. Lindsey and M. K. Simon, eds., *Phase-Locked Loops and Their Application*, Reprint Volume, IEEE Press, New York, 1978.

13.39 H. Yamamoto and S. Mori, "Performance of a Binary Quantized All Digital Phase-Locked Loop with a New Class of Sequential Filter," *IEEE Trans. Commun.* **COM-26**, 35–44, Jan. 1978.

13.40 R. C. Walker, "Designing Bang-Bang PLLs for Clock and Data Recovery in Serial Data Transmission Systems," in B. Razavi, ed., *Phase-Locking in High-Performance Systems*, Reprint Volume, IEEE Press, New York, and Wiley, New York, 2003, pp. 34–45.

13.41 F. M. Gardner, "A BPSK/QPSK Timing-Error Detector for Sampled Receivers," *IEEE Trans. Commun.* **COM-34**, 423–429, May 1986.

13.42 D. E. Calbaza and Y. Savaria, "A Direct Digital Period Synthesis Circuit," *IEEE J. Solid-State Circuits* **SC-37**, 1039–1045, Aug. 2002.

13.43 N. Da Dalt, "A Design-Oriented Study of the Nonlinear Dynamics of Digital Bang–Bang PLLs," *IEEE Trans. Circuits Syst. I* **52**, 21–31, Jan. 2005.

第14章　変則的ロック

　これまでの章ではループの不安定性，過大なノイズ，あるいは信号の位相や周波数の過度な変化速度のような事柄に起因する様々な同期誤りを説明した．この章では誤った位相や周波数に対して PLL がロックする可能性のあるいくつかの型に集中する．また，同期誤りの別のメカニズムも確認する．これらの問題を回避するためのテクニックを示唆する．

14.1　サイドロック

　種々の信号が周期的な変調成分に起因する離散的なスペクトル線を持ったサイドバンドを含むか，あるいは信号に対する必要な非線形操作によってこうした線が生成される．後者の信号に対する変調はサイクロステーショナリ（変調の統計は周期的）と言われる．搬送波の上へ変調されるデータ・ストリームはサイクロステーショナリな信号の主要な例である．十分狭いバンド幅のPLLは十分な振幅の離散的ないかなるスペクトル線でも，その線がロックしたい搬送波であろうが，周期的なサイドバンド成分の1つで好ましくなく問題のあるロックであろうが，ロックすることができる．サイドバンド成分へのロックはサイドロックとして知られており，回避しなければならない条件である．

　サイドロックを回避するための公知のテクニックは多く無い．1つのテクニックは，変調された信号の厳密に規定された搬送波周波数のごく近傍に，PLLの同調を制限することである．制限されたチューニング・レンジ（同調範囲）は，PLLがサイドロックに陥いる程度まで最近接の周期的サイドバンドに近づいてはならない．

　もし，周波数の不確定性が搬送波からロック可能な最近接のサイドバンド迄の周波数間隔の約半分を超えるならば，この方法は機能しない．

　もう1つのテクニックは周波数ロック・ループ（FLL, frequency-lock loop）を用いて位相同期よりも前に周波数捕捉することである．FLLには，正確な搬送波周波数の極めて近傍の小さな領域に向けて初期周波数誤差を減らすことが要求される．VCO周波数が入力信号とノイズと妨害の合計のパワー・スペクトルの重心にあるときに，典型的な周波数差弁別器はゼロ周波数誤差を示す．もし所望の信号がそれに伴うノイズや妨害よりかなり強ければ，また，所望の信号のスペクトルが搬送波周波数のまわりで対称的であるならば，そしてまた，もし信号スペクトルがフィルタやマルチパスで非対称的に歪んでいなければ，FLLは搬送波周波数の近傍に落ち着くことができる．さもなければ，平衡状態のFLLの周波数はバイアスが加わって搬送波から離れるであろう．

幾分もっと複雑なテクニックとして，スペクトル解析を受信信号のセグメントに対して実行する事ができる．搬送波はスペクトル特性に対する以前の知識から識別され，PLL は所望の搬送波に整合するために必要に応じて再同調される．この種の操作は個々の応用の詳細に強く依存する．

さらにもう 1 つのテクニックは，フェーズロックされた後で復調された信号を検査し，正しいロックが達成されたかどうか（個々の信号にかなり固有な手段により）決定することである．もしそうなっていなければ，高い（あるいは低い）周波数で別のロック可能な成分に対して探索が実行される．探索は，正確なロックが確認されたときに終了する．

後者の 2 つの方法のいずれについても成功した例を筆者は知らない．

14.1.1　周期的変調

周期的変調のいくつかの例には次のものが含まれる．
- 搬送波に対して振幅もしくは角度で変調された周期的なトーン
- 水平掃引ごとに 1 回生じるカラーテレビ信号のカラー・バースト（色同期信号）［14.1］
- コヒーレント・レーダからの RF パルス

これらの起源の各々は搬送波と離散周波数サイドバンドのペアとからなるスペクトルを持つ．周波数間隔は変調周波数に等しい．バーストもしくはパルス信号に対して，サイドバンドの振幅はデューティ・レシオ，つまりパルス（もしくはバースト）幅の繰り返し周期に対する比率に依存する．小さなデューティ・レシオに対しては，近接サイドバンドの振幅は搬送波のものよりも若干小さいだけである．

［**コメント**：パルス（もしくはバースト）信号において，複数のパルスに渡って意味のあるフェーズロックが持続するためには，信号位相は隣接するパルス間でコヒーレントでなければならない．コヒーレンスのためには，送信機の中のソース（源流）発振器は連続的に動作しなければならず，トランスミッターはその発振器の次段で ON や OFF にスイッチされなければならない．もしその代わりに発振器がスイッチされるならば，信号位相は隣接パルス間でコヒーレントにはならず，レシーバの PLL は個々のパルスの各々に対して位相を再捕捉しなければならない．これは，サイドロック問題とは全く異なる問題である．

Richman ［14.1］は，カラー TV のカラー・レファレンスに関する彼の古典的論文において PLL に対する制限されたチューニング・レンジと直交コリレータ（8.3.4項）による周波数援用捕捉とを用いている．Eisenberg ［14.3］，Mengali ［14.4］，ならびに Schiff ［14.5］はバーストもしくはパルス化された信号の存在下でのみオンされるゲーテド（gated）PLL の様々な側面を探求している．もしデューティ・レシオが小さいならば，その PLL はサンプル化システムでありそのように解析されなければならない．Eisenberg ［14.3］はゲーテド PLL のサンプル化された性質に専念している．Mengali ［14.4］はノイズ解析を調査している．Schiff ［14.5］は 2 次タイプ 1 の PLL におけるサイドロックの回避のための正式な設計条件を定めている．

ゲーテド PLL は正確に OFF 期間中に信号の性質を維持し，妨害を無視できる程度に保ちながら ON と OFF の間をスイッチしなければならない．正確な保持には周波数メモリが ON 期間中に正確にセットされ OFF 期間中のドリフトが小さいことが要求される．タイプ 2 の PLL が推奨できるが，それは，ON 期間中に定常状態の位相誤差がゼロ（全ての周波数情報が積分器に蓄積

されていることを意味する）であり，良い積分器がOFF期間中にゼロ値の入力を与えられた場合に電荷の保持が良好だからである．周波数メモリ，つまり積分器を，記憶の維持のためにOFF期間中にDCオフセットとノイズや妨害から隔離することは重要である．デューティ・レシオが小さいとホールド動作の品質に対する要求が厳格なものになる．

14.1.2　サイクロステーショナリ変調

　数多くの論文 [14.6 - 14.10] が，パスバンドのデータ信号によって生じるサイドロックに関して出版されている．要するに，その信号は搬送波周波数 f_c に対する搬送波抑制変調により変換される一様なシンボル・レート $1/T$ のデータ・ストリームからなる．これらの論文の殆ど全てがミス・ロッキング現象をフォールス・ロックと呼んできたが，それらは実際はサイドロックを取り扱っているのである．フォールス・ロックという用語は14.4節で説明される全く異なる現象に属するとする方がより適切である．

　ランダムな平均ゼロのデータ変調による搬送波抑制信号は通常はスペクトルに離散的な線成分は無い．データ変調とRFサイクルはサイクロステーショナリであり，これは，シンボル・レートにおいて搬送波成分も離散的なサイドバンド成分も含まない信号から，搬送波情報とシンボル・タイミングが回復されるのを許容する性質である．

　MPSK信号，つまり変調が M 個の一様な間隔を持った位相を取る信号に対して，搬送波回復回路は搬送波そのものではなくて所望の搬送波周波数 f_c の両側の $1/MT$ の整数倍の周波数にサイドロックすることができる．引用した論文の全ては搬送波回復回路内部の詳細な動作の解析によって，この振る舞いを説明しようとしている．その解析は間違いではないが，サイドロックが何故起きるかをもっと簡単に説明する別の視点を曖昧にしてしまう．引用された論文はコスタス（Costas）・ループ（搬送波回復のためのポピュラーなテクニック）もしくは位相検出器に非線形動作を組み込んでいる他の同様なPLLを解析している．適切な非線形動作は搬送波抑制信号からの搬送波再生のための必須な要素である．

　搬送波再生位相検出器の詳細を徹底的に調べるよりは，その代わりに，図14.1のような搬送波再生回路の配置を考えよう．搬送波周波数が f_c である搬送波抑制データ信号 $r(t)$ を受信しバンド外のノイズと妨害を抑制するバンドパス・フィルタに入力する．搬送波周波数 f_c におけるフィルタ出力 $s(t)$ は，×M の周波数マルチプライアに入力される．×M の周波数マルチプライアの中心部は少なくとも M 次の記憶の無い非線形デバイスである．（絶対値のような，もっと厳しい非線形性が有益であることが多い．）周波数マルチプライアの出力 $u(t)$ は周波数が Mf_c である．さらに，変調位相もまた M 倍になっており，これは M 個の入力位相全てを単一の位相に一致するように回転することに等しい．搬送波成分を持たない信号から離散的な搬送波成分を再生するのは，この非線形操作である．周波数マルチプライアの出力 $u(t)$ は，再生回路からの加算

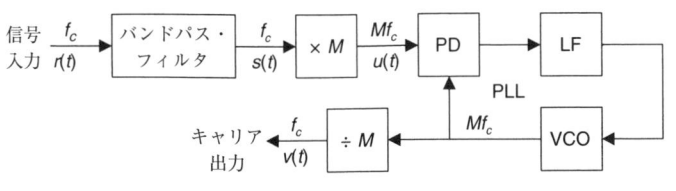

図 14.1　搬送波再生回路

的ならびに自己生成のノイズを抑制しVCOにおいて周波数Mf_cのきれいな信号を作り出すナローバンド・フィルタとして動作する通常のPLLに与えられる．VCOの出力は$1/M$周波数分周器に入力されて，データ信号のコヒーレントな復調に使われるために周波数f_cの信号$v(t)$を生成する．

搬送波成分を搬送波抑制信号から再生するのに加えて，非線形性における相互変調はまたMf_cからシンボル・レート$1/T$の倍数の離散的なスペクトル成分も再生する．周波数のMによる割り算の後で，離散的なスペクトル成分は搬送波周波数f_cから$1/MT$の倍数だけ離れている．図14.2は，4乗の非線形性を通過した4PSKの信号に対して$s(t)$と$u(t)$のスペクトルのシミュレーション結果を示している．全ての離散成分が欠落している事が$s(t)$のスペクトルにおいて明らかであるが，スペクトルの拡散，$4f_c$における離散的搬送波成分，ならびに$4f_c \pm 1/T$におけるシンボル・レートの線が$u(t)$のスペクトルで明らかである．図14.2bにはたった1対のシンボル・レートの線しか現れていないのは，例として取り上げた信号が$2/T$よりも小さいRFバンド幅に厳しくバンド制限されているからである．他の近接成分は弱すぎて識別できず，また，離れた成分は強度のバンド制限により存在していない．もし入力信号がそれほど厳格にバンド制限されていなければ更なるシンボル・レートの間隔の成分が$u(t)$のスペクトルに現れているであろ

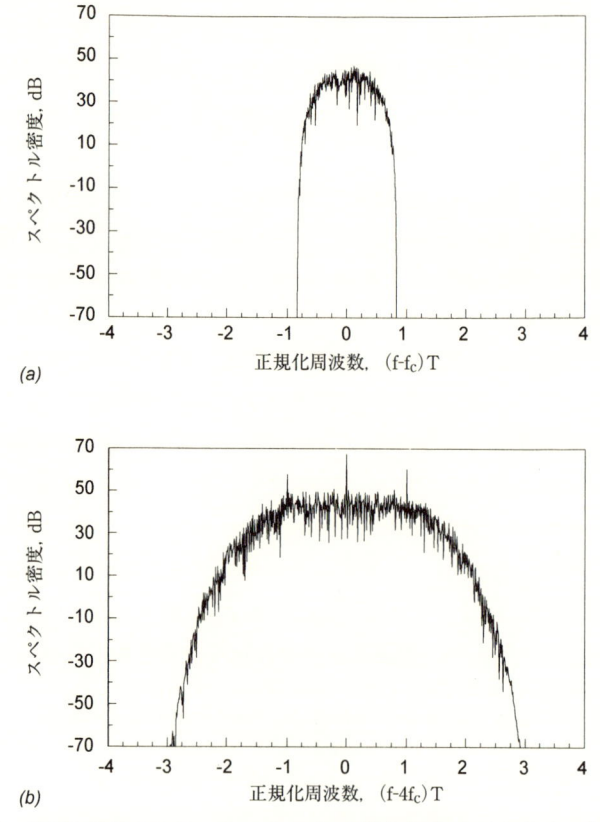

図14.2 4PSK信号のシミュレーションで得られたスペクトル．(a)フィルタされた受信信号$s(t)$，(b)×4周波数乗算を施した後の信号$u(t)$．(b)の再生された線，つまり，ゼロにおける搬送波と±1におけるシンボル・レートのサイドラインに注意．（[14.11]から改作．）

う.

　殆ど常に，PLLのバンド幅は$1/MT$に比べて小さく，PLLは，その周波数に同調するならば十分な振幅を持ったこれらのスペクトル成分のいずれにもロックする．たとえ入力信号$r(t)$が離散的周波数のサイドバンドを持たないとしてもこれらはサイドロックである．再生回路の振る舞いはどのようにして，例えば引用された参考文献で論じられているようなCostasループなどの非線形位相検出器を持つPLLと関係しているのであろうか？　非線形PDを持つPLLの性能は等価な非線形性を持った再生回路のものと数学的には同じである．

　例えば，（2PSKの信号に対する）古典的なCostasループは，IチャネルとQチャネルの乗算で与えられる非線形性により，2乗則の非線形性を持った再生回路と同様に機能する事が直ちに示され，これが2乗ループ [14.12] である．非線形PDを図14.1の×Mの非線形性，通常の位相検出器，それと$1/M$の周波数ディバイダの不可分な組合せとして描く．このモデルは誇張されているが，図14.2に現れるクロック線は，非線形PDを持つPLLの微視的な振る舞いの詳細な解析によって与えられるよりもずっと速くサイドロックの観測データを説明している．

14.1.3　エリアス・ロック

　搬送波シンクロナイザーで用いられる多くの非線形位相検出器は，通常はシンボル・レート$1/T$でサンプル方式で動作する．そのサンプリングにより入力信号のエリアシングに至るが，これは特に信号バンド幅が$1/T$よりもかなり大きい場合に著しい．エリアスへの変則的ロックは [14.13 - 14.15] で解析されている．サイドロックと混ざったエリアス・ロックにより誤ったロックの可能性のある周波数が沢山作り出される．

14.2　調波ロック

　この節に関係した適切な条件下で，PLLは入力信号周波数f_iの調波（ハーモニック）にロックすることができる．VCOのロック周波数f_oは，信号のサブハーモニック（低調波，$f_o = f_i/M$），スーパーハーモニック（高調波，$f_o = Nf_i$），あるいは分数ハーモニック（分数調波，$f_o = Nf_i/M$）となる可能性がある．ただし，NとMは相対的に素の整数である．（調波ロックを希望するのであれば）ロックする能力もしくは（調波ロックを希望しないのであれば）ロックへの陥りやすさは，位相検出器とそれに印加される信号の性質に依存する．

　位相検出器として用いられる理想的なマルチプライアを考えよう．PDに与えられる2個の信号は周期的であるが必ずしも正弦波的ではないものと仮定する．それらは周期的なので各々，基本周期の整数倍における正弦波のフーリエ級数に分解する事ができる．PDは1つのフーリエ級数の各項に他の級数の各項を掛け合わせ，PDの出力はこれらの項ごとの積の和である．DCのゼロ次積は，積の両方の項が同じ周波数の場合に限り生じる．個々の積の振幅は，構成要素のフーリエ項の振幅と位相差に依存する．積の振幅は2個の構成要素項の間の位相角の正弦関数であり項の各々と同じ周期を持つ．この正弦関数はPLLがロックできる可能性のあるs曲線を構成する．

　例として，マルチプライアへの1つの入力が方形波であり，他方が正弦波であると仮定しよう．通常のスイッチングPD（10.1.1項）は，それと振る舞いが同等である．方形波はその基本

周波数の全ての奇数の高調波を含んでおり，したがって，この例のPLLは潜在的には，その入力信号の周波数の全ての奇数のサブハーモニックスにロックすることができる．もう1つの例として，PDへの両方の入力が方形波であると仮定しよう．（排他的論理和のPDはこの条件を実用的に実現するものである．）その場合，分数調波 $f_o = Nf_i/M$ は潜在的に全ての奇数のNとMに対してロック可能である．第3の例として，サンプリング位相検出器はサンプラーを駆動するインパルスのストリームにおける偶数と奇数の全ての調波を収容できる．サンプリングPDはs曲線をこれらの調波の任意のものに対して生成する事ができる．

マルチプライアのクラスのPDの調波動作は，両方の入力に共通な調波を調べることにより直ちに理解することができる．シーケンシャル位相検出器に対しては同じことは言えない．経験的には，10.3節のポピュラーな位相／周波数検出器（PFD）は調波ロックがないが，他のシーケンシャルPDはそうではない．調波ロックに対する単純なルールはシーケンシャルPDに対しては考案されておらず，各ケースを困難な中でそれ自体の為に解かなければならない．

遷移抜けに対処する必要により，ビット・シンクロナイザーのための位相検出器は，望ましくない分数調波ロックに特に弱くなっている．この表現はシーケンシャル・クラスのPDやマルチプライア・クラスのPDの双方に当てはまる．

14.3 スプーリアス・ロック

前の章で深く調査した位相検出器は全て振る舞いの良いs曲線を有している．各s曲線の各周期は唯一の安定な平衡点，つまり，適切な勾配のゼロ・クロスを1つだけ持っていた．その良い振る舞いは必ずしも全ての信号に対して全てのs曲線で見られるわけではない．ある種のPDや信号フォーマットに対するいくつかのs曲線は1個以上の安定なクロスを持つ可能性があり，誤った位相に対するスプーリアス・ロックの可能性を高めている．

図14.3に示された例はデシジョン・ディレクテッド・アルゴリズム $u_d[n] = \text{Im}\{c_n^* s[n]\}$ を用いた16QAMデータ信号のための搬送波位相誤差検出器に対するものである．ただし，$s[n]$は

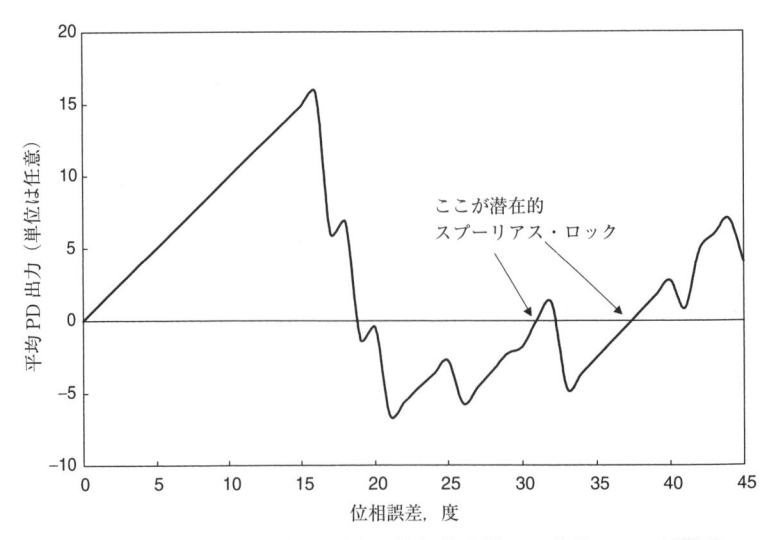

図14.3 16QAM信号に対する位相検出器のs曲線の1/8周期分

データ・ストリームにおけるn番目の符号のサンプルの複素値でありc_n^*はn番目の符号の見積もりの共役複素数である．このアルゴリズムはQAM信号に対する位相検出に広く用いられている．アルゴリズム例はディジタルの定式化がなされているが，同様な振る舞いがアナログで実装した場合でも生じる[14.16]．

図14.3のs曲線は円の丁度1/8に対して描かれている．完全なs曲線は左の1/8周期でスキュー対称（奇対称）であり，各1/4周期において周期的に繰り返される．（1/4周期におけるs曲線の周期性は象限的な対象性を持った任意の信号に固有である．）s曲線の望ましい安定なクロスはゼロ位相誤差に位置している．この曲線は約16°まで良い振る舞いを示し，それからシンボル値c_nに対するデシジョンの誤りによる大きな誤差のために急激に悪化する．誤りが起きるのは，位相誤差によりシンボル・サンプルのいくつかが誤ったデシジョンのセルに入ってしまうからである．これらの誤りのために，結果として生じるs曲線は2個のスプーリアスな正の勾配を持ったゼロ・クロスを持ち，1つは約31°でもう1つは約38°である．

もしPLLの位相が0°における正しいクロスに到達する前にこれらのクロスの一方に遭遇するとこれらクロスのいずれかにPLLはロックする．

これらのスプーリアス・クロスの近傍のロック可能な位相の範囲は明らかに，誤差ゼロの所望のクロスの近傍ほど広くは無く，したがって，妨害の存在下ではスプーリアス・ロックは比較的弱い．ロック捕捉の間に十分な位相掃引速度（周波数オフセット）があれば，これらの潜在的なスプーリアス・ロックを横切って位相誤差が掃引され，正しいロック点に達するまでは止まることはない．

もう1つの手段は位相検出に（最も内側の4個の点だけ，などの）QAMコンステレーションのサブセットだけを用い，これによりスプリアス・クロスの無いs曲線を得ることである．さらにもう1つのテクニックは捕捉の為により単純なコンステレーション（たとえば4QAM）を用いて，それによりスプーリアス・ロックを回避し，そうして正しいロックが獲得されたのちにより大きなコンステレーションに切り替えることである．スプーリアス・ロックはデータ信号のための位相検出器に限られず，他の種類の位相検出器や信号にも生じる可能性がある．設計エンジニアはこのましくない驚きを避けるためにPDのs曲線を常に知っているべきである．

14.4 フォールス・ロック

前述の変則的ロックは，誤った周波数や位相へのロックであったにしても，全て純粋な位相ロックであった．この節では全くフェーズ・ロックではなくプル・イン・メカニズムの異常であるフォールス・ロックを論じる．フォールス・ロックはフェーズ・ロックを全く妨げる可能性がある．歴史的にはフォールス・ロックに対する説明はフェーズロック・レシーバの中間周波数（IF）段に置かれたフィードバック・ループ内のパスバンド・フィルタでの位相シフトに基づいている．この説明は確立されたアプローチに従っているがPLL内のベースバンド回路における過度の位相シフトもまたフォールス・ロックをもたらす事に留意しよう．

典型的なスーパーヘテロダインのフェーズロック・レシーバの単純化されたブロック・ダイアグラムは図14.4に示されている．周波数f_1の入力信号はf_3とラベルを付けられた都合の良い中間周波数へミキサーで変換される．

周波数 f_3 の固定発振器は位相検出器内で IF 増幅器の出力に対して比較され，このループはループ・フィルタ，VCO，周波数マルチプライア，ならびにミキサーを通して閉じている．以前の章において論じられた種類の単純なフェーズロック・ループはショート・ループとして知られている事が多く，図 14.4 のもっと複雑なループは明白な理由によりロング・ループと呼ばれる．

14.4.1 IF フィルタの解析

ナローバンドの IF フィルタは位相検出器において満足な信号対ノイズ比を与える手段として使われることが多い（10.4.2 項参照）．フォールス・ロックは急峻な裾野を持ったナローバンドの IF フィルタを用いたフェーズロック・レシーバで観測され，初期に被害を受けた人々を不思議がらせた．フォールス・ロックが如何にして生じるのかを見るためには，まず IF バンドパス・フィルタを PLL の線形解析に持ち込む方法を考案する必要がある．このために，図 14.5 の仮想的なテスト・セットアップを考えよう．テスト信号の変調に対するフィルタの効果は何であろうか？ 特に，変調入力と比較される変調出力の振幅と位相が，変調周波数の関数として望まれる．

変調伝達関数として表現され，$F_m(s)$ と表記された結果を述べるが証明はされない．もし，(1) フィルタが狭く対称的なパスバンドを持ち，(2) 信号発生器がフィルタの中心周波数に同調され，また (3) 変調の偏位が極めて小さいならば，図 14.6 に示すように，実際のフィルタの伝達関数をゼロ周波数へ平行移動し負の周波数における応答を捨てることにより近似的な片側変調伝達関数が得られる．等価な両側応答は［14.17］で導出されている．

図 14.4 ロング・ループのフェーズロック・レシーバ

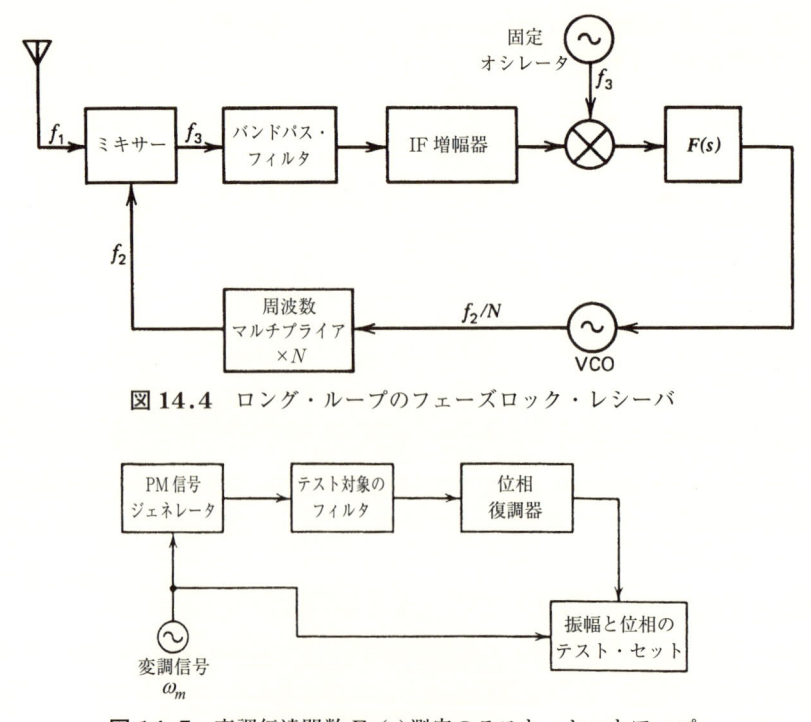

図 14.5 変調伝達関数 $F_m(s)$ 測定のテスト・セットアップ

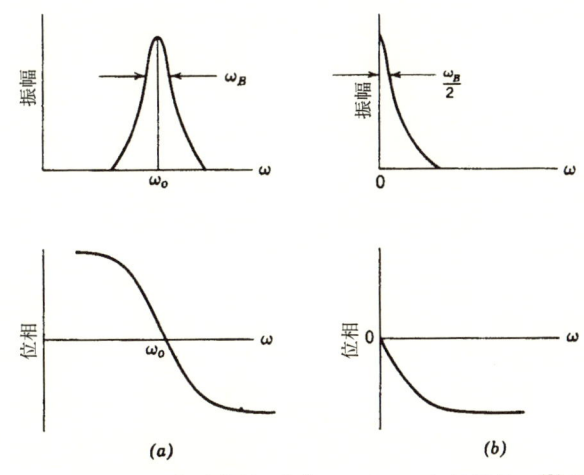

図 14.6 バンドパス・フィルタの伝達特性．(a)バンドパス伝達関数，(b)等価な変調伝達関数

さて，低周波部分においてループを開き，低周波正弦波テスト信号を与えることによって図 14.4 の PLL のオープン・ループ応答が測定されるものと仮定しよう．全体的なオープン・ループ応答は，ループの正常な応答$G(s)$と IF フィルタの変調伝達関数$F_m(s)$を因数とする積$F_m(s)G(s)$からなる．この結合されたオープン・ループ応答は第 2 章と第 3 章の伝達関数に代入されて極の位置，安定性，ダンピングならびに，線形解析の他の全ての貴重なツールが確定される．IF フィルタの効果は PLL のベースバンド部分にローパス・フィルタを追加した場合と同じである．特に，バンドパス・フィルタが全く無いショート・ループにおいてでさえ，PLL のベースバンド部分にあまりにも多くのローパス極が存在する場合にはフォールス・ロックが起こりうる．

この後の解析はアナログ PLL だけを論じているが，同様な解析はディジタル PLL に当てはめる事ができ，ディジタル PLL も等しくフォールス・ロックに陥りやすい．

バンドパス・フィルタの例を示すために，図 14.7 は実際の水晶フィルタに基づく測定からスケールされた応答を示している．その等価な変調伝達応答は，基本的な 2 次タイプ 2 の PLL や，フィルタと基本的な PLL との組合せに対するものと共に，図 14.8 のボード線図に示されている．

IF フィルタのバンド幅（3dB）は 240 rad/sec であるが，ループは任意に$1/\tau_2 = 10$ rad/secに選ばれている．ループ・ゲイン（IF フィルタは無視）は$\zeta = 0.707$であるように選ばれており，従って，$\omega_n = 14.1$ rad/sec, $K = 20$ rad/secである．これらの数は，遠宇宙の応用で使われるような極めて狭いバンド幅を持ったフェーズロックト・レシーバに対しては適切である．

組み合わせたボード線図は位相マージン 30°とゲイン・マージン 6dB を示している．ループは安定しているが，その応答は IF フィルタが無い場合に期待されるものから大変異なっている．もし例で用いられている値を超えることができないように，ループ・ゲインが（AGC かリミッタにより）固定であるならば，安定性マージンはかろうじて十分で大きいとはいえない．しかしながら，もし例におけるゲインが閾値のゲインであり，ゲインの増加が信号の改善により期待されるならば，ゲインのマージンは完全に不十分である．もしゲインが 2 倍になると，ループは発振する．もっと手堅い設計であれば，かなり広い IF フィルタのバンド幅を用いるであろう．

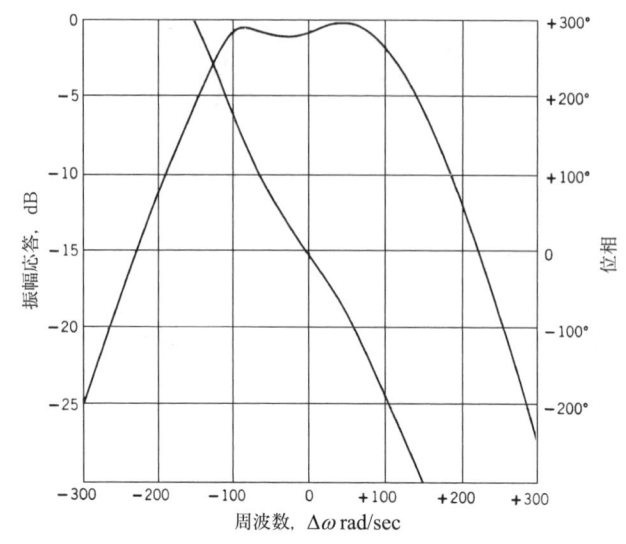

図14.7 バンドパス周波数応答の例（水晶フィルタを用いた測定による）

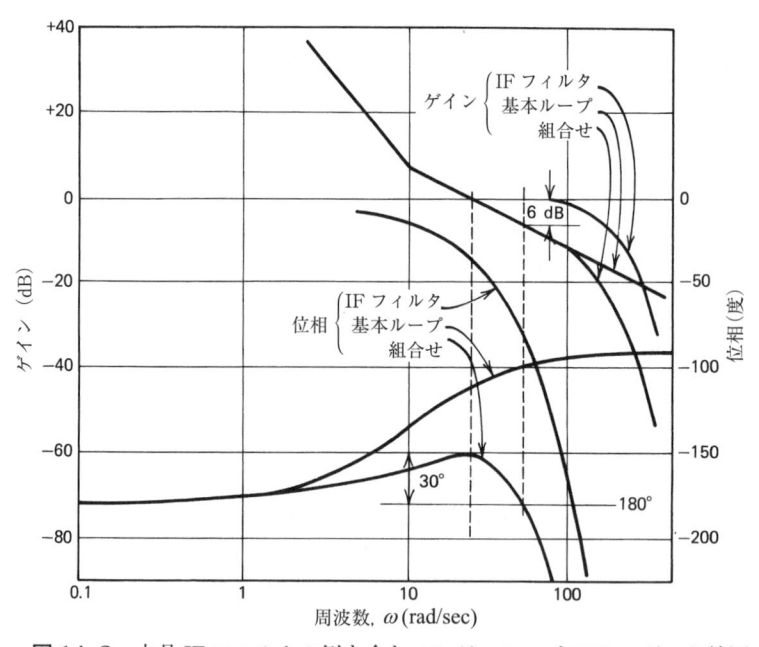

図14.8 水晶IFフィルタの例を含むロング・ループPLLのボード線図

14.4.2 フォールス・ロック（擬似同期）の起源

ループ伝達関数がたとえ安定であるとしても，狭いIFフィルタだと，フォールス・ロックの原因になる可能性があり，その場合は，周波数捕捉が停止し，PLLが，入力周波数となんらの明白な関係も持たない周波数にロックするように見える．フォールス・ロックの起源が認識されるまでは，この現象は厄介で不思議な経験となる可能性がある．続く頁では，いかにしてフォールス・ロック，あるいは周波数プッシングの関連した問題が8.3.1項で述べたプル・イン・メカニズムの乱れであり，追加のフィルタリングあるいはディレイを含むPLLにおいてはある程度殆ど不可避であるかを説明する．フォールス・ロックの存在は，周波数捕捉の方法としてプル・イ

ンには頼らないもう1つの理由である．

フォールス・ロックの研究は［14.18-14.21］で報告されている．ここで示される近似的な解析はやや異なるアプローチに従っている．$V_s \sin\omega_i t$ を入力，$V_o \cos\omega_o t$ をVCO出力とする，ロックしていないループを考えよう．位相検出器出力は周波数 $\Delta\omega_i = \omega_i - \omega_o$ のビート（うなり）である．もし $\Delta\omega_i$ がループ・ゲイン K よりも十分に大きいならば，ビートはほぼ正弦波で $K_d \sin(\Delta\omega_i t)$ の形式をとる．ループの通過にあたり，ビートはファクタ $\eta(\Delta\omega_i)$ だけ減衰し位相は角 $\psi(\Delta\omega_i)$ だけシフトしている．VCO に与えられる周波数変調電圧は $\eta K_d \sin(\Delta\omega_i t + \psi)$ であり，従って，VCO 出力は（近似的に）

$$v_o(t) = V_o \cos\left[\omega_o t - \frac{\eta K_o K_d}{\Delta\omega_i}\cos(\Delta\omega_i t + \psi)\right] \tag{14.1}$$

$v_o(t)$ のスペクトル（図8.6）は ω_o における搬送波の線と周波数 $\omega_o + k\Delta\omega_i$ におけるサイドバンドの無数のシリーズの線からなる．$k=1$ に対する線は $\omega_o + (\omega_i - \omega_o) = \omega_i$ の周波数にあるが，これは正に入力周波数である．フーリエ級数解析を用いて，ω_i における VCO 成分は次のようになることが分かる．

$$V_o J_1\left(\frac{\eta K_o K_d}{\Delta\omega_i}\right)\sin(\omega_i t + \psi) \tag{14.2}$$

ただし，$J_1(\cdot)$ は第1種の1次ベッセル関数である．

この線が入力信号 $V_s \sin(\omega_i t)$ に対して，位相検出器内で乗算されると，結果として得られる DC 成分は，

$$V_d = \frac{1}{2} V_s V_o K_m J_1\left(\frac{\eta K_o K_d}{\Delta\omega_i}\right)\cos\psi = K_d J_1\left(\frac{\eta K_o K_d}{\Delta\omega_i}\right)\cos\psi \tag{14.3}$$

ここで K_m は，6.1.1項で定義されたように，マルチプライアのゲイン係数である．

例として，標準的な2次タイプ2のループでは，十分大きな $\Delta\omega_i$ に対して，IFフィルタの無い場合には，パラメータ η と ψ は $\eta = \tau_2/\tau_1$ と $\psi = 0$ である．この特殊なケースに対しては $K_o K_d \tau_2 / \tau_1 = K$ なので，式（14.3）は次式になる．

$$V_d \approx K_d J_1\left(\frac{K}{\Delta\omega_i}\right) \tag{14.4}$$

式（14.4）は（8.6）のプル・イン電圧 v_p に対する近似であり，2つの式は大きな周波数差に対しては漸近的には一致し，$|\Delta\omega_i| > 2K$ の場合には相違は10%よりも小さい．

今度は，付加的なフィルタを標準的なループに追加するものと仮定しよう．リップル・フィルタリングのために少なくとも1個の余分な極が加わることを回避するのは大変難しく，アクティブ・フィルタ内のオペアンプで少なくとももう1つの極が加わり，VCO 制御線内の第3の極は殆ど不可避である．もしロング・ループが用いられるならば，IFアンプ内のフィルタにより等価的なローパス極が追加される．1ダースまでの余分な極があってもまったく異常ではない．次の相対的な減衰係数を定義する．

$$\eta' = \frac{\eta K_o K_d}{K} \tag{14.5}$$

標準的なループにおいては，$\eta' = 1$ である．$\eta'(\Delta\omega_i)$ の1からの乖離は，物理的なループ内にフィルタを追加した場合の大きさの応答を表している．従って，(14.4) は次のように修正される．

$$V_d \approx K_d J_1\left(\frac{\eta' K}{\Delta\omega_i}\right)\cos\psi \tag{14.6}$$

付加された位相シフトのコサインが標準ループのプル・イン電圧 (14.4) と掛け合わされる. $K/\Delta\omega_i \ll 1$ (この解析の近似に対する唯一の有効領域) に対して, このベッセル関数の近似は

$$J_1\left(\frac{\eta' K}{\Delta\omega_i}\right) \approx \frac{1}{2}\frac{\eta' K}{\Delta\omega_i} \tag{14.7}$$

従って, プル・イン電圧はさらに係数 η' だけ減少する. 付加的なフィルタリングの効果も含めたプル・イン電圧の適切な近似は,

$$V_d \approx \frac{\eta' K_d K}{2\Delta\omega_i}\cos\psi \tag{14.8}$$

もし $\eta'(\Delta\omega_i)$ と $\psi(\Delta\omega_i)$ が知られているならば, ループのプル・インとフォールス・ロックの性質は (14.8) から計算することができる.

厳密に言うと, 前述の簡略化された解析はショート・ループにしか直接当てはまらない. ロング・ループを考慮するように解析を修正すると, PD の DC 出力は, 等価変調伝達関数 $F_m(s)$ を実際のループ・フィルタ $F(s)$ にカスケード接続して, バンドパス増幅器がリニアであると仮定して, 新しい η' と ψ を計算することにより簡単に見積もる事ができる. もしバンドパス回路がリミッターを含んでいるならば, ψ へのバンドパスの寄与は非線形性により影響を受けないが, η への寄与はもっと複雑である. 大きな SNR においては, リミッターに先行するバンドパス・ネットワークによる η への影響をリミッターが払拭する傾向がある.

14.4.3 フォールス・ロックの性質

例として, 過剰な位相を $\psi = -(\pi/3)(\Delta\omega_i/K)$, $\eta' = 1$ としよう. これは図 14.7 や 14.8 に示された IF フィルタや PLL に対する公正な近似である.

(この近似的な位相は $\tau = \pi/3K$ という単純なディレイと等価であることに注意. この解析は一定でないディレイを持つ, もっと一般的なフィルタと同様に純粋なディレイに対しても正確に機能する.) ψ に対してこの式を用いて, DC の位相検出器出力は図 14.9b にプロットされているようになる. このプロットで直ちに明らかなことは, $\cos\psi$ のゼロに対応するプル・イン電圧のヌルであり, このヌルは標準的なループでは生じない (図 14.9a). 小さな $\Delta\omega_i$ では V_d の極性は標準的なループのものから変化せず, 従って, V_d の振幅が減少しているために弱くはなるがプル・インは正確に生じる.

しかしながら, もし周波数差が最初のヌルの幾分外側にあるならば, V_d の極性は標準のものとは逆になり, プル・インはもはや正常には進まない. その代わり, 逆転した極性によりループが正確なロック周波数から押しやられる. この押し出しは, 周波数差が増加して第 2 のヌルに一致するまで続くが, この第 2 のヌルはフォールス・ロックの安定したトラッキング・ポイントである. 真のフェーズロックはフォールスロック・ヌルでは達成されず, 周波数誤差は依然存在するが, ループはヌルから抜けだす事ができない.

フォールス・ロックはオペレータにとっては大変混乱させるものとなりうる. ループの位相検出器からの出力は DC 成分がゼロであるが, 直交 PD (相関検出器) には DC 成分があり, ロックが達成されたことを示す. もしコヒーレントな AGC が用いられるならば, 直交 PD 出力の大

$$V_d \simeq \frac{\eta' K_d K}{2\Delta\omega_i} \cos\psi$$

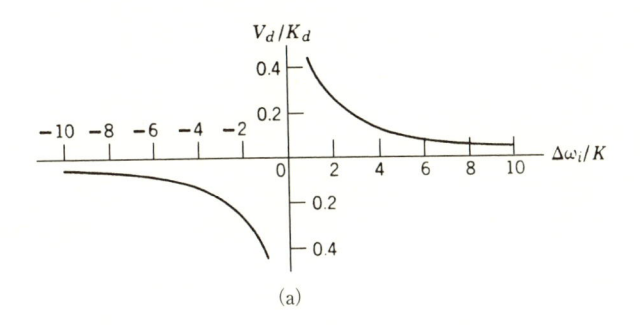

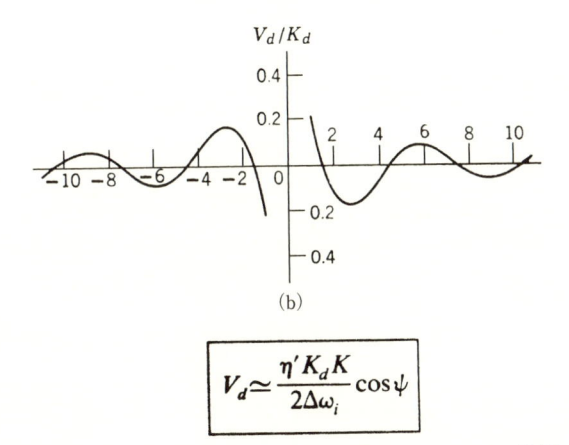

図 14.9 過度な位相シフトの効果を示す PLL プル・インの特性. (a) 標準ループのみ, (b) 水晶フィルタの例からの過度な位相シフトを持つループ.

きさはロックを示す上で正確でもある可能性がある. PD 出力に接続されたオシロスコープはビートの存在を示すが, ノイズが十分に小さい場合に限られる. 実際, おかしなデータが明らかになるまで, フォールス・ロックが全く認識されずにいる可能性もある.

明らかに, フォールス・ロックは回避されなければならない. 回避の1つの方法は十分なバンド幅の IF フィルタを用いることである. もう1つの方法は, ある与えられたバンド幅に対して, フェーズ・シフトがフィルタの等価ローパス極の数とともに増加することを認識することである. もし, 単一同調回路だけが用いられるならば, フィルタ中の最大位相シフトは 90°であり, 有限なフォールスロック・ヌルは存在しない.

2個のタンク回路では (等価ローパス変調伝達関数に2個の極), 最大の位相シフトは 180°であり, 有限スプーリアス・ヌルは不安定である. これらの有限ヌルを超える周波数プッシュにより PLL の周波数が, 正確な信号周波数ではなくて, チューニング・レンジのいずれかの限界へ追いやられる.

様々な数の極に対するプル・イン電圧のラフ・スケッチが図 14.10 に示されている. 実際のフォールス・ロックは, 4個以上の極がローパス等価フィルタに存在する場合に限り見受けられる.

極めて急峻な裾野を持った, いわゆる矩形フィルタと言われるフィルタに数多くの極が見られる. 明らかにこのようなフィルタはフェーズロック・レシーバに使用するのに完全に適している

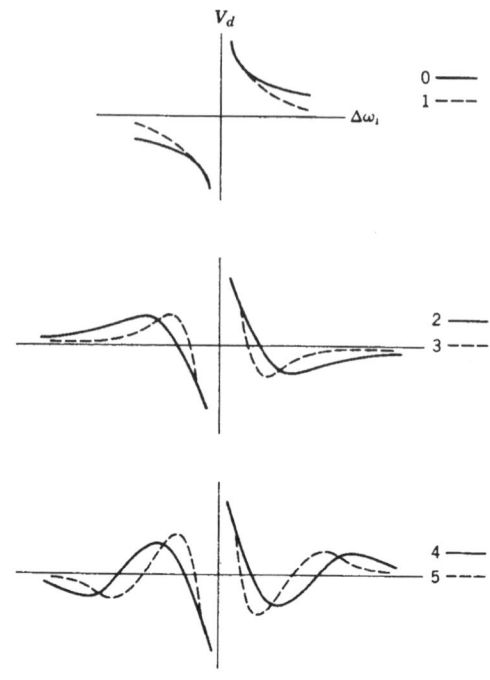

図 14.10 PLL プル・イン特性. 数字はループ内の余分なローパス極の等価数を示す.

わけではない. IF フィルタに対する保守的な設計では 1 個か 2 個の極しか使わない.（都合がよいことに 1 個の水晶は 1 個の等価的な極を提供する.）実際には, ループ内には他のバンド制約する素子が存在し, 認識できる極によって与えられるよりも多くの過剰な位相シフトが常に存在する. その全てが簡単に予測がつかないこれらの 2 次的な効果に対してマージンを与えるために, 主要な IF フィルタリングは, 単純にすべきである.

前述の解析は, ループを通る通常の信号経路だけしか考慮にいれていない. 残念ながら, 明白な主要経路よりも潜在経路の方がフォールス・ロックに寄与する事が多いということを苦い経験は示している. 絶縁の不十分な電源線を通したビートのカップリングは特有の原因である.

14.4.4 フォールス・ロックの改善策

周波数掃引の最大追従可能速度がバンド幅に依存し, ナローバンドのループではゆっくりと変化する周波数しか追従できないということが第 8 章で論証された. 従って, もし掃引テクニックで捕捉が実行されるならば, フォールス・ロックが持続できない程度には十分高速であるが, 正確なロックの捕捉に成功する程度には十分ゆっくりと掃引することができる可能性がある. この可能性は使用される可能性のあるリミッターや AGC により, また IF の信号対ノイズ比によって複雑になる. 入力 SNR が十分大きい場合には, もう 1 つの選択肢は周波数捕捉を補助するために周波数弁別器を用いることである. フォールス・ロックもしくは周波数プッシングと関連した位相検出器出力の極性誤りを克服するのに十分なだけ弁別器出力は大きくなければならない.

しかし, 最も優れた改善方法はスプリットループ・レシーバであり, McGeehan と Sladen [14.22] によって考案された. ブロック・ダイアグラムは図 14.11 に示されている. この配置では, タイプ 2 PLL の 2 個の経路は十分離れており, それらは個別のベースバンド・フィルタと

第 14 章　変則的ロック

[図: スプリット・ループ PLL のブロック図]

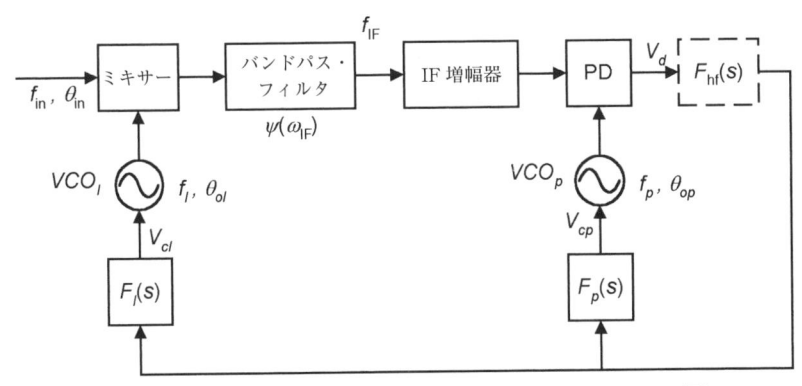

図 14.11　スプリット・ループ PLL のブロック図

個別の VCO を持ち，レシーバの異なる部分にある．

プル・イン電圧 v_p は主に，比例経路の動作を通して生成され，積分経路からの寄与は無視できるということを思い出して欲しい（8.3.1 項）．スプリットループ・レシーバの比例経路は IF フィルタの位相シフトは含まないショート・ループに含まれている．スプリット・ループの積分経路は IF フィルタを含むロング・ループに接続されているが，そのフィルタ内の位相シフトは今度はプル・イン電圧に対する影響が無視できる．その結果，スプリット・ループは IF フィルタ内の位相シフトのためにロング・ループ内で生じるフォールス・ロックを回避している．

伝達関数　図 14.11 において，$F_p(s) = K_1$，$F_I(s) = K_2/s$ としよう．VCO のゲインは K_{op} と K_{oI} であり，PD はゲインが K_d であり，2 つの VCO から出ていく位相は θ_{op} と θ_{oI} と表記する．第 2 章で導入された方法を用いて，誤差応答伝達関数は

$$E(s) = \frac{\theta_e}{\theta_{in}} = \frac{s^2}{s^2 + K_d F_{hf}(s)(sK_1 K_{op} + K_2 K_{oI})} \tag{14.9}$$

この式からループ・ゲインは $K = K_d F_{hf}(0) K_1 K_{op}$ rad/sec であることが分かる．もし $F_{hf}(s) \equiv 1$ であるならば，その PLL は 2 次で $\omega_n^2 = K_d K_2 K_{oI}$ でありダンピングは

$$\zeta = \frac{K_1 K_{op}}{2} \sqrt{\frac{K_d}{K_2 K_{oI}}} \tag{14.10}$$

オープンループ・ゲイン $G(s)$ は $E(s) = 1/[1+G(s)]$ から次のようになる．

$$G(s) = K_d F_{hf}(s) \left(\frac{K_1 K_{op}}{s} + \frac{K_2 K_{oI}}{s^2} \right) \tag{14.11}$$

スプリット・ループは 2 個の VCO を持っているので，そのシステムのクローズド・ループ伝達関数の単一の明白な定義は存在しない．その代わりに，各 VCO に 1 個ずつで 2 個のシステム伝達関数を定義する事ができる．比例経路ループに対して，伝達関数は

$$H_p(s) = \frac{\theta_{op}}{\theta_{in}} = \frac{sK_d F_{hf}(s) K_1 K_{op}}{s^2 + K_d F_{hf}(s)(sK_1 K_{op} + K_2 K_{oI})} \tag{14.12}$$

であり，積分経路に対しては

$$H_I(s) = \frac{\theta_{oI}}{\theta_{in}} = \frac{K_d F_{hf}(s) K_2 K_{oI}}{s^2 + K_d F_{hf}(s)(sK_1 K_{op} + K_2 K_{oI})} \tag{14.13}$$

$H_I(s)$ は（もし，F_{hf} が極（ポール）しか持たず，有限なゼロ点は無いならば）全極伝達関数であり，従って，十分に減衰不足の極を持つ場合に限り，これはゲイン・ピーキングを示す（2.2.4項参照）ということに注意．別の言い方をすると，もしゲイン・ピーキングが無いことが有利であるならば $H_I(s)$ をそのように設計することができる．

$H_p(s)$ はゼロ周波数にヌルを持つバンドパス応答を有することにも注意すること．すなわち，積分経路はスプリット・ループの DC 定常状態応答に対する完全な制御を握っており，比例経路からの寄与は無い．

フェーズロックにおける周波数 ミキサーでのロー・サイドのインジェクションを仮定すると，PLL がロックした場合にレシーバの周波数は $f_{in} - (f_I + f_p) = 0$ によって関係付けられる．（ハイ・サイドのインジェクションはこの式で符号を適当に変えることにより対応する事ができる．）この公式は和 $(f_I + f_p)$ に対してのみ制約を与え，2 個の VCO 周波数個別にというわけではない．一旦ループがロックしたら個々の周波数 f_I と f_p はどうなるだろう？　積分経路の積分器が完全であること，一定の周波数 f_{in}，ノイズの無い入力，それから位相検出器もしくはループ・フィルタに望ましくない DC オフセットがないことを仮定すると，平衡状態のロックで位相誤差はゼロになる．VCO_p に対するチューニング・ルールを $\omega_p = \omega_{0p} + K_{op} V_{cp}$ と表現する．ただし，V_{cp} は制御電圧であり ω_{0p} は VCO_p の「自走」周波数である．もし位相誤差がゼロならば，PD 出力電圧もまたゼロであり，制御電圧 V_{cp} もそうである．したがって，IF 増幅器における信号周波数のようにロックしたときの VCO_p の周波数は ω_{0p} である．

（全てのアナログ回路積分器のように）もし積分器が不完全ならば，比例経路は DC トラッキングの負荷の一部を請け負い，また VCO_p は ω_{0p} から，ある値だけ同調外れする．この定常状態の同調外れを経験しなくてよいように，ディジタル PLL は無限大の DC ゲインを持った積分器を持つ事ができる．

14.5 PLL のチェーンにおけるロック不良

これまで，第 14 章では不正確な周波数や位相に対するロックを取り扱ってきた．この最後の節では加算的なノイズの無視できる条件下という表面的には好ましい条件下での PLL のチェーンにおけるロック不良を取り扱う．ワイヤ・ラインもしくは光ファイバ上で動作する長距離のデータ通信リンクは数多くのレピータをチェーンに包含していることが多い．レピータはその入力のタイミングを再生するシンクロナイザーと，各データ・シンボルを検出し，クリーン・アップされ再同期化されたデータ・ストリームをその出力に送るリジェネレータとからなる．バンドパス・フィルタを用いる他の方式もあるけれども通常のレピータは，シンクロナイザーに PLL を用いている．経験によれば，チェーンがあまりにも多くのレピータを含んでいると過剰なサイクル・スリップによりリンクが故障するということが明らかになってきた．

この故障は [14.23] と [14.24] およびそれらの論文で引用されている参考文献で解析されている．要するに，データ・ストリームのランダム性によりある量のジッタが各シンクロナイザーの出力で引き起こされる．各シンクロナイザーは同じデータ・ストリームを見ているので各レピータで同じジッタが引き起こされ，再生されたデータ・ストリームに乗って次のレピータへ渡

される．ジッタはチェーンに沿って蓄積し，n番目のレピータへの入力は先行する各シンクロナイザーからのジッタを持ち，それぞれの寄与は間に置かれたシンクロナイザーの伝達関数によってフィルタされている．蓄積されたジッタのスペクトルはPLLのバンド幅と同程度の周波数に強いピークを持っている．チェーンのずっと下流のシンクロナイザーではジッタが大きくなりすぎて，正しく追従せずにサイクルをスリップする．

通常の2次タイプ2のPLLでは常に，2.2.4項で述べたように，クローズド・ループ応答$H(s)$で，ある量のゲイン・ピーキングを持っている．ゲイン・ピーキングはジッタ増幅を引き起こすが，これはシンクロナイザーのチェーンにおいて災害となる可能性がある．ジッタ増幅の制限はテレコム・ネットワークで用いられるシンクロナイザーに対して規定されたゲイン・ピーキングの厳しい制約（通常，最大0.1dB）の理由となっている．2.2.4項では，ダンピング・ファクタζが4.5より小さくない事が，0.1dB以下のゲイン・ピーキングを達成するのに必要とされることが示された．

20ないし30のダンピング・ファクタを用いた設計者で，長いチェーンに依然として変わらぬロック不良を見出したものがいた．実際，伝達関数のゲインが明らかなピーキングを示さないのに，それにもかかわらず，誘起されたジッタからサイクル・スリップを被っている1次PLLを持ったシンクロナイザーのチェーンを[14.24]は，解析している．ゲイン・ピーキングはチェーンの故障において悪化させる要因ではあるけれども，基本的な原因ではないと結論づけられている．ノイズが小さい環境においてシンクロナイザーに誘起されるジッタは（多くの地上通信線のネットワークが通常そうであるが）データ・ストリームのランダム性と伝送媒体のバンド幅の制約に起因する自己ノイズ[14.25]によるところが大である．自己ノイズの抑制に対する方法は良く知られている[14.26-14.28]が，複雑さとコストのためにワイヤーあるいはファイバー・ラインのためのシンクロナイザーにはあまり使われない．

その代わり，ジッタ・アッテネータの使用が普通になってきた(17.5.2項参照)．ジッタ・アッテネータはエラスティック・バッファ［ファースト・イン・ファースト・アウト・バッファ(FIFO)］とループ・バンド幅の小さいPLLとの組合せである．データ信号は，入力ジッタの追従の信頼性を良くするために，十分大きなバンド幅を持ったフェーズロックト・シンクロナイザーを用いた標準的なデータ・レシーバ内で受信される．レシーバからのデータ出力は大きなバンド幅のデータ・シンクロナイザーからのクロック出力に同期してFIFOへ入力され，ジッタ・アッテネータのバンド幅の小さいPLLからのクロック出力を用いて出力される．FIFOのフィル・インジケータはジッタ・アッテネータPLLに対する位相検出器として機能し，FIFOの容量の50%の平均フィルを維持するという考え方である．

PLLバンド幅の外側の周波数でのジッタはPLLによる位相のローパス・フィルタリングによって減衰される．特に，蓄積されたジッタのスペクトル中の大きなピークは実用的なジッタ減衰PLLのバンド幅のずっと外部にあり，従って強く減衰される．十分低周波のジッタはアッテネータPLLを通過するが，その振幅は通常は十分小さいので下流のレピータのワイドバンド・シンクロナイザーはそれに対処できる．

大振幅ジッタはFIFOによって吸収されるが，このジッタにはロックの信頼性を保証するためにデータ・シンクロナイザーの大きなバンド幅が必要とされる．ジッタ・アッテネータはその入力で大きなジッタに耐える事ができて，しかも依然としてそのPLLのバンド幅は小さい．アッ

テネータ PLL への入力はクロック信号であって，データ信号ではないことに注意．シンクロナイザー PLL を苦しめる種類の自己ノイズにはアッテネータ PLL のジッタに上乗せされるものは存在しない．

参考文献

14.1 D. Richman, "Color-Carrier Reference Phase Synchronization Accuracy in NTSC Color Television," *Proc. IEEE **43***, 106–133, Jan. 1954. Reprinted in [14.2].

14.2 W. C. Lindsey and M. K. Simon, eds., *Phase-Locked Loops & Their Application*, Reprint Volume, IEEE Press, New York, 1978.

14.3 B. R. Eisenberg, "Gated Phase-Locked Loop Study," *IEEE Trans. Aerosp. Electron. Syst. **AES-7***, 469–477, May 1971.

14.4 U. Mengali, "Noise Performance of a Gated Phase-Locked Loop," *Trans. IEEE Aerosp. Electron. Syst. **AES-9***, 55–59, Jan. 1973.

14.5 L. Schiff, "Burst Synchronization of Phase-Locked Loops," *IEEE Trans. Commun. **COM-21***, 1091–1099, Oct. 1973.

14.6 G. L. Hedin, J. K. Holmes, W. C. Lindsey, and K. T. Woo, "Theory of False Lock in Costas Loops," *IEEE Trans. Commun. **COM-26***, 1–12, Jan. 1978. Reprinted in [14.9].

14.7 K. T. Woo, G. K. Huth, W. C. Lindsey, and J. K. Holmes, "False Lock Performances of Shuttle Costas Loop Receivers," *IEEE Trans. Commun. **COM-26***, 1703–1712, Nov. 1978. Reprinted in [14.9].

14.8 M. K. Simon, "The False Lock Performance of Costas Loops with Hard-Limited In-Phase Channel," *IEEE Trans. Commun. **COM-26***, 23–34, Jan. 1978. Reprinted in [14.9].

14.9 W. C. Lindsey and C. M. Chie, eds., *Phase-Locked Loops*, Reprint Volume, IEEE Press, New York, 1986.

14.10 S. T. Kleinberg and H. Chang, "Sideband False-Lock Performance of Squaring, Fourth-Power, and Quadriphase Costas Loops for NRZ Data Signals," *IEEE Trans. Commun. **COM-28***, 1335–1342, Aug. 1980.

14.11 F. M. Gardner and J. D. Baker, *Simulation Techniques*, Wiley, New York, 1997, p. 316.

14.12 W. C. Lindsey and M. K. Simon, *Telecommunication Systems Engineering*, Prentice Hall, Englewood Cliffs, NJ, 1973, Secs. 2–4 and 2–5.

14.13 K. Kiasaleh, "On False Lock in Suppressed Carrier MPSK Tracking Loops," *IEEE Trans. Commun. **COM-39***, 1683–1697, Nov. 1991.

14.14 M. K. Simon and K. T. Woo, "Alias Lock Behavior of Sampled-Data Costas Loops," *IEEE Trans. Commun. **COM-28***, 1315–1325, Aug. 1980.

14.15 T. Shimamura, "On The False-Lock Phenomena in Carrier Tracking Loops," *IEEE Trans. Commun. **COM-28***, 1326–1334, Aug. 1980.

14.16 M. K. Simon and J. G. Smith, "Carrier Synchronization and Detection of QASK Signal Sets," *IEEE Trans. Commun. **COM-22***, 98–105, Feb. 1974.

14.17 R. Lawhorn and C. S. Weaver, "The Linearized Transfer Function of a Phase Locked Loop Containing an IF Amplifier," *Proc. IRE **49***, 1704, Nov. 1961.

14.18 J. A. Develet, Jr., "The Influence of Time Delay on Second-Order Phase Lock Loop Acquisition Range," *Int. Telem. Conf.*, London, 1963, pp. 432–437. Reprinted in [14.2].

14.19 W. A. Johnson, *A General Analysis of the False-Lock Problem Associated with the Phase-Lock Loop*, Rep. TDR-269 (4250-45)-1, Aerospace Corp., Los angeles, CA, Oct. 2, 1963 (NASA Accession N64-13776).

14.20 R. C. Tausworthe, *Acquisition and False-Lock Behavior of Phase-Locked Loops with Noisy Inputs*, JPL SPS 37–46, Vol. IV, pp. 226–234, Jet Propulsion Laboratory, Pasadena, CA, Aug. 31, 1967.

14.21 B. N. Biswas, P. Banerjee, and A. K. Bhattacharya, "Heterodyne Phase Locked Loops—Revisited," *IEEE Trans. Commun.* **COM-25**, 1164–1170, Oct. 1977.

14.22 J. P. McGeehan and J. P. H. Sladen, "Elimination of False-Locking in Long Loop Phase-Locked Receivers," *IEEE Trans. Commun.* **COM-30**, 2391–2397, Oct. 1982.

14.23 H. Meyr, L. Popken, and H. R. Mueller, "Synchronization Failures in a Chain of PLL Synchronizers," *IEEE Trans. Commun.* **COM-34**, 436–445, May 1986. Reprinted in [14.9].

14.24 M. Moeneclaey, S. Starzak, and H. Meyr, "Cycle Slips in Synchronizers Subject to Smooth Narrow-Band Loop Noise," *IEEE Trans. Commun.* **36**, 867–874, July 1988. Comments and discussion: *IEEE Trans. Commun.* **45**, 19–22, Jan. 1997.

14.25 F. M. Gardner, "Self-Noise in Synchronizers," *IEEE Trans. Commun.* **28**, 1159–1163, Aug. 1980.

14.26 L. E. Franks and J. P. Bubrouski, "Statistical Properties of Timing Jitter in a PAM Timing Recovery Scheme," *IEEE Trans. Circuits Syst.* **CAS-21**, 489–496, July 1974.

14.27 A. N. D'Andrea and M. Luise, "Design and Analysis of a Jitter-Free Clock Recovery Scheme for QAM Systems," *IEEE Trans. Commun.* **41**, 1296–1299, Sept. 1993.

14.28 A. N. D'Andrea and M. Luise, "Optimization of Symbol Timing Recovery for QAM Data Demodulators," *IEEE Trans. Commun.* **44**, 399–406, Mar. 1996.

第15章　PLL周波数シンセサイザ

シンセサイザ（合成器）はますます広い多様性を持った電子製品で用いられていくつかの動作周波数のうちの任意の1つを生成している．PLLに基づくシンセサイザは，潜在的な優れた性能，比較的単純であること，ならびに低コストにより，ポピュラーである．フェーズロック・シンセサイザは［15.1-15.7］のような本や雑誌文献において多くの注目を集めている．シンセサイザは本書が書かれている時点では集中的な最新の研究や豊富なイノベーション（革新)の主題であった．重要な新しい結果がそれに続いて確実に現れてきている．この章はフェーズロック・シンセサイザの基本原理の短縮した要約である．この主題に対するガイドを意図しており，もっと徹底した取り扱いについては参考文献を参照されたい．

15.1 シンセサイザの構成

フェーズロック・シンセサイザには多様な構成があり，この節ではいくつかの例が与えられており，変種は後の節で検討する．

15.1.1　基　本　構　成

図15.1は，フェーズロック・シンセサイザの基本構成を示しており，これは他の全てが基づいている構成である．シンセサイザには，周波数 f_r の参照源と周波数 f_o のVCOが含まれている．参照周波数は整数 R によって割り算されて比較周波数 $f_c = f_r / R$ となりVCO周波数は N で割られる．

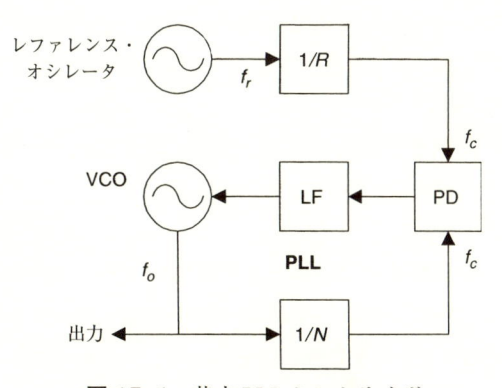

図15.1　基本PLLシンセサイザ

2個の分周された波はそれから位相検出器で比較される．位相同期は$f_r/R=f_o/N=f_c$という条件を課すので，次式に応じて出力周波数はレファレンスの有理分数にロックされる．

$$f_o = \frac{Nf_r}{R} = Nf_c \qquad (15.1)$$

これはPLLシンセサイザの基本方程式である．

周波数分周器はプログラマブルにすることができる．出力周波数f_oは，ディバイダ（分周器）の比RおよびNを設定することによって選択する．15.2.1項で更に研究されるように，ニッチな種類のディバイダがあるが，ディバイダは殆どはディジタル・カウンタによって実装される．周波数はRに逆比例（周期はRに正比例）し，また，一様な周波数間隔が通常は必要なので，Rディバイダは通常，任意の1つの応用に対しては固定とされる．その理由により，今後は$f_r = Rf_c$ではなくて主に比較周波数f_cに専念する．

出力周波数の分数の長期的な安定性と精度はレファレンスのものと同じである．分数の精度とは参照周波数か出力周波数のいずれか当てはまるものの分数としての周波数誤差である．出力位相ノイズは理想的には（だが実現可能ではないが），ループ・バンド幅内のジッタ周波数に対してはレファレンスの位相ノイズのN/R倍であり，またこれはループ・バンド幅外のジッタ周波数に対してはVCOの位相ノイズである．

基本シンセサイザの出力周波数f_oは，位相比較周波数f_cの刻みで選択可能である．リップルを十分に抑制し，ループの安定性を保証するためには，ループ・バンド幅はf_cよりもかなり小さくなければならない．希望する刻みが小さければ，ループ・バンド幅は極端に小さくなければならない．他方において，大きなループ・バンド幅は高速な捕捉を達成するため，またVCOの短期的なジッタを安定化させるためには好ましい．これらの競合する目標の間で厳しい葛藤があるが，これはフェーズロック・シンセサイザに対して費やされてきた大きな努力の根底にある葛藤である．

15.1.2 別の構成

2個の修正された構成が図15.2と15.3に描かれている．基本PLLシンセサイザ構成における周波数間隔対バンド幅の葛藤を回避するための類似したテクニックを共有する，多くの異なる構成をこれらの図は説明している．

出力の分周　図15.2では，VCO周波数は出力周波数Nf_c/PのP倍である．たとえ位相比較が周波数f_cで行われるにしても，f_c/Pの周波数刻みが得られる．VCOやNとPによる分周器を，希望する出力周波数のP倍で動作させるという代償を支払ってバンド幅の葛藤は係数Pだけ軽減される．このテクニックは深刻な問題に対する経済的な解であるが，VCOの周波数とディバイダのスピードの限界がその一般的な応用の妨げになっている．

マルチプルループ・シンセサイザ（多ループ合成器）　図15.3のマルチプル・ループは基本ループの葛藤を回避するために出力の分周と周波数変換ミキサーを組み合わせている．示されているように，その例は各位相検出器で同じ比較周波数$f_c = f_r/R$を用いているが，これは必要でもなければ特に望ましいわけでもない．すべてのミキサーでのフィルタは差のミキシング積

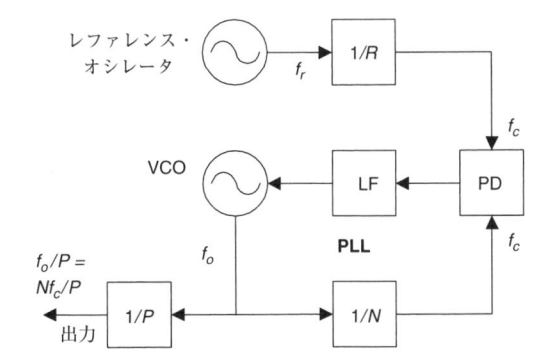

図15.2 別個の出力ディバイダを備えたシンセサイザ

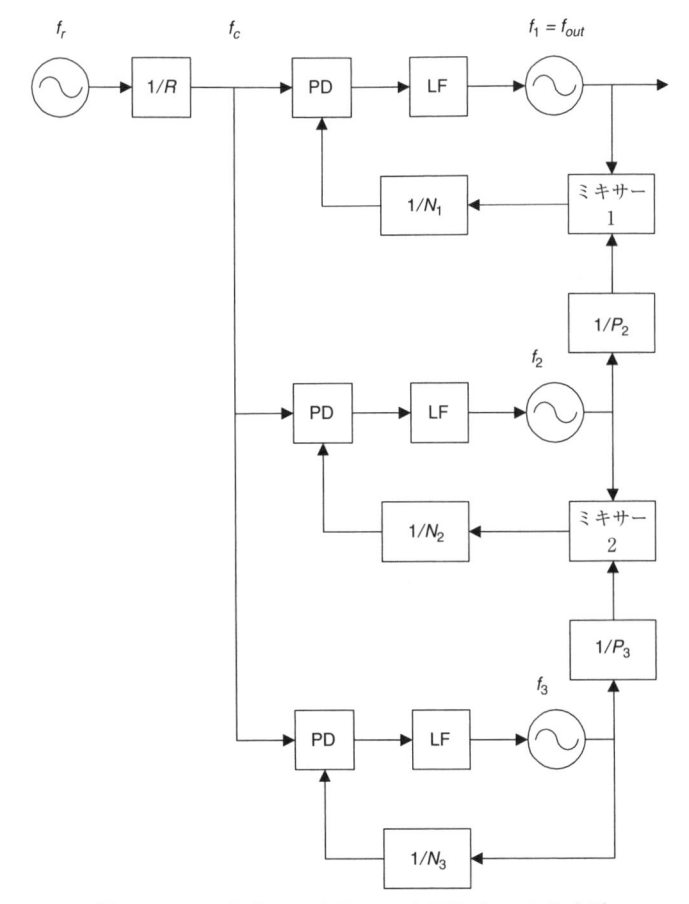

図15.3 ミキサーによるマルチPLLシンセサイザ

を選択し（和の積は除去），かつ $f_1 > f_2/P_2$ で $f_2 > f_3/P_3$ と仮定すると，出力周波数は，

$$f_1 = \frac{f_r}{R}\left(N_1 + \frac{N_2}{P_2} + \frac{N_3}{P_2 P_3}\right) \tag{15.2}$$

この出力周波数は $f_r/RP_2P_3 = f_c/P_2P_3$ の刻みで選択可能である．比較周波数を減らすことなしに一層小さな刻みを達成するためにループの数を増やすことができる．下位のループは製造が容易であるように全て同一のモジュールで構成しても良い．

ミキサーは所望の1つの成分に伴って多くの不要な出力積を作り出す．不要な積の存在によりシンセサイザ出力内のスプーリアスな成分の可能性が高められ，あるいは誤った周波数にロックさえしてしまう［15.3］．良質なフィルタと注意深い周波数プランとはスプーリアス積を十分に減衰させるのに必須である．図からは明らかではないが，ミキサーの存在により出力周波数の許容範囲も減じられる．

歴史的には，位相ノイズが最小のシンセサイザのいくつかはマルティプル PLL とディスクリート部品で構成されている．それらは，シングル・ループ IC シンセサイザと比べて大変高価になっているが，今のところ，後者は殆ど同じ位相ノイズ特性を達成できていない．

15.2 周波数分周器（フリーケンシー・ディバイダ）

周波数分周器はフェーズロック・シンセサイザにおいて必須の部品である．2種の分周器が知られている．ディジタル・カウンタとアナログ・ディバイダである．ディジタル・カウンタははるかに融通性があり，広く使われているが，アナログ・ディバイダもまた時々考慮に値するニッチな場がある．

15.2.1 アナログ周波数分周器

アナログ周波数分周器（サブハーモニック・ジェネレータ＝低調波発生器とも呼ばれる）は多年にわたって研究されてきた．文献にはリジェネレーティブ・ディバイダ［15.8 - 15.12］，インジェクションロックト発振器［15.13 - 15.20］，それからパラメトリック（非線形キャパシタ）ディバイダ［15.21 - 15.23］に関する論文がある．パラメトリック・ディバイダ（パラメトリック分周器）は本質的に非効率的であり，サブハーモニック出力に与える事ができるよりもずっと多くの基本波の入力パワーが必要である．さらに，チューニングとパワーレベルの調節はともにきわどく，従って，実際にはあまり使われていない．他の2つのカテゴリーに関しては，Verma，Rategh ならびに Lee［15.20］がリジェネレーティブ・ディバイダとインジェクションロックト発振器（注入同期型発振器）は原理は同じだが単に応用が異なるだけであり，同じ種類に属すると断言している．彼らはそれら両者を特性付けるための解析を提示している．

アナログ周波数分周器は適切な動作に必要な同調回路あるいは他のフィルタのために狭い周波数範囲でしか有用ではなかった．同じ理由により，それらには固定の分周比しか無く，プログラマブルではない．大きな分周比は実現可能ではなかった．他方において，狭いバンド幅はノイズの観点からは好ましく，それらはディジタル・カウンタでは可能でない高い周波数で動作可能であり，同じ分周比のディジタル・カウンタよりも小さな消費電力であるように設計する事ができる．

15.2.2 ディジタル・カウンタによる周波数分周器

ディジタル・カウンタは PLL シンセサイザの中ではずば抜けてポピュラーな周波数分周器である．それらはプログラムが容易であり，多くの異なる周波数での出力が可能であり，極めて大きな分周比を与えることができて，ディジタル回路と一緒に作ることができて，それによってアナログ回路の問題の殆どを回避し，他のディジタル・デバイスと一緒に集積回路として作ること

が容易にできて，ワイドバンド・デバイスであり広い範囲の合成周波数が可能で，ICチップに内蔵するのが難しい厄介な同調回路や他のフィルタは無く，正しく動作するのに調節は必要なく，また，通常は低コストのデバイスである．ディジタル・カウンタはアナログ周波数分周器で可能な高い周波数で動作することはできず，アナログ分周器よりも消費電力が高く，その大きなバンド幅により，周波数や分周比が同じアナログ分周器よりもノイズが多い．

ディジタル・カウンタの使用により，組み合わされる位相検出器の選択が制約されるのが通常である．カウンタの通常の出力は名目上は長方形の波形であり，サイクルの周期 $1/f_c$ に比べて短い期間である事が多い．制限的な特別な手段がとられないならば，出力内の情報は1つの極性の遷移（信号のエッジ＝端）だけにある．もし位相検出器がこの制約を受け入れなければならないならば，シーケンシャル（順序回路）PDあるいはサンプリングPDがほぼ唯一の適合する種類である．位相／周波数検出器（PFD-10.3節）の貴重な性質のために，このタイプは集積回路上に作られるシンセサイザで普及している．

もし別個の2による分周がプログラマブルカウンタ分周器の後に置かれるなら排他的論理和ゲートのようなマルチプライヤPDが使える可能性がある．2による分周により50％のデューティ・レシオの方形波出力を与える．しかしながら，2による分周はプログラマブル分周器の一部ではないので，比較周波数 f_c はプログラマブル分周器からの周波数の半分しかなく，従って周波数分解能は $2f_c$ である．マルチプライヤPDもしくはサンプリングPDを使用するには，周波数捕捉に対する別個の準備が必要であるが，これはPFDでは元来そなわった特徴となっている機能である．

カウンタには2種類あり，カウンタ内の全てのステージが同じ瞬間に状態を変える（シンクロナス・カウンタ）か，あるいは状態変化がカウンタのステージを伝播する（リップル・カウンタ）．もっと最近では，周波数分周器のカウンタが再同期される，つまり，カウンタが指定された状態に達した後に出力遷移が入力クロックでトリガーされる．同期あるいは再同期カウンタはジッタに寄与する経路が短く，位相ノイズを低下させるためにはリップル・カウンタの代わりに常に用いるべきである．Levantinoほか［15.24］は再同期カウンタにおける出力ジッタは殆ど完全にリシンクロナイザーのみに起因し，カウンタ内の複数のステージのもっとずっと大きな蓄積された内部ジッタからの寄与は殆ど無いという事を示す解析と測定を示している．

15.3 フラクショナル（分数）N カウンタ

これまでは，この解説は整数による分周しか調べていないが，これは図15.1の基本構成の周波数分解能とループ・バンド幅との間の根底的な葛藤に至る制約である．この基本構成は，もし N カウンタが分数比で分周することができるのであれば，分解能とバンド幅の間でもっと好ましいトレード・オフが得られるであろう．この節では分数 N のカウントへのアプローチを検討する．

15.3.1 デュアル・モデュラス（2係数）・カウンタ

ここでは真の分数 N 動作に取り組む前に，分数 N カウンタの先駆者を紹介する．通常のプログラマブル・カウンタはそのスピードが制限されており，それらの可能な最も高い動作周波数は個々のステージのトグルの最高周波数よりもかなり小さい．プログラマブル・カウンタに対して

高すぎる VCO 周波数に対処する 1 つの方法は，その前に固定比率のプリスケーリング・カウンタを置くことである．もしプリスケーラの分周比率 P が小さく固定されているならば，このプリスケーラは後続のプログラマブル・カウンタよりはかなり高い周波数で動作する能力を持つが，これは，今度は，耐えられる程度に入力周波数が減少している．残念ながら，この構成の周波数分解能は今度は Pf_c であり，図 15.1 の基本構成の f_c とは異なる．固定プリスケーラによって分解能対バンド幅の葛藤はファクタ P だけ悪化する．

デュアルモデュラス・プリスケーラ[15.25]は長い間，図 15.4 で示すように，固定プリスケーラに起因する分解能の劣化に対する型どおりの解であった．図で N と A のカウンタはともにプログラマブルである．

P カウンタは，コマンドに応じて，P か $P+1$ によって分周し，それがデュアルモデュラス・カウンタである．(N, A および P は全て整数である．) 全カウント $N_{fb} = NP + A$ が各比較サイクルで望まれ，その結果周波数分解能を f_c として VCO 周波数 $f_o = N_{fb}f_c = f_c(NP + A)$ が得られる．(サブスクリプト fb はフィードバックを意味する．)

図 15.4 に対する構成は次式から導出される．

$$\begin{aligned} N_{fb} &= NP + A = NP + A + AP - AP \\ &= (N-A)P + A(P+1) \end{aligned} \tag{15.3}$$

これによると VCO 周波数を，VCO の $N-A$ サイクルに対して P で分周し，A サイクルに対して $P+1$ で分周する必要がある．それは正に図 15.4 のカウンタが遂行していることである．各 PD 比較サイクルの始めに N と A のカウンタが値 N と A にプリセットされており，ゼロに向かってカウント・ダウンするものと仮定する．また，P カウンタが VCO 出力すなわち $P-clk$ を $P+1$ 毎にカウントするサイクルを始めるようにモデュラス制御がセットされていると仮定する．そのモデュラス設定により，N と A のカウンタはそれぞれ P カウンタの各出力サイクル毎に，つまり $N:A-clk$ の各サイクルに対して 1 だけ減じられる．

A カウンタの状態がゼロに達すると，A カウンタは減算を中止し，P カウンタが $P+1$ の代わりに今度は P 毎にカウントするように P モデュラス制御を変更する．N カウンタの減算はゼロに達するまで続き，そこで 3 個のカウンタは全て初期条件へリセットされる．(15.3) で要求されるように，1 個の完全なサイクルは $P+1$ 個の VCO サイクルを持つ A サブサイクルと P 個の VCO サイクルを持つ $N-A$ 個のサブサイクルを含む．$P+1$ による分周は通常は，P 個の連続した増

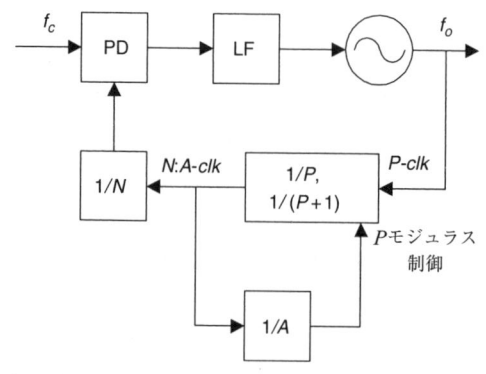

図 15.4　デュアルモデュラス・ディバイダによるシンセサイザ

加の後で1個の$P-clk$サイクルの間Pカウンタがそのカウントを進めるのを停止することによって実現されるが，これはパルス・スワロウィングとして知られているテクニックである．

図15.4のカウンタの配置は時々フラクショナルNカウント（分数Nカウント）の例と言われるが，N_{fb}は常に整数であることに注意．分数は含まれておらず，デュアルモジュラス・プリスケーラは何と呼ばれて来ようが実際には分数Nカウンタではない．分解能は図15.1の基本シンセサイザ構成に対して全く改善されていない．

また，1個のPDの比較サイクルは正確にN_{fb}個のVCOサイクルからなり，位相の変動を引き起こす可能性のあるいかなる変更もないことにも注意．後に真のフラクショナルNカウンタを説明する際にこの最後の特長に留意しよう．

ディバイダ・レシオN，P，ならびにAは独立に選ぶことはできない．それらは$N \geq A$と$A < P$という限界で制限されている．Egan [15.6，第4章]はマルチモデュラス・カウンタ（多係数カウンタ）のもっと広範な議論を提供している．

15.3.2 アナログ補償付きフラクショナルN PLL

もしフィードバック周波数分周器が単なる整数でなくて分数の分周比率で動作すれば，PLLシンセサイザの分解能は改善できるであろう．フラクショナル分周に対する配置［15.26］が図15.5に示されているが，これが真のフラクショナルN PLLとして長い間知られていた．その動作を理解するために，最初はDACと減算器を無視する．これによりPLLは通常のPD，LF，VCOおよび，Nもしくは$N+1$で分周できるデュアル・モデュラス分周器からなることになる．$N+1$による分周はパルス・スワロアによって実現される．

パルス・スワロウイングの制御は（$C-clk$と指定される）分周器出力によってクロックを与えられるNCOによって実行される．NCO内のアキュムレータの内容は周波数制御ワードu_cによって$C-clk$の各サイクルでインクリメントされる．NCOの差分方程式を次式のように表す．

$$\varepsilon_o[n] = \{\varepsilon_o[n-1] + u_c\} \mod\text{-}Q \tag{15.4}$$

Qは整数（通常は2の整数べき乗だが，かならずしもそうではない）であり，u_cはQよりも小さな非負の整数である．NCOは加算によってアキュムレータのオーバーフロー毎にキャリーを発生するように構成されている．同様なNCOのように，オーバーフローの平均レートは

$$f_{\text{NCO}} = \frac{f_c u_c}{Q} \tag{15.5}$$

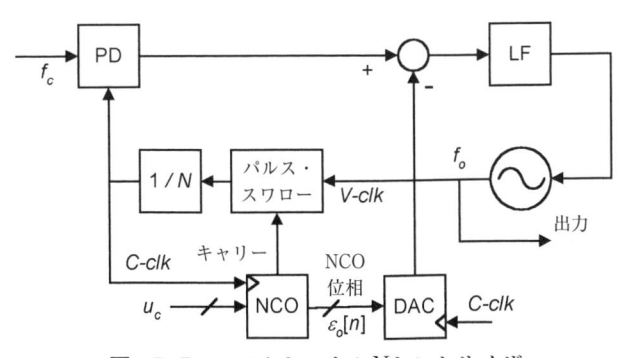

図15.5 フラクショナルNシンセサイザ

キャリーはパルス・スワロワに印加される．フィードバック・カウンタがVCO周波数f_oを1回Nの代わりに$N+1$で分周するように，各キャリー毎に1個の$V-clk$パルスが飲み込まれる．$C-clk$の平均の分数u_c/QサイクルがNCOアキュムレータのオーバーフローを経験し，従って，$V-clk$の$N+1$カウントを有し，一方で，$C-clk$の平均分数$(1-u_c/Q)$サイクルはオーバフローが無く，これらのサイクルは$V-clk$のNカウントを有する．平均カウント・レートは従って，

$$N_{\text{avg}} = (N+1)\frac{u_c}{Q} + N\left(1-\frac{u_c}{Q}\right) = N + \frac{u_c}{Q} \tag{15.6}$$

言い換えると，図15.5の構成は純粋なフラクショナルN周波数分周を平均で可能にしている．周波数分解能は今度はf_cだけでなくQにも依存するが，Qは非常に大きくすることができる．フラクショナルNのカウンティングは基本PLLシンセサイザの分解能対バンド幅の葛藤からの脱却を約束してくれ，細かい分解能は高い比較周波数と両立するように見える．

しかしフラクショナルNカウンティングだけでは許容できる性能を与えてはくれない．フラクショナルNカウンティングは平均でのみ達成され，一様ではない．Nによる分周と$N+1$による分周のスイッチングにより，図15.6を補助として説明されるように過大な位相ジッタが生じる．図では位相対時間を周波数f_cにおけるレファレンスに対して，ならびに分周を経たフィードバック位相に対してプロットしている．両方の位相は，それらが限界無しに増加することを説明するために展開して示されている．レファレンスの位相はf_cサイクル／秒の一定の勾配を持った直線である．

パルス・スワロウィングが無いと，フィードバック位相（Nカウンタ位相）はf_o/Nサイクル／秒の勾配を持った線分であり，この勾配は，もし$u_c>0$ならばf_cよりも大きい．スワロウされた各々のパルスは$1/f_o$秒の間，すなわち$V-clk$の1サイクルの間，フィードバック位相の増加を阻み，これにより蓄積されたフィードバック位相は，スワロウが無い場合に得られる位相に対してf_cの$1/N$サイクルだけ遅れることになる．［コメント：カウンタ内のカウント値は離散的時間のプロセスである．カウント対時間のプロットは階段状になる．カウンタの位相を仮想的な

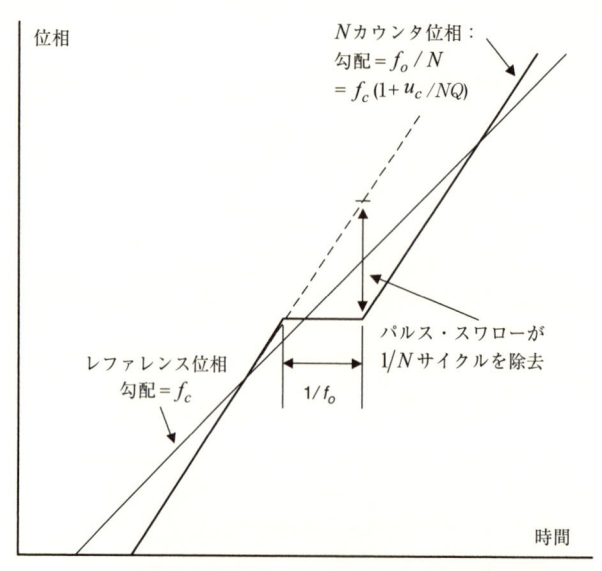

図15.6 フラクショナルNシンセサイザにおける不規則なカウンティング

連続時間のプロセスと考えると，カウントは位相のサンプルを表す．]

　PLLに与えられた位相誤差はレファレンス位相とNカウンタ位相の間の差である．もし，PLLバンド幅が大きい（フラクショナルNカウンティングの1つの目的）ならば，位相誤差はVCOの中を伝播し，過度なジッタを引き起こす．もし位相誤差をフィルタするのに十分なだけPLLのバンド幅を小さくするのであれば，大きなバンド幅の利点は失われる．位相誤差のスペクトルはNCO周波数とその高調波で離散的な成分を持つが，もしu_cでQが割り切れないならばキャリーの間の時間間隔が一様でないために生じる他の周波数でも離散成分を持つ．Kroupaのテキスト[15.7，12.2節]では，彼のレプリント（再版）集[15.27]のいくつかの論文と同様に，NCOで発生するスプーリアス（擬似）信号を論じている．

　NCOアキュムレータの内容$\varepsilon_o[n]$は$C-clk$の各時間刻みでの位相誤差に比例するディジタル・サンプルである．サンプルは適切にスケール（尺度調節）されたディジタル－アナログ変換器に印加され，アナログ出力は位相検出器の出力から引き去られる．その目的は，位相誤差に起因するPD出力を打ち消し，それによってVCOの位相ジッタを回避することである．DACと打ち消し用回路のきわどい調節と同様に，PDにおける優れたリニアリティ（線形性）が必要である．1つのテクニックは，PDのチャージ・ポンプの電流源とDACを合併して，それらが確実に一致してドリフトするようにすることである．打ち消し回路の詳細は企業秘密の傾向があり公開されることはあまり無い．いくつかの関連する特許が[15.28]に一覧表にされている．

　VCOからの最大の離散的なスプーリアス出力を，目標のキャリアより約70dB下に抑制することができるようだ．このような性能はミキサー型のシンセサイザ（例えば，図15.3）で達成可能なものと同程度に良好というわけではないが，多くの目的に対しては十分であり，ずっとコストが小さい．

15.3.3　デルタシグマ・モジュレータを持つフラクショナルN PLL

　本書を執筆している間にデルタシグマ（$\Delta\Sigma$）PLLシンセサイザに関する論文の洪水が現れた．これらのPLLでは，レファレンス・サイクル毎に1回ずつマルチモジュラス周波数分周器の分周比率を変更するために完全ディジタル$\Delta\Sigma$モジュレータ[15.29，15.30]が使われている．多くのサイクルにわたる平均分周比率は分数である．さらに，その$\Delta\Sigma$モジュレータは低周波でノイズを抑制し高周波側にノイズを集中させるためにその出力のノイズ・スペクトルを整形するが，この高周波側ではPLLのローパス周波数応答によりノイズを減衰させることができる．$\Delta\Sigma$ PLLはその目的を殆ど完全にディジタル的な手段で達成し，15.3.2項で説明されている旧式のフラクショナルNシンセサイザのものと同等な性能を出すためにきわどい打ち消し機能は不要なので，魅力的である．

　このテーマに関する初期の論文には[15.31]と[15.32]が含まれ，後者は後続の諸論文で広範に引用されている．また，Egan[15.6，8.3節]は$\Delta\Sigma$テクニックを「デルタ－シグマ」と言わずに説明している．数多くの後の論文は[15.33]と[15.34]に集められており，1冊全体が$\Delta\Sigma$フラクショナルNシンセシスに関する本[15.35]が出版されている．Galtonのチュートリアル（指導書）的なオーバービュー（概観）[15.36]がこのテーマの優れた入門になっている．この章が書かれていた頃は殆ど毎月，劇的な新しい結果が現れていたが，これはその後もきっと続く傾向である．思慮深い読者であれば，その後の発展について後続の文献を調べるであろう．

ΔΣPLL の単純化したブロック図は図 15.7 に示されている．ループには PLL シンセサイザの通常の要素の全てが含まれている．それは，$C-clk$ の続くサイクルで異なる（必ず整数）比によって分周することができるマルチモジュラス周波数分周器により，基本シンセサイザからは区別される．マルチモジュラス分周器は、デュアルモジュラス分周器の分周比が2個しかないのに対して、それよりも多くの分周比を備えている．

分周比の制御は完全ディジタルΔΣモジュレータによって実行される．モジュレータへの入力は，マルチモジュラス分周器内の目標とする平均分周比率を識別するディジタル数 u_c であり，整数部分と分数部分とを含む．モジュレータは $C-clk$ のサイクル毎に1個ずつディジタル数のストリームを生成し，各々の数はマルチモジュラス分周器が実行できる整数の分周比を指定する．たとえシーケンスの各項が整数であるにしてもモジュレータのシーケンスの平均は目標とする分数分周比である．ΔΣモジュレータは各出力サンプルの1ビットまで小さく量子化することができ（その場合はマルチモジュラス分周器はたった2個しか異なる分周比を取りえない），あるいはずっと多くのビットを取りうる（分周比のもっと多くの選択が可能となる）．[**コメント**：モジュレータで生成される数は実際の分周比 $N[n]$ ではないかもしれない．その代わりに，それらは指定された比率を得るためのパルス・スワロワへの必要な命令である可能性の方が高い．]

高速に変化している分周比により位相検出器に印加されるフィードバック信号内に大きな位相ジッタが生じる．システムはそのジッタに対してΔΣモジュレータのノイズ・シェーピングの性質を通して対処する．k 次のモジュレータは，その内部ディジタル信号経路内に k 個のアキュムレータを含む．各アキュムレータは量子化誤差スペクトルを係数 $1-z^{-1}$ だけシェイプし，したがって，k 次のコンバータはノイズを $(1-z^{-1})^k$ だけシェイプする．シェイピングにより $z=1(f/f_c=0)$ におけるノイズ・スペクトルには k 個のゼロが挿入され，スペクトル密度は $z=-1$（すなわち，$f/f_c=0.5$）にピークを持つ．PLL はフィードバック経路で生じる位相ジッタに対してローパス応答[伝達関数 $H(s)$，第2章で導入されている]を持つ．PLL での十分なローパス・フィルタリングによりΔΣモジュレータの支配的な高周波ノイズの殆どを除去し，多くの応用において許容しうる残留ジッタを後に残す．

k 次のモジュレータの高周波ノイズを効果的に抑制するためには，少なくとも $(k+1)$ 次の PLL が必要である．高次 PLL の安定動作には，より低次の PLL で得られるよりもループバンド幅が狭い（ループ・ゲイン K が小さい）ことが必要である．狭いバンド幅というものは，第一にフラクショナル N 分周器を鼓舞するのに助けになっていた広いバンド幅というゴールに反している．設計者は，十分なフィルタリングと広いバンド幅との間のトレード・オフに直面している．

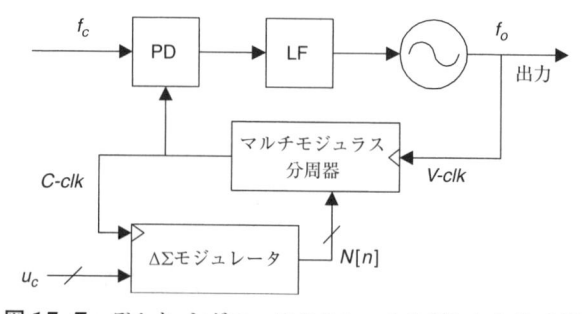

図 15.7 デルターシグマ・フラクショナル N シンセサイザ

ΔΣ変調に固有の急速な分周率の変動に起因する位相ジッタはDACでキャンセルすることができるが［15.37，15.38］，これは伝統的なフラクショナルNシンセサイザに似た原理である．そのアプローチはきわどいキャンセル方式を回避するというゴールに反するが，それにもかかわらず有効である．もう1つの改善はローパス・ディジタル・フィルタリング［15.39］をマルチモジュラス分周器を駆動するΔΣ制御シーケンスに適用し，それにより制御シーケンスの高周波成分を減少しPLL自体によるフィルタリングに課せられた負荷を軽減することである．それによってループバンド幅を大きくする事が容易になる．

定数（DC）入力を与えると，ΔΣモジュレータ内のステート・トラジェクトリは周期的なリミット・サイクルに従う可能性が高い［15.40］．（その振る舞いは，13.2.3項で説明されているように，整数周波数を生成するディジタルPLLのものに緊密に関係している．）リミット・サイクルの周期性により結果として生じる位相ノイズのスペクトルが連続的密度ではなくて離散的線からなっている．離散的な線は受け入れられない事が多く，抑制されなければならない．それらの線を広げる1つのテクニックは小振幅の平均ゼロのディザを周波数制御語u_c［15.36］に与えることであり，ディザは擬似ランダムなシフトレジスタのシーケンスによって生成することができる．もう1つのテクニックは［15.41］で報告された，もし適切な初期条件が3次以上のMASHモジュレータ［15.30］（カスケードもしくはマルチステージ・モジュレータとも呼ばれる）内の最初のアキュムレータで確立されるならば，周期性は効果的に抑制されてジッタ・スペクトルは連続的になる．高次のMASH以外の構成での同様な手段も効果的であろうと推測される．

小さくて以前は重要でなかったPLL内の非線形性はΔΣPLLでは大きな重要性を持つ．非線形回路は入力信号の成分から相互変調と高調波を生成し，分周器と位相検出器に固有なサンプリングによってスペクトルの折り返しが生じる．その結果はΔΣシーケンスの強い高周波の成分，すなわちPLLのローパス周波数応答によって減衰されると想定されている成分は低周波にエリアスされて，そこではフィルタできない．ΔΣPLLの約束をほぼ完全に達成するためには，設計者はΔΣシーケンスの大きな偏位にさらされる全ての非線形性を注意深く探し出し防止することが要求される．

そのような1つの非線形性が，異なる係数に対して異なるディレイという形でマルチモジュラス分周器自体で生じる［15.36］．分周器出力の再同期は明らかな改善策である．

10.3節で述べたように，他の非線形性は位相周波数検出器(PFD)に潜んでいる．残留デッド・ゾーンは特に有害［15.39，15.42］であるが，チャージ・ポンプの不均衡もまた1つの役割を演じている．さらに，充電電流は，レファレンスの位相が分周器フィードバックよりも先行している場合にはレファレンスによって開始されるが，レファレンスがフィードバックより遅れる場合は分周器出力によって開始されるので，PFDにおけるサンプルのタイミングは一様でない．

一様でないサンプリングと戦うために，［15.43］ではPFDとチャージ・ポンプに続いてサンプル・アンド・ホールド（S&H）回路がレファレンス・クロックによる制御のもとで一様な間隔で再サンプリングすることが提案されている．PFDの後の再サンプリングよりは，PFDの代わりにS&H位相検出器を用いてPFDの非線形性を完全に回避することが考えられるかもしれない．サンプリングPDには周波数検出能力は無く，従って，捕捉のためには他の手段が必要であろう．本書が書かれていた時点ではS&H PDを用いたΔΣPLLの公表された説明を見たことは無かった．

非線形性により，ΔΣPLL のモデリングと解析はこれまで本書で扱われてきた直接的な線形の方法よりももっと複雑である．モデリングと解析への様々なアプローチを［15.4］，［15.27］，［15.35 - 15.37］，［15.39］，ならびに［15.42 - 15.44］に見出すことができる．

15.4 PLL 内のノイズの伝播

（低い位相ノイズ，高速な捕捉，合成された周波数の接近した間隔，低電力，低コストを具体化する）高性能シンセサイザの開発に成功することは難しい仕事である．それには本質的に異なる多数の事柄に対する骨の折れる注意が必要である．IC 上で実装するには（特に非線形性が著しい場合は）チップのレイアウトの前に回路シミュレーションが必要であり，シミュレーションはまた旧式のパッケージ方法に対して望ましいことが多い．コンピュータ・プログラムは設計の全ての詳細を追うことができる可能性があり，設計者は得られる助けは全て必要としている．

この節ではしかしながら別のアプローチをとり，PLL シンセサイザのいくつかの基本的な性質に注目する．用いられるツールは伝達関数を用いた線形解析である．コンピュータの助けはもはやスプレッドシート程度の複雑さに過ぎない．これらの単純なツールによる予備的な設計により高性能シンセサイザの開発に必要な一層集中的な努力に対する優れた土台が確立される．

15.4.1 発振器ノイズに対する伝達関数

図 15.8 の単純なモデルは PLL のノイズ伝達関数を確立するのに助けになる．当面，ノイズは 2 個の発振器であるレファレンスと VCO に限られるふりをしよう．これは現実的な仮定ではなく，ノイズは PLL のあらゆる要素で生じるが，発振器ノイズが高性能シンセサイザでは優位を占めるはずである．いかなるノイズ性能も発振器だけから生じるものより良くなることは無い．

図 15.8 の PLL にはフィードバック経路に $1/N$ 周波数分周器がある．全ての要素――発振器，位相検出器，ループ・フィルタならびに周波数分周器――は理想的であると仮定されている．位相ノイズはあたかも各発振器の後の仮想的な位相変調器によって外的に与えられるものとして取り扱われる．

比較周波数 f_c のレファレンス源はスペクトル密度 $W_{\phi c}(f)$ rad/sec·Hz を持つ位相ノイズ ϕ_c ラジアンを加えられる位相 θ_c を持つ．PD に印加される信号位相は $\theta_i = \theta_c + \phi_c$ である．

周波数 f_o の VCO からの出力は位相 $\theta_o = \theta_v + \phi_o$ ラジアンを持つが，ここで ϕ_o はスペクトル密度 $W_{\phi o}(f)$ rad/sec·Hz の位相ノイズ変調であり，θ_v は VCO に対する制御電圧によって確定す

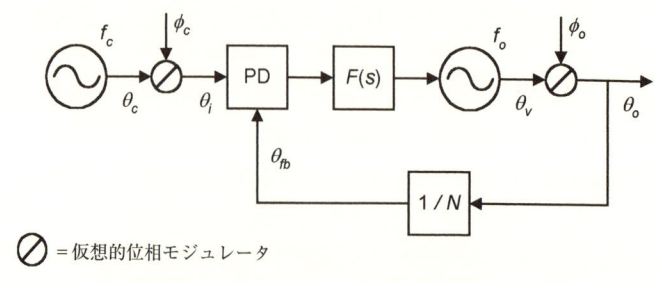

⊘ = 仮想的位相モジュレータ

図 15.8 PLL シンセサイザ内の発振器ノイズ源

る．PDに印加されるフィードバック位相θ_{fb}は単純にθ_o/Nである．位相誤差は$\theta_e = \theta_i - \theta_{fb}$であり，VCOの位相は$\theta_v = \theta_e K_d K_o F(s)/s$で与えられる．（PLLの要素に対する表記は第2章で定義されている．）

関連する式を操作して，VCOのノイズのある位相出力は

$$\theta_o(s) = \frac{K_d K_o F(s)\theta_i + s\phi_o}{s + K_d K_o F(s)/N} = H(s)\theta_i + E(s)\phi_o \qquad (15.7)$$

ただし，

$$H(s) = \frac{K_d K_o F(s)}{s + K_d K_o F(s)/N}$$

$$E(s) = 1 - H(s)/N = \frac{s}{s + K_d K_o F(s)/N} \qquad (15.8)$$

θ_oの位相ノイズ・スペクトル密度は従って，

$$W_{\theta o}(f) = |H(f)|^2 W_{\phi c}(f) + |E(f)|^2 W_{\phi o}(f) \qquad \text{rad}^2/\text{Hz} \qquad (15.9)$$

2次タイプ2のPLLのループ・フィルタの伝達関数は(2.14)におけるように$F(s) = K_1 + K_2/s$である．(15.8)に代入し，$K = K_d K_o K_1/N$と定義すると対応する伝達関数が得られる，

$$H(s) = \frac{NK(s + K_2/K_1)}{s^2 + K(s + K_2/K_1)} = \frac{N(sK + K^2/4\zeta^2)}{s^2 + sK + K^2/4\zeta^2} \qquad (15.10)$$

$$E(s) = \frac{s}{s^2 + K(s + K_2/K_1)} = \frac{s^2}{s^2 + sK + K^2/4\zeta^2}$$

(15.10)を(2.20)や(2.21)と比較すると，$E(s)$はKへの寄与を通してのみNに依存するが，$H(s)$はさらにNに比例する．フィードバック経路内に周波数分周器を持つPLLは周波数マルチプライアとして働き，全ての周波数マルチプライアのように，入力の位相ノイズをファクタNだけ拡大する．Nの大きな値は出力位相ノイズに対して有害である．

15.4.2 バンド幅のトレードオフ

この節では図15.8に基づいて，前述の節の伝達関数解析を応用するグラフの例を提供する．この例は次の重要な原理を証明している．つまり，PLLシンセサイザの位相ノイズ性能はループ・バンド幅（ループ・ゲインK）の適切な選択により最適化されるべきである．

図15.9はこの例の多様な構成要素を説明している．この例に対するレファレンス源は図にプロットされたような指定された位相ノイズ・スペクトル$W_{\phi c}(f)$を持つ10MHzの水晶発振器（XTAL）である．VCOは指定された位相ノイズ・スペクトル$W_{\phi o}(f)$を持った12GHzの誘電体共振器発振器（DRO）である．DROはレファレンスの1200番目の高調波にフェーズロックされることになっており，したがって，周波数分周器の比率は1/1200である．レファレンスの位相ノイズの拡大はプロット上で10MHzの発振器の位相ノイズ・スペクトルを上方へ$20\log(1200)$ = 61.6dBだけ平行移動して示されている．発振器のスペクトルは細い実線でプロットされている．破線はPLLのパラメータとして$K/2\pi = 1$kHzと$\zeta = 0.707$という特定の選択をした場合，$|H(f)|/N$と$|E(f)|$の周波数応答を示している．$|H(f)|$の応答はプロットがスケールに収まる様にNで割られている．レファレンス位相ノイズは$H(f)$でフィルタされており，VCOの位相ノ

イズは $E(f)$ でフィルタされており，また細い線でプロットされている．

フィルタリングは単純に位相ノイズ・スペクトルとフィルタ・レスポンスのデシベル・プロットの加算として計算されている．最後に，PLL 出力の位相ノイズ・スペクトル $W_{\theta o}(f)$ が (15.9) に一致して太線でプロットされている．その結果は，PLL シンセサイザに特徴的であるが，低周波では水晶発振器の N 倍に拡大されたスペクトルに，また，高周波では VCO のスペクトルに従う．

図 15.9 から，PLL のバンド幅が大きくなると出力位相ノイズは改善されることが明らかである．図 15.10 はダンピングが $\zeta = 1$ で一定に保たれた PLL のループ・ゲイン K の様々な選択に対して出力位相ノイズ・スペクトルを示している．最小位相ノイズ・スペクトル $W_{\theta o}(f)$ は $K/2\pi \approx 10\,\mathrm{kHz}$ あるいはそれより若干大きい値に対して得られている．図 15.9 に関して，VCO 位相ノイズと N 倍されたレファレンスの位相ノイズの曲線が $f = 10\,\mathrm{kHz}$ の近傍で交差することに注意．この観察から次の一般的な法則が導かれる．

もし PLL シンセサイザ内のノイズがレファレンス発振器と VCO によって支配されているならば，PLL の最適なバンド幅はこれら 2 個の発振器の位相ノイズ・スペクトルが交差する周波数に近い．

他の多くのノイズ源がどのシンセサイザにも存在し，従って，この法則はノイズ解析のための出発点に過ぎない．さらに，(15.9) の組合せは，任意の与えられた発振器のペアに対して PLL が与えることのできる真に最善のノイズ性能であり，他のノイズ源によって全体的な性能は必ず悪化する．この法則はクロスオーバー周波数が実際に存在する場合に限り，また，最適なバンド幅を持った PLL が十分な安定性マージンを持つことができるほどに十分にそのクロスオーバー周波数が低い場合に適用可能である．

実際には，多くの現代のシンセサイザ内の VCO のノイズは大変大きいので最適なバンド幅は得ることができないかあるいは存在すらしない．ループの安定性と PD リップルの減衰を考慮してバンド幅はその場合にはできる限り大きくするべきである．

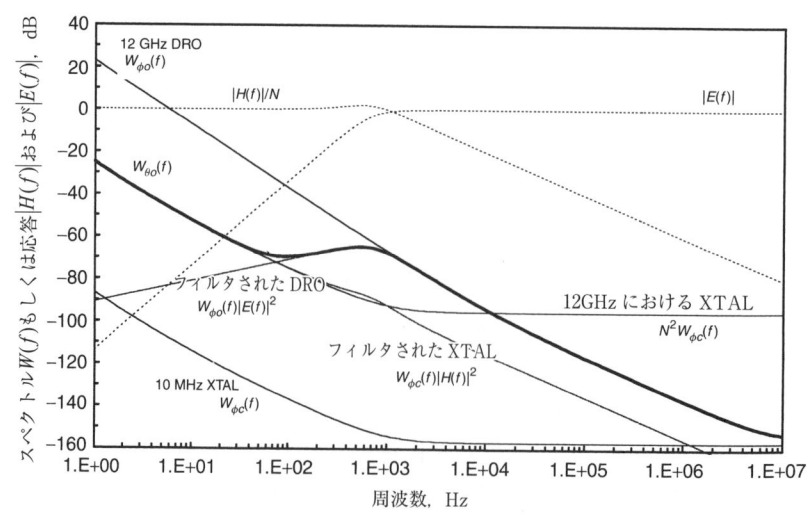

図 15.9 PLL シンセサイザにおける位相ノイズ・スペクトルの例 ($K/2\pi = 1\mathrm{kHz}$, $\zeta = 0.707$)

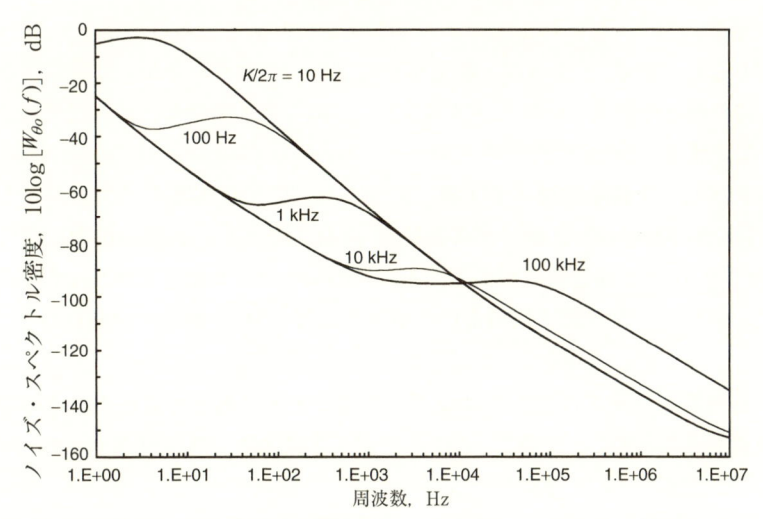

図15.10 PLLシンセサイザの様々なループ・ゲインKに対する位相ノイズ・スペクトル（$\zeta = 1$；図15.9と同じ発振器）

いくつかの特徴がPLLシンセサイザのスペクトルに現れることが多い．$W_{\theta o}(f)$のスペクトル内の遷移領域は，2個の別個の発振器のスペクトルの勾配が急峻な領域の間では多かれ少なかれフラットである．その遷移の平坦性により，出力スペクトルに対して明瞭な棚の形状が与えられる．図15.10から，広く伸びた棚によりPLLの過剰なバンド幅が示唆され，バンド幅を狭くすることによってノイズ性能が改善される可能性がある．

遷移領域は完全にフラットというわけではなく，ある程度のピーキングが識別できる．ピーキングは，部分的には遷移自体の性質に起因し，広いPLLバンド幅に対してよりは狭い場合に幾分もっと顕著になる．しかし，このピーキングはまた$|H(f)|$のピーキングからも生じる（2.2.4項参照）．ピーキングはダンピングζの増加によって減少する．位相ノイズ・スペクトルがリニアな周波数スケールに対してプロットされた場合にピークがずっと明瞭になり，RFスペクトラム・アナライザで見た場合にはピークは「耳」のように見え，PLLシンセサイザの特有な特徴である．図15.10はまた，$f = K/2\pi$を超える高周波でのノイズ，つまりレファレンス・ノイズ・スペクトルにおけるフロアによるノイズは，特にループ・バンド幅が最適点を越える場合には，PLL内の高周波フィルタリングの追加により改善できる可能性があることも示している．

15.4.3 他のノイズ源

シンセサイザ内のあらゆる要素はノイズに寄与する．2個の発振器の位相ノイズが支配的であり他の全ては無視できるという前の節での仮定は達成不可能な理想である．抵抗は熱的ノイズに寄与し，アクティブ・デバイスはショット・ノイズに寄与し，多くのデバイスはフリッカー・ノイズに寄与し，位相検出器リップルとミキサーのスプーリアス積は離散的なスペクトルを持ったスプーリアス成分に寄与し，他の近くの回路は種々雑多なスペクトル特性を持った入り口干渉に寄与する．シンセサイザの厳格な設計には各源流からのノイズの特性付けと，出力の位相ノイズに対する，その寄与の評価が必要である．

もし全ての源流が一緒に解析されなければならないならば，その評価の仕事は耐えがたいもの

であろう．幸運なことに，もし PLL がノイズ源に関してリニアであると見なすことができる（常にそうとは限らない．注意．）ならば，線形解析により，それぞれを独立に考えて，全ての重ねあわされたものの個々の効果で全位相ノイズを決定することができる．この節では重ね合わせのテクニックを追求する．

図 15.11 の PLL は，3 個の追加ノイズ源，すなわち，位相検出器の出力における加算的ノイズ V_{nd} と VCO 入力における加算的ノイズ源 V_{nc}，それと周波数分周器の出力における位相ノイズ ϕ_{dv} 以外では，図 15.8 と同じ構成である．それらのスペクトル密度を $W_{vnd}(f)$，$W_{vnc}(f)$，および $W_{\phi dv}(f)$ と表現し，単位は 2 個の電圧に対しては V^2/Hz であり，位相に対しては rad^2/Hz である．

（PD からの加算的なノイズは電圧ではなくて電流ノイズである可能性があるので，表記法と単位は適当に変更されるものとする．）これらのノイズ源は単に例に過ぎず，あらゆるシンセサイザにおける多くの他のノイズ源が加わる．

伝達関数解析を通じて，それらのノイズ源の出力位相ノイズ・スペクトルへの個々の寄与は次のようになることが分かる．

$$\begin{aligned}&\frac{|H(f)|^2 W_{vnd}(f)}{K_d^2}\\&\frac{|E(f)|^2 K_o^2 W_{vnc}(f)}{(2\pi f)^2} \quad rad^2/Hz \\&|H(f)|^2 W_{\phi dv}(f)\end{aligned} \quad (15.11)$$

これらの寄与を綿密に調べると次の事柄が明らかになる．

- 位相検出器とフィルタの間で起きる加算的なノイズは PLL によってローパス・フィルタされる．
- PD の大きなゲイン K_d はループ・フィルタの前で生じる加算的なノイズの効果を減じるのに都合が良い．
- ループ・フィルタと VCO の間で生じる加算的なノイズは，もし PLL がタイプ 2 以上ならばバンドパス・フィルタされる．
- VCO の小さなゲイン K_o は，ループ・フィルタの後で生じる加算的なノイズの効果を減じるのに都合が良い．
- 周波数分周器で生じる位相ノイズは，(15.9) におけるように，レファレンス発振器からの位相ノイズと全く同じように PLL によってフィルタされる．

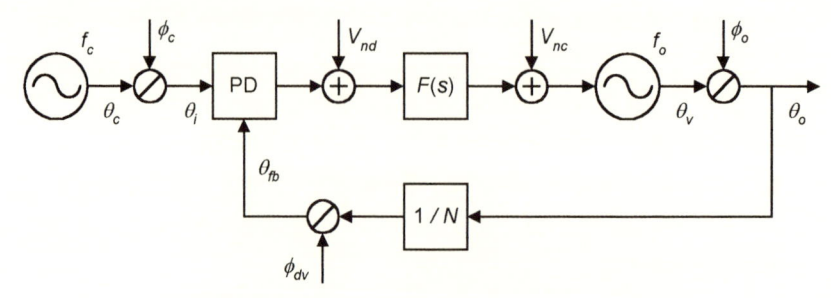

図 15.11 PLL シンセサイザの様々なノイズ源

第 15 章　PLL 周波数シンセサイザ

様々な回路部品のノイズの性質は［15.24］（周波数分周器），［15.45］（周波数マルチプライアと分周器，ミキサー，従ってまたいくつかの位相検出器），［15.46］（多くの部品），［15.49］と［15.50］（周波数分周器）で報告されている．Egan［15.45, 15.49］は長い間，ディジタル・カウンタから作られる周波数分周器のサンプル化の特性を強調してきたが，これは［15.24］でも明らかにされている性質である．ディジタル分周器の出力は入力よりも低いレートでサンプルされるので，入力ノイズはより低い周波数にエリアスされる．

分周器出力におけるノイズは分周器回路（［15.24］で詳細に解析されている）内で生成されるノイズや入力位相ノイズのエリアスからなる．PLL は（15.11）で示されているように，いずれのタイプの分周器ノイズもレファレンス・ノイズと区別することはできない．参考文献［15.24］，［15.45］と［15.49］によって，分周器のエリアス化されたノイズを予測するための近似が与えられているが，更なる研究が必要である．

位相／周波数検出器のディジタル部分のノイズは（ダウン・サンプリングがない点を除き）周波数分周器のものに似た効果があるはずであり，その効果を［15.24］で説明されている方法によって効果を解析するのは実行可能なはずである．本書が執筆された時点までにこうした解析は全く公表されていない．

チャージ・ポンプはショット・ノイズとフリッカー・ノイズを被っている．その結果，ループ・フィルタに送られる電荷は，ON 期間が一定であったとしても 1 つの ON 期間から次の ON 期間へと変動する．その電荷変動は PLL 内のノイズ源を構成する．チャージ・ポンプのノイズの解析は［15.39］と［15.44］で簡潔に探究された．ON 期間のノイズのサンプル化された特性を考慮に入れて更なる解析をすることが大切である．おそらくチャージポンプはその OFF 期間内には重大なノイズに寄与しない．

ループ・フィルタ内の抵抗やオペアンプのような通常の連続時間部品内のノイズ源は良く理解されている．リニアな解析はノイズ源の特性の評価と VCO 位相ノイズ・スペクトル $W_{\theta o}(f)$ への各ノイズ源からの伝達関数の決定とからなり，次の例で示されている通りである．2 次のタイプ 2 PLL 内のアクティブ・ループ・フィルタのノイズ・モデルについては図 15.12 を参照していただきたい．ノイズへの寄与には 2 個の抵抗 R_1 と R_2 そしてオペアンプの入力換算等価電圧ノイズ e_{na} と電流ノイズ i_{na} がある．抵抗 R は片側スペクトル密度 $W_R = 4kTR$ を持つ熱的な白色ノイズを生成するが，ここで，k はボルツマン定数であり，T は絶対温度である．オペアンプのノイズのスペクトル $W_{ena}(f)$ と $W_{ina}(f)$ はフリッカー（$1/f$）と各デバイスに固有の白色成分を含んでいる．

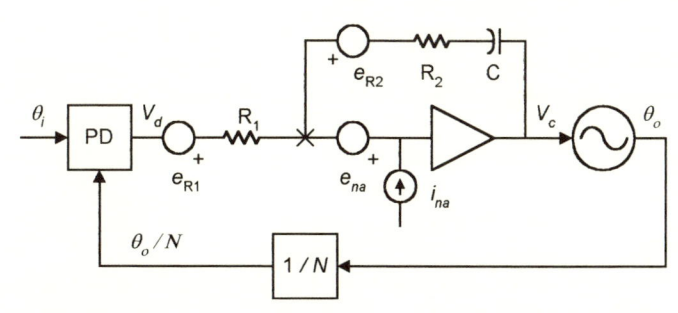

図 15.12　PLL シンセサイザのループ・フィルタのノイズ源

オペアンプは理想的であり，ゲインは無限大，バンド幅は無限大，入力インピーダンスは無限大であると仮定する．その結果，入力端子への電流はゼロでなければならず，入力端子上の電圧もゼロでなければならない．これにより，図15.12内のノードXに流入する電流に対する式は次のように書かれる．

$$\frac{V_d+e_{R1}}{R_1}+i_{na}+\frac{V_c+e_{R2}}{R_2+1/sC}+e_{na}\left(\frac{1}{R_1}+\frac{1}{R_2+1/sC}\right)=0 \tag{15.12}$$

$\theta_e=-K_d(\theta_i-\theta_o)$ とする．（マイナスの符号はオペアンプでの位相の逆転を補償するものである．）$\theta_i=0$ とすると，ループ・フィルタのノイズ源によるクローズドループの位相ノイズ θ_o は次のようになることが分かる．

$$\theta_o(s)=-\frac{K_o}{s^2+K_oK_d(sCR_2+1)/NR_1C} \\ \times\left[\frac{sCR_2+1}{CR_1}(e_{R1}+i_{na}R_1+e_{na})+s(e_{R2}+e_{na})\right] \tag{15.13}$$

$K=K_oK_dR_2/NR_1$ と定義し，(15.10) の定義を適用すると次式が得られる．

$$\theta_o(s)=-\frac{1}{s^2+K(s+1/R_2C)} \\ \times\left[\frac{NK(s+1/R_2C)}{K_d}(e_{R1}+i_{na}R_1+e_{na})+sK_o(e_{R1}+e_{na})\right] \\ =-\frac{H(s)}{K_d}(e_{R1}+i_{na}R_1+e_{na})-\frac{K_oE(s)}{s}(e_{R2}+e_{na}) \tag{15.14}$$

スペクトル密度 $W_{\theta o}(f)$ に対する位相変動 θ_o の寄与は

$$W_{\theta o}(f)=[W_{R1}+W_{ina}(f)R_1^2]\frac{|H(f)|^2}{K_d^2}+W_{R2}\frac{K_o^2|E(f)|^2}{4\pi^2f^2} \\ +W_{ena}(f)\left|\frac{H(f)}{K_d}+\frac{K_oE(f)}{j2\pi f}\right|^2 \quad \text{rad}^2/\text{Hz} \tag{15.15}$$

$(|[H(f)/K_d]+[K_oE(f)/j2\pi f]|^2 \neq |H(f)/K_d|^2+|K_oE(f)/j2\pi f|^2$ であることに注意．ノンゼロのクロス積も存在する）

参 考 文 献

15.1 V. F. Kroupa, *Frequency Synthesis*, Wiley, New York, 1973.

15.2 G. Gorski-Popiel, ed., *Frequency Synthesis: Applications and Techniques*, IEEE Press, New York, 1975.

15.3 V. Manassewitsch, *Frequency Synthesizers: Theory and Design*, 3rd ed., Wiley, New York, 1987.

15.4 J. A. Crawford, *Frequency Synthesizer Design Handbook*, Artech House, Norwood, MA, 1994.

15.5 U. L. Rohde, *Microwave and Wireless Synthesizers: Theory and Design*, Wiley, New York, 1997.

15.6 W. F. Egan, *Frequency Synthesis by Phase Lock*, 2nd ed., Wiley, New York, 2000.

15.7 V. F. Kroupa, *Phase Lock Loops and Frequency Synthesis*, Wiley, Chichester, West

Sussex, England, 2003.

15.8 J. W. Horton, "Generation and Control of Electric Waves," U.S. patent 1,690,299, Nov. 6, 1928.

15.9 R. L. Miller, "Fractional-Frequency Generators Utilizing Regenerative Modulation," *Proc. IRE* **27**, 446–457, July 1939.

15.10 S. Plotkin and O. Lumpkin, "Regenerative Fractional Frequency Generators," *Proc. IRE* **48**, 1988–1997, Dec. 1960.

15.11 C. W. Helstrom, "Transient Analysis of Regenerative Frequency Dividers," *IEEE Trans. Circuit Theory* **CT-12**, 489–497, Dec. 1965.

15.12 E. Rubiola, M. Olivier, and J. Groslambert, "Phase Noise in the Regenerative Frequency Dividers," *IEEE Trans. Instrum. Meas.* **IM-41**, 353–360, June 1992.

15.13 R. Adler, "A Study of Locking Phenomena in Oscillators," *Proc. IRE* **34**, 351–357, June 1946. Reprinted in [15.18].

15.14 K. Kurokawa, "Noise in Synchronized Oscillators," *IEEE Trans. Microwave Theory Tech.* **MTT-16**, 234–240, Apr. 1968. Reprinted in [15.17].

15.15 R. Adler, "A Study of Locking Phenomena in Oscillators," *Proc. IEEE* **61**, 1380–1385, Oct. 1973.

15.16 K. Kurokawa, "Injection Locking of Microwave Solid-State Oscillators," *Proc. IEEE* **61**, 1386–1410, Oct. 1973.

15.17 V. F. Kroupa, ed., *Frequency Stability: Fundamentals and Measurement*, Reprint Volume, IEEE Press, New York, 1983.

15.18 W. C. Lindsey, and M. K. Simon, eds., *Phase-Locked Loops & Their Application*, Reprint Volume, IEEE Press, New York, 1978.

15.19 H. R. Rategh and T. H. Lee, "Superharmonic Injection-Locked Frequency Dividers," *IEEE J. Solid-State Circuits* **SC-34**, 813–821, June 1999.

15.20 S. Verma, H. R. Rategh, and T. H. Lee, "A Unified Model for Injection-Locked Frequency Dividers," *IEEE J. Solid-State Circuits* **38**, 813–821, June 2003.

15.21 J. M. Manley and H. E. Rowe, "Some General Properties of Nonlinear Elements, Part I: General Energy Relations," *Proc. IRE* **44**, 904–913, July 1956.

15.22 D. Leenov and A. Uhlir, "Generation of Harmonics and Subharmonics at Microwave Frequencies with P-N Junction Diodes," *Proc. IRE* **47**, 1724–1729, Oct. 1959.

15.23 R. A. Mostrom, "The Charge-Storage Diode as a Subharmonic Generator," *Proc. IEEE* **55**, 735–736, July 1965.

15.24 S. Levantino, L. Romano, S. Pellerano, C. Samori, and A. L. Lacaita, "Phase Noise in Digital Frequency Dividers," *IEEE J. Solid-State Circuits* **39**, 775–784, May 2004.

15.25 *Phase-Locked Loop Data Book*, 2nd ed., Motorola, Phoenix, AZ, Aug. 1973.

15.26 D. D. Danielson and S. E. Froseth, "A Synthesized Signal Source with Function Generator Capabilities," *Hewlett-Packard J.*, 18–26, Jan. 1979.

15.27 V. F. Kroupa, ed., *Direct Digital Frequency Synthesizers*, Reprint Volume, IEEE Press, New York, 1999.

15.28 D. P. Owen, "Fractional-N Synthesizers," *Microwave J.*, 110–121, Oct. 2001.

15.29 J. C. Candy, and G. C. Temes, eds., *Oversampling Delta–Sigma Data Converters*, Reprint Volume, IEEE Press, New York, 1992.

15.30 S. R. Norsworthy, R. Schreier, and G. C. Temes, eds., *Delta–Sigma Data Converters*, Reprint Volume, IEEE Press, New York, 1997.

15.31 B. Miller and R. J. Conley, "A Multiple Modulator Fractional Divider," *IEEE Trans. Instrum. Meas.* **40**, 578–583, June 1991.

15.32 T. A. Riley, M. A. Copeland, and T. A. Kwasniewski, "Delta–Sigma Modulation in Fractional-N Frequency Synthesis," *IEEE J. Solid-State Circuits* **28**, 553–559,

May 1993.

15.33 B. Razavi, ed., *Phase-Locking in High-Performance Systems*, Reprint Volume, IEEE Press, New York, and Wiley, New York, 2003.

15.34 Special Issue on Integrated Phase-Locked Loops, *IEEE Trans. Circuits Syst. II* **50**, Nov. 2003.

15.35 B. De Muer and M. Steyaert, *CMOS Fractional-N Synthesizers: Design for High Spectral Purity and Monolithic Integration*, Kluwer Academic, Norwell, MA, 2002.

15.36 I. Galton, "Delta–Sigma Fractional-N Phase-Locked Loops," original tutorial in [15.33], pp. 23–33.

15.37 S. Pamarti and I. Galton, "Phase-Noise Cancellation Design Tradeoffs in Delta–Sigma Fractional-N PLLs," *IEEE Trans. Circuits Syst. II* **50**, 829–838, Nov. 2003.

15.38 S. E. Meninger and M. H. Perrott, "A Fractional-N Frequency Synthesizer Architecture Utilizing a Mismatch Compensated PFD/DAC Structure for Reduced Quantization-Induced Phase Noise," *IEEE Trans. Circuits Syst. II* **50**, 839–849, Nov. 2003.

15.39 T. A. D. Riley, N. M. Filiol, Q. Du, and J. Kostamovaara, "Techniques for In-Band Phase Noise Reduction in $\Delta\Sigma$ Synthesizers," *IEEE Trans. Circuits Syst. II* **50**, 794–803, Nov. 2003.

15.40 R. M. Gray, "Quantization Noise Spectra," *IEEE Trans. Inf. Theory* **IT-36**, 1220–1244, Nov. 1990. Reprinted in [15.29].

15.41 M. Kozak and I. Kale, "Rigorous Analysis of Delta–Sigma Modulators for Fractional-N PLL Frequency Synthesis," *IEEE Trans. Circuits Syst. I* **51**, 1148–1162, June 2004.

15.42 B. De Muer and M. S. J. Steyaert, "On the Analysis of $\Delta\Sigma$ Fractional-N Frequency Synthesizers for High-Spectral Purity," *IEEE Trans. Circuits Syst. II* **50**, 784–793, Nov. 2003.

15.43 M. Cassia, P. Shah, and E. Bruun, "Analytical Model and Behavioral Simulation Approach for a $\Sigma\Delta$ Fractional-N Synthesizer Employing a Sample-Hold Element," *IEEE Trans. Circuits Syst. II* **50**, 850–859, Nov. 2003.

15.44 M. Perrott, M. Trott, and C. Sodini, "A Modeling Approach for $\Sigma\Delta$ Fractional-N Frequency Synthesizers Allowing Straightforward Noise Analysis," *IEEE J. Solid-State Circuits* **37**, 1028–1038, Aug. 2002. Reprinted in [15.33].

15.45 W. F. Egan, "The Effects of Small Contaminating Signals in Nonlinear Elements Used in Frequency Synthesis and Conversion," *Proc. IEEE* **69**, 797–811, July 1981.

15.46 V. F. Kroupa, "Noise Properties of PLL Systems," *IEEE Trans. Commun.* **COM-30**, 2244–2252, Oct. 1982. Reprinted in [15.17], [15.47], and [15.48].

15.47 W. C. Lindsey and C. M. Chie, eds., *Phase-Locked Loops*, Reprint Volume, IEEE Press, New York, 1986.

15.48 B. Razavi, *Monolithic Phase-Locked Loops and Clock Recovery Circuits*, Reprint Volume, IEEE Press, New York, 1996.

15.49 W. F. Egan, "Modeling Phase Noise in Frequency Dividers," *IEEE Trans. Ultrason. Ferroelectr. Freq. Control* **UFFC-37**, 307–315, July 1990.

15.50 V. F. Kroupa, "Jitter and Phase Noise in Frequency Dividers," *IEEE Trans. Instrum. Meas.* **IM-50**, 1241–1243, Oct. 2001.

第 16 章　位相同期変調器と復調器

　フェーズロック・デモジュレータ（位相同期復調器）は振幅変調（AM），位相変調（PM），ならびに周波数変調（FM）の受信に広く用いられている．（ノンコヒーレントに反して）コヒーレントな AM や PM のデモジュレーションは殆ど常にフェーズロック・ループの助けを借りて達成される．フェーズロック FM デモジュレータは在来型の FM 弁別器で可能なものより低い閾値を達成することができる．角度モジュレータ（PM および FM）は時々フェーズロック・ループによって実現される．この章ではモジュレータやデモジュレータでの PLL の役割を概観する．

16.1 位相同期変調器（フェーズロック・モジュレータ）

　位相変調や周波数変調を作り出す方法は沢山ある．1 つの方法では，ベースバンド・メッセージが PLL の低周波部分に挿入されて VCO を位相変調もしくは周波数変調する．［コメント：PM と FM の間の区別は人為的なものであり，両方とも角度変調と命名し，統一的なやり方で取り扱うことができる．この章では，PM という用語は小さな位相偏位を意味し，キャリアの名残は残っているが，FM にはそのような意味はない．この区別は信号自体よりもモジュレータやデモジュレータの構成で，もっと明らかである．］中心周波数の安定性はレファレンスとしての固定の発振器で確立される．フェーズロッキングにより VCO の平均周波数はレファレンス周波数に強制的に等しくされる．ロックしたループは VCO の周波数ドリフトに追従して打ち消す．

16.1.1　変調器の基本

　角度変調された PLL のブロック図は図 16.1 に示されている．位相変調は変調電圧 V_p を位相検出器の出力 V_d に加えることにより達成される．ループは和 $V_p + V_d$ をゼロにしようと試みるが，これが可能なのは V_p をキャンセルする V_d を位相誤差が作り出した場合に限られる．VCO の位相変調により位相誤差が PD に現れる．

　第 2 章の伝達関数の方法によって，電圧 V_p で生成された VCO の位相変調は次式のようになることが分かる．

$$\theta_o(s) = \frac{V_p(s)}{K_d} H(s) \tag{16.1}$$

　回路の変調感度は $1/K_d$ rad/V である．$H(s)$ はローパス関数なので，リニア歪みを回避するためにループ・バンド幅は最も高い変調周波数よりも大きくなければならない．変調の非線形歪み

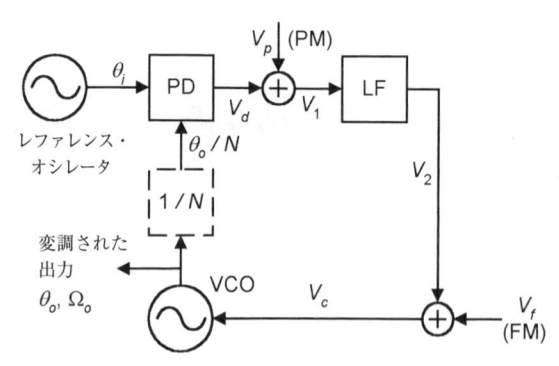

図 16.1 PLL による角度変調

を回避するためには位相検出器の特性はリニアでなければならない．VCO の非線形性はフィードバックによって低減される．つまり，もしループ・バンド幅が変調周波数よりも十分に大きければ，VCO の非線形性は許容できる．

周波数変調はベースバンド電圧 V_f をループ・フィルタの出力とともに VCO 制御端子に加えることによって作り出される．VCO のクローズド・ループの位相変調は直ちに次式のように示される．

$$\theta_o(s) = \frac{K_o V_f(s)}{s + K_o K_d F(s)} = \frac{K_o E(s) V_f(s)}{s} \tag{16.2}$$

出力周波数 Ω_o は位相の導関数なので，VCO 周波数変調のラプラス変換は

$$\Omega_o(s) = s\theta_o(s) = K_o E(s) V_f(s) \tag{16.3}$$

$E(s)$ はハイパス関数であることを第 2 章から思い出そう．従って，ハイパスのコーナー周波数（ループ・バンド幅に密接に関連している）が変調周波数の最低値よりも小さくなければならない．フェーズロック周波数モジュレータは一定周波数オフセットを生成することはできない．また，非線形歪みを回避するために，VCO の制御特性はリニアでなければならず，K_o は周波数偏位の範囲にわたって一定でなければならない．フィードバックによって PD 特性の非線形性は補償される．

出力位相偏位（PM か FM のいずれかに対して）により位相検出器で位相誤差が引き起こされる．位相検出器は範囲が制限されているので，もし VCO が PD を直接駆動する場合には，大きな変調指数（ピーク位相偏位）を得ることは可能でない．拡張範囲 PD（例えば，10.3 節の PFD，ただし，クロスオーバー歪みに注意）は何らかの助けにはなるが，これらの検出器で最も優れたものは，位相偏位をピークで 2π ラジアンより小さく制限している．変調指数を大きくするために，VCO を入力レファレンス周波数の整数高調波 N で動作させ，位相検出器にフィードバックを印加する前に VCO 周波数を N で割る（図 16.1 の破線のブロック）ことができる．このようにしてピーク位相誤差は VCO のピーク偏位の $1/N$ 倍になる．任意の大きな指数は N を十分大きくすることにより生成することができる．

16.1.2 変調による PLL の測定

図 16.1 はまた変調能力を利用した PLL の応答の測定に対するテクニックも示している．ループは変調していないレファレンス信号にロックしており，テスト信号は V_p か V_f で注入されるが，

これはテストされているシステムの状況によって指定されている通りである．測定に対する応答は次のように得られる．

- V_p で注入される場合

$$V_d(s) = -H(s)V_p(s)$$
$$V_1(s) = E(s)V_p(s) \qquad (16.4)$$

- V_f で注入される場合

$$V_2(s) = -H(s)V_f(s)$$
$$V_c(s) = E(s)V_f(s) \qquad (16.5)$$

こうした測定は，PLLが意図した振る舞いを実際にしている，つまり，その設計や実装にいかなる誤りも侵入していないことを確認するための1つの手段である．

16.1.3 デルタ・シグマPLL変調器

従来型のPLL FM変調器では，低周波の変調あるいはDC成分を持った変調を受け入れることができないのは，多くの場合に深刻な制約である．$\Delta\Sigma$のアプローチ[16.1-16.4]はこの限界を回避するとともに周波数シンセサイザとうまく適合する．

図15.7に示されているような$\Delta\Sigma$シンセサイザにおいて，周波数制御u_cは信号の目標とする中心周波数を表す固定のディジタル数だけでなく，必要な変調のディジタル・サンプルも含んでいるものとしよう．

シンセサイザは，平均周波数と，制御u_cによって決定される目標とする変調とを有する信号を，変調のDC成分を含めた低周波部分に対する妨害無しに生成する．もちろん，PLLのバンド幅は変調を受け入れるために十分広くなければならず，PDにおける比較周波数は，変調のサンプル化が十分になされるだけ十分に大きくなければならず，ループ・バンド幅は，$\Delta\Sigma$コンバータの高周波量子化ノイズを抑制するのに十分狭くなければならない．引用されている参考文献では設計エンジニアにとって重要な他の側面が検討されている．

16.2 位相同期復調器（フェーズロック・デモジュレータ）

フェーズロック・ループは，多くの種類の変調された信号の復調に用いられる．その応用には，コヒーレント振幅検出器（積検出器），位相デモジュレータ（PM検出器），周波数デモジュレータ（FM弁別器）が含まれる．図16.2は，各タイプの変調の再生のためのPLL内の取り出し点を示し，また，後続の議論のための名称を決めている．

16.2.1 AM復調用PLL

最初に示されるように，PLLは振幅変調には直接的には反応しない．その後で，コヒーレントAM復調におけるPLLの役割を説明する．

振幅変調へのPLLの応答　ノイズ無しの入力信号を次式のように振幅変調しよう．

$$v_{\text{in}}(t) = V_s x(t)\sin(\omega_i t + \theta_i) \qquad (16.6)$$

ただし，$x(t)$は任意の無次元の振幅変調であり他の記号は第2章と第6章と同じである．位相

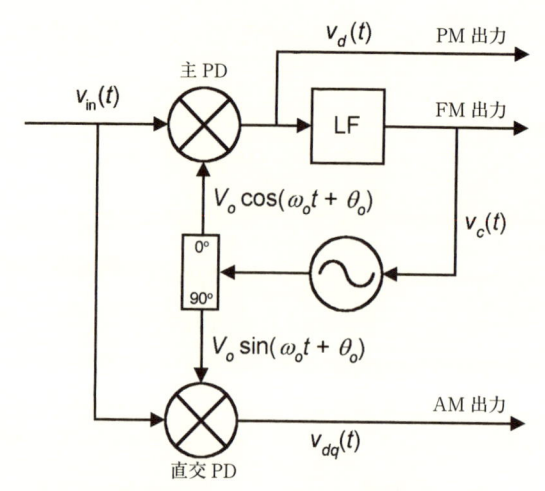

図16.2 PLLの復調の選択肢

検出器はv_{in}とVCO出力の積を生成するマルチプライアとして便利にモデル化される．倍周波の項は捨てることにより，PD出力は次式のようになる．

$$v_d(t) = K_d x(t) \sin \theta_e \tag{16.7}$$

位相検出器の平均（DC）出力のみがフェーズロックを確立するのに有用であり，リップルのようないかなる変動成分も，抑制すべきトラッキング妨害の潜在的原因である．v_dの平均値は

$$\text{avg}[v_d(t)] = \bar{x}(t) K_d \sin \theta_e \tag{16.8}$$

ただし上付きのバーは時間平均を示す．$\bar{x} \neq 0$の場合に限り有用な出力（すなわち，ループはロックすることができる）がある．離散的なキャリア成分が存在するためには変調にはDC成分が含まれていなければならず，通常のPLLはキャリア抑制信号にロックすることはできない．（キャリア抑制信号に対してロックするために，特殊な非線形性を持った位相検出器が用いられるが，それらはこの際考慮の対象になっていない．）

振幅変調を$x(t) = x'(t) + \bar{x}$と表現しよう．ただし，x'は平均値がゼロであり，$\bar{x} \neq 0$である．位相検出器出力は

$$v_d(t) = [x'(t) + \bar{x}] K_d \sin \theta_e \tag{16.9}$$

しかし，もしループがフェーズロックしており，トラッキングが適切であるならば，$x'(t)$の特性にかかわらず，$\theta_e \approx 0$であり位相検出器からの出力はゼロ近傍である．従って，第1近似で，PLLは，その入力に存在している可能性のあるAMには応答しない．

もっと具体的な例として，変調周波数ω_mで指数mの正弦波AMを有する信号が，完全に同調した1次のPLLに印加されるものと考えると，倍周波の項は捨てることにより，ループの式は

$$v_{in}(t) = V_s(1 + m \sin \omega_m t) \sin(\omega_i t + \theta_i)$$
$$v_d(t) = K_d(1 + m \sin \omega_m t) \sin(\theta_i - \theta_o)$$
$$\frac{d\theta_o}{dt} = K_o v_d$$

$\theta_i = 0$とし，$K_o K_d = K$ということを思いだそう．上の式を組み合わせるとループの微分方程式が得られ，

第16章 位相同期変調器と復調器

$$\frac{d\theta_o}{dt} = -K(1+m\sin\omega_m t)\sin\theta_o$$

あるいは，さらに構成しなおして次式が得られる．

$$\frac{d\theta_o}{\sin\theta_o} = -K(1+m\sin\omega_m t)\,dt$$

両辺を積分すると，

$$\ln\left(\tan\frac{\theta_o}{2}\right) = -Kt + \frac{mK}{\omega_m}\cos\omega_m t + C$$

ここで，C は積分定数である．指数関数をとると

$$\tan\frac{\theta_o}{2} = \exp(-Kt)\exp\left(\frac{mK}{\omega_m}\cos\omega_m t\right)\exp(C)$$

これは t が大きいとゼロになる．

したがって，もし PLL が最終的に平均位相誤差ゼロで追従すると，振幅変調の存在は平衡条件を変えないし VCO の位相変調を導入することもない．もし定常状態の位相誤差がゼロでなければ，振幅変調と位相誤差の間の複雑な非線形相互作用が存在するが，この問題は FM 復調器を考察するときに再び検討する．

コヒーレントな振幅検出器 第6章の展開に続いて，図 16.2 の PLL への入力は振幅変調された信号プラス加算的ナローバンドのガウシャン・ノイズであると考えよう．

$$v_{in}(t) = x(t)V_s\sin(\omega_i t + \theta_i) + n_c(t)\cos(\omega_i t + \theta_i) - n_s(t)\sin(\omega_i t + \theta_i)$$

図 16.2 のように VCO 出力の 90°位相シフト版 $v_q = V_o\sin(\omega_o t + \theta_o)$ を入力 v_{in} に掛けあわせると，マルチプライアの差周波数出力は

$$v_{dq}(t) = K_d\left[x(t)\cos\theta_e + \frac{n_c(t)}{V_s}\sin\theta_e - \frac{n_s(t)}{V_s}\cos\theta_e\right]$$

もし VCO のトラッキングが適切であれば，θ_e は殆どゼロであり，したがって，コヒーレントな振幅検出器（CAD）の出力は近似的に，

$$v_{dq}(t) \approx K_d\left[x(t) - \frac{n_s(t)}{V_s}\right] \tag{16.10}$$

これは目標とする振幅変調に，キャリアと同相のノイズ変調成分を加えた線形な和からなる．直交ノイズ成分と穏やかな位相変調は除去される．CAD は振幅復調を実行する．

$x(t)$ が常に正であるならば，振幅復調も単純なエンベロープ検出器で実行することができたであろう．もし $x(t)$ が負になると（無線工学の用語では「オーバーモジュレーション」），エンベロープ検出器は強い歪みを生成する．コヒーレント振幅検出器によりこうした制約が課される事は無く，たとえ $x(t)$ が極性を逆転したとしても，これは歪み無しに $x(t)$ を再生する．さらに，適切な位相のローカル・レファレンスを生成する何らかの手段，すなわち適切な位相への VCO のロックの何らかの手段が存在すると仮定すると，CAD はキャリア抑制信号の復調もする．

コヒーレントな振幅検出器はまたシングル・サイドバンド（SSB）とベスティジアル（痕跡）サイドバンド（VSB）の信号の低歪みの復調にも使われる．もし（VSB のコヒーレントな復調にとって必須であるように）ローカル・キャリア・レファレンスがフェーズロックされるべきで

あるならば，残留パイロット・キャリアは，信号とともに伝送されなければならない．ディジタル・データ信号の受信では極めて普通のI/Q復調器は全てコヒーレント振幅検出器であって，1つは複素振幅変調のイン・フェーズ成分に対するもので，もう1つは直交成分に対するものである．

CADの主要な利点は，信号とノイズに対するその線形な処理にある．その出力は信号とノイズの線形な重ね合わせであり，入力の信号対ノイズ比にかかわらず，それら2つの間の相互変調は無い．エンベロープ検出器と違って，入力信号がノイズ以下の場合にコヒーレント振幅復調器は閾値劣化（スクエアリング・ロスとも呼ばれる）を被ることは無い．

16.2.2 位相復調

入力信号が次式に応じて位相変調されていると仮定しよう．

$$v_{in}(t) = V_s \sin[\omega_i t + \theta_i(t)] \tag{16.11}$$

ここで$\theta_i(t)$は位相変調である．もし，ピーク位相偏位が十分に小さくてPLLがその線形領域に留まるならば，第2章の線形伝達関数解析が当てはまり，位相検出器の出力は次式のように表現することができる．

$$V_d(s) = K_d E(s) \theta_i(s) \tag{16.12}$$

誤差伝達関数$E(s)$はハイパス応答を持つので，十分に高周波の位相変調は位相検出器の出力で変化がないように見える．低周波側の成分はその周波数でのフィードバック係数だけ減少している．

キャリア・トラッキング・コヒーレントPMシステムは，復調器ループがその変調を抑制しないように設計されなければならない．サブキャリアは情報スペクトルをPLLバンド幅の外へ移動するのに用いられることが多い．サブキャリアはまた信号情報をVCOの低周波ノイズとドリフト妨害から遠ざけもする．もしピーク位相偏位が位相検出器のs曲線の線形部分の内部に留まっているならば，歪みの無い復調が達成される．線形性を高めるためには，第10章で述べた拡張レンジPDが時には有用である．しかしながら，全てのPDのs曲線は低い入力SNR（10.4.3項）に対しては正弦曲線に戻るので，正弦波s曲線は大いに重要である．

いくつかの応用では歪みは許容でき，サブキャリアに対する復調は1つの例である．フェーズロック・ループでは信号には追従できるキャリアが含まれていることが要求されるが，変調指数はそれ以外では制限が無い．変調が，PLLのバンド幅の外側にある変調周波数ω_mの正弦波であると仮定しよう．変調された入力位相は

$$\theta_i(t) = \Delta\theta \sin \omega_m t \tag{16.13}$$

このループはこの変調に追随できないので，位相誤差$\theta_e = \theta_i$であり位相検出器の出力は

$$v_d(t) = K_d \sin(\Delta\theta \sin\omega_m t) \tag{16.14}$$

これはこの変調の非線形関数である．

歪んだ出力波形のいくつかの例が図16.3で様々な種類のピーク偏位$\Delta\theta$に対して与えられている．$\Delta\theta$が大きくなると歪みは明らかに悪化する．プロットは全てθ_eの平均ゼロの値に対するものであって，いかなる位相オフセットも非対称な歪みを引き起こす．位相検出器からの基本変調周波数出力を最大化するように$\Delta\theta$を選択することは時には有用である．式（16.14）は周期的であり，従って，正弦波のフーリエ級数に展開することができ，n番目の高調波のフーリエ係

数は n 次ベッセル関数 $J_n(\Delta\theta)$ である．基本波の係数は $J_1(\Delta\theta)$ であり，これは $\Delta\theta = 103°(1.8\,\text{rad})$ で最大値を取る．残留キャリア振幅は $J_0(\Delta\theta)$ に比例する．

もっと効率的な信号の設計は，サブキャリアが正弦波の波形でなくて方形波である場合に達成される．復調器から再生されたサブキャリアの基本波成分の振幅は $(4/\pi)\sin\Delta\theta$ であり，残留キャリアの振幅は $\cos\Delta\theta$ に比例する．方形波位相偏差のピークは $\Delta\theta$ である．図 16.4 は，正弦波と方形波の変調に対する変調とキャリアの係数を $\Delta\theta$ に対してプロットしたものである．

等しいレベルのキャリア抑制に対して，方形波は PM 復調器において再生されたサブキャリアの振幅が大きくなる．

もし変調が多数のトーンからなるならば，非線形性により高調波だけでなくトーン間の相互変調が生じる ［16.5］．IM 積が再生されたトーンのいくつかよりも強いということは完全に起こりうる．PM 通信リンクの設計 ［16.6］ は複雑な問題であり，前の段落では生じる問題のいくつかの少数の例しか与えていない．

コヒーレントな位相復調器は，変調歪みにもかかわらず，信号とノイズの間の相互変調は生成しない．従って，それはスクエアリング・ロスのペナルティ無しにノイズの中へ深く入り込むことができる．それはこの性質をコヒーレント振幅検出器と共有するが，これら 2 個の復調器は同

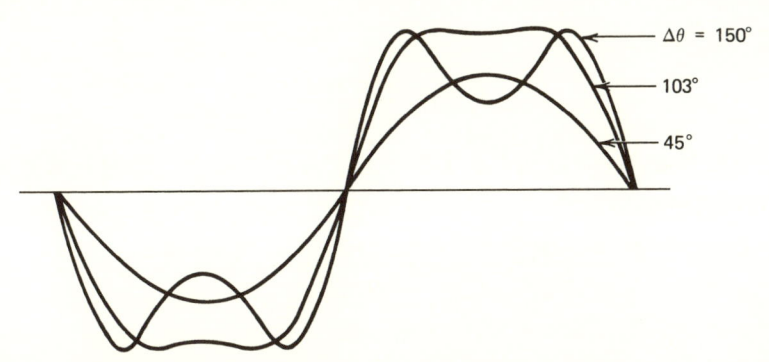

図 16.3 位相復調器の波形．すなわち，PD における正弦波 s 曲線．但し，正弦波変調 $\theta_i(t) = \Delta\theta\sin\omega_m t$

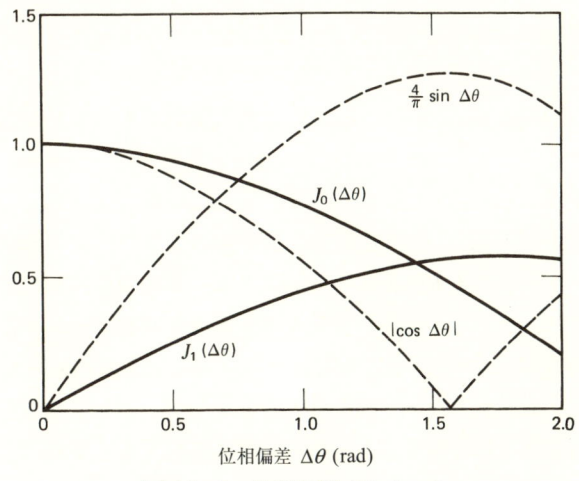

図 16.4 位相変調パラメータ

等な回路で，ローカル・レファレンスの位相が異なるに過ぎないので，これは驚くに値しない事実である．

16.2.3　周波数復調

　周波数変調された入力信号がPLLに印加されたものと仮定しよう．ループがロック状態に留まるためには，VCOの周波数が入力周波数に極めて接近して追従する必要がある．VCOの周波数は制御電圧（図16.2ではv_c）に比例するので，制御電圧は信号に対する変調の厳密な複製でなければならない．変調はしたがって，VCO制御電圧から再生することができる．これはフェーズロックFM復調器（PLD）の原理である．PLDは5.2.4項で定義されたように，変調トラッキング・ループである．

　変調トラッキング・ループはFMだけでなく，偏差の大きなPMの復調にも用いることができる．制御電圧v_cは周波数変調の類似物であるが，もとの位相変調はv_cを積分して回復することができる．

　v_cの積分は簡単ではない問題であり，ディジタルPLLと積分器で実現するのが最善である［16.7］．

　第2章の線形解析を用いることにより，制御電圧$V_c(s)$を信号の位相変調$\theta_i(s)$に関係付ける伝達関数は次式であることが分かる．

$$V_c(s) = \frac{s\theta_i(s)H(s)}{K_o} \tag{16.15}$$

　瞬間的な周波数変調をrad/secを単位として$m(t)$で表す．位相と周波数の変調は$m(t) = d\theta_i/dt$で関係付けられるが，これは周波数は単に位相の微分だからである．ラプラス変換をすると，$L\{m(t)\} = M(s) = s\theta_i(s)$が得られ，(16.15)に代入すると

$$V_c(s) = \frac{M(s)H(s)}{K_o} \tag{16.16}$$

これは周波数変調と，その結果としてのVCOの制御電圧との間の伝達関数を示している．再生されたメッセージは元のメッセージと等価で，クローズド・ループ伝達関数$H(s)$でフィルタされ，VCOゲイン・ファクタK_oで割り算されている．もしループがリニアで，またそのバンド幅がメッセージ・バンド幅に比べて十分に大きいならば，$v_c(t)$は$m(t)$の忠実な複製である．歪みを回避するために，VCO制御特性はリニアでなければならないのは明らかであるが，この理由は，K_oは(16.16)に直接現れる．すなわち，K_oは真に定数であってv_cの関数であってはならないからである．

　位相検出器のゲインは$H(s)$に対するその影響を通してのみ(16.16)に入ってくるが，K_dにかかわらず$H(0) = 1$なので$H(s)$は高い変調周波数でのみ大きい．この理由により，また，第5章に記したフィードバックによるPD歪みの削減により，非線形位相検出器で低歪み動作は可能である．線形フィルタリング歪みの回避，非線形PD歪みの回避，それから実際，追従を維持するまさにその能力（第5章）が全てPLLの大きなバンド幅により高められる．これらの相互に関連した理由が全てメッセージのバンド幅より大きなループ・バンド幅を指し示している．ループ・バンド幅は実際に変調された信号のRFバンド幅よりも大きくするべきであるということが後になって明らかになるが，これはこの時点では明白ではない結論である．

16.2.4 FMノイズ

周波数変調がピーク偏差 Δf Hz で変調周波数 f_m Hz の正弦波であるとしよう．したがって，$m(t) = 2\pi \Delta f \sin(2\pi f_m t)$ であって入力信号は次式のようになり，

$$v_{\text{in}}(t) = V_s \sin\left(\omega_i t + \frac{\Delta f}{f_m} \cos 2\pi f_m t\right)$$

したがって PLD の出力信号は

$$v_c(t) = \frac{1}{K_o} 2\pi \Delta f \sin 2\pi f_m t \tag{16.17}$$

ここで $H(j2\pi f_m) \approx 1$，すなわち，ループは変調を感知できるほどにはフィルタしないということが仮定されている．

復調器の前には信号周波数 ω_i に中心を置く，ノイズ・バンド幅 B_i Hz のバンドパス・フィルタがある．このフィルタは十分なバンド幅，振幅の平坦性，ならびに位相の線形性を持っているので信号に対する歪みが無視できると仮定されている．下限の制約は $B_i > 2\Delta f$ であり，実用的なバンド幅は通常はこれよりかなり大きい．片側密度 N_o V^2/Hz の白色ガウシャン・ノイズがフィルタ入力における信号に加えられる．フィルタ出力における信号対ノイズのパワーの比は

$$\rho_i = \frac{V_s^2}{2B_i N_o} \tag{16.18}$$

これが FM の文献を通じて現れるキャリア対ノイズ比（CNR）である．

PLL 内のノイズの効果は第 6 章に加算的ノイズ発生器 $n'(t)$ として表現されているが，これは片側スペクトル密度 $W_{n'}(f)$ rad^2/Hz を持ち，線形化された位相検出器に挿入される［図 6.2 ならびに式（6.7）と（6.17）］．もしバンドパス・フィルタが矩形のパスバンドを持ち（必要な仮定ではない），$\rho_i \gg 1$（線形性を保証するために必要）ならば，$0 \leq f < B_i/2$ に対して $W_{n'}(f) = 2N_0/V_s^2$ でありそれ以外では 0 である．

第 2 章と第 6 章の伝達関数の方法を用いることにより，制御電圧 v_c に現れるノイズのスペクトル密度は

$$W_{vc}(f) = \frac{|(2\pi f)H(f)|^2}{K_o^2} W_{n'}(f) \qquad \text{V}^2/\text{Hz} \tag{16.19}$$

もし $W_{n'}(f)$ がフラットならば，$W_{vc}(f)$ は $H(f)$ のパスバンド内で，復調された FM ノイズに関連した良く知られた放物線の形状を持つ．

制御電圧の信号とノイズは外部ローパス・ポスト・フィルタを通して処理される．慣例により，パスバンドは，変調周波数 f_m に等しいカット・オフ周波数を持ち矩形であると仮定しよう．再生された変調は損失無しに通過されるが，ノイズの全ての高周波成分は完全に抑制される．さらに，$|H(f)|$ は DC から f_m までフラットであると仮定しよう．ポスト・フィルタの出力におけるノイズ強度は次式で与えられる．

$$\sigma_{nf}^2 = \int_0^{f_m} W_{vc}(f) df \approx \int_0^{f_m} \frac{(2\pi f)^2 W_{n'}(f)}{K_o^2} df = \frac{8\pi^2 N_0 f_m^3}{3 K_o^2 V_s^2} \qquad \text{V}^2 \tag{16.20}$$

出力の信号対ノイズ比は（16.17）の $v_c(t)$ の 2 乗平均を 2 乗平均化されたノイズ（16.20）で割ることによって得られる．

$$\text{SNR}_o = \frac{3\Delta f^2 V_s^2}{4N_0 f_m^3} = \frac{3\Delta f^2 B_i \rho_i}{2 f_m^3} \qquad (16.21)$$

［(16.21)は正弦波変調に対して導出されたものだが，同様な式が他のいかなる変調様式に対しても得られる．］

もし$\Delta f = B_i/2$（入力フィルタ内に残る最大偏差）であり，変調指数が$\beta = \Delta f / f_m$と定義されるならば，

$$\text{SNR}_o = 3\beta^3 \rho_i \qquad (16.22)$$

これはFM改善ファクタの古典的な式である［16.8, 16.9］．この結果は従来型の周波数弁別器に対して得られているものと正確に同じである．大きなCNRに対して，PLDは通常の弁別器回路のものと同等なノイズ性能を持っている．

FMの改善を達成するためには，従来型の弁別器の前にリミッターを置かなければならない．通常の弁別器回路は振幅に敏感で，このリミッターはノイズのAM成分を抑制するために必須である．PLDはリミッターを用いること無しにFMを改善する．実効的には，PLLは信号と同相のノイズ成分は無視し，直交成分だけが妨害となる．リミッターにより閾値性能は悪化することが次の節で示され，リミッター・ロスを被ること無しにFM改善を提供する能力は従来型の回路の代わりにフェーズロック型弁別器を用いる1つの動機となっている．

16.3 FM 閾 値

(16.22)の理想的な性能は，高いCNRで達成されるが，閾値として知られるある最小のCNR以下では，CNRをさらに減少させると出力SNR_oは急速に悪化する．この節では閾値効果ならびに，いかにしてPLDは従来の周波数弁別器に比べて閾値CNRを下げることができるかの解説に専念する．

PLDの閾値の厳密な説明に対しては良い定量的な理論はまだ考案されていないということを前もって警告しておく．ループの動作は非線形領域にあるが，前述の章で報告された非線形手法は，変調とともにバンド制限された加算的ノイズにさらされたPLLに対処するには十分でない．この節では，実験的な証拠に基づいてPLDの閾値の発見的な説明を試みる．閾値CNRが予測できないし，最適なループ構成を計算することもできない点でこれらの説明は不十分である．しかしながら，技術者が実験により設計パラメータを最適化できるように十分な情報が与えられる．

16.3.1 閾値の特性付け

出力SNR_oの過度な悪化は，図16.5でスケッチされているように，FM閾値の最もよく認識される兆候である．CNRが高い場合には，(16.21)におけるように，出力SNR_oはCNRに対して線形に比例している．SNR_o対CNRのプロットは大きなCNRに対してlog-log座標で勾配が1である．傾斜には閾値CNRで折れ曲がりがあり，この曲線はCNRが低いとずっと急峻になる．この曲線とその傾斜は連続なので正確な屈曲点は識別が困難である．高いCNRでのSNR_oの延長した直線から1−dB悪化する点が慣例的な閾値CNRの定義であるが，その選択は全く任意である．

理想的な周波数弁別器の閾値性能は他の復調器を比較する基準である．弁別器は，もし入力に

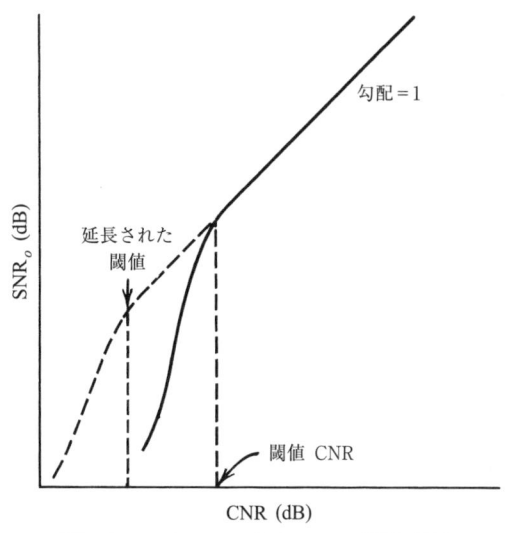

第 16 章　位相同期変調器と復調器　　　　　351

図 16.5　SNR_o に対する FM 閾値効果

印加されたバンドパス・プロセスの位相変化速度，すなわち，信号＋ノイズの瞬間的な周波数に比例する出力ベースバンド電圧を生成するのであれば，理想的である．その位相は，目標とする信号プラス加算されたノイズの合力に対応するものになる．理想的な弁別器は信号もしくはノイズの AM 成分に対して反応を示さず，よく設計された従来型のリミッター弁別器回路の性能は理想に近い．

　理想的という用語は閾値に関して決して最適を意味するものではない．全ての良好な弁別器は大きな CNR において性能が同じだが，理想的な弁別器には最低閾値は無い．もしある弁別器が理想的弁別器のものよりも低い閾値を持つならば，延長閾値復調器であると言われる．閾値延長の例は図 16.5 にスケッチされている．理想的弁別器のサブスレショルド SNR_o は Shimbo [16.10, 16.11] による正確な解析から計算することができる．この解析は，初期の著者達による一連の多くの近似的な解析の後に生み出されたものである．この問題の難しさはおそらく，FM の性質が認識され [16.12] てから約 45 年後まで正確な解析は公表されなかったという事実によって最もよく証明されている．

　正常動作は殆ど例外無しに閾値以上の CNR の値で生じるので，多くの応用において，閾値以下の SNR_o には殆ど関心が無い．（閾値以下での動作に伴う妨害は，SNR_o だけの考察から期待されるよりもずっと破壊的であることが多く，その性質はもうじき説明する．）

　信号設計とリンクの配分のためには，閾値 CNR を予測することができれば十分であることが多い．比較的単純な回路で閾値延長ができるのでフェーズロック復調器は貴重である．延長の量は既存の理論では予測不能であり，信号パラメータに依存する．非常に大雑把には，通常の応用においては数デシベルの改善が達成されている．

16.3.2　FM クリック

　閾値の予測は，勿論，Shimbo の式の評価によって実行できるが，Rice [16.9] による近似的な方法の方が使いやすく，また PLD の理解を助ける概念を含んでいる．閾値未満弁別器は大振

幅短期間のスパイク，すなわち（Riceの用語を用いると）クリックを含んでいることが観測される．これらのクリックは閾値以上ではめったに現れない．クリックがもっと頻繁に現れるということは閾値の始まりの兆候である．

前の文の言葉遣いに注意．クリックによって閾値が生じるとかクリックは閾値未満の動作の唯一の兆候であるとは言っておらず，いずれも正しくない．それにもかかわらず，もし平均クリック・レートを計算することができるならば，閾値CNRは高い精度で予測することができる．

信号だけの場合と対比して，ノイズによって信号とノイズの合力が完全に1サイクルを取る（もしくは失う）場合にクリックが生じる．フェーザー・ダイアグラム（図16.6）によりクリックの生成が示される．

ランダムに変動する振幅と位相を持ったノイズが信号に加わる間に信号は0°で一定の振幅に留まっているようにフェーザーのレファレンスが選ばれている．この合力によって複素平面で連続的なトラジェクトリが描かれる．トラジェクトリが原点を一周する毎に1サイクル進むか遅れる（すなわち，クリックが生成される．）．

瞬間的なノイズが信号の振幅を超えた場合に限り，しかもノイズの位相が信号の位相に反している場合に，クリックが可能となる．閾値の近傍で，通常のクリック事象に関連したノイズ振幅は信号よりもほんのわずかに強いという可能性が高く，したがって，クリックのトラジェクトリは原点の非常に近くを通過しがちである．つまり，クリックの進展の最中に合力の振幅は小さいと期待できることが多い．

ノイズによって信号がほとんど打ち消されるという条件下では，ノイズの位相のわずかな変化によって合力の位相が大きく変化することがありうる．従って，クリックのトラジェクトリは原点のまわりを非常に急速に，それも入力フィルタの制限されたバンド幅によって示唆されるよりもはるかに高速に掃引する可能性がある．振幅と位相のこれらの特徴はPLDの応答に対してかなりの影響がある．

クリックは，図16.7のように，位相と周波数の波形によって調べることもできる．ノイズがない場合は，図16.6の固定信号フェーザーにより0°で一定の合力位相が作り出される．小さなノイズによってゼロの近傍の小さな位相変動が生じるが，一方で，クリックにより合力位相波形が2πのステップを持つ（図16.7a）．周波数は位相の時間微分，つまり，合力フェーザーの回転レートであって，図16.7bにスケッチされている．小さな位相ノイズによって小さな周波数ノイズが作り出され，他方において位相ステップにより大きな周波数スパイクが作り出され，これが音声メッセージで聞こえ，あるいは研究室で観測されるスパイクもしくはクリックである．

クリック波形は大きく変化し[16.13]，唯一の共通の性質はそれぞれ2πもしくはその整数倍の面積を有するという点である．

クリック・パルスの極性はサイクルが遅れるか進むかに依存する．個々のクリック・パルスは本質的に単極である．クリック事象の期間はベースバンド信号のバンド幅の逆数に比べて通常は短い．出力SNR_oに対するクリックの影響を計算するためには，波形を面積2πのインパルスとして近似することが役に立つ．インパルスはDCにまで伸び，ベースバンドにかなりのエネルギーを持つ平坦なスペクトルを持つ．

図16.7は，クリックを生じない大きな位相妨害，すなわちノンクリックも示している．ノンクリックの周波数パルスのピークは完成したクリックのものよりもずっと小さい．もっと著しい

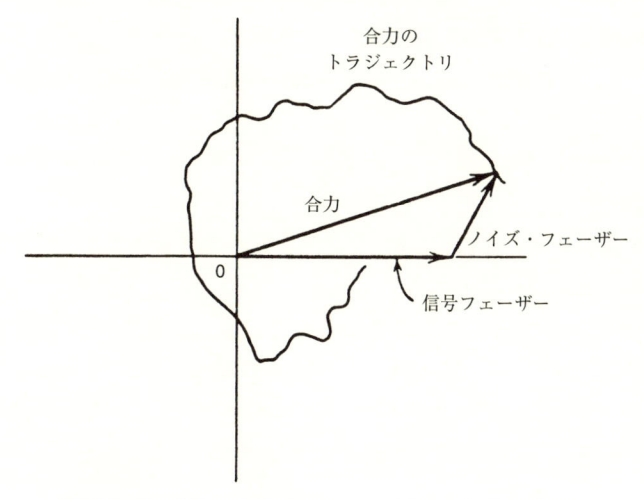

第16章 位相同期変調器と復調器

図16.6 クリック生成のフェーザー・ダイアグラム

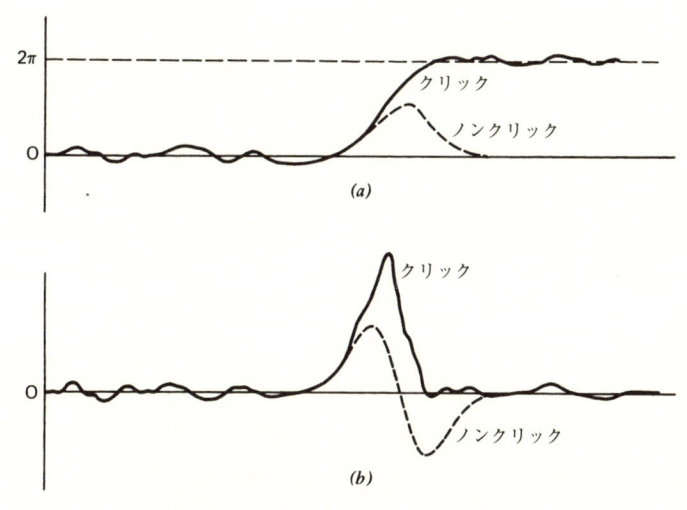

図16.7 クリック波形の説明図．(a) 位相，(b) 周波数

ことであるが，ノンクリックに関連した周波数パルスは ダブレットであり，これはエネルギーが高周波に集中しており，DCではゼロに落ちる．ダブレットは単極パルスよりもローパス・システムに対する妨害がずっと少ない．

　もし平均クリック・レートが分かっているならば，出力ノイズへの寄与を計算することができる［16.9, 16.14］．クリックによって全ノイズが（16.20）だけで計算されたものよりも1dB高くなるCNRが閾値に対する慣例的な正式の定義である．クリックにはかなりのエネルギーがあるので，閾値は驚くほど小さなクリック・レートで生じる．Rice［16.9］は理想的な弁別器に対するクリック・レートを決定した．それはCNR，入力パスバンド形状，ならびに変調パラメータの関数である．彼の公式を用いると理想的な弁別器の閾値の優れた予測が与えられる．

16.3.3　PLD内のクリック

　残念ながら，フェーズロック復調器の出力クリック・レートを解析することはまだ誰もできて

いない．クリックの概念により PLD の動作に対する物理的な洞察が与えられるが，定量的な理論は達成不能であった．この節では，大部分は未公表の実験的な研究に基づいてこの問題に対する筆者の定性的な理解を要約しておく．(Smith [16.15,16.16] はここで提示されたものと類似した PLD のアプローチを追求したが，入力バッファは無視していた．)

フィルタとバンド幅の考察 最初に，図 16.8 のように，フェーズロックト FM 復調器の完全なブロック図を調べよう．これは入力バンドパス・フィルタ，位相検出器，ループ・フィルタ，VCO，それとローパス・ポスト・フィルタからなる．多くの初期の出版物では入力と出力のフィルタは完全に無視されていたにしても，5 つ全ての部品は PLD の適切な動作に対して必須である．ポスト・フィルタにはディエンファシス・ネットワーク，PLL 伝達関数によるリニアフィルタ歪みに対する補正，それと再生されたメッセージの主要なベースバンド・フィルタリングが含まれる．

このフィルタリングは (16.22) の FM 改善を達成するために必要である．しかしながら，ポスト・フィルタは PLL で再生されたのちにしか信号を処理しない．すなわち，明らかにトラッキング性能には何の影響も無く，したがって，閾値には影響しない．ポスト・フィルタの無視は閾値現象の研究においては正当化される．

他方において，入力バッファの無視は完全に誤りである．PLL をその狭いバンド幅によってノイズと闘うナローバンド・デバイスと考えることはありふれている．これは PLD に適用する場合は間違った考えであり，PLD ではループ・バンド幅はかなり大きくなければならない．実際，ループ・バンド幅は RF 信号のバンド幅よりもかなり大きくなる可能性がある．

入力フィルタはメッセージの過度な歪みを避けるのに十分に広くなければならず，これはそれ自体非常に複雑なテーマであり，ここでは論じない．入力バンド幅に対する下限は Carson の法則 [16.12] により確立される．すなわち，

$$B_i > 2(\Delta f + f_m) \tag{16.23}$$

これは正弦波変調に適しており，もしくはこれの修正版

$$B_i > 2(B_m + \gamma \sigma_f) \tag{16.24}$$

は，ローパス・バンド幅 B_m，rms 周波数偏差 σ_f，ならびに「クレスト・ファクタ」γ を持ったガウシャン変調に適している (5.2.4 項参照)．

実験では最善の選択 (以下で論じられる) のループ・バンド幅は Carson の法則のバンド幅よりもかなり大きい．ループ・バンド幅は優れた設計の PLD では入力フィルタのバンド幅を大幅に超えるので，ループは RF ノイズに対して感知できるほどの線形フィルタリングは何もしない．唯一の意味のあるノイズ削減は入力フィルタでなされる．この理由により，信号歪みの仕様

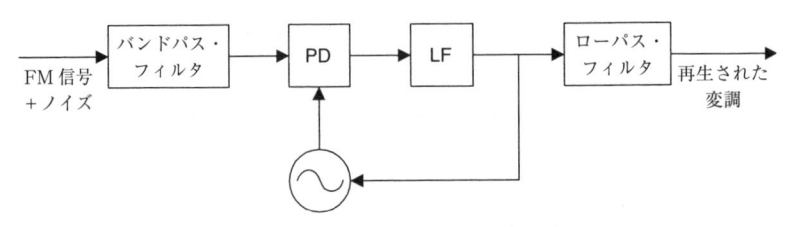

図 16.8 PLL FM 復調器 (PLD)

と一致して，入力フィルタはできるだけ狭くすべきである．広いフィルタは余分なノイズを受け入れ，それによって性能を下げる．こう述べたことは実験でテスト済みである．その結果により，入力フィルタの過度なバンド幅によって PLD の閾値は増加されることが決定的に示されている．性能低下の量はバンド幅過剰の程度に依存しており，図 16.9 に正弦波変調と 1 次ループに対するいくつかの測定結果が示されている．

入力フィルタのパスバンドの端までの周波数偏差によって端での応答への懸念が高まる．殆どのフィルタは中心から離れた周波数では徐々にロールオフし，信号の周波数偏差に対応する振幅変化がフィルタ出力に課せられる．この偶然の AM は，PLL に印加された信号エンベロープのスキャロピング（波形模様化）として，かなり顕著である．

第 1 近似では，PLL 出力は振幅効果には反応を示さない．しかしながら，もっと綿密に調べると，ループ・ゲインは（リミッターの無いマルチプライア型 PD では）信号振幅に比例することが明らかになり，したがって，スキャロピングによってゲインの瞬間的な減少が生じる．結果的に，PLL のトラッキング能力が損なわれ，ループが変調の偏位をトラッキングする能力が低下する．

従って，最大ループ・ストレスが最大周波数偏差で生じる（5.2.4 項）1 次ループで特に，スキャロピングによって閾値は悪化する．望ましいバンドパス・フィルタは全周波数偏差範囲にわたって平坦な応答を示す．

入力クリックに対する PLD の応答 もし入力フィルタが PLD との使用に適しているならば，恐らく従来型の弁別器にも適している．同等な入力フィルタを用いて，PLD は従来型の弁別器よりも低い閾値を示すことができる．この改善はどのようにして生じるのであろうか？　バンドパス・フィルタの出力での信号とノイズをプラスしたものは上記のようなクリック事象を含む．[**コメント**：クリックは入力信号とノイズの性質であり，完全に復調器とは無関係である．] クリックの平均レートは Rice の解析によって与えられる．理想的な弁別器は，定義により，それに印加される信号内のあらゆる個々のクリックを復調する．PLL はクリックのいくつかは追従できないので，その出力は，理想的な弁別器の出力よりも元のメッセージに近いままである．入力クリックのいくつかには追随できないという点こそが，PLD の改善された閾値の根拠になっ

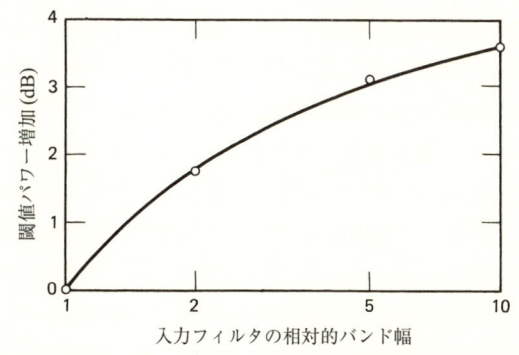

図 16.9 入力フィルタの過度なバンド幅による閾値測定値の増加．相対バンド幅 1 は Carson の法則に対応している［式（16.23）］．縦座標は拡大した入力バンド幅のために閾値において必要な信号パワーの追加を示す．

ている [16.17].

　PLLがいくつかのクリックには追随できないのは何故だろうか？　1つの理由はPLLはバンド幅を制限された素子であり通常のクリックはかなり高速であるということであって，ループは円形に沿ってクリックに追従するのに十分なだけ素早く動くことができないことが多い．

　トラジェクトリが原点の周りを素早く動く際に，合力の振幅が非常に小さくなるように，ノイズが信号を殆ど打ち消す場合にこの遅さが強調される．閾値CNRの近傍では，殆どのクリック事象は小振幅の合力に関連付けられる．小振幅はPLLのゲインの減少を，したがって，合力フェーザーに追随する能力の減少を意味している．ゲインの減少は，この例では，明らかに閾値の振る舞いを改善する非線形効果である．

　ここで，なぜリミッターが閾値性能を悪化させるかを知ることができる．理想的なハード・リミッターであればノイズによって信号が打ち消される可能性にもかかわらず合力フェーザーの振幅を一定に保持する．

　もしトラジェクトリが円形に沿って移動するときに，振幅が大きければ，PLLの追随能力は良くなり，リミッターが省略された場合に比べて多くの入力クリックが復調される．Hess [16.17] によって実験により，また近似的な解析により，リミッターの有害な効果が示されている．閾値の最小化にはリミッターの省略が要求される．したがって，暗黙のうちにリミッターを使うPD，つまり，そのs曲線が鋸歯状，矩形，三角形の形状をしたもの，あるいはシーケンシャルPD（第10章参照）は避けるべきである．

　PLDの閾値が位相検出器の非線形性により何らかの方法で「生じ」ており，線形PDが可能でありさえすればこの閾値は回避もしくは，少なくとも減らすことができるという考えに遭遇することが時々ある．これは正しくない．そうでなくて，PLDの閾値の減少は少なくとも部分的にはPDの非線形性によるものであり，線形PDであれば理想的弁別器と同じ閾値を与えるであろうというのがここでの主張である．実世界のPDは周期的なs曲線を有するが，広く線形なPDはサイクルを数える手段を含み，したがって両方向へ無限大に広がる直線のs曲線を有する．平衡状態では，両方のタイプのPDではともにループがPDヌルに接近して追従する．

　高速の入力クリックが現れた場合は何が起きるだろうか？　ループは遅すぎて直ちにクリックに追従することはできないと仮定し，入力クリックが終了した後の振る舞いを考えるにとどめよう．周期的なPDはサイクリック（巡回的）な増分を無視し，ループはクリックが決して起こらなかったかのように追従を続ける．しかしながら，広く線形なPDであれば余分なサイクルが蓄積されたことは認識するであろうし，したがって，2πの位相誤差に対応する出力を作り出すであろう．ループはPDヌルに戻るためにVCOの位相を2πだけ調節することによってその誤差をサーボ的に解消する．言い換えると，広く線形のPDを持ったPLDは入力クリックを無視できず，最終的には，たとえ極めてゆっくりであるにしても，それら全てに追従してしまう．広く線形のPDは理想的な弁別器と丁度同程度に悪い．実際のPDの周期的な非線形性は，PLDの閾値性能の改善に部分的に寄与する．

　明らかに，可能な限り多くの入力クリックを無視するためにはループ・バンド幅は可能な限り狭くするべきである．もしバンド幅が極めて大きければ，ループは全ての入力クリックに追従してしまい，性能は理想的弁別器のものと同じであろう．他方において，バンド幅はあまり狭すぎてはならず，さもないと変調により，ノイズが無い場合でもサイクル・スリッピングが生じる

(第 5 章).過度な変調によって過度にストレスをかけられているループは小さなノイズ妨害によって引き起こされるスリップに大変敏感である.サイクル・スリップは復調器の出力では,復調された入力クリックと区別がつかず,便宜上,それらは全て出力クリックと呼ばれる.バンド幅の妥協によって出力クリック・レートが最小化されると仮定することは理にかなっているように見える.

PLD クリックの測定 図 16.10 から 16.12 は 2 次 PLL で測定された代表的なクリック・レートのデータを示している.表 16.1 により,実験的なパラメータが与えられる.クリック・レートは [16.18] で述べられている計測器を用いて測定された.各データ・ポイントは 100 秒の出力クリックの蓄積を表している.図 16.10 は最適なループ・バンド幅の予測を裏付けている.クリック・レートのかなりの改善は,適切なループ・バンド幅を選択することにより得ることができる.あるいは,否定的な言い方をすると,もし誤ったバンド幅を用いると大きな不利益を被ることになる.

図 16.11 は 1 から 2 の近傍のダンピング係数に対して幅の広いクリック・レートの最小値を示している.他のデータは 1 ないし 1.5 の選択が良いということを示している.

図 16.12 のクリック・レートの曲線は CNR に対してプロットされており,自然周波数 ω_n をパラメータとしている.n_r というラベルを付けられた黒の実線の曲線は同じ変調パラメータと同じ入力フィルタとを持つ理想的弁別器のクリック・レートに対する Rice の予測 [16.9] のプロットである.広帯域 PLL に対するデータ点 ($\omega_n/2\pi=40\text{kHz}$) は Rice の予測と極めてよく一致し,広帯域 PLL は理想的な弁別器のものと同じ閾値を持つという主張が支持されている.

$\overline{n}$ とラベルを付けられた実線の直線は,(16.20) の出力ノイズを 1dB だけ増加させるクリック・レートを示している.閾値は正式には $\overline{n}$ と実際のクリック・レート曲線との交差によって定義される.最適バンド幅 PLL に対する交差は理想的弁別器に対するものよりも約 2.5dB 低い.最適バンド幅の選択は変調パラメータに強く依存し,メッセージの統計に対するアプリオリの知識が,閾値拡張 PLD を設計するためには必須である.従来型の弁別器の設計は事実上メッセージの統計を無視しており,それによって閾値の不利益を被っている.他方において,従来型の弁別器はメッセージ統計の変化に比較的鈍感であるが,PLD は逆の影響をしかも恐らくひどく受ける.

2 次タイプ 2 のループは必ずしも最小の閾値を与える構成ではない.もし変調指数が小さい(示

表 16.1 クリック・レートの実験的パラメータ

キャリア周波数:25 MHz
変調タイプ:ガウシャン・ノイズ FM
変調ベースバンド・スペクトル:本質的に DC から 2.4 kHz までフラット (B_m=2.4 kHz)
偏差:σ_f = 1485 Hz, rms
RF スペクトル占有幅 $2(B_m + \gamma\sigma_f)$ = 15.2 kHz ただし γ = 3.5
入力フィルタのパスバンド:
 -1dB において 15.2 kHz
 -3dB において 18.3 kHz
 -30dB において 24 kHz
 ノイズ・バンド幅 = 16.4 kHz
PLL 構成:
 2 次タイプ 2
 アナログ回路

された例のように）ならば，（定常周波数オフセットがループ・バンド幅Kに比べて小さい限り）1次のループは殆ど同じ性能を持つ．もし変調指数が大きいならば，高位のタイプのPLLは小さな位相誤差で追従する（図5.10）．タイプ2のループは大きな変調指数に対して1次のループよりも性能が優れている事が実験で示されている．

ここで報告されている実験的なデータは適度に小さな変調指数に対して取られている．変調指数が増加するにつれて，PLDの閾値の延長は，理想的弁別器に比較して改善される．

16.3.4　正式な最適化

PLDは最適なFM復調器ではなくそれに対する近似に過ぎない．最適な復調器であれば，メッセージに対する最大アポステリオリ（MAP）推定を作り出すのに，たとえ無限に時間がかかるとしても，メッセージ全体を検査する．Viterbi [16.19] と Van Trees [16.20] はFM復調に適用されたMAP推定の優れた解説を与えている．

MAP推定器の積分方程式は，フェーズロック・ループのものと殆ど同等である．積分方程式の間の近い類似性により，PLLはMAP復調器に対する良い近似であることが多くの研究者に

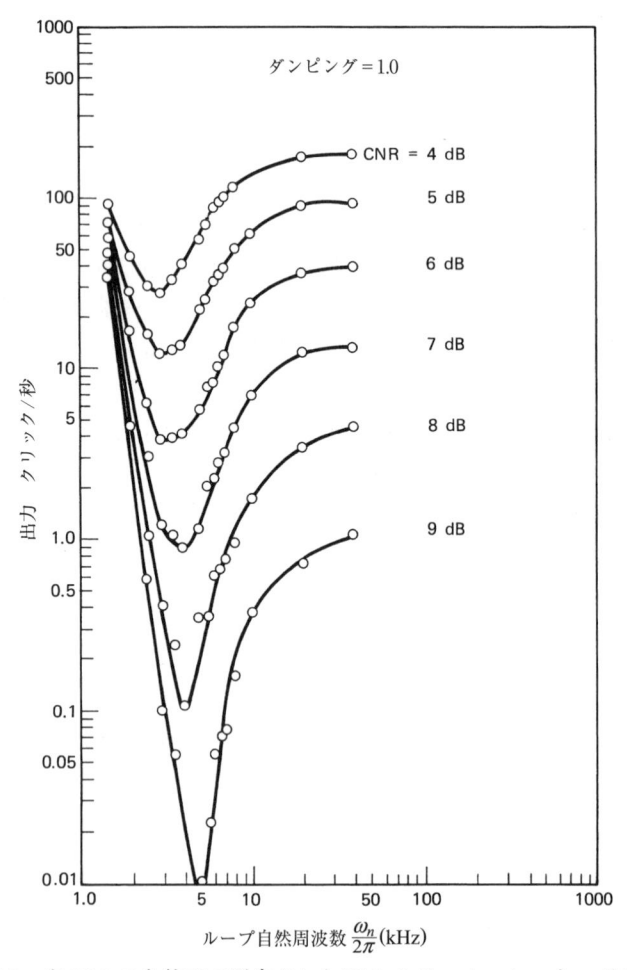

図 16.10　表16.1の条件下で測定されたPLLクリック・レート．ダンピング係数 $\zeta=1$．

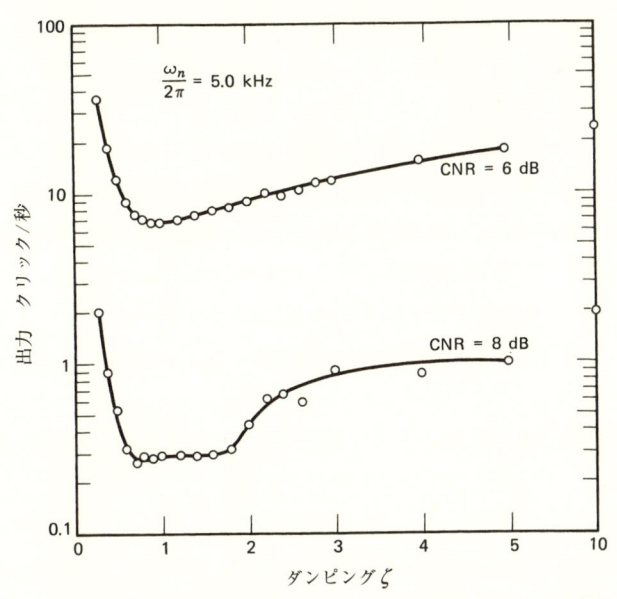

第 16 章 位相同期変調器と復調器

図 16.11 表 16.1 の条件の下での PLL のクリック・レートの測定値. 自然周波数は $\omega_n/2\pi = 5\,\mathrm{kHz}$.

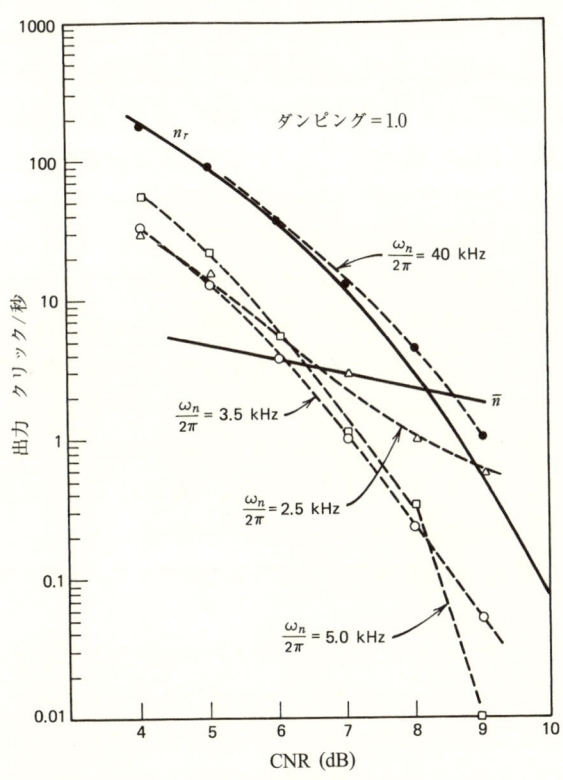

図 16.12 表 16.1 の条件下で測定された PLL のクリック・レート. ダンピングは $\zeta = 1$.

よって期待されている．両者の方程式の間の唯一の相違点は積分の限界にある．論文上では，その相違点は取るに足らないように見えるが，PLL はリアルタイムで追従しなければならず，これは遅れゼロの作業であり，信号の処理を開始する前にメッセージの終了を待つことはできない．

究極の MAP 性能を達成することはできないが，「最適な遅れゼロの安定した PLD はどういうものであろうか？」と質問することは依然可能である．数学的な扱いやすさを許容するために，PLL の線形操作を仮定し，最適な実現可能な Wiener フィルタを決定するのが通常である．Viterbi は強調して，この手続きでは MAP の性能には至らず，必ずしも達成できる最低の閾値に至るとも限らないと警告している．非線形の振る舞いは，線形化された解析から推論することはできない．

追従されない角度変調と加算的なノイズに起因する VCO 位相の分散に対する線形近似は

$$\sigma_o^2 = \int_0^\infty \left[|1 - H(f)|^2 \frac{W_m(f)}{(2\pi f)^2} + W_{n'}(f)|H(f)|^2 \right] df \quad (16.25)$$

ここで $W_m(f)$ は信号に対する周波数変調のスペクトル密度であり単位は $(\text{rad/sec})^2/\text{Hz}$ であり，$W_{n'}(f)$ は（6.7）と（6.16）で定義されるような加算的なノイズのスペクトル密度である．最適な Wiener フィルタは位相誤差分散を最小化する $H(f)$ の特定の選択である．

しかしながら，設計者は閾値の最小化に関心があり，その Wiener フィルタの設計はそれも達成するであろうか？ Wiener の手法は線形動作を仮定しているが，閾値は強く非線形な現象である．いかなる線形解析も検証無しには信頼できない．文献には，Wiener の最適化ループを実験的にテストする報告はほとんど見出すことができない．いくつかの曖昧な情報源から拾い集めることにより，線形に導出された Wiener フィルタは実際には閾値を最小化しないことが発見された．それは，せいぜい，最小閾値の PLD に対する経験的な探索の出発点でしかない．

Wiener フィルタの潜在的な複雑さは受け入れがたいことが多い．もっと簡単なアプローチは，普通の形のループ（例えば，標準的な2次ループ）を用いてループ・パラメータ（例えば，2次ループにおけるダンピングと自然周波数）の調節によって閾値を最小化することである．解析的なアプローチでは（16.25）におけるパラメータにより $H(f)$ を明示的に書いてからパラメータの適切な選択により最小化することによって試みることができるであろう．

もし，変調とノイズのスペクトルが少しでも複雑であるならば，最小化はコンピュータによる探索で達成されなければならない．このような検索は，表 16.1 に書かれているように2次ループとスペクトルについて試みられた．次の結果が得られた．

- 位相誤差の分散の計算値は自然周波数の振動的な関数であり，自動計算手法では困難となることが示唆された．
- 最小値は極端に浅かった．PLL に先行するナローバンドのフィルタのためにこれが生じ，フィルタ・バンド幅を超えてループ・バンド幅を広げてもノイズは殆ど増加しない．
- 実験は計算と全くうまく一致しなかった．実験室で最小クリック・レートを生み出す自然周波数は分散の最小の計算値を与える自然周波数と対応しなかった．

16.3.5　修正された PLD

線形化された位相分散は PLD の閾値の最適化に対しては貧弱なアプローチであると結論を下

す前にもう1つの別の方法を考えよう．ループの伝達関数を極形式で$H(f) = |H|\exp(j\psi)$と表現する．ただし，極成分の周波数依存性は表記の便宜上省略してある．この形式の$H(f)$を(16.25)に代入し何らかの代数を実行すると分散は次のように与えられる．

$$\sigma_o^2 = \int_0^\infty \left[(1 - 2|H|\cos\psi + |H|^2)\frac{W_m(f)}{(2\pi f)^2} + W_{n'}(f)|H|^2 \right] df \tag{16.26}$$

$|H|$にかかわらず，もし$\cos\psi = +1$ならば分散は最小化される．（同じ条件が，最適なWienerの実現不能な無限遅延のフィルタ［16.21］の導出でも生じる．）すなわち，$\psi = 2\pi k$，ただし，k=整数である．

ネットワークの振幅と位相の応答は緊密に関係しており，それらは分離して指定することはできない．最小位相ネットワークを仮定し，幾分過度に単純化すると，位相条件は振幅応答が$24k$ dB/octaveの勾配を持つことを意味する．(16.16)から，変調スペクトルの周波数範囲で$|H(f)|$の平坦な応答が必要であり，従って，$k=0$の選択は注目に値する．ループ・フィルタに同数の極とゼロ点を持つ従来型の2次PLLでは，振幅応答$|H(f)|$は低周波ではフラットであり高周波では-6dB/octaveでフォール・オフする．位相はDCではゼロであり，高周波数では$-90°$に漸近する．

全周波数でゼロ位相を持つ実現可能なネットワークはまた全周波数で一定の振幅応答を持たなければならず，どんな有限なバンド幅のPLLもこのような応答を有することはできないであろう．寄生素子は無視すると従来型のループのロールオフはVCOの積分動作によるのであって，もしそれが克服できるのであれば通常のループで達成されるよりもずっと大きな周波数範囲にわたって0°近傍の位相が達成できる．

比例プラス積分プラス微分（PID）制御を備えたループを作れば低周波と同様に高周波でも漸近的にゼロ位相を達成する．こうしたPLLが図16.13に示されており，そのボード線図が図16.14に示されている．

NovickとKlapper［16.22,16.23］は，完全に異なる出発点から始めて，本質的に同じ構成に到達した．彼らは分散最小化アルゴリズムを考案し，$K\tau_1\tau_3/\tau_2 = 1$であれば分散が最小になることを見出した．（その表記法が図16.13に示されている．）したがって，高周波では，$|G|$は1に接近し$|H|$は0.5に接近する．クローズド・ループの位相は高周波ならびに低周波でゼロに近づくが，オープン・ループの振幅の勾配における折れ曲がりの近傍で遅れを示す．高周波では応答はフラットなので，この回路のノイズ・バンド幅は無限大である．しかし，この著者達は，従来型のPLLから閾値が大幅に低下すると報告している．もしこのテクニックが一般に適用可能であることが証明されれば，PLD技術の重要な進歩になり得る．

16.3.6　FM PLDの閾値：要約

- 入力フィルタはPLDの主要な部分であり，無視するべきではない．
- 入力フィルタのバンド幅は，許容できるメッセージ歪みと両立する最小とすべきである．バンド幅を大きくすると閾値の不利益を伴うことになる．
- 入力フィルタの振幅応答は，PLLゲインとの相互作用を避けるために，周波数偏差の全範囲にわたってかなり平坦であるべきである．
- リミッターはPLDには不要であり，それを含めると閾値レベルが上昇してしまう．

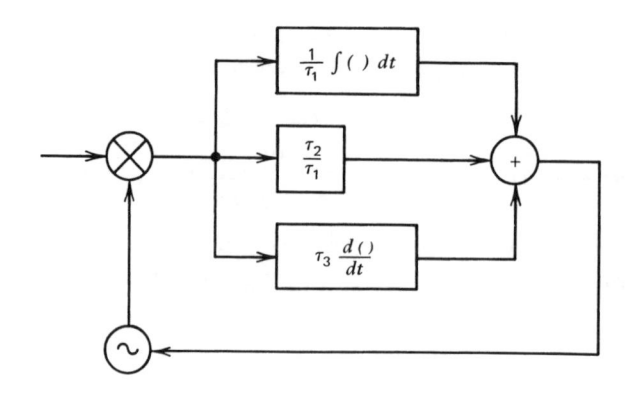

オープン・ループ・ゲイン：

$$G(s) = \frac{K_o K_d}{s}\left(\frac{\tau_2}{\tau_1} + \frac{1}{\tau_1 s} + \tau_3 s\right)$$

$$= \frac{K}{s^2 \tau_2}\left(s^2 \tau_1 \tau_3 + s\tau_2 + 1\right)$$

$$\left(K = \frac{K_o K_d \tau_2}{\tau_1}\right)$$

クローズド・ループ・ゲイン：

$$H(s) = \frac{G(s)}{1+G(s)} = \frac{s^2 \tau_1 \tau_3 + s\tau_2 + 1}{s^2\left(\frac{\tau_2}{K} + \tau_1 \tau_3\right) + s\tau_2 + 1}$$

図 16.13 比例プラス積分プラス微分（PID）コントローラによる PLL

- PLL のバンド幅はメッセージのものよりかなり大きくなければならず，恐らく入力フィルタのものよりも大きくなければならない．
- いかなるループの構成に対しても，最小の出力クリック・レートを与える最適なループ・バンド幅が存在する．その最適値は入力 CNR の弱い関数であるとともに変調条件の強い関数である．
- 現在の方法は最適値を解析的に決定するには不十分であり，実際の信号とハードウェアを用いた実験が恐らく設計技術者に開かれた最良のアプローチである．
- もし 2 次のループが用いられれば，約 1 ないし 1.5 のダンピングが最適値であることが実験で示唆される．
- 標準的な 2 次の PLL は最適な構成ではない可能性がある．
- 線形化されたループに対する Wiener の最適化は実用的な閾値最小の PLD に対するガイダンスを与えることはないように見える．
- ループ・フィルタに対して微分制御を加えるのは有用であるように見える．

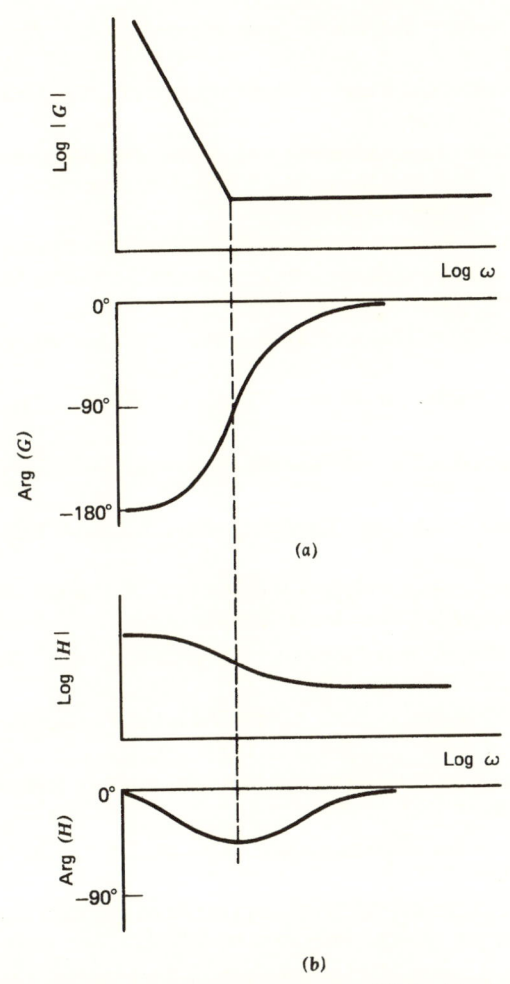

図 **16.14** PID コントローラを持つ PLL のボード線図. (a) オープン・ループ (図 3.13 と比較すること). (b) クローズド・ループ

参考文献

16.1 M. H. Perrott, T. L. Tewksbury III, and C. G. Sodini, "A 27-mW CMOS Fractional-N Synthesizer Using Digital Compensation for 2.5 Mb/s GFSK Modulation," *IEEE J. Solid-State Circuits* **32**, 2048–2059, Dec. 1997. Reprinted in [16.4].

16.2 D. R. McMahill and C. G. Sodini, "Automatic Calibration of Modulated Frequency Synthesizers," *IEEE Trans. Circuits Syst. II* **49**, 301–311, May 2002.

16.3 E. Hegazi and A. A. Abidi, "A 17-mW Transmitter and Frequency Synthesizer for 900-MHz GSM Fully Integrated in 0.35-mm CMOS," *IEEE J. Solid-State Circuits* **38**, 782–792, May 2003.

16.4 B. Razavi, ed., *Phase-Locking in High-Performance Systems*, Reprint Volume, IEEE Press, New York, and Wiley, Hoboken NJ, 2003.

16.5 S. Butman and V. Timor, "Interplex: An Efficient Multichannel PSK/PM Telemetry System," *IEEE Trans. Commun.* **COM-20**, 415–419, June 1972.

16.6 W. C. Lindsey, "Design of Block-Coded Communication Systems," *IEEE Trans. Commun.* **COM-15**, 525–534, Aug. 1967.

16.7 I. Galton, "Analog-Input Digital Phase-Locked Loops for Precise Frequency and Phase Demodulation," *IEEE Trans. Circuits Syst. II* **42**, 621–630, Oct. 1995.

16.8 M. G. Crosby, "Frequency Modulation Noise Characteristics," *Proc. IRE* **25**, 472–514, April 1937.

16.9 S. O. Rice, "Noise in FM Receivers," in M. Rosenblatt, ed., *Time Series Analysis*, Wiley, New York, 1963, Chap. 25.

16.10 O. Shimbo, "Threshold Characteristics of FM Signals Demodulated by an FM Discriminator," *IEEE Trans. Inf. Theory* IT-15, 540–549, Sept. 1969. Corrections: *Trans. Inf. Theory* IT-16, 769, Nov. 1970.

16.11 O. Shimbo, "Threshold Noise Analysis of FM Signals for a General Baseband Signal Modulation and Its Application to the Case of Sinusoidal Modulation," *IEEE Trans. Inf. Theory* ***IT-16***, 778–781, Nov. 1970.

16.12 J. R. Carson, "Notes on the Theory of Modulation," *Proc. IRE* **10**, 57–64, Feb. 1922.

16.13 D. Yavuz, "FM Click Shapes," *IEEE Trans. Commun.* **COM-19**, 1271–1273, Dec. 1971.

16.14 J. Klapper and J. T. Frankle, *Phase-Locked and Frequency-Feedback Systems*, Academic Press, New York, 1972, Chap. 6.

16.15 B. M. Smith, "Phase-Locked Loop Threshold," *Proc. IEEE* **54**, 810–811 May 1966.

16.16 B. M. Smith, "A Semi-empirical Approach to the PLL Threshold," *IEEE Trans. Aerosp. Electron. Syst.* **AES-2**, 463–468, July 1966.

16.17 D. T. Hess, "Cycle-Slipping in a First-Order Phase-Locked Loop," *IEEE Trans. Commun.* **COM-16**, 255–260, Apr. 1968.

16.18 F. M. Gardner, "A Cycle-Slip Detector for Phase-Locked Demodulators," *IEEE Trans Instrum. Meas.* **IM-16**, 251–254, Sept. 1977.

16.19 A. J. Viterbi, *Principles of Coherent Communications*, McGraw-Hill, New York, 1966, Chaps. 5 and 6.

16.20 H. L. Van Trees, *Detection, Estimation and Modulation Theory: Part II*, Wiley, New York, 1971, Chaps. 2–4.

16.21 H. W. Bode and C. E. Shannon, "A Simplified Derivation of Linear Least Square Smoothing and Prediction Theory," *Proc. IRE* **38**, 417–425, Apr. 1950.

16.22 W. A. Novick and J. Klapper, "Optimum Design of the Extended-Range Phase-Locked Loop," Paper 32D, *Conf. Rec. Natl. Telecommun. Conf.*, 1972.

16.23 W. A. Novick, "Investigation and Optimum Design of the Generalized Second-Order Phase-Locked Loop," *Ph.D. dissertation*, New Jersey Institute of Technology, Newark, NJ, 1976.

第17章　位相同期ループの種々の応用

この章ではフェーズロック・ループ（位相同期ループ）のいくつかの異なる応用を簡潔に説明してPLLが如何にして使われてきたかを示す．

17.1　データ信号の同期化（シンクロナイゼーション）

殆どのデータ信号は，ベースバンド信号として直接伝送されるか，あるいはパスバンド信号としての伝送の為にキャリアに変調される一様な間隔のシンボルの流れとして生成される．データ信号のレシーバは受信したシンボルに同期しなければならず（シンボル・タイミング再生），また，もし受信がコヒーレントであるべきならば，受信されたキャリアに同期しなければならない．

同期化のテーマは本書で十分に扱うには大変に広すぎる．さらに，PLLはシンクロナイザーで広く用いられているが，PLLの問題は同期化という主要な問題に比べれば重要ではない．これまでの章で数え上げられたPLLの原理は直ちにフェーズロック・シンクロナイザーにも当てはまる．したがって，この節では同期化の通りいっぺんの概観を与えるに留める．

過去において，殆ど全てのシンクロナイザーはアナログ回路で実装されていた．参考文献[17.1-17.4]や，そこで引用されている参考文献は当時の例を与えている．もっと最近では，2個の別個のアプローチに分離して来ている．1つの研究の方向では，信号フォーマットは複雑であり（そして通信の仕事がますます洗練されているので一層複雑化しつつある），優れた，それも殆ど完全な性能が必須である．このアプローチに対するデータ・レシーバは最新のテクノロジーによって許される最大限までディジタル的に実装される．

シンクロナイザーもまた，レシーバの必須部品として，ディジタル的に実装され，殆ど完全にアナログ実装を置き換えている．ディジタル・シンクロナイザーの大きく複雑な一連の知識は[17.5-17.7]で例示されているように，急速に成長してきた．

他方のアプローチは主に高速のベースバンド・データ信号で比較的単純な形式（例えば，バイナリのシンボル）を持ったものに向かっている．それ以外では信号環境は比較的穏和で，少なくとも，第1の信号クラスを悩ます，複雑な信号形式，ノイズ，妨害，マルチパス，伝送分散，ならびに他の問題と比較するとそう言える．ノイズに対する優れた性能はスピードや単純性のために犠牲にすることができることが多い．第2のクラスの信号に対する高速性によりディジタル実装は排除され，アナログ回路が必要になる．10Gbpsのサービスのための数多くの回路が既に記述され，この一節が書かれた時点でフロンティアは40Gbpsにあった．回路例は[17.8]と[17.9]に収集されている．高速PLLの問題と方法は[17.10-17.12]で述べられている．

17.2 ネットワーク・クロック

ディジタル・テレコミュニケーション・ネットワークは共通の信号源に同期化された高度に正確なクロックを多数含んでいる［17.13］．ネットワーク同期化は階層的に構成されており，タイミングはマスターからスレーブへトリー状のネットワークで伝達される．スレーブのクロックは通常は，高精度発振器を PLL の一部として含んでいる可能性があり，この PLL によってその発振器は上位の信号源から伝播してきたタイミングにロックする．

良いスレーブ・クロックの高品質性とタイミングの変動を減少させる必要性とのために，スレーブ PLL のバンド幅は非常に小さい可能性があり，一日に 1 サイクル（11.6 μHz）というバンド幅の例が文献［17.14］に示されている．実用的などんなアナログ PLL もこのような小さなバンド幅で動作することはできない．その代わりに，ディジタル・ループ・フィルタリングが用いられており，このために，不揮発性が集積化され，周波数メモリが搭載されている．発振器の周波数を調節するために制御電圧を与えるディジタル・アナログ・コンバータ（DAC）に対してループ・フィルタの出力が印加される．1ppm の同調範囲は高精度発振器に適している．小さなバンド幅のために，発振器，DAC，およびループ・フィルタの中の通常のノイズはフィードバックでは除去されないので小さく保たれなければならない．個々の設計のこれ以上の詳細に関しては［17.14］を参照されたい．

17.3 種々の同期発振器

フェーズロック・ループは定義上では同期（ロック）した発振器を含んでいる．PLL に関する本でロックした発振器に対して 1 つの独立した節を充てることは冗長に見えるかもしれない．それにもかかわらず，PLL の主要な目的が発振器をロックすることにある応用が存在し，そこでは，通常は，その動作周波数の安定性や精度を改善したり，新しい周波数が生成される．それらの応用のいくつかをここに示す．

17.3.1 発振器の安定化

発振器の安定化には正反対の 2 種類がある．ナローバンドとワイドバンドである．第 1 の種類では，ナローバンドの PLL が，ノイズを伴う別の発振器や他の信号をきれいにするためのフィルタとして使われる．第 2 の種類では，ノイズの多いドリフトする発振器がクリーンなレファレンスにフェーズロックされて同期発振器が安定化される．

ナローバンドの安定化　周波数標準として用いられる水晶発振器は，もし極端に低い RF パワー・レベル（水晶の劣化は低いパワーレベルでは遅くなる）で動作すれば，最善の長期的な周波数安定性が得られる．しかし，9.3.1 項で特に言及したように，最善の短期的な位相安定性は中間的なパワー・レベルで得られ，その場合の RF 信号の振幅は回路ノイズよりもずっと大きい．最善の結果は，2 個の別個の発振器を用いれば得られ，優れた長期的な安定性に対しては低レベルのパワーのもの，そして第 2 の発振器は第 1 のものにフェーズロックされ，優れた短期的な安

定性のために高いパワー・レベルで動作する．ループのバンド幅は，信頼性のあるロックの維持と両立させながら，可能な限り狭くするべきである．

出力はロックされた発振器から取られる．このPLLを用いることは，第1の発振器の位相ノイズを極端に狭いフィルタに通してノイズをかなり削減することに等しい．同じテクニックが周波数シンセサイザの出力をきれいにするのに役立つが，そこでは高調波とマルチプライア積が存在することが多い．

ワイドバンドの安定化 有用な程度に大きな出力パワーを持ったマイクロ波発振器はトランジスタ，クライストロン，後進波管，IMPATTやTRAPATTダイオード，あるいはGunnダイオードで構成することができる．電子的な同調は，アクティブ・デバイスに対する動作バイアスの変更，バラクタ・ダイオードの使用，あるいは磁気的に可変なYIG共振器の使用によって達成される．これらの多様な発振器は位相安定性が乏しいという共通の特徴を共有している．安定性を増加させないと，ナローバンドの応用には使えない．安定化の有効な方法は，マイクロ波発振器を，安定な低周波の信号源，たとえば水晶発振器の高調波にロックさせることである．PLLはロックした発振器の位相変動を解消し，したがって，出力は周波数が倍化されたレファレンス源の安定性を有する．

発振器安定化の1つの構成が図17.1に示されている．唯一の新規な要素は，安定な低周波の信号源の適切な高調波を得るのに必要な周波数マルチプライアである．しばしば，このマルチプライアは14.2節で説明されたように高調波ロックPDを用いて位相検出器自体に内蔵される．

多数の，こうしたフェーズロック発振器が捕捉回路を含んで完全なパッケージとして売られている．それらのパッケージは固定周波数サービスにおけるトランスミッター用やレシーバのローカル発振器用に広く用いられている．通常はフェーズロック信号源は等しい出力パワーを持った一連のマルチプライアよりもパワーに関して経済的である．

17.3.2 周波数マルチプライアPLL

発振器は入力参照周波数の高調波にロックされなければならないことが多い．前の節では直接的に高調波を発生させるために周波数マルチプライアもしくは高調波位相検出器を用いる方法が説明された．高い高調波にロックすることは厄介なものになる可能性があるが，これは部分的には高い高調波を十分大きな振幅で生成することの難しさによるものであり，また部分的には，VCOの同調範囲に比べて高調波の間隔が緊密なときに誤った高調波へロックしてしまう可能性によるものである．

もう1つのポピュラーなテクニックはフィードバック経路内の周波数分周器を使って，レファレンスの周波数まで発振器の周波数を減らすことである．このテクニックは，ディジタル・カウ

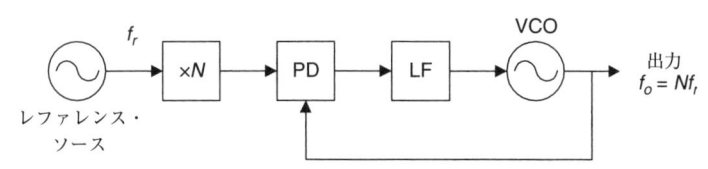

図 17.1 高調波ロック発振器

ンタを分周器として使うことが許容されるほど十分に低い周波数で特に魅力的である．ディジタル・カウンタは，ループが近くの誤った高調波にロックすることを許容しない特有な分周比を持っている．周波数マルチプライア PLL は，第 15 章で論じたように，固定周波数シンセサイザと見なすことができる．レファレンス・クロックは普通，比較的低い周波数でコンピュータ内のモジュールの間に分配され，個々のモジュール内でオンチップ周波数マルチプライア PLL によって高いクロック周波数に高められる．

17.3.3 周波数変換 PLL

周波数変換器により，入力周波数 f_i は値 f_b だけシフトされて出力周波数 $f_i \pm f_b$ となる．PLL による変換の利点は例を用いて理解できる．30MHz の信号が 1kHz だけオフセットを与えられなければならないと仮定しよう．これを達成する 1 つの方法は従来型のシングル・サイドバンド・テクニックによるものであろうが，キャリアとリジェクトされたサイドバンドの優れた抑制はきわどい回路の調節に依存している．フェーズロックのオフセットはあまりきわどくなくて性能が良くなる可能性がある．図 17.2 に示されたオフセット PLL の例において，普通は目標とする出力周波数に近い周波数で発振する VCO が入力する周波数 f_i によって周波数変換されて，目標とするオフセット周波数 f_b にミキサーの出力周波数が近くなる．

それから，ミキサー出力は PD 内で発振器と比較される．この発振器の周波数は正確に f_b であり，ループは VCO に対してフィードバックされ，ミキサー出力を周波数オフセット発振器に強制的にロックさせる．一見すると，従来型の SSB テクニックでは残っている残留キャリアと好ましくないサイドバンドは，フェーズロックにより完全に除去されたように見える．このような完全性は実際には達成不能であり，いかなる位相検出器のリップルも VCO を変調し，好ましくないサイドバンドを出力内に作り出す．PD は完全なマルチプライアであり，その両方の入力は純粋に正弦波であると仮定しよう．PD のリップル出力は $2f_b$ の正弦波であり，VCO のリップル変調により 1 対のサイドバンドが $f_o \pm 2f_b$ に作り出される．もし希望する出力周波数が $f_o = f_i + f_b$ であるならば，サイドバンドは $f_i - f_b$ と $f_i + 3f_b$ である．他の位相検出器であれば，出力にさらなるリップル成分が追加され，したがって，追加的な望ましくないサイドバンドが VCO 出力に現れる．

リップルはループ内での力づくで際どくないローパス・フィルタによって希望する程度まで減少させることができるかもしれない（付録 10A 参照）．このようなフィルタは通常ループ・バンド幅を狭めることを要求する．固有リップルが少ない位相検出器（たとえば，PFD もしくはサンプル・アンド・ホールド PD；第 10 章参照）は，リップルの抑制においていかなる実用的な

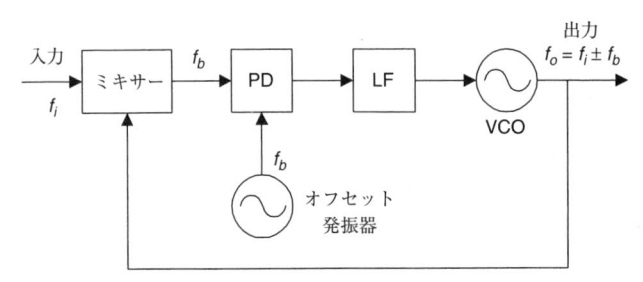

図 17.2 周波数変換 PLL

第 17 章 位相同期ループの種々の応用

フィルタよりも効果的であるかもしれない．

図17.2のPLLは，そのVCOを2つの周波数f_i+f_bあるいはf_i-f_bのいずれにもロックすることができる．殆どの場合には，一方の周波数だけが求められ，他方は望ましくないイメージである．イメージへのロックを回避するための備えがなければならない．VCOがイメージに同調することができなければ何の問題も無い．より一般的には，もしVCOが希望の信号に対してもイメージに対しても同調できるならば，イメージ・ロックを回避するために他の手段が取られなければならない．

図17.3に示されているように，イメージ除去位相検出器を用いることが1つのアプローチである．この回路は従来型のシングル・サイドバンド・ミキサーに対する変形であり，イメージ除去が必要な，いかなる長いループにも適用できる．それは，図10.16の複素位相検出器に対する変形である．周波数f_iの入力信号は1対の同等なミキサーでオフセット（IF）周波数に周波数変換される．フィルタは，ミキサーからの希望する差周波積は選択し，望まない和周波積は除去する．

それらの2個のミキサーは直交ローカル・ドライブを持っているので，2個のIF出力は位相が90°離れている．（同じ90°の関係は，単一のミキサーと中間周波数での90°位相分離ネットワークとで達成できるであろう．あるいは，図17.4のようにバイナリ・カウンタを用いて直交ドライブを生成するのが都合が良いことが多い．）

各IF信号がドライブする位相検出器には，周波数f_bのオフセット発振器からもう一方の入力が与えられる．90°の位相差が，2個の位相検出器へのf_bドライブ電圧間に課せられる．唯一のリップル成分が周波数$2f_b$の正弦波であるように各位相検出器は真のマルチプライアでなければならず，両方の入力ポートに対する波形は正弦波でなければならない．PLLがロックされるときは，PD出力のリップル成分は互いにキャンセルするが，ゼロ周波数成分は互いに足し合わさる．この特徴によって，ループ・バンド幅がオフセット周波数f_bを超えることが許容される可能性があるが，これは従来型のPLLでは不可能な成果である．

普通のPLLであれば，捕捉中に，どちらに先に遭遇するかに応じて，希望する周波数もしくは，そのイメージのいずれにも同程度にVCOをロックさせることができる．イメージ除去PLLは理想的には2個の周波数のうちの一方にしかロックできず，そのいずれであるかはPD出力が加えられるのか，差し引かれるのかによって決まる．もしキャンセルが完全であれば，イメージは完全に除去される．完全なキャンセルは実現が不可能なので，イメージ周波数での弱い

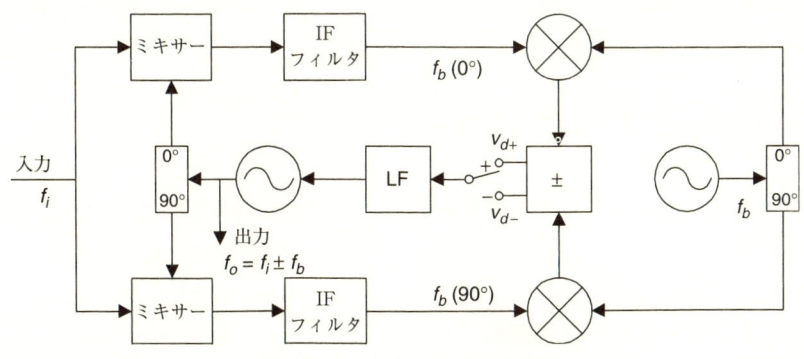

図 17.3 複素信号周波数変換

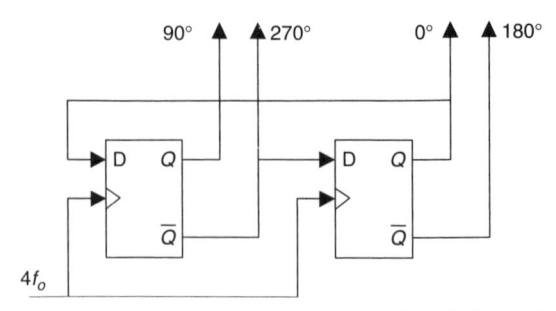

図 17.4 ディジタル・カウンタによる直交信号の生成

ロックが依然としてあり得る．高速掃引のような，捕捉の補助は弱いイメージへのロックを覆すのに必要である．

完全なキャンセルであればPDリップルも完全に抑制し，それによって希望するVCO出力信号から$2f_b$離れた位置にあるスプーリアスなイメージ・サイドバンドを抑制する．不完全なキャンセルでは，残留リップルがVCOを通って伝播しスプーリアス・サイドバンドを生成するが，キャンセレーション・ファクタだけ振幅は減少している．イメージ・サイドバンドの減衰は従ってPLL内でのフィルタリングだけでなくキャンセルによっても与えられる．

全部揃ったイメージ除去PLLは，希望しないサイドバンドに対するロックを避けるためだけにしては凝り過ぎのことが多い．単純な直交位相検出器（図8.14）では1つの極性の出力が上側サイドバンドでのロックのためにあり，反対の極性が下側サイドバンドのためにある．ループが誤ったサイドバンドでロックするのを防止するために，捕捉補助回路に対して，この極性情報を与えることができる．

17.4 テレビ受像機におけるPLL

テレビ受像機は多数の位相同期ループを使っている可能性があるが，その目的には以下のようなものがある．
- 水平ならびに垂直スキャンの同期［17.15］
- カラー・サブキャリアの復調に対する位相レファレンスの確立［17.16］
- FM音声の復調（16.2.3項）
- ベスティジアル（痕跡）・サイドバンド・ビデオ信号のコヒーレントな復調（16.2.1項）
- RFチューナに対する周波数シンセサイザ（第15章）

17.5 ディジタル・システムにおけるPLL

コンピュータや他のディジタル・システムはPLLを様々な形で利用している．この節では2つの例を説明する．

17.5.1 タイミング・スキューの補償
高速コンピュータや他のディジタル・システムはクロック分配経路において遅延をこうむる

が，この遅延はデータとクロックの間のタイミングのオフセットつまりスキューを引き起こす．一例が図 17.5 (a) に示されている．レファレンス・クロックが内部遅延を持ったクロック・トリーを通してチップ 1 に印加されている．データは出力ラッチに遅延クロックで決められる瞬間で書き込まれる．チップ 1 からのデータはチップ 2 内のラッチへ転送される．転送のタイミングはレファレンス・クロックで与えられるが，チップ 1 内のクロック遅延のためにチップ 1 の出力ラッチの状態変化の瞬間とレファレンス・クロックとは正しく整合していない．タイミング・スキューが出力データとレファレンス・クロックとの間に存在する．

図 17.5 (b) は PLL をどのようにしてこの遅延を補償するのに使うことができるのかを示している．チップ 1 の出力ラッチに印加される遅延クロックは位相検出器内でレファレンス・クロックに対して比較される．PD からの出力はループ・フィルタを通って VCO に行く．VCO はレファレンス・クロックの周波数でクロック・トリーをドライブするが位相は調節されており，この位相によって，クロック・トリーの遅延出力がレファレンス・クロックと整合させられる．こんどは，チップ 1 上の出力ラッチのクロックは，チップ 2 上の入力ラッチと同じ瞬間で与えられており，この PLL がスキューを除去したことになる．補償の精度は位相検出器の正確さと，2 個のチップ間でのデータとクロックの経路遅延の均等性とに依存している．

17.5.2 ジッタ・アッテネータ

タイミング・ジッタはディジタル・コミュニケーション・チェーンで蓄積する傾向がある（14.5 節を参照），言い換えると，いくつかのシステムにおいて元のディジタル・データのタイミングが不規則になる可能性がある．テレコミュニケーション・リンクは満足のいく動作のために，ジッタに対して厳格な制限を要求している．

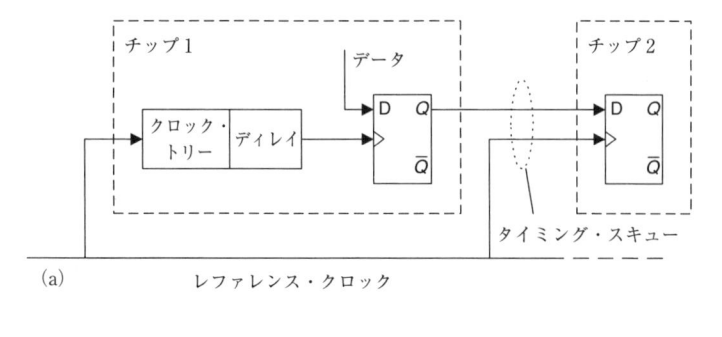

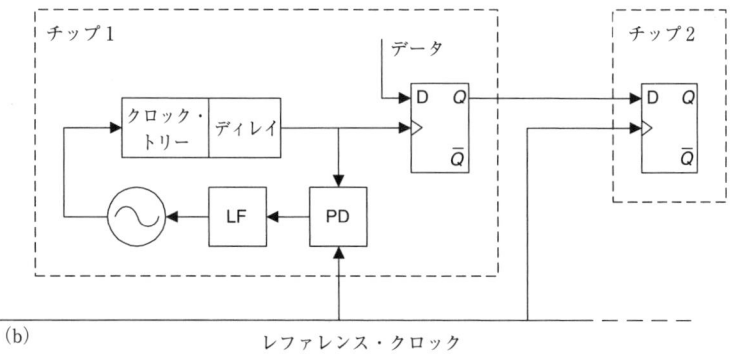

図 17.5 PLL によるスキューの補正．(a) スキューの起源，(b) スキューの PLL による補正

フェーズロック・ジッタ・アッテネータ(位相同期ジッタ減衰器)は，世界のテレコミュニケーション・ネットワークを通じて普及しており，ジッタが有害なレベルまで累積する前にそれを抑制するために用いられる．基本的なジッタ・アッテネータは図17.6に示されている．不規則なタイミングを持つ入力データが随伴するWriteクロックの助けを用いてFIFO（first-in, first-outバッファ・メモリ）に書き込まれる．このWriteクロックは入力データと同じタイミング上の不規則性を持っている．スムーズにされたReadクロックがPLLの助けで作り出される．

FIFOは占有されているセルの数を監視し，その情報を外部に伝える機構があるが，この情報は図17.6で「フィル・ゲージ」というラベルを付けられたディジタル情報である．フィル情報は希望するフィル条件（通常は満杯の半分）と比較されて位相誤差測定値としての役割を果たすフィル・エラー信号を生成する．（この比較は図では省略されているが，簡単な数値的な演算である．）DCOの周波数を出力が制御するディジタル・ループ・フィルタに対して，位相誤差が印加される．ディジタル・アナログ・コンバータ，フィルタ，それとスライサによって，Readクロックに対する矩形波が生成される．

PLLがロックされるときは，Readクロックの平均周波数はWriteクロックの平均周波数と同じである．平均クロック周波数の厳密な長期的等価性はFIFOのアンダーフローもしくはオーバーフローとその結果であるデータ損失を避けるために必須である．位相同期は周波数の等価性を保証している．FIFOのサイズは，FIFOがワーストケースのジッタを飽和無しに吸収できるように選ばれる．FIFOは通常のどんな位相検出器よりもはるかに大きなタイミングの偏位に耐える．PLLのバンド幅は，指定された入力ジッタ条件を，許容できる出力ジッタ条件まで減衰させるのに十分小さく選ばれる．ループ・フィルタのディジタル実装は，バンド幅が小さくなければならない場合に適しており，極めて狭いバンド幅ではアナログ・ループ・フィルタに対しては不都合なくらい大きなコンポーネント値が必要とされる．DCOにクロックを供給する固定発振器（図では示されていない）は優れたジッタ特性を有していなければならないが，これはジッタが直接Writeクロックに現れるからである．

17.6 モーターのスピード制御用のPLL

フェーズロックされたモーターの制御は極端に正確なモーターの平均スピード制御に使われてきた．このテーマに関する初期の文献には［17.17］と［17.18］が含まれる．おそらく，数多くの後の論文が制御システムの文献に現れている．

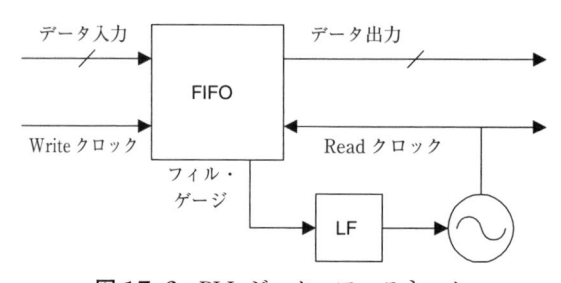

図17.6 PLLジッタ・アッテネータ

17.6.1 基本動作

図 17.7 はモーター・スピード PLL の必須部品を示している．レファレンス発振器はモーターの希望する回転速度の整数倍であるレファレンス周波数を生成し，レファレンス周波数の高い精度が直ちに与えられる．モーターはトーン・ホイールを駆動するが，このトーン・ホイールは電気機械的もしくは光機械的デバイスであって，トーンすなわち，周波数がモーターのスピードに依存する一連のパルスを生成する．トーン・ホイールは磁気センサーを備えた歯車であるかもしれないし，あるいは，透明な印と不透明な印が交互に付いている光ディスクであるかもしれない．フォト・ディテクタが光ディスクのセンサーであろう．レファレンス信号とセンサーの電気的出力が位相検出器の2個の入力に印加され，位相検出器の出力はループ・フィルタへの位相誤差の表示である．その後，パワー・アンプ（PA）がモーターを駆動する．トーン・ホイールからのトーン周波数は，PLL がロックしているときには，レファレンス周波数に等しくなるように強制され，その結果モーターの平均スピードはレファレンスの精度に設定されている．

17.6.2 電気機械的考察

表面的には，図 17.7 のスピード制御ループは，VCO がモーターとトーン・ホイールで置き換えられた通常の全電子式 PLL に似ているように見える．この類似性は教育上ためになるが，重要な違いが存在する．1つの違いは，モーターの機械的な性質にあり，そのモーターにおいては慣性負荷と摩擦負荷を有し，両方とも時々刻々変化する．慣性と摩擦は組み合わさって，低周波のローパス極をループに挿入するが，VCO ではこの極は通常は無いか，もしくは，無視できる．機械的な負荷は制御システム工学ではよく知られた問題であるが，その電子工学的に等価なものは PLL 工学では通常は無視されるが，これは正当化できることが多い．

もう1つの相違は，VCO の周波数の制御に伴う取るに足りない電力とは対照的に，モーターを駆動するのに必要なかなりの電力にある．PA はモーターに電圧ドライブを印加するかもしれないが，その場合には平衡速度は印加された電圧に比例する．あるいはモーターのトルクを決定する電流ドライブを印加する方が好ましいかもしれない．いずれにせよ，PA はモーターを動かすのに必要な電力のすべてを伝達することが期待されているが，これは大きなモーターではかなりの量の電力である．

サーボメカニズムの通常の安定性の問題に加えて，（10.3 節のシーケンシャルな位相／周波数検出器のような）多くの位相検出器はサンプル化される形で効果的に動作する．もしサンプリング周波数が低すぎる（12.4 節参照）ならばループは不安定になり，これに対応して，もしモーターのスピードが低すぎるならば，PLL スピード制御ループは不安定になる［17.17］．

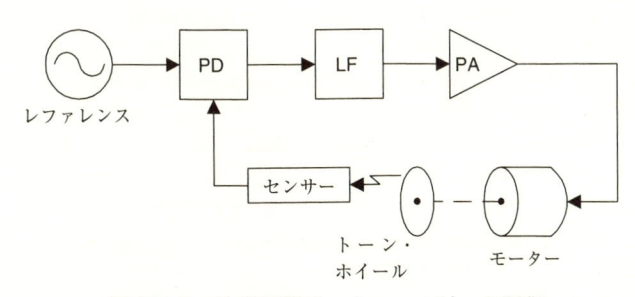

図 17.7 位相同期モーター・スピード制御

ほとんどのPLLのように，スタティック位相誤差の必要無しに，指定されたモーター速度をサーボ動作がサポートするのを可能にするためには比例－プラス－積分制御構成（タイプ2 PLL）がループ・フィルタには必要である．実際，必要とされる最大のスピードは安定なバンド幅のタイプ1ループでは達成できないかもしれない．P+I制御が用いられなければならないか，あるいはバイアスがPAに印加されなければならない．機械的なサーボには通常はループのダンピングと安定性を改善するためにタコメータ・フィードバック（比例－プラス－積分－プラス－微分制御と等価）もある．

17.6.3 別の構成

モーター速度PLLの別の配置を思い浮かべることができる．提示する考えは推測であるが，それらが実在のモーター制御に見られるということを知って驚くには当たらない．トーン・ホイールよりもむしろ，光学的角度エンコーダ・ディスクはいくつかの利点がある．エンコーダ・ディスクがサンプルされる毎に，その角度位置を示すbビットのディジタル・ワードが出力される．サンプリング・レートは一定とし，モーター速度やレファレンス周波数とは独立にすることができる．サンプリング・レートは離散時間の安定性問題を解消するためにサーボ・バンド幅に比べて十分高く，しかし通常のディジタル・プロセッサに過大な負担とならないように十分低くすることが容易にできる．

ディジタル・プロセッサは角度エンコーダの各サンプリングによって捕らえられた角度のサインとコサインを計算することができる．レファレンス周波数はNCOによって供給することができるが，各サンプルの瞬間でのそのNCOの角度は対応するサインとコサインに変換される．レファレンスと処理済のエンコーダのサンプルからの複素ペアは10.5節のもののような複素位相検出器で比較することができる．演算はディジタルなので，これらの演算において希望するバランスはほぼ完璧であり，ディジタル・サンプルの語長の制限を受けるだけである．

複素位相検出器はゼロ周波数まで動作することができ，実際，ゼロを通り抜けて負の周波数まで動作できるが，これは複素出力を持つNCOと同様である．この方式では，回転のいずれの方向に対しても速度制御が可能である．機械的なサーボの小さなバンド幅のためにアナログ・ループ・フィルタよりもディジタル・ループ・フィルタはもっと融通性があり，ずっとコンパクトな部品を用いている．リニア・パワー・アンプの代わりに，パルス幅変調スイッチであればモーターの駆動においてはるかに効率的であろう．

参 考 文 献

17.1 W. C. Lindsey and M. K. Simon, *Telecommunications Systems Engineering*, Prentice Hall, Englewood Cliffs, NJ, 1973.

17.2 E. A. Lee and D. G. Messerschmitt, *Digital Communication*, Kluwer Academic, Boston, MA, 1988, Chaps. 14 and 15.

17.3 R. D. Gitlin, J. F. Hayes, and S. B. Weinstein, *Data Communication Principles*, Plenum Press, New York, 1992, Chap. 6.

17.4 Synchronization Special Issue, *IEEE Trans. Commun.* **COM-28**, Aug. 1980.

17.5 J. W. M. Bergmans, *Digital Baseband Transmission and Recording*, Kluwer Academic, Boston, MA, 1996, Chaps. 9 and 10.

17.6 U. Mengali and A. N. D'Andrea, *Synchronization Techniques for Digital Receivers*,

Plenum Press, New York, 1997.

17.7 H. Meyr, M. Moeneclaey, and S. A. Fechtel, *Digital Communication Receivers*, Wiley, New York, 1998.

17.8 B. Razavi, ed., *Monolithic Phase-Locked Loops and Clock Recovery Circuits*, Reprint Volume, IEEE Press, New York, 1996.

17.9 B. Razavi, ed., *Phase-Locking in High-Performance Systems*, Reprint Volume, IEEE Press, New York, and Wiley, New York, 2003.

17.10 B. Razavi, "A 2.5 Gb/s 15-mW Clock Recovery Circuit," *IEEE J. Solid-State Circuits* **31**, Apr. 1996.

17.11 B. Razavi, "Challenges in the Design of High-Speed Clock and Data Recovery Circuits," *IEEE Communications Magazine* **40**, 94–101, Aug. 2002.

17.12 J. Savoj and B. Razavi, "A 10-Gb/s CMOS Clock and Data Recovery Circuit with a Half-Rate Binary Phase/Frequency Detector," *IEEE J. Solid-State Circuits* **38**, 13–21, Jan. 2003.

17.13 Bellcore, *Clocks for the Synchronized Network: Common Generic Criteria*, GR-1244-CORE, Bell Communications Research, June 1995.

17.14 E. A. Munter, "Synchronized Clock for DMS-100 Family," *IEEE Trans. Commun.* **COM-28**, 1276–1284, Aug. 1980.

17.15 K. R. Wendt and G. L. Fredendall, "Automatic Frequency and Phase Control of Synchronization in Television Receivers," *Proc. IRE* **31**, 7–15, Jan. 1943.

17.16 D. Richman, "Color-Carrier Reference Phase Synchronization in NTSC Color Television," *Proc. IRE* **42**, 106–133, Jan. 1954.

17.17 J. Tal, "Speed Control by Phase-Locked Servo Systems: New Possibilities and Limitations," *IEEE Trans. Ind. Electron. Control Instrum.* **IECI-24**, 118–125, Feb. 1977.

17.18 D. F. Geiger, *Phaselock Loops for DC Motor Speed Control*, Wiley, New York, 1981.

訳者あとがき

　現代は携帯電話やパソコンとともにテレビなどの家電，自動車，さらには人工衛星なども巻き込んで情報技術が急速に進展を続けており，ここではエレクトロニクス機器間のデータのやり取りのタイミングを決定するのに位相同期ループ（フェーズロック・ループ）がますます重要な役割を演じております．

　本書は位相同期ループの原理を解説して世界的に絶賛を受けてきた名著の第3版です．今回の改訂では伝達関数，位相ノイズ，ディジタルPLL，チャージポンプPLL，位相検出器，発振器，変則的位相同期，ボード線図や根軌跡図やニコルス線図などの補助的グラフなどの点が特に更新されております．特にディジタルPLLの原理的な定式化は将来の技術動向を捉える上でも極めて示唆に富んでおります．

　著者のフロイド・M・ガードナー博士は，米国カリフォルニア州のいわゆるシリコンバレーの一角にあるパロアルト市において長年にわたってコンサルタント会社を営んできた世界的に著名なPLLの専門家で，顧客企業での製品開発で発生した多くの問題の解決に貢献してきた経験を背景に膨大な文献に通暁し，自らも重要な論文を発表しております．その著書においては具体的なデータに基づいて原理的アプローチを貫きながらも理論的研究が不十分な場面では経験的アプローチも忘れず紹介している点が現実の研究開発に携わる読者に好評を博してきた大きな要因と考えられます．

　筆者はPLLを使用した集積回路の設計開発を担当し，また半導体集積回路の国際学会ISSCCでのプログラム委員を長らく務めた経験から，本書をわが国で一層身近なものとして活用できるように訳書作成を担当させていただきました．正確を期するために原著作者のご承諾をいただいて記述の変更を何点か加えてあります．本書がPLLに関連する設計者，応用機器の開発者，応用機器のユーザなど実務を担当する技術者や研究者，大学の先生，大学院生にとって真に役立つことを訳者は祈念しております．

　最後に，本書発行に際しては，産業図書株式会社の方々，特に，社長の飯塚尚彦氏，編集部の鈴木正昭氏には長い校正作業を通じて大変お世話になり深く感謝いたします．

2008年8月

神奈川県横浜市鶴見区にて
加沼　安喜良

索 引

D

DC オフセット　237, 238
DC ゲイン K_{DC}　12, 84
DPLL における量子化　262-278
　——DPLL におけるリミット・サイクル　262
　——位相検出器もしくは積分器　277, 278
　——加算的ノイズとしての量子化　262
　——加算的ノイズの効果　262

F

FM 閾値　350-363
　——FM クリック　351-353
　——PLD におけるクリック　354-359
　——正式な最適化　358-360
　——特性付け　350, 351
　——フェーズロック復調器の測定された性能　354-358

N

NCO 周波数の量子化　264-277
　——アキュムレーションとディレイの効果　270, 271
　——位相誤差リミット・サイクルの偏位　271, 272
　——加算的ノイズの効果　274-276
　——ゲイン係数 κ_1 と κ_2 の効果　272-274
　——研究モデル　264, 265
　——スタティック位相誤差　276, 277
　——整数周波数リミット・サイクル　268, 269
　——ノイズ無しリミット・サイクル　265-274
　——ノイズの経験則　275, 276

P

PLL における周波数量子化　→　量子化参照
PLL における信号対ノイズ比 SNR_L　112
PLL によるタイミング・ジッタの減衰　371, 372
PLL によるタイミング・スキューの補償　370, 371
PLL によるモーター・スピード制御　372-374
PLL による位相復調　346, 347
PLL のチェーンにおけるロック不良　316, 317
PLL のパラメータ
　——DC ゲイン K_{DC}　12, 84, 96
　——ゲイン　→　ループ・ゲイン K, ループ・ゲイン κ 参照
　——ゲイン・クロスオーバー周波数 ω_{gc}　18, 33, 34, 69-71
　——自然周波数　→　自然周波数 ω_n 参照
　——正規化　21, 245, 246, 264, 265
　——ダンピング　→　ダンピング・ファクタ ζ 参照
　——ノイズ・バンド幅 B_L　86, 90, 91, 110-113, 141
PLL の安定性
　——基準
　　　　チャージ・ポンプ PLL　244-246, 250
　　　　ディジタル PLL　61-67, 261
　　　　ニコルス線図　42-44, 71, 72
　　　　ボード線図　33-41, 69
　　　　根軌跡図　28, 46, 47, 63-67
　——境界　23, 31, 32, 61-63, 78-81
　——条件付　29, 41
　——余裕　33, 34, 40, 69-72
PLL 要素の係数　7

V

VCO に対する制御電圧 v_c　6

あ　行

位相検出器　1, 209-235
　　→　位相／周波数検出器も参照
　　――s 曲線　216, 217, 222-224
　　　　PLL ジッタに対する効果　230
　　　　ノイズによる劣化　229, 230, 289-291
　　　　拡張された　97
　　――クラス　209
　　――ゲイン K_d, K_p　5, 107, 242
　　――サンプリング　255-257
　　――サンプル・アンド・ホールド　215
　　――シーケンシャル（順序回路）クラス
　　　　217-226
　　――スイッチング　210-216
　　――ダイオード・リング　214, 215
　　――2 相　230, 257, 258
　　――ノイズ閾値　228
　　――ノイズ中での振舞い　226-230
　　――ノイズ・モデル　105-109
　　――ハイブリッド・アナログ／ディジタル
　　　　255-257
　　――複素　230, 257, 258
　　――フリップ・フロップ実装　217, 218
　　――マルチプライア（乗算器）・クラス
　　　　209-217
　　――マルチプライヤ・モデル　105, 106
　　――モジュレータ（変調器）とミキサー
　　　　211-215
　　――リップル変調　231-234
位相検出器からのリップル
　　――サンプル&ホールド位相検出器　215
　　――スイッチング位相検出器　210, 211
　　――チャージ・ポンプ PLL　248, 249
　　――バランスト・モジュレータ　211, 213
　　――複素位相検出器におけるキャンセル
　　　　230, 231
　　――フリップ・フロップ位相検出器　217, 218
　　――マルチプライア　106

　　――リップルによる位相変調　231-234
　　――リップルに起因する過負荷　239
位相検出器からの誤差電圧 v_d　6
位相誤差　5
位相／周波数検出器（PFD）　219-226
　　――ロック・インジケータ　226
　　――欠落した、あるいは余分な遷移　225, 226
　　――周波数検出　224
　　――状態図　222
　　――s 曲線　222-224
位相ノイズ　123-157
　　――PLL 内の伝播　138, 139
　　――仕様　143, 144
　　――数値積分　148-151
　　――スペクトル　125-132
　　　　RF スペクトル $W_{RF}(f)$ と $P_{RF}(f)$
　　　　126-128
　　　　解釈　134, 135
　　　　周波数ノイズ・スペクトル $W_\omega(f)$　131
　　　　正規化されたパスバンド・スペクトル
　　　　$\mathcal{L}(\Delta f)$　126, 135-137
　　　　ベースバンド・スペクトル $W_\phi(f)$
　　　　128-137
　　　　理論的パスバンド・スペクトル $W_{vo}(f)$
　　　　125, 126
　　――性質　123
　　――積分　141-143, 145-153
　　――積分された追従されない位相ノイズ
　　　　140-144, 145-148
　　――タイプ 1PLL のパラドックス　142, 143
　　――非静止性　124, 125
　　――補助デバイス内の伝播　137, 138
　　――離散的な線の積分　151-153
位相平面ポートレート　98, 99
位相余裕（位相マージン）
　　→　安定性, マージン参照
インクリメンタル・フェーズ・モジュレータ（IPM）
　　279-292
　　――アップ・ダウン・カウンタ　280, 281
　　――位相検出器　280
　　――位相捕捉　285
　　――加算的ノイズの効果　289-291
　　――構成　279, 280

索引　381

——周波数トラッキング限界　285, 286
——状態図　282-284
——タイプ 2　288, 289
——ディジット制御発振器　282
——動作　284-287
——入力ジッタへの応答　286, 287
——ビット・シンクロナイザーへの応用　291, 292
——リミット・サイクル　284, 285

エリアス・ロック　305

か　行

ガウシャン・ノイズ　→　ノイズ参照
加算的ノイズ　→　ノイズ参照
過負荷
　　——チャージポンプ PLL における　243, 248
　　——ループ・フィルタにおける　96, 239, 240

ゲイン・クロスオーバー周波数 ω_{gc}
　　18, 33-40, 43, 44, 69-72, 250
ゲイン（利得）・ピーキング　15, 16
ゲイン・マージン（ゲイン余裕）
　　→　安定性、マージンを参照

コヒーレント振幅検出器　345, 346
根軌跡図　25-32, 63-67
　　——安定性基準　28
　　——顕著な特徴　45-47
　　——作図　25-28
　　——ディジタル PLL　63-67
　　——ループにおける遅延（ディレイ）の効果　32
　　——例　28-32

さ　行

サイクル・スリップ
　　——FM 復調器　353-359
　　——PLL チェーン　316, 317
　　——位相ノイズ起因　140
　　——過渡現象起因　98
　　——ノイズ起因　113-115
　　——変調起因　102

サイドロック　301-305
時定数　8, 10, 21
自然周波数 ω_n　10, 19, 38, 39, 85, 86-88, 94, 103, 110, 167, 170, 172, 357, 358
周波数シンセサイザ　→　シンセサイザ参照
周波数援用捕捉のための周波数弁別器　173-178
　　——位相／周波数検出器　175
　　——回転式　177
　　——実装　177, 178
　　——線形 s 曲線　173-175
　　——直交相関器　177
　　——伝達関数　174, 175
　　——非線形 s 曲線　175, 176
周波数応答　→　伝達関数参照
周波数復調 PLL　→　フェーズロック周波数弁別器（PLD）参照
術語　7
信号対ノイズ比（SNR_L），PLL における　112
シンセサイザ　321-338
　　——アナログ補償付きフラクショナル N・PLL　327-329
　　——構成　321-324
　　——根底にある葛藤　322
　　——周波数分周器　324, 325
　　——多ループ　322-324
　　——デュアル・モジュラス・カウンタ　325-327
　　——デルタシグマ・モジュレータを持つフラクショナル N・PLL　329-332
　　——パルス・スワロウイング・カウンタ　327

数値制御発振器（NCO）　56, 198
　　→　ディジタル制御発振器（DCO）も参照
スタティック位相誤差　84
スプーリアス・ロック　306, 307
スプリット・ループ　314-316
スペクトラム・アナライザ　126-131, 134, 135
スペクトル 片側対両側　108

た　行

タイミング・ジッタ　144, 145, 153-155
単位　7

ダンピング・ファクタζ　10, 18, 19, 23, 87-92, 94, 99, 100, 111, 114, 115, 146-148, 167, 170, 171, 175, 357, 358

チャージ・ポンプPLL　241-250
　——安定性　244-246, 250
　——過負荷　243, 248
　——高速セトリング　250
　——スタティック位相誤差　243, 244
　——チャージ・ポンプ・モデル　241-243
　——伝達関数　242, 243
　——非線形性　246-248
　——リップル　248, 249
　——ループ・ゲインK　243
　——ループ・フィルタ　243
調波ロック　305, 306

ディジタルPLL（DPLL）　55-81, 251-299
　——z変換　58
　——アキュムレート＆ダンプ　260, 261
　——安定性　61-63, 78-81, 261, 262
　——擬似線形の　251, 252-262
　——構成　56, 258-260
　——根軌跡図　63-67
　——差分方程式　56-58
　——周波数応答　67, 73, 74
　——性質　55
　——ゼロ次ホールド　260, 261
　——ディジタル・データ・レシーバにおける　258-261
　——ディレイ（遅延）　57, 58, 73, 74
　——伝達関数　56-61
　——ニコルス線図　71, 72
　——ハイブリッド　251
　——バンド幅の効果　74
　——非線形　→　インクリメンタル・フェーズ・モジュレータ（IPM）参照
　——ボード線図　68-71
　——マルチレート処理　260, 261, 292-297
　——要素　56-58
　——ループ・ゲインκ　60
　——ループ内のローパス・フィルタ　75-78
　——ループ・フィルタ　59, 60

　——連続時間近似　72, 73
ディジタル制御発振器（DCO）　198, 252-255
　→　数値制御発振器（NCO）も参照
　——位相セレクターDCO　253-255
　——周期DCO　252, 253
　——リカーシブ・ディジタル正弦波発振器（RDSO）　199
データ信号の同期化　365
電圧制御発振器　1, 5, 197, 199-203
　→　数値もしくはディジタル制御発振器参照
伝達関数
　——PID制御を備えたPLLのための　361-363
　——アナログPLL　5-24
　——アナログ素子　5, 6
　——位相ノイズ　138, 332-338
　——オープン・ループ$G(s)$　6, 47-51
　——加算的ノイズ　110
　——誤差$E(s)$　7
　——システム$H(s)$　6
　——周波数援用PLL　173-175
　——周波数応答　12-16, 44, 51-54
　——チャージ・ポンプPLL　241-243
　——ディジタルPLL　56-61
　——マルチレート・ディジタルPLL　292-297
　——ループ・フィルタ　47-51
　——例　16-24

同期の捕捉　159-181
特性方程式　7
トラッキング（追従）　2, 83-104
　——PD出力における歪　100, 101
　——アンロックの振る舞い　103
　——位相誤差　83
　——加速度誤差　85
　——過渡的誤差　86-93
　——過渡的ロック限界　97-99
　——キャリア・トラッキング　101
　——周波数オフセットによる誤差　84, 85
　——スタティック位相誤差　84
　——正弦波角度変調への誤差応答　93-95
　——線形動作　83-95
　——定常状態誤差　83-86
　——定常状態ロック限界　95-103

──プルアウト限界 $\Delta\omega_{PO}$　99
　　──変調限界　101-104
　　──変調トラッキング　101-104
　　──ホールド・イン・レンジ $\Delta\omega_H$　96

な 行

ナイキスト線図　41

ニコルス線図　42-44
　　──安定性基準　42
　　──M等高線　42, 43
　　──フォーマット　42
　　──例　43, 44, 71, 72

ネットワーク・クロック　366

ノイズ　105-121
　　──PLL 出力位相の分散　110
　　──PLL における信号対ノイズ比 SNR_L
　　　　112, 113
　　──PLL における伝達関数　110
　　──位相検出器のノイズ・モデル　105-108
　　──位相ジッタ　109, 112, 113, 115-117
　　──解析
　　　　線形　105-113
　　　　非線形　116-119
　　──サイクル・スリップ　113, 114, 117-119
　　──スペクトル　108, 109
　　──低 SNR_L における PLL の振る舞い
　　　　113-115
　　──ノイズ・バンド幅 B_L　110, 111

は 行

白色ノイズ　→　ノイズ参照
発振器　183-208
　　　　→　位相ノイズ，電圧制御発振器，数値制御
　　　　　　発振器，あるいはディジタル制御発振器
　　　　　　も参照
　　──位相ノイズ以外の妨害　194-196
　　──位相ノイズの解析
　　　　アドバンスト（非線形）　190-194
　　　　定性的（線形）　184-188
　　──位相ノイズ・スペクトルの例　186-188

　　──位相ノイズの Leeson のモデル　184-188
　　　　設計ガイド　186
　　　　欠点　188
　　──インパルス感度関数　191, 192
　　──周波数ジャンプ　195, 196
　　──周波数ドリフト　124
　　──同調　196-203
　　　　ゲイン変化　199
　　　　速度　203
　　　　同調曲線　199, 200
　　　　バラクタ　201-203
　　　　方法　200-203
　　　　ラッチアップ　200
　　　　離散的　197-199
　　　　連続的　196, 197
　　──望ましい性質　183
　　──分類　183, 184, 188-190
ハングアップ　161, 162
バンド幅
　　──加算的ノイズと位相ノイズのトレードオフ
　　　　141
　　──定義　14, 15
　　──レファレンス・ノイズと VCO ノイズのト
　　　　レードオフ　333-335

位相同期ループ（PLL）
　　── AM 復調のための　343-346
　　── TV 受像機における　370
　　──位相復調のための　346, 347
　　──角度変調器としての　341-343
　　──次数　9
　　　　1 次　18
　　　　2 次　8-16
　　　　2 次タイプ 2　8-16
　　　　3 次タイプ 2　21-23
　　　　ラグ／リード・フィルタ付き 2 次　19
　　　　ラグ・フィルタ付き 2 次　19
　　──周波数乗算　367, 368
　　──周波数復調　→　フェーズロック周波数弁
　　　　　　　　　　　別器（PLD）参照
　　──周波数変換　368-370
　　──振幅変調に対する応答　343-345
　　──スプリット・ループ　314-316

——性質 1, 2
——タイプ 9, 10
　　タイプ1 18-20
　　タイプ2 20-23
　　タイプ3 24, 85
——強いノイズの中での非線形動作 113-120
——ノイズ伝播 332-338
——ノイズの中での線形動作 105-113
——発振器安定化 366, 367
——パラメータ → PLLのパラメータ参照
——複素（2相）信号 369, 370
——メモリ 179, 180
——ロックしたループ 1
フェーズロックFM復調器（PLD） 348-364
——FM閾値 350-358
——FMノイズへの応答 349, 350
——クリック・レートの測定 357-359
——フィルタとバンド幅 354, 355
——修正されたPLD 361
——周波数復調 348
——入力クリックへの応答 355, 356
フォールス・ロック 307-316

変則的ロック 301-319
——エリアス・ロック 305
——サイドロック 301-305
——スプーリアス・ロック 306, 307
——調波ロック 305, 306
——フォールス・ロック 307-316

ボード線図 32-41, 68-71
——DPLLにおける 68-71
——安定性の基準 33
——チャージ・ポンプPLLにおける 246
——表示の選択肢 33
——ループ内のディレイ（遅延）の効果 40
——例 34-41

ら　行

リミッター
——位相ノイズの伝播 137, 138
——干渉 145
——信号抑制係数α 227, 228

——ノイズの中での振舞い 226-228
——バンドパス 227, 228

ループ・ゲインK（アナログPLL）
——位相変調への応答に対する影響
　　93, 101-103
——一般的定義 16-18
——過渡応答に対する影響 86, 89, 90, 91
——根軌跡図 25, 27, 29-32, 45-47
——周波数および位相同期ループ 173
——チャージ・ポンプPLL
　　243, 244-246, 249, 250
——ニコルス線図 43, 44
——2次PLL 11
——ノイズ・バンド幅B_Lに対する影響
　　110, 111
——ボード線図 32-41
——ロック捕捉に対する影響
　　159-163, 167, 168
——例 18-24
ループ・ゲインκ（ディジタルPLL）
——安定性限界 78-81
——根軌跡図 64-66
——定義 60-63
——ノイズ・バンド幅に対する影響
　　110, 111
——ボード線図 69-74
——マルチレートDPLL 295, 296
ループ・フィルタ 1, 8, 9, 237-240
——アクティブ対パッシブ 237
——うなり（ビート） 240
——過負荷 239, 240
——積分器（インテグレータ） 20, 21
——DCオフセット 237, 238
——比例プラス積分 8, 9, 17, 18, 48-50, 374
——リップル 239

ロック・インジケータ 178, 226
ロック・イン・レンジ$\Delta\omega_L$ 162, 163
ロックの捕捉 159-181
——位相の 159-164
　　補助付き 163, 164
——広帯域（ワイドバンド）の方法 179

──周波数　164-178
──周波数援用捕捉　170-177
──周波数スイッチ　176
──周波数掃引　170-173
　　スルー　175
　　実装　172, 173
　　掃引速度の限界　170-172
──周波数のバイナリ・サーチ　176
──周波数プル・イン　164-169
　　タイプ 3 PLL　168
　　限界　169, 170
　　時間 T_p　167
　　周波数リミット $\Delta\omega_p$　168
　　電圧 v_p　165-167
──周波数弁別器援用　173-178
　　→　周波数弁別器も参照
──特性付け　159
──ハングアップ　161, 162
──ロック・イン・レンジ $\Delta\omega_L$　162, 163

〈訳者略歴〉

加沼安喜良（かぬま・あきら）

1972年　東京大学工学部物理工学科卒業．
1974年　東京大学大学院物理工学専攻修士課程修了，同年㈱東芝入社．
　　　　その後，マイクロプロセッサ，DSP，LANコントローラ，ATM交換
　　　　機用チップセットなどのシステムLSIの研究開発に従事．
1980〜82年米国スタンフォード大学Computer Systems Laboratory客員
　　　　研究員．
1990年　半導体技術研究所システム技術課長．
1995年　半導体デバイス技術研究所開発主幹．
2004年　ISSCC2004プログラム委員長（ISSCC Service Award受賞）．
2004年4月より㈱半導体理工学研究センター（STARC）へ現職出向し，
　　　　上級研究員を経て，
2007年1月　STARC教育推進室室長．
2007年8月　日本工学教育協会賞 論文・論説賞受賞（共同受賞）．
2006〜2008年　名古屋大学，関西大学各非常勤講師．

PLL位相同期化技術

2009年2月20日　初 版

著　者　フロイド M. ガードナー
訳　者　加沼安喜良
発行者　飯塚尚彦
発行所　産業図書株式会社
　　　　〒102-0072　東京都千代田区飯田橋2-11-3
　　　　電話　03(3261)7821(代)
　　　　FAX　03(3239)2178
　　　　http://www.san-to.co.jp
装　幀　遠藤修司

© 2009　Akira Kanuma　　　　　印刷・平河工業社　製本・小高製本工業
ISBN978-4-7828-5551-5 C3055

半導体デバイス（第2版）
基礎理論とプロセス技術

S.M. ジィー

南日康夫・川辺光央・長谷川文夫 訳

B5判　518頁
6930円（税込）

多くの半導体デバイス学習者にとってバイブル的存在であった『半導体デバイス』の改訂版。本書は、デバイス物理の基礎的な部分をよりわかりやすくし、さらに最近のデバイスを理解するうえで、必要な新知識を追加した。また、精選された多くの例題を載せ、基本概念の応用例を示している。約250題の演習問題も掲載。

プルトニウム
この世で最も危険な元素の物語

ジェレミー・バーンシュタイン

村岡克紀 訳

A5判　230頁
2520円（税込）

「原子に埋め込まれたエネルギー」が、キュリー夫人、ボーア、ラザフォード、フェルミ、アインシュタインなど多彩な人物が織りなした現代物理学によって解き放たれるまでを、「プルトニウム」を軸に描いた出色の科学物語。日本人には忘れられない「ナガサキ」への鬼子として姿を現したプルトニウムは、地球温暖化対策の切り札になるか。

工学／技術者の倫理

島本　進

A5判　172頁
1995円（税込）

法と倫理の理解から始まり、社会構造の変化と技術の発展、倫理規定の説明、倫理課題への対応方法を述べ、事故・事件および環境問題の事例を複数挙げ、最後に21世紀社会での先行すべき倫理行動を纏めた。倫理的課題に直面した時に適切な価値基準を持って判断を下せることを目的としている。

倫理と法　情報社会のリテラシー

矢野直明・林 紘一郎

A5判　210頁
1995円（税込）

情報の活用と保護、従業員のメール、モニタリングとプライバシー、「言論の自由」と情報仲介者の責任、ネットにおける匿名と顕名、子どもとインターネット・アクセス、大規模システムによるネット取引とヒューマン・エラーなど、現代社会が抱えるさまざまな問題を、倫理と法の観点から考察した。